膨胀节技术进展

第十六届全国膨胀节学术会议论文集

EXPANSION JOINT
TECHNOLOGY PROGRESS

中国机械工程学会压力容器分会
合肥通用机械研究院有限公司◎编
大连益多管道有限公司

中国科学技术大学出版社

内 容 简 介

本书共收集了63篇论文，内容涉及膨胀节在石油化工和煤化工、航空航天、海洋工程、电力行业等领域的应用，主要包括相关高校、研究所及制造单位在膨胀节设计、制造、检验检测、使用管理以及标准规范等方面的研究成果和经验，反映了近年来我国膨胀节技术发展的新动向和取得的成果，内容丰富，具有很高的实用价值，对膨胀节技术创新和行业水平的提升具有重要的借鉴和指导意义。

本书可供膨胀节行业工程技术人员阅读参考。

图书在版编目(CIP)数据

膨胀节技术进展：第十六届全国膨胀节学术会议论文集/中国机械工程学会压力容器分会，合肥通用机械研究院有限公司，大连益多管道有限公司编. —合肥：中国科学技术大学出版社，2021.8
ISBN 978-7-312-05250-7

Ⅰ. 膨…　Ⅱ. ①中…②合…③大…　Ⅲ. 波纹管—变形—学术会议—文集　Ⅳ. TH703.2-53

中国版本图书馆 CIP 数据核字(2021)第 139035 号

膨胀节技术进展：第十六届全国膨胀节学术会议论文集
PENGZHANGJIE JISHU JINZHAN：DI-SHILIU JIE QUANGUO PENGZHANGJIE XUESHU HUIYI LUNWEN JI

出版 中国科学技术大学出版社
安徽省合肥市金寨路 96 号，230026
http://press.ustc.edu.cn
https://zgkxjsdxcbs.tmall.com

印刷 安徽省瑞隆印务有限公司
发行 中国科学技术大学出版社
经销 全国新华书店
开本 880 mm×1230 mm　1/16
印张 28.25
字数 936 千
版次 2021 年 8 月第 1 版
印次 2021 年 8 月第 1 次印刷
定价 258.00 元

前　言

中国压力容器学会膨胀节专业委员会成立于1984年。37年来，膨胀节专业委员会不忘初心，坚持学术交流，以促进企业发展和行业技术进步，坚持每两年或三年举办一次全国膨胀节学术交流会，致力于在膨胀节行业推广先进技术、交流实践经验、探讨发展方向、分享各种信息。在上级学会、挂靠单位合肥通用机械研究院有限公司和膨胀节行业同仁的支持下，迄今膨胀节专业委员会已成功举办十五届全国膨胀节学术会议：

第一届，1984年，沈阳市，由原沈阳弹性元件厂承办；

第二届，1987年，南昌市，由原江西石油化工机械厂承办；

第三届，1989年，杭州市，由原上海电力建设修建厂承办；

第四届，1993年，西安市，由西安航空发动机公司冲压焊接厂承办；

第五届，1996年，北京市，由首都航天机械公司波纹管厂承办；

第六届，1999年，青岛市，由中国船舶重工集团公司第七二五研究所承办；

第七届，2002年，南京市，由南京晨光东螺波纹管有限公司承办；

第八届，2004年，无锡市，由无锡金波隔振科技有限公司承办；

第九届，2006年，黄山市，由合肥通用机械研究院有限公司承办；

第十届，2008年，秦皇岛市，由秦皇岛北方管业有限公司承办；

第十一届，2010年，泰安市，由山东恒通膨胀节制造有限公司承办；

第十二届，2012年，沈阳市，由沈阳仪表科学研究院承办；

第十三届，2014年，石家庄市，由石家庄巨力科技有限公司承办；

第十四届，2016年，秦皇岛市，由秦皇岛泰德管业科技有限公司承办；

第十五届，2018年，南京市，由南京德邦金属装备工程股份有限公司承办。

本次会议是第十六届全国膨胀节学术会议，由大连益多管道有限公司承办，在辽宁省大连市召开。

第十六届全国膨胀节学术会议共收到应征论文72篇，根据学会工作程序，于2020年12月20日召开了线上论文评审会。通过专家评审，录用论文63篇，现编辑成集，供会议交流。

由于时间仓促，书中难免存在疏漏与错误之处，敬请读者批评指正。

编　者

2021年7月

目　录

《金属波纹管膨胀节通用技术条件》(GB/T 12777—2019)修订内容简介

钟玉平[1]　李张治[2]　张小文[2]

(1. 中国船舶重工集团公司第七二五研究所,洛阳 471000;2. 洛阳双瑞特种装备有限公司,洛阳 471000)

摘要:本文简要介绍了《金属波纹管膨胀节通用技术条件》(GB/T 12777—2019)的修订指导思想和主要修订内容,针对部分修订内容及其修订理由进行了详细说明。结合目前工程应用中存在的问题和行业发展趋势,对今后研究的重点内容提出了建议。

关键词:波纹管膨胀节;标准;修订

Brief Introduction about the Revision of *General Technical Requirements for Metal Bellows Expansion Joint*

Zhong Yuping[1], Li Zhangzhi[2], Zhang Xiaowen[2]

(1. The 725th Research Institute of China Shipbuilding Industry Corporation, Luoyang 471000;
2. Luoyang Sunrui Special Equipment Co. Ltd., Luoyang 471000)

Abstract: Guidelines and main content of revision about GB/T 12777—2019 are introduced briefly in this paper. Part of the revised contents and reasons for the revision are elaborated. Combined with the existing problems in engineering applications and industry development trends, suggestions have been given for the key contents of future research.

Keywords: bellows expansion joint; standards; revised edition

1　引言

金属波纹管膨胀节常用于设备与管道之间的连接,起减振降噪和补偿热位移的作用。国内膨胀节产业起步于20世纪六七十年代,当时为了适应金属波纹管膨胀节的迅速发展,国家标准局以国标(1988)011号文对中国船舶重工集团公司第七二五研究所下达了编制金属波纹管膨胀节标准的任务。经过系列验证试验和多方意见征求,标准于1990年通过专家评审并于1991年发布,标准名称为《金属波纹管膨胀节通用技术条件》(GB/T 12777—1991),适用于补偿管道和设备热位移、机械位移、振动而采用的无加强U形金属波纹管膨胀节的设计、制造和检验验收。随着国内工程建设的不断发展,金属波纹管膨胀节应用领域日益广泛,设计制造水平不断提升,标准也随之修订升级。1999年和2008年又分别对标准进行了修订,目前最新修订的版本为GB/T 12777—2019[1],已于2019年12月1日起正式实施。

GB/T 12777—2019梳理了膨胀节产品全周期寿命安全性要求,包括膨胀节(工况)分类、材料、尺寸偏差、设计、制造、检验、包装运输,以及(现场)安装使用要求和对使用单位的安全建议,较好地反映了我国金属波纹管膨胀节的设计、制造和试验水平,满足了设计、生产和使用的需要。

2　修订的指导思想

距GB/T 12777—2008版发布已经超过10年,其间国外主要膨胀节标准经历了数版更迭,国内外的原材料、设计、制造、检验检测等技术水平也有了较大的提升。结合我国膨胀节行业最新科研成果和国内外工程应用需求,对标准进行修订,力求提高标准先进性,规范膨胀节产品设计制造,保证产品安全。

本标准的修订以 GB/T 12777—2008 为基础,严格遵守现行各种法规,考虑实际工程需求,结合设计制造技术、工程应用经验和最新科研成果,接轨国内外先进标准,力求做到技术先进、经济合理、安全可靠、适合国情。

修订过程中主要参考了 EJMA—2015[2]、EN 14917—2012[3]、ASME B31.3—2016[4]、GJB/T 1996—2018[5]和 GB/T 150—2011[6]等标准及相关指导性技术文件。

3 主要修订内容及理由

3.1 新版标准体系

为了满足膨胀节产品全寿命周期安全性要求,从膨胀节分类、材料、尺寸偏差、设计、制造、检验、包装运输,以及(现场)安装使用要求到各单位安全建议,对标准内容进行修订和完善。对标准编写体系结构做出了调整,根据内容进行章节划分并给出要求和方法,便于制造单位和设计单位使用。

3.2 范围

主要规定了金属波纹管膨胀节的材料、设计、制造、检验和试验等内容,适用于安装在管道中其挠性元件为金属波纹管的膨胀节,其他场合膨胀节可参照使用。

3.3 术语和定义

结合近年膨胀节结构的发展和应用,新增了复式铰链直管压力平衡型膨胀节等四种结构型式,对"圆形波纹管"等术语进行了修订,新增了护环、压力推力等术语。

3.4 分类

3.4.1 膨胀节工况分类

对膨胀节工况分类进行了修订,对负压工况进行了界定,考虑到分类范围的全面性,对分类界限进行了调整。分类主要依据膨胀节实际运行工况对膨胀节后续制造、检验等提出不同要求,保证不同工况下的产品安全性,兼顾制造厂生产成本。

3.4.2 膨胀节型式分类

按是否约束压力推力,对膨胀节型式分类进行修订,对相应图例进行完善和补充。

3.4.3 膨胀节部件分类

依据部件的受压、受力状况,对部件进行分类。标准规定,"膨胀节由波纹管和结构件组成,其中结构件分为受压件、受力件和非受压(力)件"。并通过定义和图例对各部件进行解释说明,避免含义混淆、重叠和遗漏。通过对部件进行分类,可以明确部件的受压和受力状态,便于有针对性地进行设计和提出无损检测要求。明确了膨胀节中受压筒节的范围,受压筒节包括接管类和端管。端管是膨胀节中直接与设备或管道连接的受压筒节,其他受压筒节为接管类,例如外管、中间接管、端接管等。

3.4.4 焊接接头分类

新增了焊接接头分类。在膨胀节部件分类的基础上,将膨胀节焊接接头分为 A、B、C、D、E 类。主要依据焊缝的受压、受力状况进行分类,从而便于确定相应无损检测要求,提高产品安全可靠性。

3.5 材料

3.5.1 波纹管

随着应用工况的增加,以及波纹管材料的不断扩充,在常用波纹管材料中,新增了 S31008、N06455、TA1、TA2、BFe30-1-1 等 12 种材料,也删除了部分不常用材料。

3.5.2 许用应力

新增了低温工况下膨胀节许用应力的规定,材料许用应力选取原则为“设计温度低于 20 ℃时,取 20 ℃的许用应力”。

新增了不同材料组合的多层波纹管设计温度下的许用应力,其按式(1)计算。在某些特定场合下,例如,当耐蚀性要求较高时,可以采用波纹管内外层选用不同材料的思路。

$$[\sigma]^t = \frac{[\sigma]_1^t\delta_1 + [\sigma]_2^t\delta_2 + \cdots + [\sigma]_i^t\delta_i}{\delta_1 + \delta_2 + \cdots + \delta_i} \tag{1}$$

3.6 尺寸和偏差

GB/T 12777—2019 新增了 U 形波纹管波高一致性要求。由于波高变化对波纹管性能影响较大,因此,标准对波高一致性做出了要求,以保证单个波纹管各波性能一致。波距变化对性能影响较小,且波纹长度要求可以间接控制波距偏差,因此未对波距一致性提出要求。

对于 Ω 形波纹管,由于在承受高压时,椭圆形的波纹会更加趋近于圆形,因此在设计安全的前提下,为了降低产品报废率,将“Ω 形波纹管波纹平均半径的极限偏差应为 ± 15%的波纹名义曲率半径,圆度公差应为 ± 15%的波纹名义平均半径” 修订为“Ω 形波纹管波纹平均半径的极限偏差应为 ± 15% 的波纹名义平均半径,Ω 形波纹截面的圆度公差应为 ± 20%的波纹名义平均半径”。

3.7 设计

3.7.1 设计条件

GB/T 12777—2019 新增了设计条件,提出设计条件确定原则,并给出设计条件表供参考。该部分内容便于设计单位更合理地提出设计参数,使制造单位可以全面地了解膨胀节使用工况,提供更全面的设计方案。

其中,标准 7.1.2 条中规定膨胀节设计压力不宜高于最高工作压力的 1.1 倍。过度提高设计压力安全余量会对产品刚度、疲劳寿命等产生不利影响,且会大幅增加成本,因此,标准建议按照 1.1 倍选取。

3.7.2 焊接接头系数

参照 GB/T 150—2011 焊接接头强度设计,规定“焊接接头系数 C_w 应根据对接接头的焊缝形式及无损检测的长度比例确定”,提高了焊接结构安全性。

3.8 制造

3.8.1 材料标志移植

参照 GB/T 150—2011 相关规定,为了确保材料的可追溯,防止材料损伤,新增了材料标志移植,提高了产品安全性。

3.8.2 圆形波纹管

考虑到近些年制造工艺和设备更新,提出多层波纹管封边焊接要求,提高了多层波纹管制造效率和产品质量。

3.8.3 矩形波纹管

将“所有接长、接角、接波的对接焊接接头都应采用手工氩弧焊方法施焊,焊接接头背面应通氩气保护”修订为“所有接长、接角、接波的对接焊接接头宜采用手工氩弧焊方法施焊,焊接接头背面应通氩气保护”。在能够满足产品质量要求的前提下,不应对制造工艺做出限制。

3.8.4 焊接

新增了通用要求、焊接材料、焊接工艺和施焊,分别对施焊环境、焊材、焊接工艺和施焊过程提出要求,保证了焊接质量。修订了焊接返修,在保证产品质量的前提下,降低了产品报废率。由于波纹管是膨胀节功能得以实现的核心元件,且为薄壁结构,基于保护波纹管的考虑,新增了膨胀节制造过程中的防护要求。

3.9 检验和试验

3.9.1 检验

关于外观检验要求和方法,修订了部分内容。

关于焊接接头无损检测要求方面,根据近年来检测技术发展、相关标准修订成果和膨胀节产品特点进行了修订。增加了无损检测方法和实施时机,修订了圆形波纹管管坯渗透检测结果显示要求;针对受压件,增加了“对于介质为可燃、有毒、易爆的Ⅲ类膨胀节,其受压筒节 A、B 类焊接接头一般应进行 100%射线检测,合格等级应不低于 NB/T 47013.2—2015 规定的Ⅱ级”;增加了“端环类拼焊接头可进行 100%超声检测,合格等级应不低于 NB/T 47013.3—2015 或 NB/T 47013.10—2015 规定的Ⅰ级”;新增了“端环类拼焊接头的超声检测按 NB/T 47013.3—2015 或 NB/T 47013.10—2015 规定的方法进行,技术等级不低于 B 级”。

3.9.2 试验

关于耐压性能和试验方面,增加了柱失稳和周向失稳的判据:“当波纹管中间波突然出现横向挠曲时,即认为发生了柱失稳;当外压波纹管突然出现波峰塌陷时,即认为发生了周向失稳。”外压周向失稳对波纹管性能影响较大,因此针对外压周向失稳提出了判据。将“A 类膨胀节和设计压力不大于 0.25 MPa 的 B 类膨胀节,可不进行耐压性试验”修订为“Ⅰ类膨胀节可不进行耐压试验”。根据相关标准,将气压试验压力由 1.1 倍设计压力修订为 1.15 倍设计压力(考虑温度修正)。

关于气密性能和试验,取消了煤油检漏,新增了氨检漏、卤素检漏和氦检漏等泄漏试验。

新增了刚度试验,刚度性能要求:“制造单位应提供波纹管计算弹性刚度。必要时需提供实测刚度。实测刚度应不大于 1.3 倍计算弹性刚度”。“无加强 U 形波纹管的实测刚度一般在无压力状态下测量。加强 U 形波纹管和 Ω 形波纹管的实测刚度应在设计压力下测量平均刚度,试验时压力波动值不大于试验压力的 ±10%。”实测刚度为最终的力除以最大位移。

新增了稳定性试验。稳定性能要求:“在规定的压力和位移下,波纹管应无失稳现象。”稳定性试验方法为“试验位移(压缩或拉伸位移)应为设计轴向位移量的 50%或当量轴向位移量的 50%。分别在压缩和拉伸位移状态下进行试验。试验过程中试验件两端不得发生移动”。该试验主要考虑到波纹管位移量对其稳定性的影响不容忽视。根据大量的工程经验,在进行压力试验时,当波纹管没有位移时,其平面失稳的极限压力有较大的安全裕度;当波纹管既承受压力,又承受压缩位移时,常出现压力尚未达到出厂试验压力,波纹管已产生平面失稳的现象。通过研究发现,内压轴向型膨胀节压缩位移状态下波纹管易产生平面失稳,内压轴向型膨胀节拉伸位移状态下波纹管易产生波谷外鼓,大直径外压轴向型膨胀节拉伸状态波纹管易产生周向失稳。试验中按照 50%设计位移量进行试验,主要依据膨胀节预变位安装状态下的实际工作条件。

EJMA—2015 中规定,临界柱失稳压力与波纹管极限设计压力之比约为 2.25,临界平面失稳压力与波纹管极限设计压力之比约为1.75。GB/T 12777—2019中规定的稳定性试验是指位移状态下进行加压，应当与零位移下的压力试验等概念进行区分。

关于疲劳性能和试验，对设计温度低于材料蠕变温度的波纹管，基本沿用2008版标准。考虑到近年来高温场合膨胀节应用逐渐广泛，高温工况增多，对膨胀节安全可靠性提出了更高要求，新增了设计温度处于材料蠕变温度范围内的波纹管，规定"圆形波纹管试验循环次数应大于计算平均失效循环次数"。试验方法详见附录D。主要是提供一种试验方法，依据该方法进行试验获得数据支撑，可以更有力地保障蠕变温度范围内的膨胀节安全运行。

新增了爆破试验，爆破性能要求："波纹管在爆破试验压力下，应无破损、无渗漏"。爆破试验要求"将试验件两端固定并有效密封好，波纹管以其自由长度处于直线状态"。试验压力为3倍设计压力(考虑温度修正)。近年来，管道有向着高温高压发展的趋势，危害性更大，对产品安全可靠性要求更高，应当尽力避免在极限工况下发生爆破。依据TSG 7002—2006，型式检验时应当进行爆破试验，在3倍设计压力下不发生爆破为合格。

3.10 检验规则

对膨胀节检验项目进行修订，见表1。取消了焊缝煤油渗漏试验，新增了刚度性能、稳定性能、爆破性能。

表1 膨胀节检验项目和顺序

序号	项目名称	型式检验		出厂检验		试验方法的章条号
		检验项目	要求的章条号	检验项目	要求的章条号	
1	材料	●	5.1、5.2、5.3	●	5.1、5.2、5.3	5.5
2	尺寸	●	6.1、6.2、6.3、6.4	●	6.1.1、6.1.2、6.1.6、6.2、6.3、6.4	6.5
3	外观	●	9.1	●	9.1	9.2
4	焊接接头检测	●	9.3	●	9.3	9.4
5	耐压性能	●	9.5.1	●	9.5.1	9.6.1
6	气密性能	●	9.5.2	●	9.5.2	9.6.2
7	刚度性能	●	9.5.3	—	—	9.6.3
8	稳定性能	●	9.5.4	—	—	9.6.4
9	疲劳性能	●	9.5.5	—	—	9.6.5
10	爆破性能	●	9.5.6	—	—	9.6.6

注：● 检验项目；— 不检项目。

3.11 附录A:圆形波纹管

3.11.1 符号

参照EJMA—2015，修订了U形波纹管修正系数C_f和C_p，增加了截面形状系数K_s。

3.11.2 波纹管设计

参考国内外标准，结合测量数据，对波纹尺寸进行了修订。对U形波纹管，规定$L_b/D_b \leqslant 3$，$r_c - r_r < 0.2r_m$，$-15^\circ < \beta < 15^\circ$。对Ω形波纹管，规定$L_0 < 0.75r$。

3.11.3 无加强U形波纹管

关于无加强U形波纹管，修订了σ_1和σ_1'的计算公式，新增了波纹管两端为其他支撑条件的柱失稳极限设计内压计算。

3.11.4 加强U形波纹管

关于加强U形波纹管，修订了压力应力(σ_3、σ_4)、位移应力(σ_5、σ_6)、子午向总应力范围(σ_t)、单波轴向弹性刚度f_{ir}的计算公式，同时修订了两端固支条件下波纹管柱失稳极限设计内压计算公式。f_{ir}修订主要是考虑C_r的影响。当计算操作条件下的柱稳定性时，采用公式(A.94)计算单波轴向弹性刚度。当进行弹性反力的计算或是在零位移条件下的计算时，采用公式(A.95)计算单波轴向弹性刚度。

3.11.5 Ω形波纹管

关于Ω形波纹管，增加了波纹管内插型的压力引起管子周向薄膜应力σ'''_1的计算公式。修订了压力引起波纹管加强件周向薄膜应力σ_2'的计算公式。还修订了两端固支条件下波纹管柱失稳极限设计内压计算公式。Ω形波纹管刚度与压力有关，标准给出的公式适用于零压计算。

3.11.6 疲劳寿命

波纹管设计疲劳寿命修订为"[N_c]不宜低于500次"。波纹管疲劳与位移和应力状态相关，通过波纹管疲劳寿命，可以控制位移量和应力状态，提升波纹管安全使用效果。此次修订时，基于膨胀节强度和稳定性考虑，建议疲劳寿命不宜低于500次。在一些特定工况下，允许低于500次。

关于波纹管疲劳寿命设计，修订前的计算方法将材料进行归一化处理，适用于设计温度低于425℃的成形态奥氏体不锈钢和耐蚀合金。

而试验数据表明，不同类型材料的波纹管疲劳性能存在显著差异。耐蚀、耐热性能优异的镍-铬-钼合金，其疲劳寿命也显著优于常用的镍-铬奥氏体不锈钢。而无加强U形和Ω形波纹管疲劳曲线非常贴近，EJMA—2008中开始将两者的疲劳曲线进行合并。EJMA—2015中，进一步合并了加强U形波纹管，形成了统一的疲劳曲线。

因此，修订后的波纹管疲劳寿命设计方法将波纹管波形进行归一化处理，不同类型材料的波纹管疲劳寿命设计公式不同。同种材料波纹管，对于奥氏体不锈钢，耐蚀合金N08800、N08810、N06600、N04400、N08811，疲劳寿命按公式(2)计算：

$$[N_c] = \left(\frac{12827}{\sigma_t - 372}\right)^{3.4} / n_f \tag{2}$$

对于N06455、N10276、N08825，疲劳寿命按公式(3)计算：

$$[N_c] = \left(\frac{16069}{\sigma_t - 465}\right)^{3.4} / n_f \tag{3}$$

对于N06625，疲劳寿命按公式(4)计算：

$$[N_c] = \left(\frac{18620}{\sigma_t - 540}\right)^{3.4} / n_f \tag{4}$$

相比2008年版，依据GB/T 12777—2019的疲劳公式进行计算，相同参数下，加强U形波纹管、普通奥氏体不锈钢的计算补偿量增加，高镍合金增加更加明显。

3.11.7 外压计算

关于外压计算，新增了多层波纹管有效层数的确定。新增了"在位移作用下，应考虑位移对周向稳定性的影响"。修订了等效外压圆筒计算方法。目前国内外主要标准校核波纹管外压稳定性，均基于外压圆筒模型，外压圆筒模型不计入位移因素对波纹管外压稳定性的影响。在实际使用中，由于位移载荷(主要是拉伸位移)会影响波纹管几何结构，在变形协调作用下，对波纹管应力状态产生较大影响，进而影响波纹管外压稳定性。采用EJMA—2015中外压稳定性校核公式进行校核,当波纹管处于拉伸位移工况下,特别是对于大直径波纹管且位移量较大时,计算许用外压值将远大于波纹管实际周向失稳压力,存在失效风险。位移对波纹管外压稳定性影响较大,设计时应考虑位移因素影响。[7]

3.11.8 膨胀节整体弹性刚度

根据膨胀节结构型式,新增了部分结构型式膨胀节整体弹性刚度计算公式。

3.11.9 导流筒及保护罩的设计

修订了导流筒设置及流速限制相关内容,以及导流筒厚度计算,新增了保护罩的设计。

3.12 附录B:矩形波纹管

修订了压力应力计算及校核公式、设计疲劳寿命计算公式、压力引起的波纹管梁模式挠度计算公式、复式膨胀节单波横向位移“y”引起的单波当量轴向位移计算公式。

3.13 附录C:结构件的设计

3.13.1 结构件设计通用要求

新增了“膨胀节结构件宜采用本标准,按照力学模型推导的设计公式设计。也可以采用有限元分析方法,有限元分析结果的判定执行JB 4732”。随着理论水平不断提升,设计方法也更加多样,特别是有限元法的应用趋于成熟,开始广泛地应用于各个行业。因此,应当采纳成熟可靠的设计方法。

新增了结构件设计温度,给出了设计温度选取原则。新增了结构件高温焊接接头强度降低系数,依据ASME B31.3给出了部分材料的降低系数取值。

3.13.2 万向环

修订了圆形万向环正应力和剪应力设计和校核公式,修订了方形万向环正应力设计和校核公式,使其更符合实际受力条件,提高结构安全可靠性。

3.14 附录D:波纹管高温疲劳试验

新增了波纹管高温疲劳试验。该部分是在参考相关研究和试验数据的基础上,结合工程经验,给出了设计温度处于材料蠕变范围内的圆形波纹管高温疲劳试验方法,并给出了N06625(Grade 2)材料波纹管在720 ℃时的疲劳设计。

3.15 附录E:选型

新增了膨胀节选型。针对各种常用管段所对应的膨胀节选型进行了归纳整理,指出了几种典型的选型不当及其危害,便于设计单位安全、便捷地进行选型。

3.16 附录F:安装使用要求

新增了膨胀节安装使用要求。符合标准设计的膨胀节产品一般都能够较好地满足工程需要,但是其安装和使用相对管道来说更为严格,有其特定的要求。本部分内容按照膨胀节安装和使用流程,提出相关要求及注意事项,减少因安装使用不当造成的膨胀节失效。

3.17 附录G:安全建议

新增了安全建议。“波纹管是膨胀节的关键部件,在设计、制造、运输、安装和使用各个环节,都应保护波纹管不受损坏。”分别从(系统)设计单位、制造单位、施工单位和使用单位的角度,对膨胀节的安全使用提出建议。

3.18 附录 H:其他材料波纹管疲劳设计方法

新增了其他材料波纹管疲劳设计方法。由于新材料的陆续开发,部分材料因其独特的性能被应用于膨胀节领域。但是关于这些材料没有对应的疲劳设计方法,本次修订给出了设计温度低于材料蠕变温度的其他材料波纹管疲劳设计方法。

4 需进一步开展研究的工作

工程应用经验及试验数据表明,外压波纹管在拉伸位移条件下更易发生周向失稳,多层薄壁、大直径波纹管表现尤其明显。周向失稳主要表现为外压下的波峰塌陷,使波纹管失去补偿和承载能力,且很快引起泄漏。目前,关于拉伸位移引起波纹管周向失稳的设计校核方法尚不够成熟,需要开展进一步理论和试验研究。

国内高温化工产业快速发展,其管线设计温度高于材料蠕变温度,介质往往有毒、易燃、易爆,对波纹管疲劳设计提出了更高的要求。尽管 EJMA—2015 中给出了设计温度高于材料蠕变温度的波纹管疲劳设计方法,GB/T 12777—2019 也给出了 N06625(Grade 2)材料无加强 U 形波纹管 720 ℃时的高温疲劳设计公式,但是相较于更多变的应用场合来说,远不能满足工程应用需求。应该开展更多材料、更大范围适用温度的高温疲劳试验,以获得相应设计公式,提升产品在极端工况下的安全可靠性。

5 结论

GB/T 12777—2019 吸收了国内外多年来的先进研究成果,体现了行业设计制造综合能力的进步,希望能对膨胀节行业的发展起到一定的推动作用。

本文针对 GB/T 12777—2019 修订的主要内容进行了介绍,对部分修订内容及产生的影响做出了详细说明,指出了还需进一步开展的工作,以期加深对标准修订内容的理解,使标准内容得以不断完善。

参考文献

[1] 国家市场监督管理总局,中国国家标准化管理委员会.金属波纹管膨胀节通用技术条件:GB/T 12777—2019[S].北京:中国标准出版社,2019.

[2] Expansion Joint Manufacturers Association. Standards of the Expansion Joint Manufacturers Association:EJMA—2015[S].

[3] British Standards Institution. Metal Bellows Expansion Joints for Pressure Applications: EN 14917—2012[S].

[4] The American Society of Mechanical Engineers. Process Piping Appendix X Metallic Bellows Expansion Joints:ASME B31.3—2014[S].

[5] 国防科学技术工业委员会.管道用金属波纹管膨胀节通用规范:GJB/T 1996—2018[S].

[6] 中华人民共和国国家质量监督检验检疫总局,中国国家标准化管理委员会.压力容器:GB/T 150—2011[S].北京:中国标准出版社,2012.

[7] 钟玉平,李张治,段玫,等.外压-拉伸位移下波纹管周向应力计算探讨[J].压力容器,2018,35(10):25-30.

作者简介

钟玉平(1968—),男,研究员,研究方向为波纹管膨胀节开发及工程应用。通信地址:河南省洛阳市洛龙区滨河南路 169 号。

负压或真空条件下Ω形波纹管的强度计算公式研究

牛玉华[1]　吴建伏[1]　徐　旭[1]　陈云飞[2]　李　扬[2]

（1. 南京晨光东螺波纹管有限公司，南京 211153；2. 东南大学，南京 211189）

摘要：Ω形波纹管通常用于高压场合，但在许多实际应用中需要Ω形波纹管按多工况设计，既要承受较高的内压，又要承受负压或真空。EJMA—2015提供了Ω形波纹管承受内压时的计算方法，但该标准明确说明受负压的Ω形波纹管不包含在标准中。目前，国际上的其他波纹管膨胀节的设计标准和规范也均未涉及受负压的Ω形波纹管的计算。本文在之前的研究成果的基础上对Ω形波纹管的强度计算公式进行了进一步的分析研究和改进，提出了受负压或真空的Ω形波纹管计算的建议，该建议已被EJMA技术委员会采纳。

关键词：Ω形波纹管；膨胀节；负压或真空

The Strength Equation Research for Toroidal Bellows Under External Pressure or Vacuum Condition

Niu Yuhua[1], Wu Jianfu[1], Xu Xu[1], Chen Yunfei[2], Li Yang[2]

(1. Aerosun-Tola Expansion Joint Co. Ltd., Nanjing 211153; 2. Southeast University, Nanjing 211189)

Abstract: The toroidal bellows are usually subjected to high pressure, but in many applications, it's essential that the toroidal bellows being designed under multi-cases. The toroidal bellows need to bear the high internal pressure as well as the external pressure or vacuum condition. The EJMA—2015 standard provides the calculation for toroidal bellows under internal pressure, but it states that the toroidal bellows with external pressure are not covered, and the other standards or codes of bellows in the world also omit these. This paper revises and analyses the strength equation of toroidal bellows under external pressure or vacuum condition based on former research, and the proposal has been accepted by the EJMA Technical Committee.

Keywords: toroidal bellows; expansion joint; external pressure or vacuum condition

1　概述

我国的石油化工设备制造业经过多年自行研制和引进吸收国外先进技术，有了飞跃性的发展，大量原先需要进口的高温、高压及大口径的石油化工设备逐渐转为国内自行制造。为这些设备配套生产膨胀节的制造厂也同样面临挑战，需要设计、制造相应的高温、高压及大口径膨胀节。

膨胀节的结构型式较多，按其波纹管纵向截面内的波纹形状来分，通常有U形、Ω形及S形等。在高温、高压及大口径条件下，Ω形波纹管通常是较好的选择，但这些石油化工设备常常需要按多工况设计，既要承受较高的内压，又要承受负压或真空。EJMA—2015提供了Ω形波纹管承受内压时的计算方法，但该标准明确说明受负压的Ω形波纹管不包含在标准中。[1]目前国际上的其他波纹管膨胀节的设计标准和规范均未涉及受负压的Ω形波纹管的计算。

2 某国际项目Ω形波纹管失效案例

某国际项目的浮头式换热器采用了36″Ω形波纹管膨胀节,按 ASME Ⅷ-1—2019[2]进行设计和制造。设计要求同时耐正压和负压5.0 MPa,内部和外部水压试验压力均为7.2 MPa。该产品按 ASME Ⅷ-1—2019 规范设计和制造,出厂前按规范完成了内压试验,但由于规范未规定Ω形波纹管的外压计算及压力试验要求,该产品出厂前未做外压试验。

产品交付用户之后,用户按换热器设计规定,分别进行了内压和外压试验。产品内压试验符合要求,但在进行外压试验时,打压到3.0 MPa时,Ω形波纹管膨胀节产品发生失效变形,如图1、图2所示。通过对该产品的失效情况进行分析,该产品因外压子午向弯曲应力过大而引起失效变形。因此,进行负压或真空条件下Ω形波纹管的强度和稳定性的分析和验证,形成可靠的计算方法和公式,并纳入规范已非常有必要。

图1　Ω形波纹管膨胀节

图2　Ω形波纹管膨胀节局部变形形貌

3 Ω形波纹管负压或真空条件下计算方法的研究历史介绍

EJMA—2015[2]提供的关于U形波纹管在负压下的计算方法,分两部分内容:第一部分为U形波纹管在负压下的强度计算;第二部分为U形波纹管在负压下的稳定性计算。EJMA—2015提供了Ω形波纹管承受内压时的计算方法,但该标准明确说明受负压的Ω形波纹管不包含在标准中。目前,国际上的其他波纹管膨胀节的设计标准和规范均未涉及受负压的Ω形波纹管的计算。

笔者在《负压或真空条件下Ω形波纹管的计算研究》[3]中,对Ω形波纹管在负压或真空条件下的计算提供了计算方法。如图3、图4所示,与U形波纹管的沿轴线对称形状不同,Ω形波纹管的形状沿轴线完全不对称,由Ω形波和直段组成。在进行负压计算时,不能像U形波纹管那样可以直接用无增强型波纹管的计算公式进行强度计算,Ω形波纹管需要将Ω形波和直段分开进行考虑。该文中分别对Ω形波纹管直边强度和稳定性计算、Ω形波部分的强度计算进行了分析、验证并做了详细的描述。

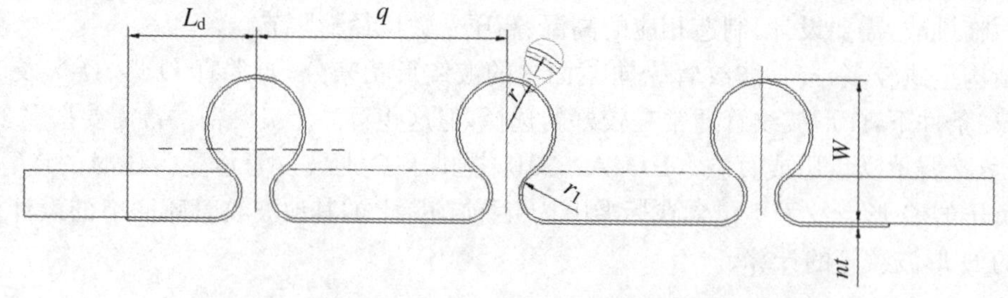

图3　受负压的Ω形波纹管(外部加强环不起加强作用)

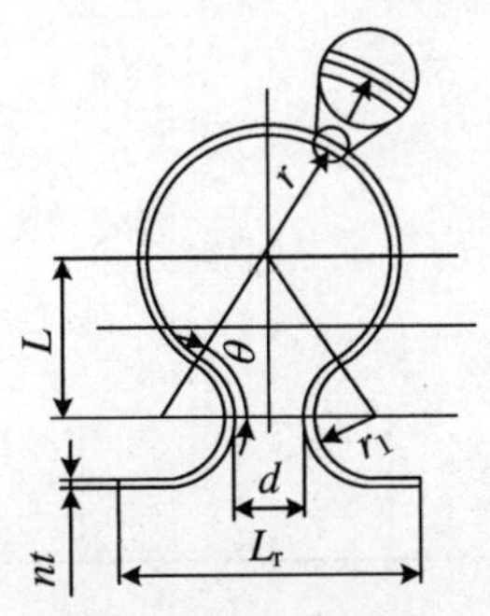

图4　受负压的Ω形波

关于Ω形波在负压或真空条件下的强度计算部分，该文中提出了如下计算公式：

(a) 受负压时的Ω形波部分的周向薄膜应力的计算公式为

$$S_2 = \frac{Pr}{2nt_p} \tag{1}$$

(b) 受负压时的Ω形波部分的子午向薄膜应力的计算公式为

$$S_3 = \frac{Pr}{nt_p}\frac{D_m - r}{D_m - 2r} \tag{2}$$

(c) 受负压时的Ω形波部分的子午向弯曲应力的计算公式为

$$S_4 = \frac{P}{2n}\left(\frac{w}{t_p}\right)^2 C_p \tag{3}$$

决定系数 C_p的两个相关参数 C_1和 C_2的计算公式如下：

$$C_1 = \frac{1.82r_m}{\sqrt{D_m t_p}} \tag{5}$$

$$C_2 = \frac{2r_m}{w} \tag{6}$$

考虑到受Ω形波根部半径的影响，C_1和 C_2的计算公式中的 r_m按下式计算：

$$r_m = \frac{r + \left(r_{it} + \dfrac{nt}{2}\right)}{2} \tag{7}$$

关于Ω形波在负压或真空条件下的强度计算公式，由于Ω形波的周向薄膜应力和水平较低，该项应力不是影响Ω形波强度的主要因素，为了简化计算，本文认为无需进行Ω形波的周向薄膜应力的校核。

本文参照无增强型U形波纹管的子午向弯曲应力的计算公式提出了Ω形波的子午向弯曲应力的计算公式，其中修正系数直接引用了U形波纹管的修正系数，对于较小口径的Ω形波计算结果有一定的精确度，基本可以参照使用；但随着Ω形波口径变大，精度降低，存在比较大的偏差。

4　Ω形波负压或真空条件下的强度计算公式

本文在文献[3]的研究基础上对Ω形波在负压或真空条件下的子午向薄膜应力和子午向弯曲应力的计算公式进行了重新推导，并通过有限元与试验验证相结合提出了以下的计算方法。

Ω形波在负压或真空条件下与内压情况下完全不同，外部加强环已失去加强的作用，在加强环作用下推导出来的内压情况下的Ω形波的计算公式已不能完全适用。负压或真空条件下的Ω形波部分所受的应力与无增强型U形波纹管的应力情况有相似之处。

负压或真空条件下的Ω形波产生的子午向薄膜应力 S_3及子午向弯曲应力 S_4也可以根据平衡方程得出，简要的推导过程如下(以单层为例)：

将波峰、波谷分别视为两端固定的直梁(边界取为固定端，这是因为波峰与波谷处的位移和转角均为零)，A，B 两点的距离为 w(见图5)，单位宽度上的板厚为 t_p，其上有均布载荷 P 的作用，其最大弯矩 M_{max}

发生在 A,B 两点,即

$$R_A = R_B = \frac{Pw}{2} \tag{8}$$

$$M_A = M_B = \frac{Pw^2}{12} \tag{9}$$

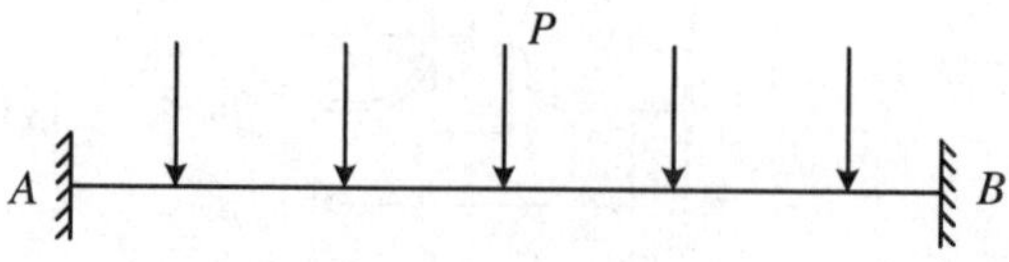

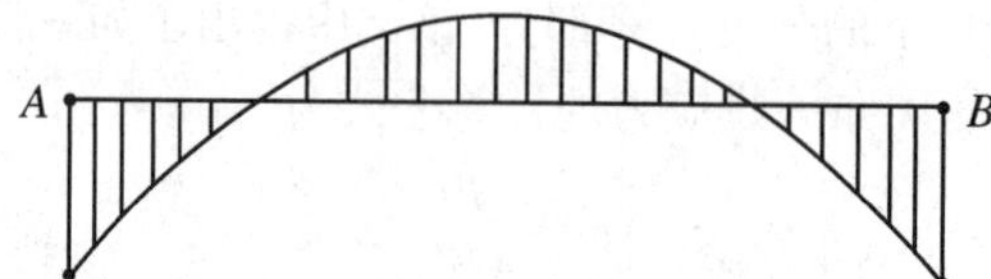

图 5　Ω 形波纹管简化为直梁示意

外压在 Ω 形波纹管中产生的子午向薄膜应力 S_3:

$$S_3 = \frac{R_A}{t_p} = \frac{Pw}{2t_p} \tag{10}$$

外压在 Ω 形波纹管中产生的子午向弯曲应力 S_4:

$$S_4 = \frac{M_{max}}{W} \tag{11}$$

其中,W 为抗弯界面系数。

把截面看成是高为 t_p,宽为 1 的矩形,则

$$W = \frac{I_z}{y_{max}} = \frac{\frac{t_p^3}{12}}{\frac{t_p}{2}} = \frac{t_p^2}{6} \tag{12}$$

所以

$$S_4 = \frac{M_{max}}{W} = \frac{Pw^2}{12} \times \frac{6}{t_p^2} = \frac{P}{2}\left(\frac{w}{t_p}\right)^2 \tag{13}$$

与 U 形波纹管类似,在推导 Ω 形波纹管的子午向弯曲应力的时候,把波纹管简化为一个直梁,但这与实际情况有着很大的差别,需要加一个修正系数 K。

$$S_4 = \frac{KP}{2}\left(\frac{w}{t_p}\right)^2 \tag{14}$$

5　Ω 形波纹管子午向弯曲应力 S_4 公式中系数 K 的研究

由于在计算受力时,把 Ω 形波纹管简化成一个两端固定的直梁,这与实际情况有着很大的差别,所以需要考虑由于形状差异导致计算结果的差异,需要加一个修正系数 K。

本文通过有限元模型计算不同的大圆环半径 r 与小圆环半径 r_t 的比值(r_t/r)和不同直径的子午向应力的值,根据工程力学的模型计算出修正系数 K 的值,然后通过 Origin 对所得的值进行曲线拟合,得到相对应的修正系数 K 曲线。为确保结果准确,还专门制造了 2 台 DN750 和 2 台 DN1400 Ω 波纹管进行试验,验证有限元的模型及计算结果的准确性。通过试验验证,有限元的计算结果与试验结果的相关性较好。

本文中有限元分析采用 ABAQUS 软件。由于本文是计算 Ω 形波纹管仅在外压或真空情况下所受应力的大小,在这种状态下,加强环的作用较小,故在计算时可忽略加强环的影响,如图 6 所示。由 Ω 形波纹管的几何结构可得出,它是一种轴对称结构。为了减少不必要的计算量并方便加载,本文采用了 1/8 对称模型进行分析，如图 7 所示。[4] 为了减少不必要的误差，保证数据的准确性，根据不同的圆环半径比值和直径建立了 DN200～DN2000 共 100 个模型，分成 2 组数据，将 2 组数据的结果取平均值。另外，为扩大应用范围，又增加了 5 个 DN3000 的计算模型。Ω 形试验件和应力应变测量如图 8、图 9 所示。

图 6　Ω 形波模型

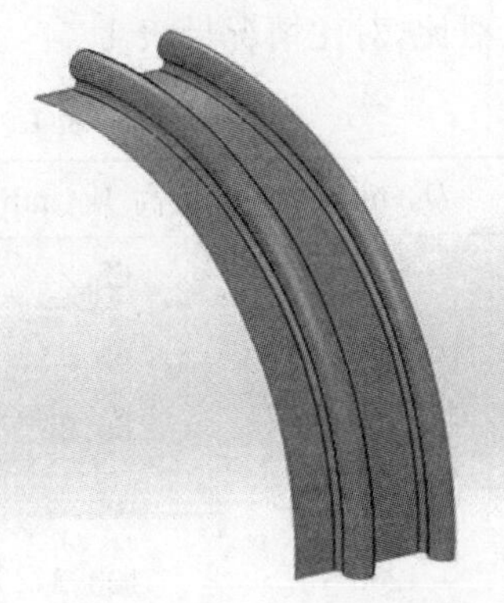

图 7　Ω 形波 1/8 模型

图 8　Ω 形波试验件

图 9　Ω 形波应力应变测量

由于篇幅有限，关于修正系数 K 的计算数据和试验数据的验证，将在《负压或真空条件下 Ω 形波子午向弯曲应力公式中系数 K 的研究》一文中详细描述。本文主要引用相关的计算结果。

修正系数 K 的拟合曲线图如图 10 所示。

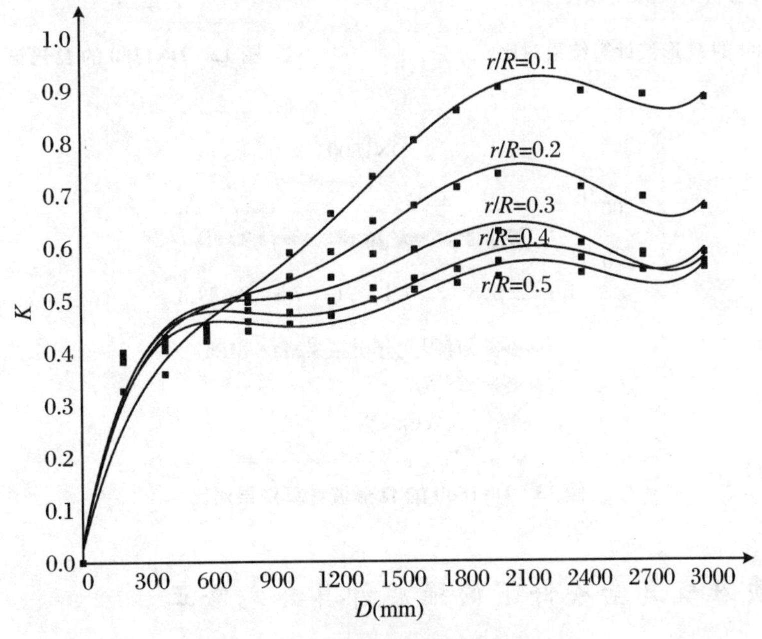

图 10　修正系数 K 值的拟合曲线图

6 Ω形波子午向弯曲应力强度计算结果与有限元分析结果对比

本文对2种波形、3种口径Ω形波的有限元分析子午向应力结果与利用式(2)～式(5)计算得出的子午向应力结果进行了对比,对比情况见表1。

表1 有限元分析对比的参数

波形	D_b(mm)	波高 W(mm)	r_{it}(mm)	r_m(mm)	t_p(mm)	P(MPa)
波形1	600	65.2	11.5	17.75	1.5	-0.1
波形1	1200	65.2	11.5	17.75	1.5	-0.1
波形1	1800	65.2	11.5	17.75	1.5	-0.1
波形2	600	100.3	13	26.5	1.5	-0.1
波形2	1200	100.3	13	26.5	1.5	-0.1
波形2	1800	100.3	13	26.5	1.5	-0.1

从图11～图13计算结果对比可以看出,利用式(4)和式(5)(采用K系数修正)得出的子午向应力的计算结果与有限元分析的结果一致性较好,但结果偏小一些。利用式(2)和式(3)(采用C_p系数修正)得出的子午向应力的计算结果与有限元分析的结果相比,在Ω形波口径较小的时候一致性较好且结果比较保守,但随着Ω形波口径增大,数据误差增大,出现较大的偏离。

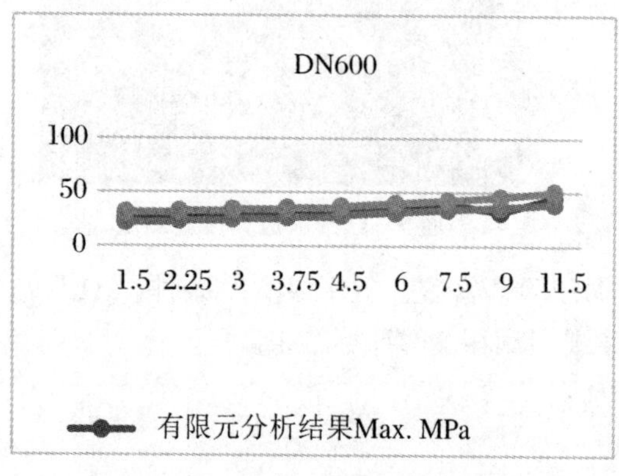

图11 DN600的Ω形波计算结果对比

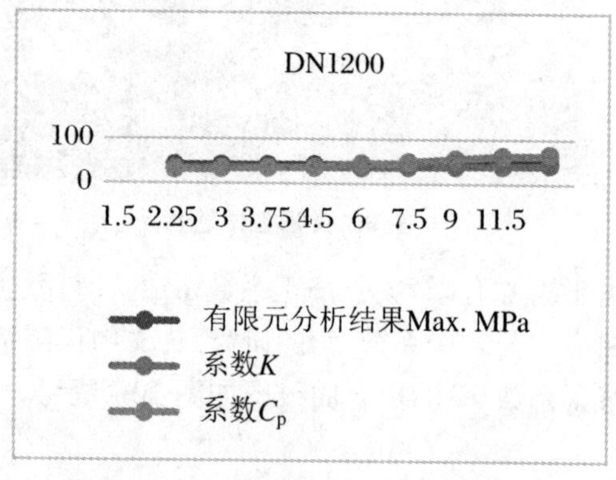

图12 DN1200的Ω形波计算结果对比

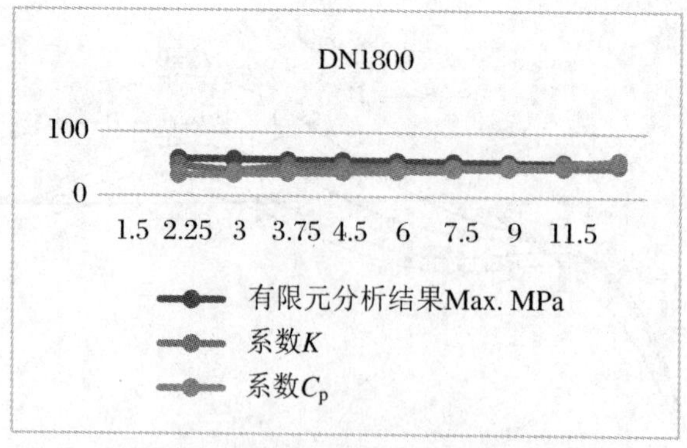

图13 DN1800的Ω形波计算结果对比

7 Ω形波纹管负压或真空条件下的强度计算公式修正

根据有限元计算结果与利用式(4)和式(5)(采用K系数修正)的子午向应力的计算结果对比,对式(5)

进行修正如下。

外压在Ω形波纹管中产生的子午向弯曲应力 S_4：

$$S_4 = 0.6KP\left(\frac{w}{t_p}\right)^2 \tag{16}$$

对Ω形波纹管的有限元分析子午向应力结果与利用式(2)、式(3)、式(4)和式(6)计算得出的子午向应力结果进行对比如下。

从图14～图16计算结果对比可以看出，利用式(4)和式(6)(采用 K 系数修正)得出的子午向应力的计算结果与有限元分析的结果高度一致。

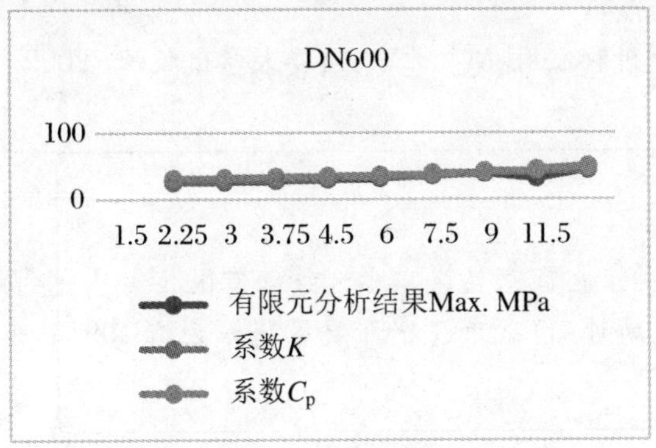

图14　DN600的Ω形波纹管计算结果对比

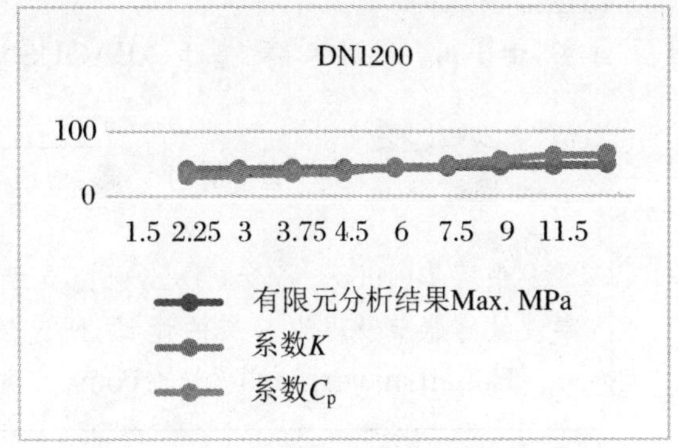

图15　DN1200的Ω形波纹管计算结果对比

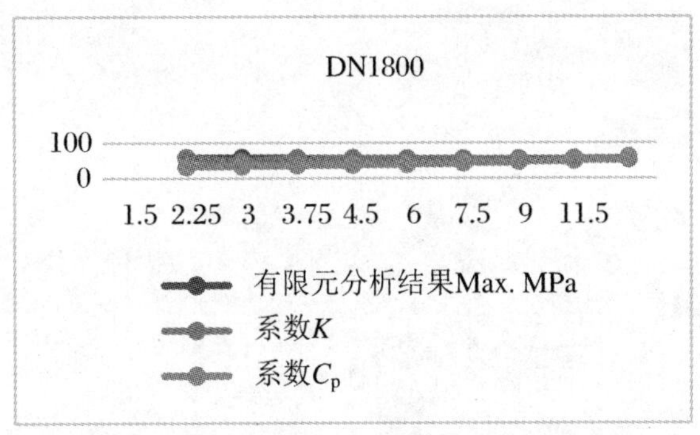

图16　DN1800的Ω形波纹管计算结果对比

8　结论

本文在对Ω形波纹管的直段和Ω形波进行了强度和稳定性分析和论证的基础上，对Ω形波纹管的Ω形波部分的强度计算进行了进一步研究，主要结论如下：

(1) 对Ω形波部分的子午向薄膜应力和弯曲应力计算进行了推导，得出了相应的计算公式。

(2) 对推导出的子午向弯曲应力公式中的修正系数 K，采用有限元方法进行计算。为了减少不必要的误差和保证数据的准确性，根据不同的圆环半径比值和直径共建立了100个模型，分成了2组数据，将2组数据的结果取平均值。为确保有限元模型及计算结果的准确性，采用了4个试验件进行应力应变测量的数据与有限元计算结果对比，并确认有限元计算结果的符合性。

(3) 对获得的修正系数 K 进行验证计算，利用式(4)和式(5)的子午向应力的计算结果与有限元分析的结果一致性较好，但结果偏小一些。

(4) 对式(5)进行修正，根据修正后的式(6)计算出的结果与有限元分析的结果一致性非常理想。

根据本文推导的Ω形波纹管的Ω形波部分的强度计算公式[式(4)和式(6)]，结合文献[3]提供的关于Ω形波直边强度和稳定性计算方法，笔者郑重地向EJMA技术委员会提出了增加负压或真空条件下Ω形波纹管的计算的建议，该内容已被EJMA技术委员会接受，将在下一版EJMA标准中发布。

参考文献

[1] Expansion Joint Manufacturers Association. Standards of the Expansion Joint Manufacturers Association:EJMA—2015[S].

[2] The American Society of Mechanical Engineers. Mandatory Appendix 26 Bellows Expansion Joints: ASME Ⅷ-1—2019[S].

[3] 牛玉华,魏晓汉,杨瑛,等.负压或真空条件下Ω形波纹管的计算研究[J].压力容器,2010,27(8):13-18.

[4] 庄茁,由小川,廖剑辉,等.基于ABAQUS的有限元分析和应用[M].北京:清华大学出版社,2009.

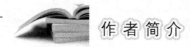

作者简介

牛玉华(1966—),女,硕士,研究员级高级工程师。在南京晨光东螺波纹管有限公司从事波纹膨胀节及压力管道的设计、研究工作。通信地址:南京市江宁开发区将军大道199号。E-mail:njcgtrniuyh@163.com。

负压或真空条件下 Ω 形波子午向弯曲应力公式中系数 K 的研究

牛玉华[1]　徐　旭[1]　吴建伏[1]　於　飞[1]　陈云飞[2]　李　扬[2]

(1. 南京晨光东螺波纹管有限公司，南京 211153；2. 东南大学，南京 211189)

摘要：Ω 形波纹管通常用于高压场合，但在许多实际应用中，需要 Ω 形波纹管按多工况设计，既要承受较高的内压，又要承受负压或真空。本文通过分析研究，提出了受负压或真空的 Ω 形波纹管的强度计算公式。针对 Ω 形波子午向弯曲应力公式中的修正系数 K 进行研究，提供了系数 K 的拟合曲线。

关键词：Ω 形波纹管；Ω 形波；负压或真空；子午向弯曲应力

Research on Factor K for Meridional Bending Stress Equation of Toroidal Bellows Under External Pressure or Vacuum Condition

Niu Yuhua[1], Xu Xu[1], Wu Jianfu[1], Yu Fei[1], Chen Yunfei[2], Li Yang[2]

(1. Aerosun-Tola Expansion Joint Co. Ltd., Nanjing 211153; 2. Southeast University, Nanjing 211189)

Abstract: The toroidal bellows are usually subjected to high pressure, but in many applications, it's essential that the toroidal bellows being designed under multi-cases. The toroidal bellows need to bear the high internal pressure as well as the external pressure or vacuum condition. The author has proposed the strength equation of toroidal bellows under external pressure or vacuum condition based on former research. This paper mainly researches on the factor K curve relating to the meridional bending stress equation of toroidal bellows under external pressure or vacuum condition.

Keywords: toroidal bellows; toroidal; external pressure or vacuum condition; meridional bending stress

1　概述

我国的石油化工设备制造业经过多年自行研制和引进吸收国外先进技术，有了飞跃性的发展，大量原先需要进口的高温、高压及大口径的石油化工设备逐渐转为国内自行制造。为这些设备配套生产膨胀节的制造厂也同样面临挑战，需要设计、制造相应的高温、高压及大口径膨胀节。

膨胀节的结构形式较多，按其波纹管纵向截面内的波纹形状来分，通常有 U 形、Ω 形及 S 形等。在高温、高压及大口径条件下，Ω 形波纹管通常是较好的选择，但这些石油化工设备常常需要按多工况设计，既要承受较高的内压，又要承受负压或真空。EJMA—2015 提供了 Ω 形波纹管承受内压时的计算方法，但该标准明确说明受负压的 Ω 形波纹管不包含在标准中。[1] 目前国际上的其他波纹管膨胀节的设计标准和规范均未涉及受负压的 Ω 形波纹管的计算。

笔者在《负压或真空条件下 Ω 形波纹管的强度计算公式研究》中提供了 Ω 形波在负压或真空条件下的子午向薄膜应力的计算公式，由于该公式是通过将 Ω 形波简化成梁后根据平衡方程推导得出的，需要对系数 K 进行修正。如何获得准确的 K 值，将直接影响到 Ω 形波在负压或真空条件下子午向薄膜应力的计算结果的精度。本文将着重研究如何获得准确的修正系数 K。

2 Ω形波负压或真空条件下的强度计算公式

Ω形波在负压或真空条件下与内压情况下完全不同,外部加强环已失去加强的作用,在加强环作用下推导出来的内压情况下的Ω形波的计算公式已不能完全适用。负压或真空条件下的Ω形波部分所受的应力与无增强型U形波纹管的应力情况有相似之处(见图1、图2)。负压或真空条件下的Ω形波中产生的子午向薄膜应力S_3及子午向弯曲应力S_4是将Ω形波简化成梁后根据平衡方程得出的,计算公式如下:

外压在Ω形波中产生的子午向薄膜应力S_3:

$$S_3 = \frac{R_A}{t_p} = \frac{Pw}{2t_p} \tag{1}$$

外压在Ω形波中产生的子午向弯曲应力S_4:

$$S_4 = \frac{KP}{2}\left(\frac{w}{t_p}\right)^2 \tag{2}$$

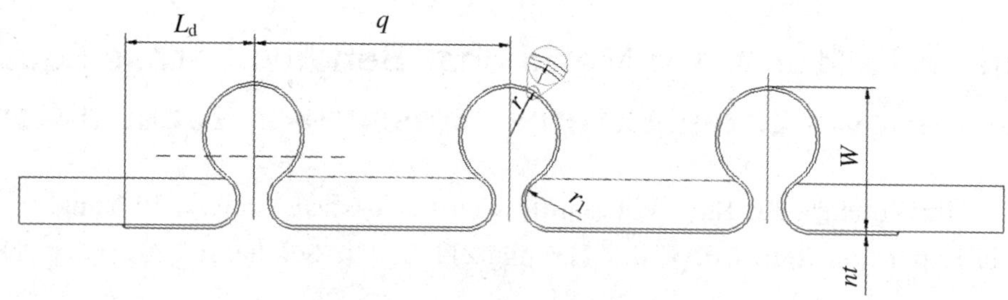

图1 受负压的Ω形波纹管(外部加强环不起加强作用)

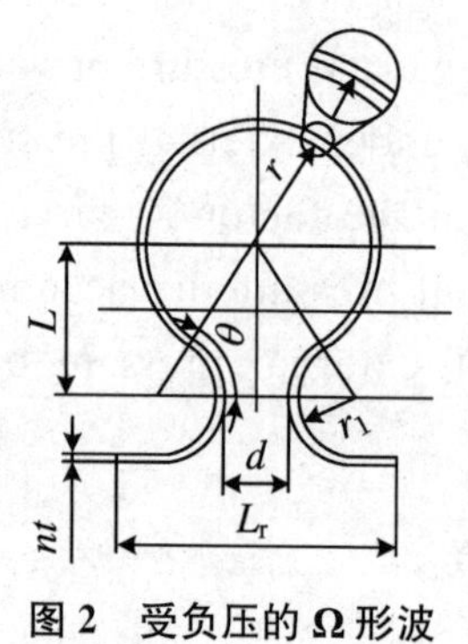

图2 受负压的Ω形波

3 Ω形波子午向弯曲应力S_4公式中系数K的计算

对于U形波纹管的子午向弯曲应力计算公式,Anderson根据梁的理论和图表引入了修正系数C_p,建立起了简化方程与壳体行为的关系,修正系数C_p的数值也是通过数值分析的方法获得的。

由于在实际情况中,子午向弯曲应力并不仅仅与r_t/r有关系,还与直径有一定的关系。本文通过有限元分析,对Ω形波圆环大半径r、圆环根部小半径r_t和直径对子午向弯曲应力的影响进行分析。根据有限元分析结果,得出Ω形波直径对子午向弯曲应力的影响要比圆环半径r_t/r的影响大,随着直径的增加,子午向弯曲应力也相应增加;虽然大圆环r单独变化时与小圆环r_t单独变化时的应力影响趋势不一样,但是小圆环半径r_t与大圆环半径r的比值变化也与子午向弯曲应力的变化趋势相同。所以在进行子午向弯曲应力的计算时,修正系数K需要同时考虑大圆环半径r与小圆环半径r_t的比值和直径共同作用的影响。

本文采用ABAQUS软件,通过有限元模型计算不同的小圆环半径r_t与大圆环半径r的比值r_t/r及不同直径的子午向弯曲应力的值,根据式(2)计算出修正系数K的值。

3.1 有限元分析模型的建立

由于仅计算 Ω 形波在外压或真空情况下所受应力的大小，在这种状态下，其加强环的作用就变得很小，故在计算时可以不用考虑加强环的影响，如图 3 所示。由波纹管的几何结构可得出，它是一种轴对称结构。为了减少不必要的计算量并方便加载，该文采用了 1/8 的对称模型进行分析，如图 4 所示。

图 3 Ω 形波模型

图 4 Ω 形波 1/8 模型

为了减少不必要的误差，保证数据的准确性，根据不同的圆环半径比值（r_t/r）和直径共建立了 100 个模型，分成了 2 组数据分别取得相应的 K 值，将 2 组 K 值数据的结果取平均值。由于这 100 个模型中最大的直径为 DN2000，按照现在工业的发展，DN3000 甚至更大直径的膨胀节也已经开始应用，为了扩大应用范围，本文又增补了 5 个 DN3000 的模型计算。有限元分析的应力云如图 5 所示。

图 5 有限元分析的应力云图

(1) 第 1 组数据（50 个模型）：

厚度 $t=1.5$，大圆 $r=22.5$，波距 $q=110$，直线段 $L_q=60$；

直线段外径 $D=$ 400，600，800，1000，1200，1400，1600，1800，2000；

小圆环 $r_t=2.25$，4.5，6.75，9，11.25 mm；

另外加模型 $r=18$，$t=1.5$，波距 $q=110$，直线段 $L_q=60$ mm，$D=200$；

小圆环 $r_t=1.8$，3.6，5.4，7.2，9 mm。

(2) 第 2 组数据（50 个模型）：

厚度 $t=1.5$，大圆 $r=27.5$，波距 $q=110$，直线段 $L_q=60$；

直线段外径 $D=400$，600，800，1000，1200，1400，1600，1800，2000；

小圆环 $r_t=2.25$，4.5，6.75，9，11.25 mm；

另外加模型 $r=20$，$t=1.5$，波距 $q=110$，直线段 $L_q=60$ mm，$D=200$；

小圆环 $r_t=2,4,6,8,10$ mm。

(3) 第 3 组数据(5 个 DN3000 的模型)

直线段外径 $D=3000$ mm，厚度 $t=1.5$，大圆环半径 $r=27.5$ mm 时，$r_t=2.75, 5.5, 8.25, 11, 13.75$ mm。

3.2 有限元分析的计算结果

本文通过有限元分析，取得了第 1 组 50 个模型在 $P=-0.1$ MPa 下最大的子午向弯曲应力。通过式(2)，计算出每个模型的相应 K 值，具体结果参见表 1 和表 2。

(1) 第 1 组数据 K 值的计算结果。

表 1　通过式(2)计算出的第 1 组 50 个数据的 K 值

r_t/r \ D	200	400	600	800	1000	1200	1400	1600	1800	2000
0.1	0.343	0.397	0.487	0.577	0.680	0.766	0.853	0.934	1.008	1.076
0.2	0.398	0.448	0.497	0.557	0.620	0.680	0.739	0.797	0.849	0.880
0.3	0.415	0.475	0.506	0.542	0.581	0.632	0.669	0.690	0.721	0.750
0.4	0.404	0.463	0.490	0.513	0.537	0.559	0.583	0.606	0.627	0.641
0.5	0.384	0.446	0.465	0.482	0.496	0.518	0.538	0.556	0.573	0.584

(2) 第 2 组数据 K 值的计算结果。

表 2　通过式(2)计算出的第 2 组 50 个数据的 K 值

r_t/r \ D	200	400	600	800	1000	1200	1400	1600	1800	2000
0.1	0.311	0.321	0.374	0.438	0.500	0.560	0.614	0.671	0.709	0.729
0.2	0.373	0.374	0.402	0.435	0.467	0.501	0.558	0.558	0.574	0.596
0.3	0.381	0.380	0.398	0.418	0.435	0.452	0.503	0.497	0.487	0.505
0.4	0.398	0.374	0.391	0.404	0.414	0.435	0.458	0.472	0.485	0.501
0.5	0.381	0.362	0.378	0.397	0.409	0.419	0.461	0.479	0.486	0.501

(3) 第 1 组和第 2 组数据的 K 值平均值(表 3)。

表 3　第 1 组和第 2 组数据的 K 值平均值

r_t/r \ D	200	400	600	800	1000	1200	1400	1600	1800	2000
0.1	0.327	0.359	0.431	0.508	0.590	0.663	0.734	0.803	0.859	0.903
0.2	0.386	0.411	0.450	0.496	0.544	0.591	0.649	0.678	0.712	0.738
0.3	0.398	0.428	0.452	0.480	0.508	0.542	0.586	0.594	0.604	0.628
0.4	0.401	0.419	0.441	0.459	0.476	0.497	0.521	0.539	0.556	0.571
0.5	0.383	0.404	0.422	0.440	0.453	0.469	0.500	0.518	0.530	0.543

(4) 补充增加 DN3000 的计算数据后的 K 值(表 4)。

表4 计算完成的修正系数 K 值汇总

D \ r/R	0.1	0.2	0.3	0.4	0.5
200	0.327	0.386	0.398	0.401	0.383
400	0.359	0.411	0.428	0.419	0.404
600	0.431	0.450	0.452	0.441	0.422
800	0.508	0.496	0.480	0.459	0.440
1000	0.590	0.544	0.508	0.476	0.453
1200	0.663	0.591	0.542	0.497	0.469
1400	0.734	0.649	0.586	0.521	0.500
1600	0.803	0.678	0.594	0.539	0.518
1800	0.859	0.712	0.604	0.556	0.530
2000	0.903	0.738	0.628	0.571	0.543
3000	0.882	0.673	0.570	0.587	0.558

4 Ω形波系数 K 有限元计算模型的试验验证

为确保计算结果准确，本文专门制造了2台DN750和2台DN1400 Ω形波纹管进行试验，验证有限元的模型及计算结果的准确性。

4.1 试验准备工作

试验方法：在Ω波纹管外边加上一层钢外壳，这样外壳和Ω形波纹管外部就形成了一个密闭的容器，对密闭容器施加内压，就相当于Ω形波纹管承受外压。在Ω形波纹管的内侧贴上应变片测量Ω形波纹管各点的应力值。

为了能够准确地测量各应力值，需要规划应变片的位置。参考有限元分析的计算结果，在各波的大半径和小半径相接处，波形的顶部(波峰)，直线段与小圆环的相接处(波谷)都需要放置应变片。考虑到在负压下Ω形波纹管会产生变形，每个环向只有一个应变片是不稳定的，所以，每个环向上设置3个点，以便于取平均值。考虑到设备接口的限制性，仅能设置30个应变片的通道，故每个纵截面上的测试点的位置设了10个。由于波纹管的对称性，本文仅对一半进行了测试，如图6所示，圆圈代表需要放置应变片的地方。Ω形波试验件与应力应变测量如图7、图8所示。

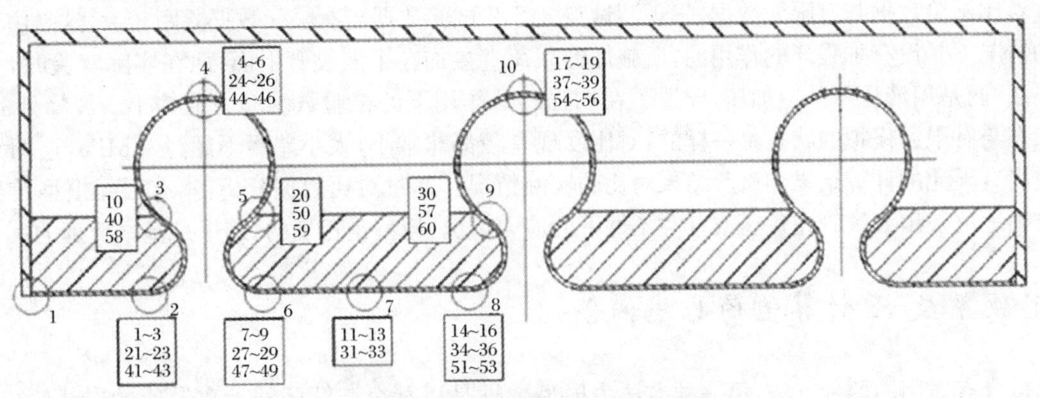

图6 截面上应变片位置示意图

图 7 Ω形波试验件

图 8 Ω形波应力应变测量

4.2 试验结果对比

有限元计算结果与试验结果的对比见表 5 和表 6。

表 5 有限元计算结果与试验结果对比 (测试点 3,5,9)

外压 P (MPa)	测试点 3			测试点 5			测试点 9			平均偏差 (%)
	平均测试结果 (MPa)	有限元计算结果 (MPa)	偏差 (%)	平均测试结果 (MPa)	有限元计算结果 (MPa)	偏差 (%)	平均测试结果 (MPa)	有限元计算结果 (MPa)	偏差 (%)	
−0.1	21	40	47.50	24	40	40.00	27	36	25.00	37.50
−0.2	47	72	34.72	53	67	20.90	56	73	23.29	26.30
−0.3	83	107	22.43	86	101	14.85	101	128	21.09	19.46

表 6 有限元计算结果与试验结果对比 (测试点 4,10)

外压 P (MPa)	测试点 4			测试点 10			平均偏差 (%)
	平均测试结果 (MPa)	有限元计算结果 (MPa)	偏差 (%)	平均测试结果 (MPa)	有限元计算结果 (MPa)	偏差 (%)	
−0.1	−31	−33	6.06	−33	−33	0.00	3.03
−0.2	−66	−67	1.49	−73	−73	0.00	0.75
−0.3	−131	−121	−8.26	−117	−112	−4.46	6.36

通过对比试验数据与有限元数据,发现测试点 3,5,9 试验数据与有限元数据差距较大,这是由于在有限元模拟的情况下是没有加强环的作用的,所施加的载荷直接加在了波纹管上面;而在实际实验时,并未用抽真空的办法,而是用液压从外边加压,导致了在加强环处作用下的试验数据应力值偏小。波峰处的点 4,10 的试验状态与有限元模拟的状态是一样的,对比发现差距都非常小,大小差距不超过 2 MPa,这两点能够有效地反映出有限元的计算结果和试验结果对比的实际情况。通过对比数据分析,本有限元模型及分析方法能够较准确地反映出波纹管在负压或真空条件下的应力情况,模型是正确的,结果是基本合理的。

5 Ω形波系数 K 计算值的曲线拟合

曲线拟合有通用的两种方法:第一种方法为模型数据是以某个连续区间上离散值的形式给出的,需要顾及两个离散值之间某点的估计值,该方法所拟合的数据有比较大的误差,只能推导出整个数据趋势的一条曲线,因此,没有必要使拟合曲线经过每一个已知数据点;第二种方法为在数据模型区间中去掉一些离散点来计算函数的值，然后推导出一个较为简单的函数，对这些离散值进行拟合。[2-6]第二种方法显然要比第一种方法拟合结果更加准确，故本文所用的方法为第二种方法。

本文采用的曲线拟合的软件为 Origin。该软件是由 Origin Lab 公司设计的专业绘图和数据分析软件，其产品已经在全球科学家、工程师中普遍应用。Origin 重要的曲线拟合就是多项式拟合，可以为用户提供准确、快捷的拟合过程和参数评价过程。

在确定分析拟合结果时，相关系数与残差平方和是反映其拟合结果的两个重要因素。在本文对数据进行多项式拟合时，就以这两个数据作为标准。首先，对表 4 的数据进行二次多项式拟合，通过分析所拟合的曲线与离散点的差距，以及其相关系数和残差平方和的数据，可以看出曲线与一些点的差距较大；仅有当 $r/R=0.1$ 时的相关系数超过了 0.95，其余的都在 0.9 以下，最小甚至到了 0.6，说明二次多项式并不能实现很好的拟合。然后，用相同的办法，对数据进行不同次数多项式拟合，直到能够合理准确地模拟出曲线。三次多项式和四次多项式的拟合结果不够理想。通过对五次多项式进行拟合，可以发现曲线和离散点的差距较小，如图 9 所示；其相关系数都在 0.95 以上，这说明五次多项式拟合能够较好地反映出真实情况的数据。故本文所应用的图表采用五次多项式拟合的曲线。

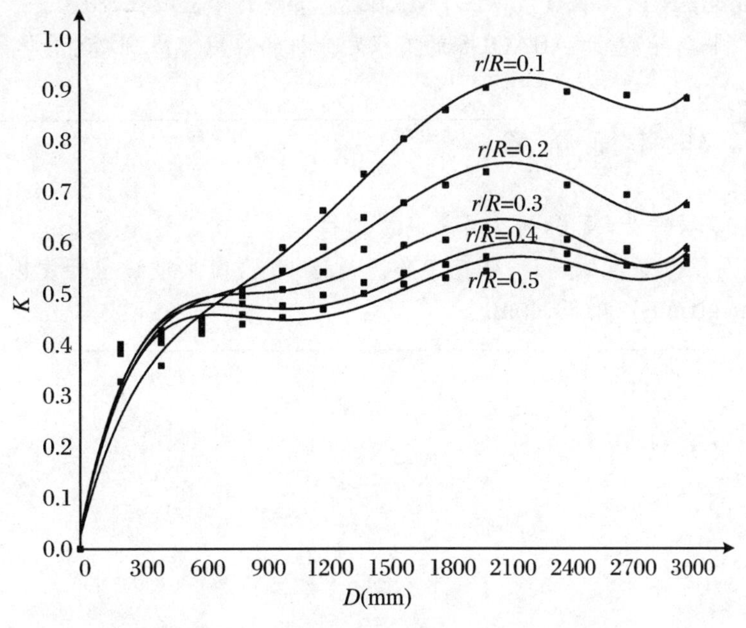

图 9　采用五次多项式拟合的修正系数 K 值曲线

6　结论

本文通过采用有限元分析和试验验证相结合，完成了如下研究工作：

(1) 根据对不同的圆环半径比值 r_t/r 和直径共建立了 100 个模型，分成了 2 组各 50 个模型，后又补充增加了 5 个 DN3000 的模型。

(2) 采用 ABAQUS 软件，通过有限元模型计算 105 个模型不同的小圆环半径 r_t 与大圆环半径 r 的比值 r_t/r 及不同直径的子午向弯曲应力的值，再根据式(2)计算出修正系数 K。

(3) 为确保计算结果准确，本文专门制造了 2 台 DN750 和 2 台 DN1400 Ω 形波纹管进行试验，验证有限元模型及计算结果的准确性。通过对比数据分析，本有限元模型及分析方法能够较准确地反映出波纹管在负压或真空条件下的应力情况，模型是正确的，结果是基本合理的。

(4) 采用 Origin 对所得的值进行曲线拟合，通过对二次、三次、四次、五次多项式分别进行拟合，发现采用五次多项式曲线和离散点的差距较小；其相关系数都在 0.95 以上，这说明五次多项式拟合能够较好地反映出真实情况的数据，故本文采用了五次多项式拟合的修正系数 K 曲线。

根据本文计算的修正系数 K 曲线及《负压或真空条件下 Ω 形波纹管的强度计算公式研究》推导的 Ω 形

波纹管的Ω形波部分的强度计算公式,结合文献[3]提供的关于Ω形波直边强度和稳定性计算方法,笔者郑重地向EJMA技术委员会提出了增加负压或真空条件下Ω形波纹管的计算的建议,该内容已被EJMA技术委员会接受,将在下一版EJMA标准中发布。

参考文献

[1] Expansion Joint Manufacturers Association. Standards of the Expansion Joint Manufacturers Association:EJMA—2015[S].

[2] The American Society of Mechanical Engineers. Mandatory Appendix 26 Bellows Expansion Joints: ASME Ⅷ-1—2019[S].

[3] 牛玉华,魏晓汉,杨瑛,等. 负压或真空条件下Ω形波纹管的计算研究[J]. 压力容器,2010,27(8):13-18.

[4] 乔立山,王玉兰,曾锦光. 实验数据处理中曲线拟合方法探讨[J]. 成都理工大学学报,2004(1):93-954.

[5] Chapra S C, Canale R P. 工程数值方法[M]. 北京:清华大学出版社,2010.

[6] 庄茁,由小川,廖剑辉,等. 基于ABAQUS的有限元分析和应用[M]. 北京:清华大学出版社,2009.

作者简介

牛玉华(1966—),女,硕士,研究员级高级工程师。在南京晨光东螺波纹管有限公司从事波纹膨胀节及压力管道的设计、研究工作。通信地址:南京市江宁开发区将军大道199号。E-mail:njcgtrniuyh@163.com。

《金属波纹管膨胀节通用技术条件》(GB/T 12777—2019)试验部分修订内容介绍

刘　岩[1]　陈友恒[2]　张国华[1]

(1. 洛阳双瑞特种装备有限公司,洛阳 471000;2. 中国船舶重工集团公司第七二五研究所,洛阳 471000)

摘要:本文介绍了《金属波纹管膨胀节通用技术条件》(GB/T 12777—2019)试验部分的修订内容及理由。标准试验部分修改了耐压、气密和疲劳性能试验要求和试验方法等内容,增加了刚度、稳定性、爆破性能试验。

关键词:波纹管;膨胀节标准;修订

Introduction of the Revised Test Part of *General Technical Requirements for Metal Bellows Expansion Joint*

Liu Yan[1], Chen Youheng[2], Zhang Guohua[3]

(1. Luoyang Sunrui Special Equipment Co. Ltd., Luoyang 471000; 1. The 725th Research Institute of China Shipbuilding Industry Corporation, Luoyang 471000)

Abstract: We briefly introduce the revised test part of GB/T 12777—2019 in this paper. The requirements and methods of hydrostatic, pneumatic and fatigue life testing have been modified. The stiffness, stability and burst testing are also added.

Keywords: bellows; standards of expansion joint; revise

1　引言

《金属波纹管膨胀节通用技术条件》(GB/T 12777—2019)于 2019 年 5 月发布,2019 年 12 月起实施,标准规定了金属波纹管膨胀节的术语和定义,分类和标记,材料、尺寸和偏差,设计,制造,检验和试验,检验规则,标志,包装、运输和贮存,选型,安装使用要求和安全建议。它适用于安装在管道中其挠性元件为金属波纹管的膨胀节的设计、制造、检验、选型、安装使用,其他场合的膨胀节可参照使用。[1]

标准的试验部分修改了耐压、气密、疲劳性能试验要求和试验方法等内容,增加了刚度、稳定性、爆破性能试验。本文介绍了标准试验部分的修订内容,以及试验开展过程中的注意事项,便于用户加深对标准的理解,更好地开展产品的出厂试验及型式试验策划和实施,全面考核产品的各项性能,提高产品的安全可靠性。

2　试验部分修订内容介绍

2.1　GB/T 12777—2019 中试验方法的说明

GB/T 12777—2019 标准对波纹管膨胀节的试验方法,只规定了试验参数、试验步骤、验收依据以及必须注意的事项,对试验装置未做规定,只提出了原则性要求。主要是因为波纹管膨胀节的产品结构型式、规格种类较多,难以面面俱到予以详细规定,给各制造厂较大的灵活性,可根据已有的试验装置或自身的条件和环境,建立能达到试验目的的试验装置。既能达到为用户提供准确的性能数据,又能满足对波纹管膨胀节进行深入研究的目的。

2.2 耐压试验

2.2.1 试验要求

1. 增加了柱失稳和周向失稳的定义

试验压力下,对于无加强 U 形波纹管,波距与加压前的波距相比最大变化率大于 15%,对于加强 U 形波纹管和 Ω 形波纹管,波距与加压前的波距相比最大变化率大于 20%,即认为发生了平面失稳;当波纹管中间波突然出现横向挠曲时,即认为发生了柱失稳;当外压波纹管突然出现波峰塌陷时,即认为发生了周向失稳。

修订依据:波纹管的常见失稳形式有平面失稳、柱失稳、外压周向失稳,如图 1 所示。补充完善波纹管的各失稳形式的定义,便于试验过程中对不同失稳形式进行判定。

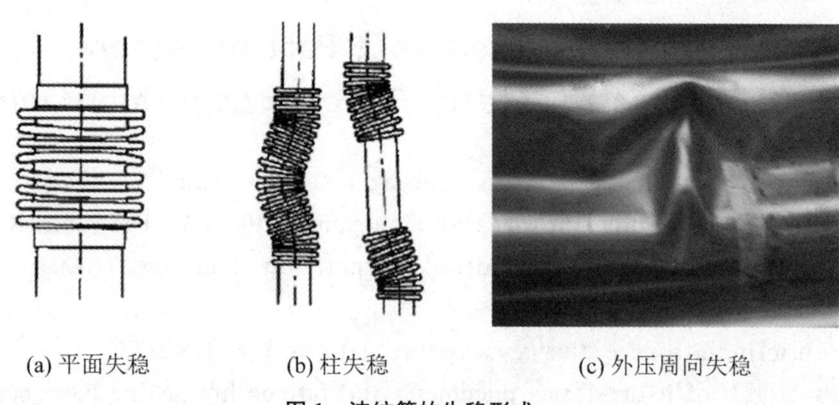

(a) 平面失稳　　(b) 柱失稳　　(c) 外压周向失稳

图 1　波纹管的失稳形式

2. 修订了不进行耐压试验膨胀节的条件

GB/T 12777—2008 版中规定:A 类膨胀节和设计压力不大于 0.25 MPa 的 B 类膨胀节,可不进行耐压试验。A、B 类膨胀节的规定见表 1。

表 1　膨胀节工况分类

膨胀节类型	设计压力 P(MPa)	设计温度 T(℃)	工作介质
A	$P \leqslant 0.1$	≤150	非可燃、非有毒、非易爆
B	$0.1 \leqslant P \leqslant 1.6$	≤350	非可燃、非有毒、非易爆气体
	$0.1 \leqslant P \leqslant 2.5$	≤150	非可燃、非有毒、非易爆液体

GB/T 12777—2019 版中规定:Ⅰ类膨胀节可不进行耐压试验。Ⅰ类膨胀节的规定见表 2。

表 2　膨胀节工况分类

膨胀节类型	设计压力 P(MPa)	设计温度 T(℃)	工作介质
Ⅰ	真空度低于 0.085 MPa	≤150	非可燃、非有毒、非易爆气体
	$0 \leqslant P \leqslant 0.25$	≤150	非可燃、非有毒、非易爆

修订依据:GB/T 12777—2008 中的膨胀节工况分类没有覆盖到全部工况。GB/T 12777—2019 对负压工况进行了界定,考虑到分类范围的全面性,对分类界限进行了调整。为了与焊缝分类相区别,将原来 A、B、C 分类改为Ⅰ、Ⅱ、Ⅲ,该分类主要依据膨胀节实际运行工况确定了膨胀节工况严苛程度,对后续制造、检验等提出不同要求,保证不同工况下产品的安全性,兼顾制造厂的生产成本。对比表 1、表 2 可见,GB/T

12777—2019 对不进行耐压试验膨胀节的要求更严格了。特别是对于温度大于 150 ℃的膨胀节,即使压力不大于 0.25 MPa,也要进行耐压试验。

2.2.2 试验方法

1. 修订了内压膨胀节气压试验压力

内压膨胀节的气压试验压力计算公式的系数由 1.1 倍提高到了 1.15 倍,计算公式见式(1)、式(2),取其中的较小值。

$$P_t = 1.15p[\sigma]_b/[\sigma]_b^t \tag{1}$$

$$P_t = 1.15p_{sc}E_b/E_b^t \tag{2}$$

修订依据:《压力管道规范　工业管道　第 5 部分　检验与试验》(GB/T 20801.5—2006)第 9.1.4 节气压试验规定“承受内压的金属管道,试验压力应为设计压力的 1.15 倍”。管道用内压膨胀节的气压试验压力与管道气压试验压力保持一致。[2]

2. 修订了试验用压力表的要求

耐压性能试验用两个量程相同并经检定合格的压力表。压力表的量程为试验压力的 2 倍左右,但不应低于 1.5 倍或高于 3 倍,压力表的精度等级不应低于 1.6 级。

修订依据:《压力容器　第 4 部分　制造、检验和验收》(GB/T 150.4—2011)第 11.2 节规定“耐压试验和泄漏试验时,如采用压力表测量试验压力,则应该使用两个量程相同的、并检定合格的压力表。压力表的量程应为 1.5~3 倍的试验压力,宜为试验压力的 2 倍。压力表的精度不得低于 1.6 级,表盘直径不得小于 100 mm”。根据 GB/T 150.4—2011 对耐压性能试验压力表的量程进行了修订,增加了检定合格及精度要求。[3]

3. 修订了真空条件膨胀节的耐压性能试验

用于真空条件的膨胀节的耐压性能试验可用内压试验代替,试验压力应为 1.5 倍设计压差(压差值等于大气压值减真空度值),增加了采用抽真空试验检测。

修订依据:抽真空试验可直接检测真空条件下膨胀节的耐压性能。

2.2.3 耐压试验注意事项

非约束型膨胀节在进行压力试验时,对于两端焊接连接的膨胀节,一般采用框架约束压力推力,端口直接压紧密封,封板设计除满足密封要求外,还应能够有效约束端口的横向位移。对于两端法兰连接的膨胀节,可将两端封盖直接与固定框架连接,实现两端固支的边界条件。固定框架要具有足够的强度,能约束波纹管的压力推力,还应具有足够的刚度确保两端不产生相对横向变形。用拉杆、螺母固定的框架会产生类似平行四边形的不稳定现象,应考虑增设导向机构,以保证压力试验过程中两端不会产生不可接受的相对位移。

约束型膨胀节在考核焊缝密封性能和波纹管强度、稳定性的同时,还需考虑考核受力结构件的强度和刚度,可将约束型膨胀节两端接管焊接封头或用法兰连接封头密封,然后进行压力试验。约束型膨胀节的压力推力由受力结构件约束,不会产生轴向位移,只需考虑约束膨胀节径向位移和弯曲角变位,即可实现端部固支的边界条件。

2.3 气密试验

增加了泄漏试验,删除了煤油渗漏试验要求和方法。增加的泄漏试验包括氨检漏、卤素检漏和氦检漏。

修订依据:泄漏试验包括了气密试验、氨检漏试验、卤素检漏试验和氦检漏试验。除了气密试验,其他试验也可以作为膨胀节泄漏的检测手段。删除的煤油渗漏试验较为落后,可采用渗透检测代替。

2.4 刚度试验

2.4.1 刚度试验目的及要求

刚度试验为 GB/T 12777—2019 新增内容,用于检测波纹管变形所需要的力。刚度试验得到的是力与位移的关系曲线,一般产品型式试验不要求进行刚度试验,通常在设备受力要求特别严格或波纹管用于减震降噪的场合才要求进行刚度试验。实测刚度应不大于1.3倍的计算弹性刚度。

2.4.2 刚度试验方法

标准规定“无加强U形波纹管的实测刚度一般在无压力状态下测量。加强U形波纹管和Ω形波纹管的实测刚度应在设计压力下测量平均刚度”。这是因为无加强U形波纹管的刚度值与压力无关。加强U形波纹管和Ω形波纹管在压力状态下,波纹管波谷部分与加强环贴合,相当于波高有一定量的降低,对刚度有较大影响。随着压力的增加,加强环与波纹管的贴合程度增加,刚度也相应增加。

2.4.3 刚度试验注意事项

(1) 带压刚度测量时,应保证力的作用点位于产品中心,试验时应实现一端固定、一端灵活的固定的边界条件,避免因端部固支条件不理想产生柱失稳。采用体积补偿装置,可控制刚度测量过程中的压力波动,测得的波纹管带压刚度为平均刚度。横向刚度测量时,应保证力的作用点与波纹管轴线垂直,并与端面平行。弯曲刚度测量时,应保证力与加载端面垂直。

(2) 加强U形波纹管单波轴向弹性刚度计算公式,考虑了波纹管承压后波纹管与加强环的贴合对刚度的影响,见式(3)、式(4)。

$$f_{ir} = \frac{1.7D_m E_b^t \delta_m^3 n}{(h - C_r r_m)^3 C_f} \quad \text{(适用于操作条件下的柱稳定性计算)} \tag{3}$$

$$f_{ir} = \frac{1.7D_m E_b^t \delta_m^3 n}{(h - r_m)^3 C_f} \quad \text{(适用于受力计算及初始位置试验条件下的计算)} \tag{4}$$

式(5)为Ω形波纹管轴向单波弹性刚度计算公式,其未考虑波纹管承压后波纹管与加强环的贴合对刚度的影响,仅适用于计算零压下的刚度值,带压刚度的计算建议增加波高降低系数。

$$f_{it} = \frac{D_m E_b^t \delta_m^3 n B_3}{10.92 r^3} \tag{5}$$

2.4.4 修订依据

大多数管道用膨胀节,其刚度对管道及设备的受力影响不大。提供波纹管的理论计算弹性刚度可满足管道受力计算要求。在设备受力要求特别严格或波纹管用于减震降噪的场合,有必要对膨胀节的刚度进行测试。加强U形波纹管及Ω形波纹管的实测带压刚度,受波纹管承压后与加强环贴合程度的影响,与刚度公式的计算值有较大差异。波纹管的制造公差也会导致波纹管实测刚度值与计算值的偏差。刚度值过大导致设备受力增加等不利影响,规定了实测刚度值的上限。

2.5 稳定性试验

2.5.1 稳定性试验目的

稳定性试验为GB/T 12777—2019新增内容,用于考核波纹管在压力和位移作用下的平面稳定性、柱稳定性及周向稳定性是否满足临界失稳压力的要求。

2.5.2 稳定性试验方法

试验压力应按式(6)和式(7)计算,取其中的较小值。

$$P_t = 1.5P\,[\sigma]_b/[\sigma]_b^t \tag{6}$$

$$P_t = 1.5P_{sc}E_b/E_b^t \tag{7}$$

试验位移(压缩或拉伸位移)应为设计轴向位移量的50%或当量轴向位移量的50%。

2.5.3 修订依据

EJMA—2015中的波纹管稳定性未考虑位移的影响,给出了波纹管极限设计压力与临界柱失稳压力值之比约为2.25,与临界平面失稳压力之比约为1.75。[4]但是波纹管在位移状态下的承压能力,与出厂压力试验(自由)状态承压能力相差较大。一个设计完全符合标准要求的波纹管,在实际使用时也会出现一些问题。同样波形参数的波纹管,在压缩位移状态下易产生平面失稳;在拉伸、横向位移、角位移状态下易产生柱失稳;在外压拉伸状态下易产生周向失稳。因此,增加了对波纹管在压力和位移联合作用下的稳定性试验。

稳定性试验中对压力和位移的规定,主要考虑了波纹管预变位状态下出厂(最大预变位量为50%的设计位移)管路系统压力试验状态的安全性。

提高波纹管在压力位移联合作用下稳定性的措施如下:

增加周向薄膜应力和子午向弯曲应力的安全裕度;提高设计疲劳寿命,降低单波位移量;膨胀节进行预变位安装,减小波纹管在最高压力(最高温度)或最苛刻工作条件下的位移量。

2.6 疲劳试验

2.6.1 试验要求

增加了设计温度处于材料蠕变温度范围内圆形波纹管疲劳试验的要求。“对于设计温度处于材料蠕变温度范围内的波纹管,圆形波纹管试验循环次数应大于计算平均失效循环次数。”

2.6.2 试验方法

设计温度低于材料蠕变温度波纹管的疲劳试验方法基本无变化。GB/T 12777—2019 增加了附录D,对设计温度处于材料蠕变温度范围内的波纹管疲劳试验方法进行了详细的介绍。

2.6.3 修订依据

EJMA—2015 中的附录部分规定了波纹管高温(超出材料蠕变温度)疲劳设计方法,但设计公式中的各个系数值需要制造厂根据高温疲劳试验自行确定;波纹管的高温疲劳设计是长期困扰膨胀节制造厂的难题之一,中国船舶集团有限公司第七二五研究所开展了大量的高温疲劳试验,确定了高强镍-铬合金的高温疲劳设计公式的系数,可便于制造厂家直接应用。各厂家也可根据附录D中规定的疲劳试验方法,开展波纹管的高温疲劳试验,得到材料在蠕变温度范围内的疲劳设计公式系数。

2.7 爆破试验

2.7.1 爆破试验目的及要求

爆破试验为GB/T 12777—2019 新增内容,用于考核波纹管在内压下的极限承压能力。要求波纹管在爆破试验压力下,应无破损、无渗漏。

2.7.2 爆破试验方法

爆破试验内压按式(8)计算:

$$P_b = 3P[\sigma]_b/[\sigma]_b^t \tag{8}$$

爆破试验仅考核波纹管元件本身在内压下的极限承载性能,不考核受力结构件,若要求受力结构件承受至少3倍的波纹管压力推力,既不经济,也不现实。

2.7.3 修订依据

近年来,管道有向着高温高压发展的趋势,危害性更强,对波纹管的安全可靠性要求更高,应当尽力避免在极限工况下发生爆破。爆破试验压力依据 TSG D7002—2006 确定,型式检验时应当进行爆破试验,在3倍设计压力下(考虑温度修正)不发生爆破为合格。[5]

3 展望

后续需进一步开展研究的工作如下：

(1) 大直径波纹管在压力和位移联合作用下的稳定性工程计算方法及试验验证。

(2) 波纹管在压力、位移、扭转组合工况下的疲劳寿命计算及测试评价方法。

(3) 波纹管的固有频率、阻尼比、动刚度、机械阻抗、振级落差等振动性能的设计计算及测试评价方法。

参考文献

[1] 国家市场监督管理总局，中国国家标准化管理委员会. 金属波纹管膨胀节通用技术条件：GB/T 12777—2019[S]. 北京：中国标准出版社，2019.

[2] 中华人民共和国质量监督检验检疫总局，中国国家标准化管理委员会. 压力管道规范：GB/T 20801—2006[S]. 北京：中国标准出版社，2006.

[3] 中华人民共和国国家质量监督检验检疫总局，中国国家标准化管理委员会. 压力容器：GB/T 150—2011[S]. 北京：中国标准出版社，2012.

[4] Expansion Joint Manufacturers Association. Standards of the Expansion Joint Manufacturers Association：EJMA—2015[S].

[5] 中华人民共和国质量监督检验检疫总局. 压力管道元件型式试验规则：TSG D7002—2006[S].

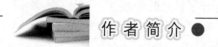

作者简介

刘岩(1979—)，女，汉族，高级工程师，工作方向为波纹管膨胀节技术研发。通信地址：河南省洛阳市高新开发区滨河北路 88 号。E-mail：liuyan725@126.com。

《金属波纹管膨胀节通用技术条件》(GB/T 12777—2019)波纹管疲劳设计及建议

张道伟
(洛阳双瑞特种装备有限公司,洛阳 471000)

摘要:GB/T 12777—2019 对波纹管疲劳设计的相关内容进行了大幅修改,相同材质、不同波形的波纹管采用了相同的疲劳设计公式,而不同材料类别的波纹管则采用不同的疲劳设计公式,同时还增加了波纹管高温疲劳设计方法。不同设计标准的疲劳设计公式也不同,设计结果可能有很大差异,因此在提出设计疲劳次数这一技术指标时需要指明所采用的设计标准。

关键词:波纹管;标准;疲劳;设计

Bellows Fatigue Design and Suggestion about *General Technical Requirements for Metal Bellows Expansion Joint*

Zhang Daowei
(Luoyang Sunrui Special Equipment Co. Ltd, Luoyang 471000)

Abstract: GB/T 12777—2019 modifies the content of bellows fatigue design and adds bellows high temperature fatigue design method, the same material class and different shape of bellows use the same fatigue design formula, and different material classes of bellows use different fatigue design formula. The fatigue design formulas of different standards are also different, and the design results may vary greatly. Therefore, it is necessary to indicate the design standards when the technical indicator about design fatigue cycles is proposed.

Keywords: bellows; standard; fatigue; design

1 引言

波纹管的疲劳性能与工作压力、工作温度、制作材料、单波位移、壁厚、层数、波高、波距等因素都密切相关,是波纹管性能的综合体现。疲劳性能是金属波纹管的一项重要性能指标,用户和设计院对此都比较关注。

因适用场合、设计理念等不同,不同的波纹管膨胀节标准对波纹管疲劳设计的要求也有所不同。本文重点介绍新修订的《金属波纹管膨胀节通用技术条件》(GB/T 12777—2019)[1]中关于波纹管疲劳性能的设计要求及与其他设计标准的差异,并提出了工程应用建议。

2 低于蠕变温度的波纹管疲劳设计

当波纹管的工作壁温低于材料蠕变温度时,波纹管的疲劳次数主要取决于压力及位移产生的组合子午向应力范围和材料类别,而与工作温度及工作时间没有显著关系,常用的波纹管膨胀节设计标准均不考虑工作温度及工作时间对波纹管疲劳性能的影响,修订后的 GB/T 12777—2019 也遵循了这一原则。

值得注意的是,波纹管的疲劳计算公式是根据大量的波纹管疲劳试验数据拟合而成的,虽然有理论依据,但并不是由严格的理论推导得来的,因此,随着对波纹管疲劳性能研究的不断深入和疲劳试验数据的不断补充与更新,波纹管疲劳计算的公式也将不断得到修改与完善。与之前的版本相比,GB/T 12777—2019对波纹管设计疲劳次数的计算公式进行了较大幅度的修订,具体包括以下几个方面。

2.1 不同材料类别给出了不同疲劳公式

GB/T 12777—2008 标准只给出了适用于奥氏体不锈钢材料的疲劳设计公式。由于不同类型材料的波纹管疲劳性能存在显著差异,尤其是耐蚀耐热性能优异的镍-铬-钼合金,其疲劳性能也显著优于常用的镍-铬奥氏体不锈钢。同时,随着波纹管应用工况的不断扩展,波纹管用材范围也越来越广,Incoloy 825、Incoloy 800 等高镍合金以及 Inconel 625、Inconel 600、C-276 等镍基合金已经成为制作波纹管的常用材料,因此有必要针对不同种类的材料制定不同的设计疲劳公式。

修订后的 GB/T 12777—2019 统一了疲劳设计公式的形式,对安全系数 n_f 的要求不变,仍是不低于 10,但按照疲劳性能的不同将材料分成了 3 个类别,不同类型材料的常数项不同,具体见表 1。

表 1　不同材料波纹管的疲劳设计公式

材料类别	统一形式的疲劳设计公式	常数 A	常数 B
1. 奥氏体不锈钢和耐蚀合金 N08800、N08810、N06600、N04400、N08811	$[N_c]=\left(\frac{A}{\sigma_t-B}\right)^{3.4}/n_f$	12827	372
2. 耐蚀合金 N06645、N01276、N08825		16069	465
3. 耐蚀合金 N06625		18620	540

由表 1 可以看出,在组合应力 σ_t 和安全系数 n_f 都相同的情况下,不同类别材料的设计疲劳次数将存在较大差异,具体对比见表 2。

表 2　不同材料波纹管的设计疲劳次数对比

材料类别	组合应力 σ_t(MPa)	安全系数 n_f	设计疲劳次数	比值
1. 奥氏体不锈钢和耐蚀合金 N08800、N08810、N06600、N04400、N08811	1000	10	2848	1.0
2. 耐蚀合金 N06645、N01276、N08825	1000	10	10567	3.7
3. 耐蚀合金 N06625	1000	10	29144	10.2
1. 奥氏体不锈钢和耐蚀合金 N08800、N08810、N06600、N04400、N08811	1200	10	1113	1.0
2. 耐蚀合金 N06645、N01276、N08825	1200	10	3589	3.2
3. 耐蚀合金 N06625	1200	10	8540	7.7
1. 奥氏体不锈钢和耐蚀合金 N08800、N08810、N06600、N04400、N08811	1500	10	389	1.0
2. 耐蚀合金 N06645、N01276、N08825	1500	10	1121	2.9
3. 耐蚀合金 N06625	1500	10	2389	6.1

注:表中的比值以材料类别 1 的疲劳次数为基准。

需要说明的是,波纹管的组合应力 σ_t 是一个虚拟应力或者名义应力,它是由压力产生的子午向应力和位移产生的子午向应力按照一定的规则组合而成的,而组合的规则就是为了计算波纹管的疲劳次数而设定的。虽然组合应力不完全是波纹管内的真实应力,但能够反映波纹管内真实应力变化的范围。

由表 2 可以看出,组合应力越小,不同材料的疲劳差异越大;而组合应力越大,疲劳差异相应减小。在组合应力相同的情况下,2 类材料和 3 类材料的设计疲劳次数远远高于 1 类材料,其中,2 类材料的设计疲劳次数为1类材料的3倍左右，而3类材料的设计疲劳次数为1类材料的7倍左右。因此，在实际工程应用中，当遇到疲劳次数要求较高、安装长度受限的场合，可以通过选用疲劳性能更好的耐蚀合金波纹管材料来满足这些普通材料无法满足的设计要求。

在设计疲劳次数相同的情况下，2类材料和3类材料，尤其是3类材料允许的组合应力更高，相应地许用单波位移量更大，因此在满足相同补偿量时需要的波数更少，这也使得2类材料及3类材料在工程应用中的价值与优势更加突出。

2.2 统一了不同波形的疲劳公式

在GB/T 12777—2008中，针对不同的无加强U形波纹管、加强U形波纹管和Ω形波纹管，给出的疲劳设计公式也是不同的，波纹管的疲劳设计公式与波形相关，与材质无关。

由于无加强U形波纹管和Ω形波纹管的疲劳次数计算公式比较接近，在EJMA—2008中，就把Ω形波纹管的疲劳次数计算公式与无加强U形波纹管进行了合并，统一采用了之前的无加强U形波纹管疲劳公式。[2]

在EJMA—2015中，又进一步把无加强U形波纹管、加强U形波纹管和Ω形波纹管的疲劳次数计算公式进行合并，统一采用了之前的无加强U形波纹管疲劳公式。[3]为了使加强U形波纹管的疲劳计算公式能够与无加强U形波纹管的疲劳计算公式保持一致，EJMA—2015对加强U形波纹管的压力应力、位移应力及组合应力的计算公式进行了修正。对于相同的波形参数、压力和位移的波纹管而言，压力应力的计算值差别很小，在5%以内，但位移应力的计算值显著降低，组合应力也大幅减小，只有之前公式计算值的70%左右，降低幅度在30%左右，这使得在相同的组合应力(即疲劳次数)要求下，加强U形波纹管可以补偿更大的位移量。

在GB/T 12777—2019修订过程中，采纳了EJMA—2015的疲劳计算方法和加强U形波纹管应力计算修正方法。因此，在GB/T 12777—2019中，对于同一种材质而言，无加强U形波纹管、加强U形波纹管和Ω形波纹管的疲劳设计公式是相同的，并且沿用了之前版本里无加强U形波纹管的疲劳设计公式。

值得注意的是，对于采用1类材料制作的波纹管，在标准修订前后，对于同一个波纹管在相同的设计疲劳次数下，其设计补偿量有所不同，其中加强U形波纹管的差异最大，详细对比见表3。

表3　标准修订前后位移设计结果对比

波形结构	设计压力(MPa)	波形参数(mm)					设计疲劳次数	组合应力(MPa)			设计单波位移(mm)		
		d	h 或 R	q 或 L_0	n	δ		修订前	修订后	比值	修订前	修订后	比值
无加强U形	1.6	1304	74	90	5	1.2	500	1417	1420	1.002	34.4	34.5	1.003
	1.6	1304	74	90	5	1.2	1000	1224	1226	1.002	28.7	28.8	1.003
	1.6	1304	74	90	5	1.2	2000	1066	1069	1.003	24.1	24.2	1.004
加强U形	2.5	1304	72	90	3	1.2	500	2184	1420	0.65	21.9	31.2	1.42
	2.5	1304	72	90	3	1.2	1000	1781	1226	0.69	17.4	24.8	1.42
	2.5	1304	72	90	3	1.2	2000	1464	1069	0.73	13.9	19.2	1.38
Ω形	4.5	1304	30	20	2	1.5	500	1444	1420	0.983	23.3	22.8	0.979
	4.5	1304	30	20	2	1.5	1000	1222	1226	1.003	19.3	19.4	1.005
	4.5	1304	30	20	2	1.5	2000	1043	1069	1.025	16.1	16.6	1.030

注：波纹管材料为321(类别1)，设计温度为20℃，疲劳安全系数 $n_f=10$。

由表3可以看出，无加强U形波纹管和Ω形波纹管的设计结果变化不大，但对于加强U形波纹管而言，在标准修订后，同一个波纹管在相同的设计疲劳次数下，波纹管的组合应力降低了30%左右，单波补偿量增加了40%左右。也就是在标准修订后，加强U形波纹管的补偿能力大大提升了。因此，在实际工程应用中,对于高压大补偿量的应用场合,加强 U 形波纹管的优势更加显著,修订后的标准有利于加强 U 形波纹管的推广应用。

2.3 疲劳公式不再区分波纹管的材料状态

在 GB/T 12777—2008 中明确指出,所给出的波纹管疲劳设计公式只适用于成形态波纹管的设计计算,对于经过热处理的波纹管则未给出明确的疲劳设计公式。在 GB/T 12777—2019 中,波纹管疲劳设计公式的适用范围中则没有强调波纹管的材料状态,即不论是成形态波纹管还是经过热处理的波纹管,给出的疲劳设计公式都是适用的。

2.4 不同标准疲劳设计公式的差异

常用的波纹管膨胀节设计标准有 ASME B31.3—2016[4]、ASME Ⅷ-1—2016[5]、GB/T 12777—2019、GB/T 16749—2018[6],这些设计标准在波纹管强度、刚度、稳定性的设计计算方面与 EJMA—2015 基本一致,不同设计标准的差异主要体现在波纹管设计疲劳次数的计算方面,具体就是安全系数的取值方法及其大小方面。在这些膨胀节设计标准中,除 ASME Ⅷ-1—2016 以外,其他标准都采纳了 EJMA—2015 的疲劳计算公式,对不同波形、不同热处理状态的波纹管进行了归一化处理,采用了相同的疲劳设计公式;对不同种类材料则采用了不同的疲劳设计公式,详细对比见表 4。

表 4 常用标准波纹管疲劳设计公式

材料类别	EJMA—2015	ASME B31.3—2016	GB/T 12777—2019	GB/T 16749—2018
1. 奥氏体不锈钢和耐蚀合金 N08800、N08810、N06600、N04400、N08811	$N_c=\left(\dfrac{12827}{\dfrac{S_t}{f_c}-372}\right)^{3.4}$	$N_c=\left(\dfrac{12827}{\dfrac{S_t}{f_c}-372}\right)^{3.4}$	$[N_c]=\left(\dfrac{12827}{\sigma_t-372}\right)^{3.4}/n_f$	$N_c=\left(\dfrac{12827}{\dfrac{S_t}{f_c}-372}\right)^{3.4}/n_f$
2. 耐蚀合金 N06645、N01276、N08825	$N_c=\left(\dfrac{16069}{\dfrac{S_t}{f_c}-465}\right)^{3.4}$	$N_c=\left(\dfrac{16069}{\dfrac{S_t}{f_c}-465}\right)^{3.4}$	$[N_c]=\left(\dfrac{16069}{\sigma_t-465}\right)^{3.4}/n_f$	$N_c=\left(\dfrac{16069}{\dfrac{S_t}{f_c}-465}\right)^{3.4}/n_f$
3. 耐蚀合金 N06625	$N_c=\left(\dfrac{18620}{\dfrac{S_t}{f_c}-540}\right)^{3.4}$	$N_c=\left(\dfrac{18620}{\dfrac{S_t}{f_c}-540}\right)^{3.4}$	$[N_c]=\left(\dfrac{18620}{\sigma_t-540}\right)^{3.4}/n_f$	$N_c=\left(\dfrac{18620}{\dfrac{S_t}{f_c}-540}\right)^{3.4}/n_f$
说明	修正系数 $f_c=0.5\sim1.0$,默认取 1.0	修正系数 $f_c=0.75$	安全系数 $n_f\geqslant10$	修正系数 $f_c=1.0$ 安全系数 $n_f\geqslant15$

由表 4 可以看出,4 个标准中疲劳公式的形式、幂指数和常数项都是相同的,所不同的是应力修正系数或者安全系数的取法或取值不同。EJMA—2015 通过一个不大于 1.0 的修正系数 f_c 对计算的组合应力 S_t 进行放大,相当于对不同波纹管试验疲劳次数的最佳拟合曲线进行下移,以取得相应的设计安全系数。当修正系数取 1.0 时,疲劳公式得出的是根据现有疲劳数据预测的平均疲劳次数。由于制造尺寸偏差、表面质量、数据离散性等因素的影响,疲劳公式所预测的疲劳次数与波纹管实际能够达到的疲劳次数可能存在很大偏差,因此该数据不应作为波纹管的设计疲劳次数使用。EJMA—2015 明确指出,各种设计标准如果采用 EJMA—2015 的疲劳计算公式进行波纹管设计,则应给出一个小于 1.0 的修正系数,以满足该设计标准适用的场合所需的安全余量。

ASME B31.3—2016 是适用于石化工艺管道的膨胀节设计标准,该标准完全采纳了 EJMA—2015 的疲劳计算方法,并规定修正系数取 0.75。这相当于将按 EJMA—2015 计算的波纹管组合应力 S_t 放大 1.33 倍,再按照 EJMA—2015 的疲劳公式计算疲劳次数,并把该计算结果作为波纹管的设计疲劳次数,以满足

ASME B31.3—2016 石化工艺管道标准所需的疲劳次数安全余量。

GB/T 12777—2019 和 GB/T 16749—2018 作为国内常用的波纹管膨胀节设计标准，都接受了 EJMA—2015 的波纹管疲劳设计理念，但采用了更加直观的计算方法。先将 EJMA—2015 的修正系数 f_c 取 1.0，也就是对波纹管的组合应力不进行放大，从而计算出波纹管的平均预测疲劳次数，再将该计算结果直接除以安全系数 n_f，进而得出波纹管的设计疲劳次数，以满足标准适用场合所需的疲劳次数安全余量。GB/T 12777—2019 规定安全系数 n_f 不小于 10，而 GB/T 16749—2018 则更为保守，规定安全系数 n_f 不小于 15。

为了更加直观地对比 3 项标准的设计疲劳次数差异，以常用的 1 类材料为例，选择了常用的组合应力范围进行了对比分析，结果详见表 5。

表 5　常用标准波纹管设计疲劳次数对比

材料类别	组合应力(MPa)	EJMA—2015	ASME B31.3—2016	GB/T 12777—2019	GB/T 16749—2018
奥氏体不锈钢和耐蚀合金 N08800、N08810、N06600、N04400、N08811	1000	28480	6697	2848	1899
	1200	11130	2913	1113	742
	1500	3890	1117	389	259
说明	—	修正系数 $f_c=1.0$	修正系数 $f_c=0.75$	安全系数 $n_f=10$	修正系数 $f_c=1.0$ 安全系数 $n_f=15$

3　波纹管高温疲劳设计

由表 4 可以看出，波纹管在相同的组合应力下(即相同的补偿量下)，按照不同设计标准计算出来的设计疲劳次数是不同的，按 ASME B31.3—2016 标准计算出来的设计疲劳次数为 GB/T 12777—2019 标准的 2.5 倍左右，为 GB/T 16749—2018 标准的 4 倍左右。由此可见，执行不同的膨胀节设计标准可能会出现不同的设计结论，按 ASME B31.3—2016 标准设计的波纹管，其设计疲劳次数可能并不满足 GB/T 12777—2019 和 GB/T 16749—2018 的要求，按 GB/T 12777—2019 标准设计的波纹管，其设计疲劳次数可能不满足 GB/T 16749—2018 的要求，因此，在实际工程应用中，膨胀节厂商一定要按照设计院或用户要求的标准进行设计，以免出现设计失误。

当波纹管的工作壁温处于其材料的蠕变温度范围时，蠕变和循环位移产生的应变交互作用会对波纹管的疲劳性能产生重要影响。但由于不同材料的高温性能差异较大，再加上波纹管疲劳本身的复杂性，波纹管的高温疲劳缺乏足够的研究与试验数据，因此除 GB/T 12777—2019 以外，国内外标准均没有给出波纹管的高温疲劳设计公式。

EJMA 标准从 1998 年的第 7 版开始，在“附录 G　波纹管高温循环寿命”中，给出了波纹管高温疲劳的试验方法和计算方法，该方法来源于 1995 年 ASME PVP 第 301 卷的一篇论文 *Bellows High Temperature Cycle Life*。EJMA 标准的附录 G 沿用至今，但一直未给出具体材料的高温疲劳设计公式。

在 GB/T 12777—2019 中，参照第 10 版 EJMA 标准附录 G，给出了根据波纹管高温疲劳试验数据推导高温疲劳设计公式的具体方法，包括对波纹管试验件的设计参数要求(直径、波高、波距、波数、波纹管长度等)、制造要求、高温试验装置要求、试验过程要求，并给出了根据 4 组波纹管高温疲劳数据推导高温疲劳设计公式的具体步骤与方法。膨胀节制造厂可以按照这些要求，结合具体工程应用需求，根据波纹管具体材料和工作温度，推导出相应的高温疲劳设计公式。

GB/T 12777—2019 编制组从实际工程应用情况出发，对高镍合金和镍基合金波纹管的高温疲劳进行了深入研究，按照标准要求对 N06625(Grade 2)材料制成的 4 组波纹管进行了 720 ℃高温疲劳试验，并给出了相应的高温疲劳设计公式

$$N_c = 2.750 \times 10^{10} \sigma_t^{-2.620+0.224 \lg H_t} H_t^{-0.921} \tag{1}$$

式(1)中的 H_t 是单次疲劳循环的保持时间，单位为小时。

在具体工程应用中,可以先按蠕变温度以下的疲劳指标要求和疲劳设计公式进行校核,在满足要求的前提下,再根据波纹管的组合应力 σ_t 和装置单次疲劳循环的保持时间 H_t(即装置的单次连续运行时间),计算出允许的疲劳循环次数 N_c。用计算的 N_c 乘以 H_t,就得出了波纹管允许的总运行时间(即累计使用寿命),再核算波纹管总运行时间是否能够满足设计院和用户关于装置设计使用年限的要求。如果不能满足,则降低组合应力 σ_t 并再次核算,直到满足要求。

4 波纹管疲劳设计与应用建议

(1) EJMA—2015 中的疲劳曲线是由一系列波纹管试验数据得出的最佳拟合曲线,而不是下界拟合曲线,因此,由该疲劳公式计算得出的只是波纹管的平均预测疲劳次数,受材料因素和制造因素的影响,此计算值通常低于波纹管的实际疲劳次数,所以不能作为波纹管疲劳次数的设计值。基于上述原因,EJMA—2015 明确指出,各设计标准在采用 EJMA—2015 的疲劳计算公式时,应当对公式增加适当的安全余量,以得出适用于该设计标准的设计疲劳公式。

(2) 国内外各膨胀节设计标准的差别主要体现在波纹管设计疲劳公式的制定规则上,导致了各标准疲劳设计公式不尽相同,因此,各标准设计疲劳次数的内涵和包含的安全余量也不相同,在具体工程设计中需特别注意加以区分。

(3) 标准修订后,加强 U 形波纹管的补偿能力显著提升,加强 U 形波纹管在高压大补偿量场合的应用将越来越多。

(4) 在疲劳次数要求较高、安装长度受限的场合,可以通过选用疲劳性能更好的耐蚀合金波纹管材料来满足设计要求。

(5) 在实际应用中,在满足用户要求的设计疲劳次数的同时,还应特别注意核算基于波纹管几何特征所允许的最大单波压缩位移和最大单波拉伸位移,这对波纹管的安全使用至关重要。

(6) 波纹管的疲劳次数取决于波纹管所经历的子午向应力变化范围,而不是最大应力值,因此不论是波纹管的预变位(预拉伸或预压缩),还是横向、角向的冷紧安装,都不能增加波纹管的设计补偿量(也就是不能提高波纹管的设计疲劳次数)。

参考文献

[1] 国家市场监督管理总局,中国国家标准化管理委员会. 金属波纹管膨胀节通用技术条件:GB/T 12777—2019[S]. 北京:中国标准出版社,2019.

[2] Expansion Joint Manufacturers Association. Standards of the Expansion Joint Manufacturers Association:EJMA—2008[S].

[3] Expansion Joint Manufacturers Association. Standards of the Expansion Joint Manufacturers Association:EJMA—2015[S].

[4] The American Society of Mechanical Engineers. Process Piping Appendix X Metallic Bellows Expansion Joints:ASME B31.3—2014[S].

[5] The American Society of Mechanical Engineers. Mandatory Appendix 26 Bellows Expansion Joints:ASME Ⅷ-1—2016[S].

[6] 国家市场监督管理总局,中国国家标准化管理委员会. 压力容器波形膨胀节:GB/T 16749—2018[S]. 北京:中国标准出版社,2018.

作者简介

张道伟(1978—),男,汉族,高级工程师,工学硕士,主要从事金属波纹管膨胀节设计研究与推广应用工作。通信地址:河南省洛阳市高新技术开发区滨河北路 88 号。

浅谈对压力容器波形膨胀节标准的理解

王友刚　柴小东

（大连益多管道有限公司，大连 116318）

摘要：本文针对国内外压力容器波形膨胀节主要标准做了浅显的分析比较，并对今后压力容器波形膨胀节的质量控制提出笔者的看法。

关键词：压力容器波形膨胀节；标准；质量控制

Brief Discussions on the Understanding of the Standards of Pressure Vessel Expansion Joint

Wang Yougang, Chai Xiaodong

(Dalian Yiduo Piping Co. Ltd., Dalian 116318)

Abstract: This paper makes a simple comparison between the domestic and foreign standards related to the pressure vessel expansion joint and puts forward views on the quality control of the pressure vessel expansion joint in the future.

Keywords: pressure vessel expansion joint; standard; quality control

1　引言

随着我国经济的快速发展，压力容器呈现向高参数方向发展，压力容器的规格增大，设计压力和设计温度提高，压力容器用膨胀节的直径在扩大，厚度也在增厚，材料品种也在不断地增多。例如，2008 年 10 月燕山某公司制造的醋酸乙烯反应器，膨胀节公称直径为 3950 mm，厚度为 42 mm，波数为 3 波，材质为 Q345R；2009 年 9 月吉林某公司制造的反应气体冷却器膨胀节，公称直径为 2400 mm，厚度为 50 mm，波数为 2 波，材质为 Q345R；2010 年 10 月江苏中圣集团为湖北某公司制造的偶联反应器，其压力容器膨胀节公称直径为 6000 mm，厚度为 22 mm，波数为 2 波，材质为 06Cr19Ni10；2013 年四川某机电股份有限公司用于阳煤集团某化肥项目的公称直径为 3800 mm，厚度为 4 mm×3 层，材质为 Inconel 625 的加强 U 形膨胀节；2014 年太原某公司为湘矿集团制造的乙二醇加氢反应器，膨胀节公称直径为 4000 mm，厚度为 42 mm，波数为 2 波，材质为 S31608，等等。这些产品的制造和成功使用，标志着我国在大型单、多层厚壁整体成形膨胀节的设计、制造能力已经跨入世界先进水平的行列。

在膨胀节行业蓬勃发展的同时，应该指出中国的膨胀节制造行业还存在很多的问题，特别是压力容器用膨胀节的质量好坏直接决定着整台容器的使用寿命，笔者就设计压力容器膨胀节以来发现的若干问题和如何去避免这些风险，浅谈自己的看法。

2　压力容器用膨胀节的技术关注点

2.1　设计标准和膨胀节的分类

2.1.1　压力容器用膨胀节常用的国内外标准

现行的常用膨胀节标准有美国标准、欧盟标准、日本标准和中国标准，下面分别对这些标准作简要介绍。

(1) 美国压力容器标准对压力容器用膨胀节的规定

ASME Ⅷ-1——2019 经过多次修订,最新版对压力容器用无加强 U 形、加强 U 形和 Ω 形,承受内压或外压以及循环位移的单层或多层(总壁厚不大于 5 mm)给出了详细规定。ASME Ⅷ-1——2019 对作为换热器或其他压力容器整体一部分的柔性壳体元件膨胀节的设计、制造、检验和试验也进行了详细规定,但附录 5 没有论述循环载荷的情况。[1]

(2) 欧盟压力容器标准对压力容器用膨胀节的规定

欧盟压力容器标准 EN 13445—2014 是压力容器方面的通用主体标准,在 EN 13445.3—2014 中,对压力容器用无加强 U 形(含波峰或波谷处环焊缝的 U 形膨胀节)、加强 U 形和 Ω 形膨胀节的设计、制造、检验和试验进行了详细规定。该标准中关于膨胀节的应力计算部分与 ASME Ⅷ-1—2019 中的内容基本一致,但欧洲标准化组织(CEN)根据自己的研究经验也增加了一些规定。[2]

(3) 日本压力容器标准对压力容器用膨胀节的规定

日本压力容器法规标准体系中 JIS B8277—2003 对压力容器用无加强 U 形、加强 U 形和 Ω 形膨胀节的设计、制造、检验和试验进行了详细规定。该标准与 EN 13445.3—2014 相似,包含了 ASME Ⅷ-1—2019 相对应的内容,并对兼有外内侧或仅有外侧翻边的膨胀节的设计、制造、检验和试验进行了详细规定。[3]

JIS B8277—2003 针对波纹管与筒节各种形式的连接,对包括波纹管直边无加强部分的长度、波纹管直边加强部分的长度、连接部位筒节过渡段的尺寸按内压和外压两种情况做了详细限定。JIS B8277—2003 对膨胀节直边无加强部分的长度的规定与 EN 13445.3—2014 的规定相同,但 JIS B8277—2003 的规定更详尽。

(4) 国内压力容器膨胀节标准

《压力容器波形膨胀节》(GB/T 16749—2018)[4]参照 EJMA—2015,结合国内近年来膨胀节设计、制造、检验等方面的实际情况制定。为了与换热器标准相适应,该版标准规定了和 GB/T 151—2014 相同的压力-尺寸限制参数[公称直径不大于 4000 mm,设计压力(MPa)与公称直径(mm)的乘积不大于 2.7×10^4]。与 GB/T 16749—1997 相比,该版增加了加强 U 形和 Ω 形单层或多层波纹管,增加了波纹管几何尺寸偏差及厚度的限制,取消了两半波焊接而成的 HF 型膨胀节,设计中引入了焊接接头高温强度降低系数 W,应力计算及刚度计算公式按 EJMA—2015 进行了更新,增加了带直边段由两半波焊接而成的单层厚壁 HZ 型膨胀节的设计计算,增加了波纹管焊接接头的分类及波纹管与设备壳体焊接接头的连接形式,引入了波纹管变形率计算,修订了产品尺寸公差要求、无损检测要求,增加了波纹管热处理要求等内容,是国内目前适用于压力容器行业的最新膨胀节标准。

2.1.2 压力容器用膨胀节的分类及特点

压力容器波形膨胀节一般在固定管板换热器和单管程浮头换热器中使用,根据《压力容器波形膨胀节》(GB/T 16749—2018)规定,压力容器用膨胀节一般有大波高 U 形膨胀节(厚壁)、小波高无加强 U 形膨胀节(薄壁单层或多层)、小波高加强 U 形膨胀节(薄壁单层或多层)、Ω 形(薄壁单、多层)膨胀节 4 种。

(1) 大波高 U 形(厚壁)膨胀节

大波高 U 形(厚壁)膨胀节在《压力容器波形膨胀节》(GB/T 16749—2018)标准中规定,包括 ZD 型(整体成形大波高膨胀节)、HZ 型(带直边两半波焊接而成大波高膨胀节)两种膨胀节的统称,其特点是膨胀节壁厚基本等同于设备壳体的壁厚,波形参数较大,有较强的位移补偿能力和较好的承压能力。因其厚度与壳体厚度相差较小,比较适用于易腐蚀的场合。如果膨胀节的材料与壳体的材料相同或者膨胀节的材料优于壳体材料,基本上可以保证大波高 U 形(厚壁)膨胀节的使用寿命与压力容器同寿命。对于直径较大、压力较高的膨胀节,其制造难度也较大。

(2) 小波高无加强 U 形膨胀节

小波高无加强 U 形膨胀节(薄壁单层或多层)是《压力容器波形膨胀节》(GB/T 16749—2018)中规定的 ZX 型(整体成型小波高膨胀节),和大波高 U 形膨胀节一样,设计人员可以根据标准的规定和厂家自有的模具来调整波形,其特点是波纹管厚度比较薄,波形参数小,波数可以很多,补偿量可以很大,承压能力也可以通过选择波纹管的材料和层数来增加，对于高温和大位移的场合，稳定性较高，是较常用的膨胀节。由于波纹管的单层厚度非常薄，所以在有腐蚀的场合，应用起来就会有所限制，设计人员需要注意腐蚀余量和每年的腐蚀减薄的计算来保证波纹管的使用年限。制造相对于大波高U形(厚壁)膨胀节较简单，但质量控制较为困难，需要良好运行的质量保证体系来控制产品质量。

(3) 小波高加强U形膨胀节

小波高加强U形膨胀节(薄壁单层或多层)是《压力容器波形膨胀节》(GB/T 16749—2018)中规定的ZX型(整体成形小波高膨胀节)。它采用辅助结构件对波纹管本体进行加强的方式使波纹管本身承受更高的压力。其加强件有两种结构：一种是圆钢或者圆管，一种是整体的铠装环。其承压能力可以通过调整结构件的面积或调整波纹管的材料和壁厚来提高。和小波高无加强U形膨胀节一样，虽然加工相对简单，但需要良好运行的质量保证体系来控制产品质量。

(4) Ω形膨胀节

Ω形膨胀节，顾名思义就是波纹管的截面形状类似于希腊字母Ω。它有两种结构：一种是采用钢管卷圆，然后在钢管的内侧切开，将壳体与钢管相焊，构成Ω形膨胀节(早期《压力容器》(GB/T 150—2011)推荐的结构)；一种是《压力容器波形膨胀节》(GB/T 16749—2018)标准中规定的，采用锻件作为成形基体，将波纹管坯与锻件或者壳体焊接，最后一体成形的膨胀节。除了波形有区别以外，Ω形膨胀节成型需要更高的压力，在制造过程中难度比较大，质量控制也更为严格。

2.2 材料的质量控制要求

膨胀节是压力容器中最薄弱的环节，膨胀节的材料管理出现问题，有可能会导致压力容器出现事故，故合理选用和管控波纹管膨胀节的材料是保证膨胀节使用安全的关键因素之一。除满足《固定式压力容器安全技术监察规程》(TSG 21—2016)的规定外，还需满足《压力容器波形膨胀节》(GB/T 16749—2018)中规定的内容。

2.3 焊接要求

(1) 波纹管焊缝外观要求如下：

① 对接焊缝的表面应与母材表面齐平或允许保留不大于波纹管名义厚度10%均匀的焊缝余高，保留均匀余高的焊缝表面应与母材表面圆滑过渡。内衬套的对接焊缝外表面应修平。

② 焊缝表面的熔渣和飞溅物必须清除干净，并不得有裂纹、咬边、气孔、弧坑和夹渣等缺陷。纵焊缝不应有错边。

③ 角焊缝应有圆滑过渡到母材的几何形状。

(2) 波纹管焊缝宽度、宽窄差、直线度、凹凸不平度要求如下：

① 焊缝覆盖宽度 $C(C_1)=2\sim4$，焊缝深度 $S(S_1)$ 对单面焊为母材厚度；对双面焊为坡口直边部分中点到母材表面的深度，两侧分别计算，焊缝余高 $h(h_1)$ 应遵守表1的规定。焊缝示意图见图1。

表1 焊缝余高 $h(h_1)$ (单位:mm)

焊缝深度	$h(h_1)$	
$S(S_1)$	手弧焊	埋弧自动焊
⩽12	0～1.5	0～4
12<S⩽25	0～2.5	0～4
25<S⩽50	0～3	0～4
S>50	0～4	0～4

② 焊缝最大宽度 C_{max} 和最小宽度 C_{min} 的差值，在任意50 mm范围内不得大于4 mm，整条焊缝长度范围内不得大于5 mm。

③ 焊缝边缘直线度 f，在任意300 mm连续焊缝长度内，焊缝边缘沿焊缝轴向的直线度 f 的确定如图2

所示，其值应符合表2的规定。

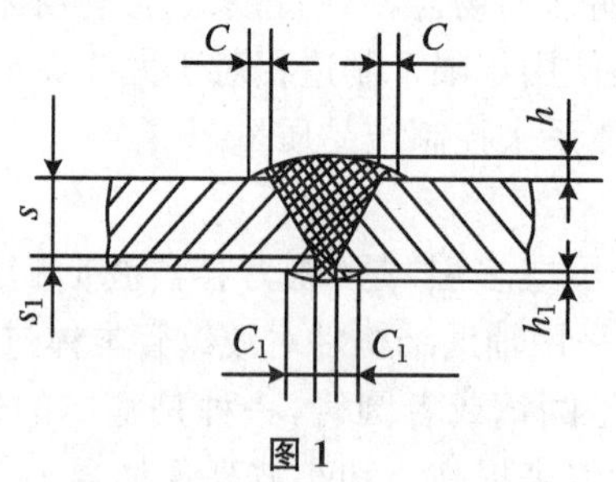

图1

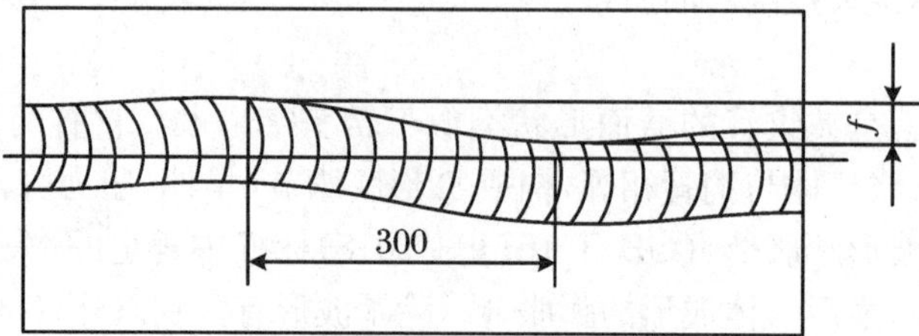

图2 焊缝边缘直线度 f 的确定

表2 焊缝边缘直线度 f 值(mm)

焊接方法	焊缝边缘直线度 f
埋弧焊	≤4
手工电弧焊及气体保护焊	≤3

④ 焊缝表面凹凸，在任意25 mm的长度内，焊缝余高 $h_{max}-h_{min}$ 的差值不得大于0.5 mm，如图3所示。

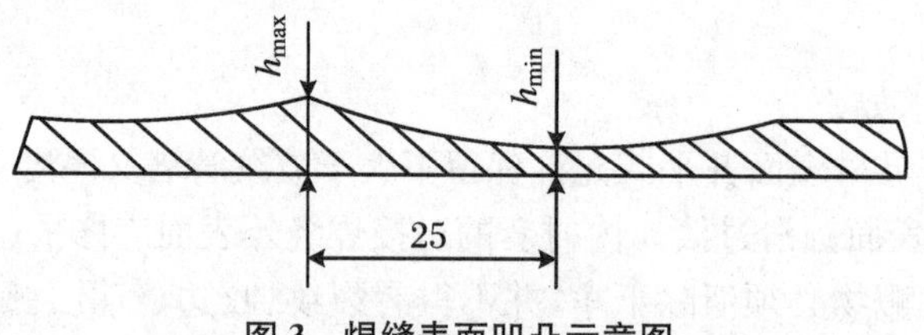

图3 焊缝表面凹凸示意图

(3) 焊缝外形尺寸经检验超出上述规定时，应进行修磨或按一定工艺进行局部补焊，返修后应符合标准的规定，但补焊的焊缝应与原焊缝间保持圆滑过渡。

(4) 板与板对接要以单面齐为原则，组对点固定完成后应测量尺寸，并经检验员确认后焊接。

(5) 焊缝单面焊接完成后，需刨削另一面焊缝时，应在需刨焊缝的两侧200 mm范围内各涂上均匀的厚度不小于1 mm的白粉，以防止飞溅损伤母材。

(6) 在焊缝的中间画一条直线，按线刨削，刨削宽度以板厚(−2 mm)的数值为原则。刨削过程中，不允许出现忽高忽低、忽宽忽窄的现象(其公差按照焊缝的要求执行)。

(7) 刨削完成后，需用磨光片打磨出金属光泽后，方可施焊(对不锈钢及有色金属材料不允许用钢丝刷清理)。

(8) 焊缝返修要求如下：

① 焊缝需要返修时，其返修工艺应符合《压力容器波形膨胀节》(GB/T 16749—2018)的相关规定，并得到焊接责任人的同意。焊缝的同一部位原则上只允许返修一次。整体成形后的波纹管纵焊缝不允许进行返修。

② 要求热处理的碳素钢、低合金钢膨胀节一般应在热处理前进行返修。

③ 对经过一次返修仍不合格的焊缝，在第二次返修时，必须有保证焊接质量的具体措施，并经过制造单位技术负责人批准，返修结果也应经制造单位技术负责人认可。

④ 返修后的焊缝应按相关的规定重新进行检查，其返修次数、部位和无损检测结果必须记入膨胀节的质量证明书中。

2.4 无损检测要求

膨胀节的对接焊缝和角焊缝应按标准规定或图纸要求的形状尺寸和外观检查合格后，再进行无损探伤检测。

2.4.1 射线检测

(1) 波纹管的对接焊缝应进行100%的射线检测，其纵焊缝在波成形前检测，环焊缝在波成形后检测。对于板料分瓣拼焊半波整体冲压的经向拼接焊缝(纵焊缝)，在波纹管成形后应进行复查，复查长度不少于各条焊缝长度的20%，且不小于300 mm。

(2) 波纹管与设备筒体(或端管)的对接环缝应按筒体上环缝的要求进行射线检测。

2.4.2 渗透检测和磁粉检测

下列焊缝表面应进行100%渗透探伤检测。碳钢膨胀节可用磁粉检测代替液体渗透检测。

① 波纹管的对接焊缝和角焊缝；

② 多层波纹管两直边端部的端接焊表面或滚焊层断口表面；

③ 缺陷的修磨表面。

2.4.3 评定标准

(1) 波纹管单层名义厚度大于或等于2 mm的对接焊缝射线检测按NB/T 47013.2进行，其射线照相质量要求不低于AB级，检测结果Ⅱ级合格。波纹管单层名义厚度小于2 mm的对接焊缝射线检测按NB/T 47013.2—2015进行，其射线照相质量要求不低于AB级，检测结果Ⅰ级合格。

(2) 磁粉检测按NB/T 47013.4—2015标准规定进行，检查结果不得有任何裂纹、成排气孔，评定等级为Ⅰ级。

(3) 渗透检测按NB/T 47013.5—2015标准规定进行，检查结果不得有任何裂纹，评定等级为Ⅰ级。

2.5 成形的方法

厚壁波纹管膨胀节按《压力容器波形膨胀节》(GB/T 16749—2018)标准规定尽量采用整体方法成形，采用整体方法成形的膨胀节不得有环焊缝。

对于采用两半拼接的单层膨胀节板料允许拼接，但拼接的原材料中不得有环焊缝，纵焊缝必须100%射线检测Ⅰ级合格，在冲压前，将焊缝磨平，板料整体冲压后，采用两个半波零件焊接而成。

2.6 热处理要求

2.6.1 《压力容器波形膨胀节》(GB/T 16749—2018)对热处理的要求

(1) 冷作成形的波纹管，凡符合下列条件之一者，成形后进行恢复性能的热处理：

① 图样中注明有应力腐蚀的危害介质；

② 用于毒性为极度、高度危害的介质；

③ 冷作成形的碳素钢、低合金钢波纹管。

(2) 奥氏体不锈钢、镍和镍合金、钛和钛合金等有色金属波纹管冷作成形后可不进行热处理，但符合下列条件之一者，成形后应进行热处理：

① 波纹管成形前厚度大于10 mm；

② 波纹管成形变形率≥15%(当设计温度低于－100 ℃，或高于510 ℃时，变形率控制在10%)。

2.6.2 ASME Ⅷ-1—2019 中对热处理的要求

(1) 当材料的最大纤维伸长率比轧制状态大5%时,或存在以下情况时,冷作成形的碳钢、低合金应进行成形后热处理:

① 膨胀节内的介质为致死液体或气体;

② 材料不能免除冲击试验或材料标准要求做冲击试验;

③ 冷作成形的零件大于16 mm;

④ 冷作成形后任何极限纤维伸长量超过5%的部位,且厚度减薄量大于10%;

⑤ 在温度120～480 ℃的范围内成形时。

(2) 存在下述情况的,以奥氏体合金制造的受压元件的冷作成形区应进行固溶退火处理,在1040～1095 ℃(根据材料确定温度)的温度下按20 min/25 mm的加热速率或10 min加热时间取最大值,然后进行快速冷却。

① 终成形温度低于540 ℃的热处理温度时(参见UHA-44);

② 设计金属温度和成形应变超过表UHA-44的限制时;

③ 成形应变建议按照EJMA—2015的应变公式;

④ 当应变不能计算时,制造厂有责任确定最大的成形应变值。

2.6.3 膨胀节的构件存在碳钢、低合金钢和不锈钢、镍基合金等多种材质时的热处理

不建议进行整体热处理,应该在单个部件组合前,先进行单个零件的热处理,然后组焊。膨胀节与容器组焊后,建议只对膨胀节与容器连接的环向焊缝作局部热处理,不建议膨胀节和容器作整体热处理。

2.7 波纹管成形后 t_p 的确定

对于压力容器厚壁波纹管,在实际生产中,压力容器厂家特别在意波纹管成形后的厚度要求,在检验时将成形后的厚度是否满足膨胀节的计算厚度 t_p 作为判定波纹管是否合格的主要指标,给波纹管制造厂家造成了很大的困扰,有些厂家只能增加波纹管的实际投料厚度来保证满足最小厚度的要求。

《压力容器波形膨胀节》(GB/T 16749—2018)规定:成形后波纹管一层材料的实际厚度不得小于成形后一层材料的名义厚度 t_p。该规定看似没有任何问题,但对于直径较小、波高较大的厚壁波纹管基本上无法满足要求。设计者应该根据平常的工作经验,在计算时适当减小 t_p 值,满足成形后厚度不小于 t_p 值。

另外,对于薄壁多层波纹管膨胀节,其成形后单层厚度的测量不是很精确,标准中规定的这条内容在实际生产中其实很难实施。

对于波纹管最小厚度的确定,建议对不同的膨胀节类型和不同的加工方式,规定不同的厚度要求,只要能够保证成形后的 t_p 计算是通过的,就可以认为该膨胀节是合格的。

2.8 水压试验和气密性试验的要求

(1) 制造完工的膨胀节经检验合格后,应进行压力试验(液压试验或气压试验)或增加致密性试验(气密性试验或渗漏试验),压力试验和致密性试验的试验压力、试验要求及试验方法应符合《压力容器通用要求》(GB/T 150.1—2011)中的有关规定。

(2) 膨胀节的压力试验应单独进行,并保证两端固定,防止膨胀节轴向长度变形、横向偏移或周向偏转。对于同一厂家制造的膨胀节与制造完工的设备一起进行压力试验,应采取措施支撑附加于膨胀节上的推力和重量载荷。

(3) 在试验压力下,膨胀节不得有破坏、泄漏、失稳和局部坍塌,试验波距与受压前的波距之比不得超过15%。

(4) 对于易燃、易爆、毒性程度为极度、高度危害介质或设计上不允许有微量介质泄漏的波纹管膨胀节,必须进行气密性试验。膨胀节的气密性试验须在液压试验合格后方可进行。

3 膨胀节安全生产和质量控制的建议

压力容器膨胀节的安全性非常重要，在实际生产中，按照标准和规范做好设计，并对波纹管膨胀节生产的相关控制点进行有效控制，是保证压力容器用膨胀节的产品质量的关键。随着《特种设备生产和充装单位许可规则》(TSG 07—2019)的颁布和实施，对监管的逐渐下放，为了更好、更安全地保证压力容器用膨胀节的安全性，笔者对波纹管膨胀节的安全生产和质量控制提出以下几点建议：

(1) 加强对波纹管膨胀节设计、制造单位的行政许可和资质管理的力度，对取证单位的质量控制体系严格审查，对质量体系人员进行管控，确保取证单位的质量体系正常运行。

(2) 膨胀节各设计、制造单位需要认真做好质量体系运行和程序管理工作，加强技术培训和考核（包括波形膨胀节的选型、应用的基础知识以及膨胀节所在压力管道整体管系的应力分析），持证上岗，确保产品的设计质量和制造质量。

(3) 以国内现行的膨胀节标准为依据，统一编制膨胀节设计计算软件，并由膨胀节协会专家组对软件计算结果的正确性进行评审、鉴定，确保行业内各个单位的设计计算具有统一性，避免混乱与分歧。

(4) 对于压力容器用膨胀节实行驻厂监督检验，确保每一个控制点都得到正确有效的控制。

(5) 开展课题研究和工程中新问题的探讨。例如，失稳机理、应力腐蚀、波纹管抗震、有色金属波纹管的焊接、成形及疲劳寿命、多层波纹管检漏技术等。

(6) 在膨胀节运行过程中，业主单位应安排专人对膨胀节进行定期检查，主要包括波纹管有无腐蚀渗漏和异常变形，结构件有无过量变形，各焊缝有无渗漏等。

4 结论

本文通过介绍国内外压力容器膨胀节的主要适用标准，浅述了压力容器膨胀节的分类、特点和设计、制造、检验和质量控制要求，有利于从业者提高设计水平和制造质量。

参考文献

[1] The American Society of Mechanical Engineers. Mandatory Appendix 26 Bellows Expansion Joints：ASME Ⅷ-1—2019[S].

[2] CEN. Unfired Pressure Vessels：EN 13445—2014[S].

[3] Japanese Standards Association. Expansion Joint for Pressure Vessels：JIS B8277—2003[S].

[4] 国家市场监督管理总局，中国国家标准化管理委员会.压力容器波形膨胀节：GB/T 16749—2018[S].北京：中国标准出版社，2018.

作者简介

王友刚(1983—)，男，高级工程师，从事波纹管膨胀节的设计和研发工作。通信地址：辽宁省大连市长兴岛经济区大连益多管道有限公司。E-mail：wyg@ydgd.com。

U形波纹管膨胀节不同标准制造检验要求对性能的影响分析

张小文[1]　钟玉平[2]　段　玫[2]　张太付[1]　陈友恒[2]
（1. 洛阳双瑞特种装备有限公司，洛阳 471000；2. 洛阳船舶材料研究所，洛阳 471000）

摘要：本文对国内外标准中涉及的U形波纹管膨胀节的尺寸和无损检测要求进行了比较，分析了各尺寸对波纹管膨胀节性能的不同影响，提出了相应的建议，供国内波纹管膨胀节制造商参考。

关键词：标准；波纹管；制造；检验

The Analysis of Performance Influence for Manufacture and Inspection Requirements of U Bellows Expansion Joint Standards

Zhang Xiaowen, Zhong Yuping, Duan Mei, Zhang Taifu, Chen Youheng
(1. Luoyang Sunrui Special Equipment Co. Ltd, Luoyang 471000; 2. Luoyang Ship Material Research Institute, Luoyang 471000)

Abstract: In this paper, comparative analysis has been done with the requirements of sizes and nondestructive testing of expansion joints during manufacturing. Depending on the influence degree of each size of expansion joints, some suggestions have also be given. The conclusions of this paper should be helpful for the expansion joint manufacturers.

Keywords: standard; bellow; manufacture; inspection

1　引言

为了解决管道（设备）的热膨胀、大型容器地基下沉及设备振动等导致的管系高应力问题，降低作用于设备和固定支架上的力，金属波纹管膨胀节得到广泛应用，大大提高了管系、设备的安全可靠性。[1]目前国内外对于波纹管膨胀节的设计标准较多，国内外主要膨胀节设计标准见表1。

表1　国内外金属波纹膨胀节主要标准

序号	标准名称	国家	用途
1	《膨胀节制造商协会标准》(EJMA—2015)[2]	美国	通用标准
2	《金属波纹管膨胀节》(ASME B31.3—2016)[3]	美国	压力管道
3	《压力容器和换热器膨胀节》(ASME Ⅷ-1—2016)[4]	美国	压力容器
4	《承压金属波纹管膨胀节》(EN 14917—2012)[5]	欧盟	压力管道
5	《无火压力容器》(EN 13445.3—2014)[6]	欧盟	压力容器
6	《金属波纹管膨胀节通用技术条件》(GB/T 12777—2019)[7]	中国	管道
7	《压力容器波形膨胀节》(GB/T 16749—2018)[8]	中国	压力容器
8	《管道用金属波纹管膨胀节规范》(GJB 1996A—2018)	中国	军用
9	《城市供热管道用波纹管补偿器》(CJ/T 402—2012)	中国	供热
10	《高压组合电器用金属波纹管补偿器》(GB/T 30092—2013)	中国	电力
11	《金属波形膨胀节》(CB 1153—2008)	中国	船用

国内外膨胀节标准数量较多，应用场合也有所不同。各标准大多参考和引用第10版EJMA作为基础标准。近年来，膨胀节应用场合不断扩展，应用工况也愈加苛刻，需要在设计时更加注意产品的安全可靠性。目前，国内外膨胀节标准升级更新较快，现以U形波纹管膨胀节为例，对国内外标准中涉及波纹管膨胀节的尺寸和无损检测等要求内容加以比较分析，供国内波纹管膨胀节厂家参考。涉及的标准主要有：GB/T 12777—2019、EJMA—2015、EN 14917—2012、ASME B31.3—2016、GB/T 16749—2018、ASME Ⅷ-1—2019和EN 13445—2014。

2 不同标准关于制造、检验的要求

2.1 尺寸要求

2.1.1 总长公差要求

不同标准关于膨胀节总长公差要求见表2。由表2可以看出，GB/T 12777—2008、GB/T 16749—2018、EJMA—2015关于总长公差要求相当，总长公差仅与长度相关，EN 14917—2012总长公差与膨胀节长度和通径有关，分级较细，且比其他标准宽松，ASME B31.3—2016对于总长公差与EJMA—2015保持一致，ASME Ⅷ-1—2019和EN 13445—2014对于总长公差没有具体规定。由于膨胀节总长可能在运输过程中发生变化，且总长的变化对波纹管性能影响较小，膨胀节总长公差不宜过于严格。

表2　总长公差要求(mm)

序号	标准号	膨胀节外连接面间尺寸			极限偏差
1	GB/T 12777—2019	≤900			±3
		>900～3600			±6
		>3600			±9
2	EJMA—2015	≤1000			±3
		>1000～4000			±6
		>4000			±10
3	EN 14917—2012	DN	≤DN100	≤500	±3
				501～1000	±4
				1001～4000	±6
				≥4000	*a*(与买方协商，下同)
			DN125～DN400	≤500	±4
				501～1000	±5
				1001～4000	±8
				≥4000	*a*
			DN450～DN1000	≤500	±6
				501～1000	±8
				1001～4000	±10
				≥4000	*a*
			>DN1000	≤500	*a*
				501～1000	*a*
				1001～4000	*a*
				≥4000	*a*

续表

序号	标准号	膨胀节外连接面间尺寸	极限偏差
4	ASME B31.3—2016	与 EJMA 一致	
5	GB/T 16749—2018	≤900	±3
		>900～3600	±6
		>3600	±9
6	ASME Ⅷ-1—2019	无具体规定	
7	EN 13445—2014	无具体规定	

2.1.2 波纹管波形参数公差要求

各标准中关于 U 形波纹管波形参数公差要求如下。

1. GB/T 12777—2019

GB/T 12777—2019 中规定 U 形波纹管波高、波距的偏差按表 3 执行，波纹长度的极限偏差按表 4 执行。GB/T 12777—2019 规定 U 形波纹管波峰、波谷曲率半径的极限偏差应为 ±15% 的波纹名义曲率半径。

表 3 GB/T 12777—2019 中 U 形波纹管波高、波距的偏差要求(mm)

波高、波距尺寸	≤13	>13～25	>25～38	>38～50	>50～64	>64～75	>75～89	>89
极限偏差	±1.0	±1.5	±2.5	±3.0	±3.5	±4.0	±4.5	±5.0

表 4 GB/T 12777—2019 中 U 形波纹管波纹长度的偏差要求(mm)

波纹长度尺寸	≤13	>13～25	>25～38	>38～50	>50～64	>64～75
极限偏差	±1.0	±1.5	±2.5	±3.0	±3.5	±4.0
波纹长度尺寸	>75～89	>89～120	>120～315	>315～500	>500～800	>800
极限偏差	±4.5	±5.0	±5.5	±6.0	±6.5	±7.0

2. EJMA—2015

EJMA—2015 中关于 U 形波纹管波高的制造公差见表 5，波距的制造公差见表 6。EJMA—2015 对波纹长度和波纹曲率半径公差无具体要求。

表 5 EJMA—2015 中 U 形波纹管波高的公差要求(mm)

波高	≤13	>13～25	>25～38	>38～50	>50～64	>64～75	>75～89	>89～100	>100
公差值	±1	±1.5	±2.5	±3	±4	±5	±5.5	±6	±7

表 6 EJMA—2015 中 U 形波纹管波距的制造公差要求(mm)

波距	≤13	>13～25	>25～38	>38～50	>50
公差值	±1.5	±3	±5	±6	±8

3. EN 14917—2012

EN 14917—2012 中规定单层壁厚不超过 0.8 mm 时，波高公差不能大于波高的 ±5%；单层壁厚超过 0.8 mm 时，波高公差不能大于波高的 ±7%。为了方便比较，将其基本尺寸按 GB/T 12777—2019 划分，具体数值见表 7。该标准无波距及波纹长度公差要求。EN 14917—2012 规定波纹的波峰半径和波谷半径的偏差应不大于名义尺寸的 10%。

表7　EN 14917—2012中U形波纹管波高的制造公差要求(mm)

波高		≤13	>13～25	>25～38	>38～50	>50～64	>64～75	>75～89	>89
公差	δ≤0.8	±5%h							
	δ>0.8	±7%h							

4. ASME B31.3—2016

ASME B31.3—2016对波纹管公差没有具体规定,要求按照EJMA—2015执行。

5. GB/T 16749—2018

GB/T 16749—2018中规定U形波纹管波高、波距、波纹长度的标准公差等级为GB/T 1800.1—2009表1中的IT18级,偏差为±IT18,具体数值见表8。GB/T 16749—2018中规定U形波纹管波峰、波谷曲率半径的极限偏差应为±10%的波纹名义曲率半径。

表8　GB/T 16749—2018中U形波纹管波高、波距、波纹长度的偏差要求(mm)

基本尺寸	≤3	>3～6	>6～10	>10～18	>18～30	>30～50	>50～80
偏差值	±0.7	±0.9	±1.1	±1.35	±1.65	±1.95	±2.3
基本尺寸	>80～120	>120～180	>180～250	>250～315	>315～400	>400～500	>500～630
偏差值	±2.7	±3.15	±3.6	±4.05	±4.45	±4.85	±5.5

6. ASME Ⅷ-1—2019

ASME Ⅷ-1—2019中关于U形波纹管波高的制造公差见表9,波距的制造公差见表10。ASME Ⅷ-1—2019对波纹管长度和波纹曲率半径公差无具体要求。

表9　ASME Ⅷ-1—2019中U形波纹管波高的公差要求(mm)

波高尺寸	≤12.7	>12.7～25.4	>25.4～38.1	>38.1～50.8	>50.8～63.5	>63.5～76.2	>76.2～88.9	>88.9～101.6	>101.6
极限偏差	±0.8	±1.6	±2.4	±3.2	±4.0	±4.7	±5.6	±6.4	±7.1

表10　ASME Ⅷ-1—2019中U形波纹管波距的公差要求(mm)

波距尺寸	≤12.7	>12.7～25.4	>25.4～38.1	>38.1～50.8	>50.8
极限偏差	±1.6	±3.2	±4.7	±6.4	±7.9

7. EN 13445—2014

EN 13445—2014中规定单层壁厚不大于0.5 mm时,波高的偏差不应超过自身的±5%;单层壁厚大于0.5 mm时,波高的偏差不应超过自身的±8%。为了方便比较,将其基本尺寸按GB/T 12777—2019划分,具体数值见表11。该标准无波距及波纹长度公差要求。EN 13445—2014中规定波纹的波峰半径和波谷半径的偏差应不大于名义尺寸的10%。

表11　EN 13445—2014中U形波纹管波高的制造公差要求(mm)

波高		≤13	>13～25	>25～38	>38～50	>50～64	>64～75	>75～89	>89
公差	δ≤0.5	±5%h							
	δ>0.5	±8%h							

2.1.3　波纹管波形参数一致性要求

上述各标准中关于波形参数一致性要求只有GB/T 12777—2019对U形波纹管波高的一致性公差给出具体要求,见表12。EJMA—2015、EN 14917—2012、ASME B31.3—2016、GB/T 16749—2018、ASME

Ⅷ-1—2019 和 EN 13445—2014 对 U 形波纹管波高、波距的一致性都没有具体要求。

表 12　GB/T 12777—2008 中 U 形波纹管波高一致性要求(mm)

波高尺寸	≤13	>13～25	>25～38	>38～50	>50～64	>64～75	>75～89	>89
最大值、最小值之差	1.0	1.5	2.0	2.5	3.0	3.5	4.0	4.5

2.1.4　不同标准尺寸要求对波纹管性能影响

不同标准关于波纹管膨胀节尺寸的要求各不相同，不同标准对 U 形波纹管波形参数的规定见表 13。由表 13 可知，GB/T 12777—2019 对波纹管波形参数的规定较为全面。由于波高对波纹管性能影响较大，各个标准中对于波纹管的波高都有规定，对于其他参数，不同标准的规定各不相同。

表 13　不同标准对 U 形波纹管波形参数的规定

类别	GB/T 12777—2019	EJMA—2015	EN 14917—2012	ASME B31.3—2016	GB/T 16749—2018	ASME Ⅷ-1—2019	EN 13445—2014
波高	是	是	是	是	是	是	是
波距	是	是	—	是	是	是	—
波纹长度	是	—	—	—	是	—	—
波高一致性	是	—	—	—	—	—	—
波距一致性	—	—	—	—	—	—	—
直边段外径	是	是	—	是	是	是	—
波峰波谷曲率半径	是	—	是	—	是	—	是

将各标准中波高 h 和波距 q 的偏差与基本尺寸所占比例分别计算，如图 1 和图 2 所示。由图 1 可知，波高大于 13 mm 时，7 个标准中波高偏差与基本尺寸之比均小于 10%；波高小于 13 mm 时，GB/T 16749—2018 标准波高偏差与基本尺寸之比大于 10%，当波高为 5 mm 时，比值约为 20%。由图 1 可知，波高大于 13 mm 时，GB/T 16749—2018 标准对于波高的要求最严格，其次为 GB/T 12777—2019，EN 13445—2014 要求最宽松。由于 EN 14917—2012、EN 13445—2014 对波高偏差无要求，图 1 中无对应曲线。由图 2 可知，波距大于 13 mm 时，GB/T 12777—2019 和 GB/T 16749—2018 标准中波距偏差与基本尺寸之比均小于 10%；波距小于 13 mm 时，EJMA—2015、GB/T 16749—2018、ASME B31.3—2016、ASME Ⅷ-1—2019 标准中波距偏差与基本尺寸之比大于 10%。波距大于 13 mm 时，GB/T 16749—2018 标准对于波距的要求最严格，其次为 GB/T 12777—2019，EJMA—2015、ASME B31.3—2016 和 ASME Ⅷ-1—2019 3 个标准相近，要求较为宽松。

GB/T 12777—2019 对于波高和波距的偏差要求在 7 个标准中相对较为严格，既可以保证波纹管的性能指标，又不至于过严导致制造成本上涨。

以 GB/T 12777—2019 为例，将不同直径下波纹管在波高和波距最大偏差下的性能参数值和按照基本尺寸计算的性能参数值进行比较，结果如图 3 和图 4 所示。

由图 3 可知，波纹管直径大于 500 mm 时，在波高最大正、负偏差下，波纹管性能参数变化值基本小于 15%，其中对 S_4，S_3+S_4，K_x，K_y 和 P_{sc} 影响较大，均在 13%左右，对其他参数影响较少，均在 8%以下。波纹管直径小于 500 mm 时，在波高最大正、负偏差下，对参数 S_4，S_3+S_4，K_x，K_y，P_{si} 和 P_{sc} 影响较大，均在 15%左右，对其他参数影响较少，均在 10%以下。可见，GB/T 12777—2019 规定的波高偏差值对波纹管性能影响处于可控范围内，对于大直径波纹管性能影响较小，对于小直径波纹管性能影响较大，在设计、制造小直径波纹管时，应该对波高控制更加严格。

由图 4 可知，波纹管直径变化时，在波距最大正、负偏差下，对波纹管 K_y 影响较大，约为 10%，对其他参

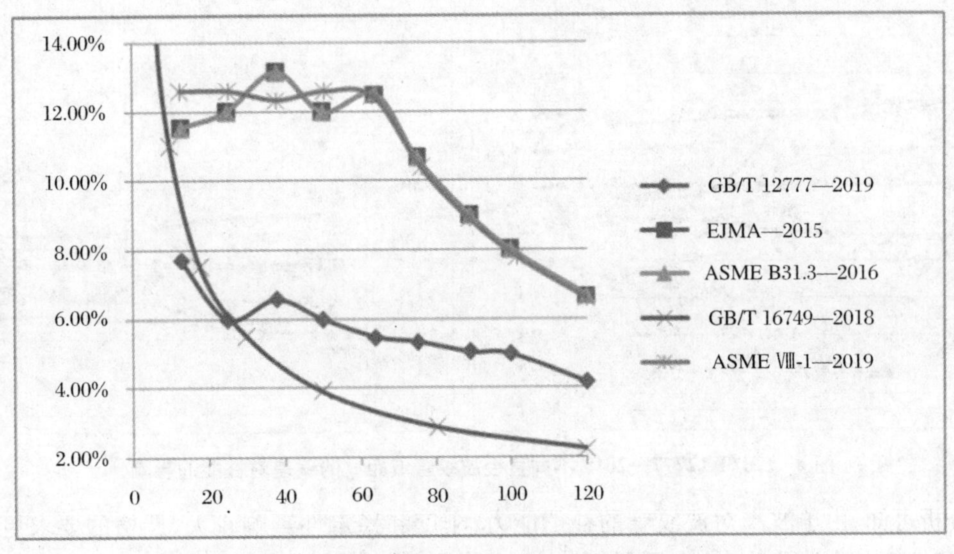

图 1　不同标准波高 h 的偏差与基本尺寸比较

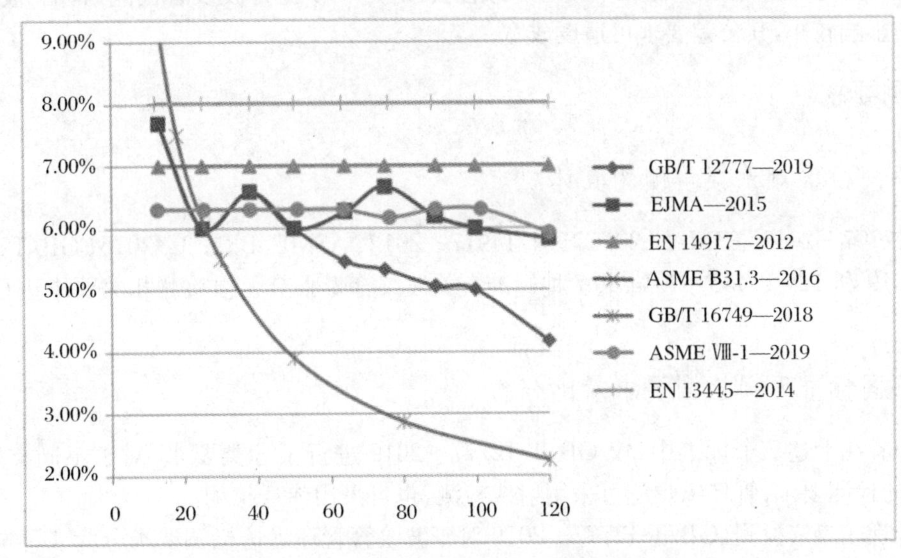

图 2　不同标准波距 q 的偏差与基本尺寸比较

数影响较小，基本小于 5%。波距变化对波纹管性能影响较小，因此，GB/T 12777—2019 中对于波距一致性未做具体要求，但是各个波纹间波距偏差过大会导致波纹位移分配不均匀，影响疲劳性能，因此，GB/T 12777—2019 通过波纹长度总偏差间接控制波距偏差，既满足了性能指标，又提高了波纹管成品率。

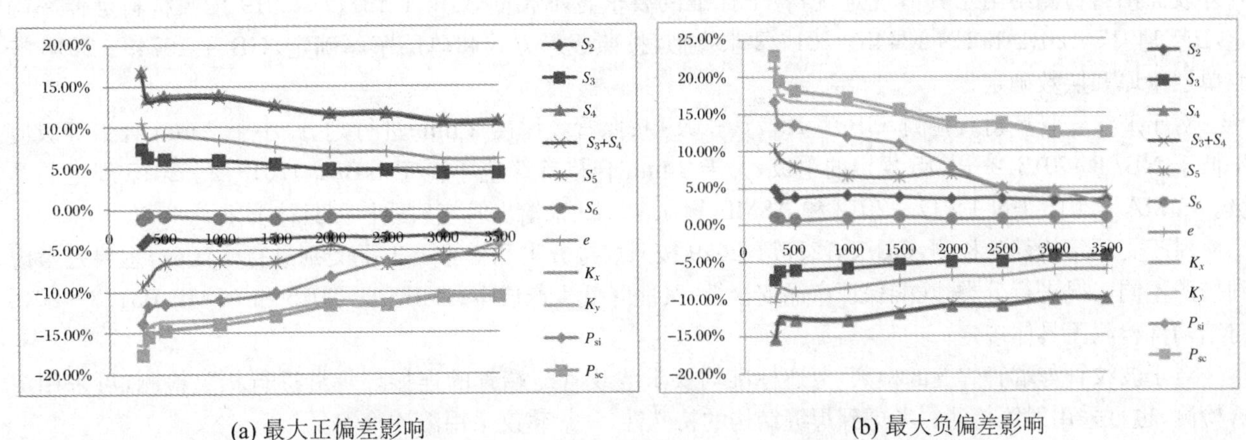

(a) 最大正偏差影响　　　　(b) 最大负偏差影响

图 3　GB/T 12777—2019 不同直径波纹管波高 h 的偏差对性能的影响

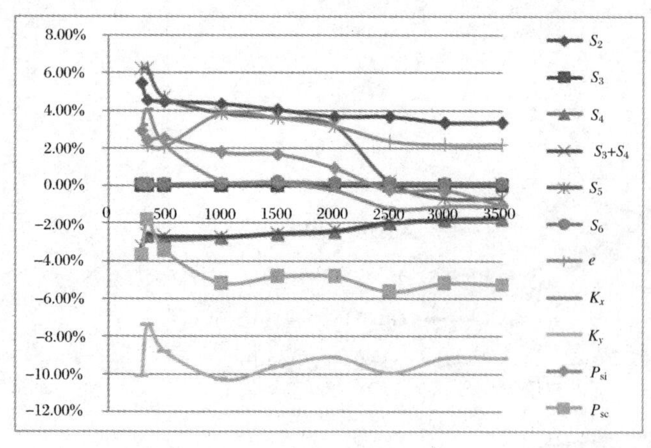

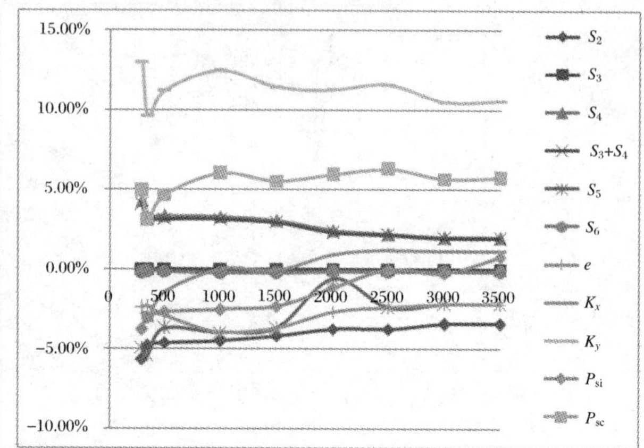

图 4　GB/T 12777—2019 不同直径波纹管波距 q 的偏差对性能的影响

从上述分析可知,由于波高对波纹管的补偿能力、刚度和稳定性影响较大,严格的要求更为合理。同时,为了保证波纹管各个波纹性能的一致性,防止各个波纹之间由于性能差别较大个别波纹出现失稳、疲劳破坏等问题,GB/T 12777—2019 中加入了波高一致性要求,进一步提升波纹管性能指标。波距和波纹长度对波纹管性能的影响较小,其公差要求可适度放宽。

2.2　无损检测要求

2.2.1　不同标准对无损检测的具体规定

对 GB/T 12777—2019、EJMA—2015、EN 14917—2012、ASME B31.3—2016、GB/T 16749—2018、ASME Ⅷ-1—2019 和 EN 13445—2014 共 7 种标准有关波纹管膨胀节无损检测相关要求进行对比,具体内容见表 14。

2.2.2　不同标准无损检测要求对比分析

由表 14 可知,在上述 7 个标准中,仅 GB/T 12777—2019 进行了分类要求,对于不同类别的波纹管管坯,提出了不同的检测要求;管坯纵焊缝可采用射线检测,也可采用渗透检测。

对于波纹管管坯渗透检测,GB/T 12777—2019 对于波纹管管坯渗透检测要求分为 4 种情况,相比其他 6 种标准更为细化,主要是考虑到对于小于 2 mm 的管坯,缺陷对产品安全性的影响较为明显,因此检测结果较为严格。EN 14917—2012 和 EN 13445—2014 对波纹管管坯成形前要求目视检查,成形后按要求进行渗透检测,渗透检测可按照不少于 10%的比例抽样。

在实际制造过程中,存在成形后波纹管纵焊缝出现裂纹的案例,因此,上述几种标准均对波纹管成形后内外表面渗透检测给出了具体规定,但各个标准的要求各不相同,GB/T 12777—2019 按照材料延伸率确定,EN 14917—2012 和 EN 13445—2014 要求类似,按照成形方式和单层壁厚确定,GB/T 16749—2018 按照单层壁厚和层数确定。

对于波纹管管坯射线检测,GB/T 12777—2019 按照管坯厚度 2 mm 进行划分,小于 2 mm 合格等级应不低于 NB/T 47013.2—2015 规定的Ⅰ级,大于 2 mm 合格等级应不低于 NB/T 47013.2—2015 规定的Ⅱ级。EJMA—2015、EN 14917—2012 和 ASME Ⅷ-1—2019 未给出管坯射线检测具体要求。

对于受压结构件的检测,GB/T 12777—2019 按照焊接分类和膨胀节工况类别进行了区分,主要是考虑到按照不同工况进行分类,既能保证产品安全性,又能降低生产成本。EJMA—2015 和 ASME B31.3—2016 对结构件检测无具体规定。

对于波纹管与端管焊缝的检测,上述标准均要求波纹管与端管的连接环焊缝进行相关检测,可采用渗透检测,也可采用射线检测。考虑到焊缝结构的特殊性,一般建议采用渗透检测。

表 14　不同标准关于波纹管膨胀节无损检测要求

类型	GB/T 12777—2019	EJMA—2015	EN 14917—2012	ASME B31.3—2016	GB/T 16749—2018	ASMEⅧ-1—2019	EN 13445—2014
类别	Ⅰ类膨胀节可不进行无损检测；Ⅱ类膨胀节，接触工作介质层 100%渗透检测或射线检测；Ⅲ类膨胀节，所有层 100%渗透检测或射线检测。	—	波纹管成形之前进行 100% 目视检测	—	波纹管 A 类(纵缝)焊接接头在成形前无损检测，B 类(环缝)焊接接头在成形后无损检测。	波纹管进行目测检测，不允许有缺口、裂缝、材料皱折或墩厚、焊接溅出物等易造成局部应力集中的缺陷存在。对怀疑的表面区域应进一步进行液体渗透检测。	搭接接头应进行磁粉检测或渗透检测，并进行 100%泄漏检测。波纹管管坯成形前进行 100%目视检查。
管坯渗透检测	1. 渗透检测法只适用于 δ<2 mm 的单道焊接接头。渗透检测时不应存在下列显示： (a) 所有的裂纹等线状显示； (b) 4 个或 4 个以上边距小于 1.5 mm 的成行密集圆形显示； (c) 任何直径大于 1/2 管坯壁厚的圆形显示，或直径大于 2 mm 的圆形显示； (d) 任一 150 mm 焊接接头长度内 5 个以上的随机散布圆形显示。 2. 对于材料标准中规定的断后伸长率低于 35%的材料，圆形波纹管成形后，应对所有可及焊缝接头表面进行 100%渗透检测。	可采用渗透检测方法检验	1. 波纹管成形后按照直径、单层壁厚以及成形方法不同，对波纹管内外层不同部位进行渗透检测。 2. 当波纹管进行批量焊接时，应抽样进行检测，抽查量不少于 10%，并且不少于 1 个。抽样应贯穿波纹管的整个制造过程。	当管坯厚度≤2.4 mm 且为单道焊时，用液体渗透法检查内外表面。成形后，所能检查到的焊缝内外表面应重复做液体渗透检测。液体渗透检测验收标准不允许有裂纹、咬边和未焊透。	1. 波纹管 δ≤2 mm 的 A 类(纵缝)焊接接头内外表面渗透检测应满足下列要求： (a) 不准许存在裂纹等线性显示； (b) 不准许同一直线上存在 4 个或 4 个以上、间距小于 1.5 mm 的圆形显示； (c) 不规则分布的圆点状缺陷，任意 150 mm 焊接接头长度内不超过 5 个，单个缺陷直径小于 1/2 波纹管有效壁厚。 2. ZX 型、ZD 型波纹管成形后 A 类焊接接头的内外可触及表面应进行渗透检测。	1. 成形前，应对所有波纹管的对接焊缝内外表面进行 100%液体渗透检测。成形后，对尽可能触及和看见的成形后的焊缝表面应重复做液体渗透检测。 2. 液体渗透检测应按附录 8 要求进行。检测中发现的线性显示，当尺寸大于 $t/4$ 且不小于 0.25 mm 时，则认为是缺陷。其中，t 为成形前波纹管的最小壁厚。	1. 波纹管成形后按照直径、单层壁厚以及成形方法不同，对波纹管内外层不同部位进行渗透检测。 2. 当波纹管进行批量焊接时，应抽样进行检测，抽查量不少于 10%，并且不少于 1 个。抽样应贯穿波纹管的整个制造过程。

续表

类型	GB/T 12777—2019	EJMA—2015	EN 14917—2012	ASME B31.3—2016	GB/T 16749—2018	ASMEⅧ-1—2019	EN 13445—2014
管坯射线检测	1. δ<2 mm,合格等级应不低于 NB/T 47013.2—2015 规定的Ⅰ级。 2. δ≥2 mm,合格等级应不低于 NB/T 47013.2—2015 规定的Ⅱ级。	射线检测用于检测成形前的纵向焊缝。除非买方有要求,没有必要规定波纹管的纵向焊缝进行射线检测。可采用渗透检测方法检验。	—	波纹管纵缝在成形前进行 100%射线检测。验收标准应按表 341.3.2 执行。	波纹管 A 类(纵缝)焊接接头应进行 100% 射线检测: (a) 波纹管 δ≥2 mm,射线检测符合 NB/T 47013.2 规定的Ⅱ级; (b) 奥氏体不锈钢、镍及镍基合金波纹管 δ<2 mm,射线检测符合 NB/T 47013.2 规定的Ⅰ级。	—	射线检测应符合 EN 13445—2014 中 6.6.3.2 条款的要求,其中 EN 13445—2014 中表 6.6.4 应修正为: 气孔直径不大于 0.4δ;每 100 mm 范围内不超过 5 个。不允许存在细长空腔、夹渣、未熔合、未焊透;咬边不大于 0.1δ,需光滑过渡;收缩沟槽不大于 0.1δ,需光滑过渡。
受压件	1. 受压筒节 A、B 类焊接接头一般应进行局部射线检测,检测长度不应小于各焊接接头长度的 20%,且不小于 250 mm,并应包含每一相交的焊接接头,合格等级应不低于 NB/T 47013.2—2015 规定的Ⅲ级。 2. 对于介质为可燃、有毒、易爆的Ⅲ类膨胀节,其受压筒节 A、B 类焊接接头一般应进行 100%射线检测,合格等级应不低于 NB/T 47013.2—2015 规定的Ⅱ级。 3. 端环类拼焊接头可进行 100%超声检测,合格等级应不低于 NB/T 47013.3—2015 或 NB/T 47013.10—2015 规定的Ⅰ级。	无具体规定	根据不同结构选用射线、超声、磁粉或渗透检测	—	端管、加强件 A 类、B 类焊接接头按 GB/T 150.4—2011 中 10.3 的规定进行射线检测或超声检测	对接焊缝进行 100%液体渗透检测	依据 EN 13445—2014 的规定,按照不同类别可选择射线、渗透、超声和磁粉检测

续表

类型	GB/T 12777—2019	EJMA—2015	EN 14917—2012	ASME B31.3—2016	GB/T 16749—2018	ASMEⅧ-1—2019	EN 13445—2014
膨胀节	1. 波纹管与受压筒节的连接环向焊接接头应进行100%渗透检测。 2. C类、D类和E类焊接接头的无损检测按照制造单位要求执行。	给出射线、渗透、超声、磁粉等多种检测方法，但没有规定膨胀节各部件焊接接头如何选用	波纹管与管道等的环向连接焊缝(W4)应进行100%液体渗透检测	波纹管与管道等的环向连接焊缝应进行100%液体渗透检测	1. ZX型(0.5≤δ<3，n≤5)，波纹管与端管B类焊接接头应进行100%渗透、超声或磁粉检测。 2. ZD型(δ≥3，$n=5$)，波纹管与端管B类焊接接头按设备壳体环缝的要求进行射线检测或超声检测。	波纹管与焊接端之间的环向连接焊缝应进行100%液体渗透检测	依据EN 13445—2014规定确定

对比上述7个标准,GB/T 12777—2019对于波纹管管坯纵焊缝检测要求相对细化,由于波纹管是膨胀节的核心元件,GB/T 12777—2019根据膨胀节应用工况,综合考虑产品质量和制造成本对波纹管进行分级检测。对于结构件和膨胀节检测要求,7个标准要求有所不同,但基本都规定了相应的检测方法。GB/T 12777—2019对于膨胀节检测要求的各种规定,主要是基于保证安全使用的前提下,提高产品合格率,有效降低成本。

3 结论

本文对国内外7个标准中涉及波纹管膨胀节的制造尺寸偏差和无损检测要求进行了比较分析,同时对波纹管尺寸偏差引起的波纹管性能变化进行了详细对比和分析,希望对标准应用有一定指导作用。在产品设计过程中,应根据实际工况和产品安全可靠性要求,提出相应的制造要求,既保证安全使用,又不过多地增加制造企业的成本。

参考文献

[1] 段玫,胡毅.膨胀节安全应用指南[M].北京:机械工业出版社,2017.

[2] Expansion Joint Manufacturers Association. Standards of the Expansion Joint Manufacturers Association:EJMA—2015[S].

[3] The American Society of Mechanical Engineers. Process Piping Appendix X Metallic Bellows Expansion Joints:ASME B31.3—2016[S].

[4] The American Society of Mechanical Engineers. Mandatory Appendix 26 Bellows Expansion Joints:ASME Ⅷ-1—2019[S].

[5] British Standards Institution. Metal Bellows Expansion Joints for Pressure Applications: EN 14917—2012[S].

[6] CEN. Unfired Pressure Vessels:EN 13445—2014[S].

[7] 国家市场监督管理总局,中国国家标准化管理委员会.金属波纹管膨胀节通用技术条件:GB/T 12777—2019[S].北京:中国标准出版社,2019.

[8] 国家市场监督管理总局,中国国家标准化管理委员会.压力容器波形膨胀节:GB/T 16749—2018[S].北京:中国标准出版社,2018.

作者简介

张小文(1984—),男,高级工程师,从事波纹管膨胀节研发工作。通信地址:河南省洛阳市高新技术开发区滨河北路88号。E-mail:zhangxw725@163.com。

高炉送风装置标准化的紧迫性与重要性

王庆捷[1,2]

（1. 秦皇岛北方管业有限公司，秦皇岛 066004；2. 河北省波纹膨胀节与金属软管技术创新中心，秦皇岛 066004）

摘要：高炉进风装置位于炼铁高炉热风管道末端，是连接热风围管与高炉之间的通道，包括热风围管以下到高炉风口小套之间的设备，其中有喇叭管、金属波纹管补偿器（膨胀节）、弯管、直吹管、窥视孔装置及相关连接件等。现执行《高炉进风装置》（YB/T 4191—2009）技术标准。该项技术标准仅对各部件制造检验提出了规范性和指导性要求，没有制造和控制要求。本文为此对高炉送风装置结构和各部件相关标准化的制定进行了探究。

关键词：送风装置；结构；部件；标准化

The Importance and Urgency of Standardization of Blast Furnace Air Supply Device

Wang Qingjie[1,2]

（1. Qinhuangdao North Piping Industry Co. Ltd.，Qinhuangdao 066004；
2. The Corrugated Expansion Joint and Metal Hose Technology Innovation Center of Hebei Province，Qinhuangdao 066004）

Abstract：Blast furnace inlet device is located at the end of hot air pipe in iron-making blast furnace，which is the channel connecting bustle pipe and blast furnace. It includes the equipments under bustle pipe and blast furnace tuyere small set，among which are oviduct，metal bellows compensator（expansion joint），elbow，belly pipe，sight hole device and related adapting pieces，etc. The present technical standard is YB/T 4191—2009，and this technical standard only puts forward the normative and instructive requirements for the manufacture and inspection of each component，but with no manufacturing and control requirements. For this reason，this paper puts forward the related standardization and exploration of structure and each component included in the blast furnace air supply device.

Keywords：air supply device；structure；component；standardization

1 引言

炼铁高炉送风装置（送风支管）是高炉炉前设备中至关重要的组成部件。高炉进风装置长期处在高温、高压、富氧喷煤的环境中，经常出现漏风、表面温度过高、发红等现象[1]，是热风管道系统中的薄弱环节，是决定高炉能否正常生产的关键，为了不影响高炉正常运行，高炉送风装置必须定时进行更换。

现阶段送风装置弯头、直吹管的耐热浇筑料使用1年通常需进行重新捣打，钢壳使用3年需进行更换；送风装置的金属膨胀节部分耐热浇注料和钢壳使用3年需进行更换。

炼铁高炉每个炉子需要14～42套送风装置，新建高炉通常预留半个高炉数量的送风装置备件，这就至少需要几十万元甚至上百万元的成本。所以，优化送风装置，尽可能地节约成本，减少浪费，送风装置的结构和各部件的标准化就显得尤为紧迫和重要了。

2 标准情况

送风装置设计、制造与验收标准通常按如下执行：《高炉进风装置》（YB/T 4191—2009）；ASME Ⅷ-1—2019；EJMA—2015；《压力容器波形膨胀节》（GB/T 16749—2018）；《压力管道用金属波纹管膨胀节》（GB/T 35990—2018）；《金属波纹管膨胀节通用技术条件》（GB/T 12777—2019）。

但上述标准缺少具体送风装置结构及各部件的设计、制造与验收标准。

3 从业环境

目前，各钢厂的现状是：同一个钢厂相同容积的各个高炉之间，送风装置尺寸不同，不能互换；相同高炉送风装置采用不同厂家生产的装置，彼此之间不能互换。例如：

（1）唐山天柱钢铁集团有限公司 4 个高炉之间不能互换；

（2）柳钢防城港项目采用秦皇岛北方管业有限公司和唐山金山腾宇科技有限公司生产的送风装置，秦皇岛北方管业有限公司采用万向铰链式金属膨胀节，唐山金山腾宇科技有限公司采用拉杆四节式金属膨胀节，彼此之间不能互换；

（3）石横特钢集团有限公司现有两座 1080 m^3 高炉，彼此之间不能互换；

（4）越南台塑钢铁厂送风装置工程采用秦皇岛泰德管业生产的送风装置，备件采用秦皇岛北方管业有限公司生产的备件，彼此之间不能互换；

（5）唐山鑫晶特钢有限公司各高炉之间不能互换；

（6）山东鑫华特钢集团有限公司不同厂家生产的送风装置之间不能互换；

（7）河北前进钢铁集团有限公司不同厂家生产的送风装置之间不能互换；

（8）沧州中铁装备制造材料有限公司不同厂家生产的送风装置之间不能互换。

各钢厂之间大都存在送风装置不能互换问题，这里不一一列举说明。

4 可行性

4.1 原因分析

送风装置不能互换主要有以下几个原因：

（1）设计院设计的原因；

（2）高炉变形造成；

（3）钢铁厂的特殊要求；

（4）各送风装置生产厂家的原因：为了企业间竞争故意设计成不同结构尺寸；为了满足钢铁厂及设计院的要求；自己公司内部没有统一的标准等。

4.2 可行性分析

（1）送风装置结构相对复杂，设计院通常在招标和后期设计确认中充分考虑和接受送风装置生产厂家的意见。石横特钢钢铁集团有限公司 1460 m^3 高炉招标要求万向铰链式，最后确定为拉杆四节式金属膨胀节；北满特殊钢有限公司小高炉改造未设定结构尺寸，按厂家要求设计；柳州防城港采用万向铰链式和拉杆四节式金属膨胀节等。

（2）高炉变形可以通过围管开口位置偏移使高炉之间实现互换。常州中天钢铁集团有限公司、石横特钢集团有限公司两座 1080 m^3 高炉改造成 1460 m^3，最终通过围管开口位置偏移实现与新建的两座 1460 m^3

高炉之间的互换。

(3) 各送风装置厂家为了满足钢铁厂要求及自身设计、制造的需要可以达成互换。沧州中铁装备制造材料有限公司要求与秦皇岛泰德管业视孔装置互换，秦皇岛北方管业有限公司通过现场测绘等手段达成互换；天津钢铁有限公司弯头直吹管视孔要求互换，秦皇岛北方管业有限公司通过测绘等手段达成互换；鞍钢集团有限公司弯头直吹管通过拉样件到秦皇岛北方管业有限公司测绘达成互换。这些说明：送风装置的标准化应该包括结构和各部件的标准化。

5 标准化的收益

推行标准化可获得的好处有：

(1) 节约各送风装置厂家往返测绘的时间和成本；

(2) 降低各送风装置厂家设计、制造、采购的周期和成本；

(3) 减少各钢铁厂的备件数量，方便操作、便于管理；

(4) 减少测绘过程中出现的错误及钢铁厂不能互换造成的损失。

6 结论

(1) 现有送风装置结构种类过多，尺寸偏差太大，严重制约了送风装置的发展，也造成了大量人工、时间、金钱的损失；

(2) 通过设计院、钢铁厂、送风装置厂家之间的交流沟通可以实现互换；

(3) 通过统一协调，送风装置厂家出于自身设计、生产、采购的需要也有动力和条件实现标准化。

参考文献

[1] 夏浩. 高炉进风装置的优化设计[D]. 邯郸：河北工程大学，2013.

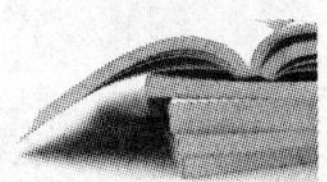

作者简介

王庆捷(1978—)，男，工程师，主要从事膨胀节、送风装置等的设计及研发工作。通信地址：河北省秦皇岛市经济技术开发区天山北路16号秦皇岛北方管业有限公司。E-mail：413583994@qq.com。

旁通直管压力平衡型膨胀节流阻分析及结构改进

李张治　杨玉强

（洛阳双瑞特种装备有限公司，洛阳 471000）

摘要：管系的沿程阻力损失和局部阻力损失很难通过理论解析或经验公式进行求解。故本文采用计算流体动力学（CFD）数值模拟方法，对旁通直管压力平衡型膨胀节及其改进结构进行流阻特性研究。计算结果表明，该型膨胀节的流动阻力不容忽视，改进结构能够一定程度地降低膨胀节流阻。

关键词：膨胀节；流阻；计算流体动力学

Analysis on Flow Resistance of Bypass in-line Pressure Balanced Expansion Joint and Structural Improvement

Li Zhangzhi, Yang Yuqiang

(Luoyang Sunrui Special Equipment Co. Ltd., Luoyang 471000)

Abstract: Getting the theoretical or engineering solution of frictional head loss and local head loss in pipeline is relatively difficult. So CFD numerical simulation method is adopted to study the flow resistance of bypass in-line pressure balanced expansion joint and its improved structure. Results prove that the flow resistance of the expansion joint can not be ignored. The improved structure can reduce resistance to a certain extent.

Keywords: expansion joint; flow resistance; CFD

1　引言

随着长距离输送管网的推广应用，能源损耗成为行业内普遍关注的问题。介质经管道及附件远距离输送时，会产生沿程损失和局部损失，分别由沿程阻力和局部阻力引起。长距离输送管道中沿程阻力占主导，与管长、管流速度分布及管壁粗糙度有关。而局部阻力主要是由于管壁形状沿程发生急剧变化，在流速分布急剧调整的局部区域集中产生的流动阻力。膨胀节作为管网补偿热位移的关键部件，产生的阻力属于沿程损失，多数膨胀节不会对管道系统造成明显的流阻和压损。但旁通直管压力平衡型膨胀节由于其内部结构的特殊性，流体流经膨胀节后将产生明显的压力损失，会引起管网压力下降过大，造成大量能源损耗。有时还需设立中继泵站补压，导致成本上升。[1]

本文采用计算流体动力学（CFD）数值模拟方法，对旁通直管压力平衡型膨胀节进行研究并优化结构设计，以期获得其流阻特性，指导工程应用。[2]

2　旁通直管压力平衡型膨胀节介绍

2.1　结构特点

旁通直管压力平衡型膨胀节既能补偿轴向位移，又能够平衡管道压力推力，可以大大降低管道主固定支架的受力，因此通常应用在长距离架空敷设的管道中。根据平衡波纹管受压状态的不同，旁通直管压力平衡型膨胀节可以分为全外压型和内外压组合型。不论是全外压型，还是内外压组合型，工作波纹管都处于外压状态，不存在柱失稳问题，因此可以通过增加波数实现较大的补偿量。与直通式直管压力平衡型膨胀节相比，旁通直管压力平衡型膨胀节造价低，安装空间需求小，经济性好，在远距离输送管网中得到了广泛应用。

全外压型旁通直管压力平衡型膨胀节如图1所示，介质流经膨胀节时，流向发生4次90°变化，且波纹管波纹段的几何结构也较为复杂，使得介质流动状态更趋于紊乱，加剧介质流动时内部的能量耗散，即流动阻力较大，表征为介质流经膨胀节时压力降较大。

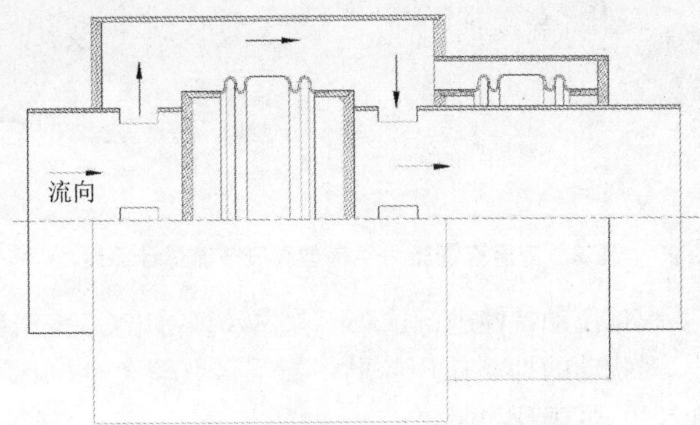

图1　旁通直管压力平衡型膨胀节结构图

2.2　设计参数

本文选取某项目用DN800旁通直管压力平衡型膨胀节作为分析对象，研究该膨胀节对介质流动的影响。

管线相关设计参数见表1。其中，介质温度为150 ℃，通过物理属性表，得知该温度下，水的密度为917 kg/m^3，黏度为18.63×10^{-5} Pa·s。

表1　设计工况参数

结构型式	介质	管道规格	入口压力(MPa)	流速(m/s)
旁通直管 压力平衡型膨胀节	热水	DN800	1.0	1.0,1.5,2.0,2.5,3.0

3　计算与分析

3.1　算法简介

目前，对流动问题的研究都是以质量守恒、动量守恒和能量守恒三大定律为基础，通过方程组进行描述，经典的方程如Naiver-Stokes(N-S)方程。如果处于湍流状态，还需要补充湍流输运方程。通过求解这些数学方程，研究流体流动特性，给出流体流动规律。但是由于对流动理论的研究还远不够充分，很多问题不能通过解析法得到有效解决。工程设计法在解决复杂问题时，也存在诸多局限性，如圆管等规则结构的流阻特性尚有经验公式可以借鉴，但膨胀节由于其结构复杂、形式多样，通过经验公式计算其流阻特性非常困难。试验研究同样存在着试验成本高、观测难度大等诸多问题。

相比较理论分析、工程设计和试验研究而言，CFD(计算流体动力学)具备较高的计算效率和计算精度，并且成本也更为低廉。目前，利用CFD仿真软件来计算黏性流体在管道中的阻力特性已经得到了很多实用性的成果，如针对粗糙的管壁考察沿程阻力损失，或是产生局部阻力损失的典型阀件(突扩管、三通管、弯管等)，通过数值模拟的方法可以模拟出常规试验无法得到的不同流场的各种信息。

3.2 流阻分析

运用数值模拟方法可以对膨胀节流阻特性进行仿真,为膨胀节结构改进和后期推广提供依据。流体分析软件 Fluent 是目前比较成熟的商用 CFD 软件包,具有丰富的物理模型、先进的数值方法和强大的前后处理功能。依据膨胀节设计参数对该型膨胀节流体计算域进行建模,模型如图 2 所示。

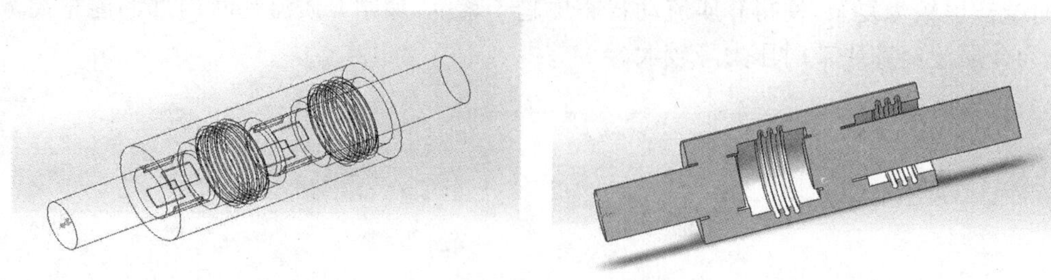

图 2　旁通直管压力平衡型膨胀节流体计算域

介质流动的物理模型需要根据流动特性进行选取。首先计算雷诺数,雷诺数的本质是惯性力与黏性力之比。定性地说,黏性力越小,对扰动的抑制作用越弱。当雷诺数较大时,则受到扰动后无法被抑制,受黏性影响易产生相对位移,进而产生涡,表现为湍流。

根据雷诺数计算公式,流速 1.0 m/s 下按式(1)计算,结果表明该参数下流动状态为充分发展的湍流模型。又因为液体可视为不可压缩,故可以选取 K-epsilon 模型进行数值计算。根据公式可知,雷诺数与流速成正比,所以表 1 所列的 5 种流速均可采取该模型进行计算。

$$Re = \rho vd/\mu \approx 140000 \tag{1}$$

由于水是黏性介质,在流经壁面时,介质在靠近壁面的薄层(一般在毫米级)里,由于黏性所产生的摩擦力不可忽略,因此还要考虑边界层效应。目前使用最广泛的算法是引入壁面函数作为边界层上复杂函数计算的近似方法,将速度与离壁面距离呈线性分布的黏性子层向外延伸,从而简化边界层速度场的求解。

按照给定的物理属性定义介质,按照设计参数设置边界条件,求解计算,迭代 300 步左右收敛,收敛曲线如图 3 所示。从收敛曲线可以看出,物理模型和边界条件的设置较为合理,数值运算过程较为顺利,并未产生明显数值振荡或发散。

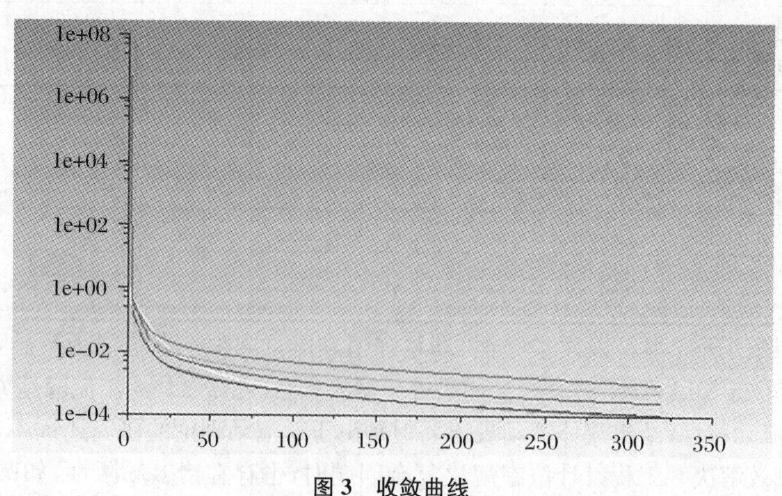

图 3　收敛曲线

通过提取膨胀节出口压力,可计算介质流经膨胀节的压力降。不同流速下的压力降结果见表 2。

表 2　旁通直管压力平衡型膨胀节压降值

流速(m/s)	1.0	1.5	2.0	2.5	3.0
压力降(kPa)	3.7	8.1	13.6	20.8	33.9

由计算结果可以看出，入口压力为1 MPa时，流速为1.0～3.0 m/s，压降值处于3.7～33.9 kPa范围内。可见介质流经旁通直管压力平衡型膨胀节产生的压力降是较为显著的，且随着流速增大而增大。

3.3 优化结构流阻分析

由于旁通直管压力平衡型膨胀节流阻较大，为了优化其流阻特性，拓宽其应用范围，在分析膨胀节结构特点和介质流动状态的基础上，对结构进行改进。

改进的主要思路是，在介质流向发生变化处，将直角改进为圆弧，以起到一定的导流作用，降低流体在折角处的湍流发生概率和强度，减少能量损耗。结构改进后如图4所示。

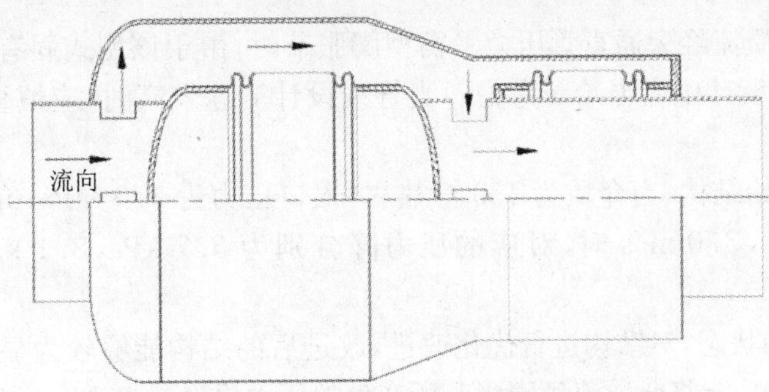

图4 旁通直管压力平衡型膨胀节改进结构

对改进结构进行建模，采用相同参数进行计算，介质流经改进结构膨胀节的压力降计算结果见表3。结果表明，结构改进后，入口压力仍为1 MPa，流速为1.0～3.0 m/s，压降值处于2.9～26.7 kPa范围内。

表3 结构改进后膨胀节压降值及对比

流速(m/s)	1.0	1.5	2.0	2.5	3.0
压力损失(kPa)	2.9	6.7	10.9	18.6	26.7
压力损失减少比	19.7%	16.55%	19.83%	13.62%	21.32%

3.4 流阻性能对比分析

将改进结构与原始结构进行对比，对比结果如图5所示。由图可见，在该流速范围区间内，改进结构相对于原始结构的压降值有明显降低，降低幅度在10%～20%之间，说明改进结构对于降低膨胀节流阻有一定效果。

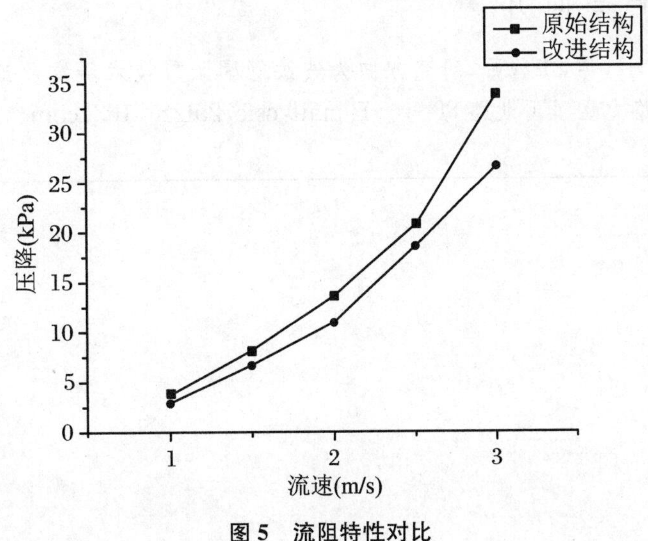

图5 流阻特性对比

4 结论与展望

4.1 结论

本文选取了 DN800 旁通直管压力平衡型膨胀节作为研究对象,借助通用 CFD 数值模拟软件 Fluent,在规定的工况条件下研究该型膨胀节的流阻特性。为了降低该型膨胀节的流阻,对结构进行了优化改进,并对改进后的膨胀节进行了相同条件的仿真计算,对结构改进前后的计算结果进行了分析对比。主要得出以下结论:

(1) 计算结果表明,介质流经旁通直管压力平衡型膨胀节时,由于该型式固有的结构特征,造成的局部损失是较为显著的,在工程设计中应当给予考虑。当管线设计流速较高时,应慎重使用旁通直管压力平衡型膨胀节。

(2) 定量来看,对于原始结构,当介质为 150 ℃热水,入口压力为 1.0 MPa,介质流速分别为 1.0 m/s,1.5 m/s,2.0 m/s,2.5 m/s,3.0 m/s 时,对应的压力降分别为 3.7 kPa,8.1 kPa,13.6 kPa,20.8 kPa,33.9 kPa。

(3) 通过分析介质流动状态,对结构进行优化改进,改进后的结构能够较为显著地降低膨胀节流阻,在 1.0~3.0 m/s 的速度范围内,能将介质流经膨胀节所产生的压力损失减少 10%~20%。

4.2 展望

关于膨胀节的流动阻力特性还需进一步开展试验研究。尽管通过数值模拟方法能够以较低的成本、较短的周期获得一定精度范围内的数值解,但是由于理论研究和相关算法的限制,目前尚且不能给出精确的误差范围。如果某工程问题重点关注结构的流阻特性,开展相关试验仍然是必要的。此外,如能通过试验结果对仿真计算中使用到的相关计算参数进行修正,不断提高物理模型准确度,也将具有较大的指导意义。

参考文献

[1] 姚雪蕾.管道内壁粗糙度对沿程阻力影响的 Fluent 数值模拟分析[J].船海工程,2015,44(6):101-106.

[2] 赵月.基于 CFD 的管道局部阻力的数值模拟[D].大庆:东北石油大学,2011.

作者简介

李张治(1994—),男,工程师,研究方向为波纹管膨胀节技术研发及工程应用。联系方式:河南省洛阳市洛龙区滨河北路 88 号。E-mail:csic725lzz@163.com。

基于 ANSYS 的丙烷脱氢装置用膨胀节内部流场分析

朱一萍　杨玉强

（洛阳双瑞特种装备有限公司，洛阳 471000）

摘要：丙烷脱氢装置中进入膨胀节内的工作介质结焦会影响其正常运行。本文以铰链轴向型膨胀节为例，利用有限元软件进行仿真模拟，从不同维度分析了吹扫方向和吹扫速度对于吹扫效果的影响，并与 Lummus 工艺规范进行了对比，给出了较为合理的吹扫速度，以保证丙烷脱氢装置中高温管道系统的长周期安全平稳运行。

关键词：丙烷脱氢装置；膨胀节；有限元

Analysis of Internal Flow Field of Expansion Joint for Propane Dehydrogenation Unit with ANSYS

Zhu Yiping，Yang Yuqiang

（Luoyang Sunrui Special Equipment Co. Ltd.，Luoyang 471000）

Abstract：During long-term operation，working medium in propane dehydrogenation unit will go into the expansion joint and coke to cause damage to facility. Taking hinge axial expansion joint as example，the paper focuses on flow simulation with finite element analysis software ANSYS，and analyses the influence of purging direction and speed on purging effect from different dimensions. Compared to Lummus process specification，reasonable purging speed is given to ensure safe and stable operation of high-temperature pipeline of propane dehydrogenation unit during a long period.

Keywords：propane dehydrogenation unit；expansion joint；finite element

1　引言

近年来，随着聚丙烯、丁辛醇等下游衍生物需求的快速增长，丙烯的消费量大幅提高，中国的丙烷脱氢产业随之不断发展，成为化工产业发展的一个热点领域。[1-2] Lummus 的丙烷脱氢装置（简称 PDH 装置）采用卧式固定反应器和 Cr_2O_3-Al_2O_3 催化剂将丙烷脱氢转化为丙烯，其反应区的三大管道系统分别是原料烃进出口管道系统、催化剂再生空气管道系统和反应器抽真空管道系统。这些管道具有操作温度高、压力低、管径大等特点，通过自然补偿的方法难以满足管道热膨胀的要求，需采用膨胀节来补偿其管道热位移。

通过查阅文献，PDH 装置运行过程中工艺物料易进入膨胀节内部，易停留在波纹管和内衬筒之间的腔体内，局部高温条件下发生结焦积碳，引起膨胀节的结构变形和失效，严重时会胀裂内衬筒与筒节的连接环焊缝，引起内衬筒脱落，影响下游设备的安全运行，给企业造成巨大损失。[3-6] 本文通过有限元软件对某项目用铰链轴向型膨胀节进行流体模拟分析，探讨不同吹扫速度对膨胀节内部流动介质的影响，为膨胀节吹扫结构的设计提供依据。

2 计算模型

2.1 几何模型

某项目烃类管线入口管线用铰链轴向型膨胀节的主要几何尺寸及设计参数见表1,结构如图1所示。吹扫总管通过8根支管与膨胀节相连,8根支管呈均布状态。

表1 铰链轴向型膨胀节几何尺寸及设计参数

项目	数值
筒体外径(mm)	1372
筒体壁厚(mm)	12
吹扫盘管直径(mm)	60
吹扫支管外径(mm)	27
吹扫支管外壁厚(mm)	3
吹扫支管数量	8
介质流速(m/s)	60
工作介质	丙烷
吹扫介质	蒸汽

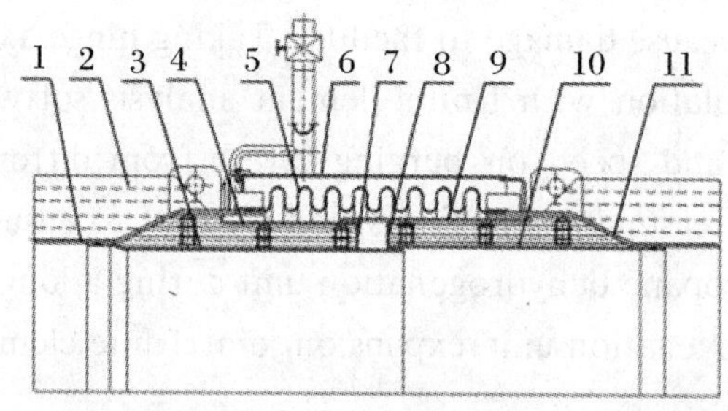

图1 铰链轴向型膨胀节

1. 筒节(左);2. 保温层(左);3. 内衬筒(左);4. 导流筒(左);5. 波纹管;6. 保护罩;
7. 环板(左);8. 环板(右);9. 导流筒(右);10. 内衬筒(右);11. 筒节(右)

2.2 数学模型

丙烷脱氢装置中,介质在膨胀节内的流动属于湍流状态,管道内的流动需要满足质量守恒定律、动量守恒定律、能量守恒定律等。连续性方程(连续性方程式质量守恒定律在流体力学中的表现形式)在直角坐标系下的表现形式见式(1)[7]:

$$\frac{\partial \rho}{\partial t}+\frac{\partial(\rho V_x)}{\partial x}+\frac{\partial(\rho V_y)}{\partial y}+\frac{\partial(\rho V_z)}{\partial z}=0 \tag{1}$$

式中,V_x,V_y,V_z 是速度矢量 $\vec{v}$ 在 x 轴,y 轴和 z 轴方向的分量,t 是时间,ρ 是密度。

最常用的湍流求解模型是标准 k-ε 湍流模型。它需要求解湍动能 k 和耗散率 ε,具体见式(2)、式(3):

$$\rho\frac{\mathrm{d}k}{\mathrm{d}t}=\frac{\partial}{\partial x_i}\left[\left(\mu+\frac{\mu_t}{\sigma}\right)\frac{\partial k}{\partial x_i}\right]+G_k+G_b+\rho\varepsilon-Y_M \tag{2}$$

$$\rho\frac{\mathrm{d}\varepsilon}{\mathrm{d}t}=\frac{\partial}{\partial x_i}\left[\left(\mu+\frac{\mu_t}{\sigma}\right)\frac{\partial \varepsilon}{\partial x_i}\right]+C_{1\varepsilon}\frac{\varepsilon}{k}(G_k+C_{3\varepsilon}G_b)+C_{2\varepsilon}\rho\frac{\varepsilon^2}{k} \tag{3}$$

式中,对于不可压缩流体,$G_b=0$,$Y_M=0$,在 ANSYS Fluent 中,作为系统默认值常数,$C_{1\varepsilon}=1.44$,$C_{2\varepsilon}=$

1.92，$C_{3\varepsilon}=0.09$，湍动能 k 和耗散率 ε 的湍流普朗特数分别为 $\sigma_k=1.0$，$\sigma_\varepsilon=1.0$。

3 吹扫方向对膨胀节吹扫效果的影响

3.1 吹扫结构的优化

图 2 为 2011 年 Lummus Catofin 工艺规定的膨胀节结构，图 3 为 2014 年之后 Lummus Catofin 工艺规定的膨胀节结构，两种膨胀节结构除了吹扫和波纹管报警装置的位置不同外，整体设计基本相同，均存在结焦问题，干扰装置的长周期可靠运行。

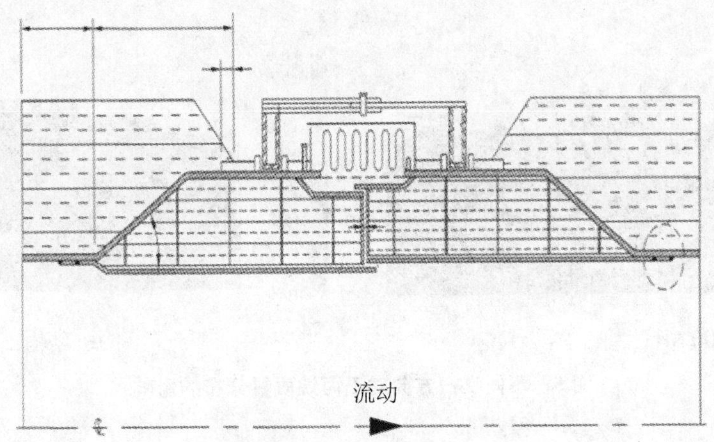

图 2 Lummus 吹扫结构（2011 年）

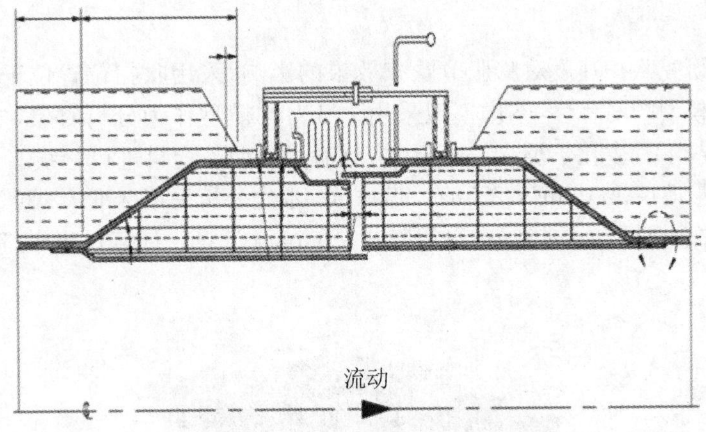

图 3 PDH Lummus 吹扫结构（2014 年以后）

3.2 吹扫结构的流体分析

针对 Lummus 工艺结构的改进，尝试采用二维模型来探讨吹扫方向的改变对吹扫效果的影响。在不改变膨胀节总体结构的前提下，改变吹扫位置，即吹扫方向，如图 4 所示，图 4(a)结构是吹扫位置位于左侧，视为正向吹扫；图 4(b)结构是吹扫位置位于右侧，视为逆向吹扫。图 5 给出了不同吹扫方向对于丙烷质量分布的影响，由图可知，相比正向吹扫，逆向吹扫更能降低波纹管内的丙烷分布，左侧内衬筒与导流筒间的腔体内整体丙烷分布有所增加，而右侧内衬筒与导流筒间的腔体内丙烷质量分布基本不变。通过对两种结构进行详细的流体分析，发现逆向吹扫效果更好。

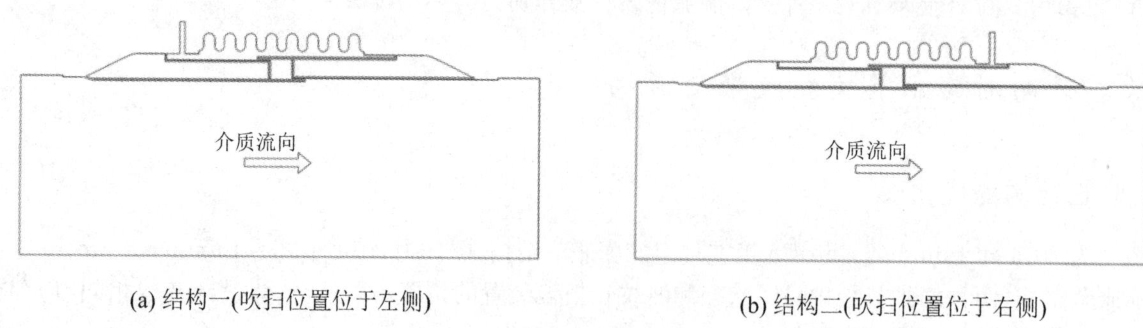

(a) 结构一(吹扫位置位于左侧)　　(b) 结构二(吹扫位置位于右侧)

图 4　膨胀节吹扫二维模型

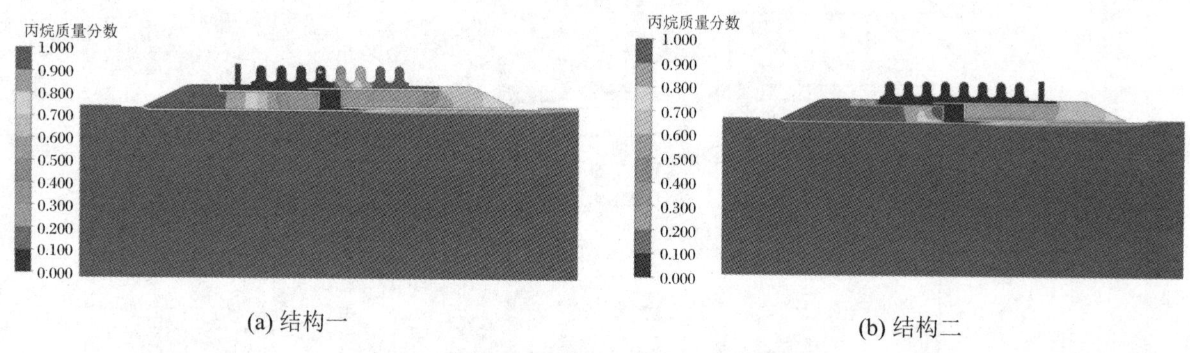

(a) 结构一　　(b) 结构二

图 5　不同吹扫方向对于丙烷质量分布的影响

4　吹扫速度对膨胀节吹扫效果的影响

4.1　三维分析模型

通过三维分析模型研究吹扫速度对膨胀节吹扫效果的影响,采用吹扫位置位于右侧的结构二,考虑到计算机资源的有限性和模型的对称性,本次模拟采用 1/8 对称模型作为分析对象,如图 6 所示。此次模拟中,两种气体只相互掺混,不发生化学反应,故采用组分输运模型。物料进口管线工作介质流速为 60 m/s,吹扫支管介质流速分别取 5 m/s,15 m/s,25 m/s,35 m/s。本次分析采用标准 k-ε 模型来预测通道内流场与近壁区域的湍流变化,并选择耦合式求解器,采用隐式、coupled 计算。计算过程中,适当调整松弛因子以保证结果的收敛性。

图 6　带吹扫支管的膨胀节 1/8 对称流体分析模型

4.2　吹扫速度对丙烷质量分布的影响

图 7 给出了膨胀节左右腔体内的截面,分别取 21 个环面,采用连续编号 1,2,…,42,第一个环面靠近筒节(左)与内衬筒(左)环焊缝处,第 42 个环面靠近筒节(右)与内衬筒(右)环焊缝处,各腔体内的环面近似均匀分布。

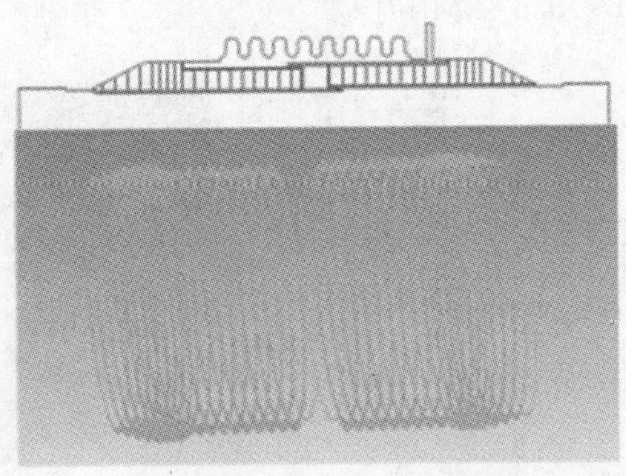

图 7　膨胀节左右腔体内的横截环面

图 8 给出了不同吹扫速度下各环面的丙烷质量分数。从图中可以看出，从第一个环面到最后一个环面，呈现出先增加后减少的趋势，即丙烷进入左右腔体后仅有一部分会被吹向筒节与内衬筒相连接处，大部分则停留在腔体进口位置处。相比于其他吹扫速度，$v=15$ m/s 时丙烷进入左右腔体内的丙烷质量分数与 $v=25$ m/s，35 m/s 时基本相当，但被吹向左右侧筒节与内衬筒相连接处的却更少，这意味着有更少的丙烷到达筒节与内衬筒相连接处，也就意味着结焦的可能性更小。

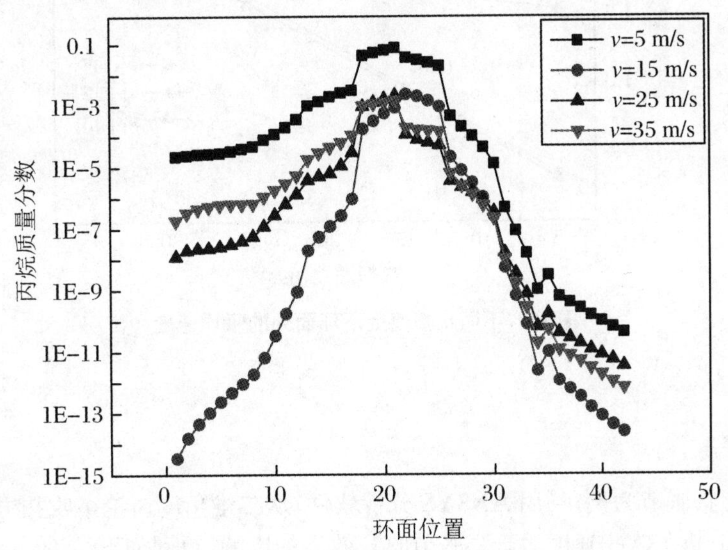

图 8　不同吹扫速度下各横截面的丙烷质量分数

4.3　吹扫速度对环面处平均速度的影响

图 9 给出了需进行速度监测的不同环面的位置。由平面图可以看出，吹扫介质由吹扫支管进入，经过波纹管，然后通过左右侧导流筒重叠形成的狭窄间隙，进入由左右导流筒、左右环板以及左右内衬筒形成的方腔，最后通过左右内衬筒重叠形成的狭窄间隙汇入工作介质中。故在靠近吹扫支管出口处、方腔入口处和出口处分别设置环面，监测其在不同吹扫速度下的平均速度。

图 10 给出了不同吹扫速度下环面处的平均速度。由图可知，环面 1、环面 2 处的平均速度相差不多，且随着吹扫速度的增加而近乎直线上升；环面 3 处的平均速度大于环面 1、环面 2 处的平均速度，且随着吹扫速度的增加而不断增加。

为了保证吹扫的效果，由图 8 可知，当吹扫支管的速度为 15 m/s 时，工作介质进入膨胀节导流筒腔体的量最少。由图 10 可知，当吹扫速度为 15 m/s 时，3 个环面的平均速度分别为 0.35 m/s，0.97 m/s，1.68 m/s。Lummus 技术规范中提出：衬板重叠处的环形空间应满足吹扫介质速度为 0.75 m/s，这里的衬板即为膨胀节中的导流筒，因此环面 2 处的平均速度可认为是所要求的吹扫速度。由图 10 可知，当环面 2 处的平均速度为 0.75 m/s 时,吹扫速度在 10～15 m/s 范围内。

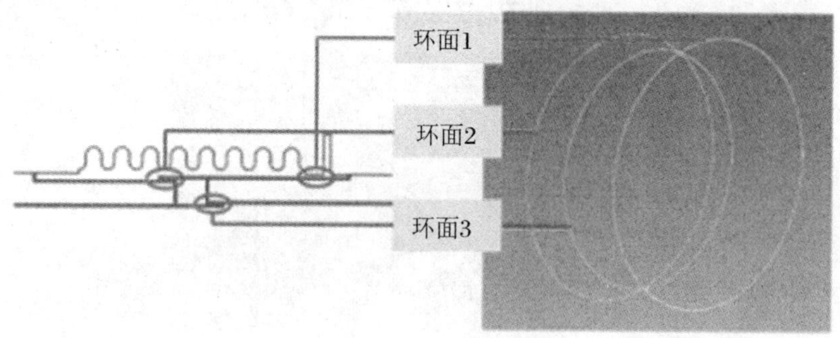

图 9　不同环面的位置

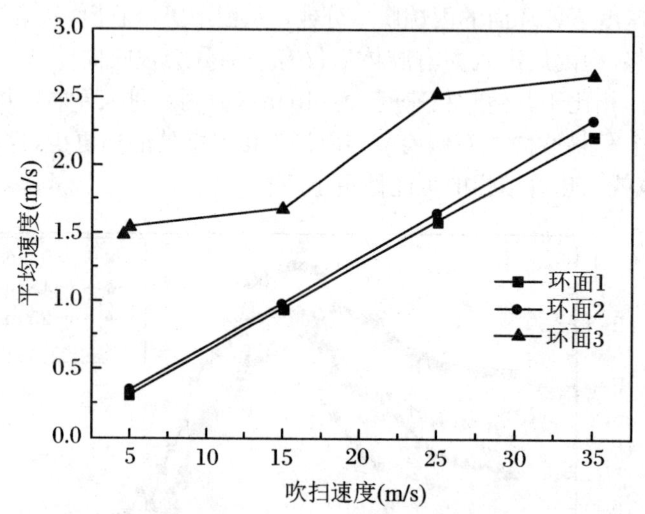

图 10　不同吹扫速度下环面处的平均速度

5　结论

本文以铰链轴向型膨胀节为例,利用 ANSYS 分析软件,从二维角度讨论了吹扫方向对于膨胀节吹扫效果的影响,从三维角度分析了吹扫速度对于膨胀节吹扫效果的影响,得到如下结论:

(1) 相比于正向吹扫,逆向吹扫更能减少波纹管内的丙烷集聚量,降低结焦风险。

(2) 综合考虑吹扫速度对于左右侧筒节与内衬筒连接处丙烷分布的影响以及 Lummus 技术规范,吹扫速度应保持在 10～15 m/s 范围内。

参考文献

[1]　马艳萍,杨茹欣,赵燕.丙烷催化脱氢制丙烯生产技术及工业应用进展[J].广东化工,2012,39(7):87.

[2]　王培超,曹世凌,伍宝洲.丙烷脱氢制丙烯技术的工业应用探讨[J].中外能源,2015,20(5):85-90.

[3]　吴睿,王海之,张健,等.Pt 系催化剂丙烷脱氢结焦性质比较[J].天然气化工,2017(5):11-14.

[4]　高伟,赵亚龙.丙烷脱氢制丙烯工艺及技术要点分析[J].化工设计通讯,2017(11):20-23.

[5]　廖强,倪明.丙烷脱氢装置金属膨胀节的设计研究[J].化工技术与开发,2017(8):41-45.

[6]　朱红钧.Fluent 流体分析及仿真实用教程[M].北京:人民邮电出版社,2010.

[7]　张宇,栾江峰,张斯亮.基于 Fluent 的压力管道内部流场分析[J].当代化工,2014(6):1106-1108.

扭转载荷下波纹管的稳定性及振动特性分析

王斌斌　杨　萌　张爱琴　张国华　张力伟　李　涛
（洛阳双瑞特种装备有限公司，洛阳 471000）

摘要：本文对标准中涉及波纹管扭转的公式进行论述并修正，归纳提出了扭转载荷下波纹管稳定性和振动特性的工程计算方法。将简化工程计算方法、积分法和有限元法计算结果进行了对比分析，表明工程计算方法形式简单，计算结果可靠，可以在工程设计计算中应用。

关键词：波纹管；扭转；稳定性；固有频率

Analysis of the Stability and Vibration Characteristics of Bellows Under Torsional Load

Wang Binbin, Yang Meng, Zhang Aiqin, Zhang Guohua, Zhang Liwei, Li Tao
(Luoyang Sunrui Special Equipment Co. Ltd., Luoyang 471000)

Abstract: This paper discusses and revises the formula of torsional bellows in the standard, concludes and puts forward the engineering calculation method of the stability and vibration characteristics of bellows under torsional load. The comparison of simplified engineering calculation method, integral method and finite element method shows that the engineering calculation method is simple and reliable, and can be applied in engineering design and calculation.

Keywords: bellows; torsion; stability; natural frequency

1　引言

波纹管以其良好的位移补偿、承压、较高的疲劳寿命和耐蚀性能，在工程界得到了广泛的应用。波纹管的扭转刚度相比其拉压和弯曲刚度大很多，依靠波纹管的扭转特性，波纹管也用于机械设备中传递动力扭矩的场合，新型波纹管联轴器[1]、扭转疲劳测试仪[2]等就是利用波纹管来传递扭矩的。

在波纹管传递扭转载荷的场合，一旦扭转载荷超过屈曲载荷，波纹管就会产生失稳，失稳后波纹管即失去承载扭转载荷的功能，这在实际工程应用中是应注意避免的一种失效形式。但波纹管标准规范中并无波纹管扭转临界载荷的设计公式，对于波纹管扭转失稳的理论和试验研究也较少，仅有少数学者采用有限元数值方法对波纹管扭转稳定性进行了仿真分析研究。[3-4]波纹管振动特性的研究主要集中在波纹管固有频率和模态振型的计算，对于轴向和横向振动的固有频率，国内外标准中都给出了计算公式。[5-6]相对于轴向和横向振动，波纹管扭转振动固有频率属于高频成分，振动能量较小，且频率高，不易共振，也难于测量和分析，不易引起工程技术人员的注意，所以对其研究有限。为了全面了解波纹管的振动特性，有必要对波纹管的扭转振动特性进行研究。

本文对标准中涉及波纹管扭转的公式进行论述并修正，结合文献资料，提出波纹管扭转稳定性和扭转振动特性的工程设计方法，并将计算结果和有限元法仿真结果进行了对比分析，证明工程计算方法计算结果可靠，可以满足工程设计的应用。

2 标准中波纹管扭转公式的修正

EJMA—2015[5]和 GB/T 12777—2019[6]中关于波纹管扭转的扭转剪应力、扭转角和扭转刚度的计算公式是一致的。GB/T 12777—2019 中关于波纹管扭转公式的论述,给出了无加强 U 形和加强 U 形波纹管扭转剪应力、扭转角和扭转刚度的计算公式:

$$\tau = \frac{2000T_n}{\pi n\delta D_b^2} \tag{1}$$

$$\varphi = \frac{7.2\times10^5 T_n N L_d}{\pi^2 D_b^3 n\delta G} \tag{2}$$

$$K_t = \frac{\pi^2 D_b^3 n\delta G}{7.2\times10^5 N L_d} \tag{3}$$

2.1 波纹管扭转力学模型等效半径的修正

通过对 EJMA—2015 和 GB/T 12777—2019 中关于波纹管扭转剪应力、扭转角和扭转刚度的公式进行研究,容易发现,在等效薄壁圆筒力学模型中,标准中选取的是波根半径 $D_b/2$ 来作为波纹管等效扭转力学模型的等效半径。关于波纹管扭转力学模型的修正,多是针对等效半径的选择和计算来开展研究的。

U 形波纹管可以看成是由内环壳、外环壳及两部分环板组成的,如图 1 所示。[7] R_i和 R_o 为波纹管的内半径和外半径;R_1和 R_2为环板的外半径和内半径,也即外环壳和内环壳的旋转半径;R_c和 R_r为波峰和波谷半径;φ 为子午线法线与旋转轴夹角;h 为波高。Broman 认为采用平均半径 $R_m=(R_i+R_o)/2$ 来作为等效圆筒的等效半径。[8]吕晨亮等假设波纹管沿轴向展开成壁厚和质量保持不变的圆筒,对波纹管外环壳、环板和内环壳积分求得面积后,根据波纹管展开长度,得到圆筒模型的等效半径为

$$R_f = \frac{A_1 + 2A_2 + A_3}{2\pi L_d} \tag{4}$$

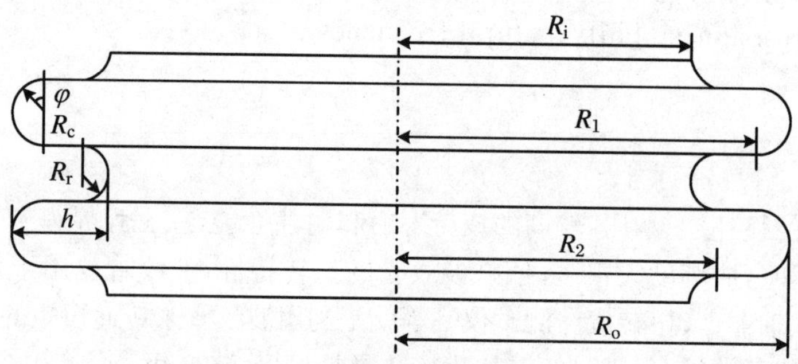

图 1 U 形波纹管结构参数图[7]

式中,A_1,A_2和 A_3为波纹管外环壳、环板和内环壳的面积,L_d为波纹管单波展开长度。

$$A_1 = \int_0^{\pi} 2\pi(R_1 + R_c\sin\varphi)R_c\mathrm{d}\varphi = 2\pi^2 R_1 R_c + 4\pi R_c^2 \tag{5}$$

$$A_2 = \pi(R_1^2 - R_2^2) \tag{6}$$

$$A_3 = \int_0^{\pi} 2\pi(R_2 - R_r\sin\varphi)R_r\mathrm{d}\varphi = 2\pi^2 R_2 R_r - 4\pi R_r^2 \tag{7}$$

2.2 波纹管扭转刚度的积分法公式

对于波纹管扭转刚度的公式推导,钱伟长给出了基于薄膜理论的旋转壳扭转刚度积分公式[9]:

$$K = \frac{T}{\theta} = \frac{\pi B(1-\mu)}{\int_{\varphi_0}^{\varphi}\frac{r_1}{r^3}\mathrm{d}\varphi} \tag{8}$$

其中，T 为扭矩，θ 为扭转角，$B=Es/(1-\mu^2)$为抗拉刚度，s 为旋转壳壁厚，E 为弹性模量，μ 为泊松比，r_1 为子午线曲率半径，r 为旋转半径，φ 为子午线法线与旋转轴夹角。将 U 形波纹管的外环壳、环板和内环壳按照上式积分公式进行推导，可以得到 U 形波纹管的扭转刚度为

$$K_b=\frac{\pi B(1-\mu)}{n[F_1(R_1,\beta_1)+F_2(R_2,\beta_2)]} \tag{9}$$

其中，$\beta_1=R_c^2/R_1^2$和$\beta_2=R_r^2/R_2^2$为两个无量纲参数，F_1和F_2为两个函数的表达式为

$$F_1(R_1,\beta_1)=\frac{1}{R_1^2}\cdot\frac{\beta_1^2-4\beta_1+(2+\beta_1)\sqrt{\dfrac{\beta_1}{1-\beta_1}}\left(\dfrac{\pi}{2}-\arctan\sqrt{\dfrac{\beta_1}{1-\beta_1}}\right)}{(1-\beta_1)^2} \tag{10}$$

$$F_2(R_2,\beta_2)=\frac{1}{R_2^2}\cdot\frac{4\beta_2-\beta_2^2+(2+\beta_2)\sqrt{\dfrac{\beta_2}{1-\beta_2}}\left(\dfrac{\pi}{2}-\arctan\sqrt{\dfrac{\beta_2}{1-\beta_2}}\right)}{(1-\beta_2)^2} \tag{11}$$

2.3 波纹管扭转刚度算例对比分析

以某两型波纹管扭转刚度为例，采用 EJMA—2015 标准计算公式、修正的等效半径计算公式、积分法和有限元法进行计算对比，计算结果见表 1。

表 1 U 形波纹管的扭转刚度(N·m/rad)

模型算例	计算结果	EJMA—2015	等效圆筒模型		积分法	有限元法
			R_f	R_m		
1	计算值	164700	219200	220900	214200	214300
	误差率	23.1%	2.29%	3.08%	0.05%	
2	计算值	1721000	2153000	2124000	2125000	2131000
	误差率	19.2%	1.32%	0.38%	0.05%	

注：模型算例 1，2 为两型波纹管，其波形参数及波纹管材料性能参数参见文献[7]。

从表 1 可以看出，根据旋转壳扭转刚度积分公式得到的扭转刚度和有限元计算结果基本一致，积分法的计算精度很高。由于标准公式采用波根半径作为等效半径，导致按照标准公式计算得到的扭转刚度计算值较低，并且误差较大。采用等效半径的两个修正公式的计算结果精度较高，计算结果同有限元法计算结果基本一致，完全可以满足工程计算的需要。虽然积分法的精度很高，但计算公式过于繁琐、复杂，所以，推荐采用修正的等效半径 R_f和 R_m，对波纹管扭转公式进行修正，计算公式形式简单，计算精度较高。

3 波纹管扭转稳定性及其判据

工程应用中，为了避免波纹管在内压载荷作用下出现失稳，基于压杆稳定的原理，根据欧拉公式，EJMA—2015 标准规范中给出了波纹管在承受内压载荷作用下的极限柱失稳压力计算公式。同样，波纹管在扭转载荷作用下，也会出现柱失稳、平面失稳和螺旋变形的现象，但对于波纹管扭转稳定性问题的研究很少。近年来，随着计算机性能和有限元技术的快速发展和工程应用的普及，为研究波纹管扭转稳定性问题提供了一种方法思路。

史晓凌采用有限元分析方法，通过特征值屈曲和非线性屈曲分析相结合的手段，首先进行扭转特征值屈曲计算，得到波纹管扭转失稳临界载荷。[10]在特征值屈曲分析的基础上，将缩比后的第一阶特征向量作为初始缺陷，同时考虑材料、几何和接触非线性因素，对波纹管扭转进行非线性屈曲分析。采用非线性屈曲分析计算的结果，精度较高，可以满足工程应用的需要。基于 40 例非线性屈曲分析结果，利用数学分析软件的非线性数值方法，同时考虑波纹管材料性能，按照最小二乘法的思想进行了波纹管参数公式的拟合，得到了不锈钢 U 形波纹管在常温常压下的扭转失稳临界扭矩的工程计算公式：

$$T_{临界} = n\sigma_s\left(\frac{0.0717D^{1.6}\cdot t^{2.5}}{h^{0.6}R^{0.1}} - 6.498\right) \quad (12)$$

式中,$T_{临界}$为扭转失稳临界扭转(N·m),σ_s为材料的屈服极限(MPa),D 为波根直径(mm),t 为波纹管总厚度(mm),h 为波高(mm),R 为波峰/波谷圆弧半径(mm)。

在实际工程应用中,波纹管所受到的载荷通常都是比较复杂的,通常在处于压力、位移和扭转的组合载荷作用下,推荐采用特征值屈曲和非线性屈曲分析相结合的方法,以非线性屈曲分析结果作为组合工况波纹管失稳的评定判据,以非线性屈曲分析的第一阶特征值为临界屈曲载荷,对应的特征向量为屈曲形状。以 T 为设计条件下扭矩,则扭转失稳的判据为

$$T \leqslant T_{临界} \quad (13)$$

4 波纹管扭转振动固有频率的计算

波纹管的扭转刚度较大,在同样的振动质量下,波纹管扭转振动固有频率要高于其轴向和横向振动固有频率。扭转振动的固有频率较高,一般不易被激发起共振,所以也难于测量,工程应用上一般不易引起技术人员的注意。但是,对于特殊场合应用的波纹管,对其扭转振动特性的研究,有助于全面掌握波纹管的振动特性。

吕晨亮等将波纹管等效为薄壁圆筒来研究扭转振动问题,并且推导了圆筒一端固定、一端自由,两端固定和两端自由 3 种边界条件下的扭转振动固有频率的计算公式。[11]

(1) 圆筒一端固定,一端自由,边界条件为

$$\theta_{x=0} = 0,\quad \left(\frac{\partial\theta}{\partial x}\right)_{x=L} = 0 \quad (14)$$

扭转振动固有频率为

$$f_i = \frac{\omega_i}{2\pi} = \frac{i-0.5}{2R_p}\sqrt{\frac{K_p}{m_p}} \quad (i = 1,2,3,\cdots) \quad (15)$$

(2) 圆筒两端固定边界条件为

$$\theta_{x=0} = 0,\quad \theta_{x=L} = 0 \quad (16)$$

扭转振动固有频率为

$$f_i = \frac{\omega_i}{2\pi} = \frac{i}{2R_p}\sqrt{\frac{K_p}{m_p}} \quad (i = 1,2,3,\cdots) \quad (17)$$

(3) 圆筒两端自由边界条件为

$$\left(\frac{\partial\theta}{\partial x}\right)_{x=0} = 0,\quad \left(\frac{\partial\theta}{\partial x}\right)_{x=L} = 0 \quad (18)$$

扭转振动固有频率为

$$f_i = \frac{\omega_i}{2\pi} = \frac{i}{2R_p}\sqrt{\frac{K_p}{m_p}} \quad (i = 1,2,3,\cdots) \quad (19)$$

其中,x 为轴向坐标,θ 为扭转角,ω_i为扭转角频率,f_i为扭转频率,R_p为圆筒半径,K_p为扭转刚度,m_p为圆筒质量。K_p为扭转刚度,参见式(8)的积分法扭转刚度,或采用修正等效半径的R_f或R_m的标准扭转刚度公式,R_p圆筒半径采用圆筒模型修正的等效半径R_f或R_m。m_p圆筒质量的计算公式为:$m_p = N\rho(A_1 + 2A_2 + A_3)\delta$,$N$ 为波纹管波数,ρ 为波纹管材料密度,δ 为波纹管总厚度。A_1,A_2和 A_3为波纹管外环壳、环板和内环壳的面积,参见式(5)。

如图 1 所示,据上分析,以取 R_m作为等效半径为例,则波纹管的扭转振动固有频率为

$$f_i = \frac{(i-0.5)}{2R_m}\sqrt{\frac{\pi B(1-\mu)R_m^3}{nm_p[(\pi-2)(R_c+R_r)+2h]}} \quad (i = 1,2,3,\cdots) \quad (固定\text{-}自由) \quad (20)$$

$$f_i = \frac{i}{2R_m}\sqrt{\frac{\pi B(1-\mu)R_m^3}{nm_p[(\pi-2)(R_c+R_r)+2h]}} \quad (i = 1,2,3,\cdots) \quad (固定\text{-}固定\,/\,自由\text{-}自由) \quad (21)$$

以某波纹管振动固有频率为例，扭转刚度采用积分法和等效圆筒简化模型及有限元法计算固有频率，计算结果见表2。[11]

表2　U形波纹管的扭转振动固有频率(Hz)[11]

边界条件	阶次	积分法		等效圆筒简化法		有限元法
		R_f	R_m	R_f	R_m	
一端固定，一端自由	1	1389	1393	1398	1396	1385
	误差率	0.29%	0.58%	0.94%	0.79%	
	2	4167	4180	4195	4189	4154
	误差率	0.31%	0.63%	0.99%	0.84%	
	3	6946	6967	6992	6982	6916
	误差率	0.39%	0.69%	1.10%	0.95%	
	4	9724	9754	9789	9774	9677
	误差率	0.49%	0.80%	1.16%	1.00%	

从表2可以发现，扭转刚度和等效半径的选取对计算结果有一定的影响。积分法精度很高，而等效圆筒简化法更适合于工程应用，计算精度可以满足工程计算需要，推荐采用等效圆筒简化法进行波纹管扭转振动固有频率的计算。

5　结论

(1) 对标准中涉及波纹管扭转的公式进行了论述，按照波纹管扭转力学模型等效半径和波纹管扭转刚度的积分法公式进行修正，并用有限元法进行验证，证明工程计算公式的可靠性。

(2) 按照纯扭转工况和组合工况的不同，纯扭转工况下波纹管扭转失稳临界载荷可按简化公式进行计算，组合工况下波纹管扭转失稳可采用非线性数值算法预测失稳临界载荷。

(3) 根据不同的边界条件，总结了波纹管的扭转振动固有频率计算公式，并将计算结果与有限元仿真结果进行对比分析，证明工程计算公式形式简单、结果可靠，可以用于波纹管扭转振动固有频率的计算。

6　展望

关于波纹管扭转稳定性和振动特性的研究，归纳提出了不同的计算方法，并证明了工程计算方法的可靠性。但尚存一些问题有待继续深入研究：

(1) 组合工况下波纹管扭转失稳的非线性数值仿真方法，有待继续深入研究，可与扭转试验相结合，提出失稳临界载荷的工程计算方法。

(2) 波纹管扭转振动固有频率的计算方法，试验研究有限，需要进一步开展试验测试和分析工作。

参考文献

[1] 赵连生，王平，王心丰. 新型波纹管联轴器的非线性有限元分析[J]. 南京航空航天大学学报，1997，29(4)：412-417.

[2] Beck T，Denne B，Lang K H，et al. A torsional fatigue testing machine based on a commercial AC servo actuator[J]. Materials Testing，2001，43(7)：283-287.

[3] 徐海涵，王心丰. 用非线性有限元分析波纹管的扭转稳定性[J]. 压力容器，2001，18(5)：20-23.

[4] 史晓凌，徐鸿，寿比南. 波纹管在扭转载荷下的稳定性分析[J]. 压力容器，2002，19(7)：8-17.

[5] Expansion Joint Manufacturers Association. Standards of the Expansion Joint Manufacturers Association：EJMA—2015[S].

[6] 国家市场监督管理总局，中国国家标准化管理委员会. 金属波纹管膨胀节通用技术条件：GB/T 12777—2019[S]. 北京：中国标准出版社，2019.

[7] 吕晨亮，于建国，叶庆泰. U 形波纹管的扭转刚度计算[J]. 机械科学与技术，2003，22(11)：121-125.

[8] Broman G I，Hermann M P，Jonsson A P. Modelling flexible bellows by standard beam finite elements research report[R]. Department of Mechanical Engineering，University of Karlskrona，Sweden，1999.

[9] Chien W Z. Torsional stiffness of shells of revolution[J]. Applied Mathematics and Mechanics，1990，11(5)：403-412.

[10] 史晓凌. U 形波纹管在扭转载荷作用下的稳定性分析[D]. 北京：北京化工大学，2014.

[11] 吕晨亮，于建国，叶庆泰. U 形波纹管的扭转振动固有频率的计算[J]. 工程力学，2005，22(4)：225-228.

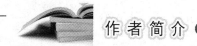

作者简介

王斌斌(1984—)，男，高级工程师，主要从事结构设计和力学分析工作。通信地址：河南省洛阳市高新区滨河北路 88 号。E-mail：wangbinbin_heartblue@126.com。

超大型 U 形膨胀节成形模拟与分析

李进楠[1]　于洪杰[1]　钱才富[1]　朱国栋[2]

（1. 北京化工大学，北京 100029；2. 中国特种设备检测研究院，北京 100029）

摘要：本文使用了有限元模拟软件 ANSYS Workbench 的瞬态分析模块，建立了 DN6000 单层双波的超大型 U 形膨胀节的有限元模型，完成了液压成形过程的数值模拟。结果表明，与标准结构要求相比，模拟得到的波高、波距、波峰厚度的误差均在合理范围内。证明采用有限元方法对超大型 U 形膨胀节的液压成形过程进行数值模拟是可行的，这也为提高超大型 U 形膨胀节液压成形合格率和进行膨胀节的轻量化设计提供了有效方法。

关键词：膨胀节；液压成形；数值模拟

Hydroforming Simulation of Super-large U-shape Expansion Joint

Li Jinnan[1], Yu Hongjie[1], Qian Caifu[1], Zhu Guodong[2]

(1. Beijing University of Chemical Technology, Beijing 100029; 2. China Special Equipment Inspection and Research Institute, Beijing 100029)

Abstract: In this paper, the finite element simulation software ANSYS Workbench Transient Structural module has been used to establish the finite element model of super-large U-shaped expansion joint of DN6000 single-layer double-wave, and the numerical simulation of its hydroforming process has been completed. The results show that the errors of wave height, wave distance and peak thickness obtained by the simulation are all within a reasonable range compared with the standard structural requirements, indicating that it is feasible to simulate hydroforming process of super-large U-shaped expansion joints with finite element method. Clearly, with accurate simulation, it is helpful to ensure the manufacture quality of the super-large U-shaped expansion joints and a light-weight design of the expansion joints.

Keywords: expansion joint; hydroforming; numerical simulation

1　引言

随着工业生产规模的扩大，超大型膨胀节的应用越来越广泛。对于超大型膨胀节，液压成形制造工艺至关重要，任何错误都会造成巨大的经济损失。在实际成形前采用数值模拟方法进行液压成形模拟，研究成形工艺参数的影响，并指导实际成形过程，这无疑有助于提高成形合格率，提高经济效益。

目前，许多学者已经开展了相关研究。王思莹运用有限元方法研究了换热器中的 U 形波纹管膨胀节的波高、层数、波距对膜应力、弯曲应力、轴向刚度等性能的影响，结果表明，当波纹管层数增加或波距减小，膨胀节的抗压能力和疲劳寿命逐渐提升；当波纹管波高增大，波纹管疲劳寿命增加但抗压能力下降。[1]孙贺同样运用有限元法模拟了波纹管膨胀节的液压成形过程，研究了成形过程中控制参数对波距、波高、峰值减薄率等成形波形参数的影响。[2]曲仁龙以波纹管不同位置的应力为研究对象，验证了 EJMA—2015 中公式应用的局限性，分析了 S 形波纹管和铠装波纹管的挤压成形过程中影响成形后波纹管应力的因素，确定了波纹管挤压成形优化设计中的两个重要参数：波纹管模具的间隙和圆角半径。[3]李慧芳等人对双层四波波纹管的液压成形过程进行了有限元数值模拟,分析了液压成形后各层应力场和应变场的分布,以及波高和波高方向的厚度减薄率,并验证了有限元数值模拟方法在Ω形波纹管的液压成形仿真过程中的有效性和可靠性。[4]

由于膨胀节的液压成形过程涉及几何非线性、材料非线性和接触状态非线性等复杂问题,小型膨胀节的数值模拟难以代表大型或超大型膨胀节的模拟。本文以DN6000超大型U形膨胀节为研究对象,根据山东恒通膨胀节制造公司提供的超大型U形膨胀节的参数,利用有限元软件ANSYS Workbench中的瞬态分析模块对其液压成形过程进行数值模拟,并将数值模拟结果与实际结构要求的波高、波距、峰值厚度等参数进行对比。

2 液压成形过程模拟

2.1 几何模型与网格模型

膨胀节的液压成形过程涉及几何非线性、材料非线性和接触状态非线性等复杂问题,且是状态参数不断变化的过程,因此采用瞬态分析模块对液压成形过程进行模拟。由于膨胀节几何形状和载荷都是轴对称的,故建立二维轴对称模型以提高计算效率。单元类型使用8节点的plane183单元。

液压成形膨胀节的几何模型由管坯、加强环和端板组成。其中管坯、加强环尺寸参数见表1、表2。膨胀节的几何模型如图1所示。

表1 管坯尺寸参数

材料	内径(mm)	厚度(mm)	高度(mm)	波数
S30403	6000	20	1419.7	2

表2 加强环尺寸参数

	内径(mm)	厚度(mm)	圆角半径(mm)
中间加强环	6045	130	55
端部加强环	6050	114	57

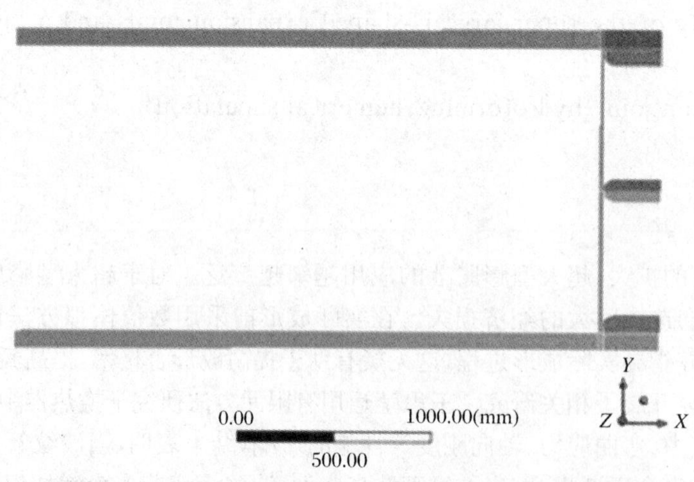

图1 膨胀节液压成形几何模型

由于管坯在液压成形过程中产生复杂的弯曲变形,将管坯在厚度方向上划分为十层网格,在长度方向上网格尺寸为2 mm。为了提高非线性计算的精度,在端板与管坯接触面和管坯与加强环接触面上对网格进行局部加密。完成的网格模型如图2所示。

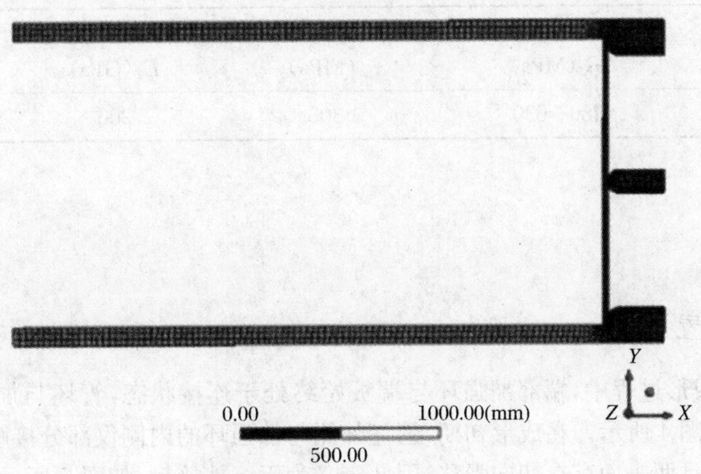

图2　膨胀节液压成形网格模型

2.2　材料模型

2.2.1　管坯材料

在本文中,管坯材料为S30403,材料参数见表3。管坯的液压成形过程是一个大变形过程。因此,本文的管坯材料模型采用多线性等向强化材料模型,其应力-应变曲线如图3所示。

表3　管坯材料参数

密度 ρ_1(kg/m^3)	抗拉强度 σ_{b1}(MPa)	屈服强度 σ_{a1}(MPa)	弹性模量 E_1(GPa)	泊松比 ν_1
7850	⩾520	⩾205	200	0.3

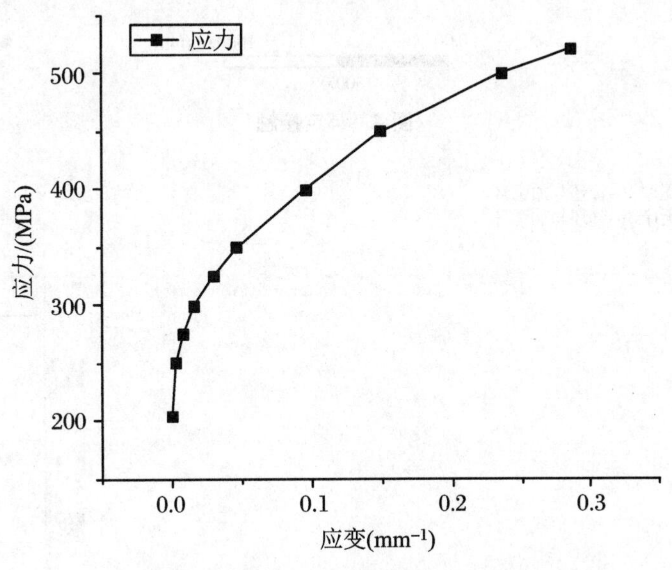

图3　等向强化S30403应力-应变曲线

2.2.2　加强环与模具材料

加强环材料选用Q345R,其材料参数见表4。在波纹管的液压成形过程中,端板相对于管坯材料的变形较小,因此将端板视为刚体,其弹性模量取普通碳钢的10倍。

表 4　加强环材料参数

密度 ρ_2(kg/m³)	抗拉强度 σ_{b2}(MPa)	屈服强度 σ_{a2}(MPa)	弹性模量 E_2(GPa)	泊松比 ν_2
7850	480～630	≥305	206	0.3

2.3　约束条件

2.3.1　接触设置

在膨胀节的液压成形过程中，端部加强环与端板始终处于连接状态，管坯与加强环也处于永久连接状态，故设置绑定接触如图 4 所示。在成形初期，管坯外侧与加强环的内侧仅部分接触，随着成形过程的进行，管坯逐渐贴合模具，并且两表面存在切向滑移，因此定义为无摩擦接触，如图 5 所示。

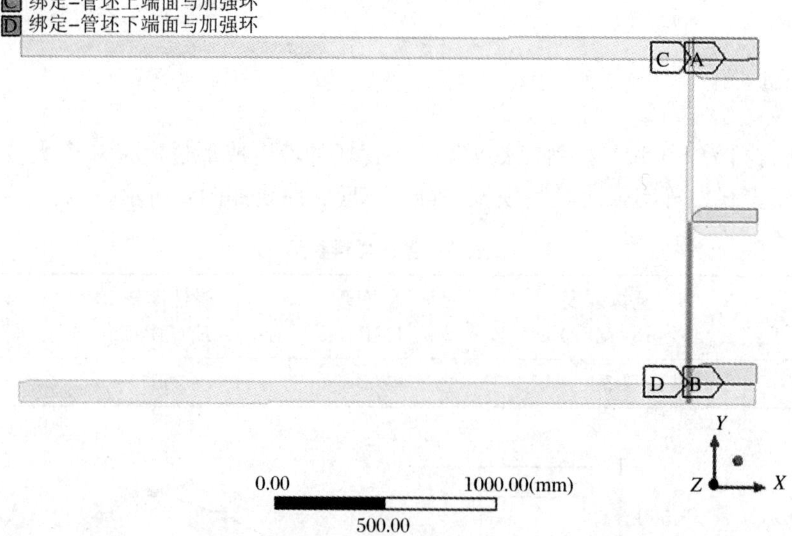

图 4　绑定接触

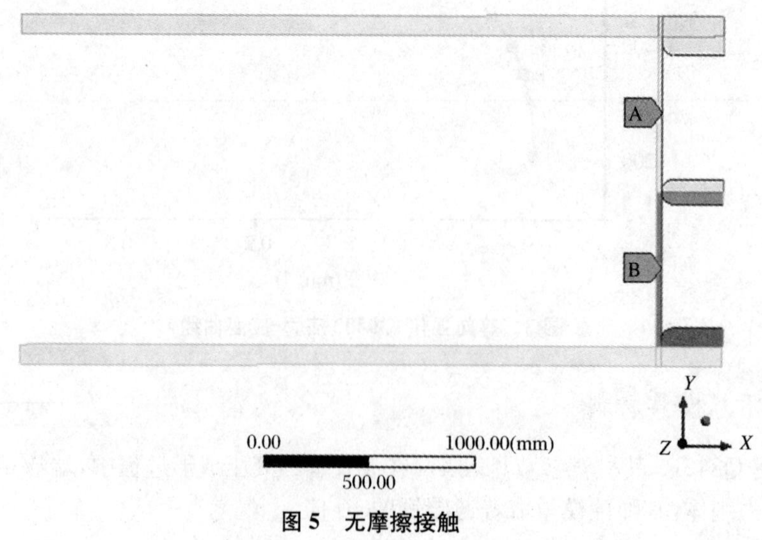

图 5　无摩擦接触

2.3.2 约束及载荷设置

膨胀节的液压成形过程主要分为4个阶段，即鼓波阶段、成形阶段、卸压阶段和卸载阶段。膨胀节液压成形分析的压力载荷如图6所示。在鼓波阶段，压力从0~3 MPa呈线性增加。在成形阶段，压力从3 MPa线性增加到3.8 MPa。在卸压阶段，压力从3.8 MPa线性下降到0。在卸载阶段，压力保持为0。该压力载荷作用在管坯内部，如图7中的A所示。

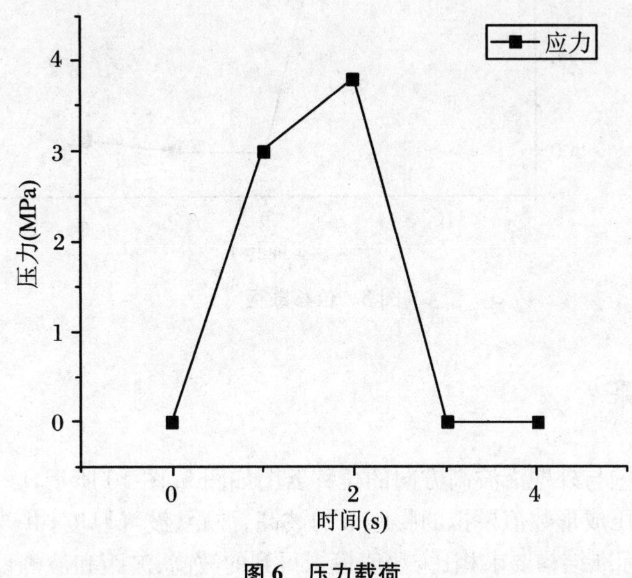

图6 压力载荷

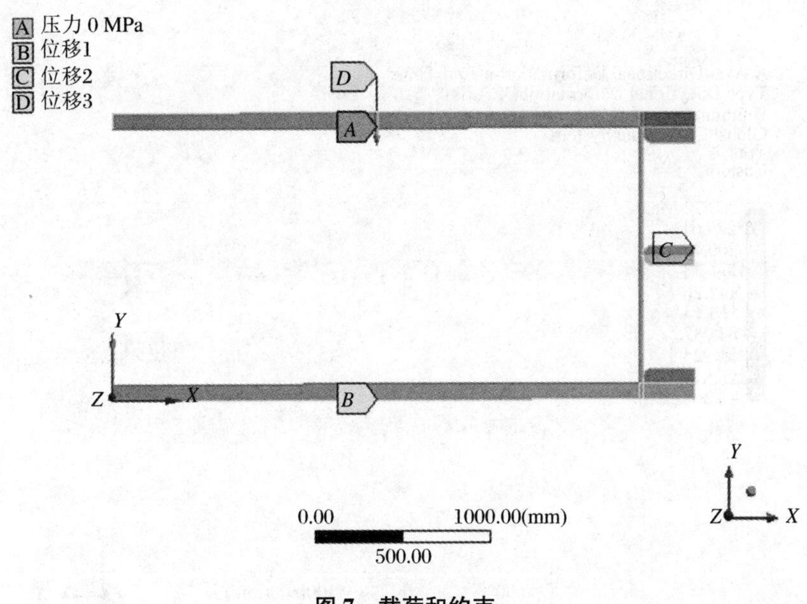

图7 载荷和约束

膨胀节成形分析的位移荷载如图8所示。在鼓波阶段，加强环之间的轴向距离由支撑块固定，每个加强环在Y方向上的位移为0。成形阶段上加强环在Y方向上的位移为799.7 mm，卸载后波纹管弹性回弹量为26.5 mm。在整个成形过程中，下加强环在Y方向上的位移始终为0，各位移的作用位置如图7中的B、C、D所示。

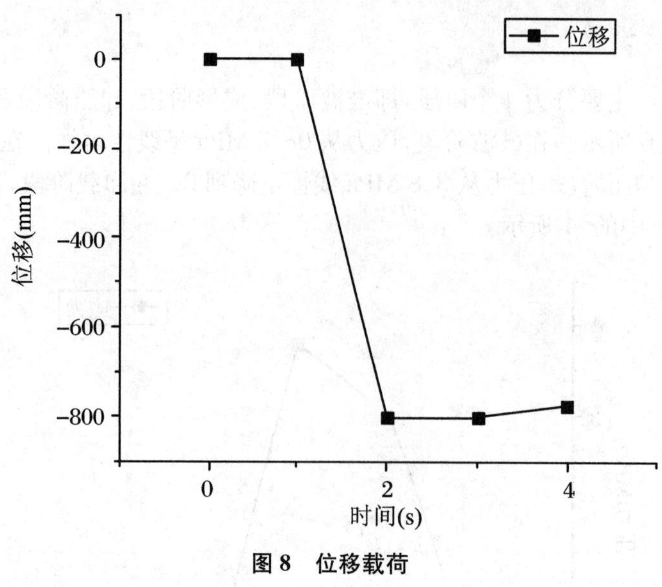

图 8　位移载荷

3　液压成形模拟结果

液压成形后,膨胀节内壁与外壁沿波高方向的位移云图如图 9、图 10 所示,膨胀节沿轴向的位移云图如图 11 所示,据此计算出,液压成形数值模拟的膨胀节的波高、波距、波峰厚度,并与实际结构要求进行对比,结果见表 5。数据表明,与标准结构要求相比,数值模拟得到的波高、波距和波峰厚度误差均在合理范围内,这证明采用有限元方法对超大型 U 形膨胀节进行液压成形数值模拟是可行的,这也为提高大型 U 形膨胀节液压成形合格率提供了一些参考。

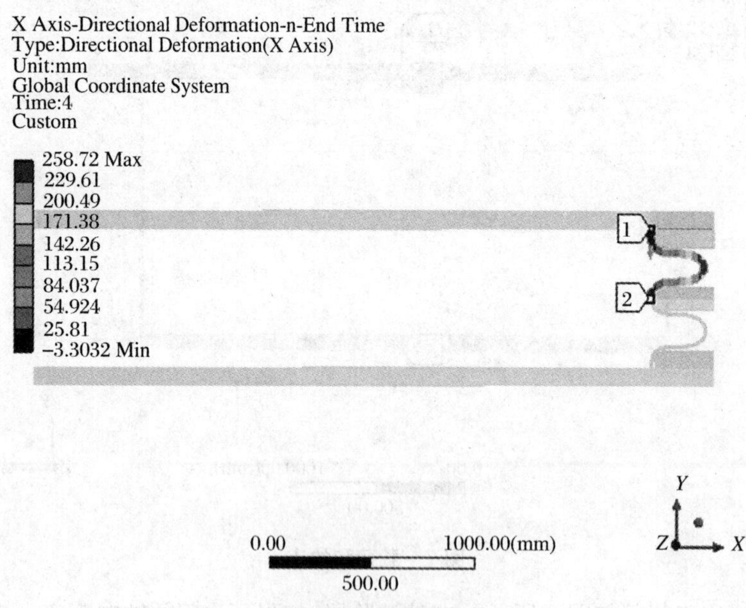

图 9　膨胀节内壁沿波高方向的位移

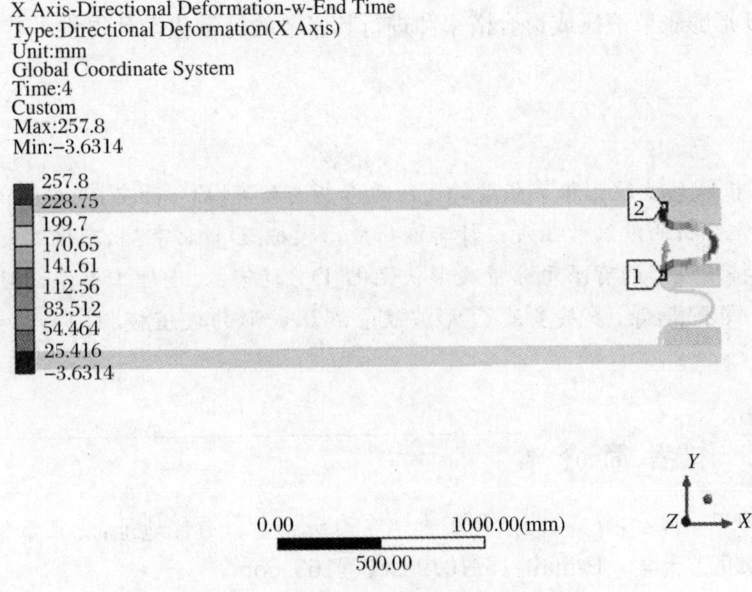

图 10　膨胀节外壁沿波高方向的位移

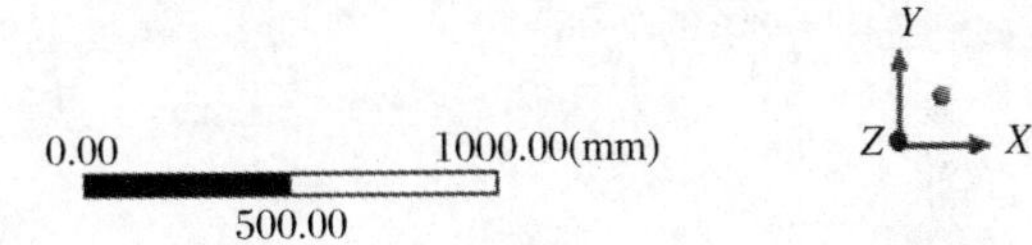

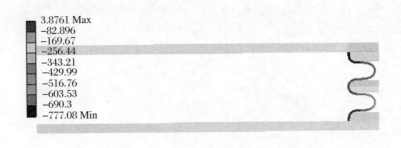

图 11　膨胀节沿轴向的位移

表 5　数值模拟结果与实际结构要求的对比

	数值模拟结果	结构要求	相对误差
波高(mm)	258.26	260	0.67%
波距(mm)	291.31	280	4.04%
波峰厚度(mm)	19.08	20	4.60%

4　结论

本文利用有限元模拟软件 ANSYS Workbench 建立了 DN6000 单层双波超大型 U 形膨胀节的有限元模型，并对其液压成形过程进行了数值模拟。结果发现，与标准结构要求相比，模拟得到的波高、波距和波峰厚度误差均在合理范围内,这证明采用有限元方法对超大型U形膨胀节进行液压成形数值模拟是可行的,这也为提高大型U形膨胀节液压成形合格率和进行膨胀节的轻量化设计提供了有效方法。

参考文献

[1] 王思莹. 换热器中U形波纹膨胀节强度的有限元分析与研究[D]. 西安:西安石油大学,2018.
[2] 孙贺. 基于有限元分析的波纹管强度设计与液压成形模拟[D]. 北京:北京化工大学,2016.
[3] 曲仁龙. 波纹管挤压成形的有限元分析及形状优化[D]. 辽宁:大连理工大学,2016.
[4] 李慧芳,叶梦思,钱才富,等. 多层多波Ω形波纹管液压成形的数值模拟[J]. 压力容器,2018,35(6):70-77.

作者简介

李进楠(1997—),女,汉族,北京化工大学在读研究生。通信地址:北京市朝阳区北三环东路15号北京化工大学。E-mail:15910798266@163.com。

矩形波纹管整体成形仿真分析

刘　健[1]　刘　静[1]　李兰云[1]　蔡　斌[2]　刘　强[2]　左星煜[2]
(1. 西安石油大学材料科学与工程学院,西安 710065;2. 西安恒热热力技术有限责任公司,西安 710016)

摘要:相比于圆形波纹管,矩形波纹管具有明显的周向外形轮廓变化(圆角段、直线段),圆角段材料流动困难,变形抗力远远大于直线段,使得其整体成形难度极大。因此,本文基于 ABAQUS 平台,建立了矩形波纹管整体成形的有限元模型,深入研究了液压胀形和机械校形的组合式成形方法对矩形波纹管成形的影响,有效地解决了圆角段波纹尺寸不达标的问题。

关键词:矩形波纹管;液压胀形;机械校形;模拟

Simulation Analysis of Integral Forming of Rectangular Bellows

Liu Jian[1], Liu Jing[1], Li Lanyun[1], Cai Bin[2], Liu Qiang[2], Zuo Xingyu[2]
(1. School of Material Science and Engineering of Xi'an Shiyou University, Xi'an 710065;
2. Xi'an Hengre Thermal Technology Co. Ltd., Xi'an 710016)

Abstract: Compared with the circular bellows, the rectangular bellows have obvious circumferential contour changes (rounded corners, straight sections). The material flow at the rounded corners is difficult and the deformation resistance is much greater than that at the straight sections, which makes the overall shape of the rectangular bellows extremely difficult. Therefore, based on ABAQUS platform, the finite element model of integral forming of rectangular bellows is established in this paper, and the influence of combined forming method of hydraulic bulging and mechanical bulging on the forming of rectangular bellows is deeply studied. The satisfied convolution shape is obtained with the new forming method.

Keywords: rectangular bellows; hydroforming; mechanical bulging; simulation

1　引言

由于具备密封、柔性补偿、储能等多种功能,金属波纹管类零件作为弹性元件在航空航天、船舶、石油化工、电力、建筑、核能等领域广泛应用。[1-2]矩形截面的波纹管主要用在电厂火电机组的烟风管道系统、电厂空冷机组的透平出口处、干熄焦炉余热锅炉进口处、风机出口处等。

波纹管的成形方式有很多种:液压胀形、机械胀形、滚压、旋压等。在实际生产中,采用液压胀形工艺后,管坯受到的压力较均匀,减薄量适中,可以达到设计人员对金属波纹管高性能、高精密化的要求,因此成为金属波纹管精确塑性成形的重要方式。[3]然而矩形波纹管液压胀形是材料非线性、几何非线性、边界条件非线性的物理过程,并且矩形圆角部位由于其特殊的结构特征成形十分困难,尤其是膨胀比较大的波纹管,很容易造成圆角段波纹尺寸不达标。而机械校形具有成形速度快、适应性强、产品多样化、工艺简单、模具制作容易和生产效率高等优点,因此采用液压胀形结合机械校形的整体成形方法,可以达到较高的精度要求,从而提高矩形波纹管的成形质量。因此,对矩形波纹管整体成形进行仿真模拟,研究和揭示矩形波纹管整体成形中材料的变形行为对实现矩形波纹管精确成形具有重要意义。

陈为柱给出了波纹管液压胀形有关参数,如初波压力、轴向推力及单波展开长度的理论确定方法。[4]孙贺等对U形波纹管的液压成形过程进行有限元模拟，研究了胀形过程中和胀形结束后波纹管应力和应变的分布及变化，研究了胀形结束后的尺寸及轮廓和回弹后尺寸轮廓的变化。[5]张琪选用不锈钢板材，用焊接的方法加工板材后试制矩形波纹管，并总结了矩形波纹管成形工艺和影响因素。[6]王凤双研究了波纹管膨胀节的制造技术要点，分析得出采用机械胀形生产波纹膨胀节效率远高于液压胀形。[7]曹宝璋等进行了金属波纹管成形方法的分析与比较，将机械胀形与辊压整形结合起来，得到较理想的结果，生产出的波纹管的几何尺寸精确，应力分布合理，冷作硬化充分，无论波峰波谷性能均得到改善。[8]王浩以机械胀形波纹管成形机为研究平台，分析获得了影响高效成形的因素及影响规律。[9]

本文基于ABAQUS软件平台建立了矩形波纹管整体成形有限元模型，分析了成形后波纹管的应力应变、壁厚分布以及波高，为矩形波纹管精确塑性成形分析提供了参考。

2 有限元模型的建立

2.1 分析对象

本文选用的波纹管材料为316L不锈钢，波纹管尺寸为：长边100 mm，短边100 mm，圆角半径 R = 30 mm，壁厚 $t_1 = 1$ mm，层数 $n = 1$，波高 $H = 10$ mm，波谷圆角半径 $R_1 = 2.5$ mm，波峰圆角半径 $R_2 = 2.5$ mm，1个波纹。波纹管材料参数为：弹性模量 $E = 206$ GPa，$\sigma_s = 273$ MPa，$\sigma_b = 649$ MPa。图1是矩形波纹管轮廓图。

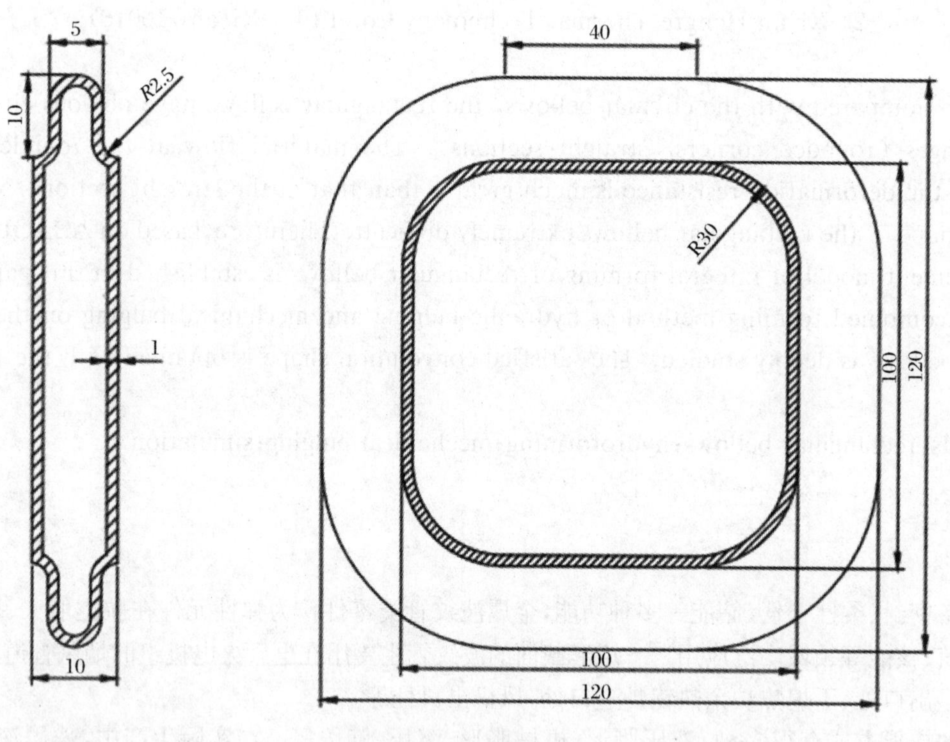

图1　矩形波纹管轮廓图

2.2 创建几何模型和成形模拟过程

矩形波纹管整体成形模拟过程共分3个阶段完成：① 圆坯胀矩形坯阶段：将圆形管坯放入矩形坯胀形模具内，对管坯施加内压，从而将圆形管坯成形为矩形管坯；② 矩形波纹管液压胀形阶段：对管坯施加内压，坯料受压后，在各模具之间有少量胀形；保持内压不变，模具以一定速度轴向进给坯料直至模片闭合，获得波纹管半成品；③ 矩形波纹管机械校形阶段：将矩形波纹管半成品工件放置在机械校形模具内，在压力机轴向力的作用下，锥芯模下行使分块凸模被推出，与波纹管半成品件内层相接触，从而获得满足设计尺寸要求的波纹管样件。

为提高计算效率，考虑到模型的对称性，采用 1/4 的三维模型对矩形波纹管整体成形过程进行模拟，如图 2 所示。模拟条件见表 1。

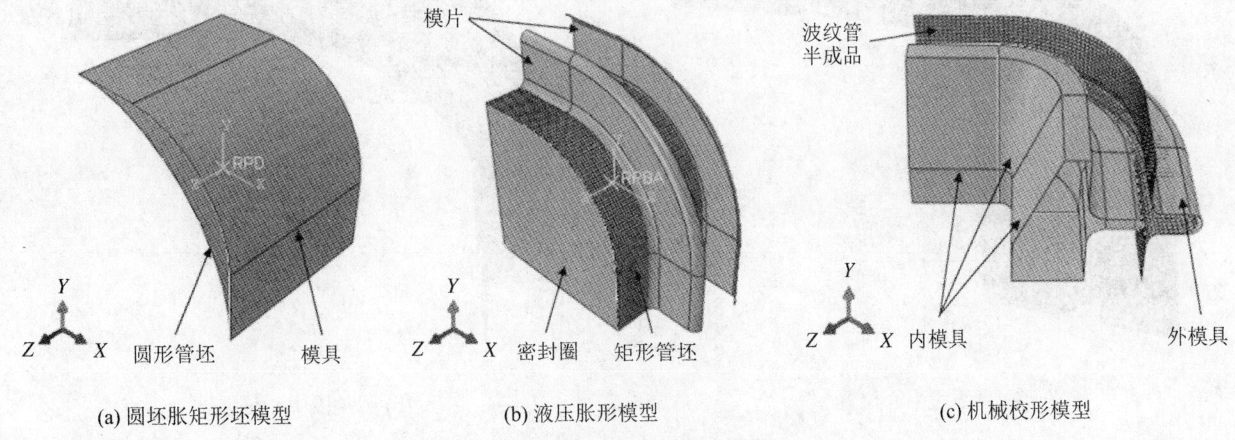

图 2 矩形波纹管整体成形有限元模型

建模关键技术如下：

(1) 用四节点双曲率壳单元 S4R 描述管坯材料，刚性壳单元 R3D4 描述模具材料。

(2) 管坯与模具接触面之间采用面-面接触方式进行定义，接触面之间的摩擦满足库仑摩擦模型。

(3) 通过模型间部件导入的方式来导入上一步成形后的管坯，对管坯施加预定义场变量以获得其上一步成形结束后的力学信息。

(4) 采用动态显式算法分析整体成形过程。

表 1 矩形波纹管整体成形工艺参数

成形阶段	参数	数值
圆坯胀矩形坯	内压力(MPa)	15
	摩擦系数	0.1(管坯与模具)
矩形波纹管液压胀形	内压力(MPa)	11
	摩擦系数	0.1(管坯与模具)
	成形速度(mm/s)	9.13
	模片间的距离(mm)	13.7
矩形波纹管机械校形	摩擦系数	0.1(管坯与模具)
	运动速度(mm/s)	10.5
	内外模具间的距离(mm)	11.9
	分块凸模高度(mm)	32

3 结果与讨论

本节将波纹管液压胀形工艺及本文提出的整体成形工艺进行了对比。由于波纹管整体成形过程的应力应变分布对波纹管的成形质量有重要的影响，故先对波纹管成形后管坯的等效应力、等效塑性应变进行研究，然后对壁厚、波高的尺寸变化进行分析。模拟结果考察矩形波纹管在一个特定路径上其应力应变分量、壁厚以及波高的分布情况，如图 3 所示。

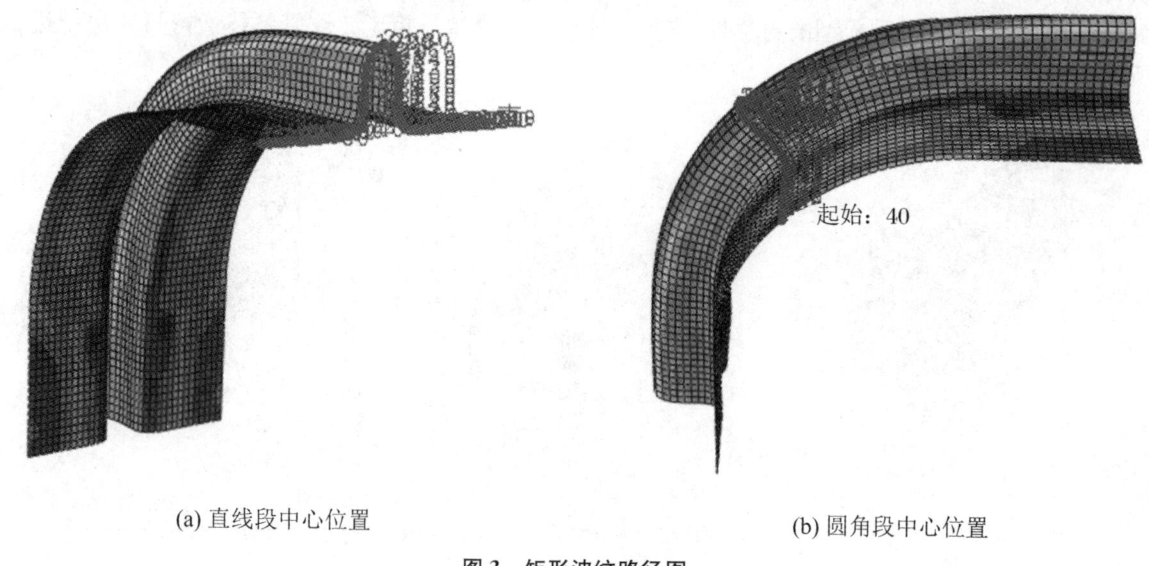

(a) 直线段中心位置

(b) 圆角段中心位置

图 3　矩形波纹路径图

3.1　等效应力分布特征

图 4 为矩形波纹管不同成形工艺后管坯的等效应力分布云图。由图可见，在管坯的轴向方向上，从波谷到波纹管波峰位置，应力先减小后增大，在波峰位置应力最大，并且在圆角区域的应力分布大于在直线段的应力分布。在矩形波纹管的矩形截面上应力的最大值均出现在圆角区域波峰位置。矩形波纹管液压胀形工艺和矩形波纹管整体成形工艺的最大等效应力分别为 1074 MPa 和 1151 MPa，两者最大相差 77 MPa。同时，在成形后产生波纹的直壁区域应力相较波纹的其他部分要小得多。

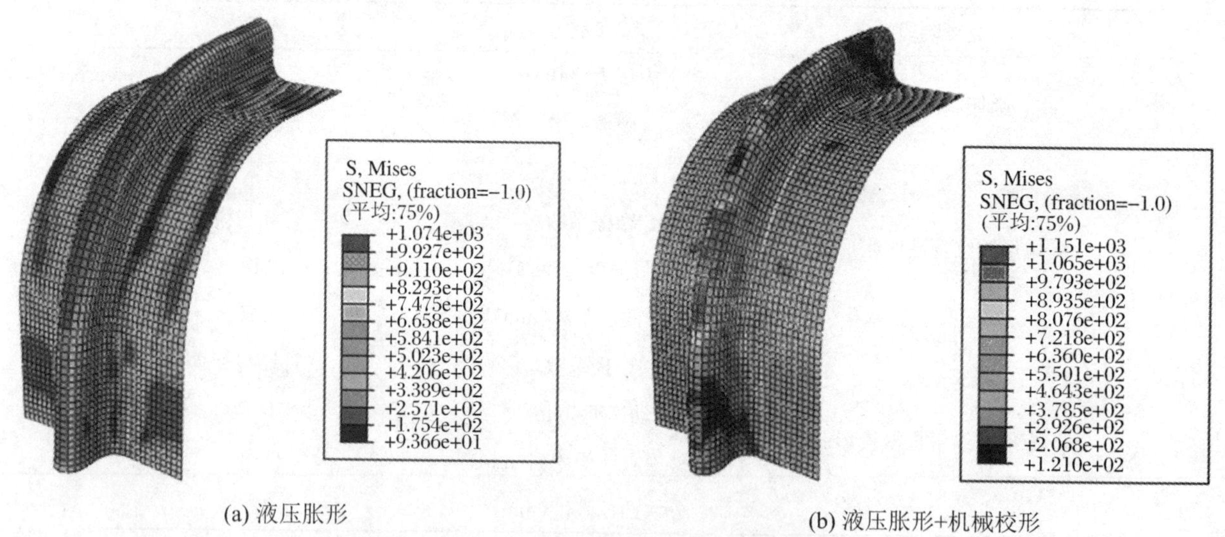

(a) 液压胀形

(b) 液压胀形+机械校形

图 4　矩形波纹管成形后的等效应力云图(MPa)

图 5 比较了两种成形工艺的圆角段中心位置的等效应力和直线段中心位置的等效应力。从图中可以看到，对于矩形波纹管圆角区域，从波谷位置到波峰位置，等效应力均呈现先增大后减小再增大的趋势，等效应力最大值在波峰处。相比之下，矩形波纹管整体成形后圆角段的等效应力大于波纹管液压胀形后圆角段的等效应力。但对于直线段，波纹管液压胀形后的最大等效应力出现在波峰处，而波纹管整体成形后的最大等效应力出现在直壁附近。

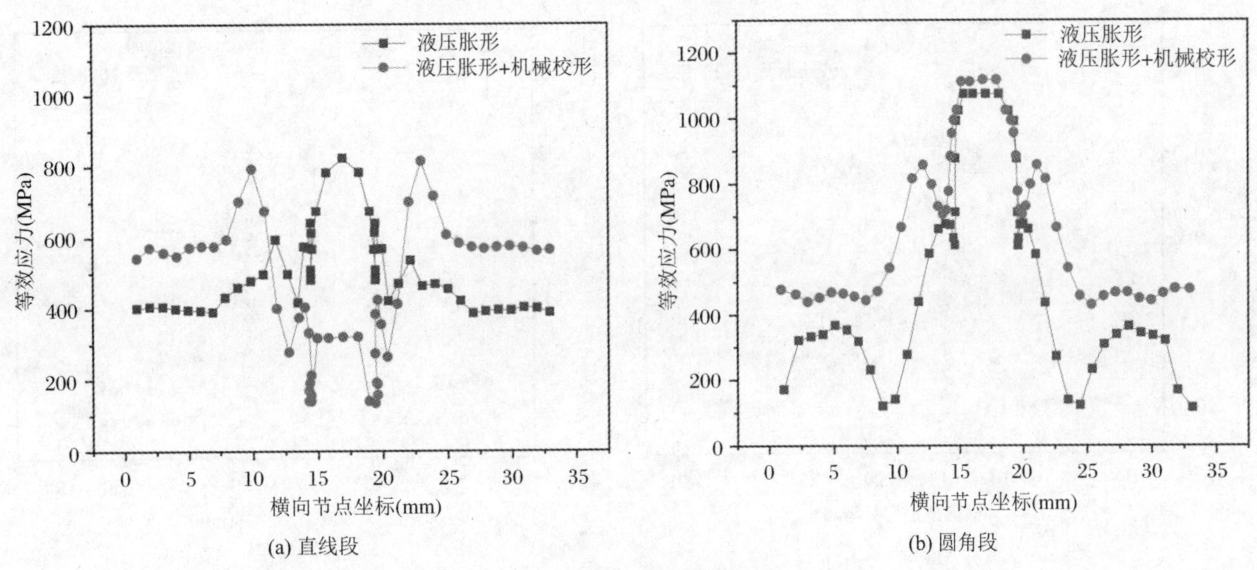

(a) 直线段 (b) 圆角段

图 5 直线段和圆角段的等效应力

3.2 等效应变分布特征

图 6 为矩形波纹管不同成形工艺后的管坯等效塑性应变分布云图。由图可知,两种不同成形工艺的等效塑性应变最大值均出现在圆角段的波峰位置,矩形波纹管液压胀形后的最大等效塑性应变值为 0.5211,波纹管整体成形后的最大等效塑性应变值为 0.5463,两者相差 0.0252。

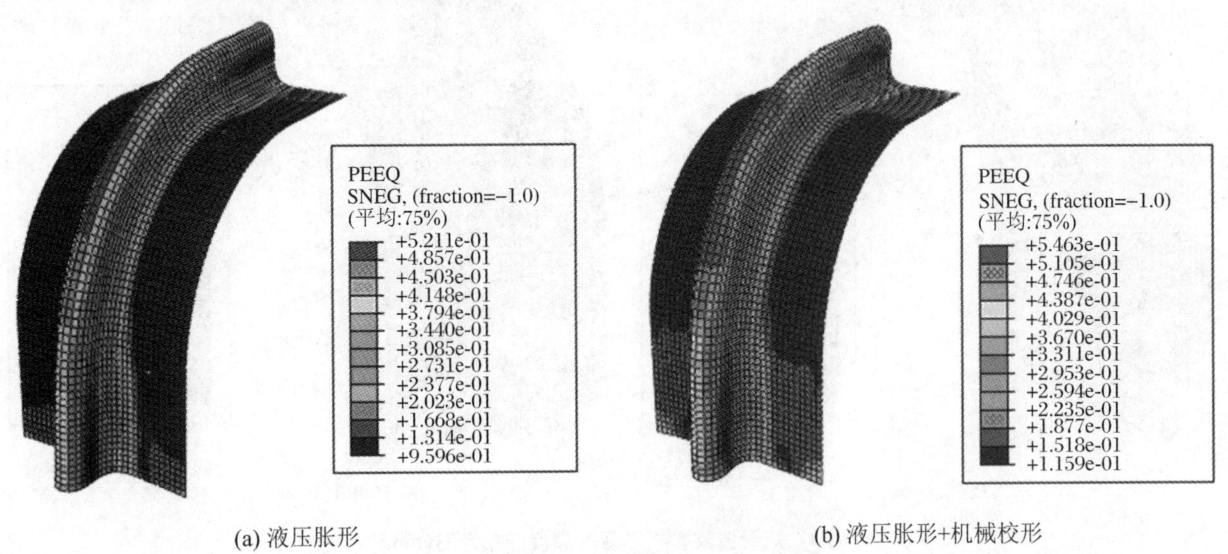

(a) 液压胀形 (b) 液压胀形+机械校形

图 6 矩形波纹管成形后的等效塑性应变云图

图 7 比较了两种成形工艺的圆角段中心位置的波纹等效塑性应变和直线段中心位置的波纹等效塑性应变。由图可知,对于直线段和圆角段,从波谷位置到波峰位置,等效塑性应变呈现先增大后减小再增大的趋势,波峰位置等效塑性应变值最大。圆角区域波峰处的等效塑性应变比其他部分的等效塑性应变要大很多,这是由于模具和内压力的作用使得圆角区域波纹波峰位置发生较大的变形。对于直线段而言,塑性变形较为均匀,在波峰处的等效塑性应变比圆角段波峰处的等效塑性应变要小很多。

3.3 壁厚减薄率

图 8 是矩形波纹管采用两种成形工艺成形结束后的厚度分布云图。由图可见,两种成形工艺成形出的管坯壁厚减薄都主要发生在波纹成形区,波峰位置壁厚减薄最严重,从波谷到波峰,减薄率先减小后增大。

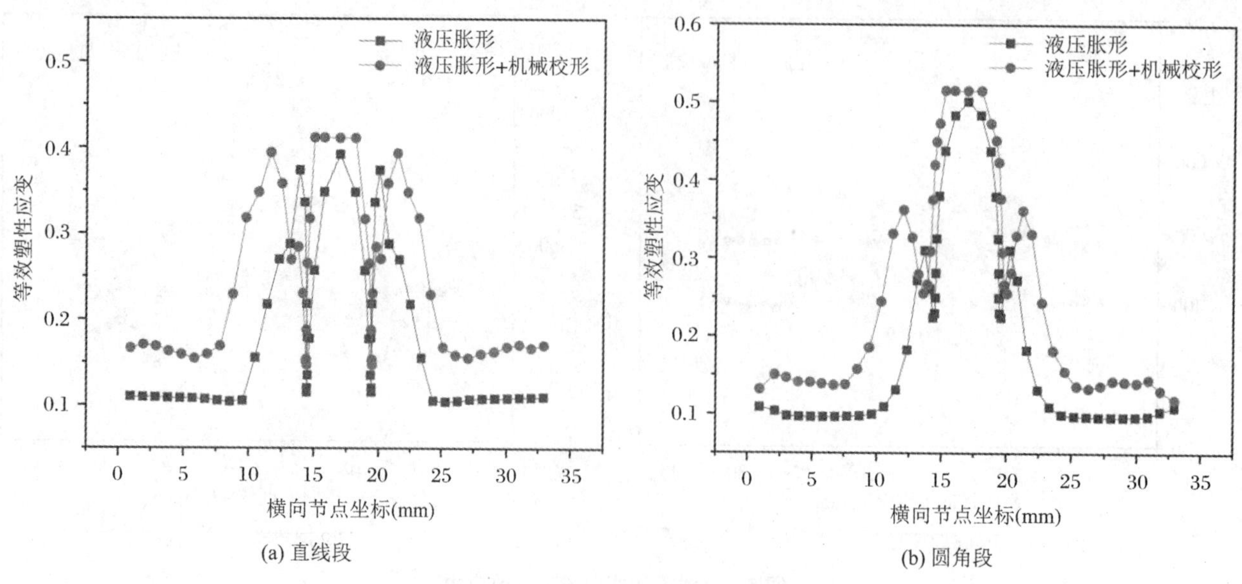

(a) 直线段　　(b) 圆角段

图 7　直边段和圆角段的等效塑性应变

但是相比于圆角区域而言直线段的情况则刚好相反,从波谷到波峰位置,减薄率逐渐减小,其中波谷处的减薄率最大。

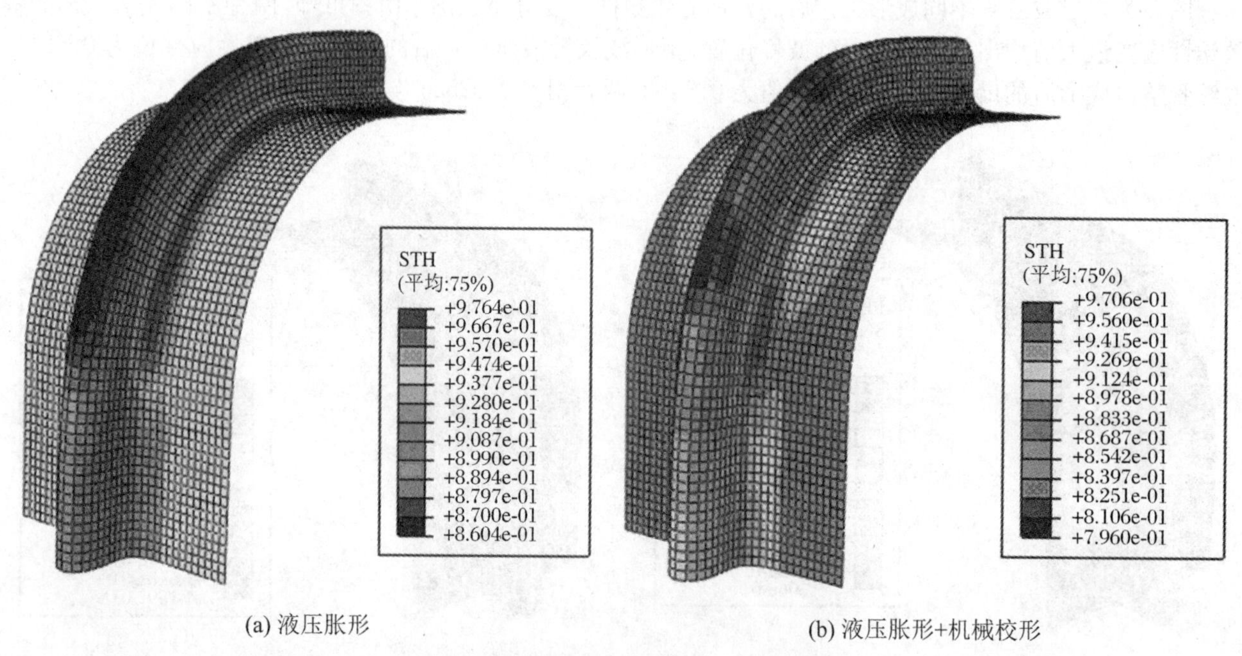

(a) 液压胀形　　(b) 液压胀形+机械校形

图 8　矩形波纹管成形后的厚度分布云图(mm)

图 9 比较了两种成形工艺的直线段中心位置的壁厚减薄率和圆角段中心位置的壁厚减薄率。由图可知,两种工艺成形后直线段的壁厚减薄率基本相同,对于圆角区,波纹管整体成形后壁厚减薄率明显要大于波纹管液压胀形后的壁厚减薄率。波纹管液压胀形后管坯的最大壁厚减薄率是 14%,而波纹管整体成形后管坯的最大壁厚减薄率是 20.4%,两者的最大壁厚减薄率差别为 6.4%。

3.4　波高及波形

由于矩形管成形的难度系数要远大于圆形波纹管,矩形波纹管胀形后的直线段容易胀形成所需要的形状,波纹高度也容易达到设计要求。但是矩形截面的圆角区域胀形后波纹形状和波纹高度很难达到预期的设想。根据 JB/T 6169—2006,波纹管成形波高的公差为 ± IT18/2,矩形波纹管波高偏差为

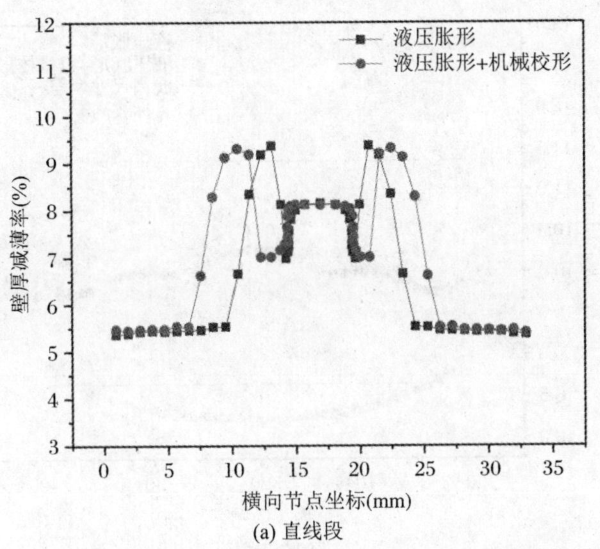

(a) 直线段

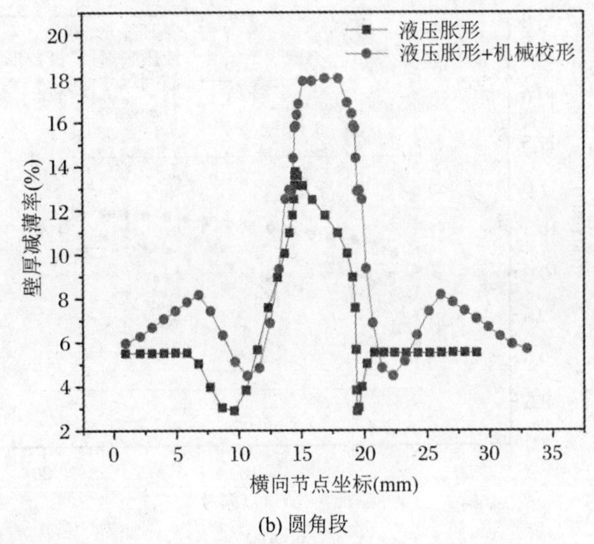

(b) 圆角段

图 9　直线段和圆角段的壁厚减薄率

±1.35 mm。[10]

本文通过对矩形波纹管管坯圆角段进行机械校形，让圆角段的波纹高度在制造标准的波高变化的相关公差范围内。因此，对矩形波纹管整体成形后管坯的波高进行分析，同时对比了波纹管液压胀形后直线段和圆角段的胀形高度。图 10 是矩形波纹管直线段和圆角段测量点编号示意图。

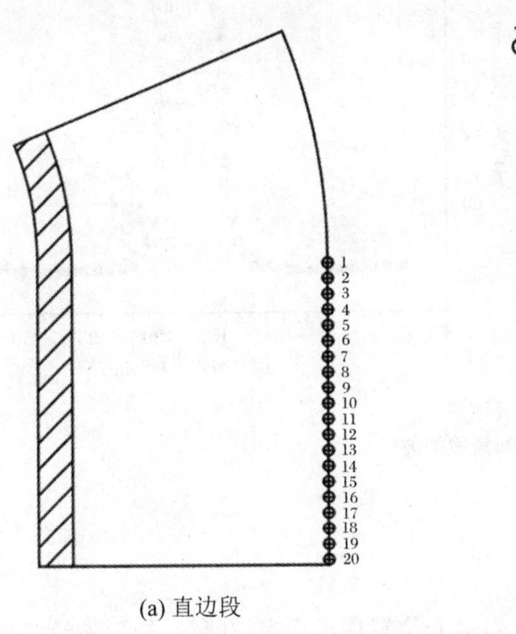
(a) 直边段

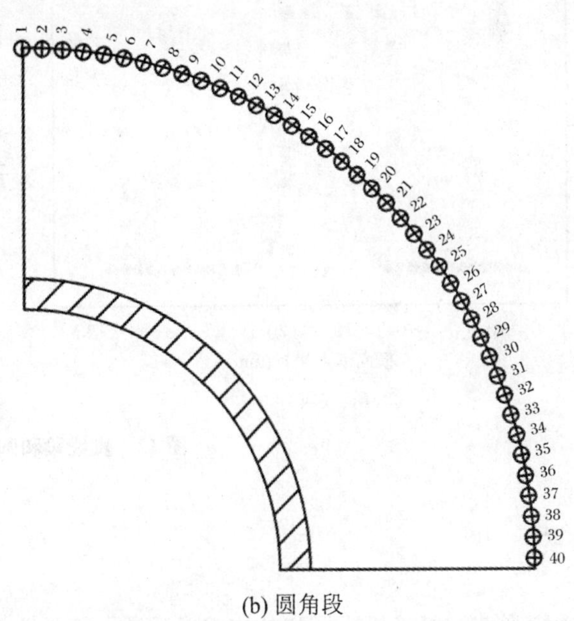
(b) 圆角段

图 10　矩形波纹管测量点编号示意图

图 11 为矩形波纹管成形后直线段和圆角段波高图。由图可见，矩形波纹管液压胀形后直边段的波纹高度很容易达到设计要求，但矩形波纹管液压胀形后圆角区域的波纹高度未达到国家制造标准给出的波高变化公差要求。而在经过“液压胀形 + 机械校形”整体成形后，波纹管圆角段的波纹高度完全在波高尺寸偏差范围内，最大波高是 10.27 mm，最小波高是 9.74 mm，圆角区域的高度差在 0.53 mm 以内。

图 12 比较了两种成形工艺的直线段中心位置的波纹轮廓和圆角段中心位置的波纹轮廓，从图中可以看出，矩形波纹管在直线区域和圆角区域成形后的截面形状都能达到设计的要求，波峰和波谷都能在成形结束后达到预期的形状。

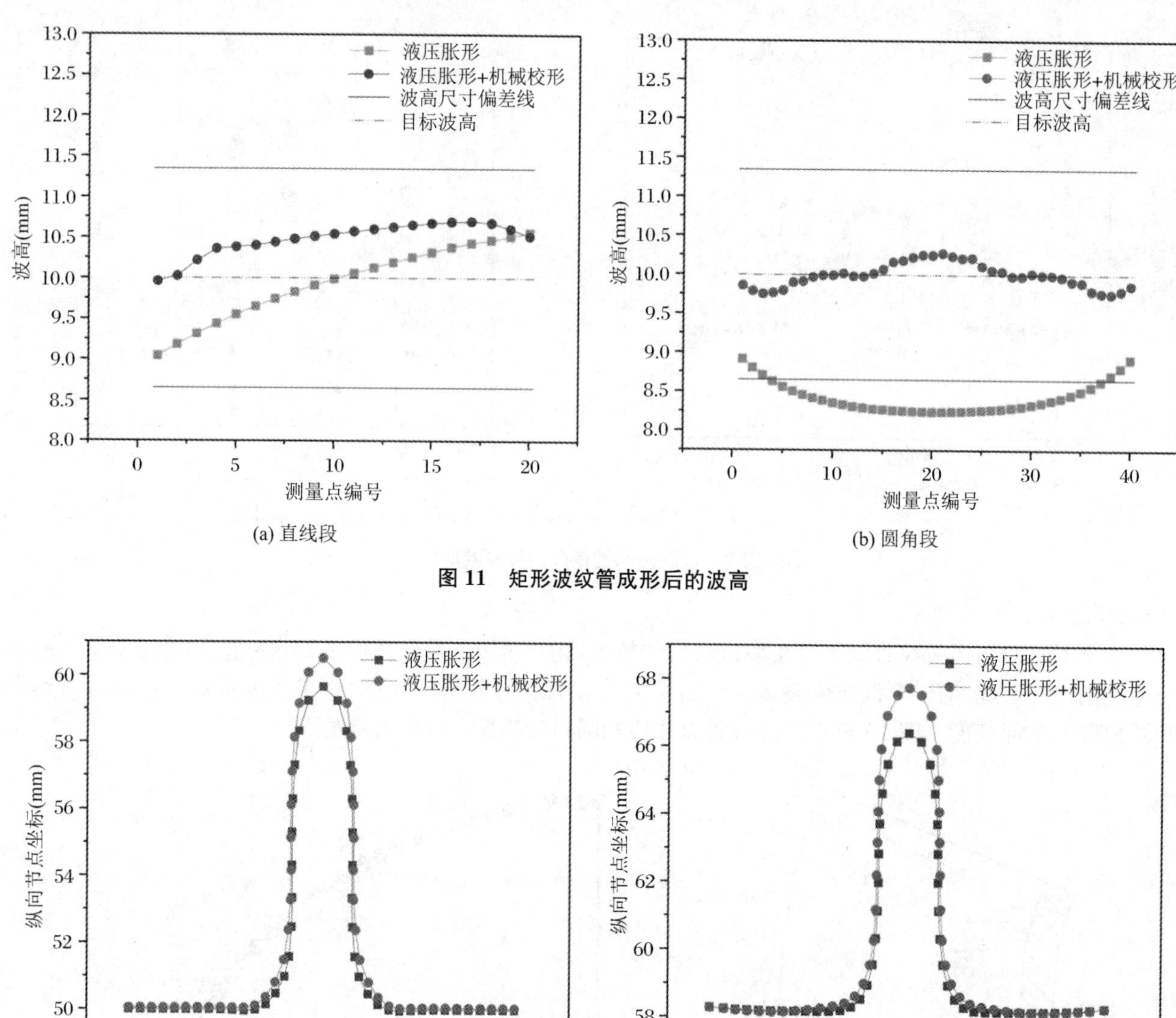

图 11　矩形波纹管成形后的波高

(a) 直线段　(b) 圆角段

图 12　直线段和圆角段的波形

4　结论

(1) 矩形波纹管液压胀形和整体成形后最大等效应力应变位置均出现在波峰处,矩形波纹管整体成形工艺的最大等效应力和等效塑性应变稍大于液压胀形工艺。

(2) 两种成形工艺成形出的管坯壁厚减薄都主要发生在波纹成形区,波峰位置壁厚减薄最严重,从波谷位置到波峰位置,减薄率先减小后增大。但是相比于圆角区域而言,直边区的情况则刚好相反,从波谷到波峰位置,减薄率在逐渐减小,其中波谷处的减薄率最大。波纹管液压胀形后管坯的最大壁厚减薄率是 14%,而波纹管整体成形后管坯的最大壁厚减薄率是 20.4%。

(3) 经过整体成形后,波纹管圆角段的波纹高度满足国内制造标准给出的波高公差要求,最大波高是 10.27 mm,最小波高是 9.74 mm,圆角区域的高度差在 0.53 mm 以内。

致谢

感谢国家自然基金项目(项目编号:51875456)、陕西省自然科学基础研究计划项目(项目编号:2019JM-450)、陕西省教育厅科研计划项目(项目编号:20JC029)、西安石油大学“材料科学与工程”省级优势学科资助项目对本研究的资助。

参考文献

[1] 徐开先. 波纹管类组件的制造及其应用[M]. 北京:机械工业出版社,1998.

[2] 徐学军,任武,袁喆,等. 增强S形波纹管结构耐压强度分析技术[J]. 火箭推进,2019,45(1):19-24.

[3] 朱宇,万敏,周应科,等. 复杂异形截面薄壁环形件动模液压成形研究[J]. 航空学报,2012(5):912-919.

[4] 陈为柱. 大口径波纹管液压成形理论及工艺方法[J]. 管道技术与设备,1996(2):1-4.

[5] 孙贺. 基于有限元分析的波纹管强度设计与液压成形模拟[D]. 北京:北京化工大学,2016.

[6] 张琪. 矩形波纹管的试制[J]. 上海机械,1980(8):31-32.

[7] 王凤双. 膨胀节制造技术要点分析[J]. 民营科技,2013(8):43.

[8] 曹宝璋,陈永忠,俞彬,等. 金属波纹管成形方法的分析与比较[J]. 管道技术与设备,2001(2):11-15.

[9] 王浩. 金属波纹管刚性模高效胀压成形过程控制研究[D]. 长沙:中南大学,2012.

[10] 中华人民共和国国家发展和改革委员会. 金属波纹管:JB/T 6169—2006[S]. 北京:机械工业出版社,2006.

作者简介

刘静,西安石油大学副教授,硕士生导师,主要从事管材精确塑性成形方面的研究。通信地址:西安石油大学材料学院。E-mail:jingliu@xsyu.edu.cn。

波纹管液压成形自动化控制系统设计与应用

张　磊　魏保恒　杨　萌　张　昆　敦元龙

（洛阳双瑞特种装备有限公司，洛阳 471000）

摘要：本文描述了波纹管液压成形自动化控制系统的设计原理、实现方式和实际应用。通过将传统人工成形作业方式改造为成形工艺参数驱动的自动化作业方式，并实现作业记录计算机实时采集以及工艺数据网络化存储和检索，有效提升了成形效率及批量产品质量一致性，降低了劳动强度，并实现了产品生产及质量数据的可追溯性，有力推动了企业波纹管液压成形自动化生产线建设。

关键词：波纹管；液压成形；参数化驱动；自动化控制；网络化存储和检索

The Design and Application of the Automatic Control System of Bellows Hydraulic Forming

Zhang Lei，Wei Baoheng，Yang Meng，Zhang Kun，Dun Yuanlong

（Luoyang Sunrui Special Equipment Co. Ltd.，Luoyang 471000）

Abstract：This paper describes the design principle，implementation and practical application of the automatic control system of bellows hydraulic forming. By transforming the traditional manual forming operation mode into the automatic operation mode driven by the forming process parameters，and realizing the real-time collection of operation records and networked storage and retrieval of the process data by computer，the forming efficiency and the quality consistency of the batch products are effectively improved，the labor intensity is reduced，and the traceability of the product production and quality data is realized. Therefore，the construction of automatic production line of bellows hydraulic forming is promoted.

Keywords：bellows；hydraulic forming；driven by the forming process parameters；automatic control；networked storage and retrieval

1　引言

波纹管膨胀节具有吸收压力管道轴向、角向与横向变形位移和减震的能力，是保障各类管道系统安全与经济运行的常用装备，具有结构紧凑、补偿量大、寿命长及通用性强等优点，广泛用于石油、化工、电力、集中供热等领域。

为了解决波纹管液压成形作业过程中人工控制压力及压制存在的不足，在保持原有成形工艺不变的前提下，以应用于波纹管液压成形的大吨位油压机及配套设备为基础，通过设计、实施和应用波纹管液压成形自动化控制系统，将传统人工成形作业方式改造为成形工艺参数驱动的自动化作业方式，并对工艺数据进行计算机实时记录和网络化存储检索，为波纹管成形自动化生产线建设提供了有力支撑。

2　系统设计

2.1　系统架构

依据波纹管液压成形工艺过程压力控制流程，设计了波纹管液压成形自动化控制系统，主要包括工控计算机、工控组态软件、PLC 控制器、PLC 控制软件、工业以太网交换机、伺服比例调节阀、压力传感器、测距传感器、监控摄像头等。通过上述控制设备(软件)与油压机配套 PLC 控制器、充水升压泵以及波纹管成形模具的组合应用,实现从管坯充水、升压形成初波到合模成形全过程自动化运行、参数化驱动和数字化管理。同时,工控计算机系统可以通过企业内部网络,与工艺参数数据库服务器、MES 系统服务器进行数据交互,实现波纹管规格型号和成形工艺参数数据的实时存储和检索。

波纹管液压成形自动化控制系统架构如图 1 所示。

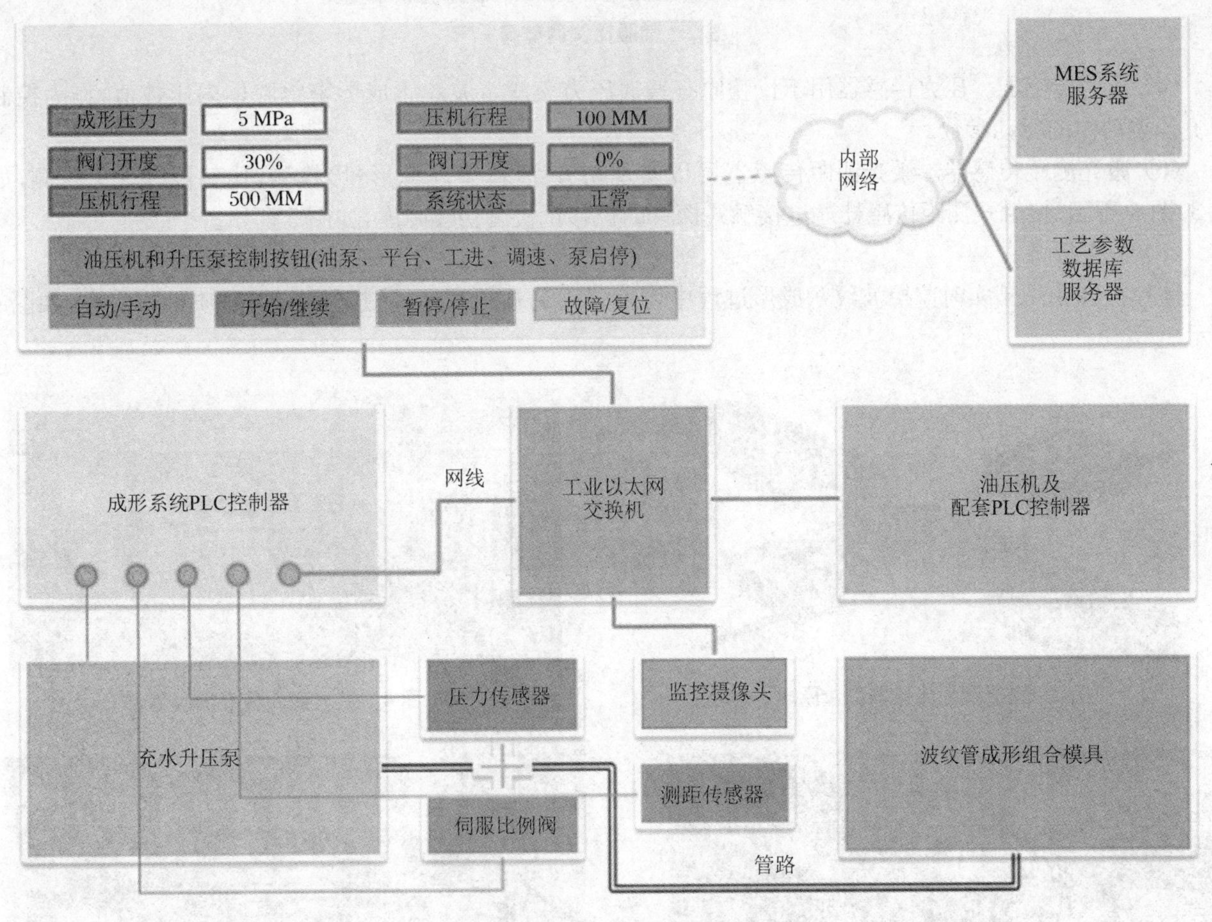

图 1　成形自动化控制系统架构

2.2　系统模块及功能

波纹管液压成形自动化控制系统主要组成模块及功能如下:

(1) 工控计算机操作台和工控组态软件。包括一台工控计算机、油压机和升压泵控制按钮、成形自动化控制系统控制按钮以及以西门子 WinCC 平台开发的工控组态软件等。[1] 工控组态软件主要提供用户登录、工艺参数录入计算、成形控制过程数据和状态实时显示等 HMI 功能,并通过与工艺参数数据库服务器和数据库系统之间的配合实现工艺数据网络化存储和检索等功能。

(2) PLC 控制器和 PLC 控制软件。包括一台西门子 PLC 控制器[2] 及配套的控制软件。作为核心模块,PLC 控制器提供整个成形自动化系统的控制功能,并通过工业以太网交换机与上位工控计算机和油压机配套 PLC 控制器进行互联,充水升压泵、伺服比例调节阀、压力传感器等其他模块则直接连接到 PLC 控制器端子上实现数据交互和控制功能。控制软件根据成形工艺参数及控制流程、密封腔体内压,驱动水泵、伺服比例阀、压机等设备进行充水升压、保压、压机下压及放水保压等波纹管压制动作。

(3) 伺服比例调节阀。包括一个耐水腐蚀不锈钢材质球阀,并配备伺服比例调节结构,可以实现阀门开度线性调节,用于代替原有普通放水阀门,控制波纹管成形密封腔体水流充放速度,如图 2 所示。

图 2　伺服比例调节阀

(4) 压力传感器。压力传感器用于代替原有普通压力表测定波纹管成形密封腔体内压数值，作为控制系统各类动作的驱动参数。

(5) 激光测距传感器。激光测距传感器可以实现初波高度（管坯变形量）检测，代替传统人工目测，如图 3、图 4 所示；接触式测距传感器通过接触式探针的位移量检测初波高度，如图 5 所示。

(6) 监控摄像头

监控摄像头用于实时监控波纹管成形过程中管坯背面的视角盲区，防控异常，保障质量与安全，如图 6 所示。

图 3　激光测距传感器测量原理

图 4　激光测距传感器装置

图 5　接触式测距传感器装置

图 6　监控摄像头

(7) 生产现场原有设备。包括大吨位油压机及配套 PLC 控制器、充水升压系统（水泵、储水设施、管路）等。上述设备控制按钮都已重新集成在工控机操作台上，并可以通过 PLC 控制器和控制软件进行启停和正常工作。

3　系统实施

波纹管液压成形自动化控制系统的工作模式分为手动和自动两种。手动工作模式用于某种规格批量产品的首件波纹管人工示教成形过程，以获得此种规格波纹管成形各个关键工艺参数数据；自动工作模式则由操作人员通过工控组态软件界面输入成形关键工艺参数后由系统自动完成整个成形过程。

自动化成形工作过程包括管坯（水囊）充水、升压形成初波以及合模成形 3 个阶段。对于有囊成形工艺，由于水囊充水过程是在放置上模盖和移入压机平台之前完成的，因此应采用手动工作模式完成水囊充水过程，之后的工作过程可以采用自动工作模式完成；而对于无囊成形工艺，整个成形工作过程都可以采用自动工作模式完成。

在系统软件操作界面上输入初波压力、初波高度、成形压力、阀门开度、压机停机位移等成形工艺参数，在压力传感器、工控器件及软件综合控制下，系统自动完成成形作业过程，各阶段均提供智能语音播报和文字、图像信息，提醒作业人员注意观察并进行相关操作。背角实时监控视频便于操作人员监控视角盲区，防控质量与安全异常，如图 7 所示。

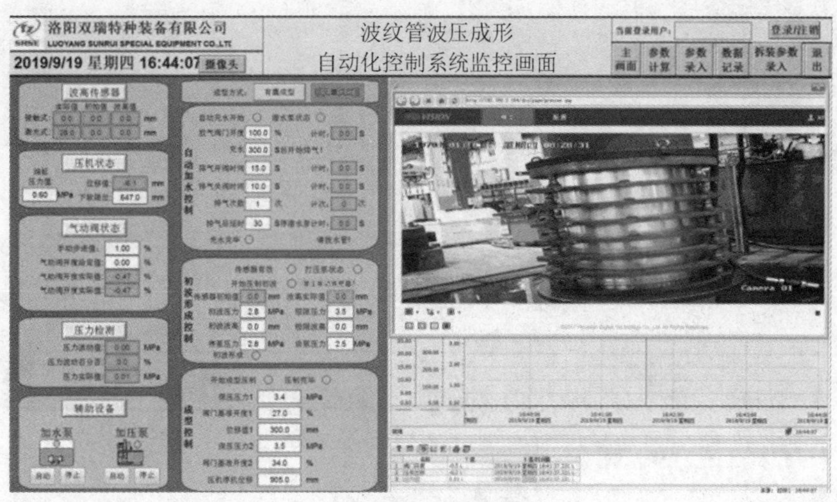

图 7　系统操作界面

开发了成形工艺参数自动计算功能：根据录入的波纹管材料规格、波根直径、波高、波距等设计参数，自动计算成形初波压力、成形压力、垫块厚度等成形工艺参数，避免手工计算错误，如图 8 所示。

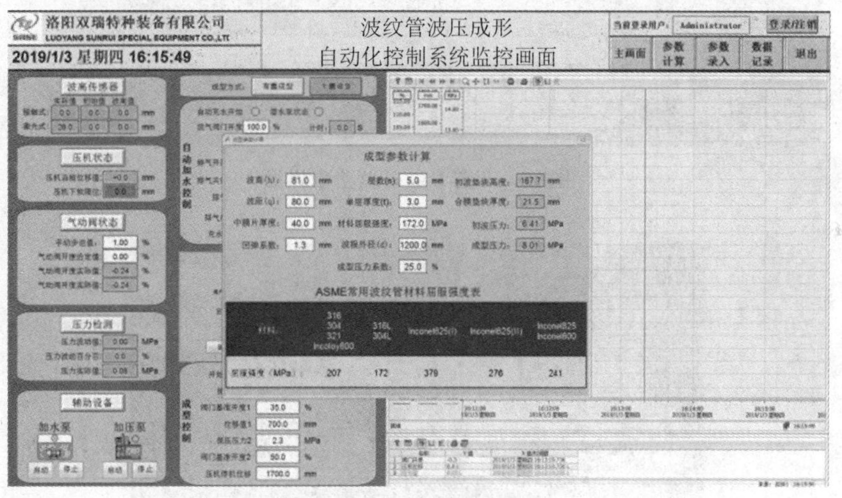

图 8　参数计算界面

系统集成成形作业记录自动采集存储功能、网络化成形工艺参数存储、检索功能，有利于作业效率的提升、成形工艺知识的管理与复用，作业数据采集界面和工艺参数存储检索界面分别如图 9、图 10 所示。

4　实施效果

根据企业生产安排，选择了不同规格数十件波纹管管坯进行了自动化成形调试及优化完善，达到了系统设计目标，成形作业仅需 1～2 名人员即可顺利完成。相同规格型号首件产品采用人工示教成形，以确定初波压力、初波高度、成形压力、压机位移等关键成形工艺参数，剩余产品则由系统自动完成成形。波纹管液压成形自动化控制系统现场布局以及自动化成形作业过程如图 11、图 12 所示。

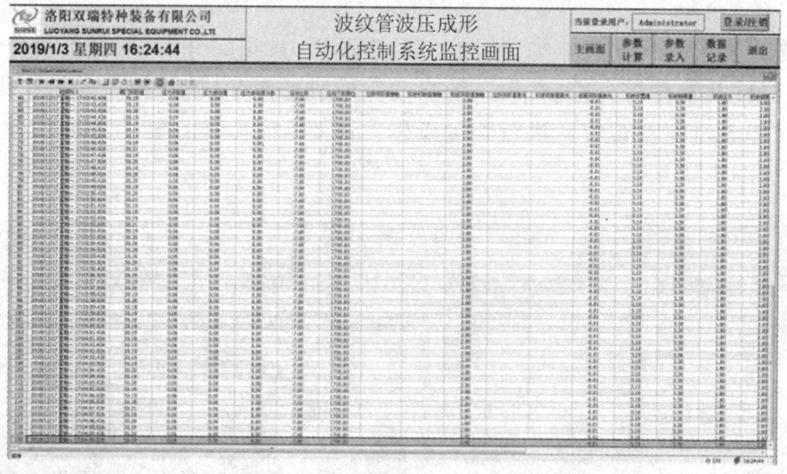

图 9　作业数据采集界面

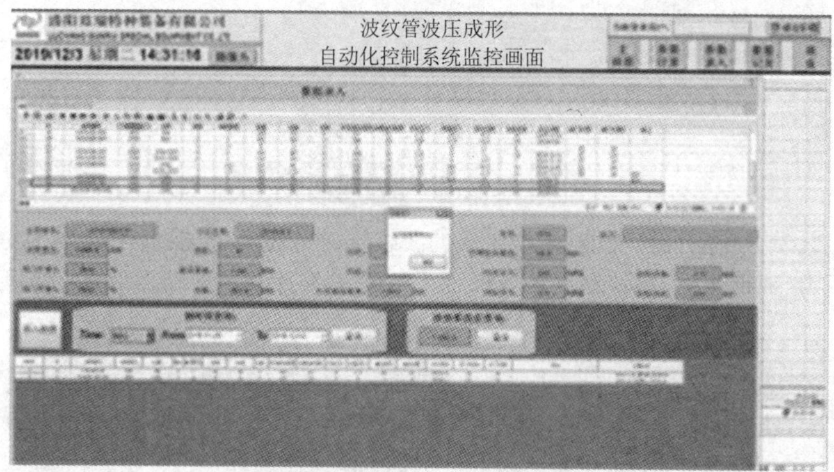

图 10　工艺参数存储检索界面

图 11　设备现场布局

图 12　自动化成形作业

系统运行过程中需要注意如下问题：

(1) 传统人工作业方式初波高度较难量化，应用自动化系统后需要根据波纹管规格型号、模具规格等不断积累数据。

(2) 激光测距传感器装置在现场使用过程中不便于放置和调节，需要制作辅助工装，而接触式测距传感器更便于作业人员单独操作。

(3) 压力传感器并非直接检测管坯(水囊)内部压力，而是检测管路内部压力，在压力稳定之前会出现一定的波动。

(4) 伺服比例调节阀的阀门开度、开合速度等与原有普通放水阀门存在较大差异，需要作业人员不断摸索、掌握其工作特性，配合压机下行速度合理控制阀门开度。

波纹管液压成形自动化控制系统已成功应用于不同规格数千件波纹管的生产中，提升了批量产品成形质量的一致性，提高了生产效率，降低了劳动强度。

5 结论

综上所述，本文描述的波纹管液压成形自动化控制系统，通过将传统人工成形作业方式改造为成形工艺参数驱动的自动化作业方式，实现作业记录计算机实时采集以及工艺数据网络化存储和检索，有效提升了成形效率及批量产品质量的一致性，实现了产品生产及质量数据的可追溯性，有力地推动了企业波纹管液压成形自动化生产线建设。

参考文献

[1] 向晓汉. 西门子 WinCC V7.3 组态软件完全精通教程[M]. 北京：化学工业出版社，2017.

[2] 向晓汉. S7-200 SMART PLC 完全精通教程[M]. 北京：机械工业出版社，2013.

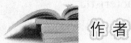

作者简介

张磊(1982—)，男，汉族，工程师，计算机应用技术硕士，洛阳双瑞特种装备有限公司综合管理部副部长，主要从事信息化项目管理、精益管理、智能制造、风险管理等工作。通信地址：河南省洛阳市高新开发区滨河北路 88 号洛阳双瑞特种装备有限公司综合管理部。E-mail：1368354568@qq.com。

翻边波纹管在液压成形过程中的金属流动特性研究

李瑞琴　杨　萌　苏炎强
（洛阳双瑞特种装备有限公司，洛阳 471000）

摘要：本文借助有限元数值模拟的方法，建立了波峰翻边直段长为 40 mm 的波纹管成形模具和成形工艺模型，研究了翻边波峰和 U 形波在成形过程中的金属流动特性。利用压机进行液压成形试验研究，试验结果与模拟结果一致。

关键词：波峰翻边波纹管；液压成形；金属流动特性

The Study of Metal Flow Characteristic for Bellows with Flanging by Hydraulic Forming

Li Ruiqin, Yang Meng, Su Yanqiang
(Luoyang Sunrui Special Equipment Co. Ltd., Luoyang 471000)

Abstract: The finite element method is used to simulate the processing of bellows with flanging for 40mm by hydraulic forming. The metal flow characteristics of bellows with flanging are studied. The experiment for bellows with flanging by hydraulic forming is taken and the results are consistent with simulation performing.

Keywords: bellows with flanging; hydraulic forming; metal flow characteristic

1　引言

波纹管按照波形可以分为 U 形、Ω 形、C 形、S 形、V 形等，根据需求可以设计成不同波形参数的波纹管，例如由于受到空间的限制，波纹管被设计成了波高不一致的高低波等特殊波形。[1-4]为了与法兰、阀门等特殊要求的设备进行焊接连接，端波波峰需要形成有一定长度直段的特殊波纹管，如图 1 所示。图 2 为采用一次整体液压成形后切割的工艺加工的翻边波纹管。此工艺需对模具进行特殊设计，进而通过有效约束端波波峰的金属流动完成波纹管的成形。

本文设计了端波波峰翻边的 U 形波纹管液压成形模具，利用有限元软件 MSC. marc 建立了该波纹管成形过程的三维模型。模拟研究了在液压成形过程中翻边端波和 U 形波的材料流动行为，利用压机进行了液压成形试验，试验结果与数值模拟结果一致。

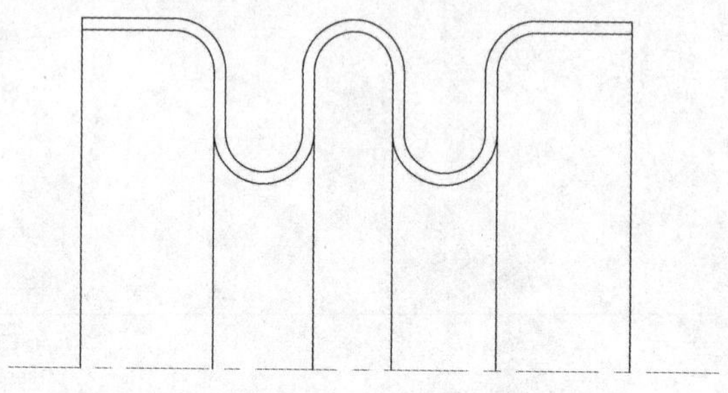

图 1　端波波峰翻边波纹管

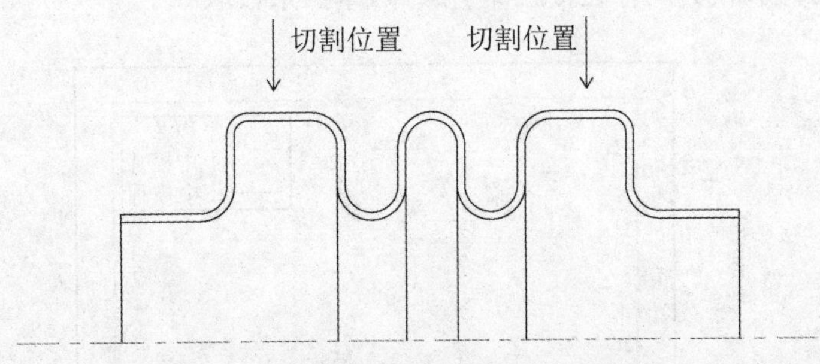

图 2　端波波峰翻边的波纹管成形工艺

2　模具设计

波纹管端波翻边后与中间波波高一致,在成形过程中要求模具约束两端波材料的流动,因此,中模片设计为带有单侧长臂的结构,如图 3 所示。端波在成形至一定阶段后需要模具形成密封的腔室,中模片需要插入到模盖中,模盖需设计错位台阶。

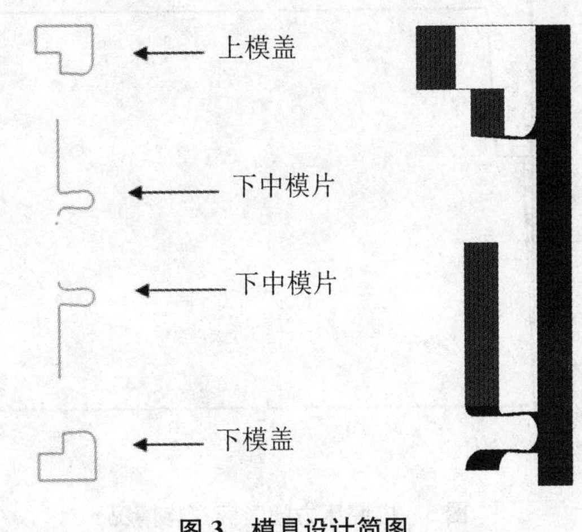

图 3　模具设计简图

3　有限元模型的建立

3.1　几何模型和网格划分

模具根据端波波峰翻边的波纹管波形参数进行逆向设计,建立了波根直径为 Φ810,波高 33.5 mm,圆弧 R9,波数为 3,端波波峰翻边直段长为 40 mm,材料为 316 的波纹管成形模具和成形工艺模型。管坯尺寸为:管外径 Φ810 mm,厚度 2 mm,高度 420 mm。有限元模型采用 Solid 7 单元进行网格划分,共计 86400 个单元和 174240 个节点。

3.2　材料参数

波纹管管坯材料为 316 不锈钢冷轧退火厚度为 2 mm 的薄板材,杨氏模量为 205 GPa,屈服强度为 310 MPa,抗拉强度为 620。

3.3　边界条件、初始条件和接触

波纹管成形过程分为初波和成形两个阶段。两阶段的模具轴向运动速度和管坯内腔压力随时间的变

化如图 4 和图 5 所示。管坯和模具间存在接触库仑摩擦,摩擦系数取 0.7。[5-6]

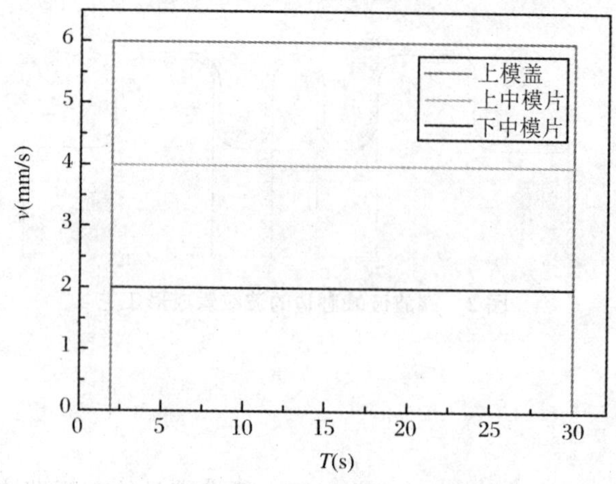

图 4　模具轴向运动速度随时间变化情况

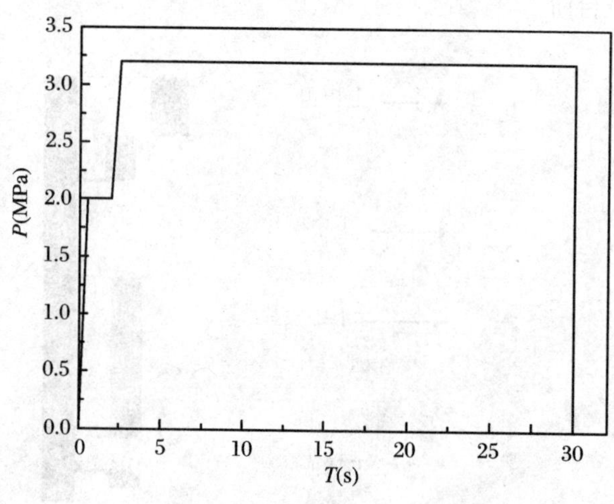

图 5　内腔压力随时间变化情况

4　结果与讨论

4.1　初波变形分布

在初波压力下波纹管形成初波,此时模片和模盖均不动。初波形成的内腔压力为 2.0 MPa,由于端波波峰翻边含有直段,单波展开的高比中间波大,因此金属的流动阻力比中间波小,发生径向流动的区域比中间波大,如图 6 所示。

4.2　成形过程中管坯的流动与模具的接触

成形过程中压机作用于上模盖,中模片在摩擦力的作用下同向协调被动运动,内腔压力保持 3.2 MPa。图 7 所示依次为 10 s,13 s,20 s 和 32 s 管坯和模具的接触变化。13 s 时管坯与模片的长臂接触,端波波高高于中间波的波高。随着压机的向下轴向运动,端波与模片长臂接触面积逐渐增大形成翻边,受其影响,波高不再发生变化,而中间波没有受到模具的约束,波高逐渐增大。图 8 所示为成形过程中端波和中间波径向变形随时间的变化,在 13 s 时端波和中间波的最大波高差达到了 13.4 mm,28 s 时随着成形的结束波高差降为 0 mm。

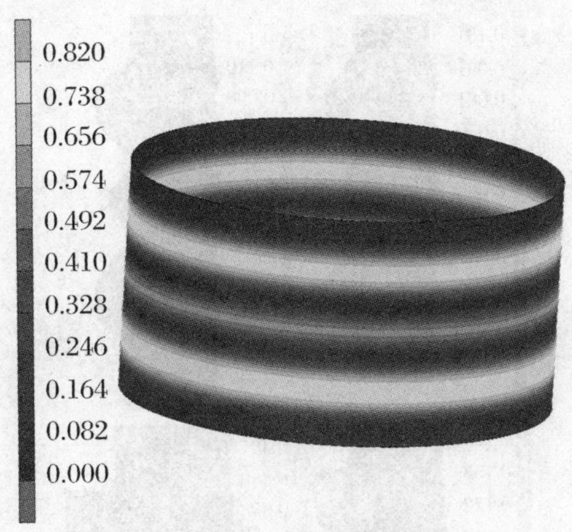

图 6 初波压力下管坯的变形分布(mm)

在模片插入模盖之前,端波翻边波位置没有形成闭合空间,在摩擦力的作用下,材料的流动形成了"W"形,波谷位置形成了不对称的"V"形。32 s 时当模片插入模盖中,端波翻边位置形成闭合空间,材料与闭合空间完全接触,波纹管波谷和波峰形成标准的"U"形。

图 7 成形过程中管坯与模具的接触变化

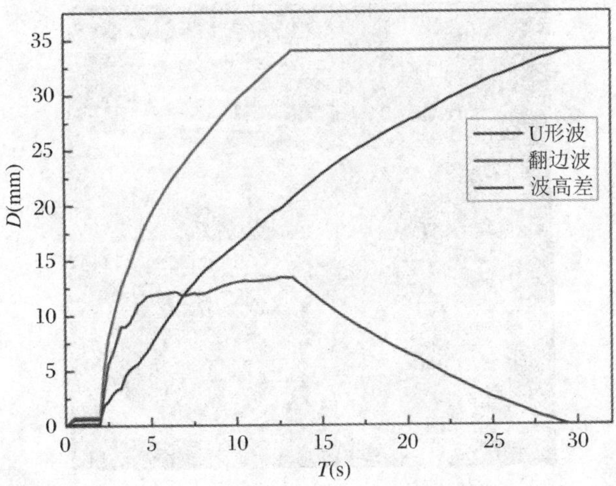

图 8 成形过程中翻边端波和中间波径向变形随时间的变化

4.3 成形过程中管坯的塑性变形

图 9 所示依次为 10 s,13 s,20 s 和 32 s 波纹管的塑性变形大小及分布变化。在成形的整个过程中,塑性变形发生的位置主要集中在波峰和波谷的位置,侧壁发生了少量的塑性变形。成形结束后,波纹管发生塑性变形最大的位置在翻边端波的外侧,大小为 0.448,中间波波峰塑性变形大于波谷,数值为 0.149。

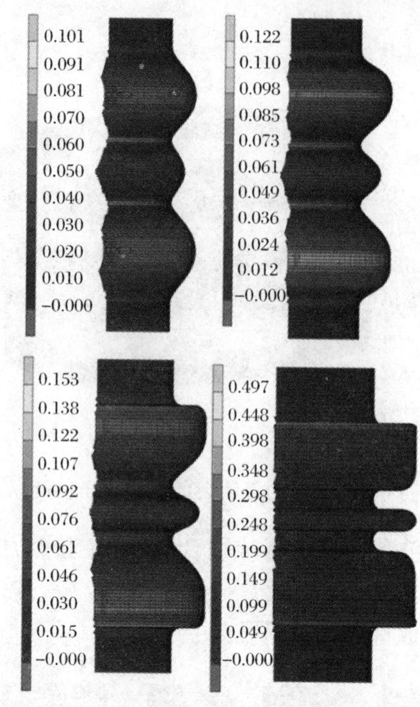

图 9　波纹管成形过程中的塑性变形分布

4.4　试验结果

在 500 T 压机下进行试验,试验的工艺参数与模型一致,试验结果如图 10 所示。测得波根直径为 Φ809.80,波高为 33.42 mm,圆弧为 R9.2,端波波峰翻边直段长为 42 mm。试验结果与有限元模拟结果一致。

图 10　波峰翻边波纹管一次液压成形试验结果

5　结论

(1) 端波波峰翻边波纹管在成形过程中金属流动出现了 3 个阶段,依次为“W”形、波谷不对称“V”形、“U”形。

(2) 波峰翻边波的单波展开大且受到封闭腔体的限制,其波高比中间波优先达到最大值,然后中间波随后达到与波峰翻边波相同的波高。

(3) 成形过程中发生最大塑性变形的区域在波峰翻边波和中间波的波峰和波谷位置，成形结束后塑性变形最大的位置在翻边波的外侧。

本文的研究结果有助于提高端波波峰翻边波纹管的成形质量，与此同时，对异形波纹管液压成形过程中金属流动特性及模具设计中的边界约束亦能提供参考。

参考文献

[1] 夏彬.中小直径波纹管内压成形技术研究[D].哈尔滨:哈尔滨工业大学,2011.

[2] 郎振华.多层S形波纹管力学性能分析[D].大连:大连理工大学,2012.

[3] 宋林红.CAE在波纹管成形数值模拟过程中的应用[J].管道技术与设备,2010(4):35-37.

[4] Liu Jing. Deformation behavior analysis of S-shaped bellows in hydroforming [J]. Tube Hydroforming Technology,2015(6):70-75.

[5] Lee S W. Study on the forming parameters of the metal bellows[J]. Journal of Materials Processing Technology,2002(130):47-63.

[6] Zhang K F. The superplastic forming technology of Ti-6Al-4V titanium alloys bellows[J]. Materials Science Forum, 2004(48):247-252.

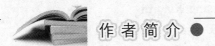

作者简介

李瑞琴(1991—),男,工程师,从事波纹管膨胀节技术研发。通信地址:河南省洛阳市高新开发区滨河北路88号。

Ω 形波纹管膨胀节非线性有限元应力分析

李　亮　卢衷正　庄小瑞
（沈阳晨光弗泰波纹管有限公司，沈阳 110020）

摘要：随着工业的不断发展，Ω 形波纹管的使用会越来越广泛，对 Ω 形波纹管的设计标准和设计过程要求也越来越高。本文利用有限元方法，对整个 Ω 形波纹管膨胀节进行压力和位移载荷下的非线性分析，获得应力应变场，并依据 ASME Ⅷ-1—2019 标准对其强度、疲劳寿命等进行分析评定，为 Ω 形波纹管的设计应用提供依据。

关键词：Ω 形；波纹管；膨胀节；非线性；有限元

Nonlinear Finite Element Analysis of Ω-shaped Bellows Expansion Joint

Li Liang，Lu Zhongzheng，Zhuang Xiaorui
（Shenyang Aerosun-Futai Expansion Joint Co. Ltd.，Shenyang 110020）

Abstract：With the continuous development of industry，Ω-shaped bellows will be more and more widely used in the future，whose design standard and design process require higher requirements. This paper uses the finite element method to perform nonlinear analysis of the Ω-shaped bellows expansion joint under pressure and displacement loads to obtain the stress and strain field，and analyses and evaluates its strength and fatigue life according to the ASME Ⅷ-1—2019 standard，which provides a basis for the design and application of Ω-shaped bellows.

Keywords：Ω-shaped；bellows；expansion joint；nonlinear；finite element

1　引言

近年来，随着工业的迅速发展，传统的 U 形波纹管难以同时满足高压、高温的苛刻工况，Ω 形波纹管逐渐成为替代选择[1]，特别是在石油化工行业，其使用量成倍增长。在结构上 Ω 形膨胀节是由 Ω 形波纹管以及波峰波谷间的加强环组成的。由于其特殊的形状能承受高压力以及受力不均的工况，因此 Ω 形波纹管的承压能力远远超过 U 形波纹管。

波纹管本身是一种较为复杂的轴对称薄壁壳体，且在绝大多数工况下材料处于弹塑性大变形范围内。包含加强环的 Ω 形多层波纹管膨胀节则更为复杂，不仅涉及材料非线性、几何非线性，而且包括边界非线性（接触问题）。随着有限元技术的出现，解决几何和材料非线性问题的能力大大增强，且有限元的接触分析方法能够较好地模拟波纹管层间的作用，模拟层间的错动、分离和滑移状态符合实际情况，符合 Ω 形多层波纹管膨胀节的实际状况。

2　接触问题的非线性有限元法

在固体力学中存在着 3 个基本控制方程：平衡方程、几何运动方程以及本构方程，其中平衡方程从本质上与线性问题是一样的，与几个运动方程和本构方程的理论完全不同。[2]描述结构的位移函数与应变函数之间关系的方程称为几何运动方程。描述材料各种参数之间关系的方程称为本构方程,例如材料的载荷、温度应力和应变等参数。而有限元接触问题在非线性中非常普遍,在非线性子集中占有比较重要而且特殊的地位,是一种高度非线性行为。自从20世纪60年代有限元开始应用于工程接触问题时,摩擦力就被包含其中。通常来讲,摩擦力的做功与其加载路径无关,一般表现为能量的耗散。因此,在工程中必须考虑摩擦力的影响,不然很难准确地反映工程接触问题。

3 Ω形波纹管膨胀节非线性有限元模型及设计参数

此次分析的对象为某工程项目所用Ω形膨胀节,简化后的几何结构如图1所示,由于几何结构及载荷的对称性,计算时只取实际结构的一半进行计算,膨胀节轴对称结构有限元模型如图2所示。该模型考虑了双层波纹管变形时层间的状态非线性,采用接触非线性的方法编制了相应的有限元分析程序。

膨胀节设计压力为6.41 MPa,设计温度为285 ℃,膨胀节各个部件设计参数见表1。

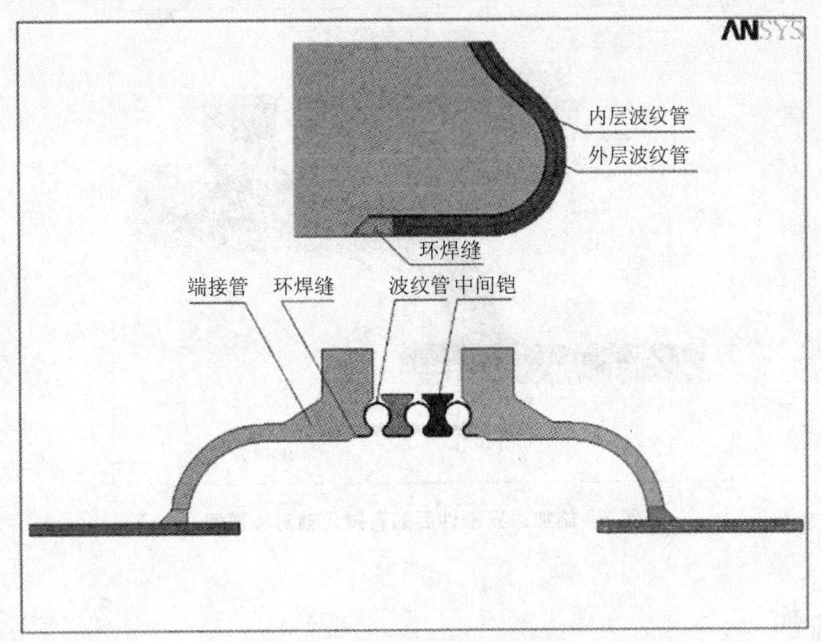

图1 膨胀节结构简图

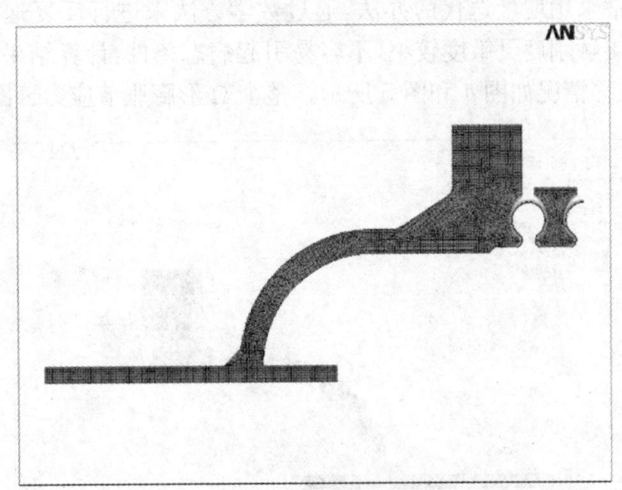

图2 膨胀节对称结构

进行有限元分析过程中,要考虑Ω形波纹管第一层与第二层之间的摩擦力,由于摩擦力的出现,导致层与层之间相互挤压和滑移,并且同时传递着力。因此,在ANSYS软件中需要模拟接触的状态,引用接触理论,设置合适的接触单元,采用边界非线性有限元方法来模拟层间的接触状态。接触单元中包含接触面和目标面,由于波纹管是一种挠性变形体,因此在接触设置中选用面与面接触。

表 1　膨胀节各部件设计参数

部件名称	材料	弹性模量(Pa)	泊松比	许用应力(MPa)
端接管	304	1.77×10^{11}	0.3	116
波纹管	Inconel 600	1.99×10^{11}	0.3	138
中间铠装环	304	1.77×10^{11}	0.3	116

Ω形膨胀节有限元模型采用轴对称的实体平面 8 节点 Quad 183 单元。在整个模型的对称面上施加对称约束,在端接管的外圆上施加轴向位移约束 $U_Y=0$,波纹管层间、外层波纹管与端接管及外层波纹管与中间铠同时设置接触约束。接触单元类型为 CONTA 172,目标单元类型为 TARGE 169,摩擦系数均为 0.1。同时在端接管以及内层波纹管内壁施加均布载荷压力 $P=6.41$ MPa。最终建立的有限元加载模型如图 3 所示。

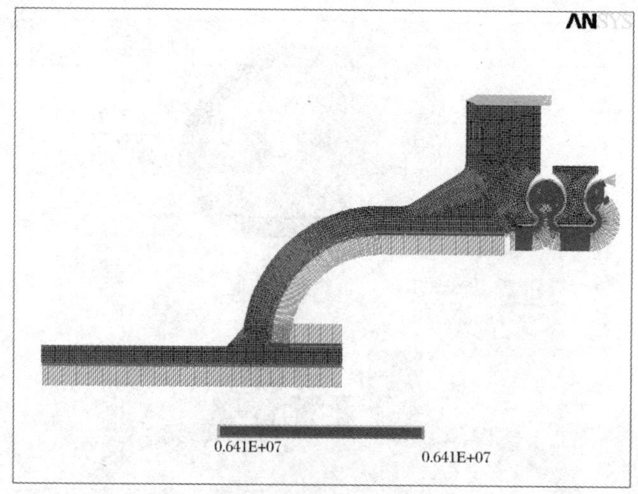

图 3　施加边界条件后的有限元轴对称模型

4　计算结果分析

非线性有限元求解,通常采用增量迭代的办法,通过数学方法来进行反复迭代。本文采用的拉格朗日算法与传统的罚函数相比,接触刚度灵敏度较小,不容易引起病态条件,计算结果更为准确。Ω形膨胀节在压力载荷下的应力和轴向位移情况如图 4 和图 5 所示。整个Ω形膨胀节应力云图如图 6 所示。

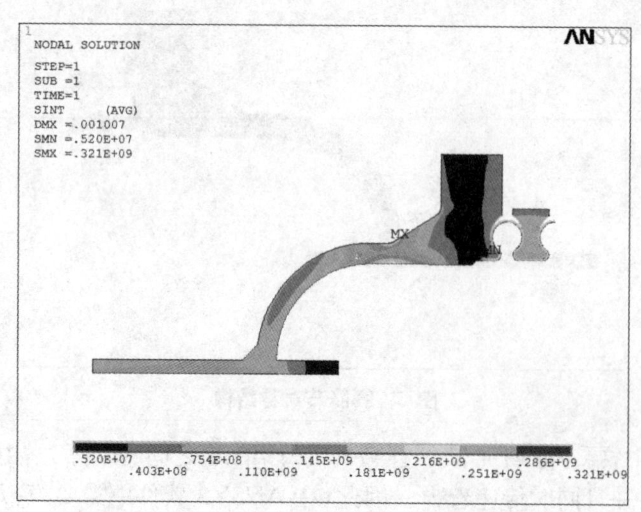

图 4　Ω形膨胀节应力云图

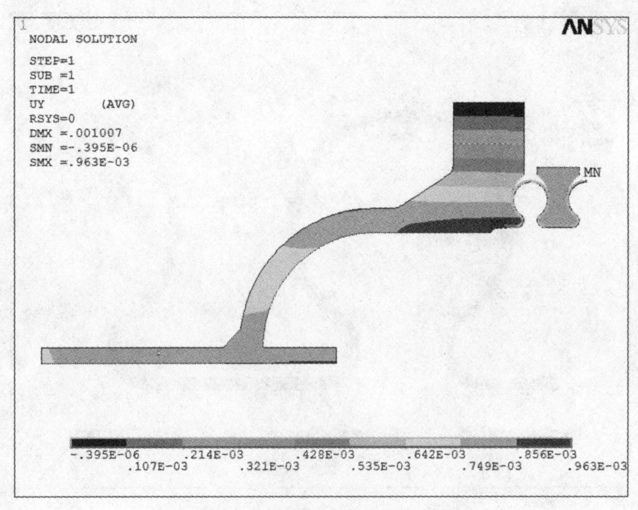

图5　Ω形膨胀节轴向位移云图

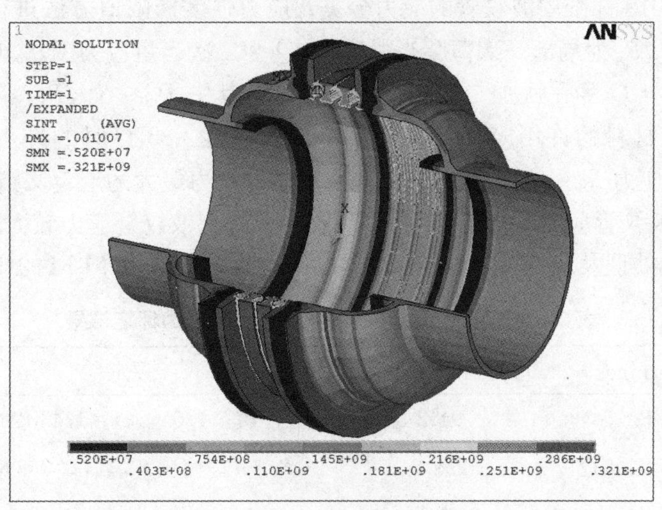

图6　Ω形膨胀节整体结构应力云图

由图4、图5和图6可知：Ω形膨胀节整体最大应力处在端接管处，最大应力为321 MPa，最大位移也处于端接管处，最大位移为0.96 mm，依据ASME Ⅷ-1—2019对膨胀节和波纹管进行路径定义分析。定义路径A-A～M-M，如图7和图8所示。

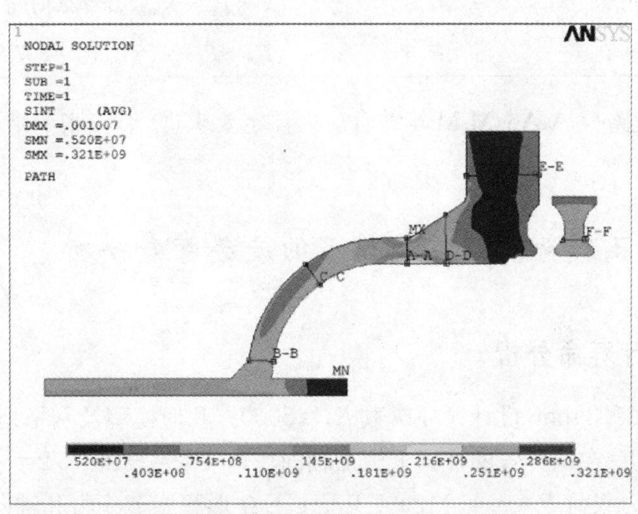

图7　端接管和中间铠装环定义路径

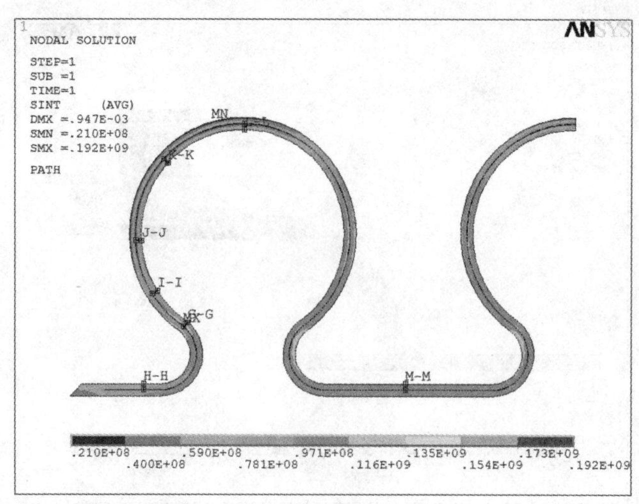

图 8　Ω 形波纹管定义路径

采用 ASME Ⅷ-1—2019 标准中波纹管的应力分类及应力强度极限值方法进行应力分类评定[3],即 P_m 为总体一次薄膜当量应力,P_L 为局部一次薄膜当量应力,Q 为二次当量应力。P_m+P_b 为总体一次薄膜加一次弯曲当量应力,P_L+P_b+Q 为一次加二次当量应力强度。其中 $P_m \leqslant S_m$,$P_L \leqslant 1.5S_m$,$P_m+P_b < 1.5S_m$,$P_L+P_b+Q < 3S_m$,S_m 为材料的许用应力。Inconel 600 材料在 285 ℃时的许用应力 $S_{m(600)}=138$ MPa,304 材料在 285 ℃的许用应力 $S_{m(304)}=116$ MPa。选取端接管应力最大的层定义路径 A-A、端接管应力较大的层定义路径 C-C,Ω 形波纹管应力最大的层定义路径 G-G,Ω 形波纹管应力较大的层定义路径 M-M,对以上各路径进行应力线性化处理及应力评定。定义路径 A-A、C-C、G-G 和 M-M 的应力评定结果见表 2。

表 2　定义路径 A-A、C-C、G-G 和 M-M 应力评定结果

路径	应力分类	应力强度值(MPa)	评定	校核结果
A-A	P_L	94.2	$P_L<1.5S_{m(304)}=174$ MPa	通过
	P_L+P_b+Q	221.8	$P_L+P_b+Q<3S_{m(304)}=348$ MPa	通过
C-C	P_m	66.1	$P_m<S_{m(304)}=116$ MPa	通过
	P_m+P_b	98.5	$P_m+P_b<1.5S_{m(304)}=174$ MPa	通过
G-G	P_L	89.5	$P_L<1.5S_{m(600)}=207$ MPa	通过
	P_L+P_b+Q	174.6	$P_L+P_b+Q<3S_{m(600)}=414$ MPa	通过
M-M	P_m	87.6	$P_m<S_{m(600)}=138$ MPa	通过
	P_m+P_b	87.8	$P_m+P_b<1.5S_{m(600)}=207$ MPa	通过

通过分析,波纹管定义路径 A-A～M-M 均符合应力评定要求,Ω 形膨胀节结构件及波纹管的强度满足设计要求。

5　Ω 形膨胀节在内压载荷及设计位移下的疲劳寿命分析

5.1　工况 1 条件下疲劳寿命分析

工况 1:波纹管位移 −25.3 mm,设计循环次数 $N_c=5000$。几何模型及网格划分如图 2 所示。在整个模型的对称面上施加对称约束;在端接管的外圆上施加轴向位移 $U_Y=-25.3/2=-12.65$ mm。在端接管和波纹管的内壁表面施加压力载荷 $P=6.41$ MPa。工况 1 下 Ω 形膨胀节应力和轴向位移情况如图 9、图 10 和图 11 所示。

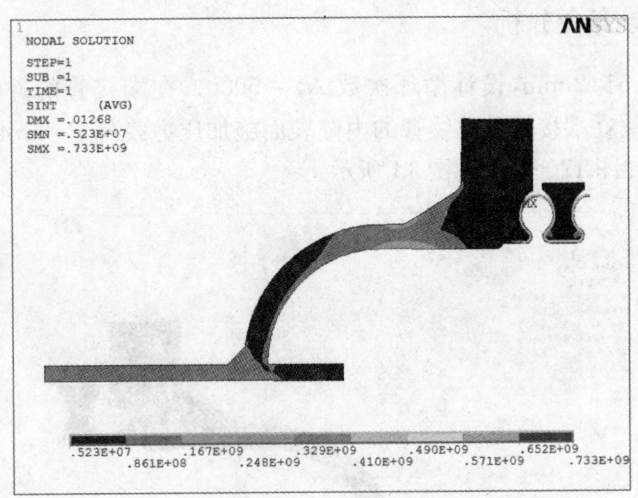

图9　工况1下Ω形膨胀节应力云图

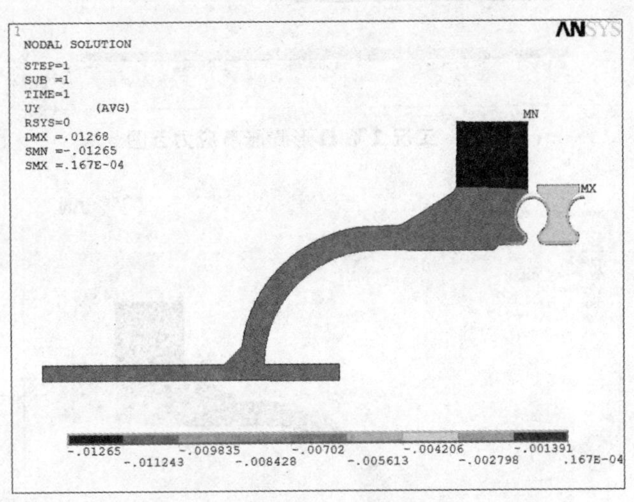

图10　工况1下Ω形膨胀节轴向位移云图

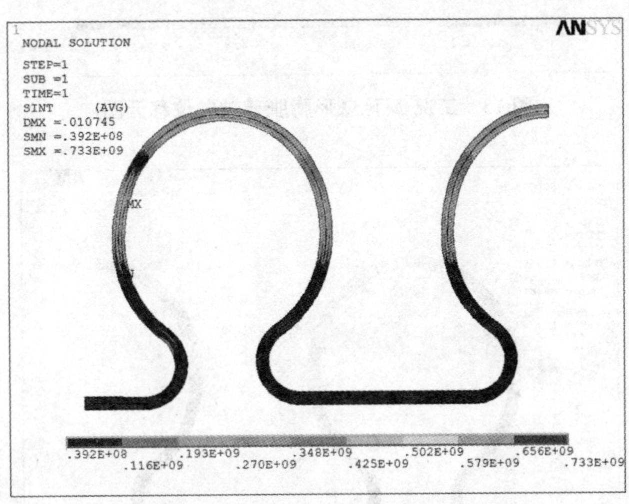

图11　工况1下Ω形波纹管应力云图

Ω形波纹管的有效总当量应力：$S_e = P_L + P_b + Q + F = 733$ MPa，根据ASME Ⅷ-1—2019的规定，总当量应力幅 $S_a = (P_L + P_b + Q + F)/2 = 733/2 = 366.5$ MPa = 53.14 KSI，Ω形波纹管的许用疲劳寿命 $N_{alw} = 27695$ 次，$N_{alw} > N_c$，Ω形波纹管疲劳寿命满足要求。

5.2 工况2条件下疲劳寿命分析

工况2:波纹管位移 - 51.2 mm,设计循环次数 $N_c = 5000$。在端接管的外圆上施加轴向位移 $U_Y = -51.3/2 = -25.65$(mm)。在端接管和波纹管的内壁表面施加压力载荷 $P = 6.41$ MPa。工况2下Ω形膨胀节应力和轴向位移情况如图12、图13和图14所示。

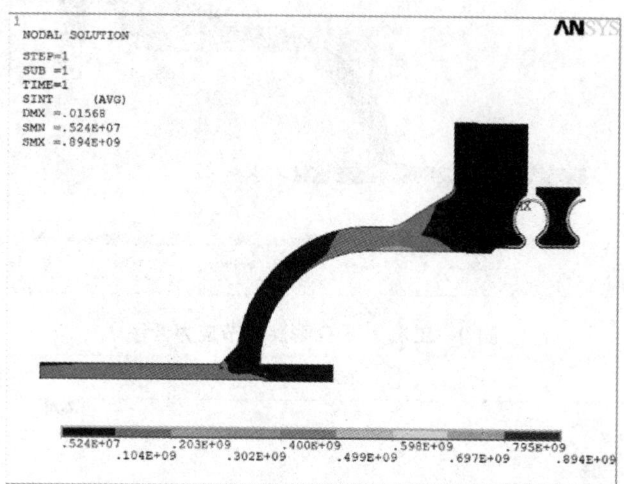

图12 工况2下Ω形膨胀节应力云图

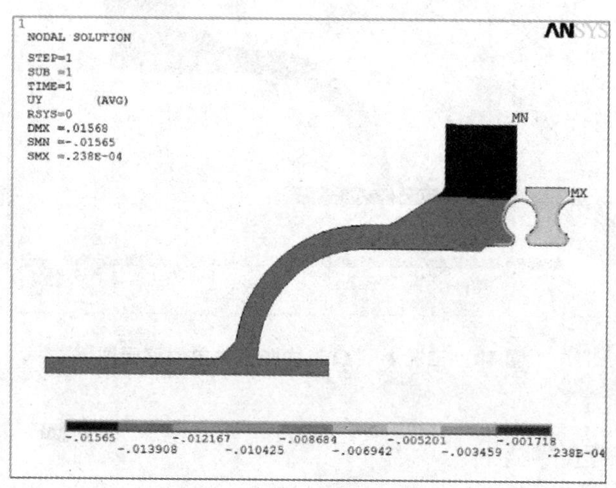

图13 工况2下Ω形膨胀节轴向位移云图

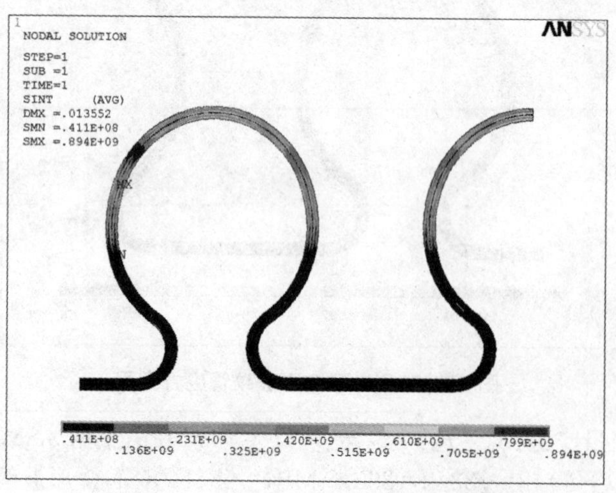

图14 工况2下Ω形波纹管应力云图

Ω形波纹管的有效总当量应力 $S_e = P_L + P_b + Q + F = 894$ MPa，根据 ASME Ⅷ-1—2019 的规定，总当量应力幅 $S_a = (P_L + P_b + Q + F)/2 = 894/2 = 447$ MPa $= 64.82$ KSI，Ω形波纹管的许用疲劳寿命 $N_{alw} = 9658$ 次，$N_{alw} > N_c$，Ω形波纹管疲劳寿命满足要求。

5.3　工况3条件下疲劳寿命分析

工况3：波纹管位移 −51.2 mm，设计循环次数 $N_c = 1000$。在端接管的外圆上施加轴向位移 $U_Y = -51.3/2 = -25.65$ mm。在端接管和波纹管的内壁表面施加压力载荷 $P = 6.41$ MPa。工况3下Ω形膨胀节应力和轴向位移情况如图15、图16和图17所示。

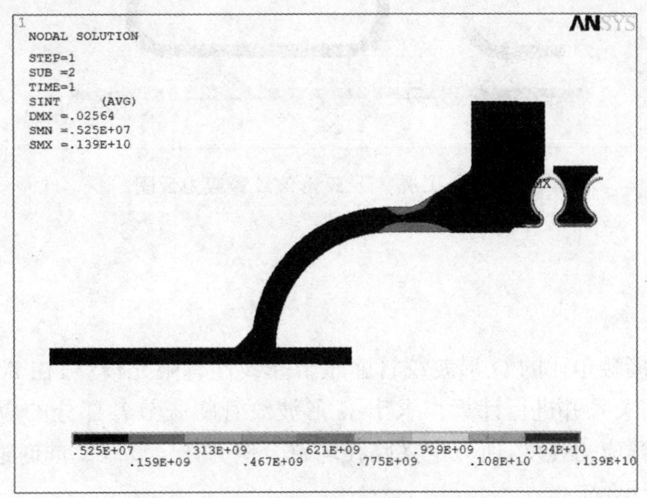

图15　工况3下Ω形膨胀节应力云图

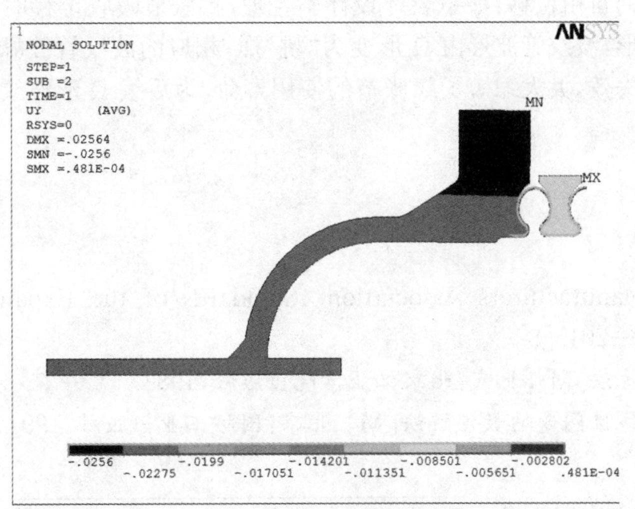

图16　工况3下Ω形膨胀节轴向位移云图

Ω形波纹管的有效总当量应力 $S_e = P_L + P_b + Q + F = 1390$ MPa，根据 ASME Ⅷ-1—2019 的规定，总当量应力幅 $S_a = (P_L + P_b + Q + F)/2 = 1390/2 = 695$ MPa $= 100.78$ KSI，Ω形波纹管的许用疲劳寿命 $N_{alw} = 1828$ 次，$N_{alw} > N_c$，Ω形波纹管疲劳寿命满足要求。

Ω形波纹管膨胀节在工况1、工况2、工况3的条件下，依据 ASME Ⅷ-1—2019 的规定进行疲劳计算，其疲劳寿命均满足要求。

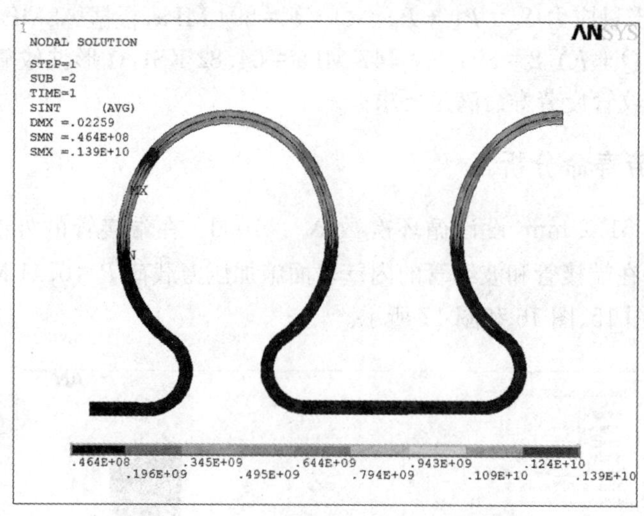

图 17 工况 3 下 Ω 形波纹管应力云图

6 结论

本文建立了一种基于接触单元的 Ω 形波纹管膨胀节非线性有限元模型,在 ANSYS 中利用平面单元建模,用非线性接触描述层间关系并进行计算。求出 Ω 形波纹管膨胀节各部分的应力和位移,对波纹管和膨胀节分别定义路径来评定其应力强度,所有定义路径均符合应力评定要求。同时通过 3 种工况的计算,验证了其疲劳寿命也均满足设计要求。

通过 Ω 形波纹管膨胀节的应力分析可以得知,应力最大处位于波纹与铠装环相切的位置。同时铠装环的设计应避免干涉波纹管的自由位移,如铠装环设计不合理,膨胀节吸收位移时易发生铠装环挤压波纹管致使波峰位置发生过度变形,波纹管波形由 Ω 形变为"桃"形,相应的波纹管波峰处会有较大的应力集中而导致波纹管提前疲劳开裂失效,大大缩短了膨胀节的使用寿命,为后续 Ω 形波纹管膨胀节的设计和制造提供了参考和依据。

参考文献

[1] Expansion Joint Manufacturers Association. Standards of the Expansion Joint Manufacturers Association:EJMA—2015[S].

[2] 蒋友谅.非线性有限元法[M].北京:北京工业学院出版社,1988.

[3] 林祥都.工程结构非线性问题的数值解法[M].北京:国防工业出版社,1994.

作者简介

李亮,男,高级工程师,从事膨胀节设计与开发及技术质量管理工作。通信地址:沈阳经济技术开发区 15 号街 4 号沈阳晨光弗泰波纹管有限公司。E-mail:kgll2007@163.com。

基于 ANSYS 的复式拉杆型膨胀节应力分析及应用

孙瑞晨　刘化斌

（南京晨光东螺波纹管有限公司，南京 211153）

摘要：以复式拉杆型膨胀节为例，利用 ANSYS Workbench 进行计算分析，运用 3 种简化方式进行仿真，对膨胀节承力结构件进行有限元计算。将数值计算结果与公式计算值进行对比得出结论，最后对膨胀节波纹管进行非线性屈曲分析，以期为膨胀节设计人员提供参考。

关键词：膨胀节；应力线性化；非线性屈曲

Stress Analysis Study of Bellows Tie Rod Expansion Joint by ANSYS

Sun Ruicheng, Liu Huabing

(Aerosun-Tola Expansion Joint Co. Ltd., Nanjing, 211153)

Abstract: Taking the tie rod expansion joint as an example, ANSYS Workbench is used for calculation and analysis. The simulation is carried out in three simplified ways and the finite element calculation of the expansion joint bearing structure is carried out. Finally, the nonlinear buckling analysis of expansion joint bellows is carried out in order to provide reference for expansion joint designers.

Keywords: expansion joint; stress linearization; nonlinear buckling

1　引言

复式拉杆型膨胀节属于金属膨胀节类型中一种常见的形式，它依靠球螺母与锥垫圈之间的球副转动使得两端端板平移而实现补偿管道之间的横向位移，多应用于管道变向处如弯头等地方。复式拉杆型膨胀节虽然结构简单，却是一种典型的管道补偿器，很适合作为由浅入深的研究案例。

2　理论分析

复式拉杆型膨胀节的主要承力位置为结构件与拉杆。公式计算以耳板孔处轴向力对根部产生的弯矩除以端板与筋板组合结构叠加的截面抗弯系数得到弯曲应力值，再与材料许用应力进行比较。拉杆的应力计算则简化为单轴拉伸计算。结构件与拉杆计算的轴向力均以波纹管产生的内压盲板力计算。计算结果见表 1，公式中的符号含义参见 GB/T 12777—2019。[1]

表 1　公式计算

<table>
<tr><th></th><th>内压盲板力</th><th>结构件应力(端板与筋板组件)</th><th>拉杆应力</th><th>波纹管计算</th></tr>
<tr><td>公式</td><td>$F_{P1} = \frac{D_m^2 * \pi}{4}$
$F_{P2} = \frac{D_p^2 * \pi}{4}P$
D_m 为波纹管中径;
D_p 为管道外径</td><td>① 强度校核:
$\sigma = \frac{FhY_{max}}{I} \leqslant [\sigma]^t$
② 有效范围计算:
$b = 0.5D \cdot \theta$
③ 形心计算:
$Y = \frac{bt(t + t_1)}{4t_1 b_1 + 2bt}$
④ 惯性矩计算:
$I = \frac{1}{6}b_1 t_1^3 + 2Y^2 b_1 t_1 + \frac{1}{12}bt^3 + \frac{1}{4}bt(t_1 - 2Y + t)^2$
⑤ 最大弯曲应力点计算:
$Y_{max} = \frac{t_1}{2} + Y$</td><td>强度校核:
$\sigma = \frac{F}{A} = \frac{F}{\frac{\pi d_1^2}{4}} \leqslant [\sigma]^t$</td><td>① 平面失稳压力:
$P_{si} = \frac{1.3A_c\sigma_{0.2y}}{K_r D_m q\sqrt{\alpha}}$
② 柱失稳压力:
$P_{sc} = \frac{0.34\pi C_\theta f_{iu}}{N^2 q}$</td></tr>
<tr><td>计算结果</td><td>F_{P1} = 153438 N
(方式 3)
F_{P2} = 125663 N
(方式 1 & 方式 2)</td><td>σ = 56 MPa</td><td>σ = 42 MPa</td><td>P_{si} = 1.73 MPa(平面失稳)
P_{sc} = 3.16 MPa(柱失稳)</td></tr>
</table>

3　承力件有限元计算

3.1　简化方式

本文的主要目的是探究分析方法,故只列出主要设计参数(表 1)。为简化计算,结构件材料均为线弹性材料,波纹管材料采用双线性随动强化模型以适应小应变循环工况场合,材料参数见表 2。

表 2　设计主要参数[2]

<table>
<tr><td>工况</td><td colspan="3">设计温度 100 ℃,设计压力 1 MPa,横向位移 3 mm</td></tr>
<tr><td>材料本构</td><td>波纹管 304(双线性随动强化)
屈服极限 σ_s^t = 171 MPa
许用应力 $[\sigma]_t$ = 137 MPa</td><td>结构件 Q345B (线弹性)
屈服极限 σ_s^t = 275 MPa
许用应力 $[\sigma]_t$ = 178 MPa</td><td>拉杆 35CrMoA (线弹性)
屈服极限 σ_s^t = 620 MPa
许用应力 $[\sigma]_t$ = 206 MPa</td></tr>
<tr><td>波纹管尺寸</td><td colspan="3">波高 h = 40 mm,波距 w = 36 mm,波数 N = 5,壁厚 δ = 1 mm,2 层,波纹管外径 D_b = 400 mm</td></tr>
<tr><td>结构件尺寸</td><td>接管尺寸:直径 400 mm,
壁厚 10 mm</td><td>端板:长宽 600 mm × 600 mm,
壁厚 25 mm</td><td>筋板:厚度 12 mm</td></tr>
</table>

复式拉杆型膨胀节在管道中的受力如图 1 所示。根据圣维南原理,可取远离膨胀节结构件(端板与筋板组件)区域的两端施加等效的平衡力以代替膨胀节两端实际复杂的受力形式。如取图 1 中 AB 两端截面,AB 两端截面受力只影响两端局部区域的应力分布,对膨胀节结构件上的应力分布影响较小。膨胀节最终达到静力平衡状态,故可将 B 点施加固定约束,B 点区域限制 6 个方向自由度,此处应力失真。P 为膨胀节均布内压,轴向等效载荷由内压产生,为一次应力,主要由膨胀节结构件承受,径向位移载荷由热胀产生,为二次应力,将通过柔性波纹管的变形得以释放。A 点和 B 点与结构件边缘(筋板焊缝位置)需保持足够的距离以满足圣维南原理,$L = 2.5\sqrt{Rt}$[3],其中 L 为 A,B 点距结构件边缘的距离,R 为接管半径,t 为接管壁厚,计算取值 120 mm。

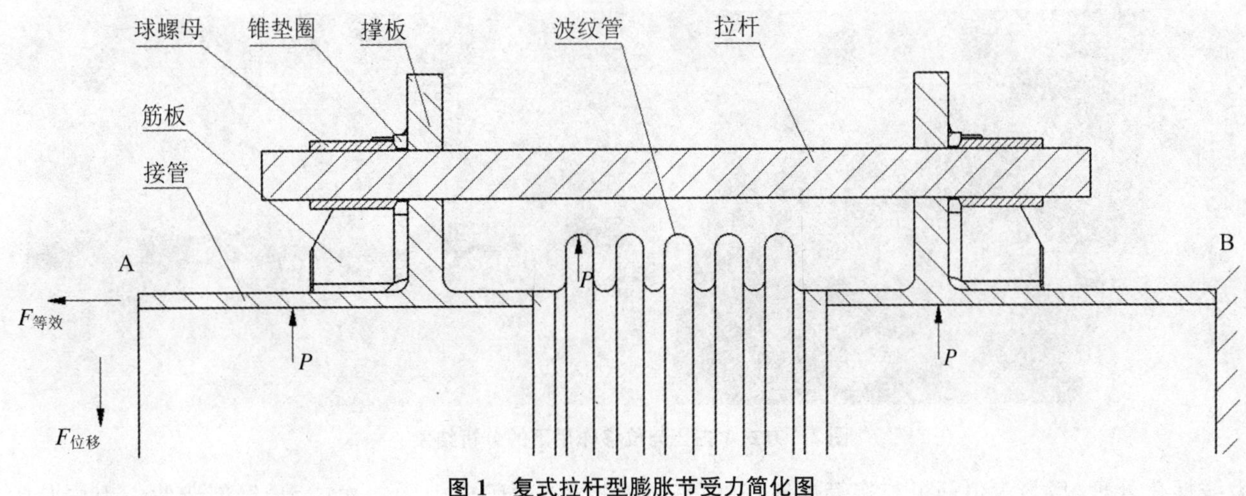

图1　复式拉杆型膨胀节受力简化图

应力分析分3种方式简化：

方式1:包含波纹管以及结构件在内压与位移共同作用下的应力分布情况。

方式2:包含波纹管以及结构件仅在内压作用下的应力分布情况。

方式3:忽略波纹管,分析结构件在内压与位移作用下的应力分布情况。

应注意的是,方式1与方式2考虑波纹管模拟时,有限元计算在波纹管内壁施加了内压,轴向等效力的计算不应考虑波纹管由于波纹管凸腔结构内压产生的轴向力,内压盲板力计算为 F_{p2}。方式3的计算未模拟出波纹管内壁的受力情况,轴向等效力计算应按GB/T 12777—2019标准中的内压盲板力公式进行计算,为 F_{p1}。具体参见表1。

3.2　分析方法

由于建模存在着筋板与端板、筋板与接管等多处直角连接,这些几何不连续区域如果不做处理必然会导致应力奇异。将筋板、接管、端板连接处的焊缝模拟出,焊缝与接管以及结构件之间处理为平滑过渡,改变此处力的作用区域从而将应力奇异转换为应力集中以便后续的应力分析。网格划分时应在局部应力较大的位置加密,而分析不关心位置网格应适当稀疏,减小计算量,节约时间成本。[4]

为减小计算量,同时又能贴近实际情况,需对模型进行合理简化。球螺母和锥垫圈之间设置球副连接以便真实地模拟膨胀节补偿横向位移时拉杆的自由转动。拉杆与端板孔设置摩擦接触,球螺母与拉杆设置绑定接触代替螺纹连接,锥垫圈与端板之间设置不分离接触来模拟允许少量滑移下锥垫圈与端板一直压紧的状态。3种简化方式分别施加2个载荷步进行,第1个载荷步施加内压与等效轴向力,第2个载荷步施加位移载荷。拉杆与端板孔之间通过摩擦接触传递力,端板孔需留出间隙供拉杆转动,单边至少留有2 mm间隙,否则会出现拉杆与孔转动时的过渡挤压,导致端板孔与拉杆局部应力陡增,与实际情况不符。通过调节稳定阻尼系数与接触刚度达到求解收敛,接触探测采用基于节点投影的接触方式,能很好地满足力矩平衡,最大穿透量应控制在 1.0×10^{-3} mm以内,以保证压力传递精度。

3.3　分析结果

方式1分析结果如图2所示,可以看出仅在内压作用下结构件的最大等效值应力为338.74 MPa,出现在筋板与接管根部的焊缝处,属于明显的应力集中现象。拉杆最大应力出现在拉杆与球螺母螺纹连接处,最大等效应力值为169.2 MPa,拉杆的紧固主要靠球螺母与螺柱的螺纹连接,所以此处出现应力集中符合实际情况,拉杆远离应力集中区域的应力值为74 MPa。

有限元计算出的局部应力值超过了材料许用应力值,如果就因此判定强度计算不通过是不合理的。端板材料选用是线弹性的,计算超过屈服应力值为弹性名义应力值,下面对筋板焊缝应力集中处采用ASME Ⅷ-1—2019弹性应力分类法进行评判。如图3所示,通过应力值最大点,沿接管壁厚方向进行应

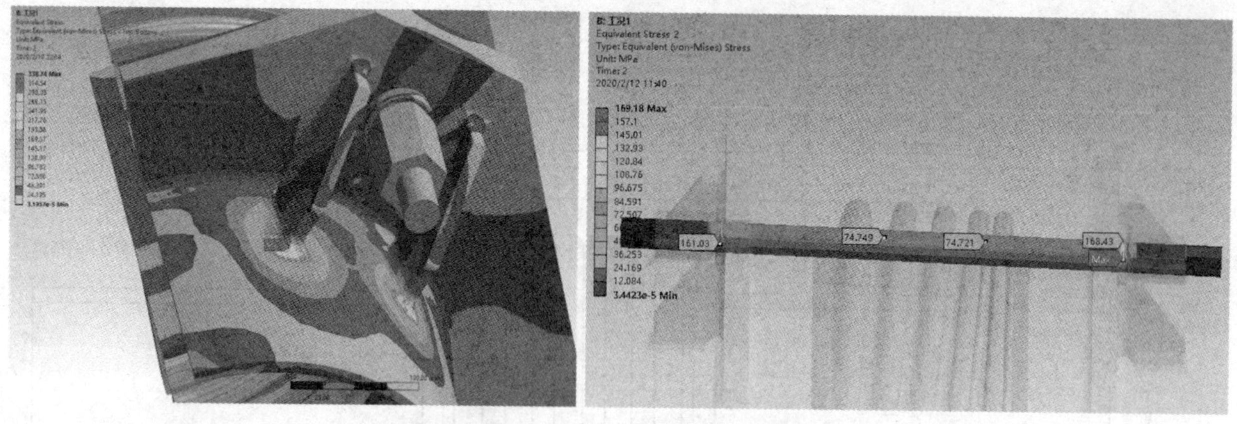

图 2　方式 1 内压与位移作用下的分析结果

力线性化处理，取最大值筋板与接管焊缝连接处产生的局部薄膜应力为一次应力，局部弯曲应力应归为二次应力。

一次局部薄膜应力：$P_1 = 100.9$ MPa$<1.5S_{\mathrm{tm}} = 275$ MPa，安全系数 $n_{\mathrm{f}} = 275/100.9 = 2.73$。

一次应力加二次应力：$P_1 + P_{\mathrm{b}} + Q = 255.9(MPa)<3S_{\mathrm{tm}} = 550$ MPa，安全系数 $n_{\mathrm{f}} = 550/255.9 = 2.15$。其中，$S_{\mathrm{tm}} = \min[\sigma_{\mathrm{s}}^t/1.5, \sigma_{\mathrm{b}}^t/2.4]$。由表 2 参数计算安全系数为 $n_{\mathrm{f}} = 178/56 = 3.17$。

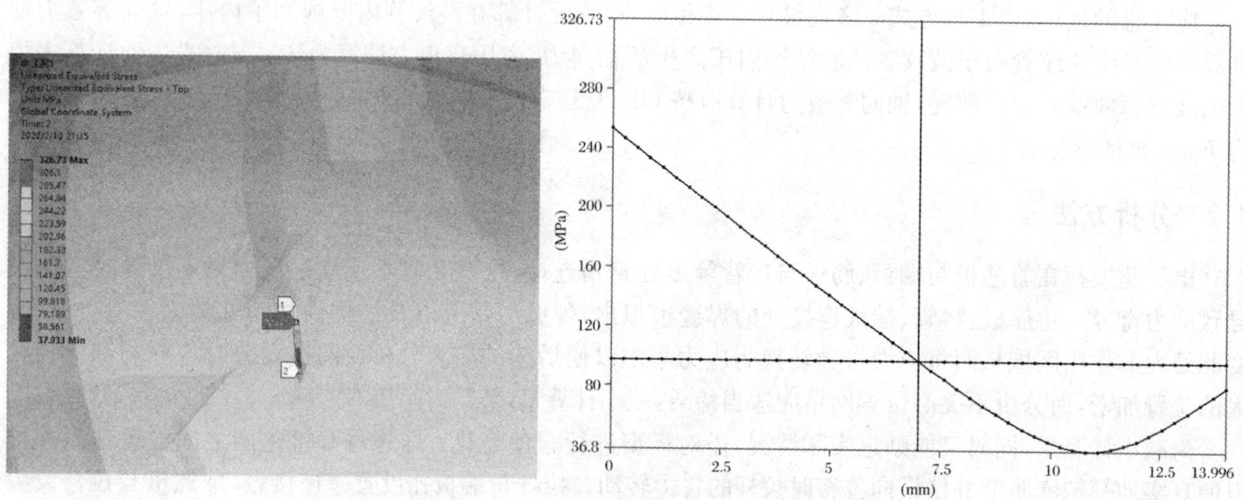

图 3　方式 2 筋板沿接管壁厚应力线性化

3.4　对比分析

方式 2 与方式 3 按同样的方法进行受力分析，将 3 种有限元计算方式与公式计算结果汇总，见表 3。

表 3　计算结果对比分析

计算方法	方式 1	方式 2	方式 3	公式计算
端板组件最大等效应力值(MPa)	338.7	232	239.7	—
拉杆最大等效应力值(MPa)	169.2	120.7	123.7	—
端板根部最大等效应力值(MPa)	94	77	70	56
拉杆远离应力集中区域应力值(MPa)	74	53	54	42
应力线性化安全系数(一次应力)	2.73	3.8	3.69	3.17
应力线性化安全系数(一次应力＋二次应力)	2.15	3.0	2.92	

有限元计算原理以及应力评价方法与公式计算不相同，不宜以计算出的应力值直接对比，可考虑以最

小安全系数进行比较分析。方式1计算出的最小安全系数为2.15,方式2与方式3的计算结果相近,约为3.0,安全系数与理论最小安全系数3.17相比略小。这说明方式2与方式3的计算结果在对应力评价的限制程度与公式计算接近,而方式1的计算结果相比方式2、方式3以及公式计算明显保守。但这并不表明有限元方式1的计算毫无优势。相反,公式计算其实是不够全面的,没有完全贴合膨胀节实际运行情况下的受力,计算结果无法考虑应力集中现象,不能真实地反映实际应力危险区域,故难以为结构的优化与改进提供合理建议。在端板组件结构应力值偏大时,可考虑采用弧板对筋板一侧进行局部加强,降低局部应力值。从考虑全面因素以及保证产品设计的安全性角度讲,利用ANSYS Workbench软件对复式拉杆型膨胀节进行力分析时,采用方式1的计算较为合理。

公式计算将端板结构简化,计算结果仅为端板根部的弯曲应力数值,在弹性范围内以许用应力值限定材料的破坏,经过多年运行经验,也很少发现问题。原因可能是实际膨胀节受到的沿轴向的内压盲板力没有计算的那么大,内压盲板力计算公式偏保守。此外,膨胀节在系统中受到的轴向力部分被两端管道所吸收,如导向支架的摩擦力等。有限元计算模拟膨胀节时可考虑适当地降低膨胀节的轴向力,如采用CAESARⅡ软件计算出管系中膨胀节两端节点号的支反力,再利用ANSYS Workbench软件进行受力分析,得出更贴近实际工况的膨胀节结构件应力值。

4 波纹管有限元计算

4.1 强度校核

膨胀节完整的有限元计算除了包含结构件计算外,还应对波纹管进行校核。由于波纹管具有薄壁特性,如本文所研究的波纹管只有2 mm的厚度,且波纹管无论是液压还是机械成形时会出现波峰减薄现象。这样的薄壁结构承受内压,其强度计算不建议按极限载荷方法进行计算。因为这种本身很薄的结构厚度再极限减薄的余量不大,且存在着风险,故波纹管强度计算应按GB/T 12777—2019标准校核更为合理。而针对一些高压高温场合(如换热器),所采用的厚壁波纹管可对波纹管沿壁厚方向进行应力线性化,提取薄膜与弯曲应力按ASME Ⅷ-1—2019弹性应力分类法进行评判。

4.2 非线性屈曲分析

波纹管除关注强度问题外,还应对其稳定性进行计算。为获得比较精确的结果,需对波纹管进行包含初始缺陷的非线性屈曲计算,并考虑波纹管分层影响。初始缺陷与屈曲模态形状之比一般根据模型厚度与第一阶屈曲模态振幅比和加工公差决定。[5]可根据波纹管板材厚度负偏差百分比以及线性屈曲分析的一阶变形量与厚度之比取最小值定为初始缺陷。波纹管分为两层,如图4所示,层间设为摩擦接触,内压是从内层波纹管逐渐向外层波纹管传递。选取2层结构进行计算,波纹管层间摩擦系数取0.12,层间法向刚度系数取0.1[6],计算结果如图4所示。线性屈曲分析得到一阶模态临界载荷6.4 MPa。通过APDL命令流添加初始缺陷,由有限元建模器构建包含初始缺陷的波纹管模型进行静力分析。取波纹管非线性材料,开启大变形,调试载荷步,开启稳定能恒定,捕捉失稳载荷。计算结果通过提取波纹管轴向位移与压力曲线(图4),压力在1.5 MPa左右,切向刚度矩阵$K_T=0$,即载荷出现极小的增量,结构出现大变形,以此判定计算的不收敛不是由数值计算发散引起的,而是由结构出现失稳、失去承载能力引起的。

计算观察力的收敛曲线时,当子步足够小但仍出现不收敛现象时,提取位移与时间曲线,得出0.26 s处,波纹管变形发生陡增,此时发生失稳,如图5所示,波纹管在内压作用下率先出现局部失稳,即GB/T 12777—2019所提到的平面失稳。失稳载荷为6.4×0.26=1.66 MPa。表1中的公式计算得到的平面失稳载荷P_{si}为1.73 MPa。公式计算结果相对于有限元计算结果偏大,由于有限元模拟考虑的因素全面,更贴合波纹管的实际受力情况,以有限元计算结果1.66 MPa作为波纹管临界失稳评判载荷较为合理。

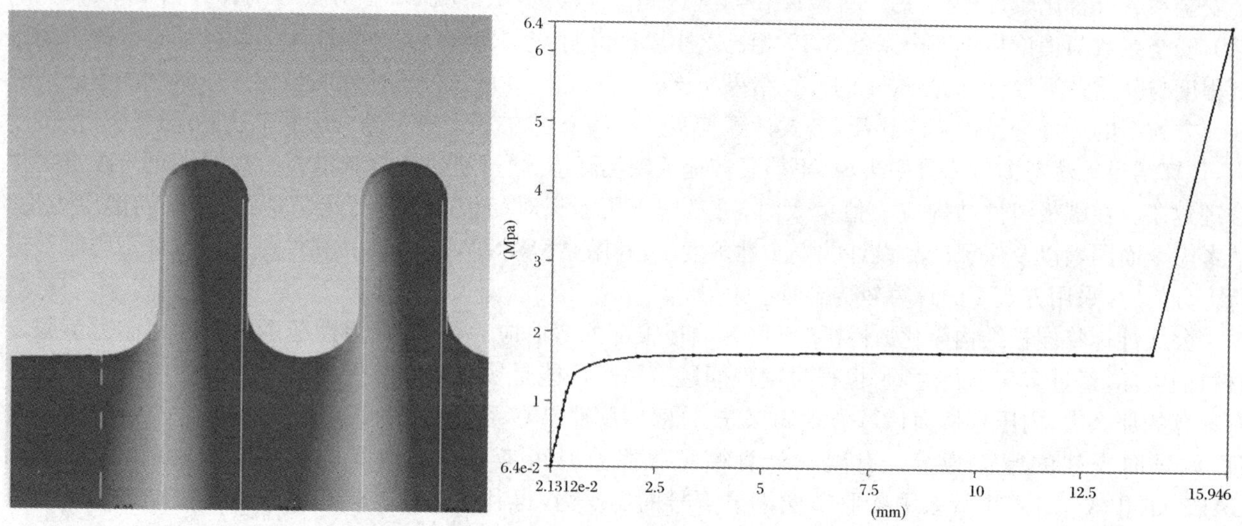

图 4　波纹管分层图以及轴向位移与压力曲线图

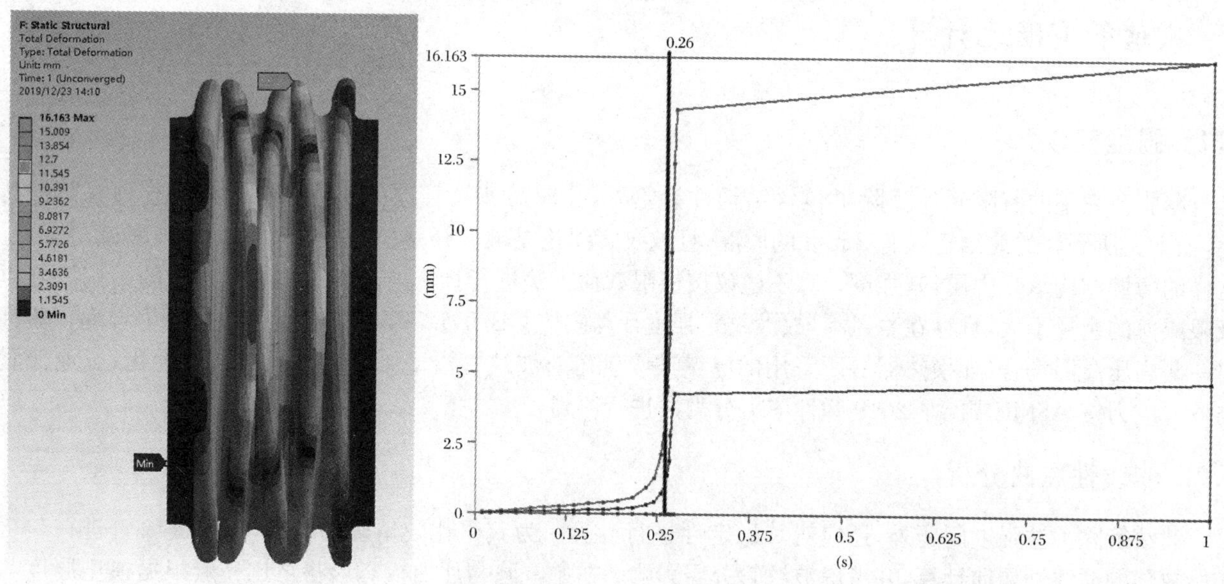

图 5　波纹管非线性屈曲计算

5　结论

(1) 在利用 ANSYS Workbench 软件对复式拉杆型膨胀节进行应力分析时，为避免应力奇异的影响，应构建承力结构件之间的焊缝，通过对应力值最大区域进行应力线性化分解，提取薄膜应力以及弯曲应力值依据 ASME Ⅷ-1—2019 弹性应力分类法进行判断。

(2) 方式 2 与方式 3 有限元计算的最小安全系数与公式计算结果接近，对应力评判的限制程度相近。方式 1 计算出的最小安全系数明显小于另外 2 种方式，偏于保守，但更符合大拉杆实际受力情况。在利用 ANSYS Workbench 软件对复式拉杆型膨胀节进行应力计算时，为保证设计的安全可靠性，采用方式 1 较为合理，而对于轴向力的取值计算需进一步研究。

(3) 对波纹管进行非线性屈曲分析，应考虑波纹管的材料初始缺陷以及分层对临界失稳载荷计算的影响。线性屈曲计算结果远大于非线性屈曲以及公式计算结果，在进行波纹管屈曲计算时不能采用线性屈曲分析方法，应选用非线性屈曲方法。

参考文献

[1] 国家市场监督管理总局，中国国家标准化管理委员会. 金属波纹管膨胀节通用技术条件：GB/T 12777—2019[S]. 北京：中国标准出版社，2019.

[2] 中华人民共和国国家质量监督检验检疫总局，中国国家标准化管理委员会. 压力容器：GB/T 150—2011[S]. 北京：中国标准出版社，2012.

[3] 程新宇. 压力管道开孔中极限载荷分析法的应用[J]. 石油和化工设备，2018(5)：8-11.

[4] 周炬，苏金英. ANSYS Workbench 有限元分析实例详解[M]. 北京：人民邮电出版社，2017.

[5] 中国机械工程学会压力容器分会. 第十四届全国膨胀节学术会议论文集[C]. 合肥：合肥工业大学出版社，2016.

[6] 李杰，段玫. 多层波纹管接触分析及稳定性屈曲分析[J]. 材料开发与应用，2011(26)：53-57.

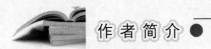

作者简介

孙瑞晨(1990—)，男，硕士，工程师，从事膨胀节设计工作。通讯地址：南京市江宁开发区将军大道 199 号。E-mail：1390961661@qq.com。

基于 ANSYS 的膨胀节结构件设计优化

杨玉强[1] 王首宝[3] 张道伟[1] 张国华[1] 陈友恒[2]

(1. 洛阳双瑞特种装备有限公司,洛阳 471000;2. 洛阳船舶材料研究所,洛阳 471000;
3. 中海石油宁波大榭石化有限公司,宁波 315812)

摘要:本文采用 ANSYS 软件对外压直管压力平衡型膨胀节环板结构进行应力分析和设计优化。分析结果表明,环板厚度采用 GB/T 150—2011 相应模块计算是安全的,但结果不够精准和经济。通过有限元进行设计优化,可有效降低环板厚度,进一步提高产品的综合性价比,为大直径外压直管压力平衡型膨胀节设计提供了有效手段。

关键词:膨胀节;有限元分析;设计优化;精准;经济

Design Optimization of Structure for Expansion Joint by ANSYS

Yang Yuqiang[1], Wang Shoubao[3], Zhang Daowei[1], Zhang Guohua[1], Chen Youheng[2]

(1. Luoyang Sunrui Special Equipment Co. Ltd., Luoyang 471000; 2. Luoyang Ship Material Research Institute, Luoyang 471000; 3. CNOOC Ningbo Daxie Petrochemical Co. Ltd., Ningbo 315812)

Abstract: The stress analysis and optimization design of ring-plane structure for external pressurized in-line pressure balanced expansion joint have been made by ANSYS. The results show that the approximate calculation of the end ring for expansion joint by GB/T 150—2011 is safe, but the result is not accurate and economic. Optimization design based on finite element analysis has effectively reduced the design thickness of ring-plane structure and provided an effective means for the design of large diameter external pressurized in-line pressure balanced expansion joint, and improved the comprehensive price ratio of product.

Keywords: expansion joint; finite element analysis; design optimization; accurate; economic

1 引言

外压直管压力平衡型膨胀节在国内外供热及化工管网中得到了越来越广泛的应用。此类型膨胀节具有无压力推力、流通阻力小、补偿量大、导向性好、批量大等优点,主要用于长直管线中,越来越多地取代了传统的 π 形补偿。此类型膨胀节结构件的强度计算,目前国内通常运用 GB/T 150—2011 相应模块进行设计计算,此方法得到的环板过于保守。[1] 国外 EJMA—2015 标准也并未给出外压膨胀节环板的强度计算公式。[2] 由于结构比较复杂,如果设计不当,将会给膨胀节的制造和检验带来困难,甚至影响膨胀节的安全运行。基于外压直管压力平衡型膨胀节的设计现状,本文运用 ANSYS 软件对环板进行应力分析和设计优化,丰富了大直径外压直管压力平衡型膨胀节结构件设计方法,保障了产品经济可靠地运行。

2 膨胀节基本数据

某项目用膨胀节结构由进出口管、工作波纹管、平衡波纹管和环板、内管、外管、筋板等结构件组成,如图 1 所示。主要的几何尺寸及设计参数见表 1 和表 2。

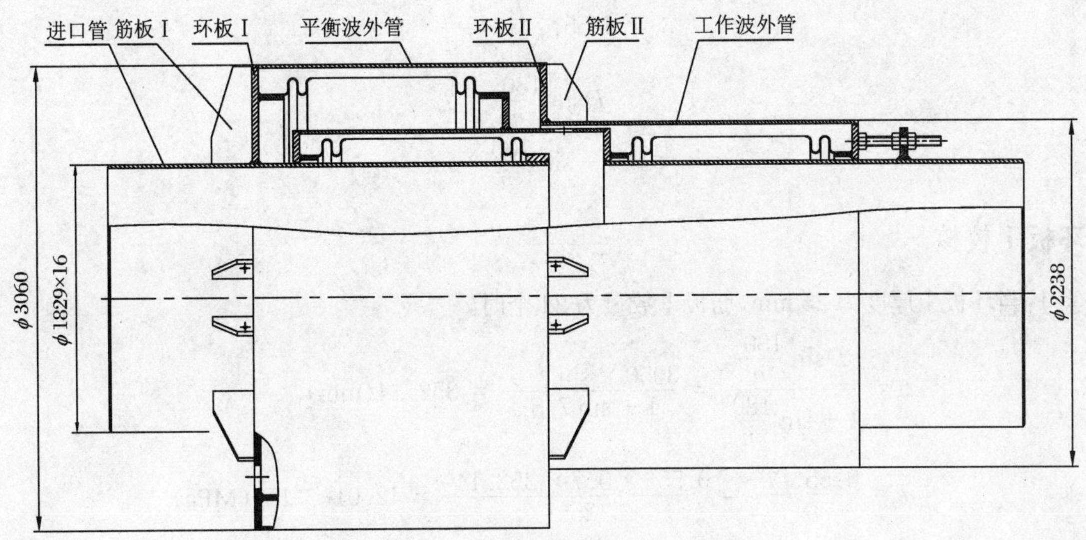

图 1　膨胀节设计简图

表 1　主要几何尺寸

项目	数据
进口管外径(mm)	1829
平衡波外管外径(mm)	3050
工作波外管外径(mm)	2238
进口管壁厚(mm)	16
平衡波外管壁厚(mm)	18
工作波外管壁厚(mm)	16
环板Ⅰ(mm)	30
环板Ⅱ(mm)	25

表 2　设计参数

项目	数据
设计压力(MPa)	0.7
设计温度(℃)	250
腐蚀余量(mm)	2
主要受压元件材料	Q245R/Q345R
连接方式	焊接

3　理论计算

3.1　理论校核环板厚度

直径较大或压力较高时，环板厚度计算参照 GB/T 150.3—2011 加强圆形平盖厚度计算方法，环板应力计算及校核见式(1)、式(2)，考虑到腐蚀及钢材负偏差和焊接工艺等因素，结合 GB/T 12777—2019 端环与进口端管、外管的焊接结构，环板的最小厚度不小于 25 mm，即 $\delta \geqslant 25$ mm。[3]

$$\delta = 0.55t\sqrt{\frac{P}{[\sigma]^t\Phi}} \tag{1}$$

$$t \approx \frac{D\sin\frac{180^\circ}{n}}{1+\sin\frac{180^\circ}{n}} \tag{2}$$

3.2 环板Ⅰ校核

方案 1:当环板Ⅰ厚度为 25 mm,筋板Ⅰ数量为 24 个时,

$$t = \frac{D\sin\frac{180^\circ}{n}}{1+\sin\frac{180^\circ}{n}} = \frac{3050\times\sin 7.5^\circ}{1+\sin 7.5^\circ} = 352.14(\text{mm})$$

$$\sigma = \frac{0.55^2Pt^2}{\delta^2} = \frac{0.55^2\times 0.7\times 352.14^2}{25^2} = 42.01 \leqslant 157(\text{MPa})$$

方案 2:当环板Ⅰ厚度为 30 mm,筋板Ⅰ数量为 20 个时,

$$t = \frac{D\sin\frac{180^\circ}{n}}{1+\sin\frac{180^\circ}{n}} = \frac{3050\times\sin 9^\circ}{1+\sin 9^\circ} = 412.58(\text{mm})$$

$$\sigma = \frac{0.55^2Pt^2}{\delta^2} = \frac{0.55^2\times 0.7\times 412.58^2}{30^2} = 40.05 \leqslant 157(\text{MPa})$$

经计算,平衡波环板Ⅰ厚度设计的两种方案均满足强度设计要求。

3.3 环板Ⅱ校核

方案 1:当环板Ⅱ厚度为 20 mm,筋板Ⅱ数量为 24 个时,

$$t = 352.14(\text{mm})$$

$$\sigma = \frac{0.55^2Pt^2}{\delta^2} = \frac{0.55^2\times 0.7\times 352.14^2}{20^2} = 65.64 \leqslant 157(\text{MPa})$$

方案Ⅱ:当环板Ⅱ厚度为 25 mm,筋板Ⅱ数量为 24 个时,

$$t = 352.14(\text{mm})$$

$$\sigma = \frac{0.55^2Pt^2}{\delta^2} = \frac{0.55^2\times 0.7\times 352.14^2}{25^2} = 42.01 \leqslant 157(\text{MPa})$$

经计算,平衡波环板Ⅱ厚度设计的两种方案均满足强度设计要求。

4 有限元分析

4.1 有限元模型

有限元计算采用国际通用大型结构分析软件 ANSYS 13.0。因外压直管压力平衡型膨胀节结构和载荷具有对称性,可根据筋板数量沿结构的纵向对称面切开[4],选取进出口管、平衡波环板Ⅰ、平衡波外管、平衡波环板Ⅱ、工作波外管等结构应力分析模型。按照膨胀节整体轴向变形不超过公称直径的 3‰的原则进行优化,在变形量允许的范围内,降低环板Ⅰ及环板Ⅱ的重量。有限元网格如图 2 所示。边界条件如图 3 所示。

4.2 环板厚度方案优化

方案 1:环板Ⅰ厚度为 25 mm,环板Ⅱ厚度为 20 mm,筋板Ⅰ数量为 24 个,筋板厚度为 18 mm,筋板Ⅰ长度为 300 mm,通过有限元分析获得最大应力在筋板Ⅱ与环板Ⅱ、平衡波外管相连接的地方,即环板Ⅱ与外

管连接处内壁。环板Ⅱ与外管连接处的最大应力为 276.74 MPa，环板Ⅰ变形 1.104 mm，如图 4 所示。

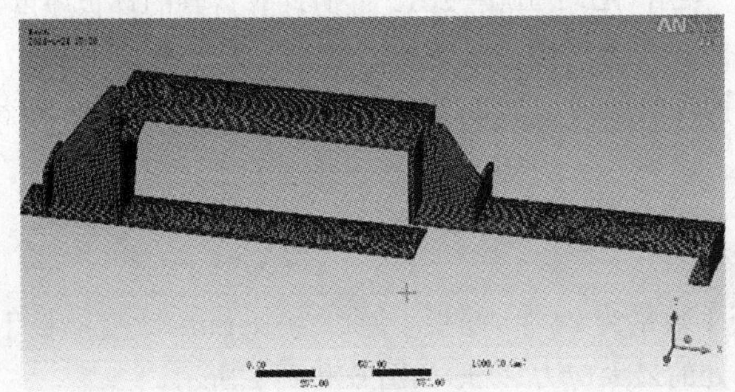

图 2　有限元网格

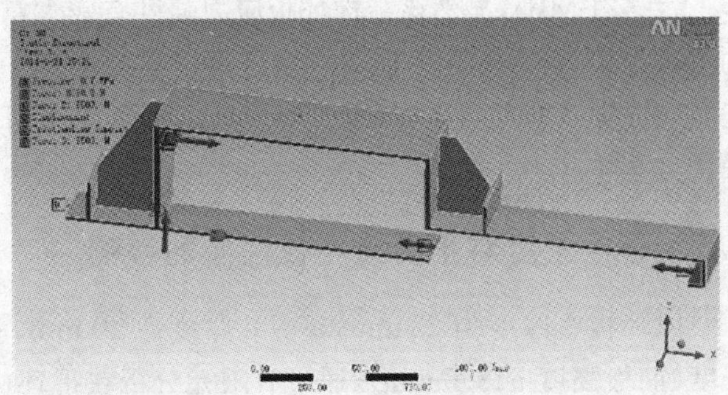

图 3　边界条件

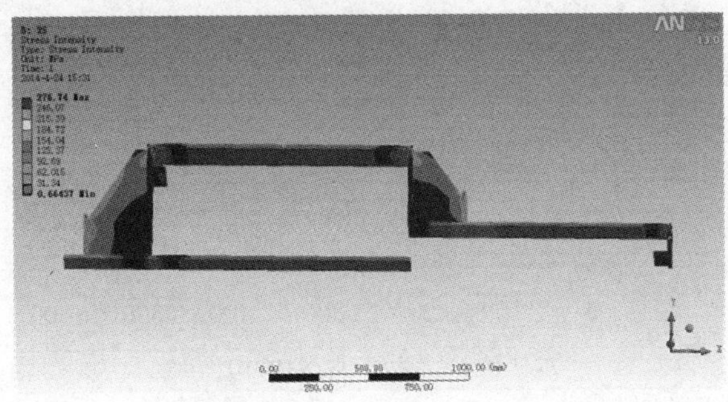

(a) 结构件应力云图

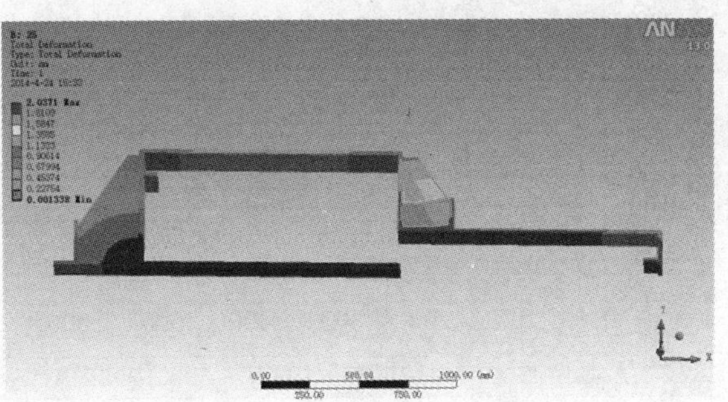

(b) 结构件变形云图

图 4　方案 1 结构件有限元分析结果

方案 2：环板Ⅰ厚度为 30 mm，环板Ⅱ厚度为 25 mm，筋板Ⅰ数量为 20 个，筋板Ⅰ厚度为 18 mm，筋板Ⅰ长度为 300 mm，通过有限元分析获得最大应力在筋板Ⅱ与环板Ⅱ、平衡波外管相连接的地方，即环板Ⅱ与外管连接处内壁。环板Ⅱ与外管连接处的最大应力为 267.61 MPa，环板Ⅰ变形 1.119 mm，如图 5 所示。

(a) 结构件应力云图

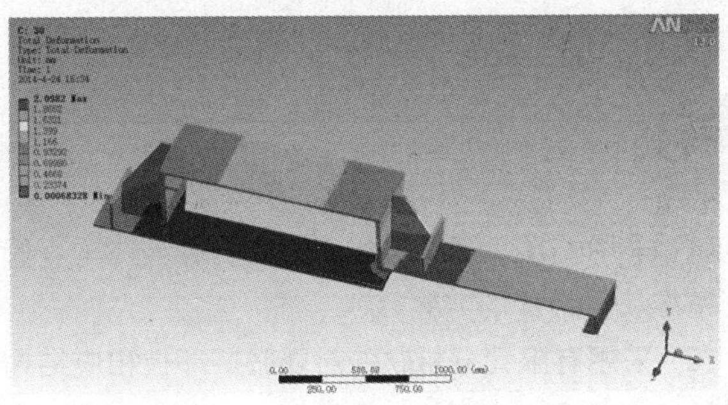

(b) 结构件有限元分析结果

图 5　方案 2 结构件有限元分析结果

两种方案的设计结果对比见表 3。

表 3　两种方案设计结果对比

项目	公式计算应力（MPa）	局部最高应力（MPa）	环板Ⅰ变形量（mm）	结构件重量（kg）
方案 1	39.74	276.74	1.104	11247
方案 2	36.81	267.61	1.119	11634

由图 5 可知，两种方案的最大局部综合应力小于 3 倍的许用应力，按 GB/T 150—2011 端环材料 Q345R

在设计温度下的许用应力值 $[\sigma]_t = 157$ MPa,根据文献的评定准则,一次加二次应力强度的许用极限为 $3[\sigma]_t = 471$ MPa,显然该结构环板应力强度有较大富余。采用 GB/T 150—2011 近似计算得到的环板厚度,均可满足设计需求,但不能对刚度进行精准的核算,更不能获得经济性的最优解。通过有限元分析可知,方案 2 与方案 1 相比,应力降低 2.93 MPa,变形量相当,结构件重量增加了 387 kg,因此,建议膨胀节制造方案采用方案 1。

4.3 筋板长度对平衡波环板性能的影响

以环板Ⅰ厚度为 25 mm,环板Ⅱ厚度为 20 mm,筋板Ⅰ数量为 24 个,筋板Ⅰ厚度为 18 mm,改变筋板Ⅰ长度(筋板高度 548.5 mm),通过有限元分析获得环板Ⅰ处的最大应力、变形如图 6 和图 7 所示。

400
350
300
250
200
150
100
50
0
应力(MPa)
0
100
200
300
400
500
600
筋板长度(mm)

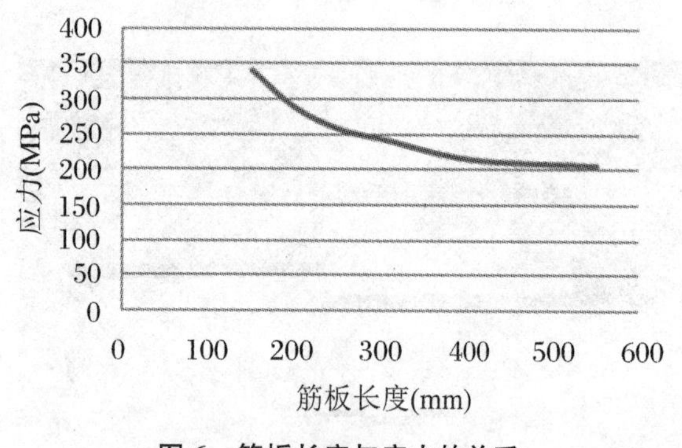

图 6　筋板长度与应力的关系

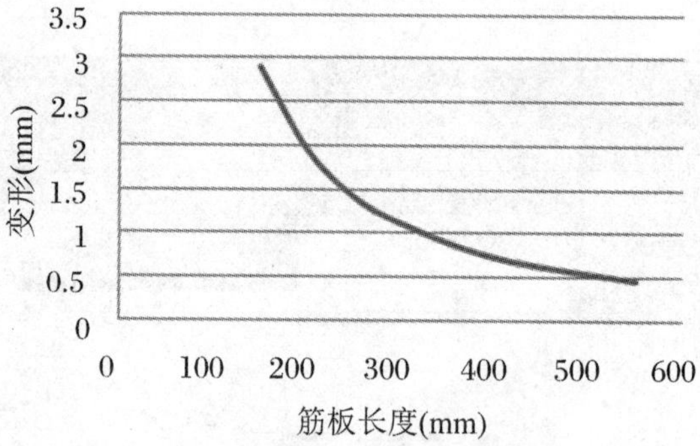

3.5
3
2.5
2
1.5
1
0.5
0
变形(mm)
0
100
200
300
400
500
600
筋板长度(mm)

图 7　筋板长度与变形的关系

由图 6 和图 7 可知,当筋板Ⅰ长度小于环板Ⅰ高度的 40%时,环板Ⅰ的变形量较大;当筋板Ⅰ长度大于环板Ⅰ高度的 55%时,增加筋板Ⅰ长度对降低应力、减小变形的效果逐渐不明显,因此在类似结构的设计中,建议筋板Ⅰ长度取值在环板高度的 40%～55%之间。

此外,通过有限元分析知,最大应力位置在筋板Ⅱ与环板Ⅱ、平衡波外管相连接处。由于筋板Ⅱ的长度(250 mm)较小,环板Ⅱ处的局部应力水平较高,因此建议在类似结构的设计中,将筋板Ⅱ的长度增加到与筋板Ⅰ长度一致,环板Ⅱ的厚度与环板Ⅰ的厚度相同。

5　结论

(1) 采用 GB/T 150—2011 相应模块对外压直管压力平衡型膨胀节结构件进行近似计算是安全的,但不能精准获得最优的方案。

(2) 采用有限元分析软件对膨胀节环板相应结构进行设计优化,可以有效降低环板厚度,实现产品的精准设计。

(3) 对于大直径外压直管压力平衡型膨胀节在设计时需要综合考虑产品性能、材料利用率、制造工艺等多种因素的影响,通过综合应用多种设计、分析手段提高产品的性价比。

参考文献

[1] 中华人民共和国国家质量监督检验检疫总局,中国国家标准化管理委员会. 压力容器:GB/T 150—2011[S]. 北京:中国标准出版社,2012.

[2] Expansion Joint Manufacturers Association. Standards of the Expansion Joint Manufacturers Association:EJMA—2015[S].

[3] 国家市场监督管理总局,中国国家标准化管理委员会. 金属波纹管膨胀节通用技术条件:GB/T 12777—2019[S]. 北京:中国标准出版社,2019.

[4] 杨玉强,贺小华,杨建永.基于ANSYS的双管板换热器管板厚度设计探讨[J].压力容器,2010,27(10):31-35.

作者简介

杨玉强(1982—),男,高级工程师,从事压力管道设计及膨胀节设计应用研究。通信地址:河南省洛阳市高新开发区滨河北路88号。E-mail:yuqiang326@163.com。

金属波纹管膨胀节端板的强度校核

柴小东　顾守岩
（大连益多管道有限公司，大连 116318）

摘要：本文在《金属波纹管膨胀节通用技术条件》(GB/T 12777—2019)的基础上，根据实际工作情况，建立了端板的力学模型，并依据工程力学、材料力学的知识推导出了该力学模型的正应力和剪切应力的计算公式，在实际工作中具有指导意义。

关键词：膨胀节；端板；力学模型；正应力；剪切应力

The Intensity Check of Expansion Joint End Plate of Metal Bellows

Chai Xiaodong，Gu Shouyan
(Dalian Yiduo Piping Co. Ltd.，Dalian 116318)

Abstract：Based on the GB/T 12777—2019 and actual working conditions，this paper establishes the mechanical model of the end plate，and derives the calculation formulas of the normal stress and shear stress of the mechanical model based on the knowledge of engineering mechanics and material mechanics，which has guiding significance in actual work.

Keywords：expansion joint；end plate；mechanical model；normal stress；shear stress

1　引言

《金属波纹管膨胀节通用技术条件》(GB/T 12777—2019)附录C结构件的设计中给出了端板的校核公式，笔者在实际应用中发现标准的这一章节中关于有筋板的端板的力学模型和校核公式有适用范围。由此，笔者建立了有筋板的端板的另一力学模型，并依据工程力学和材料力学原理推导出了该模型的弯曲正应力和剪切应力计算公式。[1]

2　现行标准关于端板校核的适用范围

依据GB/T 12777—2019标准中给出的力学模型示意图(图1)，可以得出使用该章节校核有筋板的端板的先决条件。

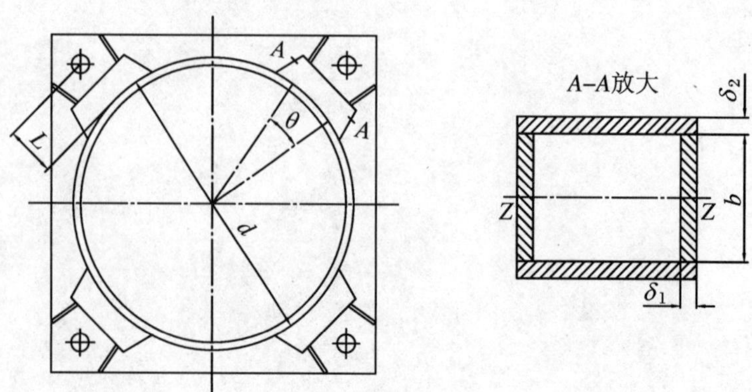

图1　GB/T 12777—2019 给出的力学模型

(1) 必须有马鞍板，且马鞍板厚度与端板厚度一致，否则会造成力学模型截面形心偏离中心位置而导致公式不适用。

(2) 筋板结构只能设计成如图 1 所示的仅有两侧筋板结构。

而在实际工作中，在高压和大直径(≥1000 mm)工况中可能会遇到的端板结构如图 2 所示。针对此种结构形式，笔者通过建立力学模型推导出了该结构的强度校核公式。

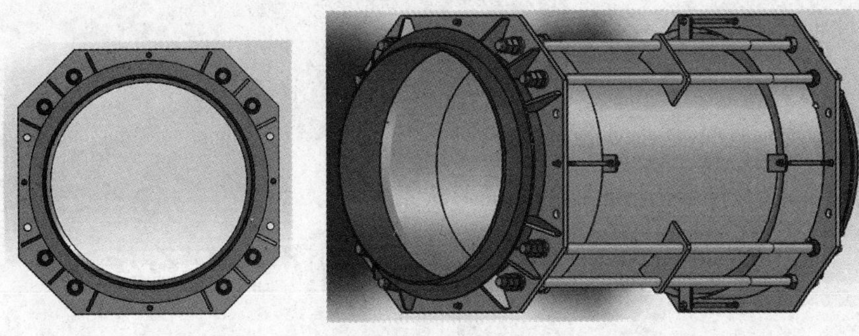

图 2　金属波纹管膨胀节端板的另一设计结构形式

3　端板强度校核公式推导过程

3.1　力学模型

笔者根据工作中可能出现的情况(图 2)，建立了如下力学模型，具体如图 3 所示。

(1) 当 $\delta_4=0$，且 $\delta_1,\delta_3\neq0$ 时，仅有端部筋板，无中间筋板。

(2) 当 $\delta_3=0$，且 $\delta_1,\delta_4\neq0$ 时，无马鞍板。

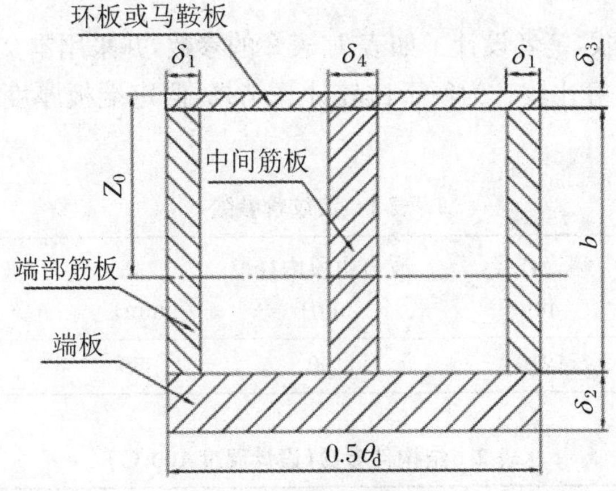

图 3　端板截面结构形式

总之，可以调整筋板与马鞍板的厚度来达到不同组合形式的端板结构。截面的典型特点是上下不一定对称，这就将全部问题归结到一个关键：即找到截面的中性轴 Z_0 值，并计算出截面对该中性轴的静矩 S_{Z0}、惯性矩 I_{Z0}。

3.2　强度校核公式推导过程

(1) 截面中性轴 Z_0

$$Z_0=\frac{b(2\delta_1+\delta_4)\left(\frac{1}{2}b+\delta_3\right)+\frac{1}{2}\theta d\delta_2\left(b+\delta_3+\frac{1}{2}\delta_2\right)+\frac{1}{4}\theta d\delta_3^2}{2b\delta_1+b\delta_4+\frac{1}{2}\theta d(\delta_2+\delta_3)} \tag{1}$$

其中,θ 为筋板间夹角,其余各参数的意义如图1、图3所示,下同。

(2) 截面对中性轴 Z_0 的惯性矩 I_{Z0}

$$I_{Z0} = \frac{\theta d\,(b+\delta_2+\delta_3)^3-(\theta d-4\delta_1-2\delta_4)b^3}{24}+\frac{1}{2}\theta d\left[Z_0-\frac{1}{2}(b+\delta_2+\delta_3)\right]^2(b+\delta_2+\delta_3)$$
$$-\left(Z_0-\delta_3-\frac{1}{2}b\right)^2\left(\frac{1}{2}\theta d-2\delta_1-\delta_4\right)b \tag{2}$$

(3) 截面对中性轴 Z_0 的静矩 S_{Z0}

$$S_{Z0}=\frac{1}{4}\theta dZ_0^2-\left(\frac{1}{4}\theta d-\delta_1-\frac{1}{2}\delta_4\right)(Z_0-\delta_3)^2 \tag{3}$$

(4) 截面形状系数 K_S[2]

根据式(1)、式(2)、式(3)推导出该截面的截面形状系数:

$$K_S=\frac{\frac{1}{2}\theta dZ_0^3-\left(\frac{1}{2}\theta d-2\delta_1-\delta_4\right)(Z_0-\delta_3)^2Z_0}{I_{Z0}} \tag{4}$$

(5) 端板弯曲正应力 σ[3]

$$\sigma=\frac{FLZ_0}{nI_{Z0}}\leqslant K_S[\sigma]^t \tag{5}$$

式中,F 为结构件承受的压力推力,单位为N;L 为端板上拉杆孔中心到管外壁的距离,单位为mm;n 为图3所示的结构组数。

(6) 端板剪应力 τ

$$\tau=\frac{FS_{Z0}}{nI_{Z0}(2\delta_1+\delta_4)}\leqslant 0.8[\sigma]^t \tag{6}$$

4 端板校核公式的验证

为了验证上述理论推导公式,笔者设计了如表1、表2的参数,并采用本文推导的公式和GB/T 12777—2019所提供的校核公式进行计算比较。为便于比较计算结果,假定端板厚度和马鞍板厚度相等($\delta_2=\delta_3$),且中间筋板厚度为0($\delta_4=0$)。

表1 波纹管参数

设计压力(MPa)	设计温度(℃)	端管外径(mm)	波直边段内径(mm)	波高(mm)	波纹总厚度(mm)	压力推力(N)
1.6	100	1219	1190	55	2	1954081.9

表2 结构件参数(设计温度100℃)

端板、筋板及马鞍板材质	拉杆中心到管外壁的距离(mm)	端板加强件组数	端板厚度 δ_2(mm)	筋板夹角(°)	马鞍板厚度(mm)	筋板轴向长 b(mm)	筋板厚 δ_1(mm)
Q245R	100	4	30	30	30	100	20

依据表3、表4,两种力学模型的计算公式得出的结论中,静矩和端板剪切应力相差较大,且用GB/T 12777—2019进行强度校核得出的结论为不合格。

表 3　两种计算方法得到的截面特征参数比较

序号	计算方法	形心位置 Z_0（mm）	惯性矩 I_{Z0}（mm^4）	静矩 S_{Z0}（mm^3）	截面形状系数 K_s
1	按照本文公式	80	85669764.4	672310.2	1.26
2	按照 GB/T 12777—2019 提供的公式	$100\times1/2+30=80$	85669764.4	1294620.5	1.26

表 4　两种方法的校核结果比较

序号	校核方法	校核	合格标准	计算结果
1	按照本文公式校核	端板正应力 σ	≤175.79 MPa	45.62 MPa
		端板剪应力 τ	≤112 MPa	95.84 MPa
2	按照 GB/T 12777—2019 提供的公式进行校核	端板正应力 σ	≤175.79 MPa	45.62 MPa
		端板剪应力 τ	≤112 MPa	184.56 MPa(不合格)

进一步寻找差异产生的原因,发现本文的力学模型推导出的静矩公式和 GB/T 12777—2019 提供的静矩公式存在差异。

为了进一步验证 GB/T 12777—2019 的静矩公式(公式 C.25),笔者采用两种计算方法推导标准中端板力学模型(图 1)的静矩公式。

方法 1:对中性轴一侧的各个部件分别求静矩,然后求和。

方法 2:假设此模型为一个实心整体,先求出整体相对中性轴的静矩,再求出空心部分相对于中性轴的静矩,然后求差。

两种方法得出的静矩计算公式一致,见式(7)。式(7)与 GB/T 12777—2019 静矩公式 C.25 存在差异如下:

(1) 两种方法求出的 GB/T 12777—2019 力学模型(图 1)的静矩为

$$S_Z = \frac{1}{2}\left[\frac{1}{2}\theta d\delta_2(b+\delta_2)+\frac{1}{2}b^2\delta_1\right] \tag{7}$$

(2) GB/T 12777—2019 静矩公式 C.25 为

$$S_Z = \frac{1}{2}\left[\theta d\delta_2(b+\delta_2)+\frac{1}{2}b^2\delta_1\right]$$

按照式(7)对表 3 中序号 2 的静矩 S_{Z0} 和表 4 中序号 2 的剪应力 τ 进行复核,计算结果与采用本文推导的公式计算结果一致。

5　结论

虽然笔者从理论上推导出的基于 GB/T 12777—2019 力学模型(图 1)的静矩公式与标准提供的公式有差异,但标准提供的校核公式的计算结果更加安全,故笔者建议在实际工作中,对于 GB/T 12777—2019 的端板力学模型(图 1),仍然严格按照标准执行。对于 GB/T 12777—2019 以外的端板力学模型,可以采用本文的计算公式进行校核。

国内某工程项目的横向大拉杆金属波纹管膨胀节端板结构形式采用了本文的力学模型结构,并按照本文推导的公式进行设计校核,结构强度校核满足要求,目前已交付客户使用,且运行稳定。

参考文献

[1]　国家市场监督管理总局,中国国家标准化管理委员会.金属波纹管膨胀节通用技术条件:GB/T

12777—2019[S].北京:中国标准出版社,2019.
[2] 唐静静,范钦珊.工程力学[M].北京:高等教育出版社,2017.
[3] 刘鸿文.材料力学[M].4版.北京:高等教育出版社,2004.

作者简介

柴小东(1982—),男,工程师,主要从事波纹管膨胀节的设计与研发工作。通信地址:辽宁省大连市长兴岛经济区大连益多管道有限公司。E-mail:cxd@ydgd.com。

金属膨胀节接管与托架组件之刚性设计分析研究

陈运庆

（诚兑工业股份有限公司，高雄）

摘要：本文针对金属高压膨胀节接管与支耳组件连接焊道所承受的拉伸应力、剪切应力、弯曲应力及刚性关系，提出结构的设计分析研究。

关键词：内压推力；有效长度；等效厚度

Analysis and Research on the Rigid Design Between End Pipe and Bracket of Metal Expansion Joint

Chen Yunqing

（Chengdui Industrial Co. Ltd.，Gaoxiong）

Abstract：Design and Analysis for tensile stress、shear stress、bending stress and rigidity on Junction of welding seams between end pipe and bracket of metal expansion joint is described summarily in this paper.

Keywords：thrust force；effective length；equivalent thickness

1 引言

针对近期本公司承制诸多名义口径大于 DN1000 mm 以上的高压金属膨胀节，除要求波纹管本体需依 EJMA—2015 规范设计，另要求附属组件亦需提供设计计算书供审核。一般金属膨胀节仅提供波纹管本体的计算书供审核，本公司按照相关数据，导出相应的计算公式，然后进行设计和试压检测，结果经过第三方验证及客户会验全部合格。

现以其中一个案例——名义口径 DN1200×L1350 mm 的万向型金属膨胀节，设计压力 0.59 MPa，试压压力 0.96 MPa，作为说明，并提出设计方案。

由于 EJMA—2015 并未提供金属膨胀节接管与托架组件设计的相关数据，所以本公司决定利用自行研发的设计公式，进行设计制作及试压测试。本公司编辑的设计公式，已应用在多种场合，都能让膨胀节安全运作，证明依照此公式进行设计、制造乃至测试都是可行的。

2 金属膨胀节接管与支耳组件设计过程分析

2.1 客户要求条件

客户要求如下：

形式：DN1200×L1350 mm 万向形膨胀节；

端管：OD1220×t 12 mm×SUS-304；

波纹管：p50×h53×t1.5×1ply×(5+5)con，材质 SUS-304；

颈部加强环：ID1224×t12×SUS-304；

内部流体:蒸气;

设计位移:X 轴向 +1.2 mm、Y 横向 31.8 mm、θ 角度 0°;

设计温度:$T_d = 191$ ℃;

设计压力:$P_d = 0.59$ MPa;

设计寿命:$N_d = 3000$ cycles;

试压压力:$P_T = 0.96$ MPa×30 min,水压测试,室温 25 ℃。

判定 1:在试压压力状态下,焊道无龟裂、无泄漏,波距变化在 10%以内,波形维持平面;

判定 2:在试压压力状态下,拉杆伸长量小于 2 mm,托架组件变形小于 2 mm。

2.2 金属膨胀节设计图

金属膨胀节具体设计图见图 1。

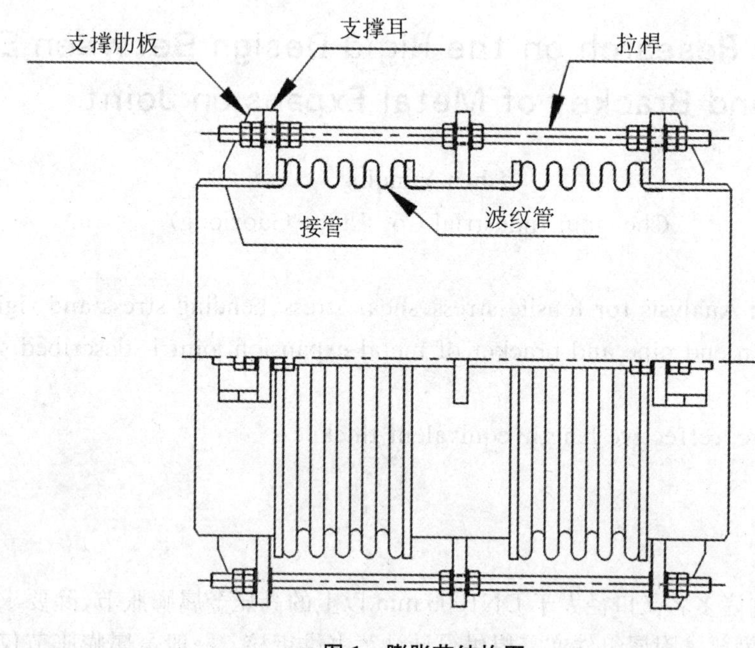

图 1 膨胀节结构图

2.3 金属膨胀节受力分析

本案例波纹管采用 U 形波滚压成形,波纹管管胚在成形前,纵缝焊道采用 100%射线检查,成形后,纵缝焊道采用 100%染色探伤检查;接管纵缝焊道采用 100%染色探伤检查及 100%射线检查。

受力分析在波纹管部分,利用 EJMA—2015 先计算 S_1,S_1',S_2,S_3,S_4,S_5,S_6,P_{sc},P_{si}及 N_d,符合规定要求。再将拉杆、接管和托架组件本体与管壁的连接焊道部分,利用材料力学分析,计算波纹管因承受内压而产生的各种力量及力矩。

2.3.1 托架组件——槽形(图 2)

支撑耳:W200×H180×t30 mm×1pc;

支撑肋板:L105×H180×t25 mm×2pc;

拉杆:M45×L950×4pcs×A193-B7。

2.3.2 波纹管受力分析

波纹管受力分析区分设计工况和试压工况两种工况,进而判断分析可行性。

(1) 设计工况($T_d = 191$ ℃;$P_d = 0.59$ MPa;$X = 1.2$ mm,$Y = 31.8$ mm;$\theta = 0°$)

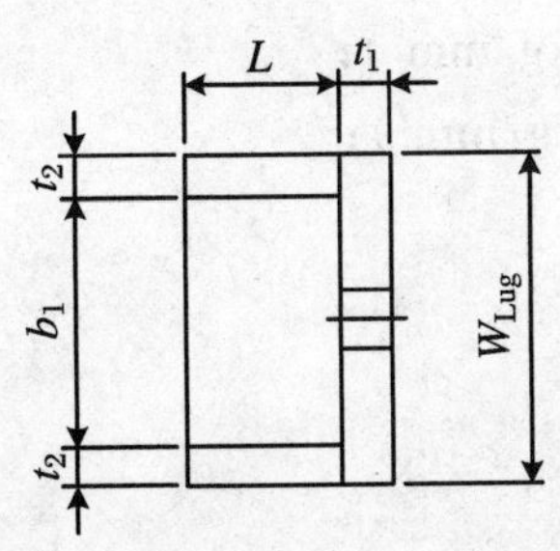

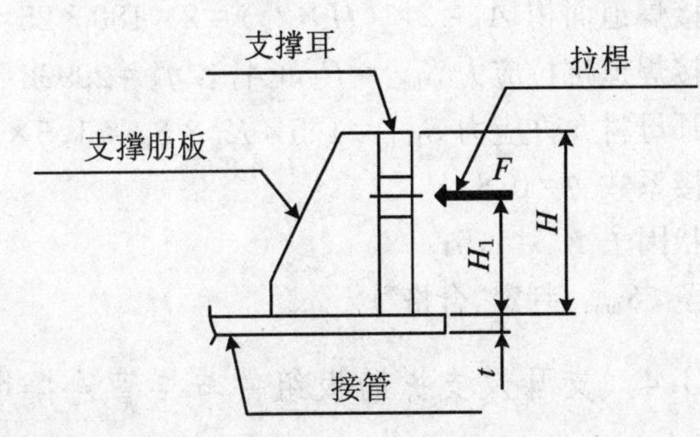

图 2 托架组件结构图

波纹管承受设计压力 0.59 MPa 下的应力，按 EJMA—2015 的公式计算如下：

$S_1 = 11.27$ MPa <126.86 MPa $= W_b \times S_{ab} = 1.0\times 126.86$（设计温度）；

$S'_1 = 11.67$ MPa <126.86 MPa $= W_{bc} \times S_{ac} = 1.0\times 126.86$（束环应力）；

$S_2 = 100.02$ MPa <126.86 MPa $= W_b x \times S_{ab} = 1.0\times 126.86$；

$S_3 = 10.59$ MPa；

$S_4 = 255.88$ MPa；

$S_3 + S_4 = 266.57$ MPa <368.74 MPa $= C_m \times S_{ab} = 2.93\times 126.86$；

$P_{sc} = 0.73$ MPa >0.59 MPa $= P_d$；$P_{si} = 0.69$ MPa >0.59 MPa $= P_d$。

S_1，S'_1，S_2应力值皆小于 $C_w \times S_a$（$C_w = 1.0$，纵缝焊道 100%RT），$S_3 + S_4$应力值皆小于 $C_m \times S_{ab}$（$C_m = 2.93$），P_{sc}及 P_{si}值大于 P_d，设计符合 EJMA—2015 的规定与需求条件，判定“合格”。

(2) 试压工况（$T_T = 25$ ℃；$P_T = 0.96$ MPa；$X, Y = 0$ mm；$\theta = 0^\circ$）

波纹管承受试压压力 0.96 MPa 下的应力，按 EJMA—2015 的公式计算如下：

$S_1 = 18.33$ MPa <206.76 MPa $= W_b \times S_{ab} = 1.5\times 1.0\times 137.84$（常温）；

$S'_1 = 19.02$ MPa <206.76 MPa $= W_c \times S_{ac} = 1.5\times 1.0\times 137.84$（束环应力）；

$S_2 = 151.86$ MPa <206.76 MPa $= W_b \times S_{ab} = 1.5\times 1.0\times 137.84$；

$S_3 = 17.35$ MPa；

$S_4 = 434.80$ MPa；

$S_3 + S_4 = 452.15$ MPa <605.82 MPa $= 1.5\times C_m \times S_{ab} = 1.5\times 2.93\times S_a$；

$P_{sc} = 1.08$ MPa >0.96 MPa $= P_T$；

$P_{si} = 1.00$ MPa >0.96 MPa $= P_T$。

S_1，S'_1，S_2 应力值皆小于 $1.5\times 1.0\times S_{sb}$（常温，纵缝焊道 100%RT），$S_3 + S_4$ 应力值皆小于 $1.5\times C_m \times S_{ab}$（$C_m = 2.93$），$P_{sc}$及 P_{si}值大于 P_T，设计符合 EJMA—2015 的规定与需求条件，判定“合格”。

2.3.3 托架组件-接管-拉杆受力分析

波纹管承受试压压力 0.96 MPa 下所产生的各种相应力量与力矩，以材料力学及 EJMA—2015 的规定分析计算。

(1) 拉杆承受内压推力（在试压压力工况下）

拉杆尺寸及支数 = M45×L950 mm；根径 = 40.13 mm；

拉杆材质 = A193 - B7×4pcs；

总内压推力 $F = P_T \times A_m = (9.78/100)\times(0.7854\times 1250^2) = 119990$(kg)；

每支拉杆承受拉力 $F_1 = F/N = 119990/4 = 29998$(kg/pc)；

每支拉杆承受拉应力 $S_{TR} = F_1/A_b = 29998/1264.8 = 23.72$(kg/mm^2)；

螺杆允许应力 $S_{limit\text{-}r} = 1.5\times S_{ar} = 1.5\times 20.73 = 31.10$(kg/mm^2)；

$S_{TR} < S_{limit\text{-}r}$，判定“合格”。

(2) 支耳与支撑肋板连接焊道

连接焊道面积 $A_1=2\times(H\times t_2)=2\times180\times25=9000(\mathrm{mm}^2)$;
连接焊道抗拉应力 $S_{lug2}=F_1/(A_1\times\eta)=29998/(9000\times0.8)=4.16(\mathrm{kg/mm}^2)$;
支耳母材允许应力 $S_{limit}=1.5\times K_s\times S_{ab}=1.5\times1.5\times14.06=31.64(\mathrm{kg/mm}^2)$;
焊接系数 $\eta=0.8$;
形状因子 $K_s=1.5$;
$S_{lug2}<S_{limit}$,判定“合格”。

2.3.4 支耳及支撑肋板组件与接管连接焊道

(1) 连接焊道承受剪切应力计算
底部连接焊道面积 $A_2=W\times t_1+(2\times L\times t_2)=200\times30+2\times105\times25=11250(\mathrm{mm}^2)$;
底部连接焊道剪切应力 $S_{bra\text{-}s}=F_1/(A_2\times\eta)=29998/11250=2.67(\mathrm{kg/mm}^2)$;
托架母材允许剪切应力 $S_{limit\text{-}s}=0.6\times1.5\times K_s\times S_{ab}=0.6\times1.5\times1.26\times14.06=15.94(\mathrm{kg/mm}^2)$;
焊接系数 $\eta=0.8$;
$S_{bra\text{-}s}<S_{limit\text{-}s}$,判定“合格”。
(2) 托架组件承受弯曲应力计算
支耳二次惯性矩 $I_{lug}=(W\times t_1^3)/12=(200\times30^3)/12=450000(\mathrm{mm}^4)$;
支撑肋板二次惯性矩 $I_{gus}=(L^3\times t_2)/12=(105^3\times25)/12=2411719(\mathrm{mm}^4)$;
托架组件合成二次惯性矩

$$\begin{aligned}I_{bra}&=I_{lug}+A_{1x}\times(y_{lug}-y_c)^2+2[I_{gus}+A_2\times(y_{gus}-y_c)^2]\\&=14628938(\mathrm{mm}^4)\end{aligned}$$

托架组件等效厚度 $t_{eff}=(12\times I_{bra}/W)^{(1/3)}=95.7(\mathrm{mm})$
托架组件承受弯曲力矩 $M_{bra}=F_1\times H=29998\times150=4499700(\mathrm{kg\cdot mm})$;
托架组件承受弯曲应力 $S_{bra\text{-}b}=6\times M_{bra}/(t_{eff}^2\times W)/\eta=18.41(\mathrm{kg/mm}^2)$;
托架组件合成应力 $S_{com}=[(S_{bra\text{-}b})^2+3\times(S_{bra\text{-}s})^2]^{0.5}=19.29(\mathrm{kg/mm}^2)$;
母材允许应力 $S_{limit}=1.5\times K_s\times S_{ab}=1.5\times1.26\times14.06=26.49(\mathrm{kg/mm}^2)$;
焊接系数 $\eta=0.8$;
形状因子 $K_s=1.26$;
$S_{com}<S_{limit}$,判定“合格”。

2.3.5 支耳与肋板组件变形量(单侧固定)

托架组件承受弯曲变形 $\delta_{bra}=F_1\times H^3/(3\times E_{bra}\times I_{bra})=0.177(\mathrm{mm})$;
托架组件允许弯曲变形 $\delta_{limit}=0.003\times H_1=0.54(\mathrm{mm})$;
$\delta_{bra}<\delta_{limit}$,判定“合格”。
托架组件受力示意图见图3。

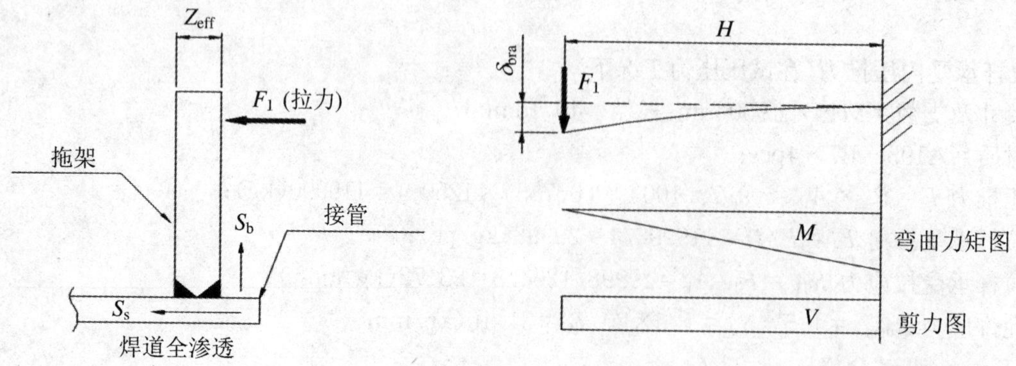

图3 托架组件受力示意图

2.3.6 支耳本体承受弯曲应力及变形量(双侧固定)

(1) 托架组件承受弯曲应力计算

支耳受力示意图如图4所示。

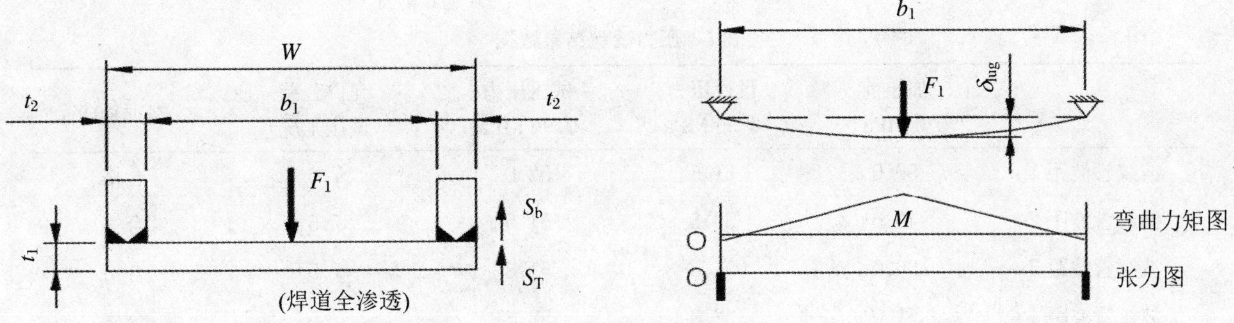

图4 支耳受力示意图

支耳二次惯性矩 $I=(W\times t_1^3)/12=(200\times 30^3)/=450000(\mathrm{mm}^4)$;

支耳承受弯曲应力 $S_{lug\text{-}b}=0.75\times F_1\times(W-2\times t_2)/(H\times t_1^2\times\eta)=0.75\times 29998\times 150/(180\times 30^2\times 0.8)=26.04(\mathrm{kg/mm^2})$;

托架组件合成应力 $S_{com\text{-}2}=S_{lug\text{-}b}+S_{lug\text{-}s}=26.04+4.17=30.21(\mathrm{kg/mm^2})$;

母材允许应力 $S_{limit\text{-}2}=1.5\times K_s\times S_{ab}=1.5\times 1.5\times 14.06=31.64(\mathrm{kg/mm^2})$;

焊接系数 $\eta=0.8$;

形状因子 $K_s=1.5$;

$S_{com\text{-}2}<S_{limit\text{-}2}$,判定“合格”。

(2) 支耳承受弯曲变形量计算

支耳承受弯曲变形

$$\begin{aligned}\delta_{lug} &= F_1\times W^3/(192\times E_{lug}\times I_{lug})\\ &= 29998\times 200^3/(192\times 19300\times 450000)\\ &= 0.14(\mathrm{mm});\end{aligned}$$

支耳允许弯曲变形 $\delta_{limit}=0.003\times H_1=0.54(\mathrm{mm})$;

$\delta_{lug}<\delta_{limit}$,判定“合格”。

2.4 试压试验考虑事项

本项膨胀节试压压力为0.96 MPa,采用水压试验时,必须考虑下列事项:

(1) 膨胀节两端盲法兰采用焊接式,为减少膨胀节额外变形量,盲法兰设计厚度致命中间鼓起变形量应小于2 mm。

(2) 膨胀节垂直放置试压,有利于排放波纹管波峰处的内部空气。

(3) 膨胀节内部充水时,需将内部空气尽量排出,可利用分段进水或敲击振动方式排出空气,以减少试压时产生气压回荡效应导致无法稳定加压或持压的情况。

2.5 试压结果

2.5.1 试压记录分析

压力试验结果数据见表1。

表1 压力试验结果数据

	加压前 0 MPa	设计压力 0.59 MPa	试压压力 0.96 MPa	允许公差 (试压工况)	判定备注
波纹管波距1	50.0	51.5	52.0	7.5	合格
波纹管波距2	49.5	50.5	51.5	7.5	合格
波纹管波距3	50.0	51.3	51.8	7.5	合格
波纹管波距4	51.0	52.0	52.3	7.5	合格
波纹管波距5	49.5	50.5	51.3	7.5	合格
波纹管波距6	50.0	50.2	51.5	7.5	合格
波纹管波距7	50.5	51.3	52.0	7.5	合格
波纹管波距8	50.0	51.1	52.2	7.5	合格
拉杆1长度	1010	1011.2	1012.0	2.0	合格
拉杆2长度	1010	1011.0	1011.5	2.0	合格
拉杆3长度	1010	1010.9	1011.5	2.0	合格
拉杆4长度	1009	1010.0	1010.9	2.0	合格
托架1变形	无	无	无	偏斜1.0 mm	合格
托架2变形	无	无	无	偏斜1.0 mm	合格
托架3变形	无	无	无	偏斜1.0 mm	合格
托架4变形	无	无	无	偏斜1.0 mm	合格

波距在试压工况时,EJMA—2015规定允许公差不大于15%;拉杆长度本公司按计算自定义为不大于2.0 mm;托架倾斜本公司按计算自定义为不大于2.0 mm。

2.5.2 试压记录分析

(1) 加压至设计压力时,波纹管波距变化不大于1.5 mm,即波距增长率为3.0%;拉杆长度伸长量不大于1.3 mm,即拉杆伸长率为1.2%。

(2) 加压至试压压力时,波纹管波距变化不大于2.2 mm,即波距增长率为4.4%;拉杆长度伸长量不大于2.0 mm,即拉杆伸长率为2.0%。

(3) 卸压完后恢复原状。

(4) 判定:合格。

2.5.3 验收

由于加压至设计压力及试压压力时,持压稳定,亦无泄漏现象,弯曲、变形量在允许公差范围内,客户方检验人员会验合格。

2.6 托架组件二次惯性矩、等效厚度与形状系数计算

托架示意图如图5所示。托架组件二次惯性矩、等效厚度与形状系数见表2。

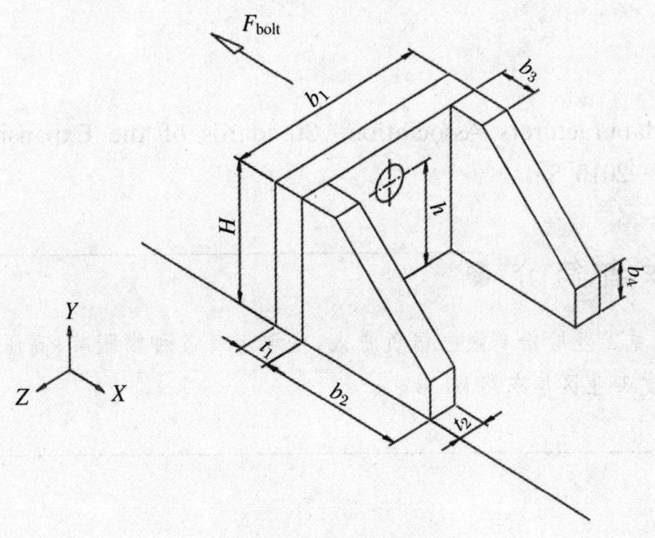

图 5　托架示意图

表 2　托架组件二次惯性矩、等效厚度和形状系数

支撑耳							
H	W	T_1	A_1	I_1	X_1	d	$d=b_1-2t_2$
mm	mm	mm	mm^2	mm^4	mm	mm	
184	200	30	6000	450000	15	150	
支撑肋板							
H	L	T_2	A_2	I_2	X_2	W_1	$W_1=b_2-t_1$
mm	mm	mm	mm^2	mm^4	mm	mm	
184	105	25	2625	4823683	82.5	135	
拖架＝支撑耳×1 pc＋支撑肋板×2 pcs							
H	W	T_{eff}	Atot	I_2	X_2	形状系数	
mm	mm	mm	mm^2	mm^4	mm	K_s	
184	200	95.75	11250	14628938	46.5	1.26	

形状系数 K_s 计算公式为

$$K_s=\frac{1.5w[d^2T_1+4w_1T_2(d+T_2)]}{w_1w^3-d_3(w_1-T_1)}$$

3　结论

(1) 本项设计是把接管端部加一颈部加强环当作刚体，即接管变形量为 0，不会因托架组件变位量产生叠加效应，如此维持接管及波纹管直部的真圆度，即不会对波纹管直部及第一波产生额外应力，否则会让该部位应力复杂化，增加该区域破损的风险。

(2) 关于托架组件和支耳的设计，EJMA—2015 并未提出标准设计公式，本文所提的计算公式是本公司多年使用与试压验证的结果，至目前为止，安全且有效，供同行参考。

参考文献

[1] Expansion Joint Manufacturers Association. Standards of the Expansion Joint Manufacturers Association:EJMA—2015[S].

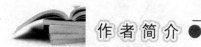

作者简介

陈运庆,男,诚兑工业股份有限公司负责人,主要经营各种膨胀节、高压软管等业务。通信地址:高雄市大发工业区华东路84号。

大直径膨胀节万向环优化设计

陈文敏　卢久红　陈四平　齐金祥　肖进荣
(秦皇岛市泰德管业科技有限公司,秦皇岛 066004)

摘要:万向环是万向铰链型膨胀节的重要承载构件之一。本文对某化工厂膨胀节万向环利用有限元方法进行应力和变形分析,并提出优化设计方案,提高产品的市场竞争力。

关键词:万向环;ANSYS有限元分析;优化设计

Optimal Design of Square Gimbal Ring of Large Diameter Expansion Joint

Chen Wenmin, Lu Jiuhong, Chen Siping, Qi Jinxiang, Xiao Jinrong
(Qinhuangdao Taidy Flex-Tech Co. Ltd., Qinhuangdao 066004)

Abstract: Gimbal ring is an important load-carrying component in a universal expansion joint. In this pater, the finite element method is used to analyse the stresses and displacement of expansion joint gimbal ring in a chemical plant, and put forward the optimal design scheme so as to improve the market competitiveness of the products.

Keywords: gimbal ring; ANSYS finite element analysis; optimal design

1 引言

万向环是万向铰链型膨胀节的关键受力件,其强度和刚度对膨胀节的安全使用至关重要。在工程应用中万向环多采用圆形结构和方形结构,随着对万向环的不断研究,尤其是在大直径膨胀节的设计中,受产品安装空间限制,结构形式越来越多样化,因此,可以根据万向环应力的分布情况对其进行改进,使其结构更加合理,满足现场使用要求。本文以某化工厂大直径膨胀节项目实心万向环为例,探讨万向环的改进思路及改进效果。

2 万向环基本数据

某化工厂万向铰链型膨胀节公称通径为DN2500,设计压力为0.21 MPa,长度较短,安装空间受限,要求最大外形尺寸小于3060 mm,膨胀节结构示意图如图1所示。

按照方形实心万向环进行设计,依据GB/T 12777—2019标准进行计算,满足强度要求的万向环设计参数见表1,设计方案如图2所示。[1]

表1　方形万向环设计参数

压力推力 F(N)	设计温度 T(℃)	材质	内边长 L(mm)	宽度 B(mm)	厚度 δ(mm)	销轴孔半径 R(mm)	万向环重量 (kg)
1150000	240	Q345R	2880	450	60	40	2482

为了得出万向环内部分布情况,需要对其进行有限元分析。在销轴孔的圆柱面上施加约束和载荷,截

面上按轴对称边界条件进行约束。采用 Solid186 单元划分网格，根据万向环设计温度，按 GB/T 150—2011 材料弹性模量取值 188.6 GPa，泊松比取值 0.3，万向环的应力分布和变形分布如图 3、图 4 所示。[2]

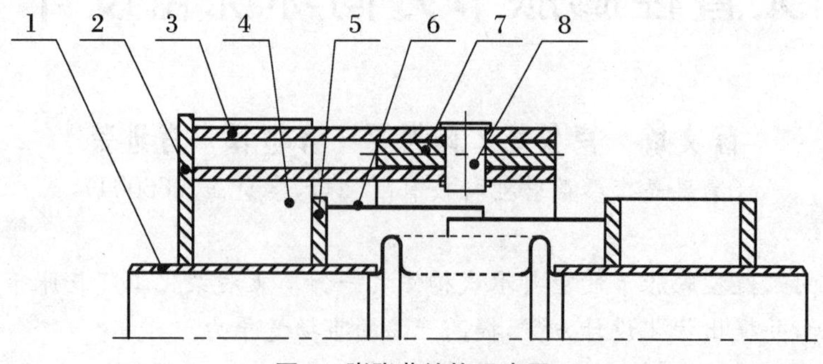

图 1　膨胀节结构示意图

1. 端接管；2. 端板；3. 副铰链板；4. 立板；5. 马鞍板；6. 保护罩；7. 万向环；8. 销轴

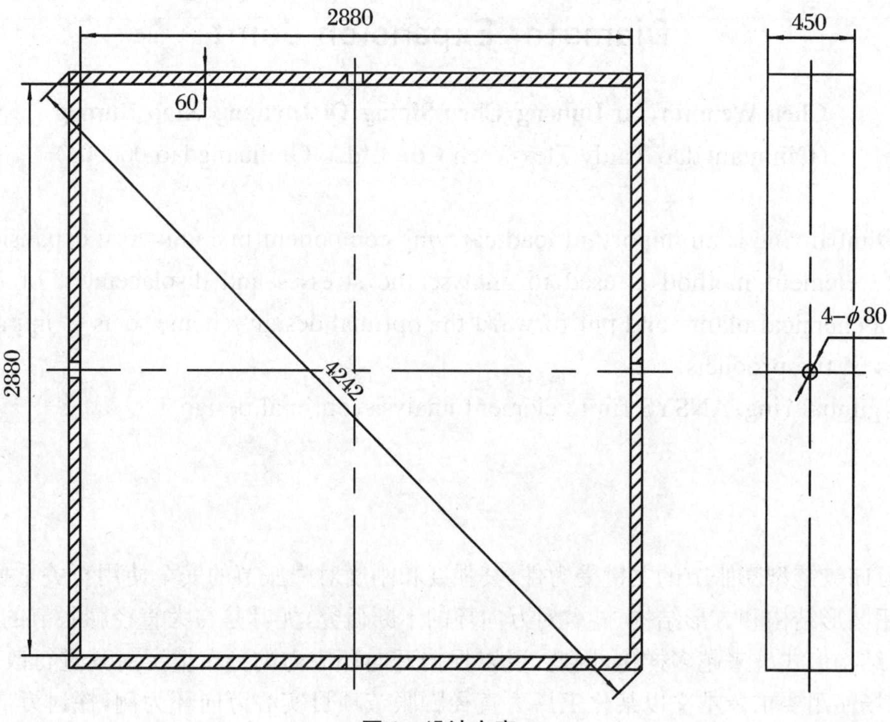

图 2　设计方案

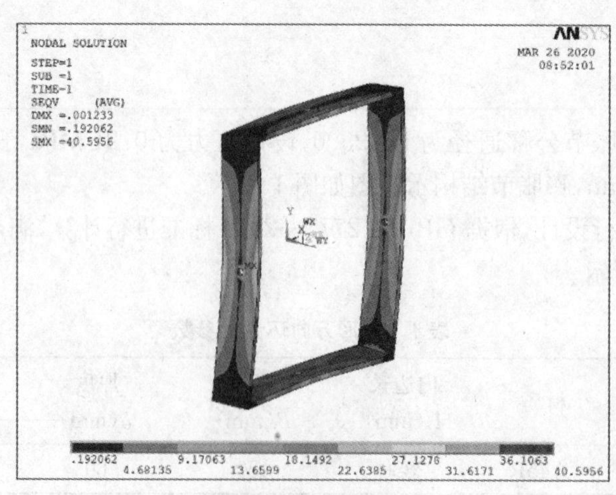

图 3　应力分布

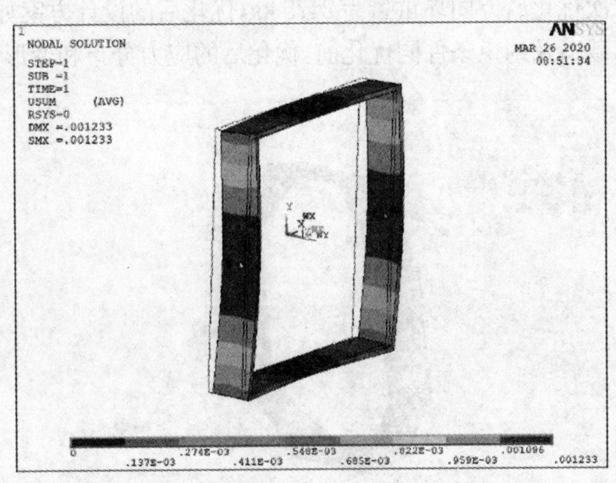

图 4 变形分布

从图 3、图 4 可以看出，万向环厚度完全满足设计压力要求，在压力推力作用下，万向环最大应力值位于销轴孔处，最大变形量位于销轴孔附近，最大变形量为 1.2 mm。由于万向环上 4 个销轴孔位置要安装铰链板、销轴等其他结构件，导致最大外形尺寸超出 3060 mm，万向环对角尺寸为 4242 mm，均不满足最大外形要求。

3 优化设计

为了使万向环满足最大外形要求，现对万向环进行优化设计。将万向环对角处进行倒角 800×45°处理，使之最大外形尺寸满足要求，宽度、厚度尺寸保持不变。优化后的设计方案如图 5 所示。按照优化设计方案建立有限元分析模型，载荷及约束条件同优化前一致，优化后的应力分布和变形分布如图 6、图 7 所示。

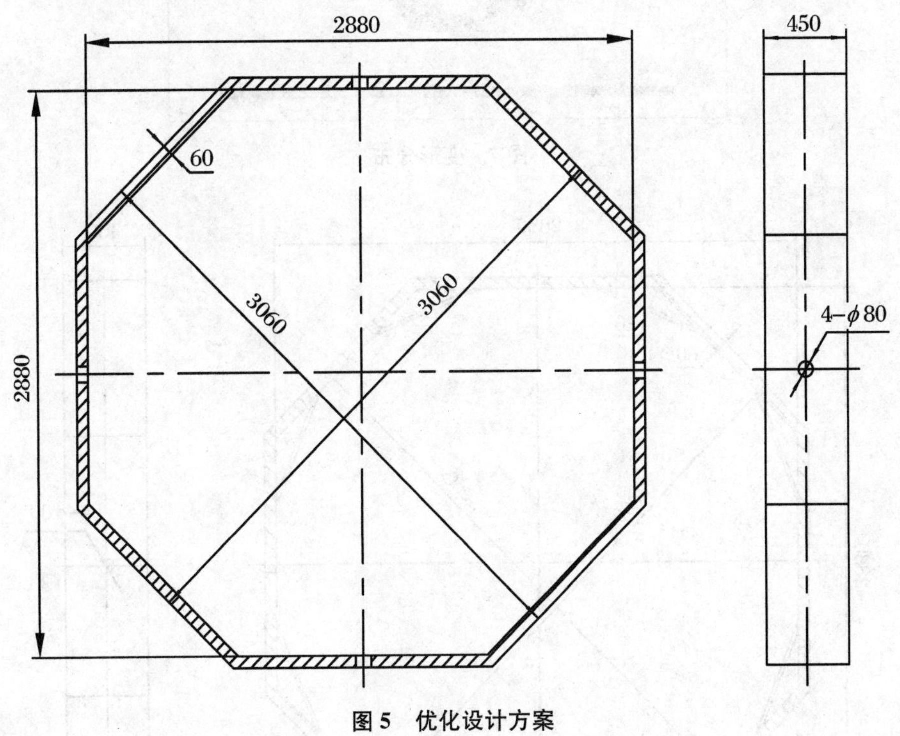

图 5 优化设计方案

优化后万向环重量为 2077 kg，从图 6、图 7 可以看出，在压力推力的作用下，万向环最大应力值位于销轴孔处，最大变形量位于销轴孔附近，最大变形量为 4.6 mm，对万向环角处焊缝影响较大，并且此种结构稳定性较差。

现对万向环角处设置 8 件 550×450×20 厚加强筋板，并用 16 mm 厚板进行上下封口，做成箱式结构，来保证万向环角处焊缝质量,二次优化后万向环重量为2475 kg,优化后的设计方案如图8所示。按照二次优化设计方案建立有限元分析模型,载荷及约束条件同优化前,优化后的应力分布和变形分布如图9、图10所示。

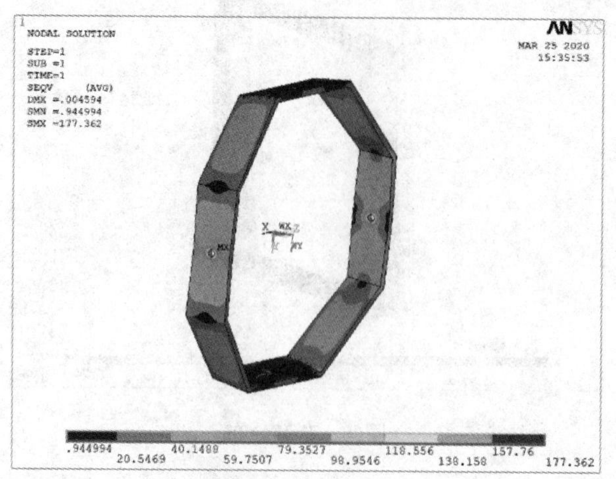

图6 应力分布

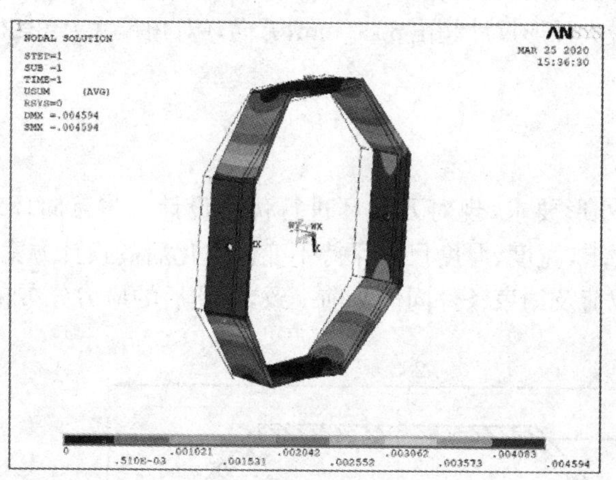

图7 变形分布

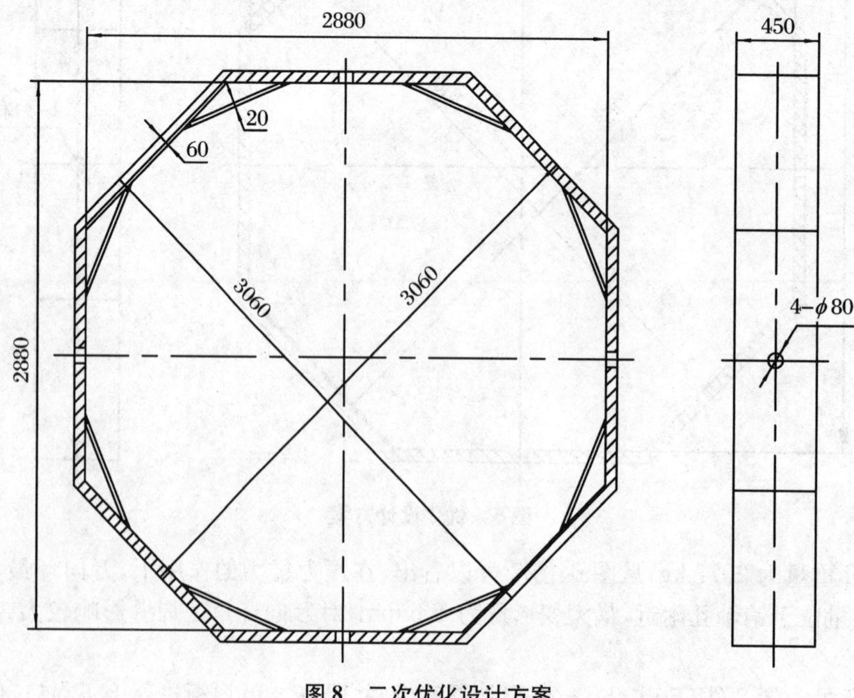

图8 二次优化设计方案

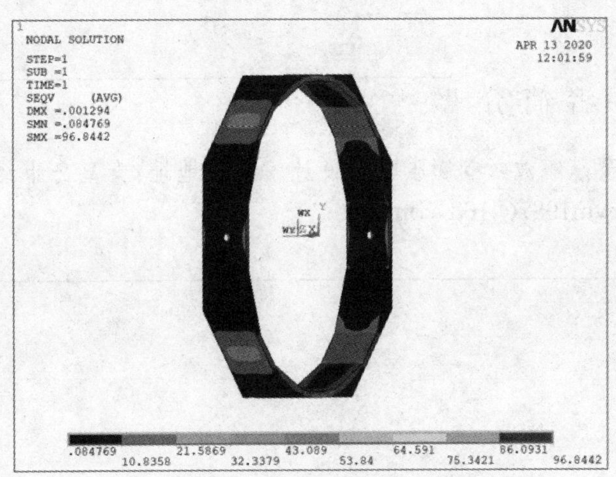

图 9　应力分布

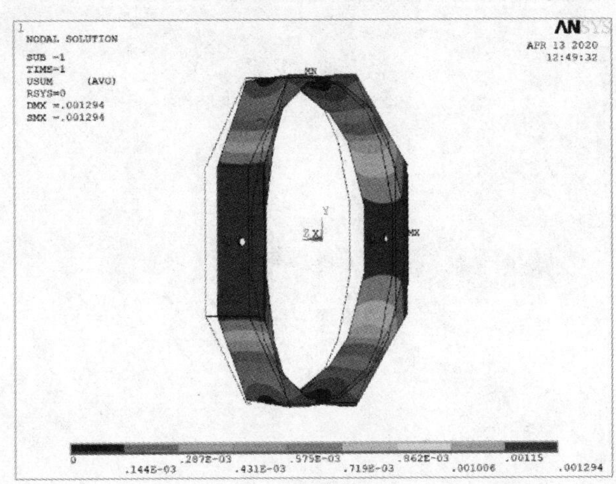

图 10　变形分布

从图 9、图 10 可以看出，在压力推力的作用下，万向环最大应力值位于销轴孔处，最大变形量位于销轴孔附近，最大变形量为 1.3 mm，万向环角处焊缝影响及整体应力值降低，稳定性增强。与方形万向环结构相比，重量及变形量均无较大变化，满足现场使用要求。

4　结论和建议

(1) 在大直径万向铰链型膨胀节外形尺寸受限制的情况下，可考虑将万向环设计为八角结构。

(2) 万向环角处焊接筋板可以增加万向环的稳定性，并且降低万向环的应力值，在大直径、压力高的情况下，万向环建议设计成箱式结构。

(3) 为了保证大直径八角万向环的焊缝质量，建议对万向环角处焊缝进行探伤处理。

参考文献

[1] 国家市场监督管理总局，中国国家标准化管理委员会. 金属波纹管膨胀节通用技术条件：GB/T 12777—2019[S]. 北京：中国标准出版社，2019.

[2] 中华人民共和国国家质量监督检验检疫总局，中国国家标准化管理委员会. 压力容器：GB/T 150—2011[S]. 北京：中国标准出版社，2012.

作者简介

陈文敏,男,主要从事波纹管膨胀节的设计。通信地址:秦皇岛市经济开发区永定河道5号。E-mail:chenwm1987@163.com。

一种膨胀节角位移均衡装置的设计

武敬锋　陈四平　齐金祥　陈文学

（秦皇岛市泰德管业科技有限公司，秦皇岛 066004）

摘要：卡丹式膨胀节作为现阶段最常应用的一种送风装置膨胀节，其结构主要由两组万向铰链型波纹管补偿器和一段中间接管组成。在实际的工程应用中，经常出现膨胀节上、下两部分变形不均的情况，且多数情况下变形量集中在膨胀节下部，容易造成下部波纹管变形量过大，破坏膨胀节内部隔热结构，导致膨胀节无法正常使用。本文介绍了一种卡丹式膨胀节角位移均衡装置，该装置通过一组连杆结构的设置，使膨胀节在工作过程中上、下两部分的位移变形始终保持一致，解决了上文所述的问题。

关键词：复式万向铰链型膨胀节；角位移；均衡装置

Design of an Angular Displacement Balancing Device for Expansion Joint

Wu Jingfeng, Chen Siping, Qi Jinxiang, Chen Wenxue

(Qinhuangdao Taidy Flex-Tech Co. Ltd., Qinhuangdao 066004)

Abstract: Cardin expansion joint is the most commonly used tuyere stock at this stage, which consists of two single gimbal expansion joints and one middle pipe. In practical engineering applications, uneven deformation of the upper and lower parts of the expansion joint often occurs, and in most cases the deformation is concentrated in the lower part of the expansion joint. It is easy to cause excessive deformation of the lower bellows and damage the internal partition of the expansion joint. This article introduces a cardin-type expansion joint angular displacement balancing device, which uses a set of connecting rod structures to keep the displacement and deformation of the upper and lower parts of the expansion joint consistent during the working process, thus solves the problem mentioned above.

Key words: universal hinged expansion joint; angular movement; balancing device

1　引言

高炉送风装置（又称进风装置、送风支管等）是安装在热风围管和风口小套之间的异形压力管道，其作用是将热风炉产生的热风（1200～1350 ℃，0.3～0.5 MPa）通过高炉的各个风口送入高炉内，同时还要通过装置上的一些特殊设置向高炉内喷射燃料并观察高炉内的冶炼情况。[1]此外，送风装置还要通过设置膨胀节部件，吸收高炉和热风围管因装置本身受热而产生的移位和变形，如图 1 所示。

2　现状分析

卡丹式送风装置由变径管、复式万向铰链形膨胀节、弯头、窥视孔、直吹管、上部拉紧装置、下部压紧装置等组成（图 2）。

卡丹式膨胀节（复式万向铰链型膨胀节）作为最常用的一种送风装置膨胀节，由两组万向铰链型波纹管补偿器和一段中间接管组成。在现阶段的应用中，经常出现膨胀节上、下两部分变形不均的情况，且多数情

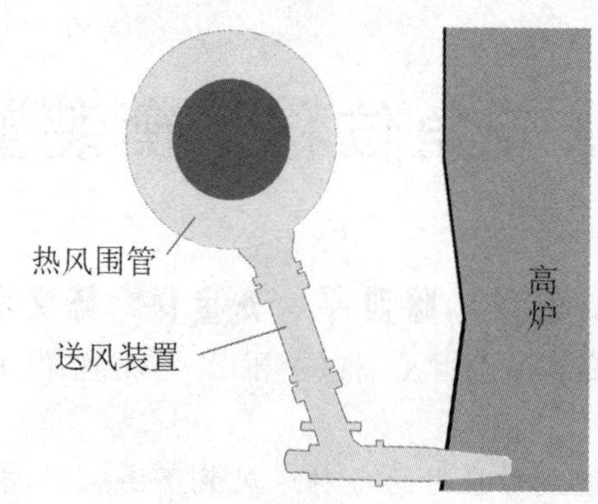

图 1　送风装置

况下变形量全部集中在膨胀节下部,造成下部波纹管变形量过大。由于该类型膨胀节内部流通的介质是温度高达 1200 ℃的热空气,膨胀节内部会专门浇注不定形耐火材料并设置隔热结构,过大的变形量将会破坏膨胀节的内部隔热结构,使膨胀节丧失隔热能力,导致其表面出现高温发红的现象,无法正常使用。

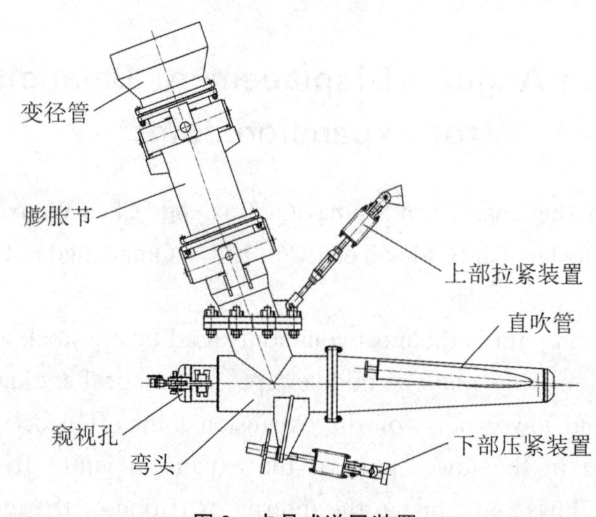

图 2　卡丹式送风装置

3　设计思路

作为复式万向铰链形膨胀节,其主要是补偿角向位移和径向位移,且其径向位移也是通过两组波纹管的角向位移组合而成的,如图 3 所示,其中 $\Delta\alpha_1 = \Delta\alpha_2$,$\Delta\alpha_总 = \Delta\alpha_1 + \Delta\alpha_2$;$\Delta\alpha = -\Delta\beta$,$\Delta Y = \sin(\Delta\alpha) \cdot L$($L$ 为膨胀节两铰链板中心销轴的距离)。[2-4] 在送风装置中,因其结构的特殊性,膨胀节可能会因弯头直吹管组件的非正常位移导致负角向位移和正径向位移同时出现的情况,如图 4 的 $\Delta\alpha_总$ 和 ΔY,此时的 $\Delta\beta$ 将会大于 $\Delta\alpha$,$\Delta\beta$ 的大小反映出了该复式膨胀节下部波纹管的变形情况,下部波纹管过大的变形将会破坏该处内部的隔热结构,致使膨胀节丧失隔热能力。

所以,为了防止此类情况的发生,我们设计了一种装置,确保膨胀节上、下两波纹管处于相同的角位移中。

4　结构的设计

本文提出一种卡丹式膨胀节角位移均衡装置,作为结构附件安装在高炉送风装置复式万向铰链式膨胀节上,通过联动机构保证膨胀节的上、下两部分在吸收角向位移时均匀变形,避免了膨胀节变形集中在其中一部分所造成的单个波纹管变形量过大而破坏内部隔热结构的情况。

图5为该角位移均衡装置的结构图。两组波纹管的拉板上分别焊接固定座板(2和7),固定座板通过销轴(1和6)与连杆(3和8)铰接,两端的连杆再通过销轴(9和10)[且考虑到膨胀节可能出现的侧向变形——一般情况下该种变形的量很小,为避免出现卡滞现象,销轴(9和10)的销轴孔加工为长条孔,(1)和(6)的销轴结构也是考虑此种情况设置的]连接到中间连杆(4)的两端,中间连杆通过连杆底座(5)同膨胀节中间接管焊接。当一侧连杆随波纹管的变形而发生转动时,当前动作带动中间连杆转动,从而带动另一侧连杆向反方向转动,驱动另一侧波纹管的反向变形,从而达到均衡两侧波纹管变形量的目的(图6)。

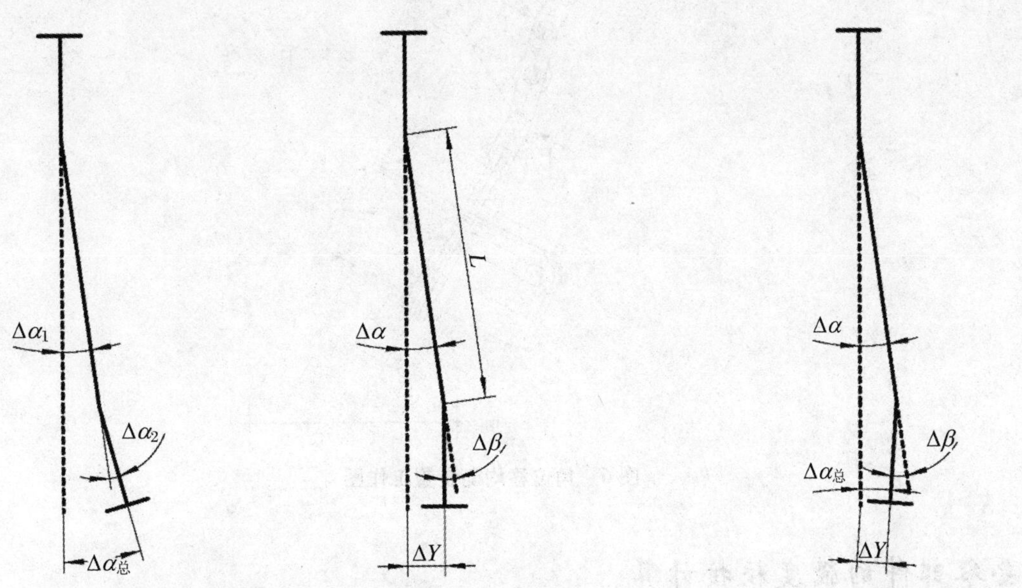

图3　复式万向铰链型膨胀节角向位移或径向位移示意图　　**图4　膨胀节非正常位移示意图**

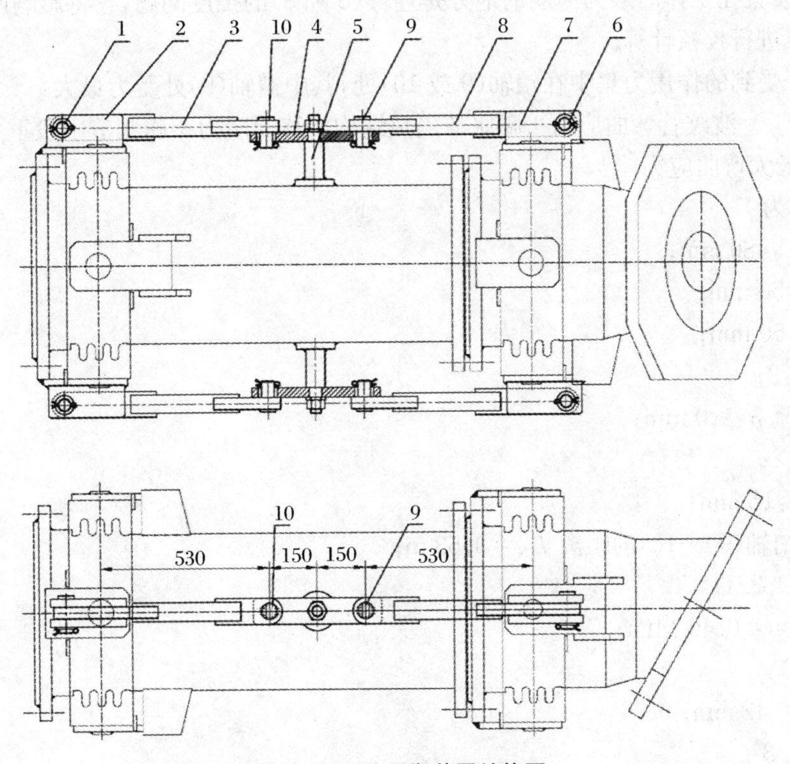

图5　角位移均衡装置结构图

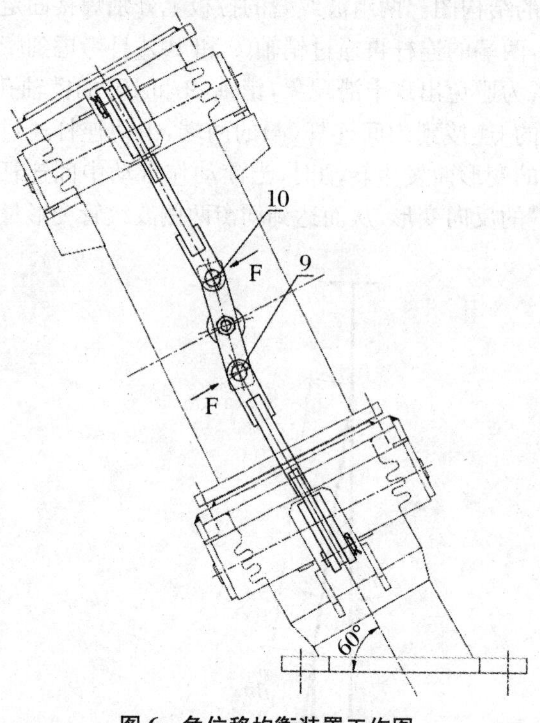

图 6　角位移均衡装置工作图

5　主要零部件的强度校核计算

该角位移均衡装置在工作时最为薄弱的地方是连杆(3 和 8)的挠度问题,它将影响两波纹管的同步变形程度,故本节将对其进行校核计算。

在工作时,连杆受到的作用力集中在销轴(9 或 10)处,其中销轴(9)处受力最大:

$$F_{总} = 波纹管弯曲应力 + 膨胀节隔热结构滑移面阻力 + 膨胀节中段重力$$

(1) 波纹管的最大弯曲应力

① 波纹管参数为:

直边段内径 D_b:480 mm;

波纹管波高 h:50 mm;

波纹管波距 q:50 mm;

波纹管波数 N:3;

波纹管单层壁厚 δ:1.0 mm;

波纹管层数 n:2;

直边段长度 L_t:15 mm;

波纹管中心到销轴(9 或 10)的距离 $L_N = 0.53$ m;

波纹管材质:SUS321;

工作条件压力:$p = 0.40$ MPa;

温度:$t = 200$ ℃;

横向位移 $\Delta Y =$ 42 mm;

角向位移 $\Delta\alpha =$ 3°。

② 波纹管弯曲刚度:

$$K_\theta = \frac{\pi D_m^2 f_{iu}}{2.88 \times 10^6 N}$$

其中单波轴向弹性刚度

$$f_{iu} = \frac{1.7D_m E_b^t \delta_m^3 n}{h^3 C_f}$$

代入相关数据得

$$K_\theta = 191(\mathrm{N \cdot m/^\circ})$$

③ 波纹管因弯曲作用在销轴(9 或 10)处的力

$$\begin{aligned} F_1 &= K_\theta \cdot \Delta\alpha \cdot L_N \\ &= 191\ \mathrm{N \cdot m/^\circ} \times 3^\circ \times 0.53\ \mathrm{m} \\ &= 303.7\ \mathrm{N} \end{aligned}$$

(2) 膨胀节内部隔热结构的摩擦阻力

膨胀节内部由陶瓷纤维、刚玉质耐火材料等隔热材料填充而成,其滑移面阻力没有成熟的公式可以计算,故通过模拟实验得到该数据:

$$F_2 \approx 800\ \mathrm{N}$$

(3) 膨胀节中段的自重

膨胀节中段自重 600 kg,膨胀节在工作时同水平方向夹角为 60°,故膨胀节中段由自重在销轴(9)产生的作用力为

$$\begin{aligned} F_3 &= m_{膨} \cdot \cos 60^\circ \cdot G \\ &= 300\ \mathrm{kg} \times 9.8\ \mathrm{N/kg} \\ &= 2940\ \mathrm{N} \end{aligned}$$

连杆尺寸如图 7 所示,由图中可以看出,连杆存在 3 种不同形状的截面(即截面 A-A,B-B,C-C)。计算对比这 3 种截面的惯性矩,其中截面 B-B 惯性矩最小。

$$I = 0.0491(D^4 - d^4) = 27.9\ \mathrm{cm}^4$$

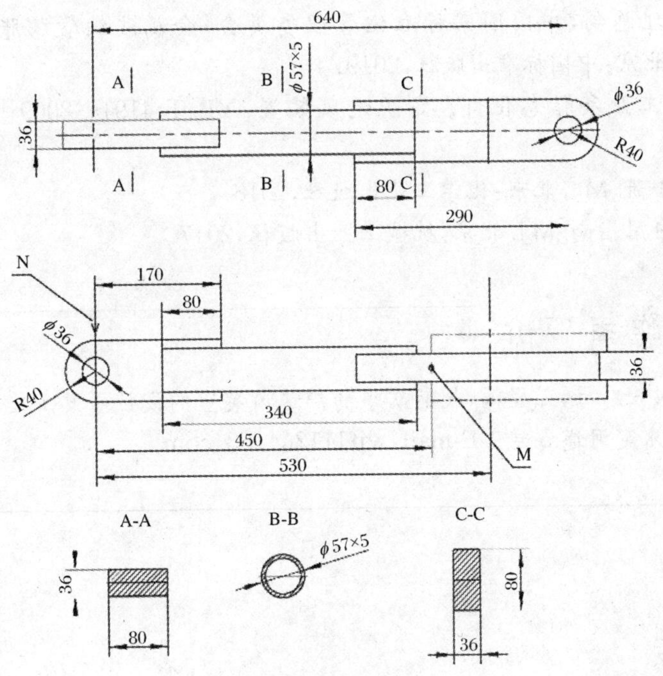

图 7　连杆尺寸结构图

所以,选择该截面的惯性矩作为计算依据,并简化连杆结构得到如图 8 所示的 M 点固支、N 点活动并承受集中载荷 P,长度为 L 的悬臂梁结构。

计算该悬臂梁的挠度 f_N:

$$f_N = \frac{PL^3}{3EI}$$

其中,集中载荷:$P = F_1 + F_2 + F_3 = 4043.7\ \text{N}$;$L = 450\ \text{mm}$;$E = 206\ \text{GPa}$;$I = 27.9\ \text{cm}^4$。

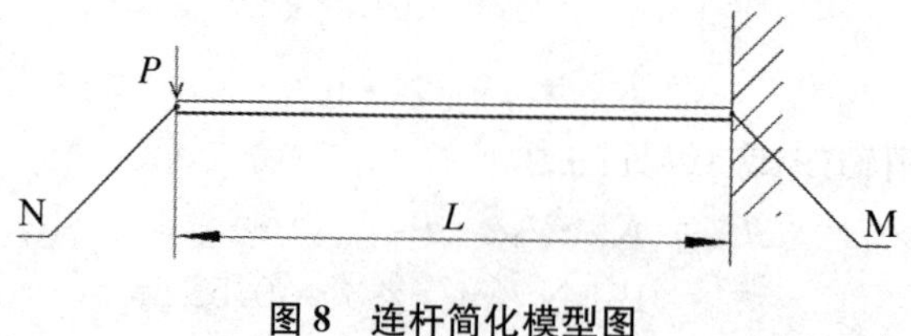

图8 连杆简化模型图

代入相关数据得

$$f_N = 2.18\ \text{mm}$$

将此挠度变形转化为以波纹管中心为顶点的角度变化

$$\gamma = 0.22^\circ$$

此角度不足设计角向位移 $\Delta\alpha = 3^\circ$ 的 1/10,误差完全在可以接受的范围内。故该连杆结构满足工作要求。

6 结论

本文根据实际工程的需要,克服现有产品的不足之处,叙述了一种卡丹式膨胀节角位移均衡装置的设计思路以及对主要部件的校核计算,解决了卡丹式膨胀节两波纹管变形不均的问题。

参考文献

[1] 国家市场监督管理总局,中国国家标准化管理委员会.金属波纹管膨胀节通用技术条件:GB/T 12777—2019[S].北京:中国标准出版社,2019.

[2] 中华人民共和国工业和信息化部. 高炉进风装置:YB/T 4191—2009[S]. 北京:中国标准出版社,2009.

[3] 成大先.机械设计手册[M].北京:化学工业出版社,2016.

[4] 段玫.膨胀节安全应用指南[M].北京:机械工业出版社,2017.

武敬锋(1984—),男,工程师,长期从事高炉送风装置的设计研发工作。通信地址:秦皇岛市经济开发区永定河道5号。E-mail:wjf1112@163.com。

含有非约束型膨胀节管道法兰连接的载荷变化

刘　永　宋　玉　付松涛

（航天晨光股份有限公司，南京 211100）

摘要：根据相关标准，螺栓法兰连接的设计是根据承受流体静压力及垫片压紧力计算的，但目前该计算只适用于刚性容器或管道的情况，当容器或管道上安装了非约束型膨胀节的时候，则变成了柔性容器或管道，流体静压力产生的载荷发生了显著变化。本文分析和计算了安装非约束型膨胀节的柔性管道法兰载荷与刚性管道法兰载荷的变化，螺栓载荷与法兰的力矩显著变小，可以大幅降低法兰连接成本。根据本文内容及时修订完善相关压力容器和压力管道标准，意义十分重大。

关键词：法兰；非约束型膨胀节；波纹管；内压引起的轴向力；载荷

Loading Changes of Flange Connection Attached to an Unrestrained Expansion Joint

Liu Yong, Song Yu, Fu Songtao

(Aerosun Corporation, Nanjing 211100)

Abstract: This paper analyzes and calculates the loading changes of flange connection attached to an unrestrained expansion joint in flexible piping comparing with that in rigid piping. The loading of bolting and torque of flange is significantly reduced so that the cost of flange connection will become much less. It is significant to update the applicable standards of pressure vessels and piping based on this paper.

Keywords: flange; unrestrained expansion joint; bellows; hydrostatic end force; loading

1　引言

依据 GB/T 150.3—2011，螺栓法兰连接的设计是根据承受流体静压力及垫片压紧力计算的，但该计算只适用于刚性容器或管道的情况，当容器或管道上安装了非约束型膨胀节的时候，则变成了柔性容器或管道，流体静压力产生的载荷发生了显著变化，需要重新计算。[1]

在 EJMA—2015 中描述了刚性管道和安装非约束型膨胀节的柔性管道法兰承受载荷的不同。[2]在刚性管道中，管道和法兰需要承受和平衡因压力产生的轴向推力，这样就在法兰连接处产生了一个使密封垫片松动的力和力矩，该轴向推力需要法兰螺栓来约束，其具体计算可参照文献[1]第 7 章。然而在安装一个非约束型膨胀节的柔性管道中，波纹管作为柔性元件，内压引起的作用于波纹管的轴向力不能被自身平衡，因此为了维持波纹管不被轴向推力拉长，在阀门处、管道转向处、管道盲端和主要支管的接口处通常安装主固定支座来承受这样的压力推力，详见 EJMA—2015 第 2 章膨胀节的选用和应用，这样法兰载荷变化的同时释放了螺栓的这个载荷。EJMA—2015 第 4.8 节对法兰的载荷变化做了说明（EJMA—2015 把压缩载荷差认为是 F_S-F_P，并且是压紧垫片的额外载荷，这种描述是不准确的，容易引起理解混乱。F_S 与 F_P 是标准中的符号，分别为内压引起的作用于波纹管的轴向力和内压引起的作用于管道（或法兰）内径截面的轴向力，本文的符号分别对应为 F_B 和 F_D），并且附录 J 提出了算例 6。[2]

除了上述两个标准涉及法兰连接的计算外，在 GB/T 20801.1—2006 中，当法兰承受外部轴向力和弯矩时,标准采取了用当量压力代替设计压力进行计算,虽然简便,但存在一定的误差,如螺栓载荷 W_P 的计算,故不能把操作状态下的垫片最小压紧力 F_P 的压力 p_c 用当量压力计算;还有在法兰力矩的计算时,没有考虑不同的力有不同的力臂。

螺栓法兰连接的设计看似非常复杂,涉及了不同的法兰形式和垫片形式,还有内外压工况,但其基本方法是确定垫片压紧力和螺栓载荷,根据垫片压紧力、螺栓载荷及流体静压力对法兰各个部位产生的作用力,计算合力矩,得出法兰的应力。通过梳理分析发现,在安装了非约束型膨胀的情况下,仅仅是增加了一处的轴向载荷,即内压引起的作用于波纹管的轴向力,该载荷改变了操作状态下需要的最小螺栓载荷以及操作状态下的法兰力矩。本文详细分析和计算了螺栓和法兰的载荷变化。除了本文列出的计算公式外,标准中的参数选取和其他计算公式包括应力计算和应力校核均不变。

2 术语与符号

下文中使用的术语与符号如下:

D_m为波纹管波纹的平均直径,单位为 mm;

F 为内压引起的总轴向力,单位为 N;

F'为对于宽面法兰,内压引起的总轴向力,单位为 N;

F_a为预紧状态下需要的最小垫片压紧力,单位为 N;

$F_B(=0.875D_m^2 p_c)$为内压引起的作用于波纹管的轴向力,单位为 N;

F_D为内压引起的作用于法兰内径截面上的轴向力,单位为 N;

F_G为窄面法兰垫片压紧力,包括 F_a,F_P,W(预紧)3 种情况,单位为 N;

F_P为操作状态下需要的最小垫片压紧力,单位为 N;

F'_P为对于宽面法兰,操作状态下需要的最小垫片压紧力,单位为 N;

F_R为对于宽面法兰,作用在螺栓中心圆外侧,为平衡 F_D,F'_P,F'_T 产生的力矩所需的轴向力,单位为 N;

F_T为内压引起的总轴向力 F 与 F_D之差,单位为 N;

F'_T为对于宽面法兰,内压引起的总轴向力 F'与 F_D之差,单位为 N;

L_A为螺栓中心至法兰颈部与法兰背面交点的径向距离,单位为 mm;

L_D为螺栓中心至 F_D作用位置处的径向距离,单位为 mm;

L_G为螺栓中心至 F_G作用位置处的径向距离,单位为 mm;

L'_P为对于宽面法兰,螺栓中心至垫片压紧力作用中心的径向距离,单位为 mm;

L_T为螺栓中心至 F_T作用位置处的径向距离,单位为 mm;

L'_T为对于宽面法兰,螺栓中心至 F'_T作用位置处的径向距离,单位为 mm;

M_P为法兰操作力矩,单位为 N;

W 为螺栓设计载荷,单位为 N;

W_P为操作状态下需要的最小螺栓载荷,单位为 N。

3 窄面法兰

3.1 内压操作状态载荷

3.1.1 法兰连接载荷示意图

窄面法兰示意图见图 1,为了简化,本文选取文献[1]图 7.1c 整体法兰作为例子,说明法兰连接载荷情况,其他法兰形式的载荷变化是相同的。图 1 和文献[1]图 7.1c 的区别在于,为了便于理解力的相互作用,左侧增加了配对的法兰和波纹管,增加了内压引起的作用于波纹管的轴向力 F_B。为了便于和刚性管道法兰的计算结果相比较，载荷忽略了膨胀节刚度力，具体如图 1 所示。

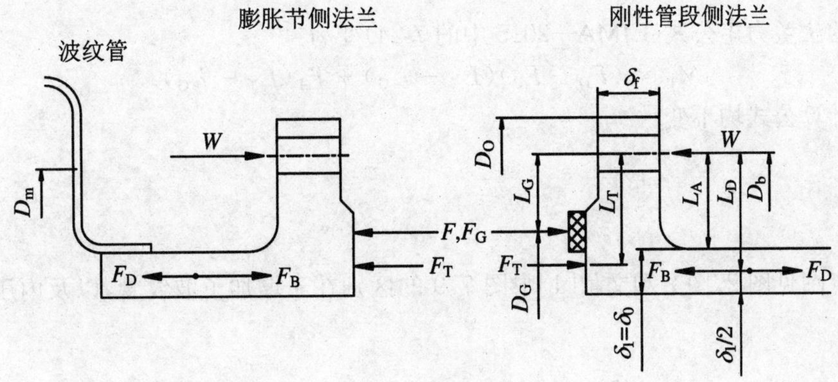

图 1　窄面法兰

内压引起的作用于波纹管的轴向力 F_B不影响预紧状态下的螺栓和法兰载荷，所以下面的螺栓和法兰的载荷分析和计算均为操作状态下。

3.1.2　螺栓载荷

预紧状态下需要的最小螺栓载荷不变。根据图 1 所示，在操作状态下，膨胀节侧法兰受到内压引起的作用于波纹管的轴向力 F_B的作用，与内压引起的总轴向力 F 方向相反；根据 EJMA—2015 第 4.8 节的说明，刚性管段侧的主固定支座要承受 F_B，则法兰要受到主固定支座的反作用力 F_B，与内压引起的总轴向力 F 方向相反，F_B有压紧垫片的作用，这样作用于垫片的为这两个力之差 $F-F_B$（而不是 EJMA—2015 认为的 F_D-F_B），可减少螺栓的压紧力。

操作状态下需要的最小螺栓载荷公式（EJMA—2015 中的 7-6）变为

$$W_P = F_P + F - F_B \tag{1}$$

一般情况下，D_G和 D_m大小接近，因此 F 和 F_B大小接近，$F-F_B=0$，则操作状态下需要的最小螺栓压紧力 $W_P=F_P$。螺栓的其他计算公式均不变。

3.1.3　法兰载荷

根据图 1 的载荷说明，法兰力矩是由不同力臂下的分量力产生的力矩矢量和，作用于 L_D处的用于计算法兰力矩的分量力变为了 F_D-F_B（EJMA—2015 提到的 F_D-F_B涉及的是计算垫片压紧力），则操作状态下的法兰力矩公式（EJMA—2015 中的 7-14）变为

$$M_P = (F_D - F_B)L_D + F_T L_T + F_G L_G \tag{2}$$

法兰的其他计算公式均不变。

3.2　外压操作状态载荷

3.2.1　法兰连接载荷示意图

外压操作状态下法兰连接载荷同参照图 1，反映螺栓压紧力的 W 和 F_G方向不变，其他压力引起的载荷方向相反。在计算中所有值取正值，根据正反方向进行加减。

3.2.2　螺栓载荷

操作状态下需要的最小螺栓载荷公式（EJMA—2015 中的 7-6）变为

$$W_P = F_P - F + F_B \tag{3}$$

螺栓的其他计算公式均不变。

3.2.3 法兰载荷

操作状态下的法兰力矩公式(EJMA—2015 中的 7-24)变为

$$M_P = (F_D - F_B)(L_D - L_G) + F_T(L_T - L_G) \tag{4}$$

法兰的其他计算公式均不变。

4 反向法兰

反向法兰示意图见图 2,图 2 和文献[1]中图 7.9 的区别在于增加了波纹管,以及内压引起的作用于波纹管的轴向力 F_B。

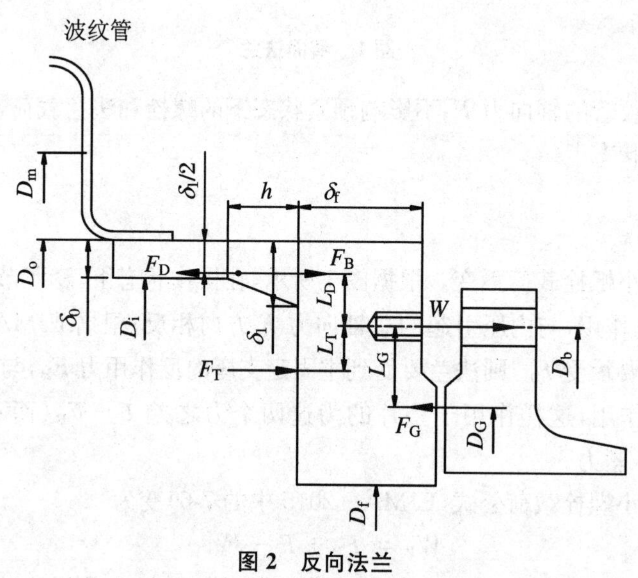

图 2 反向法兰

4.1 螺栓载荷

螺栓载荷计算公式遵照本文 3.1.2 的规定。

4.2 法兰载荷

在操作状态下的法兰力矩公式(EJMA—2015 中的 7-26)变为

$$M_P = |(F_D - F_B)L_D + F_T L_T - F_G L_G| \tag{5}$$

法兰的其他计算公式均不变。

5 宽面法兰

宽面法兰示意图见图 3,为了简化,本文选取文献[1]中图 7.13 的高径法兰作为例子,其他法兰形式的载荷变化是相同的。图 3 和文献[1]中图 7.13 的区别在于增加了波纹管,以及内压引起的作用于波纹管的轴向力 F_B。

5.1 螺栓载荷

操作状态下的螺栓载荷计算公式(EJMA—2015 中的 7-50)不变,仍为

$$W_P = F' + F'_P + F_R \tag{6}$$

但式中的 F_R 公式变为

$$F_R = \frac{(F_D - F_B)L_D + F'_P L'_P + F'_T L'_T}{L_R}$$

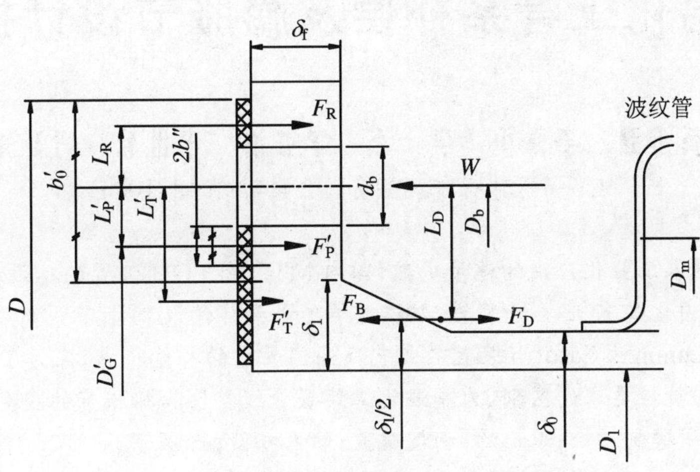

图3　宽面法兰

5.2　法兰载荷

法兰力矩计算公式(EJMA—2015 中的 7-51)不变，但 F_R 采用本文 5.1 节的计算。法兰的其他计算公式均不变。

6　结论

在安装非约束膨胀节的管道或压力容器上，通过分析，一般螺栓载荷与法兰的力矩明显变小了，这样可以减少螺栓数量或直径以及法兰壁厚，从而减少成本，可以抵消因增加主固定支座的成本。简便的方法是，可以从计算的载荷反过来推算出当量操作压力，选用接近的上一压力等级法兰。新版压力容器标准可以增加安装非约束膨胀节的法兰连接的计算公式。鉴于膨胀节应用广泛，可以参照法兰标准，分系列设计法兰规格，便于选用。根据本文内容及时修订完善相关压力容器和压力管道标准，意义十分重大。

参考文献

[1]　中华人民共和国国家质量监督检验检疫总局，中国国家标准化管理委员会. 压力容器：GB/T 150—2011[S]. 北京：中国标准出版社，2012.

[2]　Expansion Joint Manufacturers Association. Standards of the Expansion Joint Manufacturers Association：EJMA—2015[S].

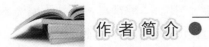

作者简介

刘永(1968—)，男，高级工程师，主要从事膨胀节研究及国际业务。通信地址：南京市江宁区天元中路 188 号航天晨光股份有限公司。E-mail：15077872002@163.com。

高温化工管系补偿及膨胀节设计探讨

杨玉强　李德雨　李　杰　李张治　李世乾　闫廷来
（洛阳双瑞特种装备有限公司，洛阳 471000）

摘要：随着制烯烃技术工业化应用的逐步成熟，国内 MTO 和 PDH 装置的建设迅猛发展，得到了越来越多的重视。本文结合国内化工行业主流装置，从工艺包、管系补偿及膨胀节设计 3 个方面，介绍了 FCC、MTO、Lummus SM 及 Lummus Catofin 装置的工艺及高温管系的补偿特点，探讨了不同装置用高温膨胀节的设计条件、功能结构与特性要求的区别，为高温化工装置管线补偿和膨胀节的安全设计提供了参考。

关键词：催化裂化；甲醇制烯烃；苯乙烯；丙烷脱氢；管系补偿；膨胀节

Discussion on the Design of Piping Compensation and Expansion Joint for High Temperature Chemical Pipeline

Yang Yuqiang, Li Deyu, Li Jie, Li Zhangzhi, Li Shiqian, Yan Tinglai
(Luoyang Sunrui Special Equipment Co. Ltd., Luoyang 471000)

Abstract: With the gradual maturity of the industrial application of olefin production technology, the construction of domestic MTO and PDH devices has developed rapidly and has received more and more attention. In this article, the process design of FCC, MTO, Lummus SM and Lummus Catofin devices and the characteristics of high-temperature piping compensation are described from the perspective of process package, piping compensation and expansion joint, which combines the main equipments of the domestic chemical industry. Furthermore, the differences among design conditions, functional structure and characteristics of high temperature expansion joint for different devices are also studied, which provide a reference for the safe design of pipeline compensation and expansion joint in high-temperature chemical devices.

Keywords: FCC; MTO; styrene; PDH; piping compensation; expansion joint

1　引言

烯烃作为基本有机化工原料，在现代石油和化学工业中具有十分重要的作用，尤其随着烯烃下游衍生物需求的迅猛增长，国内烯烃产能难以满足日益增长的市场需求。目前，主要的生产工艺有两大类：传统工艺与新兴工艺。传统烯烃的生产工艺主要分为蒸汽裂解和催化裂化（FCC），皆为油制丙烯路线。近年来，以煤制烯烃和丙烷脱氢为主的新兴生产工艺迅速发展，并且展现出较强的经济性。[1]这些工艺包具有类似特点，反应温度在 500～700 ℃之间，管道系统具有操作温度高、压力低、管径大的特点，通过自然补偿的方法难以满足管道热膨胀的要求，需采用金属膨胀节来吸收管系的热位移[2]，只有科学合理地设计这些膨胀节，才能保证装置的长周期安全平稳运行。

本文结合工程实际，借鉴以往装置的设计经验，通过对比催化裂化（FCC）、甲醇制烯烃（MTO）、Lummus SM（苯乙烯）及 Lummus Catofin 丙烷脱氢装置（PDH）工艺的特点及对关键设备布置，探讨不同装置用高温膨胀节的设计条件、功能结构与特性要求的区别，为高温化工装置管线补偿和膨胀节的安全设计提供参考。

2 不同高温化工装置工艺分析

2.1 FCC装置

催化裂化是在约550 ℃和催化剂的共同作用下，使重质油产生裂化反应，转化为气体、汽油、柴油等轻质油品的过程，普遍采用的是流化床催化裂化(FCC)工艺，如图1所示。催化裂化装置的主要组成部分有反应-再生装置、烟气能量回收装置、分馏装置和吸收稳定装置，其中膨胀节应用最多的为反应-再生装置和烟气能量回收装置，限于篇幅，仅分析能量回收系统(三旋-烟机)。能量回收系统，利用再生器中产生的大量高温烟气，经过三级旋风分离器除去其中所含的绝大部分催化剂固体颗粒，直接送入烟气轮机推动转子做功，达到能量回收的目的。[3]

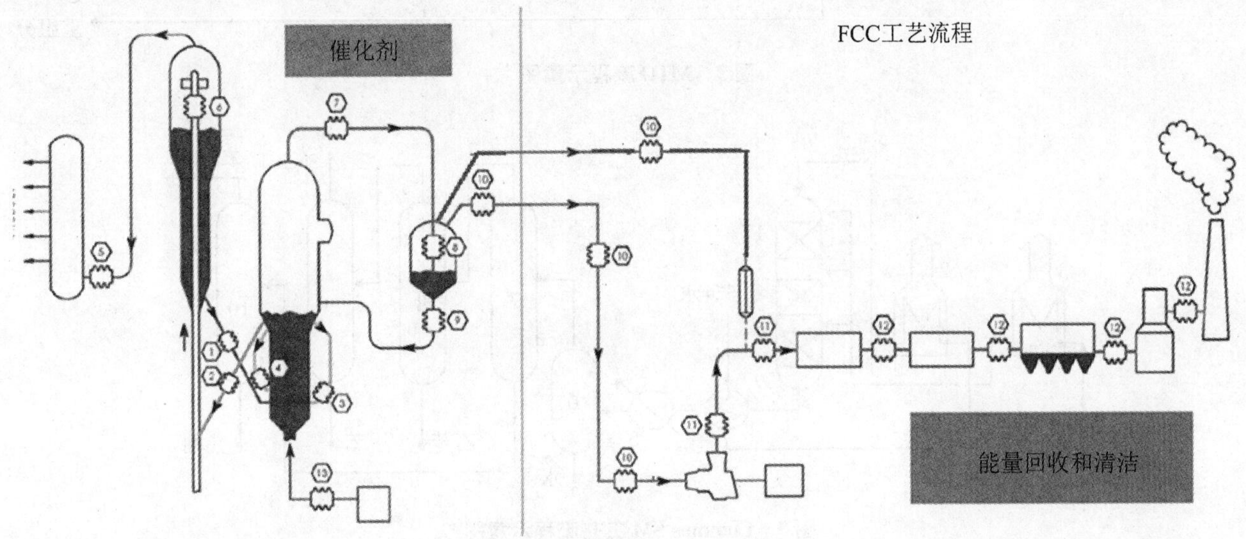

图1 催化裂化工艺流程简图

2.2 MTO装置

MTO的反应机理是甲醇先脱水生成二甲醚(DME)，然后DME与原料甲醇的平衡混合物脱水继续转化为以乙烯、丙烯为主的低碳烯烃，少量C_2、C_5的低碳烯烃进一步由环化、脱氢、氢转移、缩合、烷基化等反应生成分子量不同的饱和烃、芳烃、C_6^+烯烃及焦炭。[4]普遍采用的是流化床工艺，如图2所示，从图中可以看出，该工艺流程有一个混合C_4烯烃裂解转化反应器，可将脱C_4塔上部分流出的混合C_4进一步转化为丙烯，但没有考虑C_5^+烃类的转化。

MTO的反应机理过程见式(1)[5]，在一定的Cat催化下，甲醇首先进行脱水反应生成甲醇、二甲醚和水的混合物，之后继续脱水生成目标产物乙烯和丙烯；其他少量反应物转化成相应的副产物，并放出大量的热。

$$\text{甲醇}\xrightarrow[460\sim520\ ℃]{\text{Cat}}\text{乙烯}+\text{丙烯}+\text{副产物}(C_4^+\ \text{烯烃}+\text{烷烃}+\text{氧化物}+\text{焦炭})+\text{热量} \tag{1}$$

2.3 Lummus SM装置

乙苯(新鲜的和循环的)和主蒸汽与过热蒸汽混合，在多段反应器中脱氢，脱氢反应条件为620～645 ℃，压力为0.03～0.13 MPa，经分馏后得到高纯度SM，并且副产苯和甲苯产品，Lummus SM采用的是固定床工艺，如图3所示。

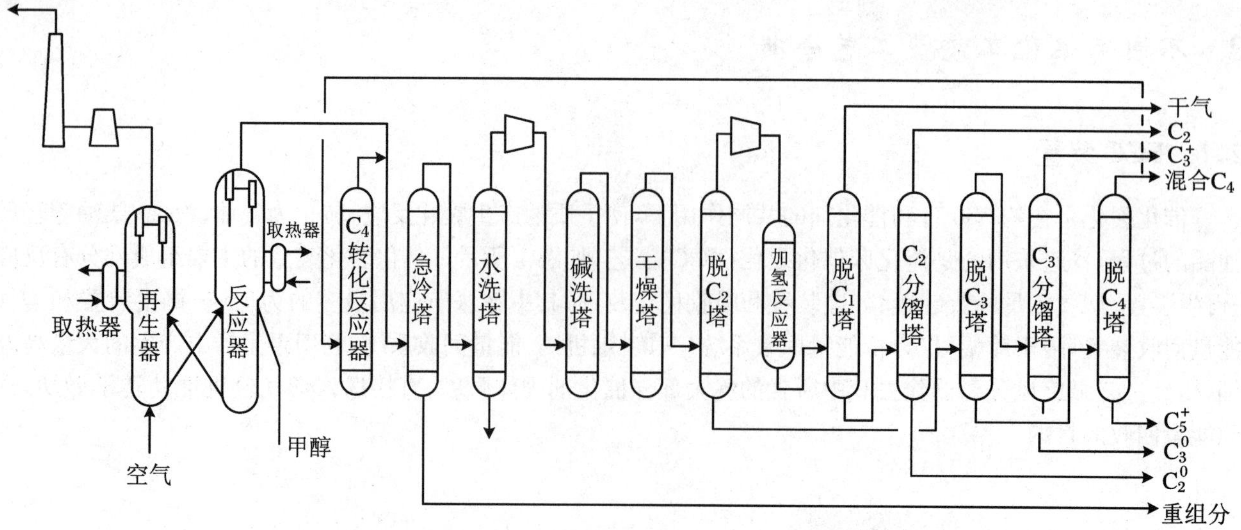

图 2 MTO 流程示意图[4]

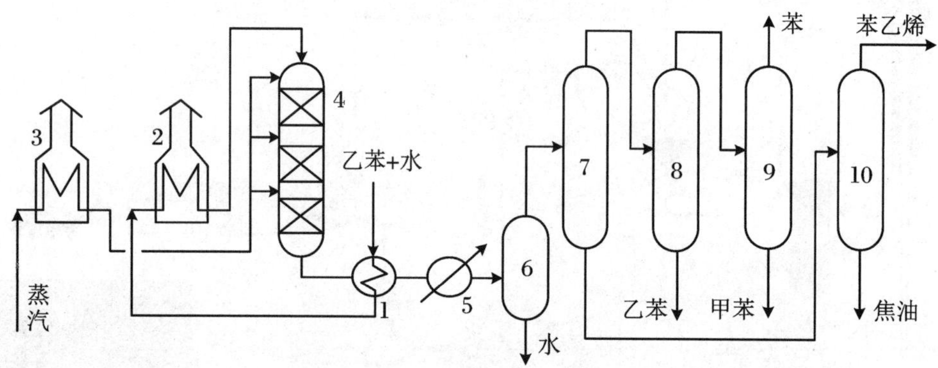

图 3 Lummus SM 工艺流程示意图[6]

1. 乙苯蒸发器;2. 乙苯加热炉;3. 蒸汽过热炉;4. 反应器;5. 冷凝器;6. 有水分层器;
7. 乙苯蒸馏塔;8. 苯、甲苯回收塔;9. 苯、甲苯分离塔;10. 苯乙烯精馏塔

乙苯氧化需要吸收一定量的热量,主要采用高温过热蒸汽直接换热方式为反应提供能量,反应器形式主要采用绝热式固定床反应器,反应原理见式(2)[6],高温有利于乙苯向苯乙烯转化。

$$C_6H_5\text{—}CH_2\text{—}CH_3 \xrightarrow{600\ ℃} C_6H_5\text{—}CH{=}CH_2 + H_2 \quad (\text{吸热}) \tag{2}$$

2.4 Lummus Catofin 丙烷脱氢装置(PDH)

新鲜轻烷烃与来自产品分离塔的循环轻烷烃混合后,经原料汽化器脱除重组分(主要为原料中 C_4 以上的组分),然后加热到脱氢反应需要的温度,进入脱氢反应器,在催化剂的作用下发生脱氢反应。脱氢反应器排出料(生成气)经冷却、压缩及干燥后,气相组分为轻质气,主要成分为反应生成的氢气及原料中 C_2 以下组分,去 PSA 单元制氢气;液相组分主要为反应生成的丙烯及未反应的丙烷,进入产品分离塔进一步精制,得到本项目的产品丙烯,Lummus Catofin 采用的是固定床工艺,如图 4 所示。

丙烷脱氢反应为强吸热反应,主反应见式(3),为了提高反应转化率,需将反应温度升高或者降低压力,有利于反应向正方向进行,但反应温度过高将使产物丙烯发生深度脱氢形成焦炭,加快催化剂的失活。通常催化脱氢反应温度控制在 590~600 ℃,压力为 −0.05 MPa。

$$C_3H_8 \xrightarrow[590\ ℃\ +\ Cr_2O_3\ -\ Al_2O_3]{33.9\sim50.8\ kPa} C_3H_6 + H_2 (\text{吸热}) \tag{3}$$

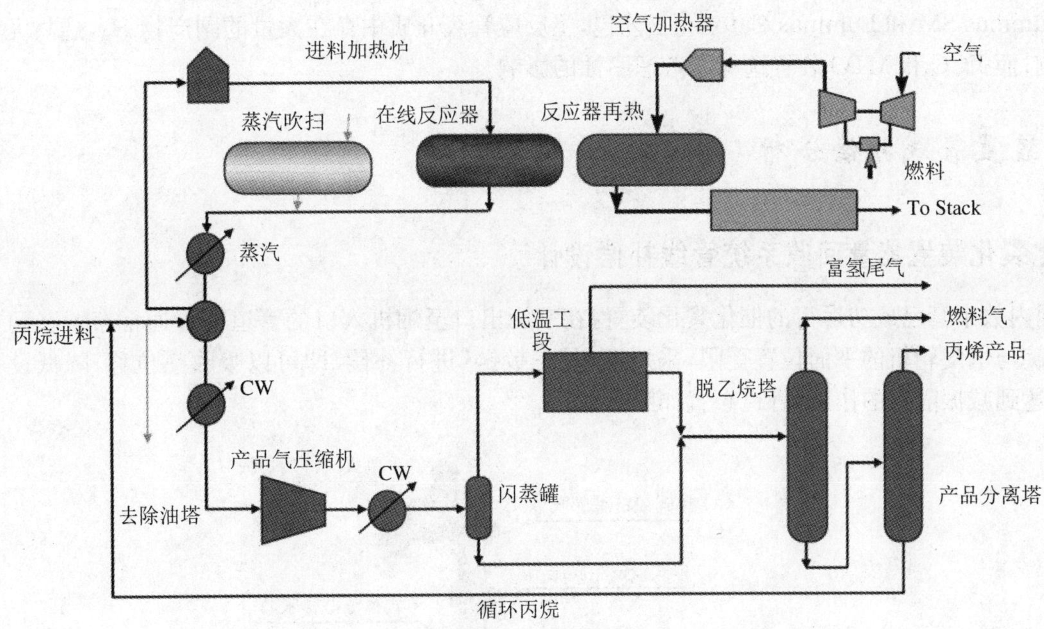

图 4 Lummus Catofin 丙烷脱氢总体工艺流程图

2.5 4 种高温装置工艺包有关管线工况的对比分析

4 种高温装置工艺包运行参数对比见表 1。

表 1 4 种高温装置工艺包运行参数对比

项目	FCC	MTO	Lummus SM	Lummus Catofin
设计温度(℃)	~720	550	649	649
设计压力(MPa)	0.35	0.28	0.21/FV	0.276/FV
介质流速(m/s)	~52	~30	~83	~100
工作介质	腐蚀性烟气，少量催化剂等	有毒、轻烯烃混合气，少量醋酸	乙苯、苯、少量氢气等	烷烃、烯烃、氢气等
管道级别	GC2	GC2	GC2	GC2
外保温厚度(mm)	无	无	≥220	≥220
管系主材	316H	Q245R	321H	321H
管系是否热壁	是	否	是	是
是否蠕变	是	否	是	是
反应器类型	流化床，连续反应	流化床，连续反应	固定床；三段式反应器，连续反应	固定床，多台反应器，间歇式循环反应
能量释放	催化吸热、再生放热	放热	吸热	吸热

由表 1 可知：

(1) Lummus SM 和 Lummus Catofin 工艺包属于高温强吸热反应，MTO 装置属于高温放热反应，而 FCC 装置反应机理复杂，既有吸热过程，又有放热过程，尤其在能量回收系统温管线温度更高。

(2) 丙烷脱氢工艺采用多台卧式固定床反应器按脱氢—再生—抽真空的间歇式循环操作，反应器处于交变工况，而管系温度基本恒定不变；其他装置均为连续反应。

(3) 4 种高温装置均需在高温下持续稳定反应，其中 Lummus SM 和 Lummus Catofin 工艺包主管线保温层厚度≥220 mm，管系温度基本恒定不变；而 FCC 烟机入口管线和 MTO 管线无保温，管系的温度波动较大。

(4) 除 MTO 装置外,其他三大高温装置主管线始终在高温蠕变温度以上长周期运行。

(5) Lummus SM 和 Lummus Catofin 工艺包,主反应管线介质中存在大量的副产物 H_2,选材尤其要考虑氢脆影响;而 FCC 和 MTO 装置选材需考虑腐蚀的影响。

3 高温装置管线补偿分析

3.1 催化裂化装置能量回收系统管线补偿设计

统计国内数十套已成功运行的催化裂化装置,在三旋出口至烟机入口的管道布置通常布置在两个平面上,由于三旋与烟气轮机的平面位置受限,采用两组“三铰链”进行补偿,即可以吸收热位移,降低设备管嘴受力,又能达到减振隔振的作用,管道布置如图 5 所示。[7-9]

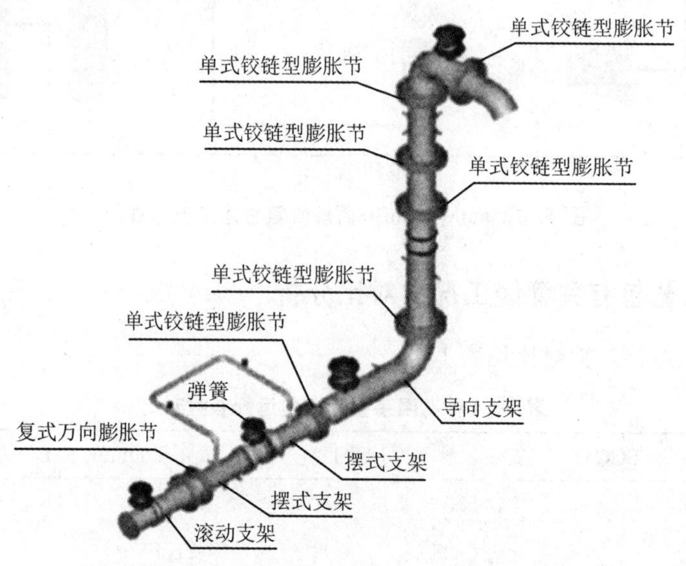

图 5 催化裂化(FCC)烟机入口管线补偿设计

3.2 MTO 高温管线补偿设计

MTO 装置反应气体管道是指从反应器出口经过反应气三级旋风分离器、甲醇-反应气换热器至急冷塔的管段部分。管道补偿设计时需注意:① 在满足管道柔性和设备管口受力的要求下,缩短管道长度,可有效减少管道压降。② 做好管道热补偿。因管道管径大,介质温度高,为保证装置安全长周期运行,管道热补偿研究尤为重要。③ 管道补偿主要采用“三铰链”的补偿方式,管道布置如图 6 所示。

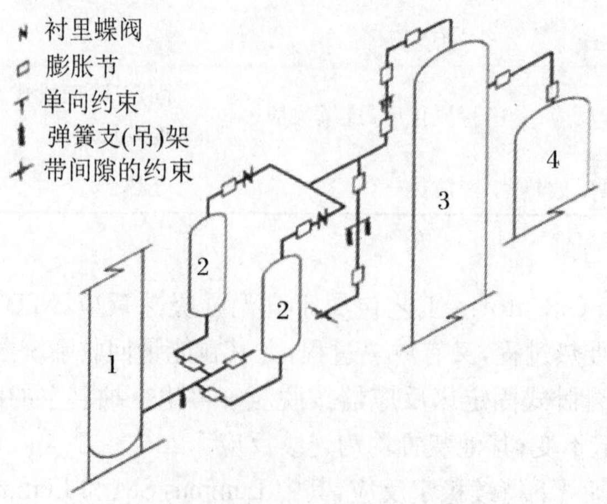

图 6 MTO 反应气体管道补偿设计

3.3 Lummus SM 装置高温管线补偿设计

Lummus SM 装置反应区主要包括过热蒸汽炉到一段反应器之间的高温管道，一、二段反应器之间的高温管道，以及二段反应器到过热蒸汽炉之间的高温管道三大高温管道系统。这些管道系统具有操作温度高、压力低、管径大的特点，通过自然补偿的方法难以满足管道柔性和设备管口受力的要求，每台设备之间安装复式自由比例杆型或复式拉杆型膨胀节进行补偿，管道布置如图 7 所示。

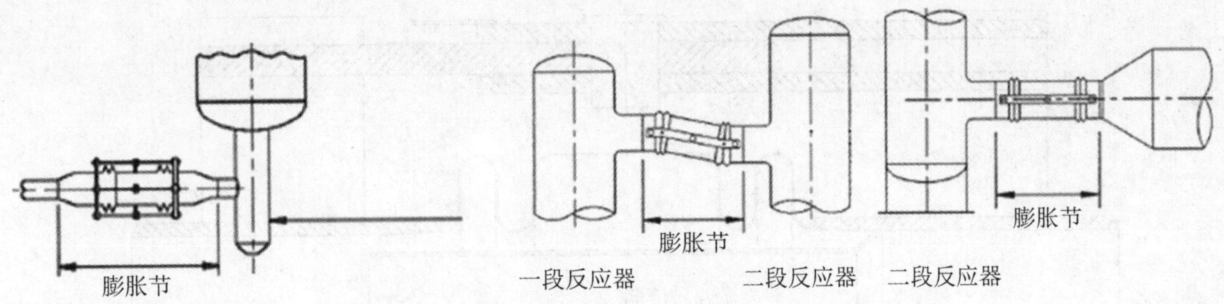

图 7 Lummus SM 管道布置图

3.4 Lummus Catofin 高温管线补偿设计

PDH 装置的反应区主要包括原料烃进出口管道系统、再生空气管道系统以及抽真空管道系统等三大管道系统。反应区中的 3 台反应器平行并排布置，每台反应器都要经历脱氢—再生—抽真空的快速循环过程（一个完整的循环过程历时 24 min），在连续操作和保温不失效的情况下，管道系统的热量损失有限，避免了不同管段间产生温差的可能性，基本能保证工艺进出口总管温度恒定不变，还可以有效地避免各种复杂的工况组合。每 2 台反应器之间的管段布置 2 个开长圆孔铰链式膨胀节，该膨胀节的特点是工作时既可以绕销轴转动变形，也可以沿轴向压缩或拉伸，其他位置采用“三铰链”的形式进行补偿，30 万吨/年 PDH 装置管道布置如图 8 所示。

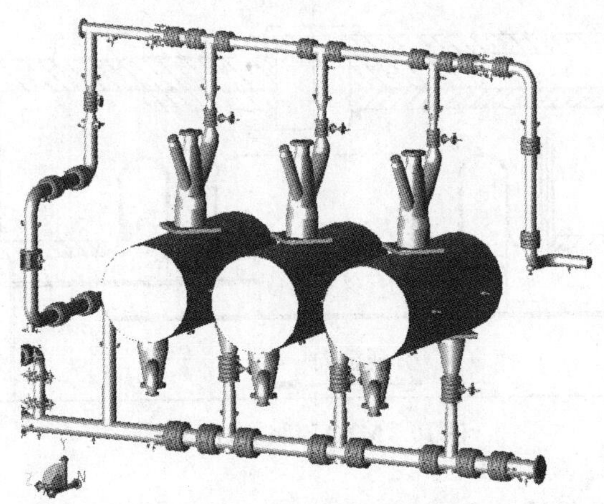

图 8 Lummus Catofin 装置物料管线补偿设计

4 膨胀节的设计分析

4.1 催化裂化装置能量回收系统膨胀节结构设计

在 FCC 能量回收系统，膨胀节主要用于高温、高速的烟气热壁管线，介质中含硫化物、氯离子、微量焦体及催化剂颗粒等，膨胀节的失效形式主要有高温蠕变疲劳、腐蚀及振动疲劳等，这就要求波纹管膨胀节既要满足补偿性能,又要具有耐高温、耐腐蚀及抗振性能。

波纹管材质通常选用耐温和耐蚀性能优良的镍基合金 Inconel 625,膨胀节结构形式如图 9 所示。文献[10]从高温性能、材料成分及疲劳性能对比 Inconel 625 和 Inconel 625LCF 合金,发现在 FCC 能量回收部位的热壁管线,Inconel 625LCF 合金更适用,建议材料进行优化升级。同时,鉴于烟机入口管道的苛刻运行工况和重要性,近年来“单层承压、双层报警”结构的成功应用,在 FCC 的重要部位可以考虑采用这种结构,提前预警,给备件或更换争取时间。

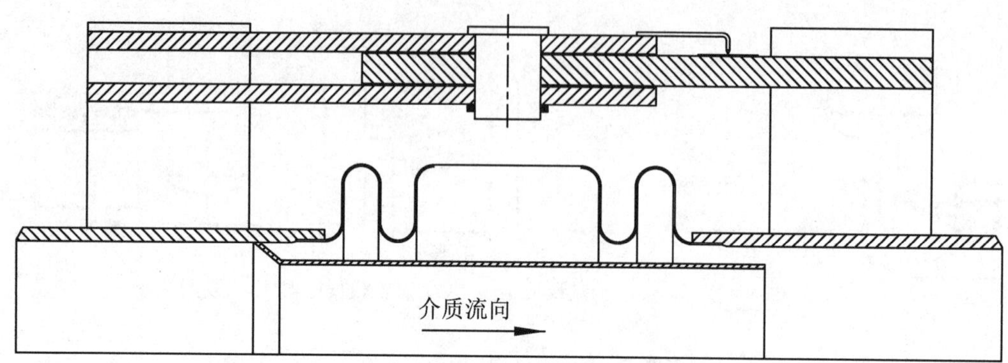

图 9　FCC 膨胀节结构示意图

4.2　MTO 装置膨胀节结构设计

MTO 装置,介质轻烯烃混合气,少量醋酸,波纹管设计温度 550 ℃,压力 0.28 MPa。300 系列不锈钢在高温使用时,会产生碳化物析出和脆化等现象,在 450～850 ℃使用时,会析出碳化物,导致敏化,容易引起晶间腐蚀。在实际生产应用中,Inconel 625 合金广泛用于制造航空发动机零部件、宇航结构部件和接触海水并承受高机械应力的场合,乙酸和乙酐反应发生器、酸性气体环境的设备和部件、硫酸冷凝器、烟气脱硫系统等一些具有温度较高和酸性腐蚀介质的场合。根据 MTO 管道的工况条件,波纹管选用 Inconel 625 材料,膨胀节的结构如图 10 所示。

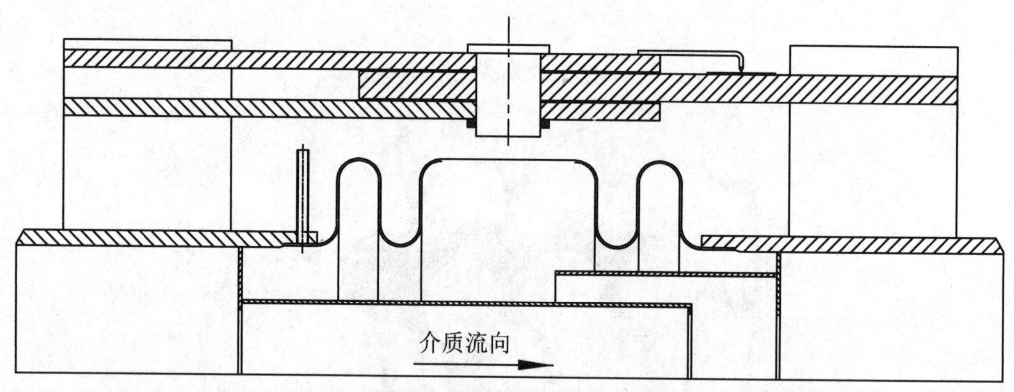

图 10　MTO 膨胀节结构图

4.3　Lummus SM 装置膨胀节结构设计

在 Lummus SM 装置中,介质主要为乙苯、苯乙烯、氢气等。膨胀节设计时既要满足管线柔性补偿,又要具有耐高温等功能。Lummus SM 工艺提供的膨胀节结构如图 11 所示,膨胀节采用“冷壁”设计,“单层承压、双层报警”,波纹管选用 321H,为防止工艺物料沿内隔热层的间隙滞留在波纹管内部,在局部高温条件下,易在波纹管内壁发生结焦,该管道系统的膨胀节都设计了吹扫系统。膨胀节长期运行状态为低温低应力,低于蠕变温度。

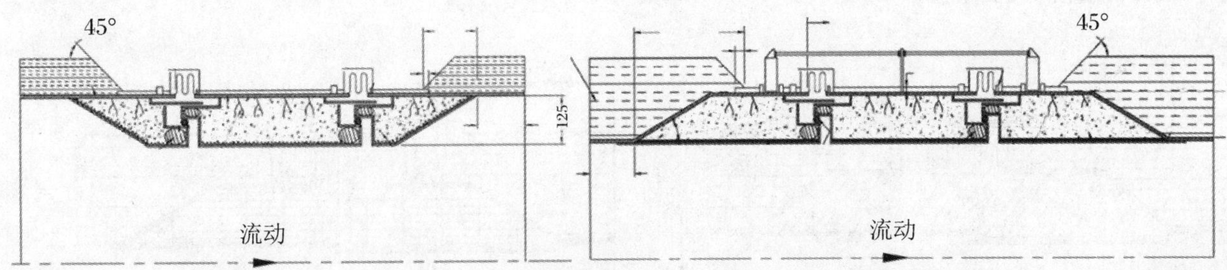

图 11　Lummus SM 膨胀节结构示意图

4.4　Lummus Catofin 膨胀节结构形式

PDH 装置中，膨胀节主要用于三大高温热壁管线，介质中主要为轻烯烃、氢气和微量的结焦体等，膨胀节的失效形式主要为导流筒结焦失效和泄漏报警装置失效等。PDH 装置的运行工况如图 12 所示，以物料管线为例。

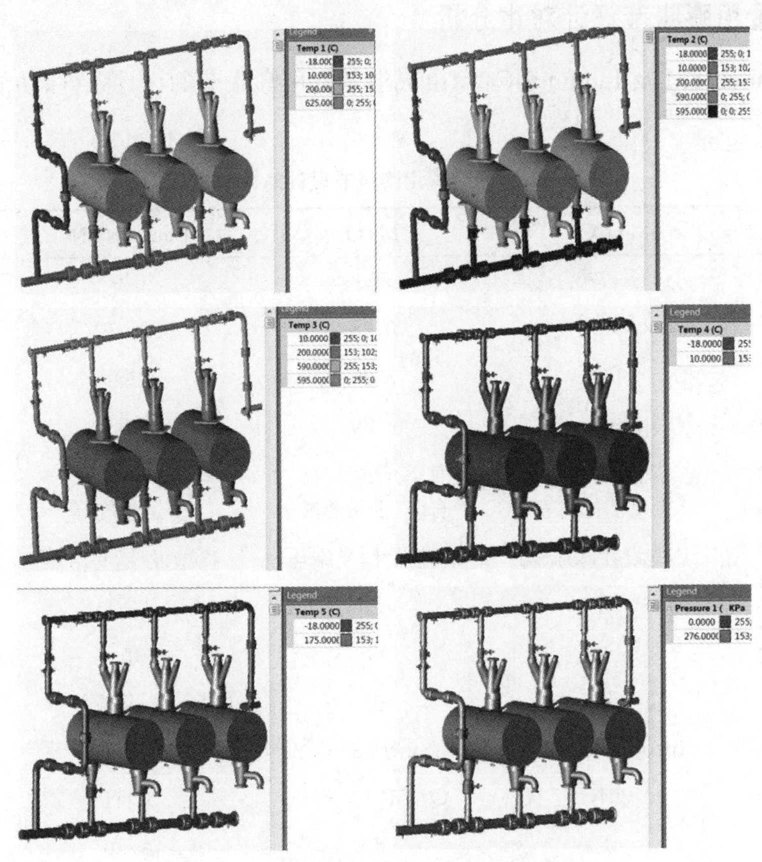

图 12　PDH 装置物料管线工况分析

膨胀节设计时既要满足管线柔性补偿，又要具有耐高温及防结焦功能。Lummus Catofin 工艺提供的膨胀节结构如图 13 所示，膨胀节采用“冷壁”设计，“单层承压、双层报警”，波纹管选用 321H，为防止工艺物料沿内隔热层的间隙滞留在波纹管内部，在局部高温条件下，易在波纹管内壁发生结焦，该管道系统的膨胀节都设计了吹扫系统，膨胀节长期运行状态为低温低应力，低于蠕变温度。

由式(3)可知，PDH 装置反应产物中有大量的副产物 H_2，装置选材一定要考虑氢脆的影响。通过研究表明，Si 对材料氢脆敏感性的影响与 Mo 恰恰相反，一般认为 Si 的加入能增加材料的氢脆抗性，尽可能加入 V、Ti 等元素使碳固定。Mo 的加入能够促进 Nb、Ti、Cr 等元素的碳化物的细化，这些碳化物作为氢陷阱，提升了材料的氢脆抗性。同时，管线长期处于恒定的温度状态，膨胀节的工作环境良好，对于高温管线材料

选择 321H 既经济又安全。[11-12]

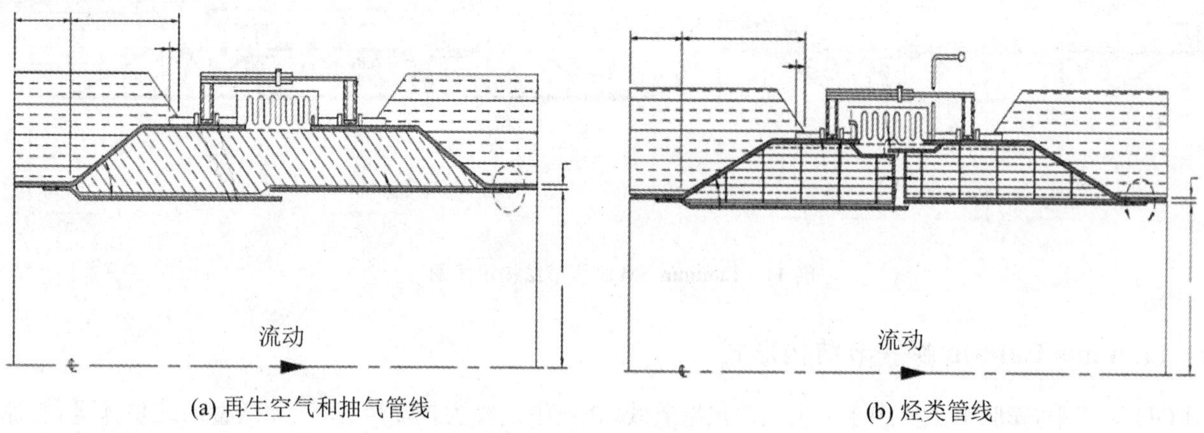

(a) 再生空气和抽气管线　　(b) 烃类管线

图 13　Lummus Catofin 膨胀节结构示意图

4.5　不同高温装置用膨胀节设计对比分析

FCC、MTO、Lummus SM 及 Lummus Catofin 高温装置用膨胀节的设计条件、功能结构与特性要求等方面见表 2。

表 2　高温装置用膨胀节设计对比分析

	项目	FCC	MTO	Lummus SM	Lummus Catofin
设计条件	T(℃)	~720	550	649	649
	P(MPa)	0.35	0.28	0.21/FV	0.276/FV
	DN_{max}(mm)	4800	2800	2600	2700
介质特点	V(m/s)	~52	~30	~83	~100
		腐蚀性烟气,少量催化剂等	有毒、轻烯烃混合气,少量醋酸	乙苯、苯、少量氢气等	烷烃、烯烃、氢气等
	隔热	热壁设计,易振动	冷壁设计,易结焦	冷壁设计,易结焦	冷壁设计,易结焦
	报警	否	是	是	是
	吹扫	否	否	是	是
	是否蠕变	是	否	否	否
主材	波纹管	Inconel 625 Gr2	Inconel 625 Gr2	321H	321H
	筒体	304H	Q245R+316H	321H	321H
	保温厚度(mm)	无	无	≥220	≥220
	管线补偿	主要采用"三铰链"补偿	主要采用"三铰链"补偿	主要采用复式自由型补偿	主要采用"铰链轴向型"补偿

由表 2 可知:

(1) MTO、Lummus SM 及 Lummus Catofin 装置用膨胀节采用"冷壁"设计,膨胀节长期在低温低应力状态下工作,工况良好;而 FCC(三旋-烟机)装置用膨胀节采用"热壁"设计,膨胀节长期在高温高应力状态下工作,易发生高温蠕变疲劳,对膨胀节制造的要求高。

(2) MTO、Lummus SM 及 Lummus Catofin 装置用膨胀节波纹管采用"单层承压,双层报警"设计,任一层泄漏,膨胀节可继续使用,为检修和备件提供预警;而 FCC(三旋-烟机)装置用膨胀节通常采用"单层"设计,泄漏需及时停车修复,建议波纹管设计改为"单层承压,双层报警"。

(3) Lummus SM 及 Lummus Catofin 装置用膨胀节受力结构件采用"浮动"结构，工作时应力状态低；而 FCC(三旋-烟机)装置用膨胀节受力结构直接与筒体焊接，工作时应力状态高，易出现蠕变疲劳，对设计及制造工艺的要求高。

(4) Lummus SM 及 Lummus Catofin 装置用膨胀节介质中存在大量的副产物 H_2，选材尤其要考虑氢脆影响；而 FCC 和 MTO 装置用膨胀节选材需考虑腐蚀的影响。

5 结论

本文结合国内化工行业主流装置，通过对不同装置工艺及高温管系的补偿特点的介绍，探讨了不同装置用高温膨胀节的设计条件、功能结构与特性要求的区别，为高温化工装置管线补偿和膨胀节的安全设计提供了参考。

参考文献

[1] 孟伟春.中国丙烯主要生产工艺竞争力分析[J].中国石油和化工经济分析，2018(10)：59-63.

[2] 张德姜，赵勇.石油化工工艺管道设计与安装[M].北京：中国石化出版社，2001.

[3] 刘凤臣.催化裂化装置烟机入口管道设计探讨[J].化工设计，2004，14(5)：24-27.

[4] 陈香生，刘昱，陈俊武.煤基甲醇制烯烃(MTO)工艺生产低碳烯烃的工程技术及投资分析[J].煤化工，2005(120)：6-11.

[5] 付辉，姜恒，太阳，等.工业化甲醇制烯烃工艺应用研究进展[J].当代化工，2019，48(2)：418-421.

[6] 刘闻.苯乙烯膨胀节的汽锤失效分析及校核计算[D].上海：华东理工大学，2013.

[7] 韩龙，陈君君.苯乙烯工艺技术对比[J].天津化工，2017，31(3)：42-44.

[8] 刘媛媛.催化裂化装置烟气轮机入口管道设计[J].化工设计，2012，22(3)：18-21.

[9] 张志刚，张晋峰.MTO 装置反应气体管道设计[J].石油化工设计，2013，30(3)：30-35.

[10] 朱斌，魏宏林，郑伟，等.波型管膨胀节在催化裂化装置中的应用[J].兰州石化职业技术学院学报，2006，6(3)：14-16.

[11] 范宇恒.不锈钢微观组织结构对其氢脆性能的影响[D].合肥：中国科学技术大学，2019.

[12] 李依依，范存淦，戎利建，等.抗氢脆奥氏体钢及抗氢铝[J].金属学报，2010，46(11)：1335-1346.

作者简介

杨玉强(1982—)，男，高级工程师，从事压力管道设计及膨胀节设计应用研究。通信地址：河南省洛阳市高新开发区滨河北路 88 号。E-mail：yuqiang326@163.com。

粉体输送管线的应力分析及膨胀节设计

姚　蓉
（南京晨光东螺波纹管有限公司，南京 211153）

摘要：本文主要论述了某垂直向下或斜向下的粉体输送管道增设膨胀节的柔性设计方案，同时为了满足特殊工况要求，介绍了膨胀节的耐磨蚀、防节流、防堵塞且保证介质流动稳定的结构设计。

关键词：粉体介质；管道应力分析；柔性设计；膨胀节

The Stress Analysis of Solid Powder Pipeline And Design of the Expansion Joint

Yao Rong
(Aerosun-Tola Expansion Joint Co. Ltd., Nanjing 211153)

Abstract: This paper describes the flexible design scheme of a vertical or oblique down solid powder conveying pipeline by adding expansion joints, and in order to meet the requirements of special working conditions, introduces the structure design of expansion joints for abrasion resistance, anti-throttling, anti-blocking and ensuring the stability of medium flow.

Keywords: solid power; pipeline stress analysis; flexibility design; expansion joint

1　引言

某石化装置的粉体管道，根据装置工艺原理，需靠重力流由上游设备自流至下游设备，同时为了达到减少介质对管道磨损的目的，管线为垂直向下或斜向下，尽量缩短粉体管线。此种管道由于两端设备均固定在框架结构上，所以无法通过自然补偿或改变管道走向布置来满足管口的受力要求。

为了防止管道热胀冷缩及设备本体附加位移对设备管口产生过大的力及力矩，本文通过对管线增设膨胀节的方式增加管道柔性，用以减小对设备管口受力及力矩。由于粉体介质的特殊性，本文对所选膨胀节的结构进行了特殊设计，减少了介质对管道的磨损，防止法兰密封处的介质堵塞沉积，同时不缩径，保证了介质流速稳定，确保膨胀节能安全运行。

2　管道应力分析

2.1　设备管道布置

设备管道布置示意图如图 1 所示。[1]

2.2　管道工况条件

管道工况设计参数见表 1。

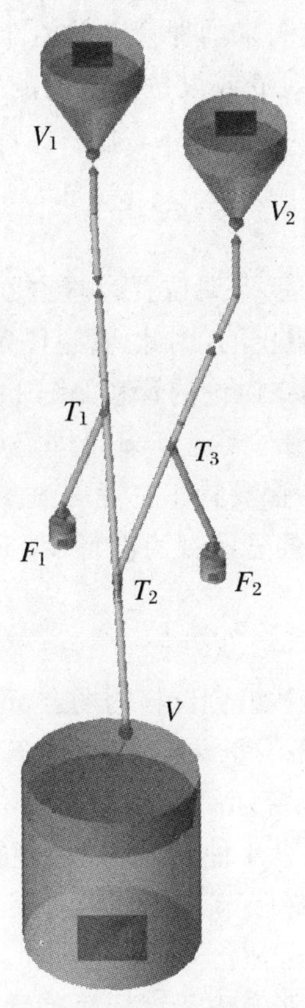

图 1　设备管道单线图

表 1　管道工况设计参数

设计压力（MPa）	设计温度（℃）	操作压力（MPa）	操作温度（℃）	管口尺寸（mm）	管道材料	介质
0.6	120	0.08	80	FLANGE/6″/CL150/RF/ASMEB16.5（Φ168×7.11）	316L	固体粉末

2.3　设备管口允许受力限制

设备管口允许受力见表 2。

表 2　设备管口允许受力

管径	允许合力 F_r（N）	允许合力矩 M_r（N·m）
NPS 6	3600	1700

注：管口合力、合力矩校核公式：$F/F_r+M/M_r<1$；本表允许受力数据是由设备制造商提供的。

2.4　管道应力评定标准

本项目按 ASME B31.3—2016 标准规定进行管道应力分析的安全评定。[2]

2.5　管道柔性设计方案的确定

管系在运行工况下的热膨胀及设备端点附加位移等位移载荷在管系中产生的应力及对设备的推力大小跟管系的柔性相关。管系刚性大，这种应力和推力就大；管系柔性大，这种应力和推力就小。从图 1 可以看出，一方面，管线均为带大半径弯头的斜向下走向，这种布置的管系刚性较大，无法通过大角度弯头即管段自身的柔性来吸收管段热伸长产生的组合位移，导致管系中应力过大或设备推力过大使管系失效。另一方面,由于装置工艺原理,无法改变管道走向来增加管道的柔性。因此,为了减小位移载荷在管系中产生的应力以及对设备的推力,并使其满足标准规范或设备制造商的要求,需要通过在管系中设置适宜的膨胀节来增加管系的柔性。

2.5.1 管系固定支架的设置

选用膨胀节的第一步是先设定管道固定支架位置。管道固定支架是把管道划分成若干个形状比较简单、可以独立膨胀的管段。热伸长是无法阻止的,因此,管道固定支架的作用在于限制和控制那些设置在固定支架之间的膨胀节所吸收的位移量。本文讨论的管系如图 1 所示,5 台设备本体可作为固定支架点,再加上 3 个三通可视为有附加位移的主、支管相对固定点,8 个固定点将管系划分为 4 个相对独立的带大半径弯头的斜向下管段。将设备 V_1 到设备 V 的管段看作主管;三通 T_1 到设备 F_1 的管段、设备 V_2 到三通 T_2 的管段视为主管的支管;三通 T_3 到设备 F_2 的管段视为设备 V_2 到三通 T_2 的支管的支管。

2.5.2 膨胀节选用

在具有轴向位移、横向位移、角位移及其组合位移的场合,正确选择和使用膨胀节需要考虑到管道的构形、运行条件,预期的循环寿命,管道和设备的承载能力,可用于支承的结构物等多种因素。

如图 1 所示,4 个相对独立的管段在系统运行工况下均有轴向位移和横向位移的组合位移产生。可同时吸收轴向位移和横向位移的膨胀节类型有 4 种:① 无约束型的单(复)式自由型膨胀节;② 约束型的弯管压力平衡型膨胀节;③ 约束型的三铰链膨胀节系统;④ 约束型的可吸收横向位移的直管压力平衡型膨胀节。

第一种无约束型的单(复)式自由型膨胀节由于结构简单,经济适用,安装方便,一般作为膨胀节设计方案的第一首选。但由于无约束型膨胀节自身无法吸收内压推力,采用无约束型的单(复)式自由型膨胀节方案时,需在相对独立的管段两端设置主固定支架,5 台设备本体可作为主固定支架,同时 3 个三通的位置需设置可以支承膨胀节所在管段轴线方向的载荷而允许沿另一方向移动的定向或滑动固定支架作为主固定支架,但经与土建工程师沟通后发现三通处现场设置固定支架的生根结构不好处理,所以第一种方案被否决。

三通处无法设置主固定支架的生根结构,那只能选用无须设置主固定支架的第二、三、四种约束型膨胀节。约束型膨胀节自身结构件能承受内压载荷,所以两固定端均可使用中间固定支架,而三通作为主支管的分界点,本身可起到中间固定支架的作用。

采用第二种弯管压力平衡型膨胀节时,受结构影响只能安装在管道方向改变处。由于本文所述 4 个相对独立的管段转角均为大半径弯头,转角一端的直管段很短且靠近设备口,设置第二种弯管压力平衡型膨胀节在斜管段时,即使设计出最短的平衡端结构,也还是没有空间放置弯管压力平衡型膨胀节。另外管系在长期运行时弯管压力平衡型膨胀节平衡端的封头会有介质积聚,对管系后期的运行维护都会造成不良影响,所以第二种方案被否决。

采用第三种三铰链膨胀节系统吸收轴向、横向组合位移时,一般设置在平面"L"形、平面或空间"Z"形弯管上,本管系从布置上使用三铰链膨胀节系统是允许的,但由于其中两支管的一端管段太短,无法设置膨胀节,同时为了同一管系能统一设置同类型膨胀节,所以第三种方案被否决。

采用第四种可吸收横向位移的直管压力平衡型膨胀节时,可设置在两固定支架间的直管段或短管臂太短,无法安装在膨胀节的"L"形、"Z"形长短臂管系中的长管臂上。本管系 4 个管段的布置均为转角大于 90°的"L"形长短臂管系,所以第四种方案最合适。

2.6 管道详细应力及受力分析

选用直管压力平衡型膨胀节的管线应力分析模型如图 2 所示,同时为了减少管道自重对管口受力的影响,在合适位置设置弹簧支架。采用 CAESARⅡ对管系进行详细应力分析,结果表明:管道的一次应力、二次应力均满足标准要求;各节点处位移无异常,均在预期范围内;同时设备管口受力满足设备制造商提出的允许受力要求(见表3)。这表明选用的设置直管压力平衡型膨胀节的方案是合理的。

图2 增设直管压力平衡型膨胀节的管线应力分析模型

表3 设备管口受力分析结果

节点	F_X(N)	F_Y(N)	F_Z(N)	合力(N)	M_X(N·m)	M_Y(N·m)	M_Z(N·m)	合力矩(N·m)
V_1 管口	−472	−1609	−94	1679	192	−233	−1351	1385
V 管口	462	−2730	706	2857	322	66	156	364
F_1 管口	−420	−383	−16	568	−50	−156	440	470
V_2 管口	384	−1787	−382	1867	1172	−8	1192	1672
F_2 管口	47	−581	−214	621	−157	−137	−90	227

3 膨胀节结构设计

如图1所示,由于本文所述三通 T_1 到设备 F_1、三通 T_3 到设备 F_2 管段较短,而常规的直管压力平衡型膨胀节结构是两个工作波纹管和一个平衡波纹管沿膨胀节轴向方向布置,产品长度较长,无法适用。所以在这里我们选用一种新型可吸收横向位移的内外压组合的直管压力平衡型膨胀节(图3),这种膨胀节其中一个承受外压的工作波纹管和平衡波纹管重叠布置,大大减小了膨胀节轴向长度。紧凑的轴向方向结构布置,保证了膨胀节在管线上的正常安装。

3.1 膨胀节耐磨结构设计

与常规直管压力平衡型膨胀节相比,此内外压组合的直管压力平衡型膨胀节的工作波纹管为抬高结构,其直径大于相连接的管道直径,这样与膨胀节上游法兰连接的接管延伸作为内衬筒。同时,与膨胀节下游法兰连接的异径管的工作波纹管抬高设计,一方面与管道同壁厚的接管作为内衬筒提高了膨胀节的耐磨性,另一方面流通面积不缩减,保证了膨胀节内部结构的连续性,提高了介质流动的稳定性。

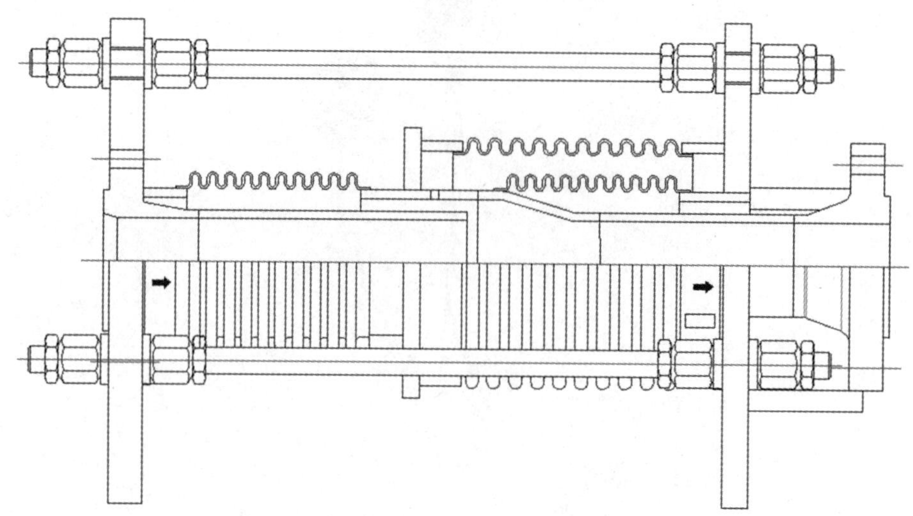

图3 内外压组合的直管压力平衡型膨胀节

3.2 膨胀节法兰的设计

将上游法兰密封面端内径的部分高度加工成微喇叭口,保证上游法兰内径小于所连接管道法兰内径,防止粉体介质磨损法兰密封面,同时杜绝了粉体介质在法兰密封处的堵塞沉积,且提高了自上而下介质流动的稳定性,保证了膨胀节所在管系的长周期安全平稳的运行。

4 结论

本文对某石化装置的垂直向下或斜向下的粉体管道进行了通过增设直管压力平衡型膨胀节的柔性方案设计,且通过CAESARⅡ进行了详细应力分析,分析结果表明所选方案是合理的。同时对膨胀节进行特殊的结构设计,减少了介质对膨胀节的磨损,防止法兰密封处的介质堵塞沉积,同时保证了介质流速稳定,确保膨胀节能安全运行。至今为止,所设计、制造且经检验及试验合格的内外压组合的直管压力平衡型膨胀节已在国内外石化行业多个装置中的管道上成功运行3年以上。同时,现场使用中,膨胀节波纹管变形正常,设备管口法兰无泄漏,满足了业主对管道设备安全运行周期的期望要求。

参考文献

[1] Expansion Joint Manufacturers Association. Standards of the Expansion Joint Manufacturers Association:EJMA—2015[S].

[2] The American Society of Mechanical Engineers. Process Piping Appendix X Metallic Bellows Expansion Joints:ASME B31.3—2016[S].

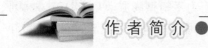

作者简介

姚蓉(1971—),女,高级工程师,主要从事波纹管膨胀节设计及压力管道应力分析工作。通信地址:南京市江宁开发区将军大道199号。E-mail:yrwendy@sina.com。

压力平衡型波纹管膨胀节功能设计

闫廷来
(洛阳双瑞特种装备有限公司,洛阳 471000)

摘要:针对压力平衡型波纹管膨胀节设计,介绍了基本原理及其设计。复杂功能的膨胀节都可以分解为简单的部件,简单部件和波纹管不同方式的组合可以构成复杂功能的波纹管。本文分析了波纹管的位移方式及承压方式、平衡原理、位移约束构件、其他辅助构件在压力平衡膨胀节中的作用,以及其能够实现压力平衡的方式,并结合工作波纹管和平衡组件的不同组合方式,以及位移的方式,设计了压力平衡型膨胀节的实例。

关键词:波纹管;膨胀节;压力平衡

Functional Design of Pressure Balanced Expansion Joint

Yan Tinglai
(Luoyang Sunrui Special Equipment Co. Ltd., Luoyang 471000)

Abstract: The basic principle and design of the pressure balanced expansion joint are introduced. Complicated expansion joint can be broken down into simple parts. Combining simple parts and bellows in different forms can form complex function expansion joint. The effects of displacement methods, pressure-bearing methods, balance principles, displacement restraining members, and other auxiliary members in pressure-balanced expansion joint are analysed, as well as the ways in which they can achieve pressure equilibrium. Combining the different combinations of working bellows and balancing components and the form of displacement, design examples of pressure balanced expansion joint are given.

Keywords: bellows; expansion joint; pressure balanced

1 引言

波纹管膨胀节是由一个或几个波纹管及结构件组成,用来吸收由于热胀冷缩等原因引起的管道或设备尺寸变化的装置。[1]

在实现膨胀节不同的补偿功能中,外部构件极其重要,起到使膨胀节实现某预期位移功能的作用,其单独或者组合应用构成了不同的膨胀节型式,以保证膨胀节能够满足实际使用工况要求,以及膨胀节的安全应用。

任何复杂功能的膨胀节都可以分解为几种类型的基本外部构件及不同变形方式的波纹管,同理,通过几种基本外部构件的不同组合加上核心部件波纹管就可以实现多种形式及复杂功能的波纹管膨胀节。

本文探讨了外部构件在压力平衡型波纹管膨胀节功能实现中的作用,以及实现压力平衡型波纹管膨胀节复杂功能的途径。

2　波纹管基本位移和基本外部构件

2.1　波纹管基本位移

波纹管在实际工程中应用的基本位移有 3 种,即拉伸或压缩位移(图 1)、角偏转位移(图 2)以及横向位移(图 3、图 4)。[2]在膨胀节的实际应用中,波纹管的位移方式通常为上述位移方式的一种或者其组合。这 3 种位移形式的波纹管都可以设计成内侧承受压力或者外侧承受压力。外侧承受压力应用最广泛的为无加强 U 形波纹管,对于加强 U 形波纹管和 Ω 形波纹管外侧承压时会降低承压能力或者增加制造难度。外侧承受压力的无加强 U 形波纹管应用较多的是用于吸收轴向位移的膨胀节,也可以应用于角位移型膨胀节或横向位移的膨胀节。图 5 和图 6 为复式波纹管外侧承压时的结构图。

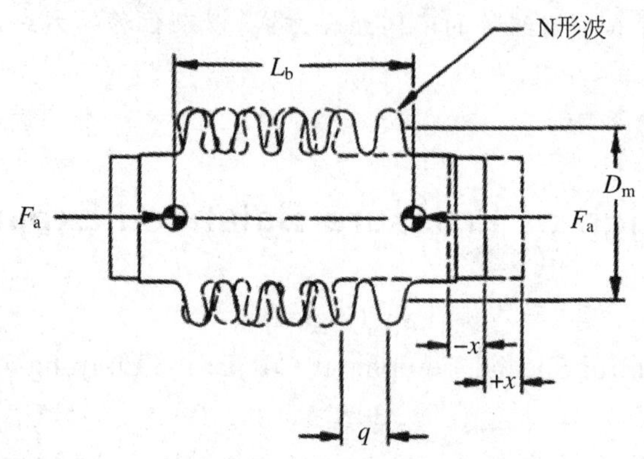

图 1　拉伸或压缩位移

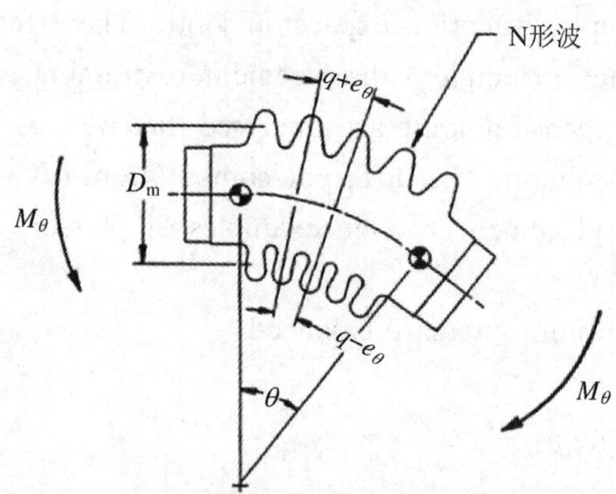

图 2　角偏转位移(单平面或多平面)

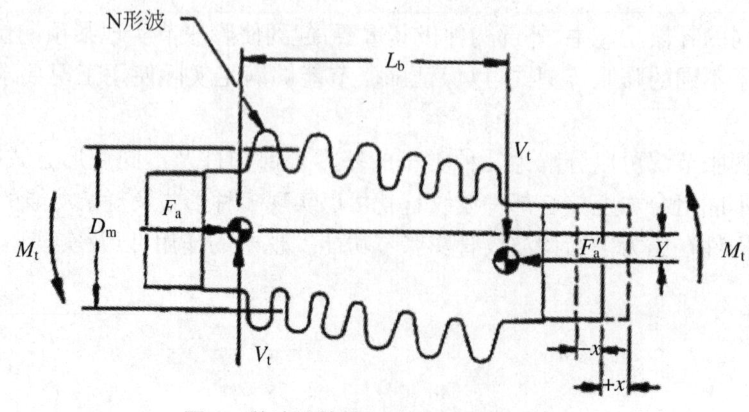

图 3　单波纹管横向位移(单向或多向)

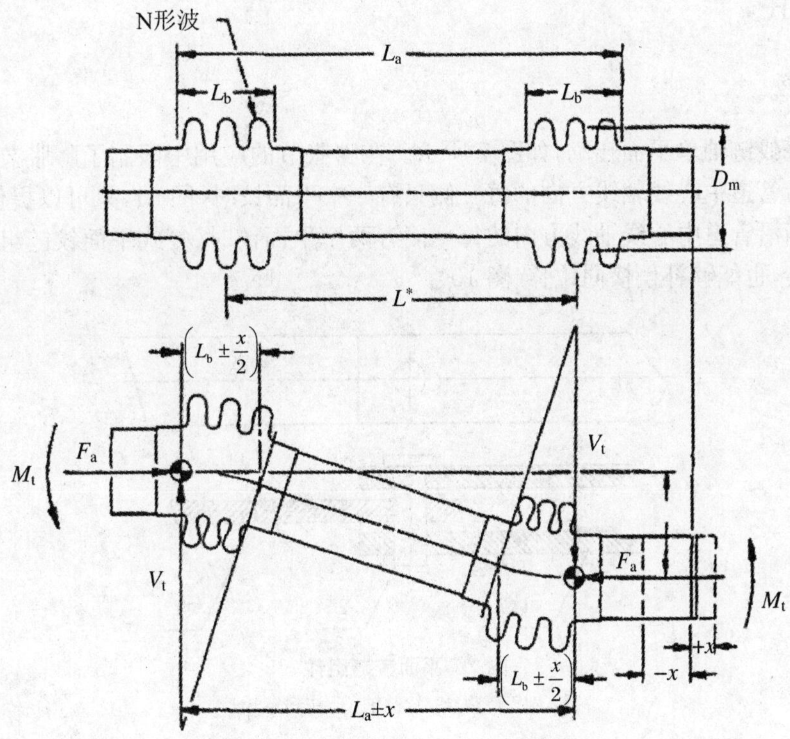

图 4　复式波纹管横向位移(单向或多向)

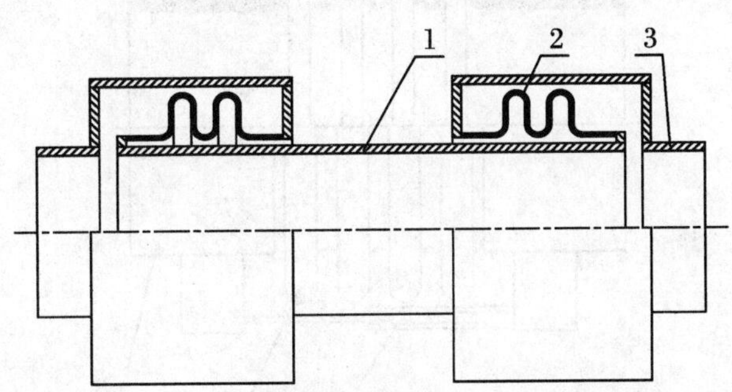

图 5　外侧承压型复式波纹管(横向位移)

1. 中间管;2. 波纹管;3. 端管

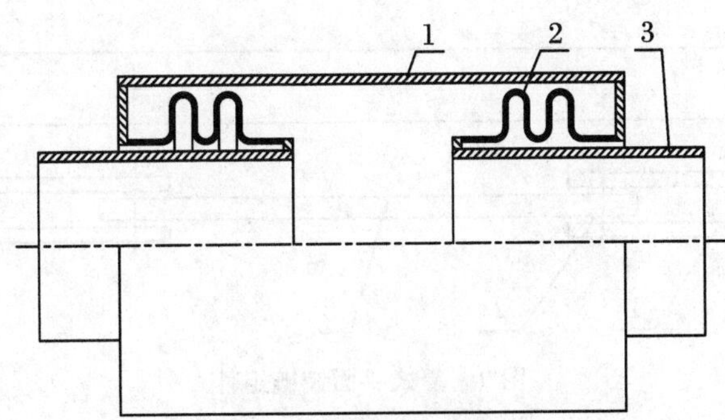

图 6　外侧承压型复式波纹管(横向位移)

1. 中间管;2. 波纹管;3. 端管

2.2 基本外部构件

2.2.1 平面铰

平面铰只能围绕铰链轴单平面转动,如图 7 所示。在膨胀节的应用中限制了膨胀节两侧外端面沿轴线方向上的位移。当沿管道中心线轴线方向的每一侧只有一个平面铰时(图 8),只可以提供端面角偏转,不能够补偿横向位移。当沿管道中心线轴线方向的每一侧有两个平面铰时(复式平面铰链组件如图 9 所示),既可以提供端面角偏转,也能够补偿横向位移(图 10)。

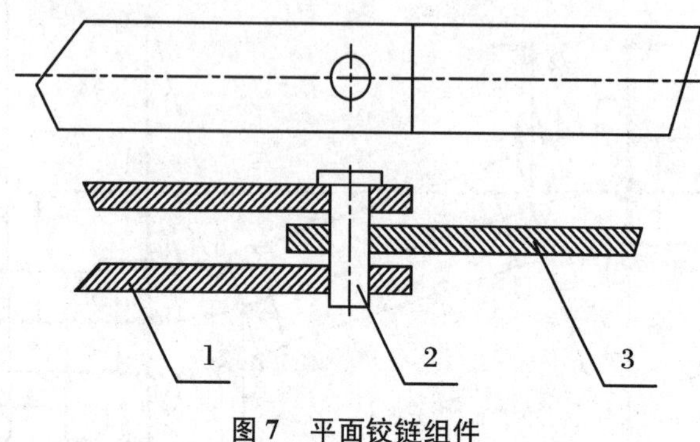

图 7　平面铰链组件

1. 副铰链板;2. 铰链轴;3. 主铰链板

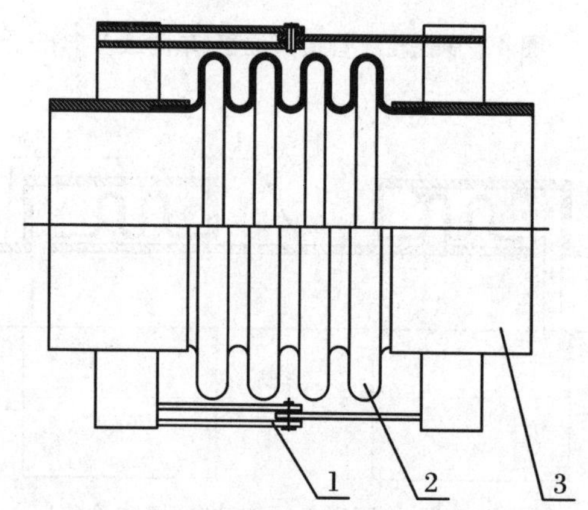

图 8　平面铰链内侧承压型膨胀节(单式铰链型)

1. 平面铰链组件;2. 波纹管;3. 端管

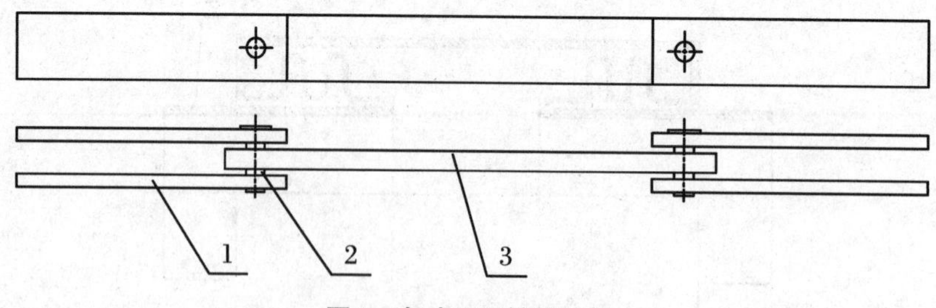

图 9　复式平面铰链组件

1. 副铰链板;2. 铰链轴;3. 主铰链板

复式铰链型膨胀节除能够补偿横向位移外,端部还能够提供额外的单平面角偏转,这个角偏转可以是非对称的,即一个波纹管有,而另一个波纹管没有。实际上在单式铰链型膨胀节的三铰链布置型式中,两相连的膨胀节作为一体看实际上就是复式铰链型膨胀节,这两个波纹管的角位移是不一样的。

单式铰链或者复式铰链约束了膨胀节外侧的两个短管,使膨胀节不能直接吸收轴向位移,但是可以将轴向位移转化为中间管的轴向位移，从而能够吸收位移，如何转化将在后面叙述。

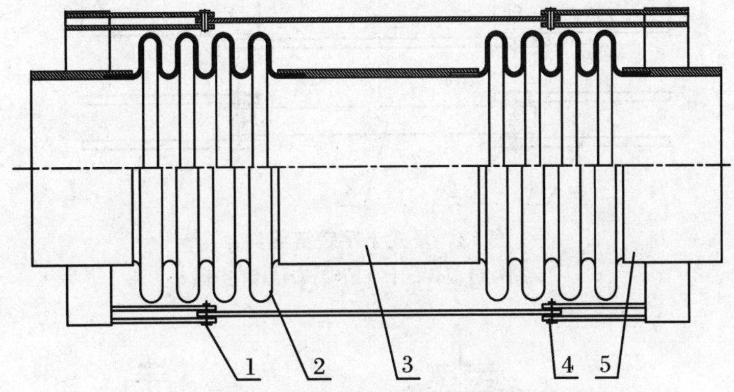

图 10　复式平面铰链内侧承压型复式膨胀节

（波纹管内侧承压复式铰链型）

1. 平面铰链组件 a；2. 波纹管；3. 中间管；4. 平面铰链组件 b；5. 端管

单式铰链型和复式铰链型中内侧承压的波纹管均可以设计成外侧承压，也即用如图 5、图 6 所示的外侧承压型波纹管代替。图 11 为采用图 5 所示的外侧承压型复式波纹管后的复式铰链型膨胀节。图 11 中铰链板和端管的连接采用左端或者右端的连接方式均是可行的，须注意销轴的位置。同样，波纹管组件也可以采用如图 6 所示的波纹管组件结构。

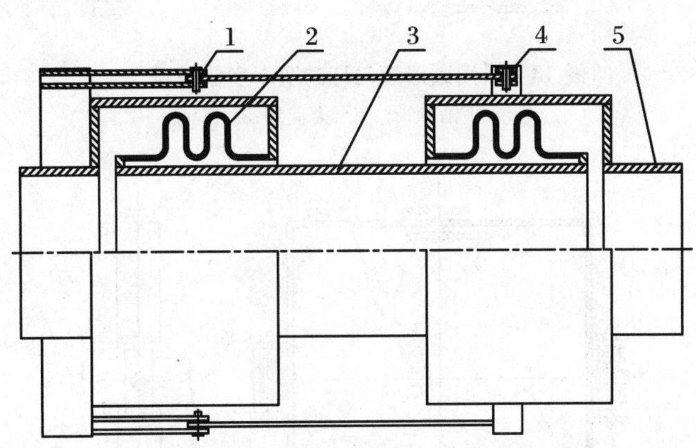

图 11　复式平面铰链外侧承压型复式膨胀节

（波纹管外侧承压式复式平面铰链型）

1. 平面铰链组件 a；2. 波纹管；3. 中间管；4. 平面铰链组件 b；5. 端管

2.2.2　十字铰

铰链轴互相垂直呈十字形，每一铰链轴上的铰链板相对于另一铰链轴上的铰链板可以多平面转动。GB/T 12777—2019 中所述的十字销轴、圆形万向环、方形万向环等都可以归类为十字铰链，可以参见国标上的图例。

两个十字销轴可以组成复式十字铰链组件，如图 12 所示。单十字铰链上还可以叠加十字销轴，组成双十字铰链，其结构图如图 13、图 14 所示。

双十字铰链通常用于具有横向位移的复式波纹管膨胀节的中间管段上。图 15 是 EJMA—2015 标准中的约束结构，这种结构只在膨胀节位移到某一特定点时才起作用，如果位移没有达到预设的位置，其就起不到约束作用，中间管是可以沿轴线方向移动的。

采用双十字铰链和比例连杆就可以解决这个问题，图 16 为典型应用。此结构还可以和其他位移约束结构一起使用，以满足需要的位移种类。

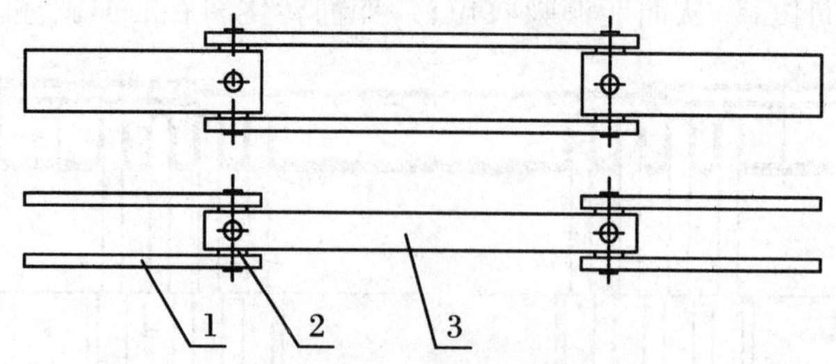

图 12　复式十字铰链组件

1. 副铰链板;2. 十字销轴;3. 主铰链板

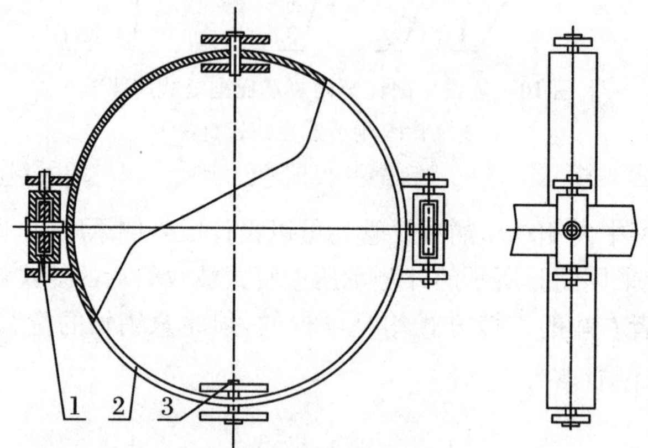

图 13　采用圆形万向环的双十字铰链组件

1. 十字销轴;2. 圆形万向环;3. 销轴

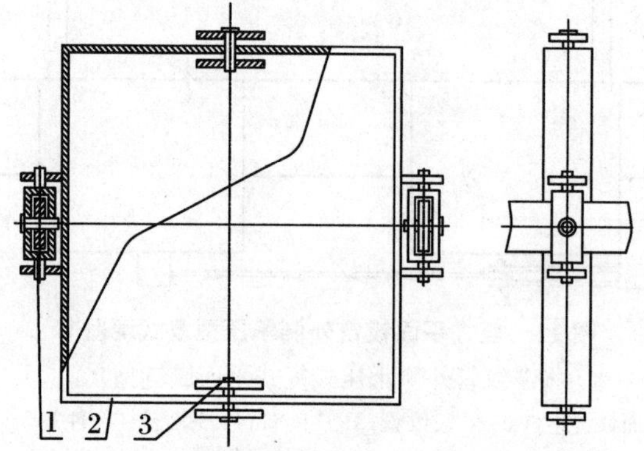

图 14　采用方形万向环的双十字铰链组件

1. 十字销轴;2. 方形万向环;3. 销轴

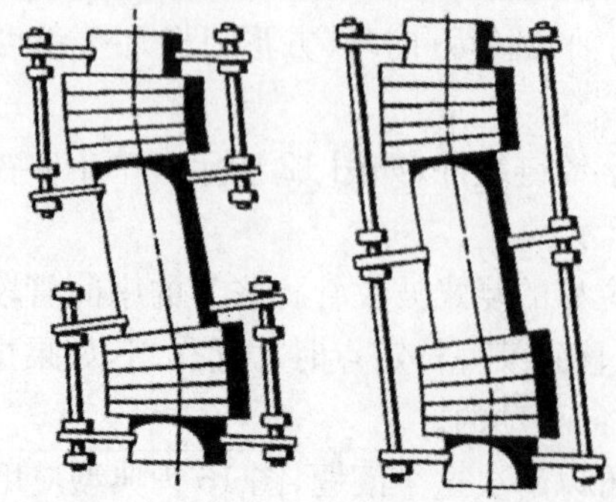

图 15　复式膨胀节位移后部件间的关系

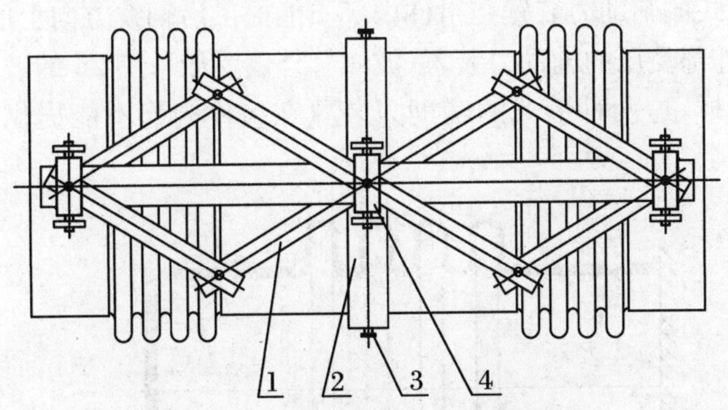

图 16 双十字铰链组件和比例连杆应用

1. 比例连杆;2. 圆(方)形万向环;3. 销轴;4. 十字销轴

2.2.3 可偏转拉杆组件

可偏转拉杆组件由拉杆、锁紧螺母、球面垫圈和锥面垫圈组成,如图 17 所示。当膨胀节上只有均布和对称的两根可偏转拉杆组件时,膨胀节除可以吸收横向位移外,膨胀节端部还可以允许角变形。当沿圆周方向均布的可偏转拉杆组件超过 2 根(组)时,膨胀节只能吸收横向位移,膨胀节的端部是不能角变形的。这是复式拉杆型膨胀节采用两个可偏转拉杆组件和采用更多个可偏转拉杆组件在位移功能上的差别。

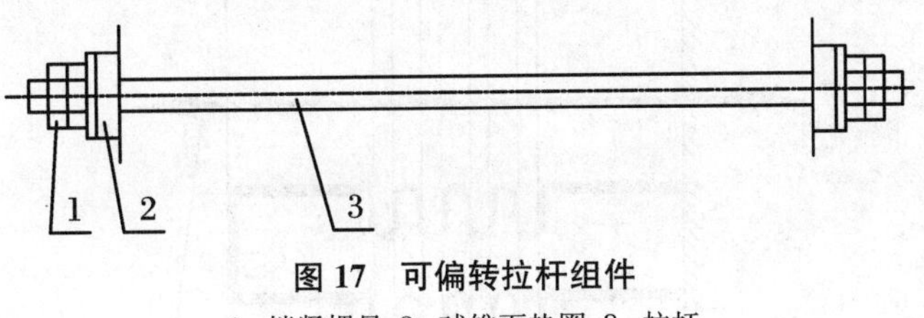

图 17 可偏转拉杆组件

1. 锁紧螺母;2. 球锥面垫圈;3. 拉杆

2.2.4 固定拉杆组件

固定拉杆组件由拉杆、锁紧螺母组成,如图 18 所示。固定拉杆通常仅用于有轴向位移的膨胀节。

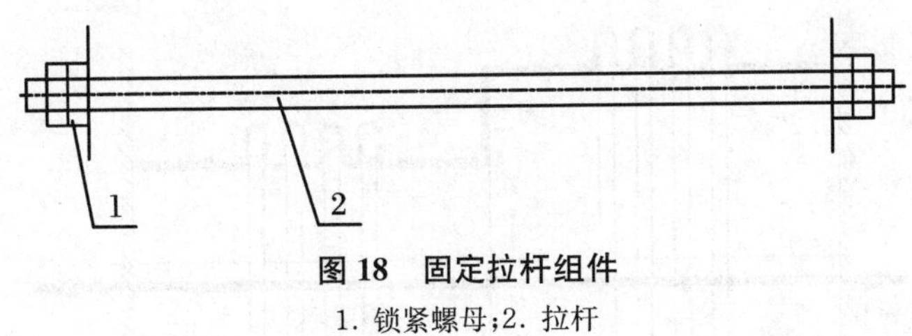

图 18 固定拉杆组件

1. 锁紧螺母;2. 拉杆

2.2.5 辅助力装置

辅助力装置是能够产生作用力用来减小或平衡压力推力、外部附加力、重力的部件,通常有波纹管、弹簧、油缸等。

当由波纹管和外部构件组成的封闭空间组件的轴向盲端的内侧受压时,组件有伸长的趋势;当外侧受压时,组件有缩短的趋势。上述两种情况,波纹管都可以设计成内压或者承受外压。

盲端受压面可以为圆形(图 19),也可以为圆环形(图 20、图 21、图 22)。圆形由单一直径的波纹管(组)组成,当组件为单一直径的波纹管时,组件内部不能作为介质的流动通道。如果需要,组件外部可以作为介质流动通道。环形由不同直径的两种波纹管(组)组成。小直径的波纹管的内部可以作为介质流动通道。

图 19 是波纹管组件内部受压的辅助力装置(波纹管内侧受压);图 23 的波纹管组件也是内部受压,但是

波纹管外侧受压。这两种形式的辅助力装置在组件内部不能提供沿轴线方向上的介质流动通道。

图 24 是波纹管组件内外部受压的辅助力装置(波纹管外侧受压);图 25 的波纹管组件也是外部受压,但是波纹管同时内侧受压。同样,这两种形式的辅助力装置在组件内部不能提供沿轴线方向上的介质流动通道。

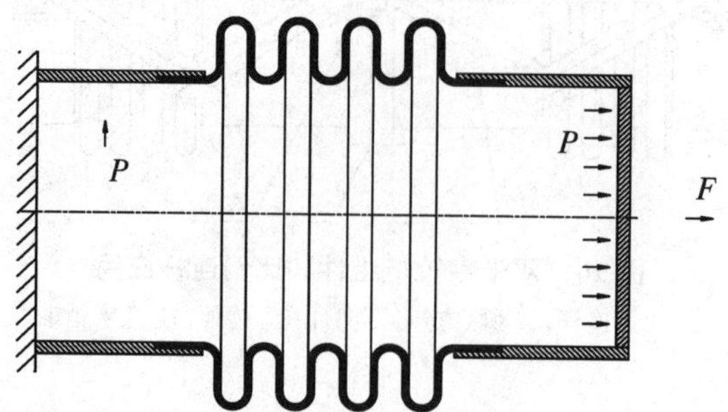

图 19　组件内部受压的辅助力装置(波纹管内侧受压)

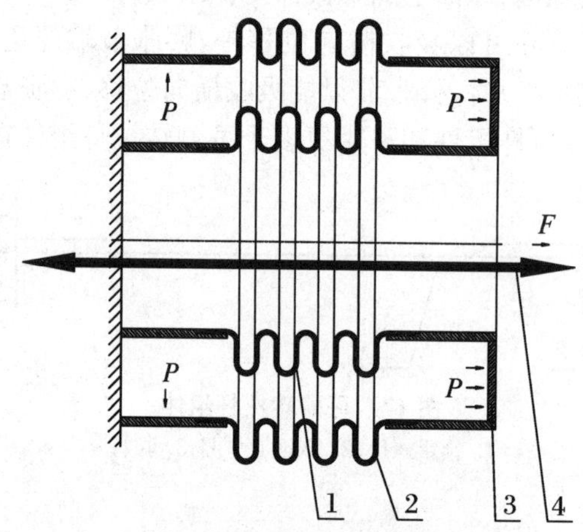

图 20　环形截面端部可动型辅助力装置

1. 小波纹管;2. 大波纹管;3. 有效盲端;4. 内部通道

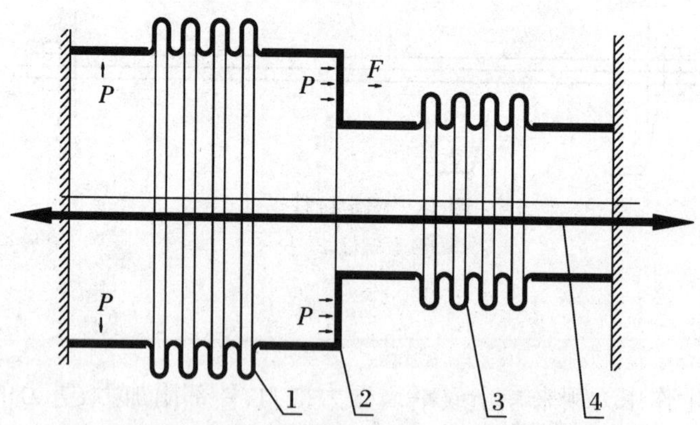

图 21　环形截面中间可动型辅助力装置(组件内部受压)

1. 大波纹管;2. 有效盲端;3. 小波纹管;4. 内部通道

由波纹管组件构成的辅助力装置通常作为压力平衡类膨胀节提供反向力的部件,以实现膨胀节对外无压力推力。

弹簧通常用来承载膨胀节中部件的重力,或者用于平衡压力推力。用于平衡压力推力时,存在反方向作用力,它可以改变力的作用方向和峰值,但并不是通常意义上的压力平衡。弹簧可以采用恒力弹簧或者非恒力弹簧,可以在膨胀节本体上设置弹簧挂点,也可以另设构件设置弹簧挂点。

油缸的作用与波纹管类似,但在使用中需要有液压源及控制系统,应用比较复杂,本文不做阐述。

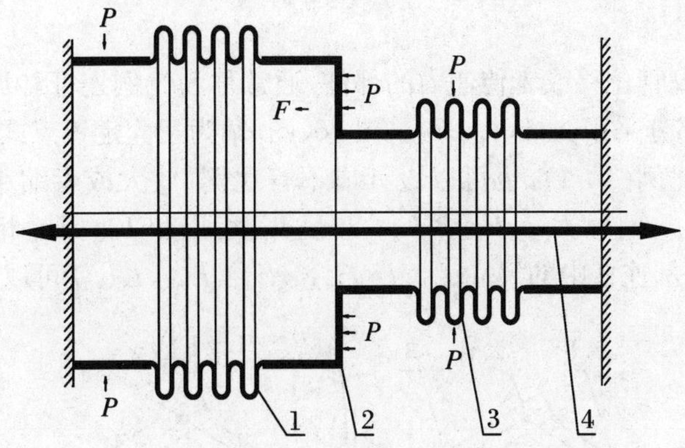

图 22　环形截面中间可动型辅助力装置(组件外部受压)

1. 大波纹管;2. 有效盲端;3. 小波纹管;4. 内部通道

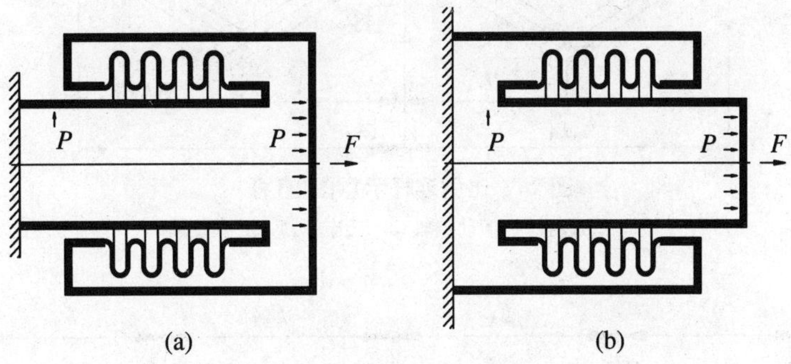

图 23　组件内部受压的辅助力装置(波纹管外侧受压)

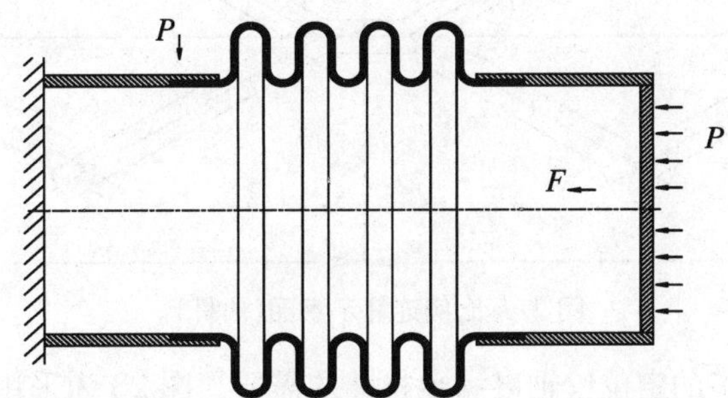

图 24　组件外部受压的辅助力装置(波纹管外侧受压)

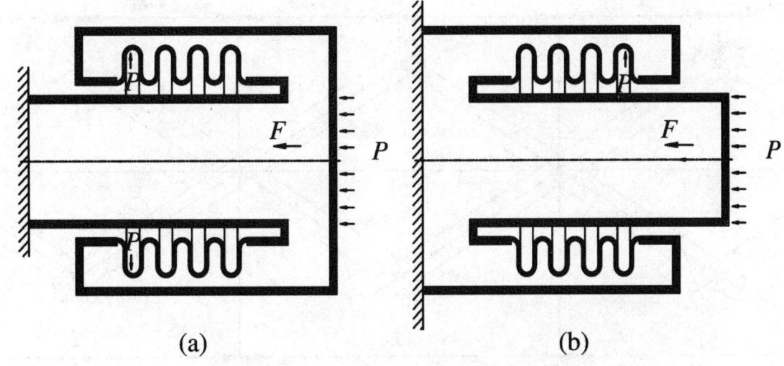

图 25　组件外部受压的辅助力装置(波纹管内侧受压)

2.2.6 均衡装置

均衡装置指能够分配波纹管位移或者传递力的部件,通常称为比例连杆。比例连杆的连杆可以采用直杆(图 26),也可以全部或者部分采用曲杆(图 27)。图 26、图 27 为三固定铰点式。

比例连杆可以设计成等比例(1∶1),也可以设计成不等比例(放大或者缩小)。通常采用等比例,这时图 26、图 27 中的尺寸 $L_1 = L_2$,$L_{A1} = L_{A4}$,$L_{A2} = L_{A3}$,L_{A1},L_{A4}可以和 L_{A2},L_{A3}相等,也可以不相等。当要设计成不等比例时,通过调节比例连杆中的尺寸 L_1,L_2,L_{A1},L_{A2},L_{A3},L_{A4}就可以实现。

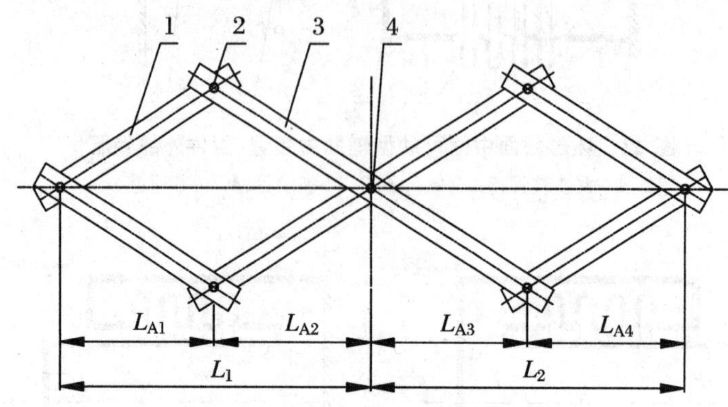

图 26　比例连杆示意图(直杆)

1. 短连杆;2. 随动铰轴;3. 长连杆;4. 定位铰轴

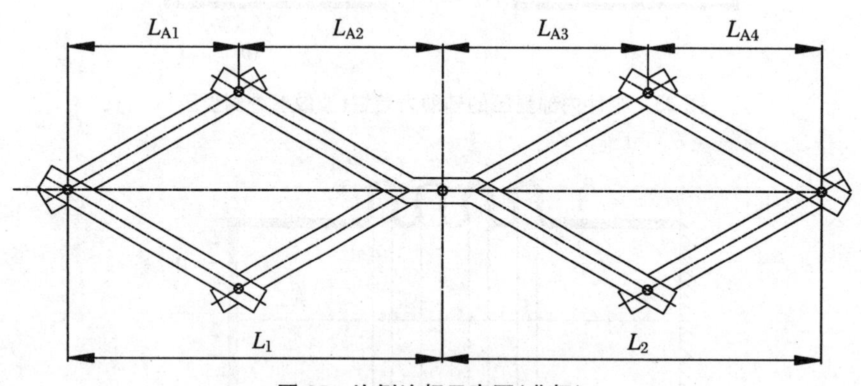

图 27　比例连杆示意图(曲杆)

比例连杆也可以设计成更多的定位铰轴以满足特殊的需要。图 28 为采用四定位铰轴的比例连杆。同样,其也可以设计成等比例(1∶1)或不等比例(放大或者缩小)。

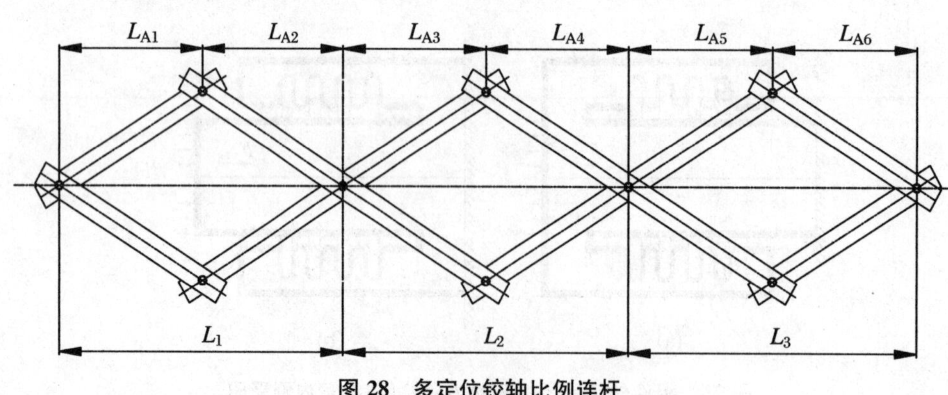

图 28　多定位铰轴比例连杆

2.2.7 承力件

承力件指承受压力推力的部件,形状可以为棒、板、管等。

2.2.8 杠杆

杠杆用来传递力,有单杠杆(图 29)和反向复式杠杆(图 30),反向复式杠杆可以改变力的方向。杠杆可以设计成等比例或者变比例。

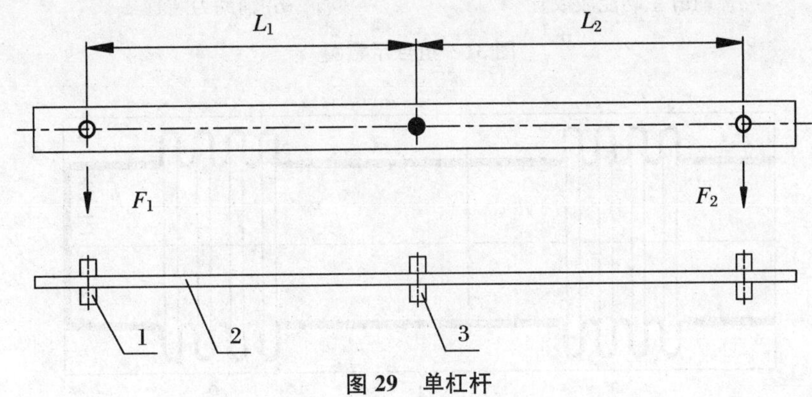

图 29 单杠杆

1. 力作用点;2. 杠杆;3. 定位铰轴

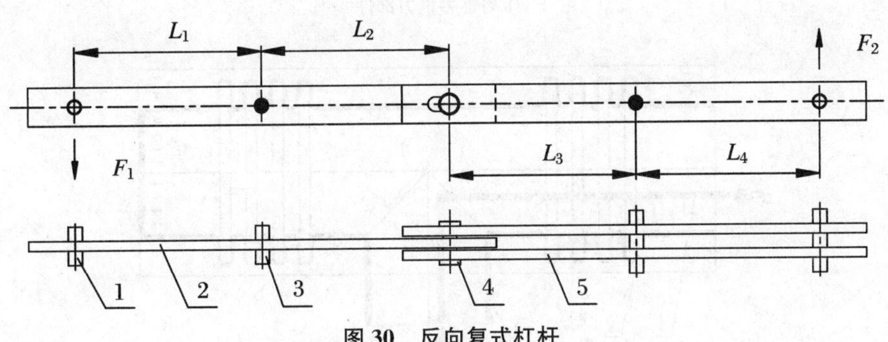

图 30 反向复式杠杆

1. 力作用点;2. 杠杆;3. 定位铰轴;4. 随动铰轴;5. 反向杠杆

3 压力平衡型膨胀节功能设计

3.1 膨胀节的平衡力学模型

波纹管在压力作用下会产生压力推力,压力平衡型膨胀节的平衡设计的实质是对波纹管施加一个与压力推力大小相等、方向相反的力,从而达到力的平衡。

3.1.1 组件内部受压的辅助力装置和主功能波纹管的同轴组合

图 31 为分离的组件内部受压的辅助力装置、主功能波纹管,如果将图中的 A 点和 D 点连接,B 点和 C 点连接,就达到了压力平衡。

图 32 中没有介质流动通道,也即无法应用,需要建立介质通道,才能使用。图 33 中的侧面通道开口方向可为任意方向,这就演变成了通常所说的弯管压力平衡型膨胀节。主功能波纹管可以采用两个波纹管,如图 34 所示。

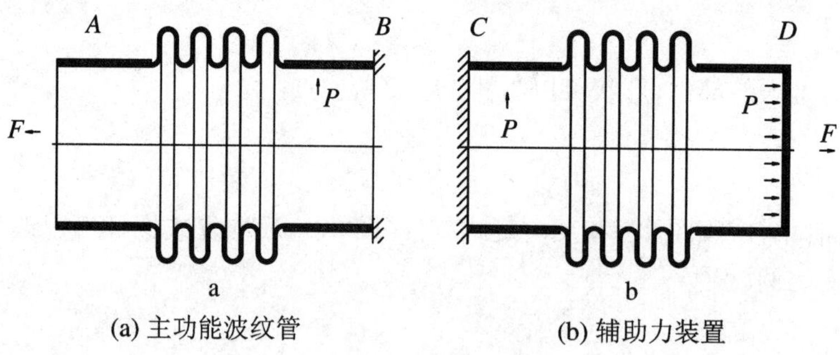

(a) 主功能波纹管　　(b) 辅助力装置

图 31　组合示意图

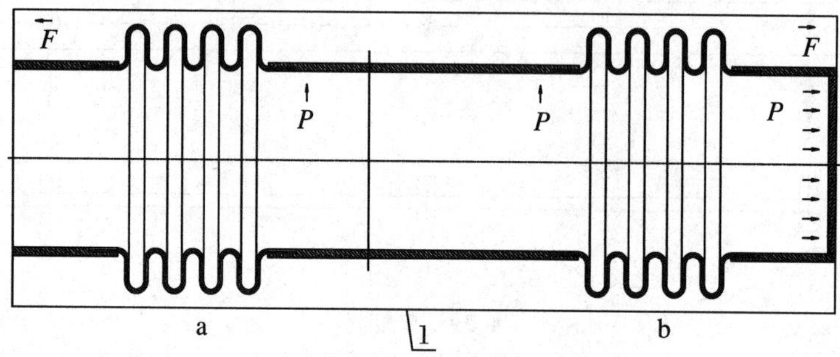

图 32　组合平衡示意图

1. 压力推力承力部件

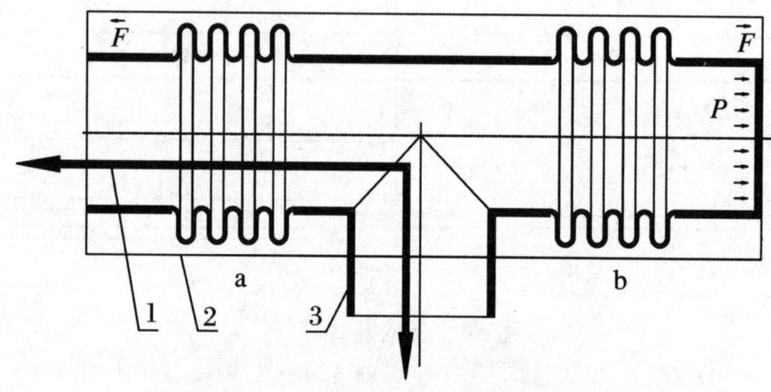

图 33　弯管压力平衡型膨胀节

1. 介质通道;2. 压力推力承力部件;3. 侧面通道

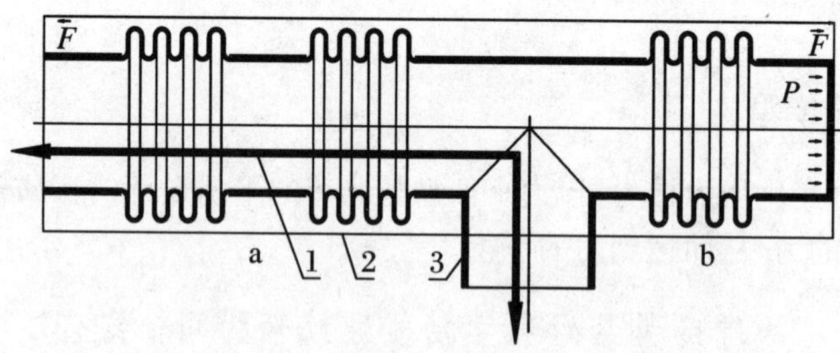

图 34　弯管压力平衡型膨胀节(两个主功能波纹管)

1. 介质通道;2. 压力推力承力部件;3. 侧面通道

上述为组件内部受压的辅助力装置和主功能波纹管组合后演变为弯管压力平衡型膨胀节的过程。主功能波纹管(工作波纹管)和辅助力波纹管(平衡波纹管)都可以设计成内侧承压或者外侧承压,因此共有 4 种组合形式,见表 1。

表 1　弯管压力平衡型膨胀节波纹管承压组合

组合形式	工作波纹管	平衡波纹管
1	内侧	内侧
2	内侧	外侧
3	外侧	内侧
4	外侧	外侧

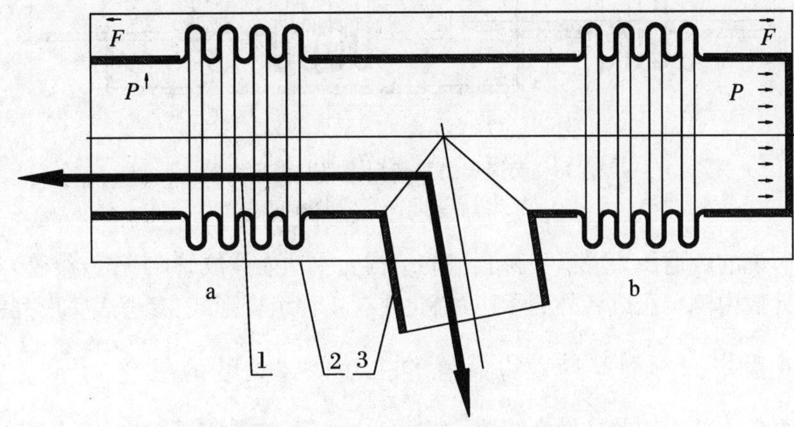

图 35　弯管压力平衡型膨胀节(侧面通道变方向管)

1. 介质通道;2. 压力推力承力部件;3. 侧面通道

3.1.2　组件外部受压的辅助力装置和主功能波纹管的同轴组合

图 36 为分离的组件内部受压的辅助力装置、主功能波纹管,如果将图中的 A 和 D 连接,B 点和 C 点连接,就达到了压力平衡,如图 37 所示。

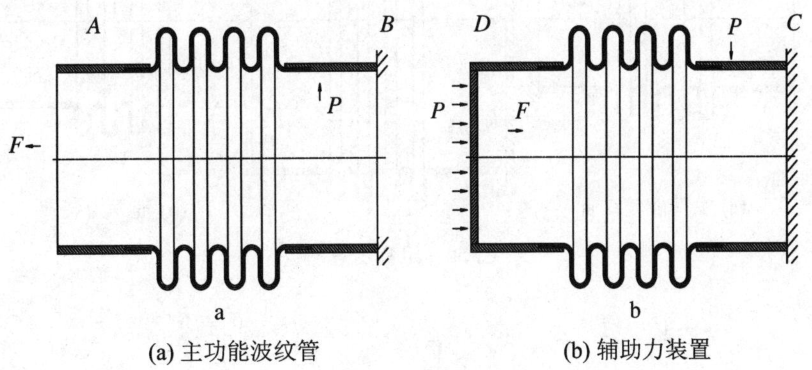

(a) 主功能波纹管　　(b) 辅助力装置

图 36　组合示意图

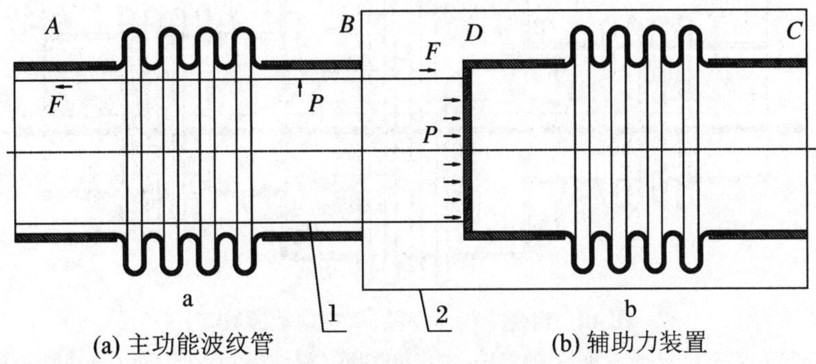

(a) 主功能波纹管　　(b) 辅助力装置

图 37　组合平衡示意图

1、2. 压力推力承力部件

组件外部受压的辅助力装置不能在其波纹管的内部建立介质通道，只能在波纹管外部建立介质通道，建立介质通道后的膨胀节如图 38 所示。

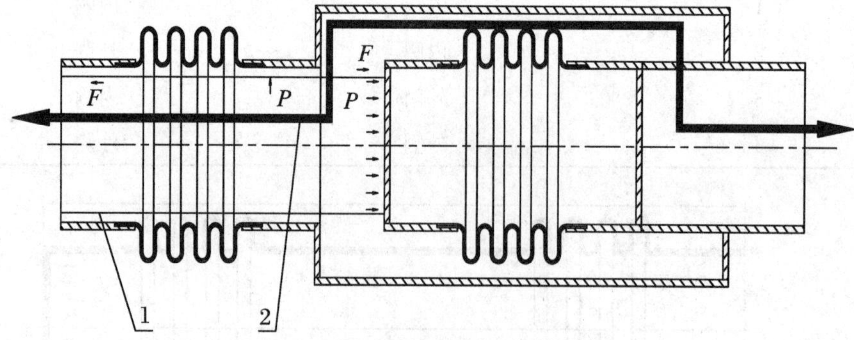

图 38 旁通压力平衡型膨胀节力平衡图

1. 压力推力承力部件；2. 介质通道

图 38 就是通常所说的旁通压力平衡型膨胀节的结构。主功能波纹管(工作波纹管)和辅助力波纹管(平衡波纹管)都可以设计成内侧承压或者外侧承压，因此共有 4 种组合形式，参考表 1 所列的组合。

3.1.3 环形截面中间可动型辅助力装置和主功能波纹管的组合

图 39 为分离的组件内部受压的辅助力装置、主功能波纹管，如果将图中的 A 点和 D 点连接，B 点和 C 点连接，C 点和 E 点连接就达到了力平衡，如图 40 所示。

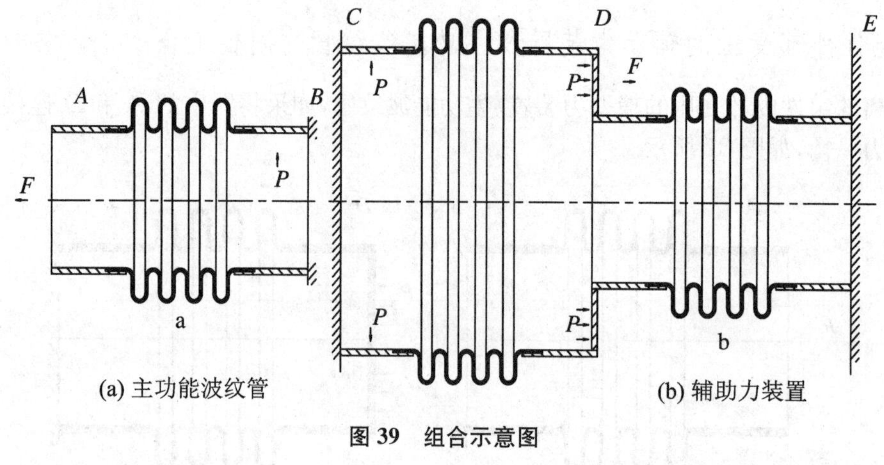

图 39 组合示意图

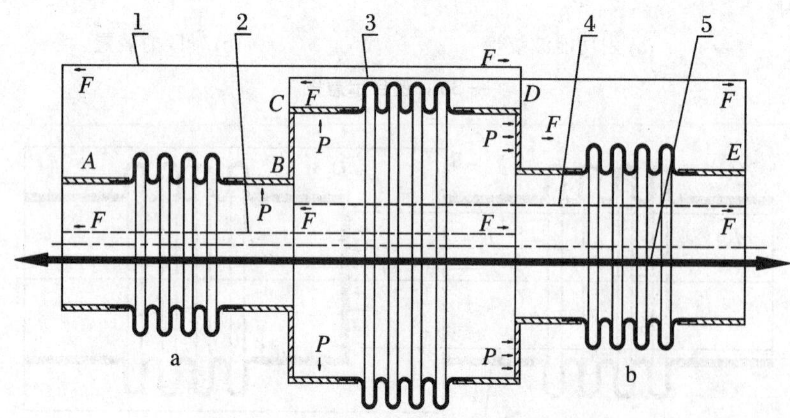

图 40 组合平衡示意图(单主功能波纹管)

1. 主功能波纹管压力推力外连接承力件；2. 主功能波纹管压力推力内连接承力件辅助力装置；

3. 辅助力装置压力推力外连接承力件；4. 辅助力装置压力推力内连接承力件；5. 介质通道

主功能波纹管可以采用两个波纹管,如图 41 所示。

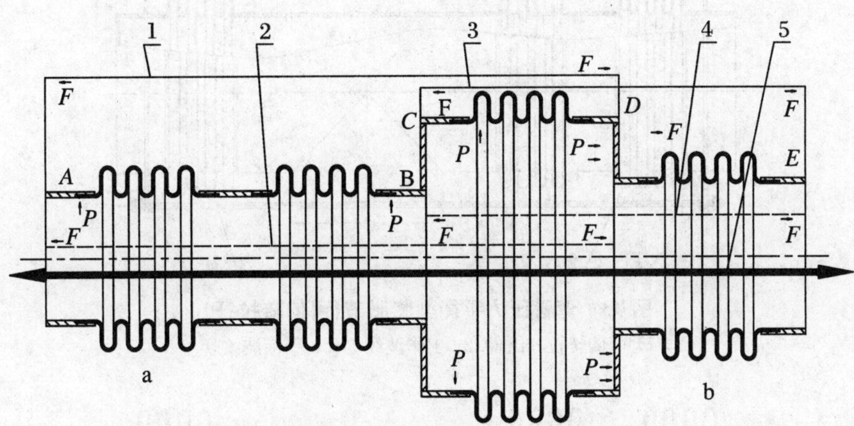

图 41　组合平衡示意图(双主功能波纹管)

1. 主功能波纹管压力推力外连接承力件;2. 主功能波纹管压力推力内连接承力件辅助力装置;
3. 辅助力装置压力推力外连接承力件;4. 辅助力装置压力推力内连接承力件;5. 介质通道

图 40、图 41 就是通常所说的直管压力平衡型膨胀节的结构。主功能波纹管(工作波纹管)和辅助力装置的大波纹管和小波纹管均可以设计成内侧承压或者外侧承压。膨胀节设计时,主功能波纹管和小波纹管的直径可以不一样,只要使主功能波纹管的有效面积等于大直径波纹管和小直径波纹管的有效面积之差,即可达到力的平衡。

3.2　压力平衡型膨胀节的功能设计

前述的各个压力平衡型中的波纹管均可以拉伸或压缩位移(图 1)、角偏转位移(图 2)及横向位移(图 3、图 4)。[1]在膨胀节的实际应用中,波纹管的位移方式通常为上述位移方式的一种或者组合,因此必须设计不同类型的外部构件,才能达到预期的变形方式。

3.2.1　组件内部受压的辅助力装置和主功能波纹管的同轴组合后的弯管压力平衡型膨胀节

图 42～图 46 为施加外部构件后的膨胀节的基本形式,每一个波纹管均可以设计成内侧承压或者外侧承压。

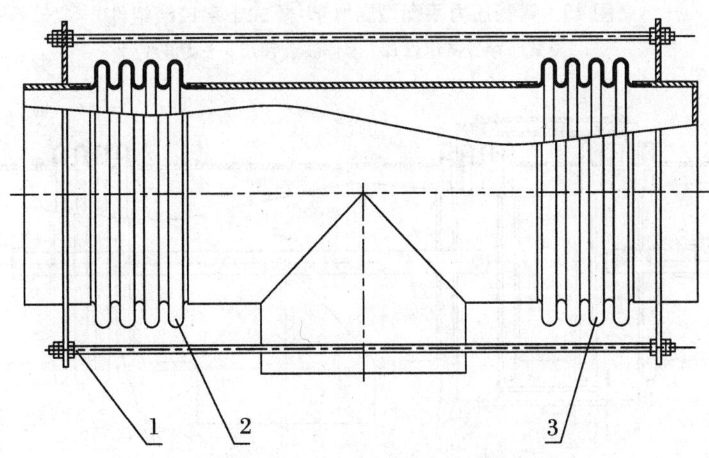

图 42　弯管压力平衡型膨胀节(固定拉杆)

1. 固定拉杆组件;2. 工作波纹管;3. 平衡波纹管

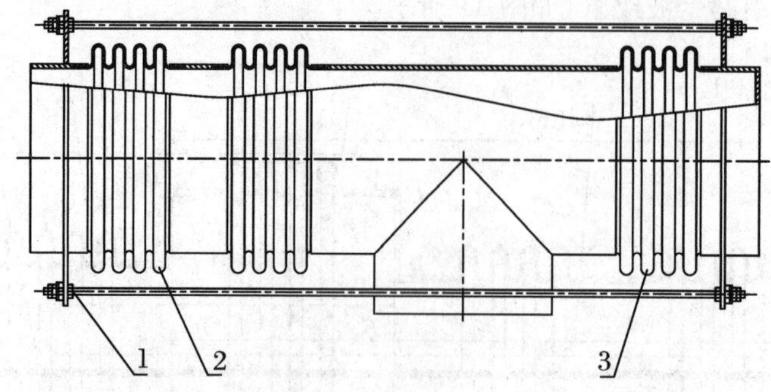

图 43　弯管压力平衡型膨胀节(可偏转拉杆)

1. 可偏转拉杆组件;2. 工作波纹管;3. 平衡波纹管

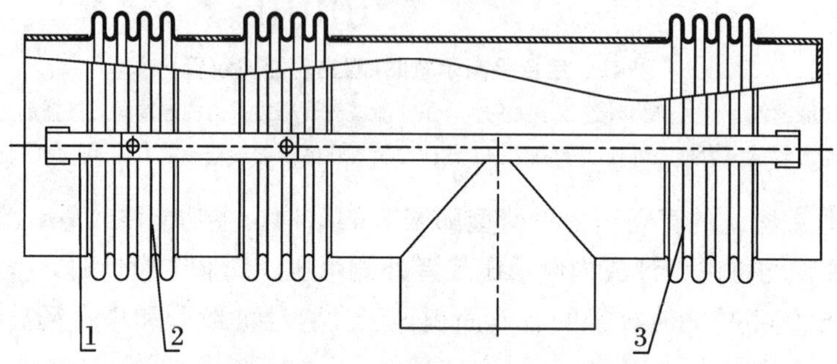

图 44　弯管压力平衡型膨胀节(复式平面铰链组件)

1. 复式平面铰链组件;2. 工作波纹管;3. 平衡波纹管

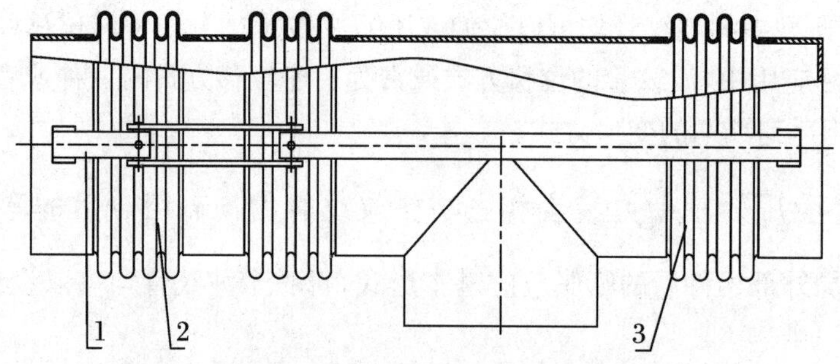

图 45　弯管压力平衡型膨胀节(复式十字铰链组件)

1. 复式十字铰链组件;2. 工作波纹管;3. 平衡波纹管

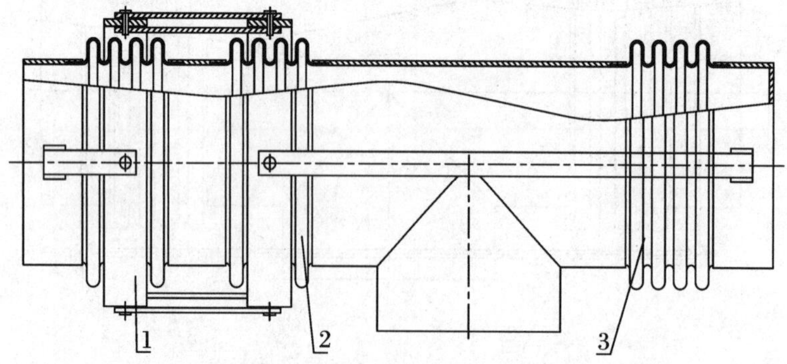

图 46　弯管压力平衡型膨胀节(双平衡环)

1. 双平衡环;2. 工作波纹管;3. 平衡波纹管

图 47～图 48 为施加比例连杆和双十字铰链后的带有可偏转拉杆的弯管压力平衡型膨胀节。采用其他约束的弯管压力平衡型膨胀节也可以施加比例连杆和双十字铰链。

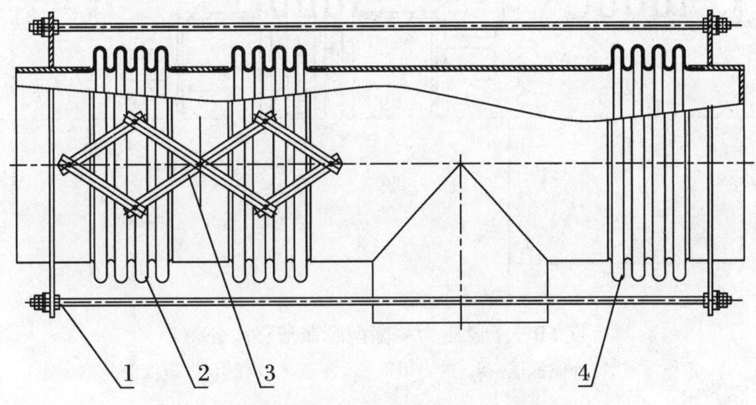

图 47　弯管压力平衡型膨胀节(可偏转拉杆)

1. 可偏转拉杆组件;2. 工作波纹管;3. 比例连杆;4. 平衡波纹管

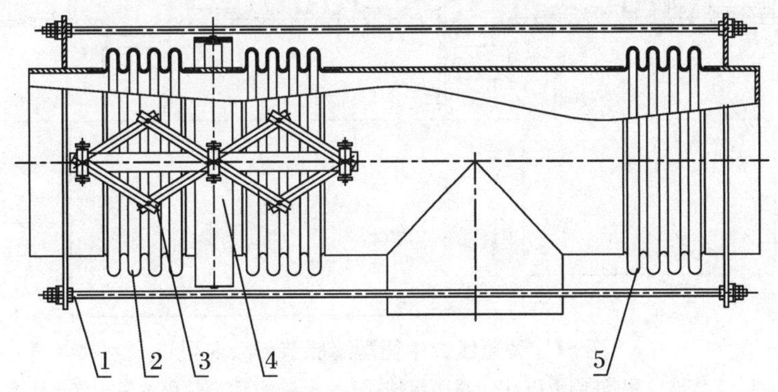

图 48　弯管压力平衡型膨胀节(可偏转拉杆)

1. 可偏转拉杆组件;2. 工作波纹管;3. 比例连杆;4. 双十字铰链组件;5. 平衡波纹管

3.2.2　组件外部受压的辅助力装置和主功能波纹管的同轴组合后的旁通压力平衡型膨胀节

图 49～图 52 为旁通压力平衡型膨胀节的基本形式。

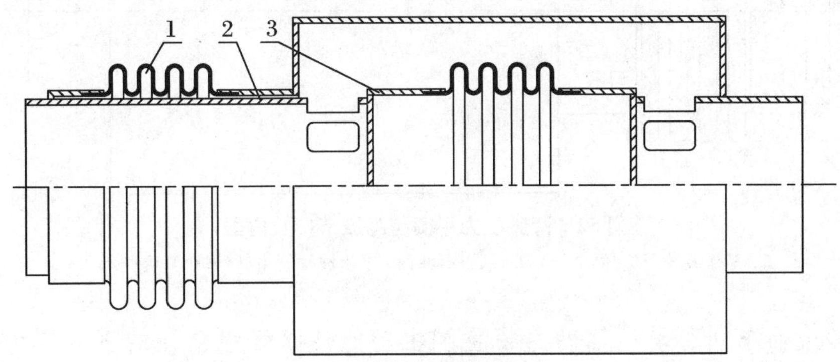

图 49　旁通压力平衡型膨胀节(内、外型)

1. 工作波纹管(内侧承压);2. 承力组件;3. 平衡波纹管组件(波纹管外侧承压)

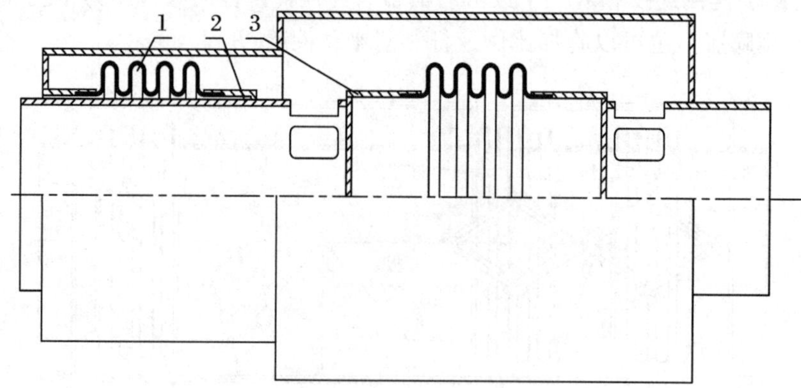

图 50　旁通压力平衡型膨胀节(外、外型)

1. 工作波纹管(外侧承压);2. 承力组件;3. 平衡波纹管组件(波纹管外侧承压)

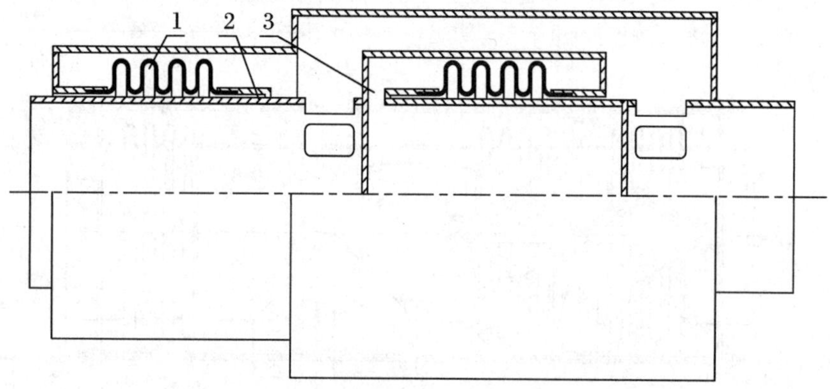

图 51　旁通压力平衡型膨胀节(外、内型)

1. 工作波纹管(外侧承压);2. 承力组件;3. 平衡波纹管组件(波纹管内侧承压)

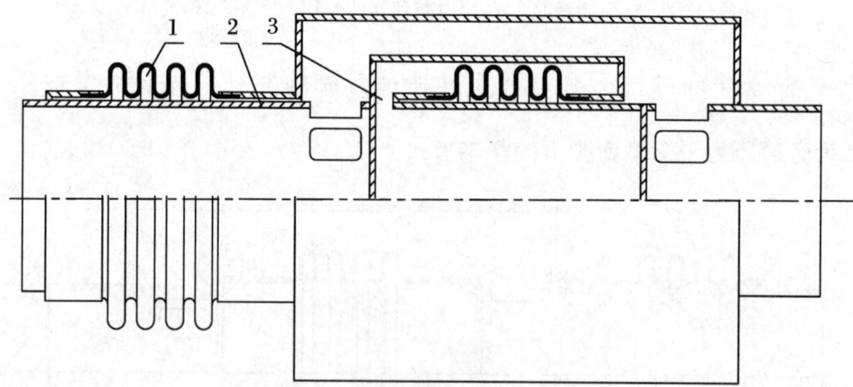

图 52　旁通压力平衡型膨胀节(内、内型)

1. 工作波纹管(内侧承压);2. 承力组件;3. 平衡波纹管组件(波纹管内侧承压)

3.2.3　环形截面中间可动型辅助力装置和主功能波纹管组合后的直管压力平衡型膨胀节

图 53~图 60 为直管压力平衡型膨胀节的基本形式。每一个波纹管均可以设计成内侧承压或者外侧承压。

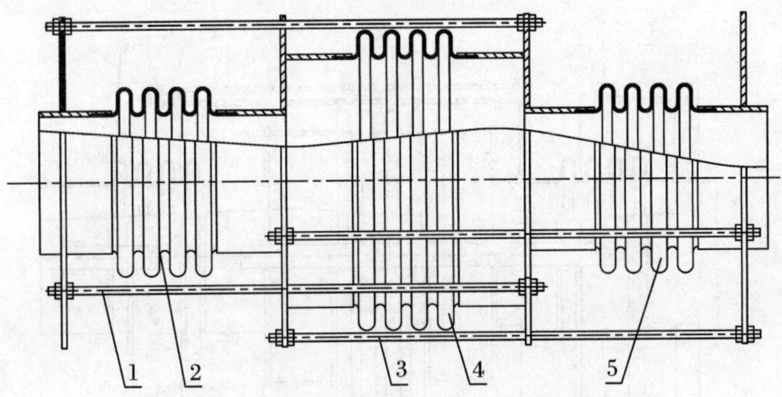

图 53　直管压力平衡型膨胀节(固定拉杆组件)

1. 固定拉杆;2. 工作波纹管;3. 固定拉杆;4. 大波纹管;5. 小波纹管

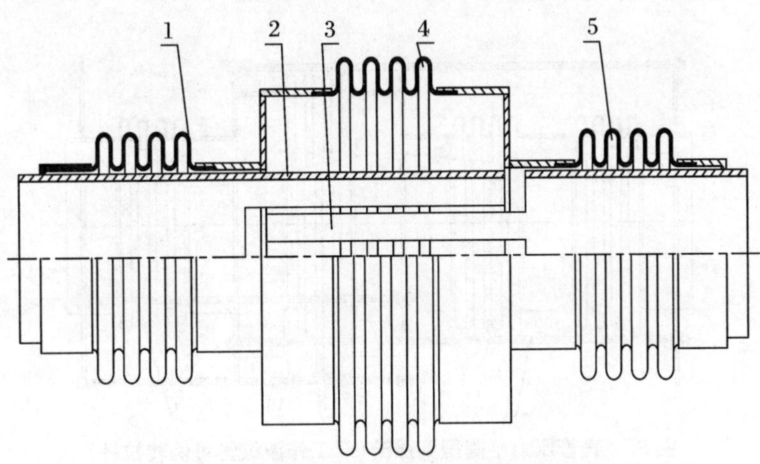

图 54　直管压力平衡型膨胀节(内连接)

1. 工作波纹管;2. 内连接;3. 内连接;4. 大波纹管;5. 小波纹管

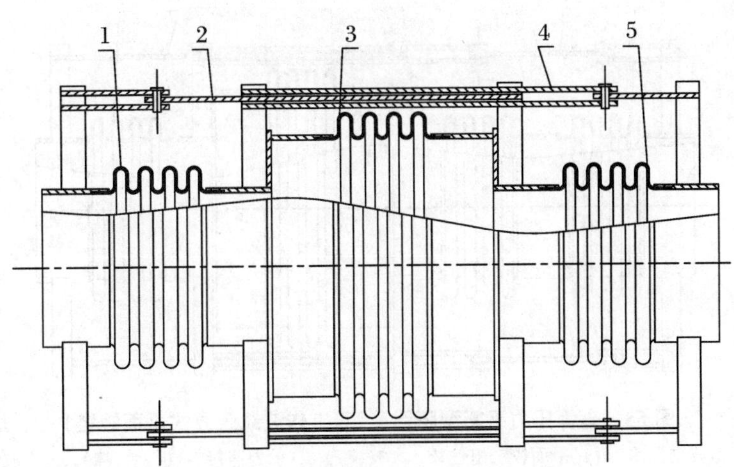

图 55　直管压力平衡型膨胀节(复式平面铰链)

1. 工作波纹管;2. 单平面铰链组件 a;3. 大波纹管;4. 单平面铰链组件 b;5. 小波纹管

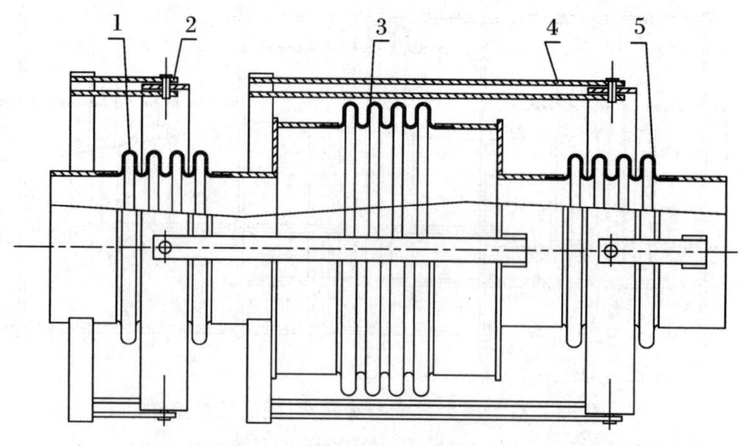

图 56　直管压力平衡型膨胀节(复式万向铰链)

1. 可偏转拉杆组件;2. 工作波纹管;3. 固定拉杆组件;4. 大波纹管;5. 小波纹管

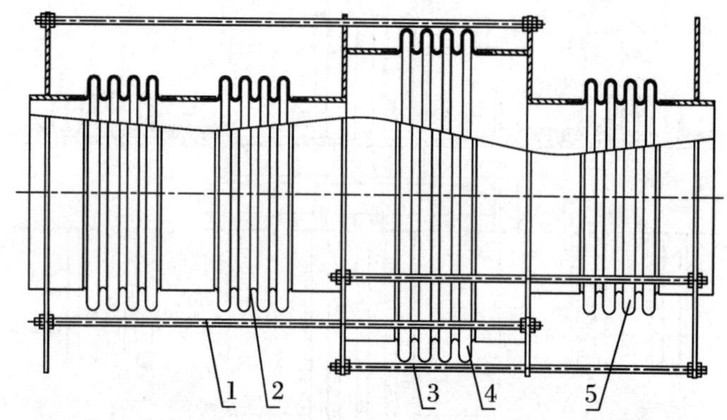

图 57　直管压力平衡型膨胀节(双工作波纹管可偏转拉杆)

1. 可偏转拉杆组件;2. 工作波纹管;3. 固定拉杆组件;4. 大波纹管;5. 小波纹管

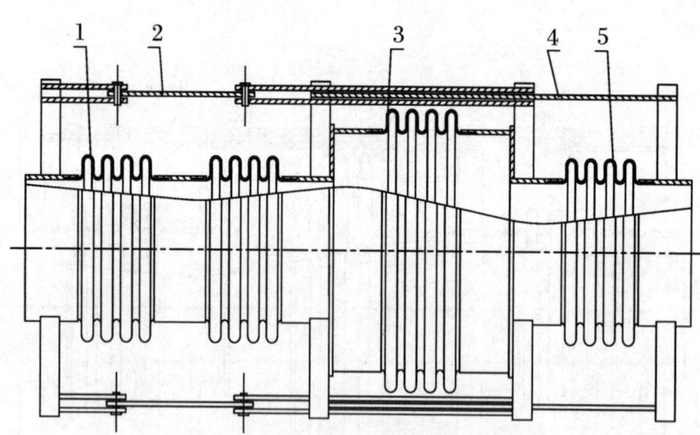

图 58　直管压力平衡型膨胀节(双工作波纹管复式平面铰链)

1. 工作波纹管;2. 复式平面铰链组件;3. 大波纹管;4. 承力连接件(板、管、棒);5. 小波纹管

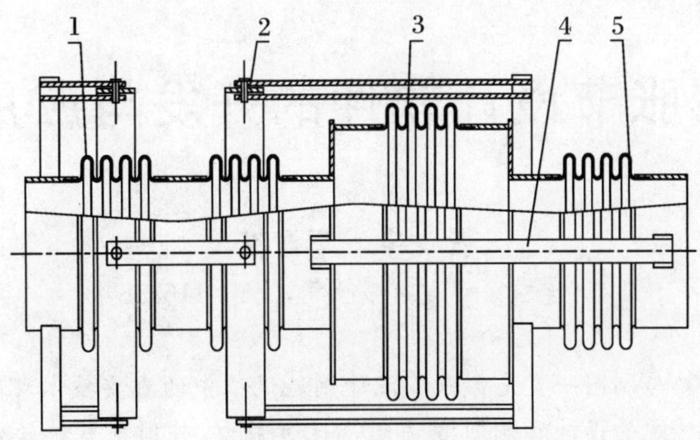

图 59　直管压力平衡型膨胀节(双工作波纹管复式万向铰链)

1. 工作波纹管;2. 万向环组件;3. 大波纹管;4. 承力连接件(板、管、棒);5. 小波纹管

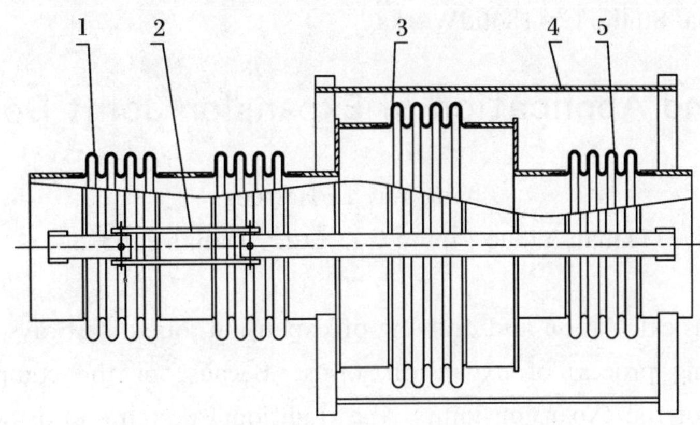

图 60　直管压力平衡型膨胀节(双工作波纹管复式十字万向铰链)

1. 工作波纹管;2. 复式十字铰链;3. 大波纹管;4. 承力连接件(板、管、棒);5. 小波纹管

4　结论

(1) 压力平衡的实质是一个无约束的波纹管组合一个更能够产生压力推力的组件,使两者的压力推力达到平衡。

(2) 无约束的波纹管可以承受轴向、角向、横向位移或者其组合位移。

(3) 外部约束构件可以将波纹管的位移约束为预期的变形。

(4) 复杂结构的压力平衡型膨胀节通过其功能的分解以及外部构件的组合,都可以被设计出来。

参考文献

[1] 国家市场监督管理总局,中国国家标准化管理委员会. 金属波纹管膨胀节通用技术条件:GB/T 12777—2019[S]. 北京:中国标准出版社,2019.

[2] Expansion Joint Manufacturers Association. Standards of the Expansion Joint Manufacturers Association:EJMA—2015[S].

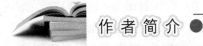

作者简介

闫廷来,男,研究员,主要研究方向为金属波纹管膨胀节的设计制造与应用。通信地址:河南省洛阳市高新区滨河北路 88 号。E-mail:ytl13703883623@aliyun.com。

膨胀节设计软件的开发与应用

张　宇　李海嵩
（大连益多管道有限公司，大连　116318）

摘要：膨胀节的分析计算与制图一直是膨胀节设计制造过程中的重要技术环节。由于膨胀节的分析计算与制图工作比较繁杂，而传统的设计和制图方法比较耗时费力，若用计算机软件来完成该工作会有事半功倍的效果，所以使用计算机软件来进行膨胀节的分析计算乃至制图是膨胀节设计领域未来的发展方向。本文简述了使用 Visual Studio C＃开发膨胀节设计软件 Bellows Designer 的思路与操作过程。

关键词：膨胀节；Visual Studio C＃；SolidWorks

Development and Application of Expansion Joint Design Software

Zhang Yu，Li Haisong
（Dalian Yiduo Piping Co. Ltd.，Dalian 116318）

Abstract：The analysis calculation and drawing of expansion joints is always an important technical link in the manufacturing process of expansion joints. Because of the complexity of the analysis calculation and drawing of the expansion joints，the traditional design and drawing methods are time-consuming and laborious. Using computer software to realize analysis calculation and even draw of expansion joints is a future development direction in the field of expansion joint design. In this paper，the idea and process of using Visual Studio C＃ to develop expansion joint design software Bellows Designer are described.

Keywords：expansion joint；Visual Studio C＃；SolidWorks

1　引言

众所周知，无论使用国际国内哪种标准来设计生产膨胀节，在设计过程中都需要花费大量的时间和精力来进行膨胀节的力学计算和膨胀节的图纸设计。但是往往在设计基本完成时却因为客户或者设计上一点点的参数修改而造成设计者需要重新进行设计计算，从而使设计膨胀节的时间、精力成倍增加。因此，当前膨胀节行业内很多单位在设计过程中会使用一些计算机软件和设计工具，但是还没有可以整合膨胀节报价、计算、设计、制图的综合软件。膨胀节设计软件 Bellows Designer 可以给膨胀节设计师一个很好的解决方案。

2　概述

Bellows Designer（以下简称 BD）是一款结合膨胀节报价、分析计算、制图等一系列功能的膨胀节设计软件。BD 计算过程分别按照国内外膨胀节主流标准《金属波纹管膨胀节通用技术条件》（GB/T 12777—2019），《压力容器波形膨胀节》（GB/T 16749—2018），EJMA—2015，ASME Ⅷ-1—2019 的规则进行。BD 是采用 Visual Studio C＃进行编程设计的，再通过对后台数据库、制图软件 SolidWorks 等的连接与操控，智能化、自动化地完成膨胀节的报价、分析计算、绘图等技术工作。[1-4]

BD软件最重要的两大核心功能：只需输入波纹管设计参数便可以进行力学计算（并自动出具计算书）和进行SolidWorks自动制图。其他优点还有计算、制图数据自动存储，可一键复制历史数据并进行修改，这些功能可以大大地节省设计师在设计过程中的时间和精力。

3 软件工具简介

3.1 Visual Studio C#

C#是微软公司发布的一种面向对象的、运行于.NET Framework和.NET Core（完全开源，跨平台）之上的高级程序设计语言。它是微软公司.NET windows框架的主角。C#是面向对象的编程语言，它使得程序员可以快速地编写各种基于Microsoft.NET平台的应用程序，Microsoft.NET提供了一系列的工具和服务来最大限度地开发和利用计算与通信领域。

现在主流膨胀节设计师使用微软公司的Windows系统来进行设计工作，所以采用同是微软公司产品的C#来制作软件界面，无论是操作性还是兼容性都会比较好。其次由于膨胀节的标准会有升级或更改，而C#是面向对象的程序语言，相对于面向过程的编程语言，更适合于程序后期更改和维护等工作。

3.2 SolidWorks 2018

SolidWorks软件是世界上第一个基于Windows开发的三维CAD系统，由于使用了Windows OLE技术、直观式设计技术、先进的parasolid内核（由剑桥提供）以及良好的与第三方软件的集成技术，SolidWorks成为全球装机量最大、最好用的软件之一。

SolidWorks软件功能强大，组件繁多。SolidWorks有功能强大、易学易用和技术创新三大特点，这使得SolidWorks成为领先的、主流的三维CAD解决方案。SolidWorks不仅能够提供不同的设计方案、减少设计过程中的错误以及提高产品质量，而且对每个工程师和设计者来说，操作简单方便，易学易用。

3.3 Office Access

Office Access是由微软发布的关系数据库管理系统，它结合了Microsoft Jet Database Engine和图形用户界面两项特点，这个数据库存储环境能给用户足够的灵活性和对Microsoft Windows应用程序接口的控制，同时使用户免遭用高级或低级语言开发环境时所碰到的各种麻烦。

笔者也曾想过使用其他数据库，例如SQL Server、Sqlite等数据库进行数据存储工作，但是考虑到BD的使用平台为Windows，膨胀节数据存储量并不是很大，还是Access更适合作为BD的数据库。

4 功能简介

4.1 BD功能

BD软件总体分为4大功能模块：膨胀节计算模块、报价计算模块、参数设置模块、自动制图模块。

4.1.1 膨胀节计算模块

膨胀节计算模块主要完成第2节概述中提到的4大标准的膨胀节计算功能，并可根据计算结果自动出具Word、Pdf版本的计算书。膨胀节计算模块界面如图1所示。

4.1.2 报价计算模块

报价计算模块主要完成波纹管产品报价功能，并可以自动出具Excel版本报价单。报价计算模块界面如图2所示。

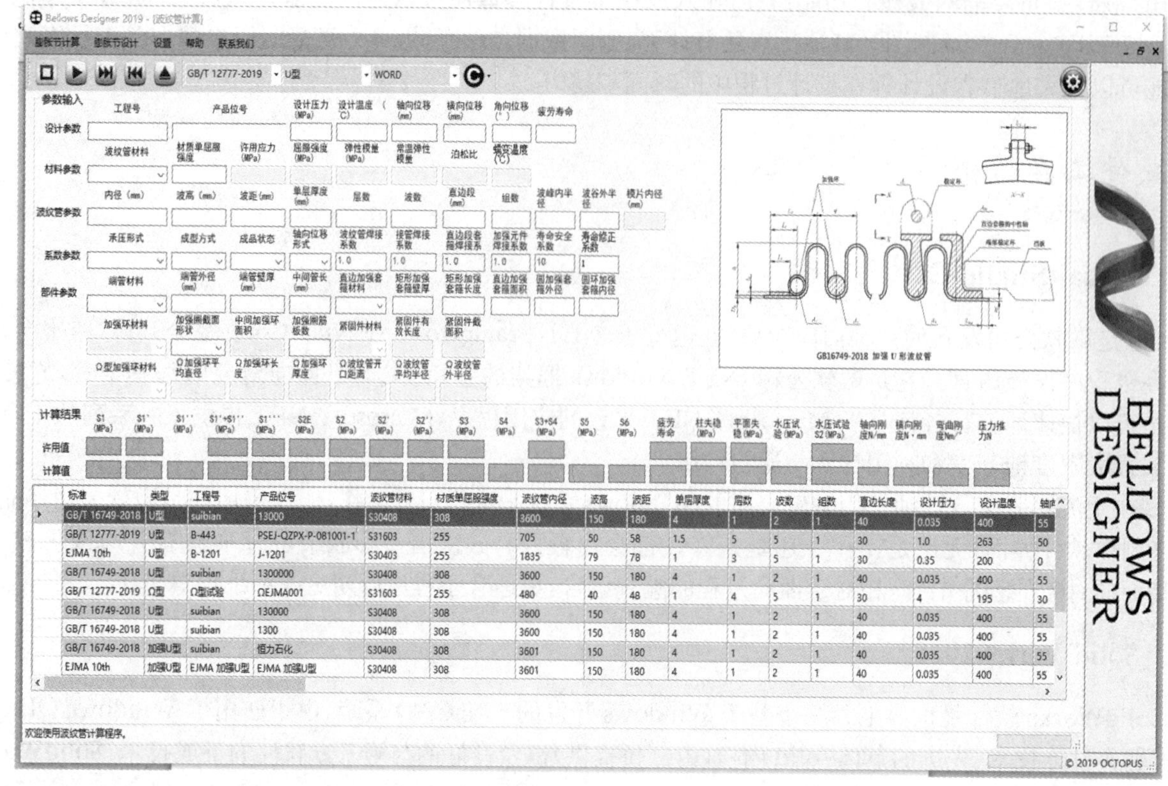

图 1　膨胀节计算模块界面

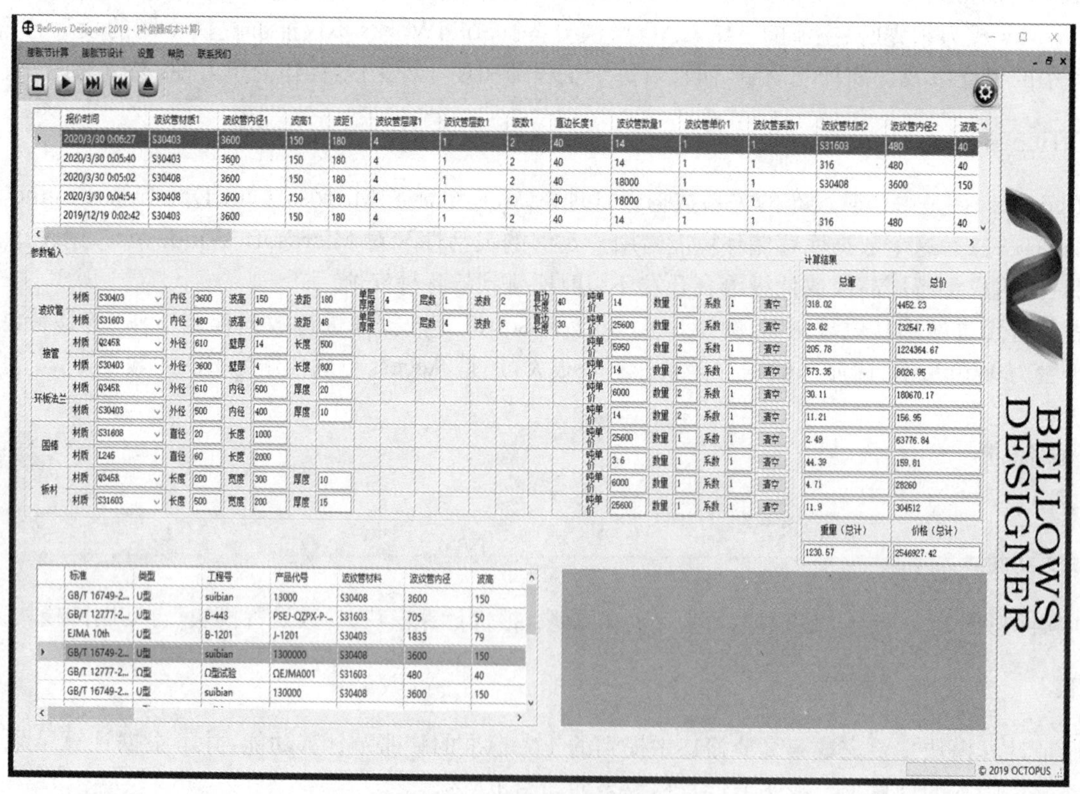

图 2　报价计算模块界面

4.1.3　参数设置模块

参数设置模块主要完成设计计算参数、制图参数、报价参数的设置功能,是 BD 软件的后台辅助功能。

参数设置模块界面如图 3 所示。

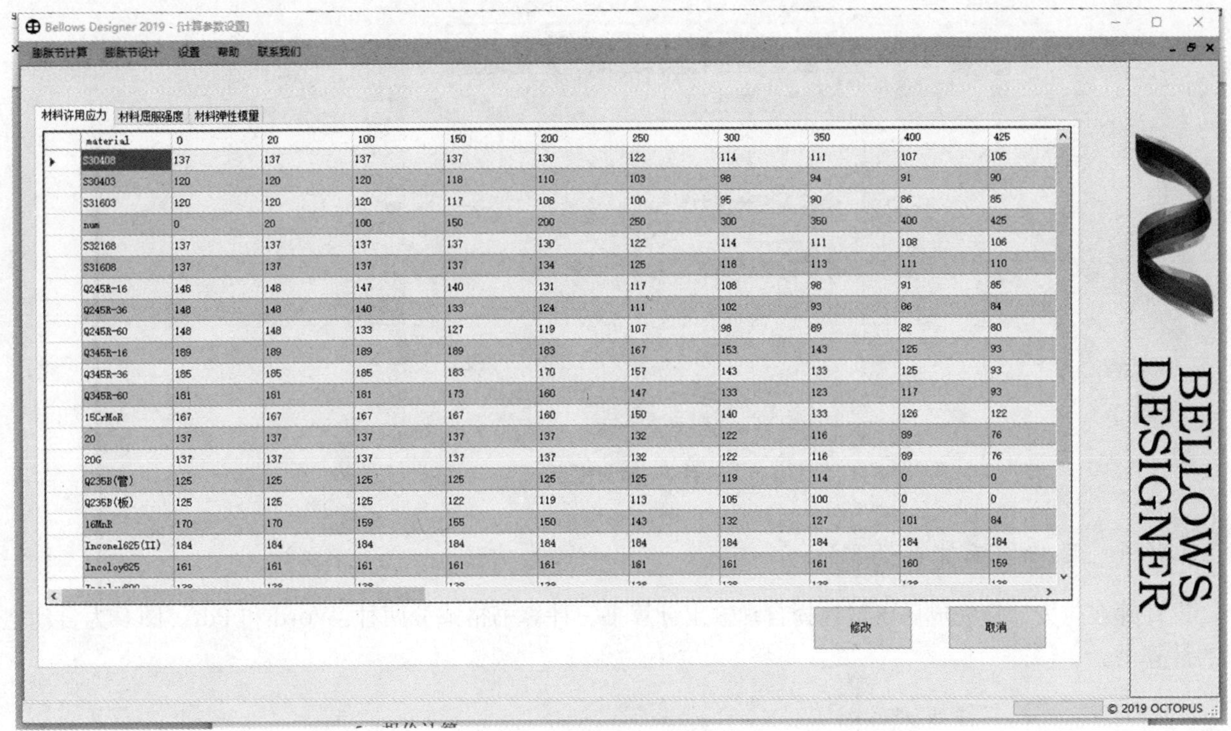

图 3　参数设置模块界面

4.1.4　自动制图模块

制图模块功能主要根据输入补偿器参数启动 SolidWorks 并生成补偿器模型和图纸。

4.2　膨胀节计算

膨胀节计算功能是 BD 软件的一大核心功能。

4.2.1　波纹管标准

BD 针对 GB/T 16749—2018、GB/T 12777—2019、EJMA—2015、ASME Ⅷ-1—2019 四种国内外主流波纹补偿器设计制造标准分别进行编程，支持这 4 种标准的应力计算，每种标准再按照非加强 U 形、加强 U 形、Ω 形 3 种主要膨胀节形式进行划分。在计算前可选取相应膨胀节标准和膨胀节形式来确定力学计算方法。

4.2.2　输入提示功能

当光标移动到输入框的同时会显示输入提示，例如光标停在内径输入框时会在提示栏中显示“请输入波纹管内径”，以方便新使用者明白要输入的参数内容。当遗漏某个输入选项时，系统还会弹出提示框提示输入参数，如图 4 所示。

4.2.3　数据存储和复制功能

BD 每次在进行膨胀节应力计算时会将此次膨胀节的参数自动记录到数据库中，并显示在下方的表格里，方便设计师以后进行查询修改。用户可以使用鼠标右键进行一键复制，将历史记录复制到计算参数界面内。此功能方便用户检查膨胀节计算过程，更重要的是，如果有其他膨胀节参数接近的情况下可以复制历史参数到界面内，然后手动修改个别参数进行快捷计算，这样可以节省大量的输入时间，提高计算效率。

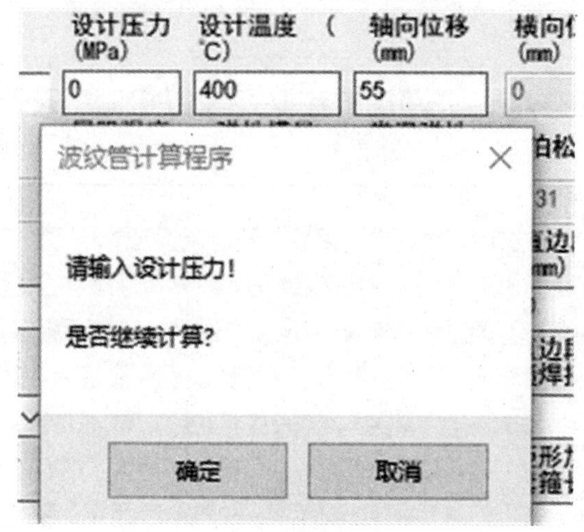

图 4　输入提示

4.2.4　自动生成计算书功能

设计师在应力计算完成后可以选择自动输出计算书。计算书格式分两种:Word 和 Pdf。图 5 为自动生成的计算书。

波纹管计算结果

项目	数值	结果
压力引起的波纹管直边段周向薄膜应力 σ_1(MPa)	3.50	合格
压力引起的波纹管加强套环周向薄膜应力 σ_2 (MPa)	0.00	合格
压力引起的波纹管波的周向薄膜应力 σ_2 (MPa)	8.64	合格
压力引起的波纹管子午向薄膜应力σ_3(MPa)	0.67	
压力引起的波纹管子午向弯曲应力σ_4(MPa)	15.27	
压力引起的波纹管波的子午向薄膜应力加弯曲应力$\sigma_3+\sigma_4$(MPa)	15.94	合格
位移引起的波纹管子午向薄膜应力σ_5(MPa)	7.25	
位移引起的波纹管子午向弯曲应力σ_6(MPa)	800.83	
波纹管设计疲劳寿命	9031	合格
两端固支时柱失稳的极限设计内压 (MPa)	16.96	合格
两端固支时平面失稳的极限设计内压 (MPa)	0.45	合格
单波刚度 (N/mm)	11430.76	
总体轴向弹性刚度 (N/mm)	5715.38	
总体横向弹性刚度 (N/mm)	0.00	
总体弯曲弹性刚度 (N/mm)	0.00	

图 5　自动生成的计算书

4.3　报价计算

4.3.1　报价计算方式

报价计算功能分两种方式,一种是从历史计算记录中提取参数信息进行报价计算;另一种是手动输入波纹管参数信息进行报价结算。无论采取哪种方式进行报价,报价计算完成后同样会把报价信息存储到数据库中，以备以后查阅修改。

4.3.2 历史报价存储与复制功能

与膨胀节计算功能相同，每次在进行膨胀节报价时会将此次膨胀节的报价参数自动记录到数据库中，并显示在下方的表格里，方便设计师以后进行查询修改；界面上方的历史计算参数表格中的内容可以使用鼠标右键进行一键复制，将历史记录复制到报价参数界面内，方便修改和快捷计算。

4.3.3 自动生成计算书功能

报价计算功能也具有自动生成报价单功能，格式为Excel。

4.4 参数设置

参数设置是BD为更方便设计师提供服务而编写的功能。每个设计师可能有他自己的设计思路和习惯，通过参数设置能更好、更高效地进行波纹管设计和制图。此功能分为公共参数设置、计算参数设置、材料价格更新设置、制图参数设置4个部分。

4.4.1 公共参数设置

公共参数设置中包含默认设计标准、默认设计形式、默认计算书形式、默认优化项目等项目的设置。

4.4.2 计算参数设置

计算参数设置中包含计算过程中各种强度系数设置，材料许用应力、屈服强度、弹性模量等相关参数设置。

4.4.3 材料价格更新设置

材料价格更新设置功能可更新材料的单价。更新分两种方式，一种是手动更新，另一种是引用外部数据表整体更新。更新单价功能可为报价功能做准备。

4.4.4 制图参数设置

制图参数设置中包含了膨胀节制图过程中的一些基础参数设置。例如，波纹管层间距、端板厚度、接管规格、波纹管与接管间距、焊接坡口型式等的默认参数值。这些参数的设置可根据用户的习惯、厂家设备、材料、技术要求等情况不同而单独设置。设置结束后，制图过程中将按照设置值自动生成相应模型和图纸。

4.5 自动制图

自动制图功能是BD软件除计算外的另一核心功能。

4.5.1 设计方案

自动制图有两种方案。第一种是以SolidWorks事先画出各种常用膨胀节的模型，然后利用C＃调用和更改这些膨胀节模型的数据表来得到目标模型和图纸。另一种是用C＃调用SolidWorks的API接口，通过程序代码中写出所有类型的膨胀节的图形画法逻辑函数来达到自动制图的目的。这两种方案各有利弊，第一种方案的优点是节省编程量和时间，但是也有模型固定灵活度不足的缺点。第二种方案的优点是只要程序代码足够复杂，可以画出几乎任何形式的膨胀节，不足之处是这样会出现极大的编程量。现在的做法是暂时使用第一种方案，以后如有可能会向第二种方案慢慢转移。

4.5.2 制图过程

自动制图操作过程与设计计算过程相同，通过输入膨胀节的设计参数达到自动生成图纸的目的。自动制图功能同样有膨胀节计算功能和报价计算的自动存储、一键复制等功能,这里就不再一一赘述。

4.6 组合功能

组合功能是将膨胀节计算、报价计算、自动制图功能集合到一起的功能,此功能可以在一个界面内输入设计参数一键生成计算结果、报价结果和图纸,并且将膨胀节自动存储在数据库中方便以后随时调用。界面如图 6 所示。

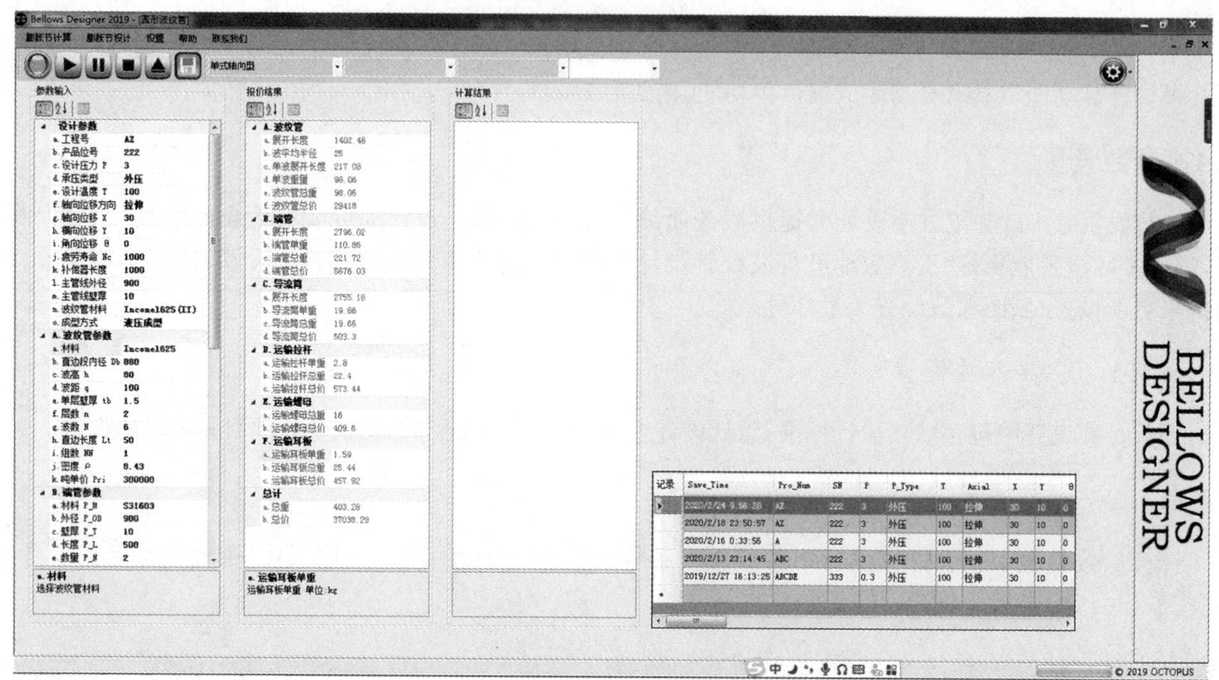

图 6 组合功能界面

5 结论

制造业一直以来都是向自动化、智能化方向不断发展的,笔者也在致力于开发膨胀节的设计软件。膨胀节设计软件快捷高效、不易出错、节省人力和时间的优势是显而易见的,也是近在眼前的。希望从业者们积极向这个方向共同努力,早日使工程师从繁杂的计算和绘图工作中解放出来。

由于膨胀节的设计过程比较繁杂,BD 的设计开发时间仓促,笔者能力有限,一定会有很多不足之处,需要在以后设计生产过程中不断完善,还希望同行、专家给予宝贵的意见和建议,共同致力于促进膨胀节设计软件的快速发展。

附录

部分代码示例:

```
#region  执行 SqlCommand 命令
        /// <summary>
        ///执行 SqlCommand
        /// </summary>
        /// <param name="SqlStr">SQL 语句</param>
        public void GetCom(string DB_Name, string SqlStr)
        {
```

```
        OleDbConnection Conn = this.GetCon(DB_Name);
        Conn.Open();
        OleDbCommand SqlCom = new OleDbCommand(SqlStr, Conn);
        SqlCom.ExecuteNonQuery();
        SqlCom.Dispose();
        Conn.Close();
        Conn.Dispose();
    }
    #endregion

    #region 创建 DataSet 对象
    /// <summary>
    ///创建一个 DataSet 对象
    /// </summary>
    /// <param name="SqlStr">SQL 语句</param>
    /// <param name="StrTable">表名</param>
    /// <returns>返回 DataSet 对象</returns>
    public DataSet GetDs(string DB_Name, string SqlStr, string StrTable)
    {
        OleDbConnection Conn = this.GetCon(DB_Name);
        OleDbDataAdapter SqlDa = new OleDbDataAdapter(SqlStr, Conn);
        DataSet MyDs = new DataSet();
        SqlDa.Fill(MyDs, StrTable);
        return MyDs;
    }
    #endregion

    #region 创建 SqlDataReader 对象
    /// <summary>
    ///创建一个 SqlDataReader 对象
    /// </summary>
    /// <param name="SqlStr">SQL 语句</param>
    /// <returns>返回 SqlDataReader 对象</returns>
    public OleDbDataReader GetRead(string DB_Name,string SqlStr)
    {
        OleDbConnection Conn = this.GetCon(DB_Name);
        OleDbDataAdapter SqlDa = new OleDbDataAdapter(SqlStr, Conn);
        OleDbCommand SqlCom = new OleDbCommand(SqlStr, Conn);
        Conn.Open();
        OleDbDataReader SqlRead = SqlCom.ExecuteReader(CommandBehavior.
        CloseConnection);
        return SqlRead;
        }
    #endregion
```

```
#region 创建新表对象
/// <summary>
///在 SQLITE 中创建一个新表
/// </summary>
/// <param name="SqlStr">SQL 语句</param>
/// <returns>返回 SqlDataReader 对象</returns>
public void CreateTable(string TableName, string FieldStr)
{
    string SqlStr = "";
    Access_Data SD = new Access_Data();
    SqlStr = "CREATE TABLE " + TableName + "(" + FieldStr + ")";
    SD.GetCom("data", SqlStr);
}
#endregion


#region EJMA Ω形计算程序
public void EJMA_O()          /*EJMA 计算程序 Ω形*/
{
    Public_EJMA();
    Ar = Lrt * tr;
    //P1-6 单个波纹管增强元件横截面金属面积******
    fi = B3 * Dm * Eb * Math.Pow(tbm, 3) * n / (10.92 * Math.Pow(r, 3));
    //P4-37 fit
    if (op == "拉伸")
    {
        Eyp = Math.PI * Dm * Kθl * p * Math.Sin(ANG / 2 * Math.PI / 180) *
        (Lb + X) / (4 * fi);
        //P4-2 4-8 E_yp 拉伸对于初始角位移的单个波纹管,由于内部压力,每个波的最
        大位移量
    }
    else
    {
        Eyp = Math.PI * Dm * Kθl * p * Math.Sin(ANG / 2 * Math.PI / 180) *
        (Lb - X) / (4 * fi);
        //P4-2 4-8 E_yp 压缩对于初始角位移的单个波纹管,由于内部压力,每个波的最
        大位移量
    }
    if (NN == 1 && eθ != 0)
    {
        Ψ = (eθ + Eyp) / eθ;
        //P1-9 Kθ 单式波补角位移内压影响系数
    }
    else
```

```
{
    Ψ = 1.0;
    //P1-9 Kθ 复式波补角位移内压影响系数
}
/*eto 单波总当量轴向位移计算*/
if (op == "拉伸")
{
    ec = Math.Max(ey + eθ - ex, eθ * Ψ - ex);
    ee = Math.Max(ey + eθ + ex, eθ * Ψ + ex);
    eto = Math.Max(ec, ee);
    //P4-24-10  ee 每个波的等效轴向拉伸
}
else
{
    ec = Math.Max(ey + eθ + ex, eθ * Ψ + ex);
    ee = Math.Max(ey + eθ - ex, eθ * Ψ - ex);
    eto = Math.Max(ec, ee);
    //P4-24-9  ec 每个波的等效轴向压缩
}

if (T <= T_creep)
{
    Fg = (0.25 * Math.PI * (Math.Pow(Dm, 2) - Math.Pow(Db, 2)) * p +
    eto * fw) / ng;
    //P1-7 Fg 作用于直边段套箍每个筋板的轴向力
}
else
{
    Fg = (0.25 * Math.PI * (Math.Pow(Dm, 2) - Math.Pow(Db, 2)) * p)
    / ng;
    //P1-7 Fg 作用于直边段套箍每个筋板的轴向力
}
Ld = Lt + Lg / 2 + n * tb + ro;
//GB12777 P38 A35 Lw 波纹管连接环焊接接头到第一个波中心的长度
S1 = p * Math.Pow(Db, 2) * Ld * Ebt / (2 * Atc * Ect * Dc);
//P4-36 S1 压力在波纹管直边段中所产生的环向薄膜应力
S1_ = p * Dc * Ld / (2 * Atc);
//P4-36 S1′外焊波纹管,压力在套箍中所产生的环向薄膜应力
if (ng == 0)
{
    S1__ = 0;
}
else
{
```

```
        S1__ = Fg * ng * Dc / (4 * Math.PI * Cc * Zc);
        //P4-36 S1"压力引起套箍周向弯曲应力
    }
    S1___ = p * (Dp - tp) * (Lp + Lg / 2 + n * tb) / (2 * Atp);
    //P4-36 S1″压力引起套箍周向弯曲应力
    S2 = p * r / (2 * n * tbm);
    //P4-36 S2
    if (Lrt > 2 * Math.Pow(Dr * tr, 0.5) / 3)
    {
        S2_ = p * Dr * (Lr + Lg / 2 + n * tb) / (2 * Atr);
        //P4-36 S2′
    }
    else
    {
        S2_ = p * Dr * (Lrt + Lg + 2 * n * tb) / (2 * Ar);
        //P4-36 S2′
    }
    S3 = p * r * (Dm - r) / (n * tbm * (Dm - 2 * r));
    //P4-36 S3
    S5 = B1 * Eb * Math.Pow(tbm, 2) * eto / (34.3 * Math.Pow(r, 3));
    //P4-36 S5
    S6 = B2 * Eb * tbm * eto / (5.72 * Math.Pow(r, 2));
    //P4-37 S6
    St = 3 * S3 + S5 + S6;
    //P4-37 St
    psc = 0.3 * Math.PI * Cθ * fi / (Math.Pow((N_ * NN), 2) * r);
    //P4-37 Psc
    switch (Nc_Type)
    {
        case 1:
            Nc = Math.Pow((1.86E6 / (145 * St / fc - 54000)), 3.4);
            break;
        case 2:
            Nc = Math.Pow((2.33E6 / (145 * St / fc - 67500)), 3.4);
            break;
        case 3:
            Nc = Math.Pow((2.70E6 / (145 * St / fc - 78300)), 3.4);
            break;
    }
}
#endregion
```

参考文献

[1] 国家市场监督管理总局，中国国家标准化管理委员会. 金属波纹管膨胀节通用技术条件：GB/T

12777—2019[S].北京:中国标准出版社,2019.

[2] 国家市场监督管理总局,中国国家标准化管理委员会.压力容器波形膨胀节:GB/T 16749—2018[S].北京:中国标准出版社,2018.

[3] Expansion Joint Manufacturers Association. Standards of the Expansion Joint Manufacturers Association:EJMA—2015[S].

[4] The American Society of Mechanical Engineers. Mandatory Appendix 26 Bellows Expansion Joints:ASME Ⅷ-1—2019[S].

作者简介

张宇(1979—),男,软件工程师、焊接工程师,从事焊接工艺、热处理工艺工作。通信地址:辽宁省大连市长兴岛经济区大连益多管道有限公司。E-mail:doxob@163.com。

基于 Solid Edge 的膨胀节三维参数化设计与实践

李跃宗　刘亚喆　杨　萌
（洛阳双瑞特种装备有限公司，洛阳 471000）

摘要：三维参数化设计方法是一种高效先进的设计方法。本文阐述了建立膨胀节三维参数化设计方法面临的问题、技术方案和主要成果，并阐述利用成果建立了标准结构膨胀节的设计方法和流程，也提供了非标准结构产品的设计流程。本文以复式拉杆型膨胀节为例介绍了三维图纸的构成。文中所述的技术方案和成果对其他产品和产业有一定的借鉴意义。

关键词：三维设计；参数化设计；膨胀节

Three-Dimensional Parametric Design and Practices of Expansion Joint Based on Solid Edge

Li Yuezong，Liu Yazhe，Yang Meng
（Luoyang Sunrui Special Equipment Co. Ltd.，Luoyang 471000）

Abstract：Three dimensional parametric design method is an efficient and advanced design method. The article introduces the current problems and technical solutions during establishing three-dimensional parametric design method for expansion joint，and also introduces the achievements of the work and achievements based on standard expansion joint design method and design process，as well as the design method and design process of nonstandard expansion joint. As an example，three-dimensional drawing of universal tied expansion joint is introduced，whose technical solutions and achievements are also useful and valuable to other products.

Keywords：3D design；parametric design；expansion joint

1　引言

三维参数化设计方法作为一种高效的设计方法，在各个行业已经得到广泛的应用，石化行业用户要求提交的产品资料以数字化的形式交付，其中一个重要内容就是产品的三维模型，而且这种数字化交付要求在石化行业会越来越多。[1-2] 波纹管膨胀节产品主要根据用户需求进行定制化设计和生产，是典型的单件小批量生产模式，且大部分产品的交付周期短，因此把三维参数化设计方法引入膨胀节产品设计制造过程，结合膨胀节产品特点构建出一个适合膨胀节产品的快速准确的设计方法，从而助力实现膨胀节产品的智能制造、精益生产、降本增效。本文就构建膨胀节产品的三维参数化设计方法方面的工作思路与取得的成果进行了总结，供大家参考。

2　要解决的问题

构建新的设计方法，首先要解决的就是设计效率低的问题。经过分析，传统设计方法导致设计效率低的原因有以下几个方面：

(1) 几何尺寸设计、更改耗时较长且容易出错；

(2) 制图过程中需要重复性的工作内容较多。

构建三维参数化设计方法,不仅要解决上述设计效率低、设计质量不高的问题,还要重点考虑并解决如下问题:

(1) 设计图纸三维化,并具有参数化及参数驱动功能;

(2) 几何信息和属性的提取、传递与设计方法、原则标准化的实现;

(3) 产品零部件模块化、标准化;

(4) 三维参数化设计主要面向未来的智能制造或数字化制造,但同时也要兼顾目前传统的生产方式。

3　技术方案及成果

通过对膨胀节产品特点、未来的智能制造及目前的传统制造方式对设计输出要求的分析理解,最终确定的三维参数化设计技术方案包含以下 3 部分的内容:

(1) 基于商用三维软件 Solid Edge,构建出一个膨胀节的零件及产品模型库;

(2) 通过 Solid Edge 软件的二次开发构建一个参数化设计程序;

(3) 同时为了填写部分制造信息,构建一个属性填写程序。

基于上述技术方案,我们共完成了 4 个方面的工作,形成了 4 个成果,分别是参数化设计程序、模型库及模板文件、属性填写程序和三维参数化设计标准。

3.1　模型库及模板文件

基于 Solid Edge 软件构建的模型库主要解决的是三维模型的生成问题和三维模型的工程图化问题,即上文提到的三维化问题、参数化及参数驱动问题、几何信息和属性的提取与传递问题、针对膨胀节产品的特点和兼顾传统生产方式的问题。

模型库的主要作用是分类管理膨胀节零件、组件和总装模型模板文件。膨胀节产品利用的零件和部件均将建立模板文件,纳入模型库管理;模板文件内包含三维基本模型、焊缝实体、剖切面、尺寸公差注释、符号注释、技术要求注释、制造信息注释等内容,并最终以模型视图的方式显示。

模型库及模板文件的作用:

(1) 模板文件被参数化设计程序调用,参数化驱动生成三维模型及其模型视图。

(2) 人工选择零件和组件模板文件,通过为变量表内的变量直接赋值的方法生成新零件或组件三维模型及其模型视图,用于组装非标准结构膨胀节产品。

(3) 模板文件最终以模型视图的形式展示设计结果并用于生产。

3.2　参数化设计程序

参数化设计程序主要解决了以参数形式计算几何尺寸及调用模型模板并对参数赋值以驱动生成三维模型的问题,即参数驱动的问题。参数化设计程序会大幅度提高设计效率。

参数化设计程序主要有以下几个功能:

(1) 零件、组件与总装几何尺寸自动计算功能:可将具有稳定结构的膨胀节零件间的尺寸计算公式写入后台程序,在前台程序中输入各零件的核心参数及设计变量,程序自动计算各个零部件和总装的几何尺寸。

(2) 调用三维模型模板,以为变量赋值的方式参数化驱动生成三维模型和图纸的功能:利用计算出的尺寸,结合查询出的标准件尺寸,调用三维模型库中的模型模板,生成三维模型及模型视图。

(3) 国标件和企标件的尺寸调用功能:对于常用的国标件和企标件,将其系列化的规格以表格的形式集成在后台程序,使用时,仅通过选择规格和标准的方式即可获取相应标准件的尺寸等信息。

参数化设计程序的使用非常简单,在后台定义好设计对象并导入设计公式后,只需要在设计前台中输入核心设计参数即可得到整个产品的三维模型。设计程序的设计输入界面如图 1 所示。

图 1　参数化设计程序

3.3　属性填写程序

属性填写程序具有以下几个方面的功能,主要解决将部分制造信息以参数值的形式通过属性填写程序写入三维模型即制造信息参数化的问题。

(1) 将膨胀节产品信息和技术特性信息写入产品的三维模型;

(2) 将零件和组件属性信息写入零件和组件的三维模型。

上述各类信息以属性的形式写入三维模型后,便会以参数值的形式存在,可以很方便地被 CAPP 系统、PLM 系统等各种系统调用。

属性填写程序使用方法:

(1) 打开属性填写对象:用 Solid Edge 软件打开需要填写属性的对象,对象为上述所说的膨胀节的零件、组件和总装。

(2) 打开属性填写程序:当打开的对象为总装时,属性填写程序会自动判断对象为总装并打开属性填写界面。图 2 所示为装配模型的属性填写界面。

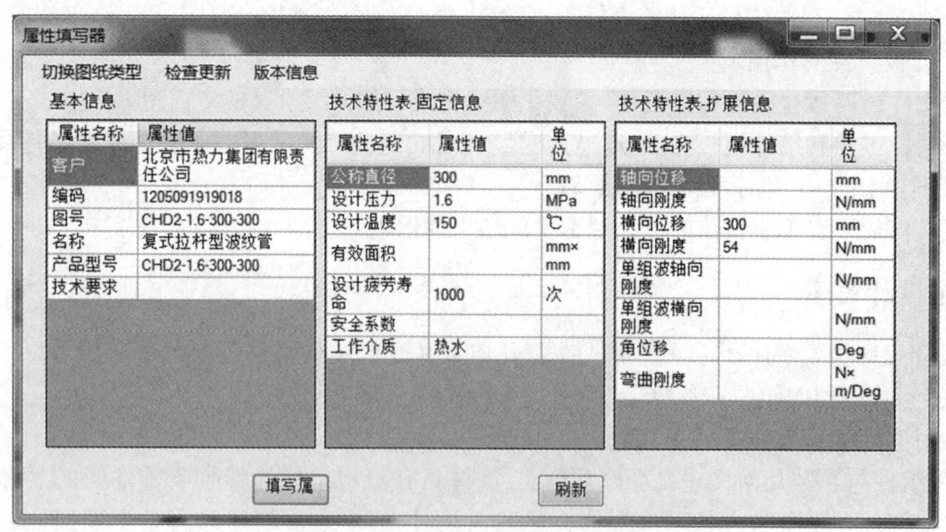

图 2　装配模型的属性填写界面

(3) 输入相关信息并点击“填写属性”按钮开始填写并完成。

(4) 属性填写完成后保存文件。

组件和零件的属性填写步骤及方法同上所述,属性填写的内容各有不同。

3.4　三维参数化设计标准

设计标准详细说明了使用上述 3 个成果进行三维参数化设计的流程、软件使用方法、三维模型创建方法及主要注意事项等，解决了标准化的问题。

设计标准化主要包括以下 5 个方面的内容：

(1) 流程指引：主要是参数化设计过程中使用的各种流程，如建立模板的流程。

(2) 标准化要求：主要是参数化设计方法对标准化的要求，如参数(变量)命名的标准化要求。

(3) 成果使用方法：主要是上述几个成果的使用方法，如使用程序的设计方法和三维图纸的使用方法等。

(4) 典型案例：主要是三维参数化设计的一些典型产品设计案例，如典型零件模板创建的案例等。

(5) 注意事项：主要是应用三维参数化设计方法的一些注意事项，如零件建模注意事项和成果使用注意事项等。

设计标准化可用于内部培训以便统一设计人员的设计习惯，最终提供标准统一的设计输出。

基于上述 4 个成果，我们建立了标准化产品的设计方法和设计工具，并建立设计流程。

对于标准化的产品，首先在模型库中选择合适的零件、部件的三维模型，利用上述模型建立产品的装配模型；其次，根据产品的结构形式、零部件和装配模型的变量表，将零部件和总装尺寸计算公式写入设计计算程序，并完成三维模型与设计计算程序的关联。完成上述工作后，针对标准化产品，其设计流程如下：

(1) 根据设计，输入确定产品的结构形式和核心参数；

(2) 在设计程序中选择设计对象，输入核心参数，利用设计计算程序自动计算零部件尺寸和总装尺寸；

(3) 设计程序自动调用模型库零件及装配模板并为参数赋值，进而生成零部件和产品的三维模型；

(4) 利用属性填写程序为生成的三维模型填写属性信息，并修改部分注释和技术要求；

(5) 以三维模型和模型视图的形式输出设计结果，设计结果以三维模型及视图的形式展示设计内容。

对于非标准的膨胀节产品，可以以标准化产品为基础进行基本设计，然后添加必要的零部件以完成最终设计，也可以通过如下流程进行新的设计：

(1) 根据设计输入确定产品的结构形式和核心参数；

(2) 计算零部件的尺寸参数；

(3) 从模型库中选择合适的零件和组件三维模型模板文件；

(4) 以修改变量表的方式对零件参数赋值以生成零件或组件的三维模型；

(5) 用零件和组件模型组装产品装配模型；

(6) 利用属性填写程序为零件和组件三维模型填写属性信息，并修改部分注释和技术要求；

(7) 在总装三维模型中创建剖面、PMI 注释，并创建模型视图；

(8) 以三维模型及模型视图的形式输出设计结果。

4 三维图纸的构成

长期以来，对于国内大部分制造业企业，由于生产方式的限制，三维设计基本停留在利用三维软件建立三维几何模型，将几何模型转换为二维工程图并添加注释以用于生产的阶段，这是三维设计无法大规模推广的一个重要原因。在创建三维几何模型时，我们充分开发了 Solid Edge 软件的其他几项功能，改变了这种模式。利用上述功能创建的三维图纸主要包括以下几部分内容。

4.1 模型视图

模型视图是在不将三维几何模型转化为二维工程图的前提下方便相关人员使用图纸的重要工具。模型视图用于集中展示设计信息，主要包括三维几何模型、尺寸公差注释、符号注释、技术要求注释、制造信息注释等内容。

图 3 所示为一个复式拉杆型膨胀节的模型视图，视图以不同形式包含了传统二维图中的所有要素。一般情况下一个零件或产品包含两个及以上的模型视图，不同模型视图可以很方便地进行切换，以便查看不同角度的模型和注释信息。图 4 所示为上述复式拉杆型膨胀节带有剖面的正等测视图，全面展示了膨胀节

的基本结构和零件组成。

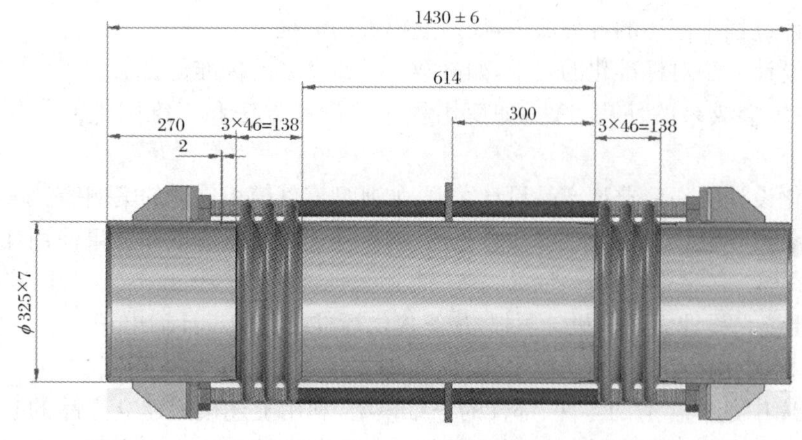

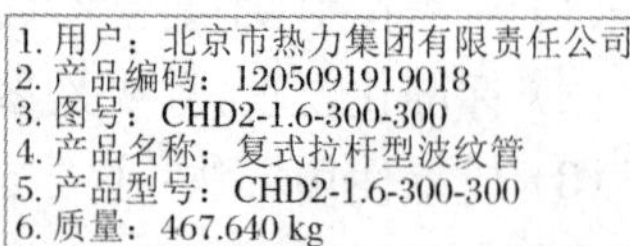

1. 用户：北京市热力集团有限责任公司
2. 产品编码：1205091919018
3. 图号：CHD2-1.6-300-300
4. 产品名称：复式拉杆型波纹管
5. 产品型号：CHD2-1.6-300-300
6. 质量：467.640 kg

公称直径：300 mm
设计压力：1.6 MPa
设计温度：150 ℃
横向位移：300 mm
横向刚度：54 N/mm
设计疲劳寿命：1000次
工作介质：热水

图 3　总装模型视图

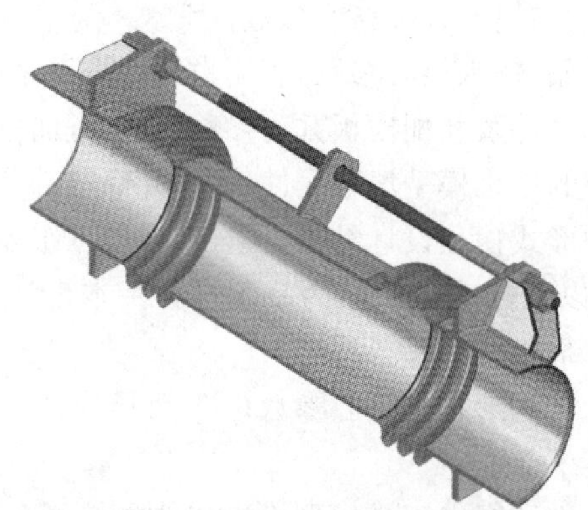

图 4　总装模型的正等测视图

4.2　属性定制及文本引用

膨胀节产品在设计过程中会添加一些制造信息，这些制造信息在二维工程图中以文本的形式标注在图纸标题栏或者明细栏中，是产品设计的重要输出，因此三维图纸也必须注释上述信息。

利用属性定制工具，可根据需要定制属性信息，利用前述的属性填写器将上述注释信息写入模型，并储存在模型的定制属性表中。为便于现场使用，可通过文本引用的方式将属性值引用至模型视图上。通过引用，可以将部分制造信息直观地反映在模型视图上，便于查看。

4.3　属性管理器(表)

属性管理器是前述定制信息的集中管理工具，相当于二维工程图中总图的明细栏。如图 5 所示，根据目前膨胀节产品的制造需求，定制了属性管理器，其特点和作用如下：

(1) 信息集成性：自动集中汇总了产品所有零部件的定制属性信息，便于设计过程中查看零件信息，也便于设计后进行校对和审核，提高了效率。

(2) 可修改性：可批量集中修改定制属性信息，修改后直接作用于零部件，提高了效率。

(3) 可定制性：可根据需要定制内容。

4.4　PMI 标注

利用 PMI 标注工具可以像二维图一样标注产品的几何信息和制造信息。它主要包括尺寸、技术要求、公差等制造信息的注释。

文档名	名称	编码	图号	数量	材料	材料名称	规格	材料编码	检验标准	零件类别
00-复式拉杆型-CHD-1.6-...	复式拉杆型波纹管	1205091919018	CHD2-1.6-300-300							
01-端管组件.asm	端管组件	1205091919018-01	CHD2-1.6-300-300/01	2						
01-01-筋板.par	筋板	1205091919018-01-01	CHD2-1.6-300-300/01-01	16	Q235B板材	Q235B板材	δ12	YCL.J.005010009	GB/T3274	凸耳筋板类
01-02-端板.par	端板	1205091919018-01-02	CHD2-1.6-300-300/01-02	2	Q235B板材	Q235B板材	δ16	YCL.J.005010011	GB/T3274	八角板
01-03-端管.par	端管	1205091919018-01-03	CHD2-1.6-300-300/01-03	2	20#管材	20#管材	Φ325*10	YCL.J.017070330	GB/T8163	承压筒节类
02-中间管.par	中间管	1205091919018-02	CHD2-1.6-300-300/02	1	20#管材	20#管材	Φ325*10	YCL.J.017070330	GB/T8163	承压筒节类
03-拉杆.par	拉杆	1205091919018-03	CHD2-1.6-300-300/03	4	45#棒材	45#棒材	φ30	YCL.J.022040009	GB/T699	杆件类
04-凸耳.par	凸耳	1205091919018-04	CHD2-1.6-300-300/04	4	Q235B板材	Q235B板材	δ14	YCL.J.005010010	GB/T3274	凸耳筋板类
A-波纹管.par	波纹管	1205091919018-A	CHD2-1.6-300-300/A	2	316L板材	316L板材	δ1.0	YCL.B.438010001	SA240	波纹管
B-螺母.par	螺母	1205091919018-B	CHD2-1.6-300-300/B	24	Q235B	Q235B螺母	M30	YCL.J.005240008	GB/T6170	国标件
C-球面垫圈.par	球面垫圈	1205091919018-C	CHD2-1.6-300-300/C	8	45	45#球面垫圈	30#	YCL.J.022300002	GB849	国标件
D-锥面垫圈.par	锥面垫圈	1205091919018-D	CHD2-1.6-300-300/D	8	45	45#钢锥面垫圈	30#	YCL.J.022300001	GB850	国标件

图 5　属性管理器

4.5　变量表

变量表不仅是三维图纸的重要组成部分，也是进行非标准结构产品快速设计的重要工具。模型的任何参数都储存在变量表中，修改变量表即可快速修改零件的尺寸。

参数表中的参数可根据需要定制，同时参数表也具有一定的计算功能，因此根据下游相关系统的需求定制出任何参数以便调用。

5　提升效果

相比传统的设计方式，三维参数化设计在部分工作中可以显著提升效率，效率的提升主要体现在以下几个方面：

(1) 减少了设计失误；

(2) 提高了产品设计、校对与审核效率；

(3) 提高了产品设计的规范性；

(4) 方便制造过程中的数据利用。

6　结论

膨胀节三维参数化设计方法的构建，基于商业三维软件 Solid Edge 的功能，结合膨胀节产品及零部件的特点，构建了模型库，并在此基础上开发了两个设计工具，以此为基础实现了膨胀节产业各类型产品的设计全面地从二维设计向三维设计转变，不仅提高了设计质量、设计效率和设计水平，也兼顾了目前传统生产方式对设计输出的要求，并为即将到来的智能制造和数字化制造奠定了基础。

参考文献

[1]　梁乃明. 工业 4.0 实战-装备制造业数字化之道[M]. 北京：机械工业出版社，2016.

[2]　金东鸽，张晓兰. 基于 VB 的 Solid Edge 的变量化设计及其应用[J]. 双瑞特装论文集，2015(12)：11-14.

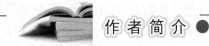

作者简介

李跃宗，男，工程师，研究方向为波纹管膨胀节设计。联系方式：河南省洛阳市高新开发区滨河北路 88 号。E-mail：1229601188@qq.com。

基于物联网的在线膨胀节系统设计

孙瑞晨　吴建伏　赵　璇
（南京晨光东螺波纹管有限公司，南京 211153）

摘要：随着近年来信息技术飞速发展，物联网技术得以广泛应用。以膨胀节为核心，辅助以网络传感器构建膨胀节智能监测系统，实现膨胀节的超温超位移工况监测以及泄漏报警，以达到在线监测的目的。该系统膨胀节主要运用于复杂苛刻工况环境以及人工不方便进出的场合，实现远程实时在线监测，提高膨胀节使用的安全性能。本文旨在将前沿技术运用在膨胀节产品上，拓宽技术人员视野。

关键词：膨胀节；传感器；物联网

Design of Online Expansion Joint System Based on Internet of Things

Sun Ruichen，Wu Jianfu，Zhao Xuan
（Aerosun-Tola Expansion Joint Co. Ltd.，Nanjing 211153）

Abstract：With the rapid development of information technology in recent years，the Internet of Things technology has been widely used. As the core，the expansion joint is assisted by the network sensor to build the expansion joint intelligent monitoring system，to monitor the expansion joint over temperature and displacement conditions and leakage alarm，in order to achieve the purpose of online monitoring. The expansion joint system are mainly used in the complex and harsh working conditions，and the occasions which are inconvenient for manual access. At the same time，remote real-time online monitoring can be realized to improve the safety performance of the expansion joint. The purpose of this paper is to apply the advanced technology to the expansion joint and broaden the vision of technical personnel.

Keywords：expansion joint；sensor；Internet of Things

1　引言

1.1　物联网在线监测技术

物联网（Internet of Things）的定义是指“采用各式各样的信息采集传感仪器或设备，包括红外传感器、GPS 定位仪、射频识别系统、温度传感器等，将采集到的信息发送到互联网，这些信息采集仪器装置与互联网连接进行组网，成为物联网”。[1]

国内关于物联网在线监测技术的研究已广泛应用于各行各业，如建筑、农业、化工管网等。这也反映出一种发展趋势，即未来设计行业智能化的理念，将信息技术与传统制造业结合，形成人性化、智能化的更具有市场竞争力的高科技产业。于尧设计出一款应用于田间玉米播种的监测系统，该系统应用了大量传感器，传感器接口通过 RS485 与播种车载计算机进行数据传递，车载计算机与外围监测系统工作站通过局域无线网实现对播种机播种深度、施肥深度的在线监测。[2]钟胜华基于 ZigBee 技术设计了一种贝雷梁桥位移监测系统，以锦城广场 P＋R 地下停车场项目 2×21 m 贝雷梁为实际工程背景，构建了桥梁无线监测系统，该系统通过位移传感器的布置获取贝雷梁片和桥墩的位移数据，并利用 ZigBee 技术传输至 PC 机终端，监测桥梁位移动态变化数据。[3]

1.2　物联网与膨胀节结合技术

物联网技术可将传统的产品与信息技术相关联，实现双向数据传递与反馈，也就是所谓的“物物相连”的思想。结合本公司主营产品膨胀节的应用特点，本文试将物联网技术应用于膨胀节所在的管网中，实现管网薄弱环节膨胀节的在线监测功能，节约人工巡视检查成本，提高膨胀节使用安全性，并可在一些复杂苛刻工况环境以及人工不方便进出场合下应用该技术。

将物联网技术与膨胀节结合，在国内已有机构开始研究。沈阳化工大学倪洪启教授与秦皇岛北方管业有限公司开展这方面合作研究，并取得了一定的成果，设计出一套基于物联网的波纹补偿器无线监测系统。[4]该系统利用温度、位移、压力传感器监测整个管道系统中各个波纹补偿器的温度、位移、压力，采集波纹补偿器的温度、位移、压力信号，并通过无线网络将测试数据实时发送到计算机进行分析，当数据异常时会发出警报，还可以通过互联网传输到远端主机。该波纹管无线监测系统工作原理与设备图如图1所示。

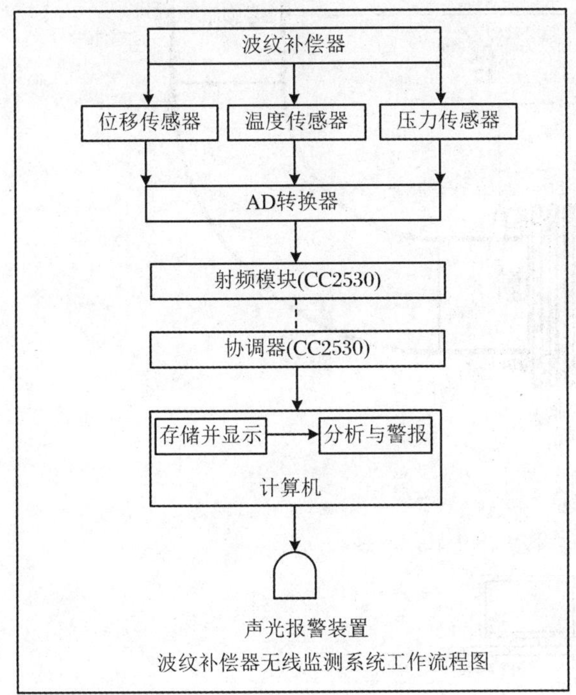

波纹补偿器无线监测系统工作流程图

实物采集图

1. ZigBee的接收和发送模块；2. 电风筒；3. 温度传感器；4. 温度、位移压力显示示数；5. 测试试验台；6. 叉车振动源；7. 位移传感器；8. 电源；9. 打压装置；10. 压力传感器

图1　波纹管无线监测系统工作原理与设备图

2　在线膨胀节系统设计

2.1　总体设计方案

现阶段关于膨胀节物联网技术的研究成果具有重要的借鉴价值，但是相关研究也存在着缺陷，需进一步改进。实现膨胀节在线温度、位移、压力的检测是膨胀节技术的一次进步，从产品本身使用的安全性来看，温度和位移的检测可以看作是膨胀节工况的一种描述，但是客户往往更加关心的是膨胀节是否泄漏或者能否继续使用。有些膨胀节内介质为强酸苛碱或易燃易爆物质，一旦泄漏将造成巨大的安全隐患，即便通过压力在线监测得出膨胀节泄漏，在最短的时间内采用补救措施也是缺乏安全性的。因此本文建议在应用物联网技术构建在线监测管网时，膨胀节采用双层报警结构，辅助以传感器，提高在线监测管网中膨胀节的安全性能，当出现单层膨胀节破裂报警时，关注此处膨胀节，采取措施，将安全隐患降低至最小。

构建在线膨胀节系统图如图2所示，管网中膨胀节可分别以二维码编号，通过移动终端设备识别进行管理,实现现场对膨胀节扫码,实时显示该位置膨胀节运行状态。管网中每台膨胀节分别装有温度、位移、气敏或压力传感器。每台膨胀节传感器的数据汇总至现场处理器,并通过 ZigBee 或 Lora 技术进行数据传递至终端监测计算机或手机客户端,实现对膨胀节运行数据的在线监测。采用 ZigBee 或 Lora 技术进行数据传输的优势是自组网络便于控制,无线传输省略复杂布线、低功耗、低成本,无需支付网络运营费用,传输距离较长,适合工业使用。监测系统软件可自行设置膨胀节允许的运行温度与位移参数,可进行超工况运行和泄漏报警显示。

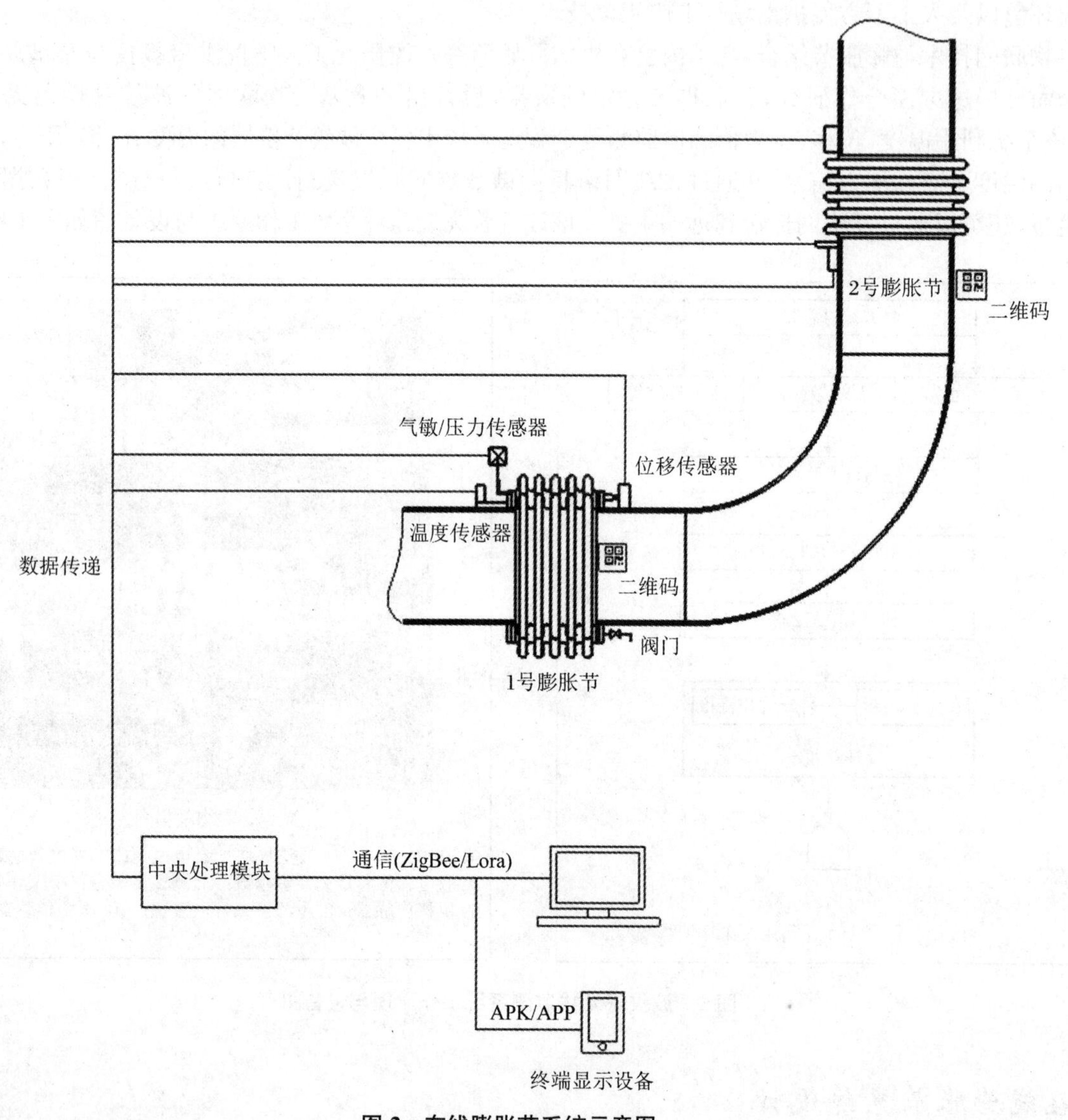

图 2　在线膨胀节系统示意图

2.2　在线膨胀节本体设计

从膨胀节安全使用的角度看,在线监测更关心的是膨胀节是否出现泄漏以及出现泄漏状态下膨胀节是否能继续短时间内安全运行。当然膨胀节温度、位移、压力的超设计工况运行是导致膨胀节破坏的重要因素。对于膨胀节泄漏监测,建议使用双层结构膨胀节。这种结构设计相比传统的报警结构设计更加安全可靠。传统带报警装置膨胀节一般采用双层波纹管贴合成形,层间打压氮气,通过设置压力表检测波纹管层间压力变化来判断波纹管是否出现泄漏。这种方式虽然比较经济,但是由于双层波纹管封焊后再与接管焊接,其在同一位置共用相同的环焊缝,存在的安全隐患在于:由承压与否决定的大概率漏点产生在接管与波纹管连接的环向角焊缝位置,而波纹管层间封闭环焊缝相对小概率产生漏点。当接管与波纹管连接的环向角焊缝出现漏点,管内介质从波纹管与接管贴合的壁面泄漏,而波纹管层间封闭环焊缝尚完好时压力表无法预警,如图3(a)所示。

本文在线膨胀节本体设计如图3(b)所示。主要设计思想为将波纹管与接管环焊缝分开,波纹管层间相比传统报警结构留有足够间隙便于打压充气。检漏方案分为两种:一种方案是层间充氮气,保证合适压力,通过气压传感器监测层间气压变化,判断是否出现泄漏;另一种方案是层间充入纯二氧化碳气体,层间压力值可保持在较低水平,通过二氧化碳气敏传感器监测层间二氧化碳浓度变化来判断波纹管是否出现泄漏。其相比传统报警结构的优势就在于:无论是外层波纹管还是内层波纹管与接管贴合面环焊缝出现泄漏,另一层波纹管可继续工作,产品继续运行,不会出现泄漏,同时通过远端报警显示,提醒工作人员对此处膨胀节进行检查维修,提高膨胀节运行的安全性能。

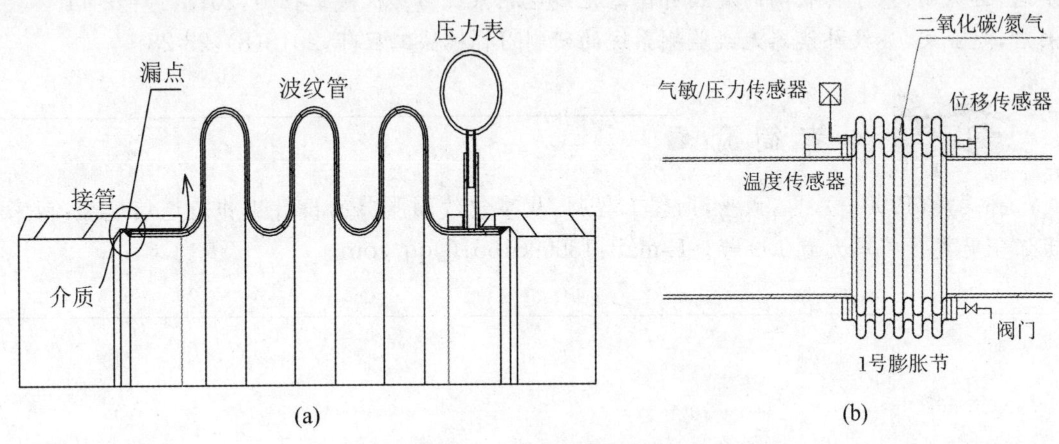

图3 在线膨胀节与传统报警装置膨胀节对比图

2.3 注意事项

本文设计为初步的构想,具体实施仍存在着各种问题。目前物联网数据传递技术比较成熟。传感器采集的数据通过ZigBee或Lora技术无线传递至远端监测设备目前已有大量应用案例与使用经验,如ZigBee技术在智能家居中的使用以及Lora技术在智慧牧场中的应用。由于膨胀节实际运行环境较复杂恶劣,有露天埋地、高温高压、易燃易爆介质等工况,受传感器敏感元件以及主板芯片工作环境限制,此技术应用范围有限,传感器的合理选择与研制是关键因素。

从经济性角度看,在制造成本限制的情况下,为保证膨胀节使用的安全性,应优先保证检漏传感器的安装。因为膨胀节在管线运行中,需格外关注的就是其是否出现泄漏。其次应保证位移传感器的安装,位移传感器应同时测量膨胀节轴向与横向位移,可对膨胀节波纹管的失稳进行监测,以防膨胀节被过度挤压或拉平,产生大位移塑性变形,失去回弹性能,无法继续工作。此外,温度传感器可以监测膨胀节是否在超设计温度下工作,但仅起工况预警作用,可以取消,以减小膨胀节在线监测系统总成本。根据倪洪启试验研究发现,由于膨胀节波纹管的变形既有轴向的压缩拉伸,也有子午向弯曲,变形状态复杂,通过传感器单点位置的位移测量的误差较为明显,若增加位移传感器多点测量,可以提高测量精度,同时带来制造成本的提高,也是后期需要解决的问题。[5]

3 结论与展望

本文主要介绍了将物联网技术与膨胀节结合的构想,并给出初步设计方案。膨胀节与互联网通过传感器连接在一起,实现在线监测功能,其中膨胀节传感器的选择将是决定在线监测效果的重要因素,值得进一步研究。

对物联网技术的进一步研究与发展将推动传统膨胀节制造业向服务业转型。当这项技术日益成熟,可向石化(高空)、核电(进出不便场合)、船舶(狭小空间)以及危险介质的膨胀节应用场合推广该套系统。每项技术的价值最终都是面向市场与应用,通过膨胀节在线监测系统的构建,提供膨胀节外附加产品的使用与维护服务,不仅能产生经济效益,同时也提高了膨胀节使用的安全性,是未来探索智能化膨胀节设计道路一次非常好的尝试。

参考文献

[1] 宁焕生.全球物联网发展及中国物联网建设若干思考[J].电子学报,2010(11):2590-2598.
[2] 于尧,陈宇熠.基于位移传感器的多功能精密播种机监测系统[J].农机化研究,2020(7):131-137.
[3] 钟胜华,何凤.基于 ZigBee 的贝雷桥变形监测研究[J].施工技术与测量技术,2019(39):271-273.
[4] 倪洪启,孙凤明.基于物联网的波纹补偿器无线监测系统[J].机械工程师,2018(1):42-44.
[5] 倪洪启,赵亚文.波纹补偿器无线监测系统的研制[J].机械工程师,2018(8):23-28.

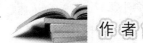

作者简介

孙瑞晨(1990—),男,硕士,助理工程师,从事波纹膨胀节的设计工作。通信地址:南京市江宁开发区将军大道 199 号。E-mail:1390961661@qq.com。

弹簧支座在热风支管膨胀节上的应用

张振花　陈四平　齐金祥　宋志强　蒋桂玲
（秦皇岛市泰德管业科技有限公司，秦皇岛 066004）

摘要：在高炉炼铁系统中，热风炉出口处要安装膨胀节用以吸收炉壳与管道随温度的上升而产生的热膨胀。一般情况下，热风支管膨胀节为复式自由型结构。热风系统管道内壁有隔热材料，隔热材料由喷涂料和耐火砖两部分组成。由于耐火材料的使用，管道的重量增加。膨胀节在没有空间利用结构件来承受中间接管的重量时承受中间接管的静载荷就会很大，可在中间接管上增加弹簧支座来承受中间接管的重量。减小波纹管因中间接管的重量引起的受力，就减小了波纹管由于中间接管的静载荷而产生的位移，确保波纹管处于正常的工作状态。

关键词：热风支管；隔热材料；复式自由膨胀节；中间接管；弹簧支座；静载荷；位移

Application of Spring Support on Expansion Joint of Hot Air Branch Pipe

Zhang Zhenhua, Chen Siping, Qi Jinxiang, Song Zhiqiang, Jiang Guiling
(Qinhuangdao Taidy Flex-Tech Co. Ltd., Qinhuangdao 066004)

Abstract: Expansion joint should be installed at the outlet of hot blast stove in blast furnace ironmaking system. The function of expansion joint is to absorb the thermal expansion of furnace shell and pipeline. In general, the expansion joint of hot air branch pipe is a compound free-type structure. Because the inner wall of hot air system pipe has heat-insulating material, the heat-insulating material consists of spray coating and refractory brick. As the use of refractory increases the weight of the pipe, the expansion joint will bear the static load of the intermediate pipe without space for the structural member to bear the weight of the intermediate pipe, a spring support is needed to bear the weight of the intermediate branch so as to reduce the stress of bellow due to the weight of middle connecting pipe. Reducing the displacement of the bellow due to the static load of the middle pipe, can help the bellows operate in normal working condition.

Keywords: hot air branch pipe; heat insulation material; double untied expansion joint; middle pipe; spring support; static load; displacement

1　引言

随着膨胀节应用领域的不断扩展，膨胀节被广泛地应用在冶金行业。在高炉炼铁系统中，热风炉出口处要安装膨胀节，膨胀节的作用是吸收炉壳与管道随温度的上升而产生的热膨胀。一般情况下，热风支管膨胀节为复式自由型结构。[1]高炉炼铁工艺热风管道的典型布置如图1所示。

2　设计条件

某钢厂热风支管膨胀节设计参数如下：

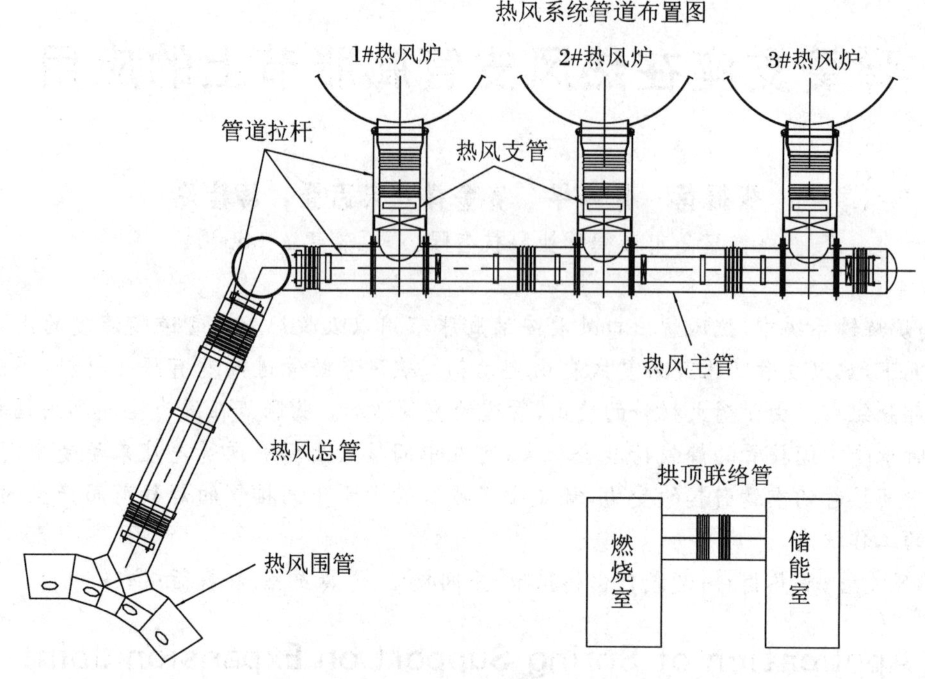

图 1　高炉炼铁工艺热风管道的典型布置

(1) 热风支管管道参数:2850×25 mm;
(2) 介质:热空气,温度 1400 ℃;
(3) 介质压力:0.55 MPa;
(4) 膨胀节型式:复式自由型;
(5) 补偿量:轴向 50 mm,横向 50 mm;
(6) 使用寿命:≥3000 次;
(7) 波纹元件材料:316L;
(8) 产品总长:制造长度 4000 mm;
(9) 接管材质:Q355-B;
(10) 介质流向:单向;
(11) 内衬:50 mm 喷涂料(现场喷涂),喷涂料和耐火砖的重量约为 6.7 t/m。

从以上设计条件可以看出膨胀节应选用复式自由型膨胀节,管道的壁厚为 25 mm,每米管道的钢壳重量约为 1700 kg,再加上耐火材料的重量,管道的重量约为 8.5 t/m。

3　膨胀节的设计

受工作条件的限制,热风系统膨胀节的波纹管直径要比相应的接管直径大一些,这样在波纹管和接管之间就有足够的空间来填充耐火陶瓷纤维棉,从而使波纹管受介质温度的影响减小到可以承受的范围。[2-4]

热风支管膨胀节的内部有耐火砖和耐火喷涂料,膨胀节的更换非常困难。通常情况下要求波纹管的使用寿命在一代炉龄(15 年)以上,所以要求波纹管的疲劳寿命较高,一般波纹管的疲劳寿命大于 3000 次。综上原因,膨胀节的中间接管较长。

波纹参数:① 波高 80 mm;② 波距 80 mm;③ 波纹管壁厚 1.2 mm×3 层,加强型;④ 波纹管波数 3+3。

按照 GB/T 12777—2019 对波纹管的强度和寿命进行校核计算,结果见表 1。

表 1　波纹管设计计算书

<table>
<tr><td colspan="2">项目名称</td><td colspan="4">××钢厂</td></tr>
<tr><td colspan="2">膨胀节代号</td><td colspan="4">FZJH5-2800-50/50</td></tr>
<tr><td colspan="2">膨胀节类型</td><td colspan="4">复式自由型(设计工况)</td></tr>
<tr><td colspan="6">波纹管设计参数</td></tr>
<tr><td>项目</td><td colspan="2">波纹管</td><td>材料</td><td colspan="2">022Cr17Ni12Mo2-316L</td></tr>
<tr><td>结构类型</td><td colspan="2">加强 U 形</td><td>温度(℃)</td><td colspan="2">200</td></tr>
<tr><td>端部约束</td><td colspan="2">两端固支</td><td>内压(MPa)</td><td colspan="2">0.5</td></tr>
<tr><td>内径(mm)</td><td colspan="2">3000</td><td>弹性模量(MPa)</td><td colspan="2">184000</td></tr>
<tr><td>波高(mm)</td><td colspan="2">80</td><td>屈服强度(MPa)</td><td colspan="2">262.96</td></tr>
<tr><td>波距(mm)</td><td colspan="2">80</td><td>许用应力(MPa)</td><td colspan="2">108</td></tr>
<tr><td>波数</td><td colspan="2">3+3</td><td>疲劳安全系数</td><td colspan="2">10</td></tr>
<tr><td>单层壁厚(mm)</td><td colspan="2">1.2</td><td>轴向位移(mm)</td><td colspan="2">50</td></tr>
<tr><td>层数</td><td colspan="2">3</td><td>横向位移(mm)</td><td colspan="2">50</td></tr>
<tr><td colspan="6">计算结果</td></tr>
<tr><td colspan="3">项目</td><td colspan="3">计算结果</td></tr>
<tr><td rowspan="6">波纹管应力计算结果</td><td colspan="2">直边段周向薄膜应力 σ_1(MPa)</td><td colspan="3">37.73<108</td></tr>
<tr><td colspan="2">周向薄膜应力 σ_2(MPa)</td><td colspan="3">57.39<108</td></tr>
<tr><td colspan="2">子午向薄膜应力 σ_3(MPa)</td><td colspan="3">3.45</td></tr>
<tr><td colspan="2">子午向弯曲应力 σ_4(MPa)</td><td colspan="3">108.55</td></tr>
<tr><td colspan="2">子午向薄膜应力 σ_5(MPa)</td><td colspan="3">8.13</td></tr>
<tr><td colspan="2">子午向弯曲应力 σ_6(MPa)</td><td colspan="3">1222.87</td></tr>
<tr><td rowspan="4">刚度计算结果</td><td colspan="2">轴向单波刚度(N/mm)</td><td colspan="3">1527.68</td></tr>
<tr><td colspan="2">轴向整体刚度(N/mm)</td><td colspan="3">1546.28</td></tr>
<tr><td colspan="2">横向整体刚度(N/mm)</td><td colspan="3">1623.17</td></tr>
<tr><td colspan="2">整体弯曲刚度(N·m/°)</td><td colspan="3">52821.38</td></tr>
<tr><td colspan="3">平面失稳极限外压(MPa)</td><td colspan="3">>0.5</td></tr>
<tr><td colspan="3">周向失稳极限外压(MPa)</td><td colspan="3">5>0.5</td></tr>
<tr><td colspan="3">许用疲劳寿命(次)</td><td colspan="3">3015>3000</td></tr>
<tr><td colspan="3">波纹管设计依据</td><td colspan="3">GB/T 12777—2019</td></tr>
<tr><td>编制</td><td>张振花</td><td>审核</td><td>蒋桂玲</td><td>批准</td><td>齐金祥</td></tr>
</table>

从表 1 的计算结果可以看出,波纹管的许用疲劳寿命 $N_c=3015$ 次,满足客户大于 3000 次的要求。膨胀节的中间接管最短长度 $L_0=2500$ mm。

根据波纹管的计算结果,膨胀节中间部分带喷涂料的接管长度初步设定为 3000 mm。受产品结构和管道空间布置的限制,在波纹管和中间接管上都没有相应的结构件来承担中间接管的重量。膨胀节的结构如图 2 所示。

在膨胀节的结构示意图中,中间接管的钢壳重量加上耐火材料的重量约为 8.5 t/m,总重量约为 25.5 t。在没有相应结构件作用的情况下,中间接管的总重量将全部作用在膨胀节的两个波纹管上。过大的中间接管的重量会对波纹管产生较大的位移。

按照 EJAM—2015 中 4.4 万能式圆形膨胀节的位移，以及在万能式膨胀节的设计中，应考虑到自身静载荷而产生的无约束的非周期性位移作用到单个波纹管的位移，按照下式计算[5]：

$$x = \frac{W_{cs}\sin\theta_u N}{2f_i} \quad \text{（适用于轴向位移）} \tag{1}$$

$$y = \frac{W_{cs}\cos\theta_u N(L_b \pm x)^2}{3f_i D_m^2} \quad \text{（适用于横向位移）} \tag{2}$$

经计算，$x = 0.67$ mm，$y = 14.34$ mm。

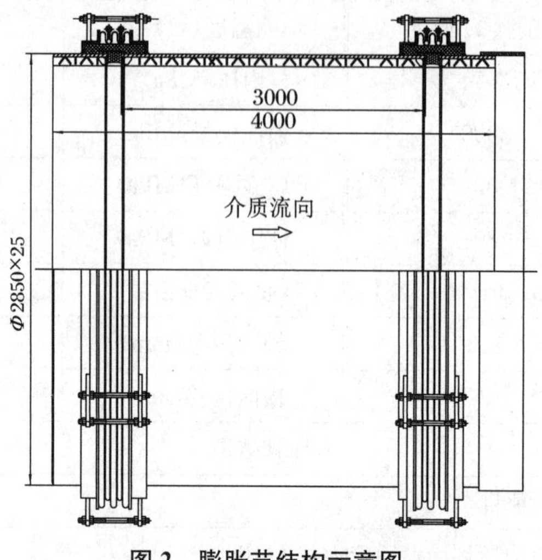

图 2　膨胀节结构示意图

从以上计算结果可以看出，中间接管的重量对波纹管产生的横向位移很大。如果将上述位移与设计中的工作位移结合起来，波纹管的疲劳寿命会大大降低。按照 EJMA—2015，作用于中间接管的静载荷可以采用诸如四连杆机构铰链滑槽等装置支撑起来。受产品结构和管道空间布置的限制，在波纹管和中间接管上不能安装诸如四连杆机构铰链滑槽等装置来承担中间接管的重量。

4　弹簧支座的选用

弹簧支吊架是承重支吊架的一种，在管道设计中主要满足管道 Y 方向的热位移并降低位移荷载，保证设备满足允许力的要求。如果选用刚性支吊架很容易导致支吊架无效或过度负荷，这样会失去支架承载的力度，导致管道或设备失效。弹簧支吊架广泛应用于敏感设备的进出口位置、管道的弯头处以及竖直管段上等。弹簧支吊架分为可变弹簧支吊架和恒力弹簧支吊架两类。弹簧能够承受工作荷载和安装荷载，在荷载变化满足要求的前提下，弹簧荷载变化率≤25%且弹簧的垂直位移不大的情况下，可选用可变弹簧支吊架。当可变弹簧支吊架的弹簧无法满足荷载变化率≤25%的要求，也就是弹簧荷载在安装工况和工作工况中基本保持不变，且弹簧的垂直位移相对较大时，可选用恒力弹簧支吊架。由此可知，在热风支管膨胀节的中间接管处选择的弹簧支吊架为可变弹簧支吊架，并选用支座的结构形式。

弹簧支座一般在滑动支座的下面，支座的构件中加装弹簧，弹簧承受管道的垂直荷载的作用。其特点是允许管道水平位移，并可适应管道的垂直位移，使支座承受的管道的垂直位移变化不大，以防止相邻管段或支座以及构件受力过大。安装在膨胀节中间接管上的弹簧支座，在波纹管工作的状态下也能随波纹管工作同时承受中间接管的重量，减小中间接管两端波纹管的受力，减小波纹管由于中间接管的静载荷而产生的位移。弹簧支座的安装位移和结构如图 3 所示。增加弹簧支座后，在理想状态下中间接管以及隔热材料的重量对波纹管产生的垂直位移为零，此时中间接管以及隔热材料的重量将全部作用在弹簧支座上。经计算得弹簧支座工作荷载为 23.3 t，荷载变化率＜15%。

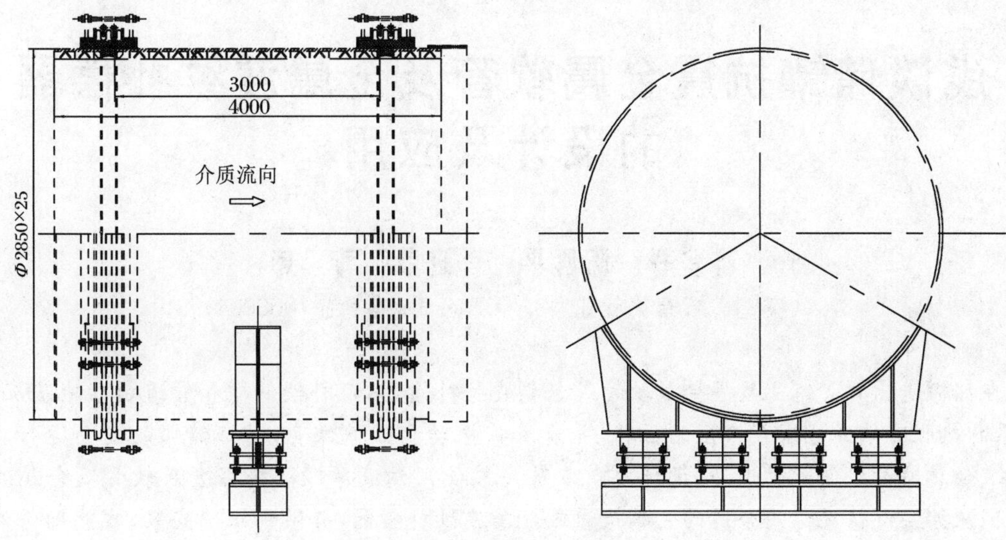

图 3　弹簧支座示意图

5　结论

弹簧支座在管道中的用途非常广泛，起到支撑管道和调节位移的双重作用。此处弹簧支座的作用不仅能支撑管道，调节管道的位移，还改变了相连的波纹管的受力，减小了波纹管由于中间接管的静荷载而产生的横向位移，使波纹管处于自由状态下工作，提高了膨胀节的使用寿命、可靠性和安全性。

参考文献

[1]　国家市场监督管理总局，中国国家标准化管理委员会．金属波纹管膨胀节通用技术条件：GB/T 12777—2019[S]．北京：中国标准出版社，2019．

[2]　成大先．机械设计手册[M]．北京：化学工业出版社，2005．

[3]　傅天伦．关于弹簧支吊架在工程设计中的应用分析[J]．科技展望，2015(15)：154．

[4]　包月霞．弹簧支吊架在管道设计中的应用[J]．山东化工，2010，39(6)：35-37．

[5]　Expansion Joint Manufacturers Association. Standards of the Expansion Joint Manufacturers Association：EJMA—2015[S].

作者简介

张振花，女，从事波纹管膨胀节的设计工作。通信地址：秦皇岛市经济开发区永定河道5号秦皇岛市泰德管业科技有限公司。

浅谈储罐抗震金属软管及金属波纹补偿器的设计及应用

齐金祥　陈四平　肖进荣　韩　彬
（秦皇岛市泰德管业科技有限公司，秦皇岛 066004）

摘要：在储罐进出口管道上设置金属软管或金属波纹补偿器，可补偿储罐和管道由于地基沉降、安装偏差以及管系的热胀冷缩或地震等产生的位移，并能吸收振动和降低噪音，保证储罐的安全运行。本文介绍了金属软管、金属波纹补偿器的选型、设计要点以及安装使用注意事项。根据金属软管及金属波纹补偿器的特性，我们应按实际情况选用合适的金属软管或金属波纹补偿器，并做到正确安装，才能确保油库的安全正常运行。

关键词：储罐；金属软管；选型；设计；安装

Discussion of Design and Application of Seismic Resistant Metal Hoses and Metal Corrugated Compensators for Storage Tanks

Qi Jinxiang, Chen Siping, Xiao Jinrong, Han Bin
(Qinhuangdao Taidy Flex-Tech Co. Ltd., Qinhuangdao 066004)

Abstract: Install metal hoses or metal corrugated compensators on the inlet and outlet pipelines of the storage tanks, which can compensate the displacements of the storage tanks and pipelines due to foundation settlement, installation deviation, thermal expansion and contraction of the piping system, or earthquakes, and can absorb vibration and reduce noise so as to ensure the safe operation of storage tanks. This article introduces the selection, design essentials and precautions for installation and use of metal hoses and metal corrugated compensators. Based on the characteristics of the metal hoses and metal corrugated compensators, we should select the appropriate metal hoses or metal corrugated compensators according to the actual situation and install them correctly to ensure the safe and normal operation of the oil depot.

Keywords: storage tank; metal hose; selection; design; installation

1　概述

储罐是石油化工储运中最重要的设备，近年来随着国内原油、成品油、中间原料运行及储备库建设规模的不断加大，储罐建设的趋势也是越来越大型化，与之配套的储罐出口及入口管道的直径越来越大，压力越来越高，最大直径达 DN1600，管道设计压力达到 3.7 MPa。为了提高储罐的安全性，在储罐的进出口管线上一般设置金属软管或金属波纹补偿器来补偿储罐下沉、管线变形、安装误差，吸收管线振动，提高储罐的抗震能力。但近些年来在现场安装使用过程中发现，金属软管和金属波纹补偿器在选型、设计、制造、安装使用和维护方面出现了一些问题，造成金属软管和金属波纹补偿器失效甚至破坏，反而成为了日常使用中的不安全点。

在国内，储罐抗震用金属软管和波纹补偿器的设计、选用和安装一般按照《储罐抗震用金属软管和波纹补偿器选用标准》（SY/T 4073—94）进行，但国家能源局（2018 年第 9 号公告）于 2018 年 8 月 24 日将该标准废止了。该标准废止后，储罐抗震用金属软管和波纹补偿器在选用和安装时只能参照其他标准。现阶段波纹补偿器主要设计、制造和检验依据为《金属波纹管膨胀节通用技术条件》(GB/T 12777—2019)，金属软管则按照《石油化工管道用金属软管选用、检验及验收》(SH/T 3412—2017)进行选用。但由于在设计中 GB/T 12777—2019 和 SH/T 3412—2017 均为波纹管补偿器和金属软管的通用技术条件，缺少针对抗震方面的耐震性要求等，导致一些厂家在设计选型时未考虑耐震性要求，特别是在 2014 年 11 月 25 日“国质检特【2014】114 号”文件公布了修订后的《特种设备目录》，该目录取消了金属软管的行政许可，从而导致金属软管生产厂家水平参差不齐，产品在选型和设计时也存在着隐患，产品甚至达不到抗震的作用。[1-6]

2　储罐进出口设置波纹补偿器和金属软管的作用

储罐进出口设置波纹补偿器和金属软管主要有以下 4 个作用：

(1) 储罐安装施工完成后，需进行充水沉降，以观测基础沉降是否在设计允许的范围内。待基础沉降稳定后，方可进行工艺配管的安装。储罐投产后还会发生整体下沉或局部不均匀下沉。当储罐基础不均匀沉降达到一定程度，会造成储罐罐体和进出口管线之间的二次应力，使管线发生弯曲变形。这些变形就需要通过在储罐进出口设置金属软管或金属波纹补偿器来吸收。

(2) 在地震烈度大于或等于 7 度、地质松软的情况下，地震作用下的储罐会发生相应的翘离。这种动态的翘离运动会加大地震对储罐的破坏程度，使罐底产生过大应力，在进出口管线的约束下，进一步造成罐底和罐壁的毁坏。因此，在储罐进出口管线设置金属软管或金属波纹补偿器，可以减轻储罐的破坏，避免发生严重的次生灾害。

(3) 在储罐进出口管线设置金属软管或金属波纹补偿器，可以补偿管系中温度变化产生的位移、吸收振动、降低噪音、补偿施工时产生的安装偏差。

3　金属软管的产品结构及特点

3.1　金属软管的结构

金属软管是现代工业管路中一种高品质的柔性管件，它主要由波纹管、网套和接头组成(图 1)。

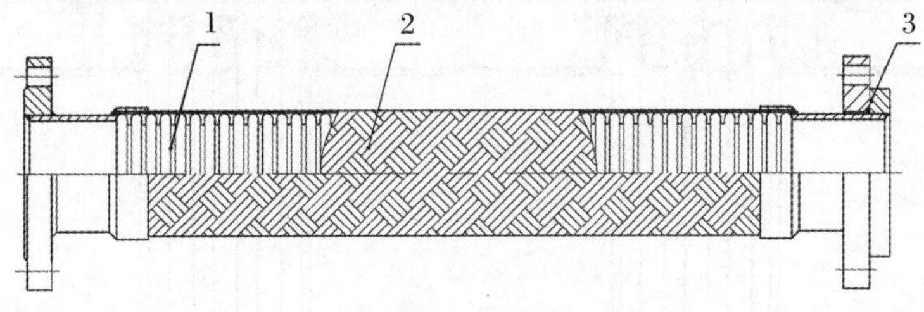

图 1　金属软管简图

1. 波纹管；2. 网套；3. 接头

波纹管是具有螺旋形或环形波形的薄壁不锈钢波纹管，是金属软管的本体，起到密封和补偿的作用，它的参数决定这种金属软管的弯曲半径和抗疲劳性能，使得金属软管能够很容易地吸收各种变形。

网套是由不锈钢丝或钢带按一定的参数编织而成。网套按结构形式可分为钢丝网套、钢带网套、辫状网套。网套是金属软管的主要承压构件，同时对内部波纹管起到保护作用，按照产品的通径、压力大小的不同可以选择一层、两层、三层甚至四层。

软管两端的接头将网套、波纹管连接为一体，是金属软管与其他管道、设备相连接的部件。连接接口按结构形式可分为螺纹接头、法兰接头、快接式接头几大类，储罐出口一般选用法兰连接接头。选用连接接口形式时应保证便于金属软管安装和防止金属软管受扭。

3.2 金属软管的特点

金属软管的特点如下：

(1) 金属软管承压能力高,金属软管通过设计合适的波纹管和网套可以承受很高的压力。

(2) 金属软管能补偿较大的横向位移。在储罐进出口安装的金属软管,当管道发生较大横向位移时,由于金属软管的自身特点,可吸收很大的横向位移,而且其位移横向力远小于其他钢管的横向力。

(3) 金属软管加压后有轴向伸长的趋势。当金属软管内部加压时,会产生轴向推力,随着轴向推力的加大,波纹管会有伸长现象,外部编织的网套会对波纹管有一个轴向约束,网套编织角变小。当网套变化到一定程度时,轴向伸长就会停止。

(4) 金属软管焊接难度大。金属软管在产品焊接时涉及波纹管、网套、压网环和接头的焊接,一般先将波纹管、网套、压网环焊接成一个整体,再与接头进行焊接。这就导致焊接过程中在一个部位会涉及几种材料,不同壁厚的多次焊接,使得该位置对焊接工人的技能水平要求很高,该位置也成了金属软管的薄弱环节。

4 波纹补偿器的产品结构及特点

4.1 波纹补偿器的结构

波纹补偿器又叫膨胀节或金属波纹管膨胀节,是带有一个或多个金属波纹管,用于吸收管线、管道元件和容器由热胀冷缩而引起的尺寸变化的装置(图 2),它主要用于补偿热位移、减震降噪、抗震及吸收地基下沉等。波纹补偿器结构形式多样,位移补偿方式灵活,按本身是否约束压力推力可分为非约束型和约束型。按结构形式可分为单式轴向型、复式自由型、复式拉杆型、单式铰链型、单式万向铰链型、直管压力平衡型、弯管压力平衡型。储罐抗震型波纹补偿器根据约束压力推力和位移形式选用复式拉杆型,该型式波纹补偿器由中间接管所连接的两个波纹管及端管、法兰、拉杆、端板和球面与锥面垫圈等结构件组成。

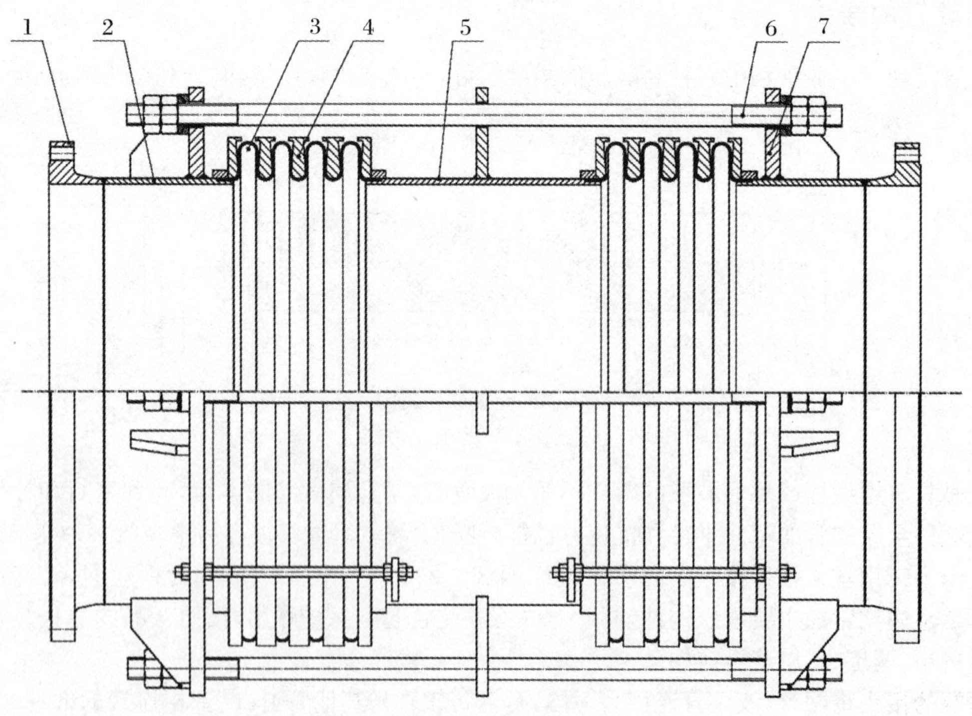

图 2 波纹补偿器简图

1. 法兰;2. 端接管;3. 波纹管;4. 均衡环;5. 中间接管;6. 拉杆;7. 端板

波纹管是由薄壁不锈钢板经焊接、成形加工而成，波纹管是波纹补偿器的核心元件，是薄壁挠性元件，在压力作用下要吸收由于热膨胀或机械运动引起的位移，保证波纹补偿器在额定位移下工作时具有一定的疲劳寿命。波纹管根据压力、位移等需求，可以带加强环或不带加强环，可以选用一层、两层或者多层。接管、端接管是连接波纹管并与其他法兰、管道、设备相连接的部件。其他拉杆、端板等结构件起到承受压力推力，控制位移的作用。

4.2 复式拉杆型波纹补偿器的特点

4.2.1 自身能承受压力推力

复式拉杆型波纹补偿器通过设置在两端的端板将拉杆和球、锥面垫圈连接起来，拉杆、端板能够承受压力推力引起的力和力矩。

4.2.2 能够吸收任一平面的横向位移

复式拉杆型波纹补偿器能吸收任一平面内的横向位移，拉杆两端的球、锥面垫圈使得拉杆不仅能承受波纹管压力推力，而且允许拉杆在任意方向倾斜，从而达到吸收任一平面内的横向位移。

4.2.3 横向刚度小

当波纹补偿器发生横向位移时，两个波纹管发生角位移，其横向位移产生的反力较其他钢管和金属软管要小。

4.2.4 自振频率可控

波纹补偿器的自振频率可以通过改变波纹管参数进行调整，并可通过精确理论计算控制其自身自振频率高于储罐自振频率的50%，从而避免波纹补偿器与储罐发生共振。

5 储罐抗震金属软管和波纹补偿器的设计

5.1 通径

罐前支管道与主管道的连接应设置金属软管或波纹补偿器，金属软管或波纹补偿器应布置在靠近罐壁的第一道和第二道阀门之间，直径不应小于储罐进出口接管的直径，一般与储罐进出口管道直径相等。

5.2 设计压力

金属软管和波纹补偿器的设计压力应不小于运行中内压与温度耦合时最严重的压力。

5.3 横向位移

储罐进出口金属软管或波纹补偿器的最大横向位移要充分考虑储罐盛满介质运行后地基下沉理论计算值，当地若发生地震时的裂度以及允许的管道安装偏差，温度变化引起的位移等来综合计算出横向位移量。同时需要注意轴向位移不得由金属软管或波纹补偿器来吸收，该位移应由管线布置来补偿。

5.4 长度的选择

储罐进出口金属软管和波纹补偿器的长度由公称通径、设计压力、横向位移等参数决定。

金属软管的长度可以根据《石油化工管道用金属软管选用、检验及验收》(SH/T 3412—2017)进行选择，但需要注意由于各家金属软管的参数不一致，在参照附录C.2选择长度时，需要按B.3进行校核。该公式按照弯曲角度分为两种情况，依据经验，现场安装的弯曲角度一般都小于45°。

$$L = \frac{\pi \cdot R_d \cdot \theta}{90} + l + Z \tag{1}$$

但该公式在计算时并未给出弯曲角度的计算公式,计算时很不方便,而且未考虑金属软管在工作状态下应保证波纹管与接头焊接位置受力过大而应预留一段直段的问题。针对上述问题,对该公式进行了细化,建议在选用时按如下公式进行计算:

$$\cos\alpha = \frac{2R - T}{2R} \tag{2}$$

$$L = \frac{R \cdot \pi \cdot \alpha}{90} + l + Z \tag{3}$$

$$EL = 2R \cdot \sin\alpha + 2(l + Z) \tag{4}$$

式中,R 为金属软管静态弯曲半径;α 为金属软管弯曲角度;T 为横向位移;L 为金属软管长度;EL 为金属软管安装长度;l 为金属软管硬段尺寸;Z 为预留直段长度。

具体情况如图 3 所示。

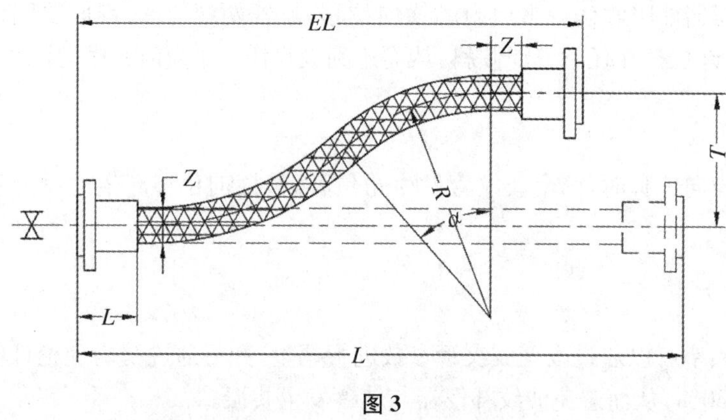

图 3

波纹补偿器的长度可以参照《储罐抗震用金属软管和波纹补偿器选用标准》(SY/T 4073—1994)表 3.2.3,根据公称通径、公称压力、最大横向位移进行选择,但需要注意由于各家波纹管的参数不一致,在使用该表格选择长度时,需要按《金属波纹管膨胀节通用技术条件》(GB/T 12777—2019)对疲劳寿命进行校核。

5.5 强度、刚度、疲劳寿命的计算

金属软管均按照《波纹金属软管通用技术条件》(GB/T 14525—2010)进行计算,但现阶段金属软管的计算标准是不明确的。

(1) 波纹管的强度计算是基于 GB/T 12777—2019,各公司在考虑网套的加强作用后,结合自家试验数据给出的参考计算公式。

(2) 金属软管的刚度、疲劳寿命以及自振频率的计算标准中未提及,这些结果只能通过试验得出。

(3) 网套强度参照 GB/T 14525—2010 附录 B 进行计算。

波纹补偿器的设计计算可以参照 GB/T 12777—2019,其中,波纹管的强度、刚度、疲劳寿命、自振频率的计算标准附录 A 均有提供。

5.6 自振频率的计算

储罐与进出口管线的刚度、质量比差距较大,如果两者的基本自振频率相同或相近,在地震作用下将发生共振,从而加重破坏程度,金属软管或波纹补偿器自振频率应高于储罐自身自振频率的 50%。

储罐与储液耦联振动的基本自振频率按照下式进行计算:

$$f_1 = \frac{1}{0.374 \times 10^{-3} r_0 h_w (r_1 / t_{1/3})^{1/2}} \tag{5}$$

式中，f_1为储罐与储液耦联基本自振频率，单位为 Hz；r_1为底圈罐壁平均半径，单位为 m；$t_{1/3}$为液面高度 1/3 处的储罐壁厚，单位为 m（不包括腐蚀裕度）；r_0为储罐体形系数，按 SY/T 4073—94 表 4.0.5 进行选择；h_w为液面高度，单位为 m。

据文献[7]记载，国内 2 万立方米以上的大型储罐的基本自振频率一般在 2～3 Hz。金属软管的自振频率国内外相关标准无计算公式，缺乏金属软管的理论研究和实际工程经验数据，具体自振频率只能通过实际测量得到。

波纹补偿器的设计有严格的标准（GB/T 12777—2019、EJMA—2015、ASME B31.3—2016），自振频率的计算准确，需参照 GB/T 12777—2019 附录 A.4 部分计算，通过调整波纹管的单层厚度、层数以及波纹参数来控制其自振频率，以满足相关规范的要求。

5.7 金属软管和波纹补偿器的耐震性

储罐抗震用金属软管和波纹补偿器除吸收管道沉降、安装偏差、管线变形、吸收管线振动外，还有一个更重要的作用就是提高储罐的抗震能力，耐震性是衡量其性能的重要指标。按照《储罐抗震用金属软管和波纹补偿器选用标准》（SY/T 4073—1994）的要求，储罐进出口金属软管和波纹补偿器除满足上述要求外，还需满足耐震性的要求，该要求往往也是设计院、业主和金属软管或波纹补偿器制造厂容易忽略的问题。

储罐耐震用金属软管和波纹补偿器应满足轴向抗拉强度和刚性要求，金属软管或波纹补偿器内部通入 4 倍公称压力的水，保压 1 分钟，产品无泄漏，同时金属软管长度不应大于试验前长度的 115%，波纹补偿器长度不应大于试验前的 102%。

依据 SY/T 4073—1994，金属软管、波纹补偿器在计算时要考虑耐震性的要求。例如，DN700 复式拉杆型波纹补偿器，公称压力为 1.0 MPa，最大横向位移为 150 mm，产品长度为 2300 mm，按不同方案波纹管的计算结果见表 1。

表 1　不同方案波纹管耐震性能参数

序号	波纹管参数					面失稳极限内压（MPa）	柱失稳极限内压（MPa）	轴向自振频率（Hz）	备注
	波高	波距	单层壁厚	层数	类型				
1	50	60	1.2	2	无加强	1.43	1.23	9.68	
2	50	60	1.2	2	加强型	—	4.01	16.49	
3	50	60	1.5	2	无加强	2.14	2.2	12.88	
4	50	60	1.5	2	加强型	—	7.18	21.97	

由表 1 可知：

（1）按设计工况进行计算，只满足设计压力下的强度要求时，波纹管只需选择无加强型即可，但若考虑耐震性要求，波纹管应选用加强型。

（2）波纹管壁越厚，轴向自振频率越高，越不容易与储罐发生共振。

（3）加强型波纹管的自振频率比无加强型波纹管高得多时，越不容易与储罐发生共振。

5.8 金波纹管的选材

储罐存储和输送的介质决定了波纹管的选材。目前常用的波纹管有奥氏体不锈钢 SUS 304、SUS 316L、SUS 321 等，随着油品中腐蚀性的提高，波纹管也有采用 Incoloy 825 或 Inconel 625 材料，有些特殊场合采用奥氏体不锈钢衬四氟的结构。[8] 近年来，沿海地区建设的储罐越来越多，盐雾对其外部结构件的腐蚀越来越严重，金属软管应在外部网套部位包覆防腐层，波纹补偿器应增加不锈钢保护罩，以减少盐雾对金属软管或波纹补偿器的腐蚀。

6　储罐进出口金属软管和波纹补偿器的选型和注意事项

储罐进出口用金属软管和波纹补偿器均能满足减轻储罐的地震破坏、补偿储罐的地基下沉、管线的热胀冷缩和施工时的安装偏差、防止储罐泄漏的作用。但在选择过程中又有各自的特点,金属软管和波纹补偿器在选型时需要注意如下几点。

6.1　金属软管选型注意事项

《石油化工管道用金属软管选用、检验及验收》(SH/T 3412—2017)中定义抗震型金属软管为:用于储罐进、出口管路,柔性体一般由波纹管和钢带网套组成,并根据需要在波纹管波谷里加装铠装环。按该标准要求,网套应为钢带网套,该要求从操作上来看与实际不太相符,能够采用机编钢丝网套的还是应该尽可能地选择钢丝网套,主要基于以下几点:

(1) 钢丝网套的强度完全能够满足金属软管的耐压要求,而且钢丝网套弯曲半径更小,在同等长度下可以吸收更大的横向位移。

(2) 机编钢丝网套编织过程中网套受力均匀,在吸收横向位移时网套受力均匀。

(3) 小通径金属软管,尤其通径小于 DN80 的金属软管采用钢带网套编织实际生产困难。

(4) 钢带编织网套目前大部分采用手工编织的方式,生产效率低。

(5) 由于松紧程度不一致,采用钢带编织网套很难保证耐震性要求中的产品总长不超过原始长度的 115%。

(6) 同样通径、压力和长度的金属软管,采用钢丝网套材料成本低于钢带网套。

(7) 金属软管在选型计算时波纹管和网套的强度要根据耐震性进行计算、校核。

6.2　波纹补偿器选型注意事项

储罐进出口波纹补偿器在选型时不能仅考虑膨胀节的设计压力,还需考虑耐震性要求、波纹管的强度和端板拉杆等结构件的强度,波纹补偿器波纹管应采用加强型结构。

波纹补偿器在进行设计选型时要对补偿器自身的自振频率进行核算,保证管系与储罐不发生共振。考虑到储罐介质流向经常有双向流动,且流通速度较低,按照导流筒的选用原则,储罐进出口波纹补偿器一般不带导流筒。

6.3　金属软管和波纹补偿器的选择

根据金属软管和波纹补偿器的设计、计算、制造、检验及应用,目前在进行储罐设计时,当公称通径大于 DN350 时宜选用金属波纹补偿器,当公称通径小于或等于 DN350 时宜选用金属软管。这主要基于以下几个方面考虑:

(1) 金属软管的相关计算是模糊的(只有 GB/T 14525—2010 中关于网套的强度计算公式),更没有自振频率和疲劳寿命的计算,其使用寿命未知,只能靠厂家经验及试验数据判定,国内外均缺乏大直径金属软管的理论研究和实际工程经验数据。而波纹补偿器的设计制造有严格的标准(GB/T 12777—2019、EJMA—2015、ASME B31.3—2016),刚度的计算准确,疲劳寿命的计算科学,自振频率的计算准确,通过控制波纹管的单层厚度和层数来控制其自振频率和刚度及补偿量,从而满足相关规范的要求。

(2) 由于大通径(DN＞350)金属软管的波纹管展开长度大于 1219 mm,而国内钢板板幅一般控制在 1219 mm 以内,很难找到板幅超过 1219 mm 的卷带现货。同时由于软管制造工艺的原因,国内很少有 DN400 以上的波纹软管纵连续缝焊接和连续成形设备,DN350 以上金属软管管体一般是通过长度为 400～500 mm 的波纹管进行焊接连接的,使得产品环焊缝很多,产品使用存在很大安全隐患。

(3) 大通径(DN＞350)金属软管网套采用钢带编织,造成产品吸收位移的能力低,整体软管的刚度很大,由于内压的作用,其管体本身会伸长(一般在 15%左右),因而盲板力必然会作用到储罐的管口上,会引起设备接管处的局部应力超标、法兰泄漏,尤其是当管径大于或等于DN400的管道,潜在的风险更大。

(4) 复式拉杆型波纹补偿器在运行过程中由于内压产生的盲板力全部由其自身的拉杆承受,不会对与其相连接的设备(储罐)产生更大的作用力,因而可以保证储罐的管口受力在规范允许的范围内,法兰的受力在规范允许的范围内(法兰不会发生密封失效)。

(5) 在经济性方面,由于金属软管波纹管为不锈钢,且其金属网套亦为不锈钢编织,而大拉杆型波纹补偿器的波纹部分较短(约500 mm长),相对制造成本较低,单台价格比金属软管价格低20%左右。

7 安装注意事项

(1) 金属软管或波纹补偿器应设置在罐前阀与管线连接处。

(2) 金属软管或波纹补偿器上不宜设置任何托架或支撑。

(3) 在安装金属软管和波纹补偿器时,应将其保持在自由状态下直线安装,不宜强行挤压、弯曲。

(4) 吊装过程中,不应采用对产品有损害的吊装方法。

(5) 金属软管或波纹补偿器安装后距离地面高度应大于横向位移。

(6) 投产前金属软管或波纹补偿器应进行水压试验。

(7) 禁止采用使金属软管和波纹管膨胀节变形的方法来调整管道的安装偏差,也不应该采用强制拉紧法兰、螺栓的方法消除安装偏差。强行拉、压或者弯曲会造成金属软管的网套脱网。压缩安装后,设备在输送介质时会产生垂直于波纹管的力,使波纹管产生较大幅度上下摆动,造成波纹管疲劳受损。

(8) 必须注意保护波纹管,使其免受敲击、划伤、焊液飞溅等原因造成的损害。

(9) 在管道、金属软管(波纹补偿器)和支架等管道系统安装完毕进行系统试压之前,应将膨胀节的运输保护装置拆除,这些保护装置一般涂有黄色油漆。同时应当注意不能将非运输保护装置的膨胀节附件拆除。

8 存在问题及建议

现阶段,在储罐进出口选用金属软管和波纹补偿器时要注意:

(1) 在设计选型时要参照《储罐抗震用金属软管和波纹补偿器选用标准》(SY/T 4073—1994)的相关要求。

(2) 现阶段经常发现储罐进出口金属软管和波纹补偿器实际横向补偿量大于理论设计值,因此在前期设计选型时要考虑各种工况的附加值,保证产品在设计参数范围内。

(3) 储罐进出口金属软管和波纹补偿器在设计时一定要考虑耐震性的要求,保证储罐进出口金属软管和波纹补偿器的安全性。

9 结论

(1) 储罐进出口应设置抗震用金属软管或波纹补偿器。

(2) 在进行储罐设计时,当公称通径大于DN350时选用金属波纹补偿器,当公称通径小于或等于DN350时选用金属软管。

(3) 选用抗震用金属软管或波纹补偿器时除满足产品设计工况外,还应考虑其耐震性要求。

(4) 选用金属软管时网套宜采用机编钢丝网套。

(5) 采用金属波纹补偿器时,波纹管应选用加强U形,内部不设置导流筒。

参考文献

[1] 中国石油天然气总公司.储罐抗震用金属软管和波纹补偿器选用标准:SY/T 4073—1994[S].北京:石油工业出版社,1994.

[2] 中华人民共和国工业和信息化部.石油化工管道用金属软管选用、检验及验收:SH/T 3412—2017[S].北京:中国石化出版社,2018.

[3] 国家市场监督管理总局,中国国家标准化管理委员会.金属波纹管膨胀节通用技术条件:GB/T 12777—2019[S].北京:中国标准出版社,2019.

[4] 中华人民共和国住房和城乡建设部,中华人民共和国国家质量监督检验检疫总局.石油库设计规范:GB 50074—2014[S].北京:中国计划出版社,2015.

[5] 国家市场监督管理总局,中国国家标准化管理委员会.波纹金属软管通用技术条件:GB/T 14525—2010[S].北京:中国标准出版社,2011.

[6] 李征西,徐思文.油品储运设计手册[M].北京:石油工业出版社,1997.

[7] 宋义伟,郭慧军,张永东,等.大型油品储罐进出口管线柔性设计[J].石油化工设备,2011,40(1):99-102.

[8] 段玫,胡毅.膨胀节安全应用指南[M].北京:机械工业出版社,2017.

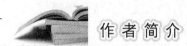

作者简介

齐金祥,男,工程师,主要从事金属波纹补偿器和金属软管的设计开发和应用工作。通信地址:河北省秦皇岛市经济技术开发区永定河道5号。E-mail:qijx@taidy.com。

碟簧力平衡补偿器刚度计算偏差分析

孙志涛[1]　李　秋[1]　戴　洋[2]　王记兵[2]　刘佳宁[1]

（1. 沈阳汇博热能设备有限公司，沈阳 110168；2. 沈阳仪表科学研究院有限公司，沈阳 110043）

摘要：本文针对碟簧力平衡波纹补偿器实际测试结果与原始设计出现较大偏差进行理论分析，并通过试验验证，找出偏差产生的原因，最终提出了控制措施，为今后碟簧力平衡补偿器设计提供参考。

关键词：碟簧；力平衡补偿器；刚度；试验

Analysis of Stiffness Calculation Deviation of Disc Spring Force Balance Compensator

Sun Zhitao[1], Li Qiu[1], Dai Yang[2], Wang Jibing[2], Liu Jianing[1]

(1. Shenyang Huibo Heat Energy Equipment Co. Ltd., Shenyang 110168; 2. Shenyang Academy of Instrumentation Science Co. Ltd., Shenyang 110043)

Abstract: This paper is focused on the large deviation between actual test results and the original design from the theoretical analysis of disc spring force balance compensator, and finally put forward the control measures with finding out the cause of the deviation through the test verification, which gives the reference to the design of disc spring force balance compensator in the future.

Keywords: disc spring; force balance compensator; stiffness; test

1　背景

根据某高压开关工程管线设计要求，需在高压开关管线设置波纹补偿器，满足轴向、径向的补偿要求，由于管线为架空设置，还需满足支座反力要求。受补偿器径向安装空间的限制，不能使用直管力平衡结构，宜选用碟簧力平衡补偿器。[1]可根据用户提供的设计参数进行理论计算，设计碟簧力平衡补偿器，使支座的反力值达到用户要求。但在型式试验时，易出现试验值与理论计算偏差较大的问题，为查找产生该偏差的主要原因，本文特进行理论分析并开展相应试验验证。

2　理论分析

碟簧力平衡补偿器是依靠预压缩碟簧来平衡管线筒体内压产生的盲板力。在进行管线温度补偿时，当温度降低，管线筒体收缩，波纹管被拉伸，碟簧被压缩；反之，温度升高时，管线筒体膨胀，波纹管被压缩，压缩的碟簧被释放。由于碟簧力平衡补偿器中的碟簧变形抵消了部分筒体内气体的盲板力，从而减小了对支座的推力，因而在管线运行时，碟簧力平衡补偿器是一种不完全力平衡结构，如图1所示。

2.1　理论计算

2.1.1　用户要求

该补偿器的使用工况：工作介质为SF_6，额定工作压力0.5 MPa，内径为Φ680 mm；该碟簧力平衡补偿器的补偿量要求为轴向±20 mm；波纹管材质为SUS304L，法兰材质为Q235B，碟簧片材质为50CrVA。

根据工况，要求碟簧力平衡补偿器最大补偿位置时的反力≤49000 N，考虑制造偏差及可靠性要求，设计上需要有30%的裕度，碟簧力平衡补偿器最大补偿位置时的反力≤37700 N。根据安装空间限制，碟簧装置数量设置为4个，分布在法兰的4个对角位置。[2-4]

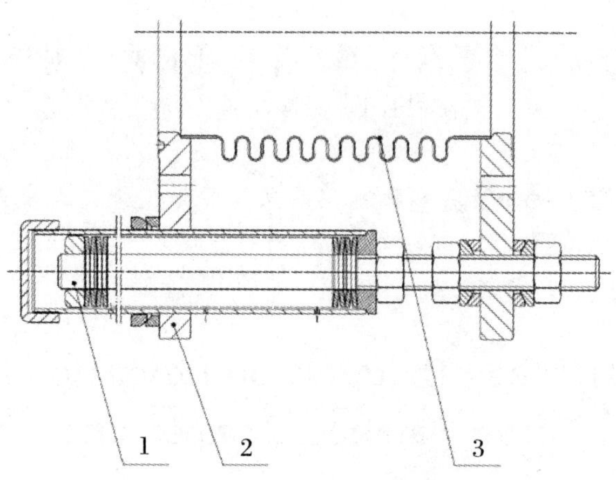

图1　碟簧力平衡补偿器

1. 碟簧组件；2. 法兰；3. 波纹管

2.1.2　波纹管参数

波纹管内径 $D_b = 680$ mm，波高 $h = 30$ mm，波距 $q = 37$ mm，波纹管壁厚 $\delta = 0.5$ mm，层数 $n = 4$，计算轴向刚度为 $K_x = 315.03$ N/mm。

工作压力产生的推力为

$$F_p = P \times A_y = 199076(\text{N})$$

式中，压力 $P = 0.5$ MPa。

波纹管有效面积为

$$A_y = \frac{\pi}{4} \times D_m^2 = \frac{\pi}{4} \times (D_b + h + n\delta)^2 = 398152(\text{mm}^2)$$

波纹管轴向刚度产生的弹性反力为

$$F_x = K_x \times x = 6300.6(\text{N})$$

式中，轴向位移 $x = \pm 20$ mm。

2.1.3　碟簧装置选型计算

每个碟簧装置受力：

$$F_1 = \frac{F_p}{4} = 49769(\text{N})$$

参照GB/T 1972—2005附录A表A.1，依据以往的工程业绩经验，选用A90×46×5.9×8碟簧。[5-6]

参照GB/T 1972—2005附录C公式C.2，单片碟簧压平时负荷计算值 F_C 为

$$F_C = \frac{4E}{1 - \mu^2} \times \frac{h_0 t^2}{K_1 D^2} \times K_4^2 = 70363(\text{N})$$

式中，弹性模量 $E = 2.056 \times 10^5$ N/mm^2；泊松比 $\mu = 0.3$；无支承面碟簧 $K_4 = 1$；无支承面碟簧压平时变形量 $h_0 = 2.1$；计算系数 $K_1 = 0.69$。

计算 $\frac{F_1}{F_C} = 0.71$，据此值得出 $\frac{f}{h_0} = 0.69$。

计算单片碟簧变形量，即工作压力下，平衡位置时碟簧变形量为

$$f_1 = h_0 \times 0.69 = 1.45(\text{mm})$$

由此，可得出单片碟簧剩余变形量为

$$h_0 - f_1 = 0.65(\text{mm})$$

由补偿量

$$\frac{x}{h_0 - f_1} = \frac{20}{0.65} = 30.7$$

得出最少需要的碟簧数量为 32，此时碟簧处于压平状态。为满足管线支撑反力要求，需要增加碟簧数量，按 82 个碟簧选取。

计算波纹管拉伸 20 mm 后，单片碟簧压缩值为$\frac{20}{82}=0.24(\text{mm})$。

此时，碟簧压缩总量为

$$1.45 + 0.24 = 1.69(\text{mm})$$

参照 GB/T 1972—2005 公式 C.1，计算碟簧负荷力 $F=57555\text{N}$。

不平衡力为

$$F \times 4 - F_p = 31142(\text{N})$$

碟簧组压平衡时的剩余行程为

$$(2.1 - 1.69) \times 82 = 32.8(\text{mm})$$

波纹管压缩 20 mm 后，单片碟簧相对平衡时的变形量为

$$\frac{20}{82} = 0.24(\text{mm})$$

此时，碟簧变形量为

$$1.45 - 0.24 = 1.21(\text{mm})$$

参照 GB/T 1972—2005 公式 C.1，计算碟簧负荷力 $F=41933\text{ N}$。

不平衡力为

$$F \times 4 - F_p = -31344(\text{N})$$

力的方向与波纹管拉伸时相反。

波纹管拉伸 20 mm 时，

$$\text{整体不平衡力值} = 31142 + 315.03 \times 20 = 37443(\text{N}) < 37700(\text{N})$$

波纹管压缩 20 mm 时，

$$\text{整体不平衡力值} = -31344 - 315.03 \times 20 = -37645(\text{N}) < 37700(\text{N})$$

综上，工作压力 0.5 MPa 时，碟簧选用满足设计条件。

3　检测试验及原因分析

3.1　波纹管（安装碟簧组件）厂内测试试验

试验方法介绍如下：

首先，根据理论计算出的碟簧组件的压缩位移量将碟簧组件进行预压缩，并用锁紧螺母固定。再向安装碟簧组件的波纹管内缓慢充入 0.5 MPa 气体，以此时波纹管两法兰端面的间距为基准。继续向波纹管内缓慢充入气体，直至波纹管位移量为 +20 mm，随后降低波纹管内的压力，使波纹管两法兰端面恢复至初始位移（即 0 mm）处，此为 1 个循环周期。在每个循环周期内，以波纹管两法兰端面间位移变化 5 mm 为一个节点，记录对应气体压力值，依次进行 3 个循环。试验数据见表 1。

表1 波纹管(安装碟簧组件)厂内测试试验数据表

位移(mm)/压力(MPa)	0	+5	+10	+15	+20	+15	+10	+5
第一循环	0.5	0.57	0.59	0.61	0.64	0.6	0.58	0.54
第二循环	0.56	0.58	0.6	0.61	0.65	0.6	0.57	0.55
第三循环	0.52	0.55	0.59	0.61	0.64	0.61	0.57	0.55
平均值(MPa)	0.53	0.57	0.59	0.61	0.64	0.60	0.57	0.55
刚度(N/mm)	-	37591	38072	37907	38734	37501	36805	36273
平均值(N/mm)	37555							

取相应位移时对应的气体压力平均值来计算碟簧片刚度值,经计算,碟簧片刚度为37555 N/mm,而理论计算每组碟簧片刚度为32081 N/mm,实际测量碟簧片刚度超过理论计算值约17.06%,经分析,可能原因为:① 内外导向摩擦力影响;② 波纹管刚度影响;③ 存在波纹管面积偏差、压力准确性偏差等系统偏差;④ 碟簧片刚度影响。

3.2 相关测试试验

3.2.1 减小摩擦力的进一步试验

通过减小碟簧片导向杆的直径以及增大碟簧筒孔径的方法,减少碟簧片工作时与内外导向间的摩擦力影响。再次进行上述整体测量试验,试验数据与之前的测试结果基本一致,偏差约为3%。

3.2.2 波纹管(不安装碟簧)刚度测试试验

由第三方检验机构对不安装碟簧组件的波纹管进行刚度测试,试验数据见表2。

表2 波纹管(不安装碟簧)刚度测试试验数据表

波纹管位移量(mm)	0	+10.40	+20.00	+11.13	+1.63	-11.03	-20.40	-11.97	-0.29
测量力值(N)	0	-3278	-5697	-3083	-295	2334	5414	2027	-1772
计算刚度(N/mm)	—	315.2	284.9	277.0	—	211.6	265.4	169.3	—
刚度平均值(N/mm)	275.0								

经检测,波纹管刚度为275 N/mm,低于理论值315 N/mm约12.7%,在要求范围-50%~+10%内,波纹管合格;依此刚度反推碟簧刚度值会更大。

3.2.3 碟簧片尺寸偏差检验

利用测量仪器,对碟簧片尺寸进行抽检测量,如图2所示。

图2 碟簧片尺寸抽检测量

经测量，碟簧片尺寸均在公差要求范围内，尺寸合格。

3.2.4 碟簧片刚度检测

将使用的同一批次碟簧片由碟簧厂家进行刚度检测，测量碟簧片在不同变形量时的力值。共取5个位置点进行测量，每个位置点测量5次，每个位置点力值取平均计算的碟簧片刚度。记录数据见表3。

表3 同批次碟簧片刚度检测数据表

碟簧变形量(mm)	$0.25h_0$	$0.55h_0$	$0.75h_0$	$0.8h_0$	$1.0h_0$
理论力值(N)	19228	40463	53976	57147	70364
计算刚度(N/mm)	36625	35033	34270	34016	33507
编号	F1	F2	F3	F4	F5
第1次	19550	42750	58000	62000	81000
第2次	19000	42500	56500	61500	80750
第3次	21000	44250	58750	62500	82000
第4次	20000	43000	56500	60000	80000
第5次	20000	42750	56750	60250	83000
平均力值(N)	19910	43050	57300	61250	81350
实测平均刚度(N/mm)	37566	37112	36266	36458	38738
刚度偏差	3.55%	6.39%	6.16%	7.18%	15.61%
式中，$h_0=2.1$ mm					

计算得出，碟簧片平均刚度为37228 N/mm，与我司在厂内进行试验的数据基本一致，该批次碟簧片刚度比理论值大。

3.2.5 碟簧片硬度试验

随机抽取同批次碟簧片10片，进行硬度检测，检测数据见表4。

表4 同批次碟簧片硬度检测数据表

试验件序号	1	2	3	4	5	6	7	8	9	10
硬度值(HRC)	52	53	55	53	51	53	54	52	54	55

经检测，此批碟簧片硬度值部分超出GB/T 1972—2005中5.6的相关要求，依据热处理报告推断是因为该批次碟簧片热处理工艺与我司提出的碟簧片性能参数不符所导致。

3.2.6 问题解决

经沟通，重新订购一批碟簧片，制备2台型式试验件，即试验件1#和试验件2#。分别推算两台试验件在不安装碟簧组件和安装碟簧组件两种条件下的刚度力值，从而推算出碟簧片刚度值，试验数据见表5和表6。

表5　试验件1#型式试验数据表

试验件1#							
不安装碟簧组件				安装碟簧组件(内充压力0.5 MPa)			
压缩量(mm)	压力(N)	拉伸量(mm)	拉力(N)	压缩量(mm)	压力(N)	拉伸量(mm)	拉力(N)
22.06	6484	21.90	6314	20.8	38275	21.0	44360
压缩刚度(N/mm):293.9		拉伸刚度(N/mm):288.3		压缩刚度(N/mm):1840.1		拉伸刚度(N/mm):2112.4	
平均刚度(N/mm):291.1				平均刚度(N/mm):1976.2			
碟簧刚度计算(N/mm):34544.55							

表6　试验件2#型式试验数据表

试验件2#							
不安装碟簧组件				安装碟簧组件(内充压力0.5 MPa)			
压缩量(mm)	压力(N)	拉伸量(mm)	拉力(N)	压缩量(mm)	压力(N)	拉伸量(mm)	拉力(N)
21.60	5835	21.10	7029	20.3	36860	20.8	42755
压缩刚度(N/mm):270.1		拉伸刚度(N/mm):333.1		压缩刚度(N/mm):1815.8		拉伸刚度(N/mm):2055.5	
平均刚度(N/mm):301.3				平均刚度(N/mm):1935.7			
碟簧刚度计算(N/mm):33505.2							

综合表5和表6的试验数据,计算出碟簧片刚度为34024.82 N/mm,与理论计算值32081 N/mm较为接近;且两台碟簧力平衡补偿器试验件均满足在最大补偿位置时的反力≤49000 N要求,型式试验合格。

3.2.7　硬度检测

随机抽取同批次碟簧片10片,进行硬度检测,检测数据见表7。

表7　碟簧片硬度检测数据表

试验件序号	1	2	3	4	5	6	7	8	9	10
硬度值(HRC)	50	45	47	49	50	44	43	48	46	47

经检测,此批碟簧片硬度值满足GB/T 1972—2005中5.6的要求。

4　结论

碟簧力平衡补偿器结构因其自身结构特点,常应用于对母线支架作用力及径向安装空间受限的场合。但由于相同规格的碟簧片加工工艺不尽相同,导致碟簧片刚度不一致,出现实际运行情况与理论计算有偏差的情况。此外,在运行时,碟簧片与内外导向以及相邻碟簧片间会出现摩擦力影响,以及碟簧片安装时同轴度存在偏差,均会使碟簧片在工作时发生变形不均匀的现象,从而对碟簧组件整体刚度产生影响。基于以上多种综合因素影响,为碟簧力平衡补偿器设计带来困难。为此,根据热处理报告并结合硬度检测来精确判定控制碟簧片的刚度在规定范围内是碟簧力平衡补偿器稳定工作的前提保证。最后,在碟簧组件设计图纸上应注明碟簧组件预压缩力值,还应规定碟簧检测报告中的力特性检测结果 F_1 值的范围,以此来减少碟簧力平衡补偿器实际运行情况与理论设计的偏差。

参考文献

[1]　国家市场监督管理总局,中国国家标准化管理委员会.金属波纹管膨胀节通用技术条件:GB/T

12777—2019[S].北京:中国标准出版社,2019.

[2] 中华人民共和国国家质量监督检验检疫总局,中国国家标准化管理委员会.高压组合电器用金属波纹管补偿器:GB/T 30092—2013[S].北京:中国标准出版社,2014.

[3] 金雪峰,刘斌,白培康.50CrVA弹簧钢的热处理及性能研究[J].热加工工艺,2015,44(2):186-188.

[4] 国家电网有限公司设备管理部.GIS设备管线结构温差应力变形检测与诊断[M].北京:中国电力出版社,2019.

[5] 中华人民共和国国家质量监督检验检疫总局,中国国家标准化管理委员会.碟形弹簧:GB/T 1972—2005[S].北京:中国标准出版社,2005.

[6] 郑明宇,刘斌,白培康.簧片用50CrVA弹簧钢材料的热处理工艺研究[J].热加工工艺,2013,42(16):189-194.

作者简介

孙志涛(1987—),女,工程师,从事压力容器及金属波纹膨胀节设计研发工作。通讯地址:沈阳市东陵区浑南东路49-29号。E-mail:ninenini@163.com。

烧结烟道脱硫脱硝用非金属补偿器的设计

毛开朋[1,2]　**于东洋**[1,2]　**罗仕发**[1,2]　**刘　述**[1,2]
（1. 秦皇岛北方管业有限公司，秦皇岛 066004；2. 河北省波纹膨胀节与金属软管技术创新中心，秦皇岛 066004）

摘要：本文介绍了烧结烟道脱硫脱硝工况特点，提出了烧结烟道脱硫脱硝用非金属补偿器设计要点，包括圈带选材、隔热结构设计、金属框架及导流筒的设计、排水设计等，并针对这些要点提出了相关的讨论及设计思路，保证非金属补偿器设计的安全可靠性。

关键词：脱硫脱硝；非金属补偿器；圈带；隔热；排水

Design of Non-metallic Compensator for Desulphurization and Denitrification in Sintering Flue

Mao Kaipeng[1,2], **Yu Dongyang**[1,2], **Luo Shifa**[1,2], **Liu Shu**[1,2]
(1. Qinhuangdao North Metal Hose Co. Ltd., Qinhuangdao 066004; 2. The Corrugated Expansion Joint and Metal Hose Technology Innovation Center of Hebei Province, Qinhuangdao 066004)

Abstract: This article introduces the characteristics of desulfurization and denitrification in sintering flue, as well as the design points of nonmetal compensator for desulfurization and denitrification in sintering flue, including the selection of materials for the flexible element, the design of heat insulation structure, the design of metal frame and sleeve, the design of drainage, etc. and puts forward relevant design ideas for these points to ensure the safety and reliability of the nonmetal compensator.

Keywords: desulfurization and denitrification; nonmetal compensator; flexible element; heat insulation; drainage

1　引言

随着电力行业超低排放技术的推广应用，中国大气污染防治重点已经从电力行业转向非电力行业，其中钢铁冶金行业是下一步的减排重点[1-3]，冶金行业烧结烟气脱硫脱硝设备纷纷上马。非金属补偿器作为脱硫脱硝工艺管道的重要组成，其服役性能与寿命是整个脱硫脱硝系统能否正常运行的关键。由于非金属补偿器质量问题产生的管道泄漏甚至停机现象屡见不鲜，不但给企业带来了经济损失，同时也给环境造成了污染。

目前，非金属补偿器设计的规范标准不尽完善，可供参考的资料较少，设计人员在设计过程中容易忽视一些关键细节，导致补偿器设计的安全可靠性低。本文主要探讨烧结烟道脱硫脱硝用非金属补偿器设计关键要点，为提高非金属补偿器的使用性能和寿命提供一定的参考依据。

2　烧结烟道脱硫脱硝工艺分析

欧美有些国家和日本等国自 20 世纪 70 年代开始就进行了烧结烟道脱硫脱硝技术的研究与应用，其中烟道脱硫方法多为石灰石-石膏（FGD）湿法为主[4]，脱硝采用选择性催化还原（SCR）工艺。目前冶金行业钢厂也多以这两种工艺进行烧结烟道脱硫脱硝，具体流程图如图1所示。

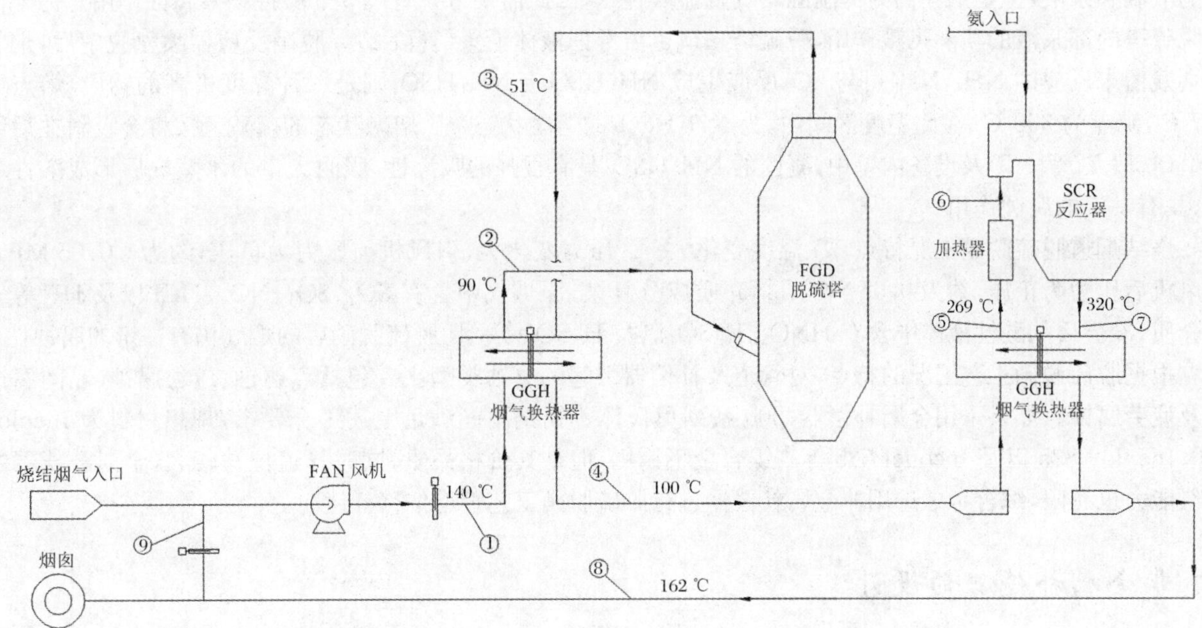

图1　某钢厂烧结烟道脱硫脱硝(FGD+SCR)主体工艺流程图

2.1　钢厂烧结烟道脱硫脱硝工艺流程

在脱硫脱硝系统中，经过除尘后的烧结烟气首先经引风机进入烟气换热器(GGH)进行降温，随后进入脱硫塔，进入脱硫塔的烧结烟气与石灰石浆液充分混合，烟气中的二氧化硫与浆液中的碳酸钙进行氧化反应生成硫酸钙，硫酸钙达到一定饱和度后，结晶形成二水石膏，烟气经脱硫塔顶部的除雾器除去雾滴，再经过烟气换热器加热升温，进入后续工艺管道，脱硫工艺结束；脱硫后的烟气首先进入烟气换热器进行升温，再经过加热器加热后进入SCR反应器进行脱硝，烟气中的NO_x与氨反应生成氮气和水，脱硝后的烟气经换热器降温后由烟囱排出。

2.2　烧结烟道脱硫脱硝工况分析

烧结烟气成分复杂，含有SO_2、SO_3、NO_x、HCl、HF等，不同管段的烟气温度及成分不同，对管道及补偿器产生的腐蚀程度不同，这是补偿器进行设计时应当重点关注的，某钢厂烧结烟气成分温度参数见表1。

表1　某钢厂烧结烟气成分温度参数表

管号	温度(℃)	H_2O (Vol%湿)	SO_x(ppm) (O_2 15%干)	NO_x(ppm) (O_2 15%干)	NH_3(ppm) (O_2 15%干)	HF(ppm) (O_2 15%干)
1	140	10.5	170	260	—	少量
2	90	10.54	168.34	259.94	—	少量
3	51	14.5	8.22	253.91	—	少量
4	100	14.46	9.8	253.96	—	少量
5	269	14.47	9.79	251.62	0.04	少量
6	320	14.94	8.75	262.69	0.04	少量
7	320	14.91	10.27	52.46	4.04	少量
8	162	14.9	10.28	54.65	4	少量
9	启停车时，同管号1；正常运行时，阀前同管号1，阀后同管号8					

烧结烟气进入脱硫塔后，经石灰石浆液在塔内进行逆流洗涤变成湿烟气，进入除雾器后除去随烟气带出的液滴和浆液，但是烟气仍为低温湿烟气且显酸性[5]，因此需要考虑管段3的酸性积液腐蚀作用。另外由于脱硫塔内部浆液的喷淋飞溅作用，脱硫塔入口也需考虑液体汇集（管段2）。脱硝反应器喷氨脱硝后，烟气中会残留未反应的NH_3，NH_3可与SO_3反应生成NH_4HSO_4。NH_4HSO_4则是一种黏度极高的物质，熔点为147 ℃，沸点为350 ℃，在此温度区间内，为NH_4HSO_4的熔融状态[6]。熔融状态的硫酸氢铵将会吸附在后续管道（管段7、管段8）及设备内壁中，凝固的NH_4HSO_4具有很强的吸潮性，吸附大量的水蒸气后形成酸性积液，具有一定的腐蚀作用。

烧结烟道脱硫脱硝工况特点：① 温度变化大；② 压力变化大，引风机前压力为负压，约为－0.05 MPa，引风机后压力为正压，约为0.05 MPa；③ 介质成分复杂，原烟气中含有SO_2、SO_3、NO_x、HCl以及HF等气体介质，冷凝后的酸性液体中含有HNO_3、H_2SO_4以及H_xSO_x等；④ 脱硫脱硝后的烟气仍有一定的腐蚀性。

根据脱硫脱硝工艺工况的特点，对管道及补偿器引起的腐蚀类型主要包括点腐蚀、应力腐蚀、晶间腐蚀以及疲劳腐蚀。如果采用金属补偿器，300系列奥氏体不锈钢不能满足上述工况要求，理想材料为Incoloy 800、Incoloy 825以及Inconel 625等高镍合金不锈钢，但是其价格昂贵，同时管道位移较大，金属补偿器的补偿能力也有限，综合考虑选用非金属补偿器进行脱硫脱硝工艺管道位移补偿。

3　非金属补偿器的设计

非金属补偿器主要由圈带、金属框架、导流筒以及隔热层组成，圈带具有良好的柔性，能够有效地吸收较大尺寸的管道位移，减震效果明显，而且对设备无反推力。[7]下面对非金属补偿器的各个结构进行分析，提出在设计中应注意的关键事项以及设计方案。

3.1　圈带的设计

圈带是非金属补偿器吸收管道位移释放管道应力的主要元件，非金属补偿器的失效多为圈带失效，因此圈带的设计尤为关键。圈带设计时需考虑结构设计与选材设计。圈带结构一般分为整体型和复合型，一般除有特殊需求外多选用复合型圈带（图2），复合型圈带加工方式简便，可根据工况需求进行多种材料的组合，包边后在压板区域与金属框架机械紧固。

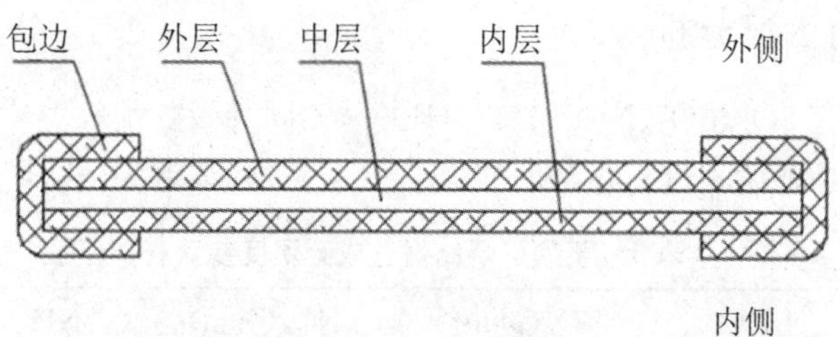

图2　复合型多层圈带结构

圈带选材是决定整个补偿器使用寿命的关键。某厂烧结烟道系统引风机后，非金属补偿器使用不到半年出现圈带龟裂漏风失效，生产厂家选用的圈带材料为丁腈橡胶复合布，该橡胶只能耐温120 ℃以下，且抗温度老化性能较差，选用丁腈橡胶复合布显然不能满足烧结烟道实际使用技术条件；同样使用硅橡胶复合材料的烟道非金属补偿器，使用半年后也出现了多处损坏现象，烟气泄漏严重，造成系统无法正常运行，分析其原因是硅橡胶虽具有良好的耐臭氧性和耐候性，但是不耐烟气的腐蚀，造成圈带失效。

根据表2常用橡胶和氟塑料材料性能表，氟橡胶具有优良的耐磨性、耐化学品性、耐油性及耐热性；氟塑料有薄膜和分散液两种形式，氟塑料薄膜耐腐蚀性能强，但耐磨性差，需要与耐磨介质隔绝。目前国内脱硫脱硝系统圈带一般为多层氟橡胶复合布与氟塑料薄膜组合结构[8]，在电厂以及冶金行业都已经有了相当的应用，但是在使用一段时间以后，部分位置的补偿器仍然会出现滴液泄漏的现象，分析原因是烧结烟气中含有HF，HF是一种腐蚀性极强的酸，氟橡胶虽能耐H_2SO_4以及HCl，但是当温度超过60 ℃以上时能溶于

HF。脱硫塔以及烟气换热器进出口位置的补偿器在使用一段时间以后，容易产生含有 HF 的积液，对氟橡胶产生腐蚀，随时间的延长造成圈带寿命降低。在这些工况恶劣位置的补偿器圈带，在制作时应采用两布三胶或多层的一布两胶的氟橡胶，增强抵抗 HF 的腐蚀能力。

表 2　常用橡胶和氟塑料材料性能表

名称	橡胶材料			氟塑料	
	三元乙丙橡胶	氟橡胶	硅橡胶	聚四氟乙烯	聚全四氟乙烯
工作温度(℃)	149	204	249	260	205
耐磨损性能	好	好	好	差	差
耐 H_2SO_4＜50%（质量分数）	好	好	差	好	好
耐 HCl＜20%（质量分数）	好	好	差	好	好
无水氨	好	差	差	好	好
耐 HF	不耐	不耐	不耐	耐	耐

在国外基于氟塑料开展的研究与应用已经取得了相当的成果，由 100%PTFE 交叉膜与 PTFE 浸渍的无碱玻璃纤维布层压而成的氟塑料层压布(图 3)具有优异的抗拉强度、耐蚀性、耐温性和耐折性，国外已有 25 年用其制作补偿器的使用经验，广泛应用在冶金、电力、石化、垃圾焚烧、水泥和造纸等行业的高温及腐蚀严重的恶劣环境中。100%PTFE 交叉膜是由多层 100%PTFE 膜交叉叠放层压而成。PTFE 浸渍的无碱玻璃纤维布是由高强度无碱玻璃纤维布浸渍 PTFE 分散液后干燥烧结而成的。氟塑料层压布具有多个厚度的规格型号，厚度 1.2～2.0 mm 不等，可以根据具体工况选择。单层的氟塑料层压布就可以满足烧结烟气脱硫脱硝工况的使用要求。应用于国外某钢厂脱硫脱硝系统的氟塑料层压布圈带已经两年有余，尚未出现因腐蚀造成圈带失效的情况。因此在项目成本允许的范围内，优先推荐使用氟塑料层压布作为圈带材料。氟塑料层压布性能见表 3。

图 3　氟塑料层压布外观形貌

表 3　氟塑料层压布性能参数表

名称	氟塑料层压布	100%PTFE 交叉膜	PTFE 浸渍的无碱玻璃纤维布
长期使用温度	−60～316 ℃	−60～316 ℃	−60～316 ℃
短时使用温度	343 ℃	343 ℃	343 ℃
抗拉强度	10508 N/50 mm	350 N/50 mm	10508 N/50 mm
适用 pH 范围	0～14	0～14	0～14
多孔性	无孔隙	无孔隙	有孔隙

3.2 隔热设计

根据脱硫脱硝工艺流程管道参数表,局部管道烟气温度高于圈带的许用温度,此时非金属补偿器需要进行隔热设计,保证圈带工作的可靠性。隔热设计是使用隔热棉为隔热层填充物,隔热设计时需要注意以下两点:

(1) 隔热厚度合理性。隔热层厚度的计算可以依据《设备及管道绝热设计导则》(GB/T 8175—2008),管道和圆筒设备外径大于 1000 mm 时,可按平面计算保温层厚度,其余均可按圆筒面计算保温层厚度。

(2) 隔热结构的稳定性。在需补偿横向位移时,导流筒与补偿器之间需预留横向变形的间隙,在负压工况下很可能造成隔热棉被抽走,随时间的延长造成隔热厚度降低。建议设计时在金属框架两侧增设压紧装置,将隔热棉用陶瓷纤维布包裹后,再使用固定螺栓压紧,还可以设置阻棉挡条(图 4)进一步固定隔热棉结构,挡条的长度应该大于补偿量,沿周向均匀分布。

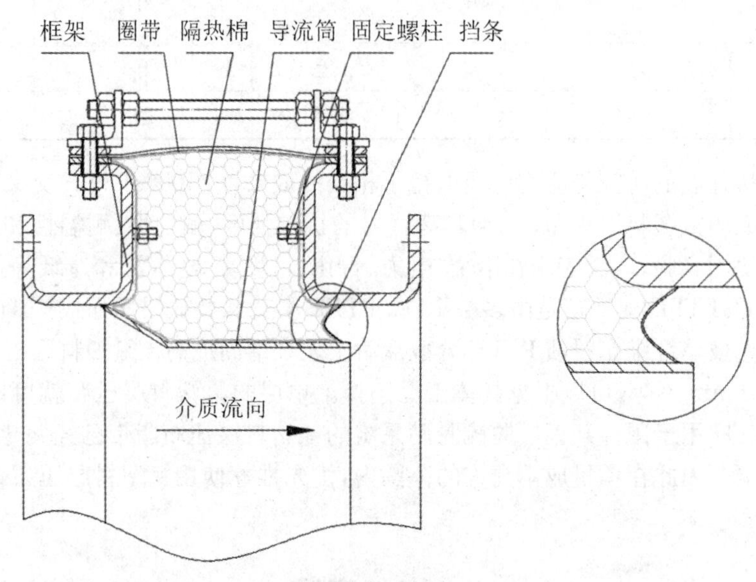

图 4 非金属补偿器结构图

3.3 金属框架及导流筒的设计

金属框架为非金属补偿器的轮廓支架,应该具有足够的强度和刚度。[9]由于金属框架与管道处于相同的工作环境,因此框架的选材材质与厚度可以参照原始管道参数,一般应该等同或者高于原管道的设计参数。材质一般建议选用不锈钢材料,如选用碳钢时,内部应当作防腐处理,可涂覆具有耐高温耐腐蚀性能的涂层等。

导流筒作为直接与介质接触的部件,一方面需要满足补偿器补偿量的要求,另一方面还要起到对非金属圈带及隔热材料保护和约束的作用,在补偿器横向位移较小时,可以选用双插式导流筒,保证导管道尺寸不缩颈,也可增强隔热棉的密封性[10];在横向位移较大的情况下可选用翻边式导流筒,保证补偿器能够进行较大横向位移的吸收。导流筒的材料与厚度也应该根据介质工况参数进行选择,通常建议选择具有耐高温耐腐蚀性能的不锈钢材料。

3.4 排水设计

烧结烟气在经过膨胀间隙接触隔热棉后温度会呈现梯度降低现象,当温度降低到露点时,烟气中会析出酸性液体,随时间的延长液体会在补偿器的底部位置聚集,积液达到一定程度后,会渗透到蒙皮与框架结构的机械密封处,造成补偿器滴水泄漏。针对介质流向为水平方向安装的非金属补偿器,一般建议在补偿器的最低点安装排水孔,定期将管道内部的积液导出,排水孔的材料可选择聚四氟乙烯。对于介质流向为自下而上的补偿器，导流筒前段沿圆周方向应开排液孔，减少在导流筒内部液体聚集。图5为非金属补偿器排水结构。

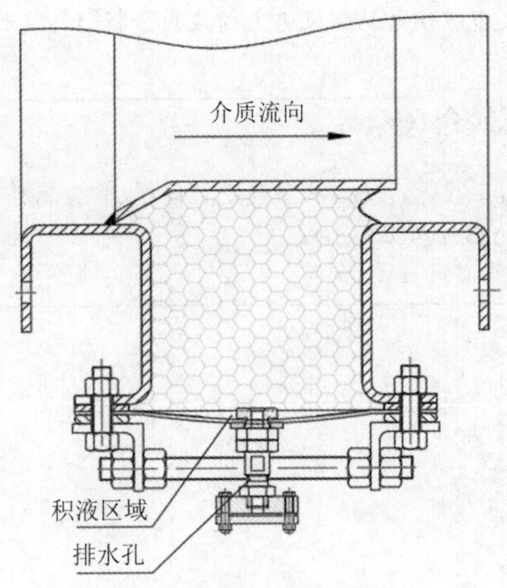

图5　非金属补偿器排水结构

4　结论

本文对烧结烟道脱硫脱硝用非金属补偿器的设计进行了分析和讨论，提出了非金属补偿器在设计时应该注意的关键事项并得出结论：

(1) 在项目成本的范围内，圈带材料优先推荐选用氟塑料层压布。如选用氟橡胶、氟塑料材料的组合时，其中氟橡胶可采用两布三胶或多层的一布两胶。

(2) 隔热设计时应保证隔热厚度的合理性及结构的稳定性。

(3) 框架及导流筒应优先选用不锈钢，框架如选用碳钢应作防腐处理。

(4) 特殊工况位置的补偿器进行特殊设计，在易产生积液位置应设排水装置。

作为补偿器产品设计人员，应该在熟悉规范性文件的基础上，针对不同的工艺参数进行不同的优化设计，提高产品对工况环境的适用性，保证管道系统的安全运行。

参考文献

[1] 于勇，朱廷钰，刘霄龙.中国钢铁行业重点工序烟气超低排放技术进展[J].钢铁，2019，54(9)：1-11.

[2] 中华人民共和国工业和信息化部.非金属补偿器：JB/T 12235—2015[S].北京：机械工业出版社，2015.

[3] 中华人民共和国国家质量监督检验检疫总局，中国国家标准化管理委员会.设备及管道绝热设计导则：GB/T 8175—2008[S].北京：中国标准出版社，2008.

[4] 王辉，吕耀荣.石灰石-石膏湿法电站烟气脱硫系统防腐蚀措施[J].科技情报开发与经济，2007，17(21)：262-263.

[5] 薛玉业，綦云.烧结烟气湿法脱硫配套烟气脱硝技术[J].中外能源，2020，25(7)：79-84.

[6] 李霄玺，尹俊连.非金属膨胀节在核电厂管道中的应用[J].中国设备工程，2017(8)：79-80.

[7] 杜学梅，李山明，杨玉臣.非金属补偿器在烟气脱硫脱硝装置中的应用[J].广州化工，2018，46(6)：101-103.

[8] 马双忱，金鑫，孙云雪，等. SCR 烟气脱硝过程硫酸氢铵的生成机理与控制[J]. 热力发电，2010，39(8)：12-17.
[9] 刘璟.非金属膨胀节在高温高硫腐蚀工况下的应用[J].河北工业科技,2013,30(3):210-214.
[10] 孙轶卿.非金属膨胀节在大型燃煤电站烟风道上的应用分析[J].陕西电力,2011(11):76-78.

作者简介

毛开朋(1990—),男,工程师,硕士,从事波纹补偿器、非金属补偿器、金属软管设计研究工作。E-mail:maokaipeng327@163.com。

在役换热器Ω形波纹管膨胀节包覆方案与设计计算

周命生　孙瑞晨　李　亮

（南京晨光东螺波纹管有限公司，南京 211153）

摘要：本文介绍了某在役压力容器波纹管膨胀节泄漏问题的解决过程，提出了一种快捷的整体包覆方案。为保证该方案安全可靠，对波纹管及承力承压结构件做了详细的设计计算。其中波纹管采用Ω形波纹管，按照EJMA—2015标准进行计算，承力承压结构件通过有限元的方法进行校核。

关键词：膨胀节；包覆

Coating Scheme and Design Calculation of Omega Bellows Expansion Joint of Heat Exchanger in Service

Zhou Mingsheng, Sun Ruicheng, Li Liang

(Aerosun-Tola Expansion Joint Co. Ltd., Nanjing 211153)

Abstract: This paper introduces the process of solving the leakage problem of bellows expansion joint of heat exchanger in service, and puts forward a fast overall coating scheme. In order to ensure the safety and reliability of the scheme, we have done detailed design and calculation for bellows and bearing pressure structure. Besides, the bellow is Ω shaped, calculated according to EJMA—2015 standard, and the bearing pressure structure is checked by finite element method.

Keywords: expansion joint; coating

1　引言

某化工厂在役高压换热器上的Ω形波纹管膨胀节突然发生泄漏，由于该换热器是整个生产系统的关键设备，不允许长时间停车更换膨胀节。经过多次与客户及设备厂商的沟通协商，拟定了一种既能保证质量，又可以实现快速堵漏的包覆方案。经过详细的设计计算和方案论证，最终得到了客户的肯定并付诸实施。

2　Ω形波纹管膨胀节的包覆方案

2.1　Ω形波纹管膨胀节的设计工况

设计压力为6.41 MPa/FV，壳程设计温度为285 ℃，壳程内径×壁厚为Φ1057×32，壳体材料为304，最大轴向位移为压缩50 mm，对应疲劳寿命不小于1000次。波纹管材料选用镍基合金Inconel 600，其余承压件材料为304。该设备为立式换热器，原膨胀节位于换热器的上端，如图1所示。

2.2　Ω形波纹管膨胀节包覆方案

本次包覆膨胀节设计压力高、位移较大，根据文献[1]内容，优化设计后采用双层Ω形波纹管，每层壁厚2.0，波数为3。由于双层Ω形波纹管外部存在加强件，通常做成两半包覆波纹管，然后在原波纹管外部合围后再焊接的包覆方案无法实施，实施包覆的Ω形波纹管必须在工厂整体成形制造。

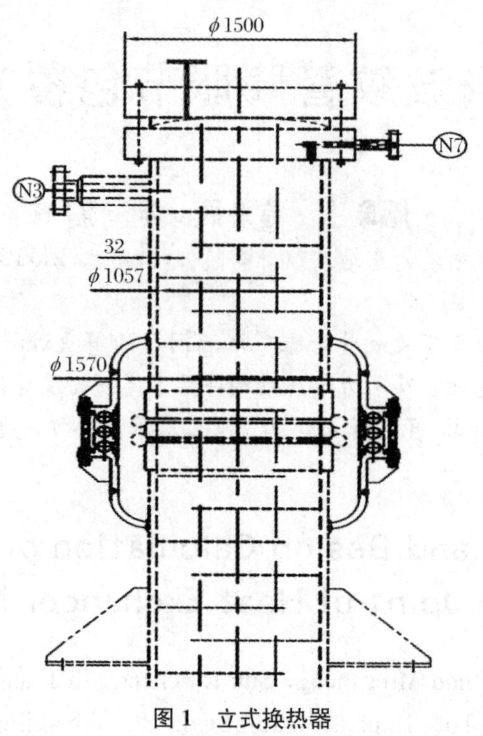

图1　立式换热器

从图1可以看出，包覆Ω形波纹管膨胀节的内径必须大于换热器上部管板和法兰的外径 Φ1500，并拆除N3、N7管嘴后，包覆膨胀节波纹管才可以整体成形和制造，但其两端与换热器壳体焊接的封板（近似封头）必须分成两半再到现场套合后焊接密封。包覆膨胀节的整体结构方案图纸如图2所示，图2中两端封板设计成椭圆封头形式，以提高其耐压性能。由于包覆膨胀节的波纹管的有效直径远大于原设备壳体上的波纹管的有效直径，两者包含的面积在换热器试压或正常运行中会产生额外的压力推力。该力是换热器设计时没有的，管板很可能没法承受，因此在包覆膨胀节两端设计合适数量和直径的承力拉杆，拉杆两端外侧双螺母始终固定，内侧螺母待现场试压完成后分别松开25 mm。

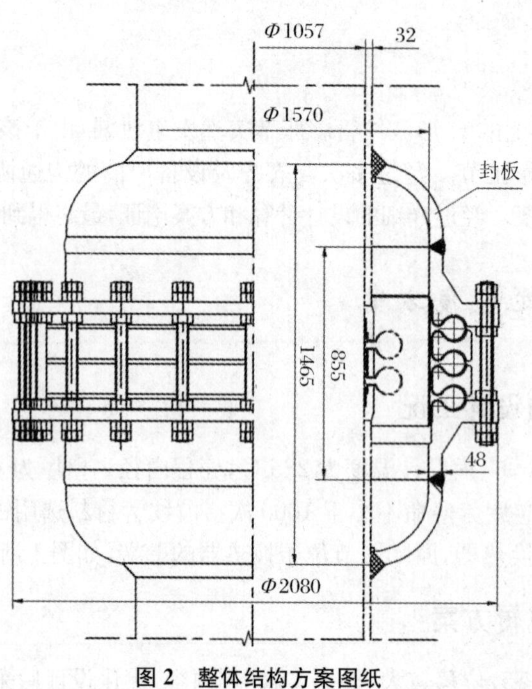

图2　整体结构方案图纸

3 包覆Ω形波纹管强度、刚度及疲劳寿命计算

波纹管按照 EJMA—2015 标准进行设计计算,计算结果见表 1。

表 1 波纹管设计计算表

膨胀节类型		单式轴向型			单式Ω形波纹管(内插入焊)			
设计压力		MPa	P	6.41	设计温度	℃	T	285
设计位移	状态			工作态	压力引起管道环向膜应力(内焊)	S''_1	28.9852	≤CwpWpSap
	轴向	mm	X	−50	压力引起波纹管环向膜应力	S_2	30.7093	≤CwbWbSab
	横向	mm	Y	0	压力引起加强件环向膜应力	S'_2	94.4893	≤CwrWrSar
	角向	°	θ	0	压力引起波纹管子午向膜应力	S_3	62.8119	≤Sab
波纹管	材料及状态	Inconel 600			位移引起波纹管子午向膜应力	S_5	14.5486	
	设计温度下许用应力		S_{ab}	138	位移引起波纹管子午向弯曲应力	S_6	875.303	
	室温下弹性模量		E_b	213000	总应力(MPa)	S_t	1078.29	
	设计温度下弹性模量		E_{bt}	198000	波纹管预计平均疲劳寿命,周次	N_c	17107.4	
	波高	w	mm	93	波纹管设计疲劳寿命,周次	[N_c]	1710.74	
	波据	q	mm	114	柱失稳压力(MPa)	P_{sc}	18.0279	≥P
	波纹平均半径	r	mm	37	单波轴向刚度(N/mm)	f_w	8535.4	
	层数	n		2	轴向刚度(N/mm)	K_x	2845.13	
	壁厚	t	mm	2	横向刚度(N/mm)	K_y	145505	
	波数	N		3	角向刚度(N·m/°)	K_θ	18044.2	

上述计算结果表明,波纹管的强度、稳定性及疲劳寿命满足要求。

4 包覆Ω形波纹管膨胀节承压件有限元计算

为确保该包覆方案的可靠性,对包覆膨胀节承压承力件在设计工况下的强度及刚度进行了有限元分析校核,采用 ANSYS 19.0 进行计算。

设计温度 285 ℃下:封板、接管及波纹管端部加强件材料 304,材料的弹性模量 E 为 1.77×10^{11} Pa,泊松比 μ 为 0.3;拉杆材料 35CrMo,拉杆的设计温度按 100 ℃,设计温度下弹性模量 E 为 1.98×10^{11} Pa,泊松比 μ 为 0.3。设计温度 285 ℃下:接管及端部加强件材料许用应力:$S_{304}=116$ MPa,拉杆许用应力:$S_{35CrMo}=229$ MPa。拉杆与端部加强件设计为可以承受包覆波纹管有效截面积产生的盲板力。结构的主要尺寸如图 3 所示。

由于膨胀节承载以及结构具有轴对称的特点,为减小计算量,简化为取膨胀节模型的沿周向 1/30,再沿拉杆中间做对称截面进行计算。计算所施加的边界条件为:拉杆对称界面施加无摩擦约束模拟对称截面,端接管沿轴向的两个切面施加无摩擦支撑约束法向位移。拉杆与法兰孔设置摩擦约束,摩擦系数取 0.1。紧固件侧面与法兰端面简化为不分离约束,允许少量滑移,同时传递轴向力。直管段施加由内压产生沿轴向的等效拉力 F,数值为直管段内压产生盲板力的 1/30,短接管内侧与介质接触区域施加内压 6.41 MPa。计算时开启弱弹簧,约束刚体位移。结构计算的应力强度分布如图 4 所示。

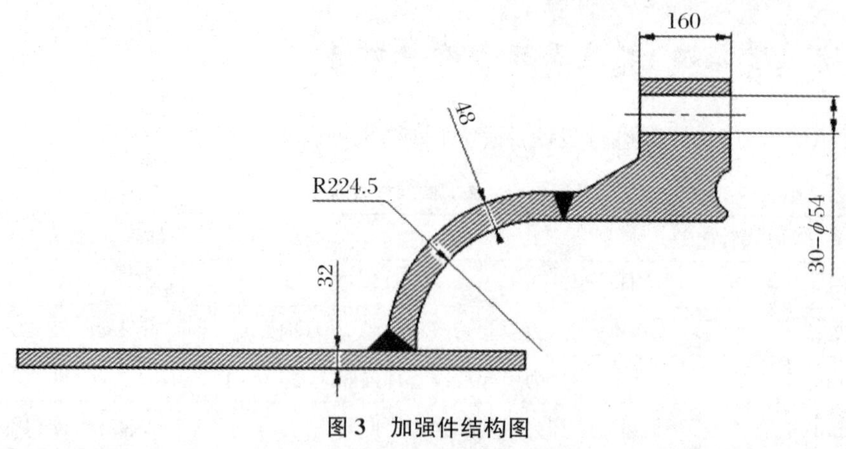

图 3　加强件结构图

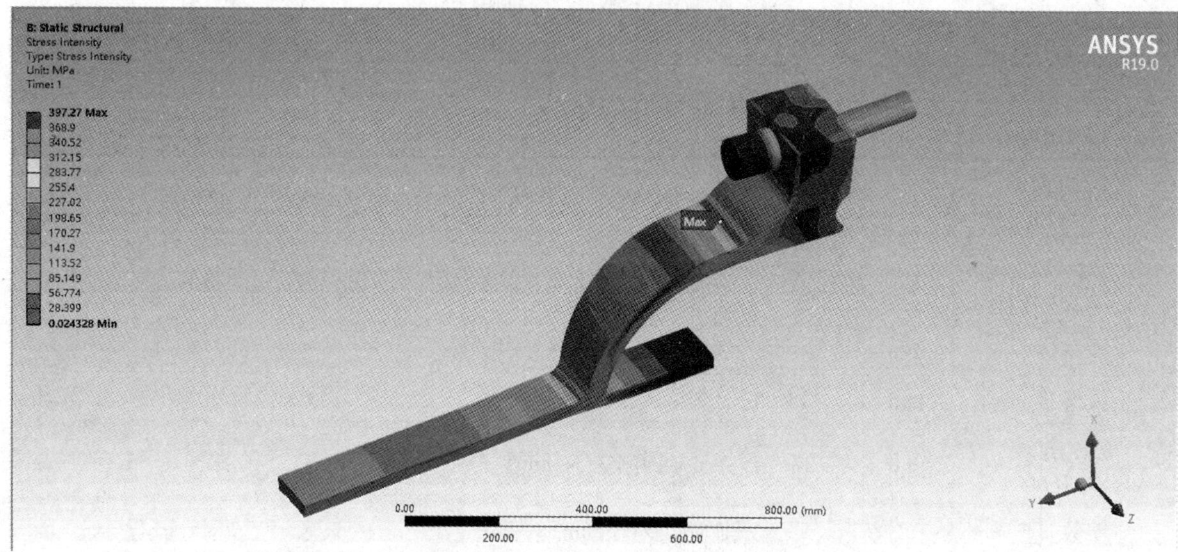

图 4　结构件应力强度分布云图(MPa)

由图 4 可以看出端接管在局部不连续处出现了应力集中现象,根据第三强度理论得出应力强度值出现在接管的不连续处,为 397.27 MPa,超过了材料在工况温度下的许用应力值,但并不能因此判断材料会发生塑性破坏,应根据钢制压力容器分析设计标准,提取局部应力集中部位的薄膜应力以及弯曲应力值判断。对结构件的关键部分进行路径定义及应力评定,定义路径 A-A,B-B,C-C,D-D,E-E,F-F,如图 5 所示。

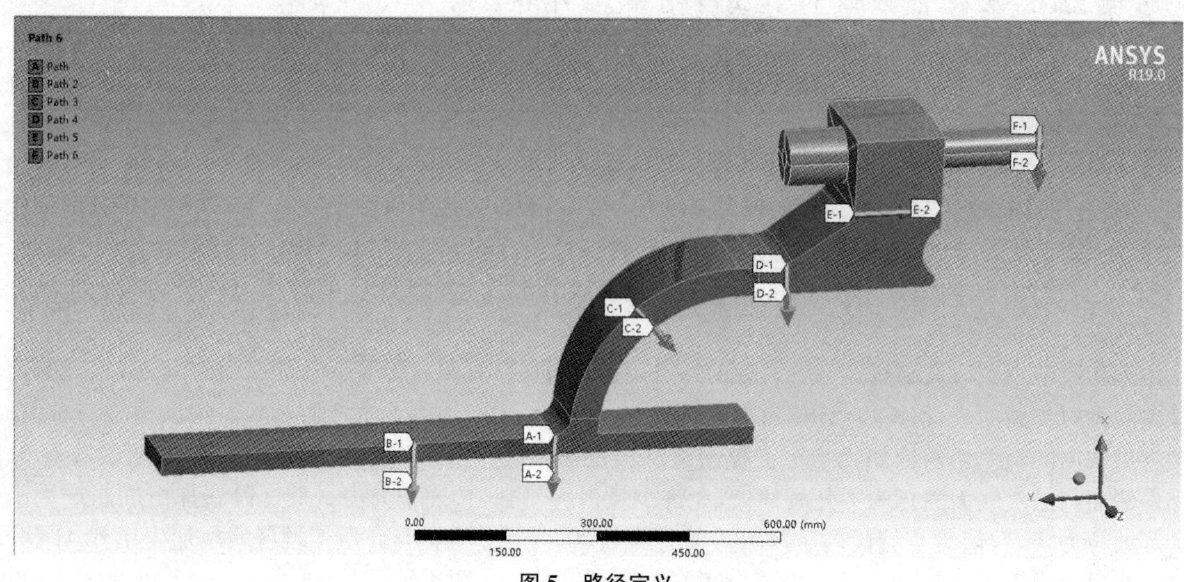

图 5　路径定义

接管、端部加强件及拉杆应力评定结果见表2:

表2　应力线性化评定表

路径	应力分类	应力强度值(MPa)	评定	校核结果
A-A	P_L	171.6	$P_L<1.5S_{304}=174$	通过
	P_L+P_b+Q	314.18	$P_L+P_b+Q<3S_{304}=348$	通过
B-B	P_m	96.59	$P_m<S_{304}=116$	通过
	P_m+P_b	110.16	$P_m+P_b<1.5S_{304}=174$	通过
C-C	P_m	47.0	$P_m<S_{304}=116$	通过
	P_L+P_b	169	$P_L+P_b<1.5S_{304}=174$	通过
D-D	P_L	64.36	$P_L<1.5S_{304}=174$	通过
	P_L+P_b+Q	252.79	$P_L+P_b+Q<3S_{304}=348$	通过
E-E	P_m	36.5	$P_m<S_{304}=116$	通过
	P_m+P_b	75.4	$P_m+P_b<1.5S_{304}=174$	通过
F-F	P_m	149.95	$P_L<S_{35CrMo}=229$	通过
	P_m+P_b	239.11	$P_m+P_b<1.5S_{35CrMo}=343.5$	通过

从表中可以看出路径A-A,D-D处的局部薄膜应力以及局部薄膜应力加一次以及二次弯曲应力值均满足标准要求,路径B-B,C-C,E-E,F-F处总体薄膜应力与总体薄膜应力加一次弯曲应力值满足标准要求。由应力线性化结果可以得出,按钢制压力容器分析设计标准要求,该膨胀节承力承压结构件设计强度是可靠的。

5　结论

本次在役换热器Ω形波纹管膨胀节包覆方案及可靠性验证计算得到了客户的认可并付诸实施。该方案实施后已在客户现场平稳运行三年多,说明该方案是安全可靠的。

参考文献

[1] 中国机械工程学会压力容器分会.第十五届全国膨胀节学术会议论文集[C].合肥:合肥工业大学出版社,2018.

[2] Expansion Joint Manufacturers Association. Standards of the Expansion Joint Manufacturers Association:EJMA—2015[S].

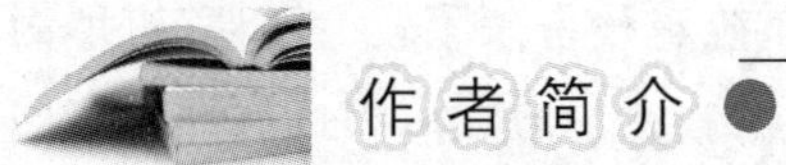

作者简介

周命生(1967—),男,研究员,长期从事波纹膨胀节的设计工作。通信地址:南京市江宁开发区将军大道199号。E-mail:zmsxuxin@163.com。

直埋内压复式波纹膨胀节的结构改进

曲　斌[1]　邢　卓[1]　李　秋[2]　孟宪伟[2]　郭田阳[2]　常　阳[1]
(1. 沈阳仪表科学研究院有限公司,沈阳 110043;2. 沈阳汇博热能设备有限公司,沈阳 110168)

摘要:直埋内压复式波纹膨胀节已经非常广泛地应用于城市中的管道系统,用来吸收由于热胀冷缩等原因引起的管道或设备尺寸变化的装置,在实际应用中,根据不同的情况,在设计、安装、运行中又会遇到不同的问题。本文针对城市中的管道系统进行分析讨论,从管道本身和环境条件引起的变化对波纹膨胀节的影响入手,对直埋内压复式波纹膨胀节的结构进行改进。

关键词:直埋;内压复式波纹膨胀节;结构改进

Structural Improvement of Directly Buried Internal Pressure Compound Corrugated Expansion Joint

Qu Bin[1], Xing Zhuo[1], Li Qiu[2], Meng Xianwei[2], Guo Tianyang[2], Chang Yang[1]
(1. Shenyang Academy of Instrumentation Science Co. Ltd., Shenyang 110043; 2. Shenyang Huibo Heat Energy Equipment Co. Ltd., Shenyang 110168)

Abstract: Directly buried internal pressure compound corrugated expansion joint has been widely used in urban pipeline systems to absorb the dimensional changes of pipelines or equipment caused by thermal expansion and contraction. In practical applications, according to different actual conditions, different problems will be encountered in the design, installation, and operation. This article analyses and discusses the pipeline system in the city, starting with the influence of the changes caused by the pipeline itself and environmental conditions on the corrugated expansion joint, so as to improve the structure of directly buried internal pressure compound corrugated expansion joint.

Keywords: directly buried; internal pressure compound corrugated expansion joint; structural improvement

1　引言

在我国的地下管道系统中,通常是采用直埋内压复式波纹膨胀节结构建立管道系统,但是由于当前城市人口不断增加,居民楼以及大量建筑物的建立,为城市的管道系统建设带来了较大不便,直埋内压复式波纹膨胀节在当前的埋线中还存在一些问题,不利于埋线管道的安装。应当对管道的抗弯性能和两个波纹管轴向位移的共同性进行研究分析,逐渐形成比较完善的波纹膨胀节结构。本文主要针对直埋内压复式波纹膨胀节的结构改进展开研究分析。

2　普通直埋内压复式波纹膨胀节现状

在我国的管道系统中,当前主要是架空敷设和地沟敷设方式,对通热管道进行设定,完成对城市的管道建设工作。直埋方式能够在一定程度上节约能源,与此同时,还能够降低埋线成本,施工的周期比较短,涉及的工作人员数量较少,不占用城市空间环境,因此当前大多数的城市管道系统都是应用直埋方式结构。

随着社会的不断发展,普通的直埋内压复式波纹膨胀节结构已经不能够满足当前城市供热需求。普通的直埋内压复式波纹膨胀节结构一般都是通过利用金属波纹膨胀节结构展开的,但是市场上对产品质量要求的标准不一样,同时每一个城市的供热需求不同,因此普通直埋内压复式波纹膨胀节结构在运行过程中是存在一些弊端的。普通直埋内压复式波纹膨胀节都是由端管、波纹管、结构件等组成的,当管道遇到热流之后,波纹管就会受到一定幅度的压缩,吸收管道就会沿着轴对称方向发生位移,波纹管在被压缩的过程中就会受到两侧的管道位移影响,使其出现整体管道的偏移甚至是热流的卡顿现象。波纹管的规格如果不同,很有可能造成管道堵塞,使得管道的受损情况不一致,影响管道的整体刚性程度,最终影响整个城市的管道系统。[1-3]

3 直埋内压复式波纹膨胀节的结构改进

3.1 增加导向限位结构

对直埋内压复式波纹膨胀节的结构进行改进至关重要,通过改变直埋内压复式波纹膨胀节结构能够解决当前城市管道的一些问题,提高城市供热系统的工作效率。导向限位结构方式是由导向筒和环板相互连接,导向筒套在波纹管外侧并一端固定在接管上,这样在很大程度上增强了管道的抗压能力和波纹管的使用寿命。导向限位结构的应用补偿了波纹管道的能量设置,两个传输管道之间的间隙能够大幅度地压缩,进而保证供热系统的正常运行,改变直埋内压复式波纹膨胀节结构,确定了波纹管道的安全性。改进之后的直埋内压复式波纹膨胀节结构具有一定的抗压性和稳定性,可以吸收轴向与横向组合位移,这样在管道充满热气的时候能够稳定下来,不会受到外界影响发生偏移,同时由于环板之间紧紧相靠,避免出现波纹管的补偿能力低下的问题。直埋内压复式波纹膨胀节的结构改进减少了二次施工的风险,解决了单个波纹管受轴向力过大变形的情况。

3.2 压力平衡型波纹补偿方式

对直埋内压复式波纹膨胀节结构进行改变,从直埋压力平衡型波纹补偿方式入手,解决当前城市供热过程中遇到的一些问题。由于我国的城市供热管道大部分是通过地下进行传播的,地下通风性较差,加上地壳的不断运动导致波纹管道严重的不平衡性,地下气压发生轻微的变化就会导致波纹管发生一定程度的位移,影响城市供热系统的正常运行。波纹管是直埋内压复式波纹膨胀节结构中最基本的材料,波纹管道能够加快热量的传播,保证其稳定性相当重要。将中间接管改为波纹管结构,通过压力平衡型波纹补偿方式,不但能够吸收轴向位移,而且能够平衡波纹管的压力推力,维持地下管道的稳定性,减少由于压力等外界因素对波纹管道造成的影响。直埋内压复式波纹膨胀节的结构改进可能会增加一定的成本,但是也增加了管道系统的使用寿命和使用范围。

随着时代的发展,城市化进程越来越快,城市内的发展较快,同时城市的设备条件更好。通过改善供热管道的建设方式,可为人们提供更加完善的供热系统。在城市的供热系统中,通常采用直埋内压复式波纹膨胀节结构建立供热系统。但是由于当前城市人口不断增加,居民楼以及大量建筑物的不断建立,为城市的供热系统带来了较大困难。通过改进普通直埋内压复式波纹膨胀节的结构,提高了波纹膨胀节的使用寿命,减少了管道系统的维护保养,改善了管道系统的布局,既保证了在有限空间内供热的正常运行,节约了城市的地面空间,又方便了人民的生活需求,完善了当前的城市供热系统。

参考文献

[1] 江超.多层结构直埋热水供热管道应力原位实验及热力耦合有限元分析[D].西安:长安大学,2015.
[2] 徐钱.多场耦合作用下无补偿大口径直埋热力管网的特性研究[D].北京:北京科技大学,2018.

[3] 国家市场监督管理总局,中国国家标准化管理委员会.金属波纹管膨胀节通用技术条件:GB/T 12777—2019[S].北京:中国标准出版社,2019.

作者简介

曲斌(1982—),男,高级工程师,主要从事波纹膨胀节的设计研发工作。通信地址:辽宁省沈阳市浑南区浑南东路49-29号沈阳仪表科学研究院有限公司。E-mail:13191471@163.com。

热风炉管道系统的优化设计

鲁　林[1,2]　**罗仕发**[1,2]　**魏守亮**[1,2]

（1. 秦皇岛北方管业有限公司，秦皇岛 066004；2. 河北省波纹膨胀节与金属软管技术创新中心，秦皇岛 066004）

摘要：本文通过工程实例，针对大型高炉热风炉管道系统存在的问题，使用 CEASAR Ⅱ 软件对管道系统进行建模和应力分析。依据现场工况提出修改意见，并对修改后的管道系统方案进行应力分析和优化，最终选定可行的修改方案，并按方案进行改进。

关键词：膨胀节；改造；管系；应力分析；失效；安全

Optimal Design of Pipeline System for Hot Blast Stove

Lu Lin[1,2]，**Luo Shifa**[1,2]，**Wei Shouliang**[1,2]

（1. Qinhuangdao North Hose Co. Ltd.，Qinhuangdao 066004；2. The Corrugated Expansion Joint and Metal Hose Technology Innovation Center of Hebei Province，Qinhuangdao 066004）

Abstract：Based on an engineering example，aiming at the problems existing in the pipeline system of large blast furnace hot blast stove，this paper uses CEASAR Ⅱ software to model and analyse the pipeline system stress. According to the site conditions，the modification suggestions are put forward，and the stress analysis and optimization are carried out for the modified pipeline system scheme. Finally，the feasible modification scheme is selected and improved according to the scheme.

Key words：expansion joint；reform；piping system；stress analysis；failure；safety

1　引言

近年来随着炼铁技术的快速发展，高炉的生产效率亟须迅速提升，因此现代高炉向着大型化、长寿命和高风温等方向发展。热风管道是炼铁厂的核心部位，主要作用是将热风炉内 1300 ℃左右的热空气输送至高炉炉体。因此对热风管道开展详细分析，设置合理的管道走向，布置合适的固定支座、受力拉杆，设计合适的膨胀节对管路系统的安全运行至关重要，是保障炼铁厂生产运营的重要技术之一。[1]

2　热风炉管道情况概述

某钢厂 4150 m^3 高炉，于 2014 年 5 月投产，高炉配置 4 座顶燃式热风炉，采用交错并联送风，送风压力为 0.42 MPa，送风温度约为 1150 ℃，风量约为 6400 N·m^3/min，富氧约为 3%。

现场 4 座热风炉一列布置，间距为 14.5 m，热风出口标高为 25.57 m，高炉围管标高为 20.2 m，高度差为 5.37 m，由一根 50°斜管道过渡，热风主管全长 120 m。热风炉中心线至热风主管中心线为 18.4 m，热风支管长度为 12 m。主支管管道外径为 3.16 m，支管段及三岔口处壁厚为 25 mm，其余为 22 mm。管道耐火材料内径为 1.902 m，一层耐火砖，三层保温砖，无喷涂层。

热风支管设 2 台波纹补偿器，一台复式大拉杆横向型补偿器，一台更换热风阀用大拉杆轴向型补偿器，热风支管不设大拉杆。热风主管直管段设置 6 台轴向型补偿器。分两段设置整体式大拉杆,一段为热风炉部分,全长 63.422 m,内串 4 台补偿器。另一段通往高炉部分全长 38.34 m,内串 2 台补偿器。大拉杆为 4 根 Φ150 mm 实心圆钢,整体焊接双头螺栓的结构形式,波纹补偿器采用套筒迷宫式无铠装环结构。热风支管设置弹簧支座,热风主管设置单向、双向滑动支座和吊架,如图 1 所示。

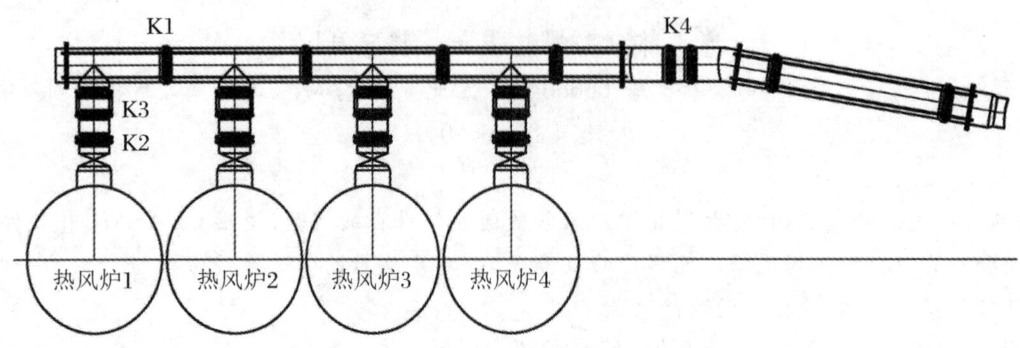

图 1　热风炉管道简图

K1:轴向型补偿器;K2:大拉杆轴向型补偿器;K3:大拉杆横向型补偿器;K4:大拉杆横向型补偿器

高炉开炉投产半个月后,波纹管出现破裂情况,热风炉管道局部有温度偏高现象。截至 2016 年底,热风管道上的波纹补偿器全部失效,在此期间进行了波纹管的包覆式修复。在此后的 3 年时间里,热风炉管道问题不断,很大程度上影响了炼铁厂的生产和安全。

3　管道存在问题原因分析

本文采用鹰图公司的管道应力有限元分析软件 CEASAR Ⅱ 2018 对原管道进行建模后计算原管道应力和支座受力情况,建模如图 2 所示,并得出以下结论。

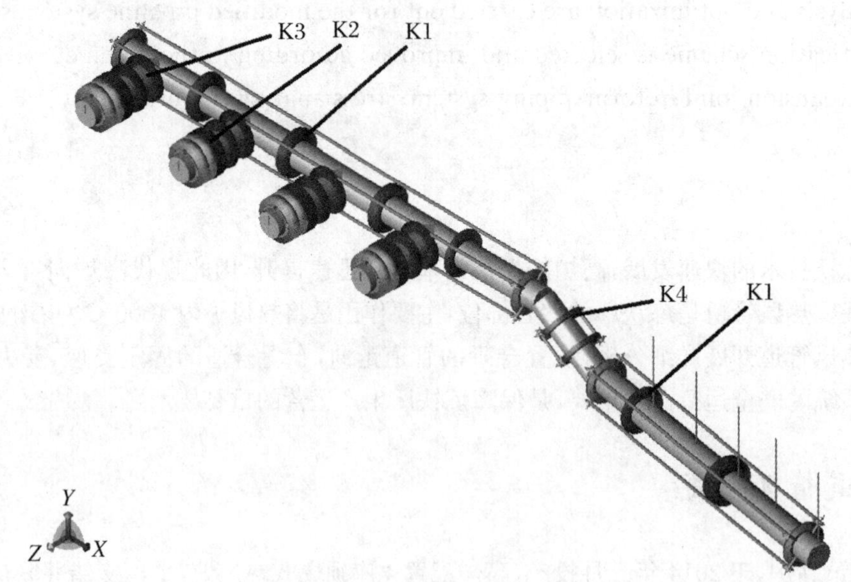

图 2　CEASAR Ⅱ模型图(改造前)

K1:热风主管轴向型补偿器;K2:热风支管大拉杆轴向型补偿器;
K3:热风支管;K4:热风主管大拉杆横向型补偿器

3.1　热风支管

热风支管上设置了两台波纹补偿器,且设置了保护拉杆,但补偿能力不足,在热应力作用下推动热风主管远离热风炉,造成热风出口到主支管三岔口之间的耐火材料砌体产生裂缝、窜风,从而导致波纹管部分局部温度升高。[2]热风支管由热风阀、轴向型补偿器 K2、大拉杆横向型补偿器及弹簧支座等设备构成,连接热风炉与热风总管。其中,补偿器由于波纹管部分的薄壁结构,是热风支管设备的薄弱环节。

由于没有设置大拉杆,正常生产中热风支管产生约 346 t 盲板力,长期作用在 K2 和 K3 补偿器上,使其一直处于拉紧状态,而无法发挥补偿横向位移,增加了波纹补偿器变形、焊缝开裂破损的概率。支管热应力导致主管横向移动,但热风主管上安装的 K1 型补偿器为轴向型,因此其失效的概率增大。

3.2 热风主管

热风主管分两段设置整体式大拉杆,一段为热风炉部分,内串 4 台轴向补偿器,另一段通往高炉部分,内串 2 台轴向补偿器。由于补偿器补偿能力不足,导致在高热应力作用下局部结构失效导致出现串风和高温现象,表现为热风炉组靠热风主管末端的那座热风炉,热风出口和主支管三岔口先出现窜风高温现象。

大拉杆组件由碳钢件制作,在外部温度升高时,大拉杆同样会有热胀现象,致使拉杆无法起到限制位移的作用。

3.3 热风斜管道

由于热风炉出口与热风围管标高不同,采用斜管道连接,并在斜管道上设置了一台 K4 大拉杆横向型补偿器,斜管道内的耐火砖砌筑结构不稳定,如果在斜管道段再安装上波纹补偿器,由于有横向和轴向位移的作用,砌体就更加不稳定,极易产生裂缝乃至掉砖。

3.4 波纹管补偿器

波纹管补偿器采用无抬高波纹管,内部无喷涂料设置,仅有耐火砖隔热。在高温高压的工作环境下,热空气极易穿透耐火砖之间的缝隙,将热量传递到管道的碳钢外壁处,在高应力作用下波纹管焊缝发生开裂导致漏风。

4 改进措施及分析

业主联合设计院及波纹管厂家,针对原热风管道出现的问题进行了分析,并决定在大检修时对现存问题进行整改,对原管道进行改造。结合上述分析结果,提出改进措施如下:

4.1 热风支管

热风支管增加大拉杆装置,将热风炉与热风主管连接成一体,限制管道热位移由大拉杆组件内的补偿器吸收。将原支管内横向大拉杆补偿器拆除,在原位置增加一台自由复式型补偿器,此自由复式型补偿器将吸收热风炉上涨的横向位移和热风支管的轴向位移。

4.2 热风主管

热风主管盲口端增加一台轴向型补偿器,用于平衡管道盲板力,减少管道支座的受力。正常工况下,随着热风管道的温度升高,安装在热风炉管道四周的受力拉杆由于热辐射的影响,受力拉杆的温度也会升高,因此盲端的补偿器主要用来吸收由于受力拉杆自身热膨胀产生的位移。

4.3 热风斜管道

拆除原倾斜管道,更换为竖直的混风室,主管处增加自由复式型补偿器,用于吸收竖直管道的膨胀。

4.4 波纹补偿器

热风炉管道一直处于高温高压的工作环境,波纹补偿器的选型和材质选择至关重要。补偿器的失效往往始于局部的焊缝开裂,漏风处出现高温,继而引发大的安全事故,因此,为消除安全隐患,提高波纹补偿器的使用寿命,波纹补偿器采用高温抬高结构,波纹管材质为 Incoloy 825,是加强 U 形波纹管。对更改后的管道进行应力分析,建模如图 3 所示。

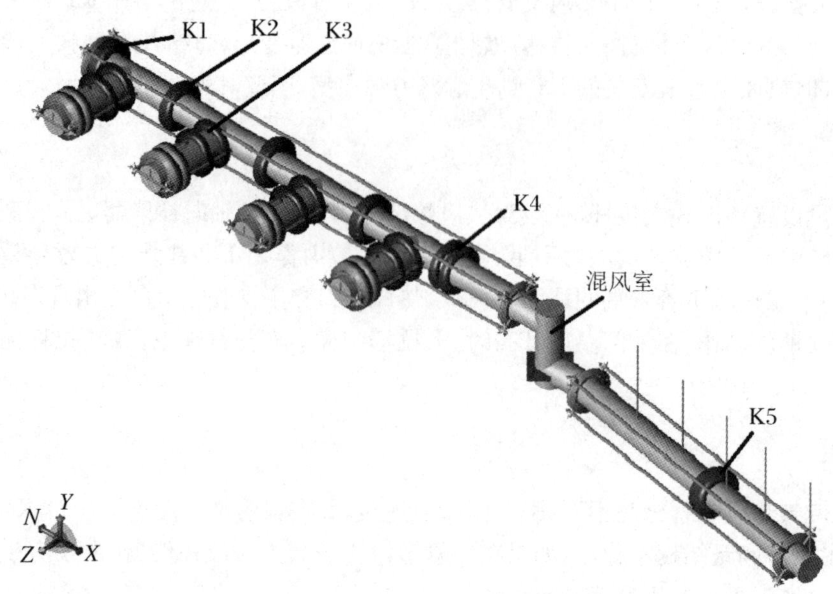

图 3　CAESAR Ⅱ 模型图(改造后)

K1:热风主管轴向型补偿器;K2:热风主管轴向型补偿器;K3:热风支管自由复式型补偿器;
K4:热风主管自由复式型补偿器;K5:热风主管轴向型补偿器

用 CAESAR Ⅱ 2018 软件进行有限元分析后,对计算结果进行分析,首先对一次应力、二次应力进行判断,确认应力水平在规范允许范围之内。如果有部分节点应力值过大,应对节点所在的管段进行分析,根据超标应力值的类型,选择调整支架类型和位置或适当降低膨胀节的刚度值,如图 4 所示。

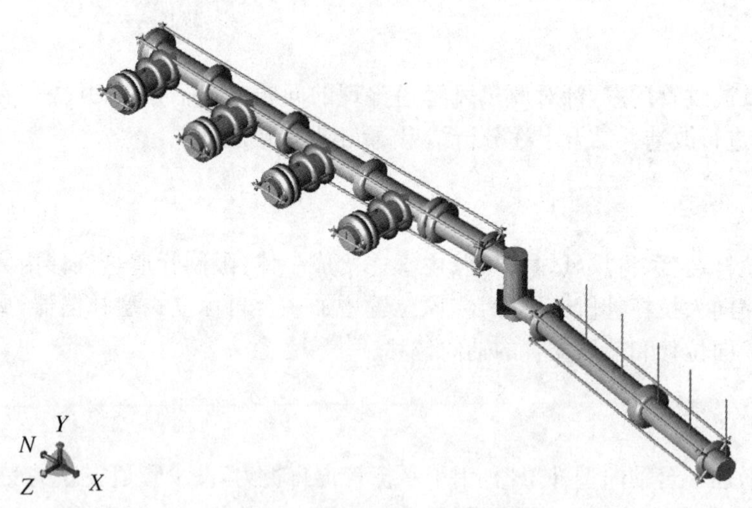

图 4　CAESAR Ⅱ 应力云图

本模型计算结果(见表 1)中的一次应力最大值为 49 MPa,二次应力最大值为 203 MPa,许用一次应力为 137 MPa,许用二次应力为 263 MPa,均在允许范围之内,说明本文中的管线路由、支架、膨胀节设置均能满足应力水平要求。

表1 CAESAR Ⅱ应力计算结果

序号	名称	计算值(MPa)	许用值(MPa)
1	一次应力	49	137
2	二次应力	203	263

对固定管架受力计算结果进行分析:

(1) 管架受力:热风总管间承重管架最大 $F_X = 8.5$ t,$F_Y = -113$ t,$F_Z = 0$ t。热风竖管道与地面之间看作固定支架:$F_X = -4.0$ t,$F_Y = -107$ t,$F_Z = 0$ t。

支架受力在允许范围内,见表2。

表2 支架载荷

序号	名称	F_X(kN)	F_Y(kN)	F_Z(kN)
1	承重管架	85	1130	0
2	固定支架	40	1070	3.7

(2) 位移情况:最大轴向位移 62 mm,最大横向位移 21 mm,各处波纹补偿器的设计位移均大于实际热位移,疲劳寿命要求大于3000次,因此,波纹补偿器满足设计要求。

5 结论

本文结合热风炉管道存在的现实问题,分析了管道支架的受力情况,对管道支架、承力构件及补偿器的布置合理性进行了研究;针对管道存在的问题,提出了具体的整改方案,并用管道有限元分析软件 CEASAR Ⅱ对整改方案进行应力、受力和位移校核,证明现有整改方案是可行的。

参考文献

[1] 李永生,李建国.波形膨胀节实用技术[M].北京:化学工业出版社,2000.

[2] 魏守亮,孟宪春.特大型高炉热风主管波纹膨胀节失效分析[M].合肥:合肥工业大学出版社,2014.

作者简介

鲁林(1983—),男,汉族,工程师,学士,主要从事波纹膨胀节、波纹金属软管技术研究工作。通信地址:秦皇岛市经济技术开发区天山北路16号。E-mail:lynn8328@163.com。

催化裂化装置烟气轮机出口弯管压力平衡型膨胀节设计浅析

孙茜茜　王正奎　姚　蓉

（南京晨光东螺波纹管有限公司，南京 211100）

摘要：本文介绍了烟气轮机在催化裂化装置中的作用及特点，将弯管压力平衡型膨胀节应用于烟机出口管道中，解决了高温管线及设备的热膨胀，还介绍了烟机出口膨胀节的设计要点，对设置压力平衡型膨胀节后烟机出口的受力进行了核算。

关键词：催化裂化；烟机；膨胀节；设计

Introduction of the Pressure Balanced Expansion Joint Design for Flue Gas Turbine Outlet of Catalytic Cracking Unite

Sun Qianqian, Wang Zhengkui, Yao Rong

(Aerosun-Tola Expansion Joint Co. Ltd., Nanjing 211100)

Abstract: This paper introduces the function and characteristics of flue gas turbine in catalytic cracking unite. The pressure balanced expansion joint is applied to the outlet pipeline of flue gas turbine, which solves the thermal expansion of high temperature pipeline and equipment. In this paper, the design points of the expansion joint at the outlet of the flue gas turbine and the load of the flue gas turbine after setting the pressure balance expansion joint are described.

Keywords: catalytic cracking; flue gas turbine; expansion joint; design

1　引言

烟气轮机（以下简称烟机）是利用催化再生器烧焦所产生的高温低压烟气的热能及压力能做功的高速旋转机械，是催化裂化装置再生烟气能量回收系统的专用动力回收设备。由于催化剂再生时产生的烟气携带大量热能和压力能，回收这部分能量（约占全装置能耗的26%）用作驱动主风机或发电机发电，可以降低生产成本和能耗，提高经济效益。催化裂化烟气回收工艺流程如图1所示。[1-3]

再生烟气管道管径大、温度高，烟机的工作介质是含有催化剂粉尘的高温烟气，操作条件极为苛刻，且管道膨胀或收缩对烟机产生的作用力荷载过大时，将造成转动轴的不对中、转子与定子之间的间隙改变，引起机器磨损和振动，影响机器正常运行，因此必须对烟机进出口管嘴所受的力和力矩加以限制。

鉴于烟机出口管系温度高、口径大、空间位置紧凑，为了解决烟机及其出口管道在高温下的热膨胀问题，且保证烟机出口受力不超过许用值，我们通常在烟机出口设置弯管压力平衡型膨胀节。本文对烟机出口弯管压力平衡型膨胀节的设计要点进行了阐述，并通过CAESAR Ⅱ建模对烟机出口的受力进行了核算。

2　烟机出口膨胀节设计

2.1　压力平衡型膨胀节的选用

弯管压力平衡型膨胀节可以吸收轴向和横向组合位移而使系统支座或设备免受内压推力的作用，广泛

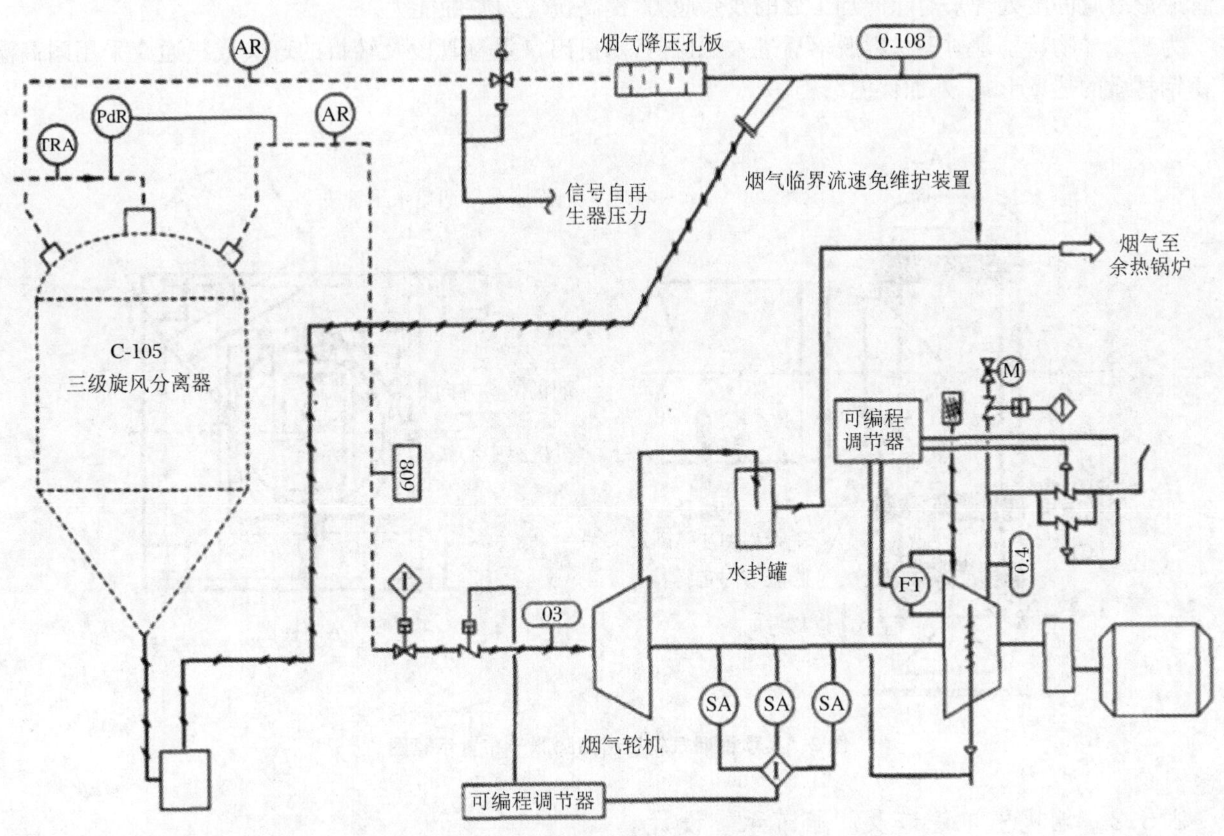

图1　催化裂化烟气轮机典型流程图

用于荷载敏感的设备进出口，吸收设备与管道的热位移，使设备所受的载荷最小，所以用在烟机出口处非常合适。

烟机出口管道是指烟机到烟机出口水封罐入口之间的管道，烟机出口管嘴通常为上排气式，烟机出口法兰一般为方形，跟该法兰配对的过渡段是方形法兰加一个天圆地方大小头。由于烟机出口操作条件和受力要求苛刻，为了保证烟机出口管道的柔性，通常在天圆地方大小头后设置弯管压力平衡型膨胀节，它可以吸收烟机自身的热膨胀位移和烟机出口垂直及水平段的热膨胀位移，且通过工作波和平衡波共同作用，依靠拉杆结构使得波纹管产生的压力推力大小相等、方向相反而抵消。[4]

2.2　膨胀节的方位布置特点

根据烟机出口与烟机出口水封罐的相对位置，可以确定弯管压力平衡型膨胀节三通的朝向。膨胀节要补偿的位移方位与设备平面布置及管道走向有关，位移量也与设备及管道固定点息息相关，典型的烟机出口膨胀节布置(图2)有以下特点：[5]

(1) 烟机轴向与膨胀节三通出口水平管段的轴线存在夹角 α，烟机轴向与膨胀节轴线垂直。

(2) 膨胀节三通以及三通后的水平管段设置有桁架连接的固定点，桁架用来承重。

(3) 需保证接口尺寸 H,L_1,L_2。

(4) 膨胀节下部的外形尺寸不能超过桁架梁的内部尺寸。

2.3　膨胀节的设计要点

2.3.1　膨胀节选材

烟气(主要成分为硫化物)温度较高，且具有一定腐蚀性，波纹管材料一般选用高铬镍合金，如 Incoloy 800、Inconel 625。除了满足烟气的高温外，还能抗饱和温度下氯离子腐蚀和高温下连多硫酸的腐蚀，且波纹管成形后应固溶处理来消除冷加工后的残余应力,提高抗应力腐蚀能力。

为避免异物特别是衬里材料脱落后进入烟机内,烟机出口垂直管段及转折的弯头或三通应采用耐高温不锈钢材质的热壁形式,外加保温结构。[6]

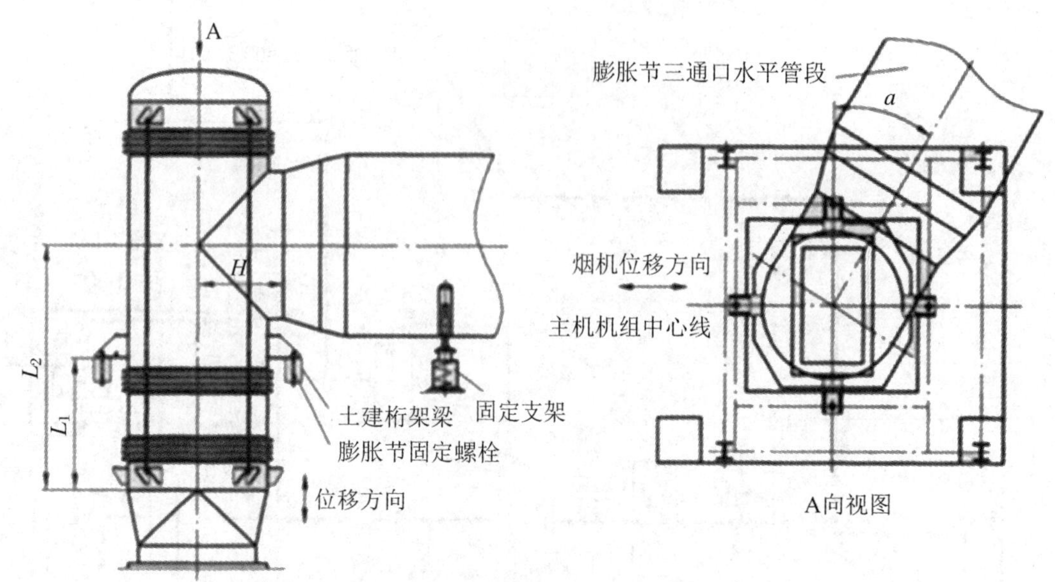

图 2　某项目烟气轮机出口膨胀节布置示意图

2.3.2　烟机出口管道及膨胀节承重设计

膨胀节内压推力已相互抵消,那么烟机出口受力来源主要是膨胀节的弹性反力和管系自重压力及支架摩擦力。

对于承重设计,通常将弯管压力平衡型膨胀节三通出口的水平管段固定在烟道桁架上,可由桁架来承受烟机出口部分垂直管段和水平管段的重量,如图 3 所示。

设计时可将膨胀节上的支耳与桁架用螺栓固定,恒力弹簧可生根在支耳上,用恒力弹簧将膨胀节下部吊起,最大限度减小烟机出口的受力。要特别注意此类耳板与桁架位置尺寸的配合。

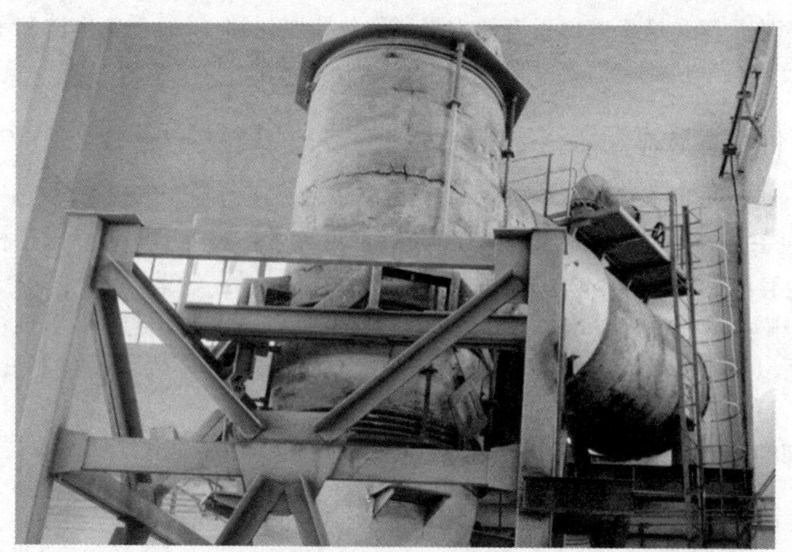

图 3　某项目烟机出口管系

2.3.3 膨胀节减振设计

烟机作为动设备，其出口膨胀节的减振设计也至关重要，通常需考虑以下4个要点：

(1) 波纹管宜采用薄壁双层结构。

(2) 尽量减小中间接管长度，以减轻其重量。

(3) 中间接管设置四连杆。

(4) 合理设置导流筒，避免气流直接冲击波纹管。

2.3.4 膨胀节四连杆设计

四连杆的设计有着重要意义：第一，它能够平衡位移，上工作波由于中间接管重量的作用通常被拉伸，而下工作波由于中间接管重量的作用通常被压缩，合理设置四连杆可有效均衡位移；第二，中间接管设置合理公差的四连杆结构，可以减小振动趋势，有效防止共振现象产生；第三，四连杆可以传力，将中间接管的重量传递给三通和端接管组件。

四连杆的结构如图4所示，需要注意的是四连杆方位的设置问题，四连杆平面应与主要横向位移平面保持一致，通常横向位移主要来自三通出口水平管线的热胀和烟机本体的热胀，因此，四连杆方位需要综合考量这两个位移的方向及大小，必要时也可采取带万向环的四连杆。在少数情况下，某项目烟机本体的横向位移是主要位移，而三通后水平管段横向位移很小，所以四连杆平面设置应与烟机横向位移平面保持在一致的位置上。

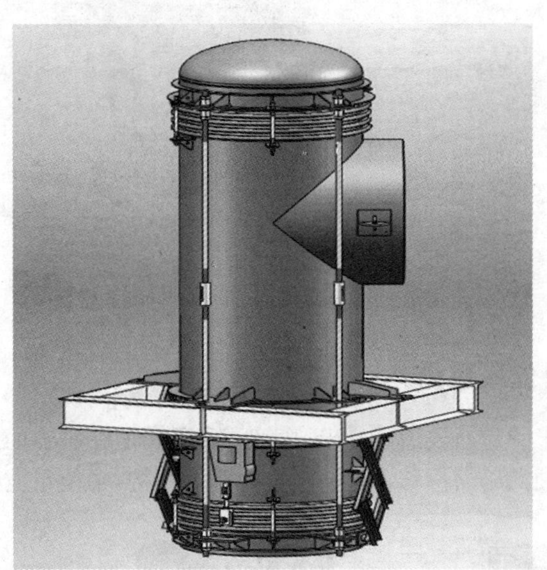

图4　某项目烟机出口曲管压力平衡型膨胀节设计模型

3　烟机出口的受力计算

3.1　CAESAR Ⅱ建模

CAESAR Ⅱ管道应力分析软件通过对管道正确地建立模型、真实描述边界条件、正确分析计算结果，最终给出管道、设备和支吊架的位移、荷载和应力，给管道的设计和设备的安装及安全计算提供了依据。下面我们通过建模来分析烟机出口受力及管道的位移。

一般把烟机和水封罐等设备本体视为固定件，把弯管压力平衡型膨胀节三通后的水平管段在烟道桁架上的固定点作为一个次固定支架，这样就可以把两部分复杂的管段分成两个简单的管段设计。

如图5所示，某重催项目烟机出口管线为 $\Phi 2020\times 12$，材质为304H，波纹管材质为Incoloy 800，操作压力为 0.1 MPa,操作温度为 600 ℃。图中节点 1000 为设备烟机出口;节点 170 为固定点(次固定支架),节点 170 右侧管线的横向位移由曲管压力平衡型膨胀节吸收。我们在方变圆过渡段即节点 20 处设置一个恒力弹簧,此弹簧吸收整个烟机口上端管线的自重 29760 N,使冷态时膨胀节与烟机零接触。

膨胀节参数:有效直径 $D_m = 2085$ mm;

单组波轴向刚度 $f_w = 220$ N/mm;单组波横向刚度 $f_w = 9010$ N/mm;

工作波波数 $N_f = 4$(单组);

平衡波波数 $N_b = 4$;

烟机出口 1000 点附加位移 $D_{XA} = -3.77$ m,$D_{YA} = 9.43$ mm,$D_{ZA} = 0$。

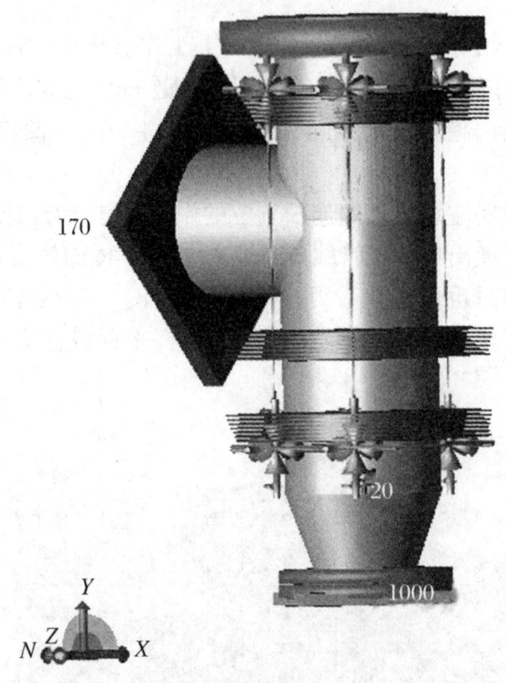

图 5　烟机出口管道膨胀节 CAESAR Ⅱ模型

3.2　模拟烟机出口管线的位移变化

通过图 6 CAESAR Ⅱ夸张的动态表达可看出,弯管压力平衡型膨胀节的两组工作波纹管不仅吸收管线产生的横向位移,同时还吸收轴向压缩位移,另外,通过拉杆的结构,平衡了波纹管轴向拉伸。

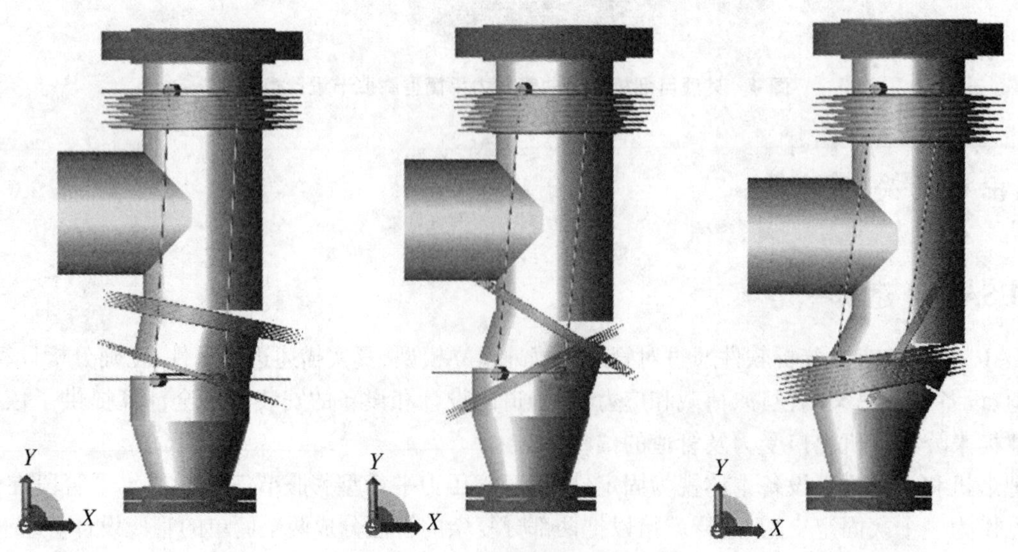

图 6　烟机出口管道操作态位移变化

3.3 分析烟机出口的受力结果

烟机出口节点 1000 的受力数据见表 1。

表 1 烟机出口节点 1000 的受力数据

RESTRAINT SUMMARY EXTENDED REPORT：Loads On Restraints

Various Load Cases

Node	Load Case	F_X(N)	F_Y(N)	F_Z(N)	M_X(N·m)	M_Y(N·m)	M_Z(N·m)	D_X(mm)	D_Y(mm)	D_Z(mm)
CASE 1 (OPE) W+D1+T1+P1+H										
CASE 3 (SUS) W+P1+H										
20	TYPE=User Design CSH;									
	1(OPE)	0	−29760	0	0	0	0	−3.768	19.206	0
	3(SUS)	0	−29760	0	0	0	0	0	0.001	0
	MAX		−29760/L1					−3.768	19.206	0.000/L1
170	TYPE=Rigid ANC;									
	1(OPE)	−5510	−24212	0	0	0	−52086	0	0	0
	3(SUS)	3	−32153	0	0	0	−58181	0	0	0
	MAX	−5510	−32153	0	0	0	−58181	−0.000	−0.000	0.000/L1
1000	TYPE=Rigid ANC;									
	1(OPE)	5510	−7942	0	0	0	−12935	−3.77	9.43	0
	3(SUS)	−3	0	0	0	0	7	0	0	0
	MAX	5510	−7942	−0	0	0	−12935	−3.770	9.430	−0.000/L1

由表 1 可知，烟机出口受力如下：

$F_X = 5510$ N；

$F_Y = -7942$ N；

$F_Z = 0$；

$M_X = 0$；

$M_Y = 0$；

$M_Z = -12935$ N·m。

从以上结果可知，由 CAESAR Ⅱ 用有限元数据分析法得出的弯管压力平衡型膨胀节在烟机出口产生的力和力矩均较小。设计时需确认此力和力矩的大小是否在烟机出口管口允许的受力范围内，同时还要对次固定支架的力和力矩进行分析，确认其大小是否满足相应的土建要求、膨胀节上与桁架连接的支耳等承力结构件的强度和刚度是否满足要求。

从计算结果分析来看，设备出口的力和力矩均满足要求；经土建部门反馈，土建也能满足该固定点的要求；膨胀节上连接固定点的承力结构件经过校核，其强度和刚度均满足要求。此膨胀节在某重催项目中已安全运行 4 年以上，目前膨胀节使用情况良好。

4 结论

弯管压力平衡型膨胀节在烟机出口处产生的力和力矩较小，适用于烟机出口管系。膨胀节内压推力由拉杆承受，通过合理设置桁架、恒力弹簧、四连杆结构来吸收管道及膨胀节的自重，且位移得到平衡，并起到减振效果。工作波纹管可吸收轴向位移和横向位移；平衡波纹管一方面吸收管段的轴向位移，另一方面把内压推力传到大拉杆上。一般情况下，工作波纹管受压，平衡波纹管受拉，且工作端使用两组波纹管吸收较大的横向位移,平衡端使用一组波纹管。多年的实践也证明,在烟机出口处合理设置弯管压力平衡型膨胀节的设计方案实用且安全可靠。

参考文献

[1] Expansion Joint Manufacturers Association. Standards of the Expansion Joint Manufacturers Association:EJMA—2015[S].

[2] 国家市场监督管理总局,中国国家标准化管理委员会.金属波纹管膨胀节通用技术条件:GB/T 12777—2019[S].北京:中国标准出版社,2019.

[3] The American Society of Mechanical Engineers. Mandatory Appendix 26 Bellows Expansion Joints:ASME Ⅷ—1—2019[S].

[4] 国家市场监督管理总局,中国国家标准化管理委员会.压力容器波形膨胀节:GB/T 16749—2018[S].北京:中国标准出版社,2018.

[5] 马金华,蔡善祥,曾文海,等.催化裂化装置烟机出口管线及膨胀节失效分析[J].石油化工设备,2006,35(6):7-11.

[6] 弭忠义.烟气轮机进出口管道膨胀节选型与力学分析[J].炼油设计,2001,31(4):20-24.

作者简介

孙茜茜(1989—),女,工程师,主要从事膨胀节设计工作。通信地址:南京市江宁开发区将军大道199号。E-mail:17721546734@163.com。

波纹管膨胀节衬里概述

周命生　程　勇

（南京晨光东螺波纹管有限公司，南京 211153）

摘要：本文通过图例，详细介绍了波纹管膨胀节的各种衬里结构，并对衬里结构的材料、应用行业和适应环境做了简要的分析与说明。

关键词：膨胀节；隔热；耐磨；耐腐蚀；衬里结构

Summary of Bellows Expansion Joint Liner

Zhou Mingsheng, Cheng Yong

(Aerosun-Tola Expansion Joint Co. Ltd., Nanjing 211153)

Abstract: In this paper, the lining structures of bellows expansion joint are introduced in detail by means of illustrations, and the materials, application industries and suitable environments of lining structures are briefly analysed and explained.

Keywords: expansion joint; heat insulation; abrasion resistant; corrosion resistant; lining structures

1　引言

波纹管膨胀节已广泛应用于钢铁、电力、石油化工、煤化工、水泥建材、海洋工程等各行各业。每个行业的管道系统通常都有独特的温度、压力、介质等工况条件，为适应各个行业特有的工况要求，膨胀节的设计除了关注其整体结构形式、波纹管选材及强度、刚度、稳定性、位移、疲劳寿命等性能参数的符合性外，有的还需要在膨胀节内部设置衬里，衬里结构应与管道内部衬里相匹配。膨胀节衬里有多种结构和材料，大致可分为隔热衬里、耐磨衬里、隔热耐磨双层衬里、耐腐蚀衬里、耐腐蚀耐磨损衬里，等等。本文试图通过一些图例，介绍波纹管膨胀节的各种衬里结构，并对衬里结构的材料、应用行业或适应环境作简要的分析与说明，供同行参考。

2　隔热衬里

隔热衬里膨胀节典型结构如图 1 所示。其典型应用场合是钢厂热风炉与高炉之间的热风总管和热风支管上的膨胀节，热风介质温度为 1350 ℃左右，最大设计压力在 0.5 MPa 以内。管道采用冷壁设计，内部隔热总厚度在 400 mm 以上，典型应用结构如图 2 所示。最外层通常为 30～70 mm 厚度的轻质喷涂料，常用型号为 GP270 高铝磷酸盐泥浆，然后是多层轻质高铝砖。膨胀节衬里层通常由用户现场制作，膨胀节厂家只提供膨胀节内部 30～70 mm 高度的两个衬里挡板及固定喷涂层的 V 形锚固钉。膨胀节波纹管材料常用 316L 或 Incoloy 825，锚固钉材料为 304 或 321，其余金属材料为碳钢。现场制作衬里通常按照《工业炉砌筑工程施工及验收规范》(GB 50211—2014)来执行。[1]

图 3 是钢厂高炉送风支管膨胀节的衬里结构示意图。热风温度在 1200 ℃左右，最高压力在 0.28 MPa 以内。管道采用冷壁设计，内部隔热总厚度在 100 mm 以上。波纹管材料为 321，接管材料为碳钢，内衬筒材料为 310S。

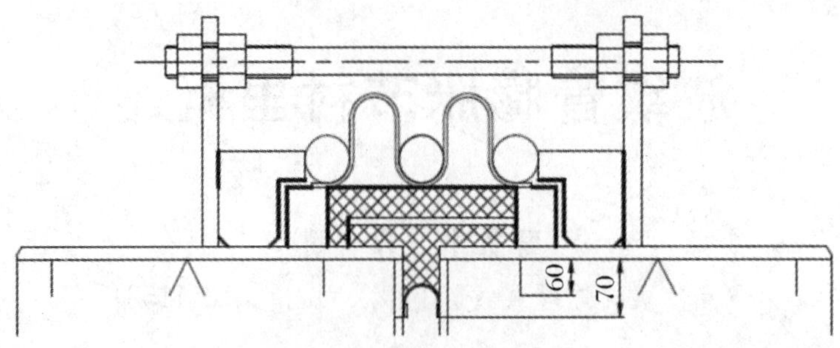

图 1　膨胀节典型结构

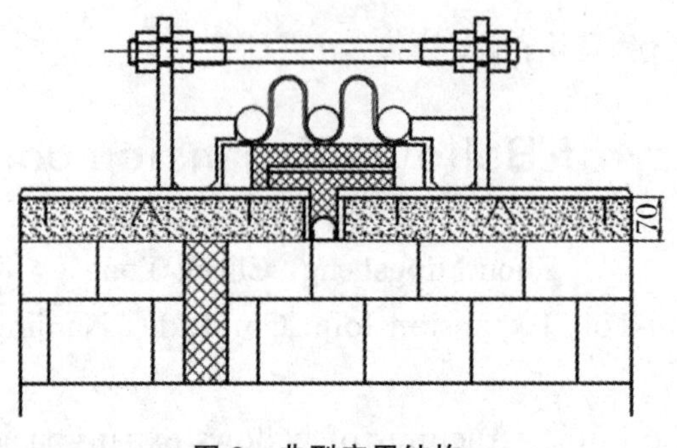

图 2　典型应用结构

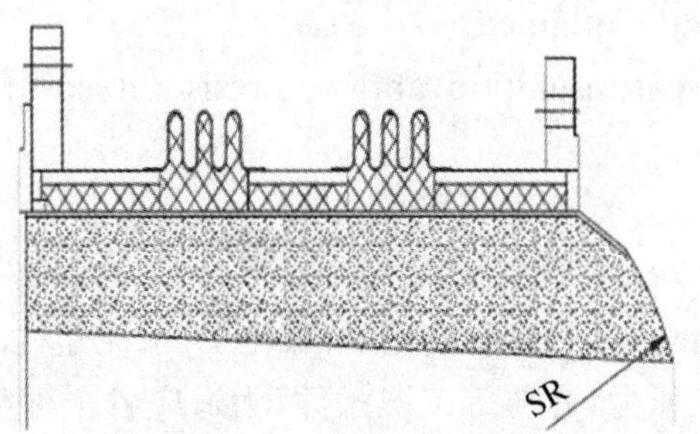

图 3　衬里结构示意图

带隔热衬里膨胀节在冶金、化工等行业的焙烧炉、焚烧炉出口烟气管道上也常有应用，其介质温度在1200 ℃左右，压力较低，通常小于 0.1 MPa。管道采用冷壁设计，内部衬里厚度在 250～300 mm 之间，典型膨胀节结构如图 4 所示。其衬里结构和材质与热风总管膨胀节类似，只是省去了一层轻质喷涂料，直接在膨胀节金属内衬筒内部堆砌耐火砖。膨胀节波纹管材料常用 304 或 316L，其余金属材料为碳钢。同样，膨胀节隔热耐火砖衬里也是待膨胀节安装完成后进行制作的。现场衬里制作通常按照《化学工业炉砌筑技术条件》(HG/T 20543—2006)或《工业炉砌筑工程施工及验收规范》(GB 50211—2014)来执行。

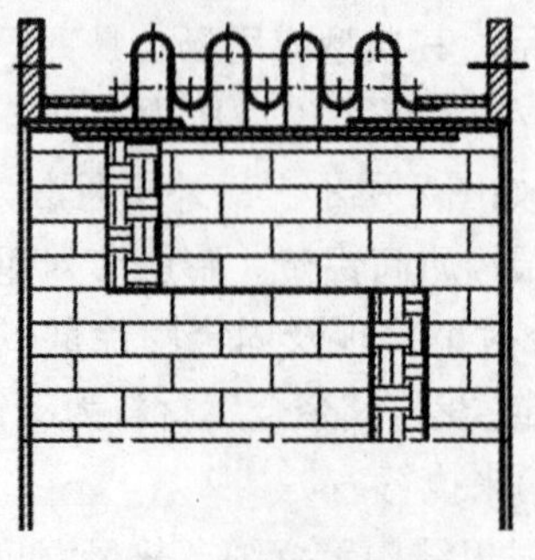

图 4　典型膨胀节结构

图 5(a)、图 5(b)为水泥行业高温管道用膨胀节衬里结构示意图。图 5(a)结构用于介质温度 1000 ℃以

下的热风或高温烟气管道中，管道采用冷壁设计，内部隔热厚度约为 150 mm，压力小于 0.05 MPa。膨胀节波纹管材料常用 304 或 316，锚固钉材料为 304，其余金属材料为碳钢。图 5(b)结构用于介质温度 1100 ℃以上的含粉尘的烟气管道中，内部隔热厚度 200～250 mm 的高铝浇注料，压力小于 0.05 MPa。膨胀节波纹管材料常用 304 或 316，内衬筒和锚固钉材料为 304 或 310S，其余金属材料为碳钢。

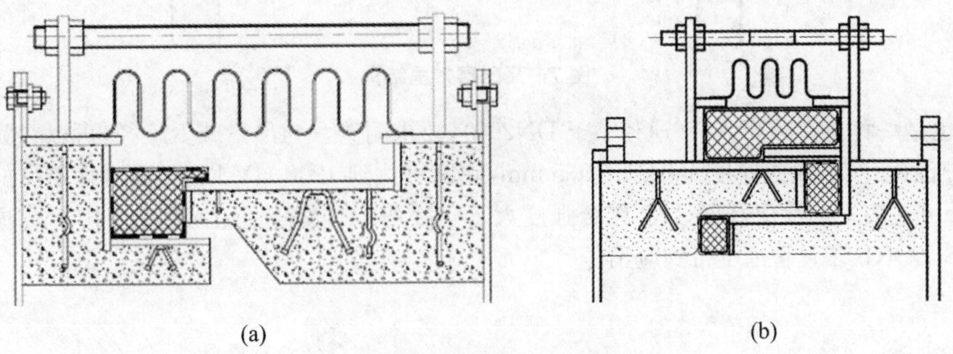

图 5　高温管道用膨胀节衬里结构

图 6(a)、图 6(b)、图 6(c)是石化行业苯乙烯装置中常用带隔热衬里结构膨胀节示意图。3 种结构的膨胀节所在管道都是热壁设计，仅在波纹管膨胀节内部作隔热处理。介质温度在 650 ℃以下，设计压力为 0.21 MPa/F. V。图 6(a)膨胀节内部不缩径，内衬筒与接管内径基本平齐，波纹管抬高 150 mm 左右，在内衬筒与抬高接管和波纹管之间设置锚固钉和隔热衬里。膨胀节波纹管材料常用 321，除外部不与接管焊接的结构件材料为碳钢外，其余金属材料为 304、304H 或 321。图 6(b)、图 6(c)结构基本相同，膨胀节内部缩径 150 mm 左右，内衬筒与接管和波纹管之间填充隔热材料，不同之处在于填充隔热材料厚度不一样。

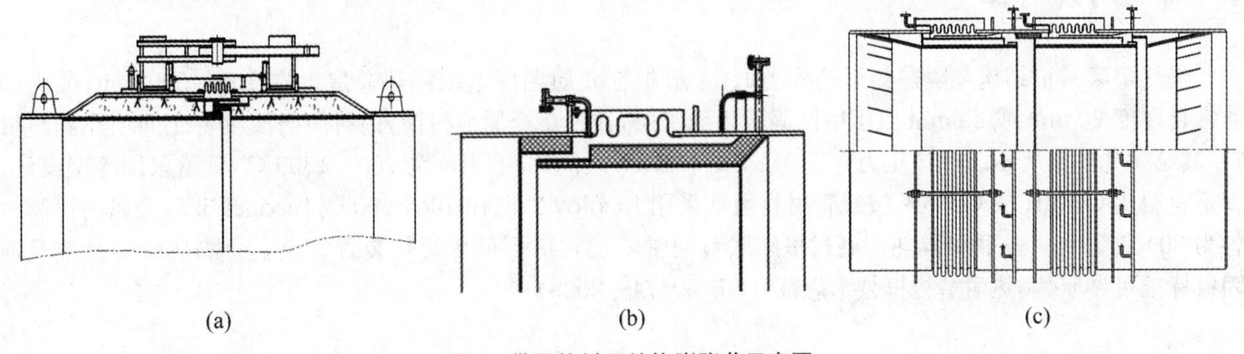

图 6　带隔热衬里结构膨胀节示意图

3　耐磨衬里

耐磨衬里膨胀节用于介质含高浓度粉尘或固体颗粒的管道上或设备中。

波纹管抬高，接管或内衬筒内表面做 20 mm 或 25 mm 的以龟甲网固定的高耐磨衬里，结构如图 7 所示。这种耐磨衬里结构常见于催化裂化装置的三级旋风分离器内部膨胀节，设计压力小于 0.1 MPa，设计温度为 550 ℃，波纹管材料为 Incoloy 825 或 Inconel 625 高温合金材料，接管材料为 15CrMo。这种耐磨衬里结构也应用在 MTO 装置的反再系统膨胀节中。

高耐磨混凝土衬里及龟甲网标准可参照《隔热耐磨衬里技术规范》(GB 50474—2008)。[2]

图 8(a)是一种通径小于 DN400 的小口径膨胀节，要求耐磨防尘。由于龟甲网和锚固钉都需要焊接固定，小口径膨胀节焊工无法进入，因此无法采用。这时可以在膨胀节接管或内衬筒内部采用自蔓延高温合成法(SHS) 衬一层 3～4 mm 厚的陶瓷衬里。陶瓷是工程材料中刚度最好、硬度最高的材料，其硬度大多在 1500 HV 以上，具有高熔点、高硬度、高耐磨性、耐氧化等优点，因此可以大大提高膨胀节整体耐磨损性能。这种结构膨胀节在 SMTO 装置管道上得到成功应用。

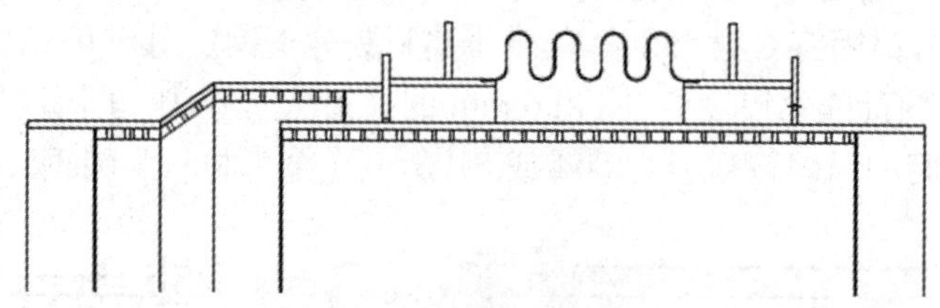

图 7　高耐磨衬里结构

图 8(b)也是一种小口径膨胀节(通径小于 DN200),要求耐磨。为尽量减少缩径,可以在膨胀节接管或内衬筒内部喷涂碳化钨,喷涂厚度为 0.15～0.5 mm,硬度可达到 1200 HV 以上,耐磨性能良好。通常喷涂厚度为 0.2 mm 左右。喷涂层高度致密,结合强度大于 70 MPa,其最高使用温度为 540 ℃。这种耐磨结构膨胀节曾在 S ZORB 装置管道上得到应用。

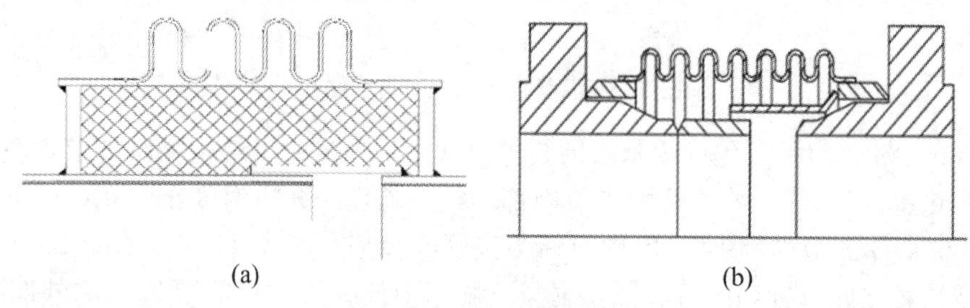

图 8　小口径膨胀节衬里

4　隔热耐磨衬里

隔热耐磨衬里结构与隔热衬里结构类似,一般根据介质温度选取隔热总厚度在 100～300 mm,最内层通常是厚度 20 mm 或 25 mm 以龟甲网固定的耐磨层,往外是金属内衬筒,内衬筒与波纹管之间填充隔热材料,其结构如图 9 所示。设计压力介于 0.1～0.45 MPa 之间,介质温度为 750～1300 ℃,管道采用冷壁设计,管道材料为 Q245R 或 Q235B,波纹管材料通常采用 Incoloy 825、Incoloy 800 或 Inconel 625,金属内衬筒材料为 304 或 310S。这种带隔热耐磨衬里膨胀节通常安装在炼厂催化裂化装置管道上。隔热耐磨衬里及锚固钉标准可参照《隔热耐磨衬里技术规范》(GB 50474—2008)。

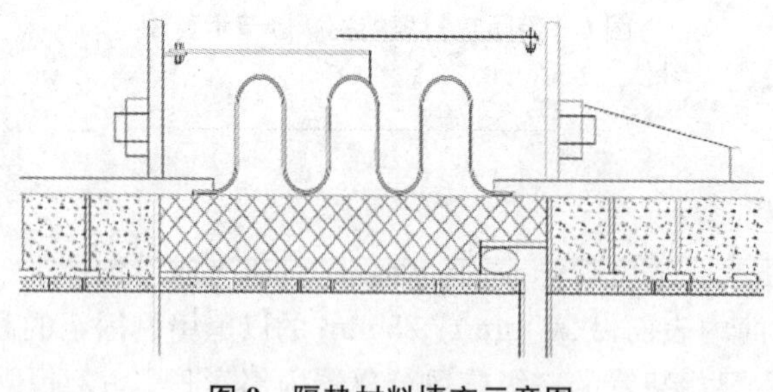

图 9　隔热材料填充示意图

5　耐腐蚀衬里

耐腐蚀衬里膨胀节通常适用于介质温度低于 200 ℃的强腐蚀性介质管道,典型结构是紧贴波纹管内壁、接管内壁及法兰密封面衬一层非金属防腐材料。[3]膨胀节要求法兰连接,衬里层需翻边到法兰密封面,使腐蚀性介质与波纹管及金属结构件完全隔离,结构如图 10 所示。

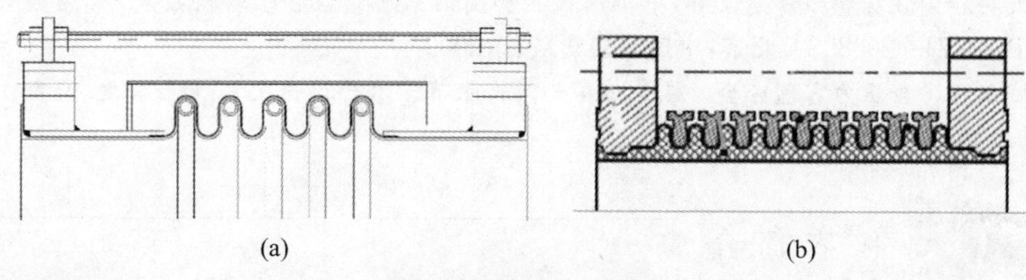

(a) (b)

图 10　耐腐蚀衬里膨胀节

5.1　内衬 PTFE 膨胀节

膨胀节内衬 2～3 mm 厚度的聚四氟乙烯(PTFE)，这是防腐蚀膨胀节最常用的结构。内衬 PTFE 膨胀节使用温度最高可达 180 ℃，正常使用温度最好在 150 ℃以下。内衬 PTFE 膨胀节耐各种酸碱腐蚀，但其与金属材料的结合性不佳，耐真空或负压性能较差。如果有真空工况，波纹管波峰内部需用防腐圆钢加强。

还要特别注意的是，由于 PTFE 的线膨胀系数比碳钢或不锈钢的大很多，衬 PTFE 两端法兰应配置类似盲法兰的法兰盖压板，否则产品置于室外时，PTFE 很容易与钢结构件脱离。

5.2　内喷涂 PFA 膨胀节

膨胀节内部及法兰密封面喷涂 1 mm 厚度的可溶性聚四氟乙烯(PFA)，内喷涂 PFA 膨胀节使用温度最高可达 260 ℃，正常使用温度最好在 180 ℃以下。内喷涂 PFA 膨胀节与内衬 PTFE 膨胀节耐腐蚀性能相当，PFA 与金属材料的结合性好，故其耐真空或负压性能良好。

6　耐腐蚀耐磨损衬里

耐腐蚀耐磨损衬里膨胀节适用于介质温度低于 120 ℃的固液两相的腐蚀性介质的管道中，典型结构是紧贴接管(或法兰)及波纹管内壁填充橡胶或聚氨酯等非金属材料，填充非金属材料既要求有很好的耐腐蚀性，又要求具有较好的耐磨性，同时又要具有一定的柔性。填充非金属材料要求内表面整体光滑平整，可以作为膨胀节的导流筒。衬里层需翻边到法兰密封面，使腐蚀性液体介质与波纹管及金属结构件完全隔离，结构如图 10(b)所示。

7　结论

以上介绍了我们常见的 5 类金属波纹管膨胀节的内部衬里结构。需要注意的是，由于膨胀节是主要用于吸收位移的，所以带衬里的膨胀节结构设计必须根据设计位移留出足够且恰当的膨胀缝隙。缝隙小了会导致衬里结构干涉进而衬里破裂，缝隙太大又会降低隔热效果导致超温。这两种情况都可能导致膨胀节整体失效。图 10(b)所示衬里结构不需要膨胀缝，它只适用于位移较小的场合，且应该在现场使用之前先做位移和刚度试验验证。

另外，由于带衬里膨胀节都是应用在高温、强腐蚀介质场合，更容易发生超温、腐蚀失效等质量问题。而膨胀节的衬里制作通常是由膨胀节制造商或用户外包给相关衬里专业制造厂完成的，因此，带衬里结构膨胀节的整体质量与衬里质量密切相关，这对衬里膨胀节的整体质量控制提出了更高的要求。

参考文献

[1]　中华人民共和国住房和城乡建设部，中华人民共和国国家质量监督检验检疫总局．工业炉砌筑工程施工及验收规范：GB 50211—2014[S]．北京：中国计划出版社，2015.

[2] 中华人民共和国住房和城乡建设部,中华人民共和国国家质量监督检验检疫总局. 隔热耐磨衬里技术规范:GB 50474—2008[S]. 北京:中国计划出版社,2009.

[3] 中国机械工程学会压力容器分会. 第十四届全国膨胀节学术会议论文集[C]. 合肥:合肥工业大学出版社,2016.

作者简介

周命生(1967—),男,高级工程师,长期从事膨胀节的设计开发工作。通信地址:江苏省南京市江宁区将军大道 199 号。E-mail:zmsxuxin@163.com。

常用金属波纹管材料对比及推荐选用

王　旭　牛玉华　潘兹兵　秦海鹏

（南京晨光东螺波纹管有限公司，南京 211153）

摘要：本文介绍了常用波纹管材料，通过对比各材料的特性，阐述了化学成分含量对材料性能的影响、各种材料之间的优缺点，给出了材料的推荐应用场合。

关键词：膨胀节；波纹管；金属材料；应用

Comparison and Recommendation of Commonly Used Metal Bellows Materials

Wang Xu, Niu Yuhua, Pan Zibing, Qin Haipeng

(Aerosun-Tola Expansion Joint Co. Ltd., Nanjing 211153)

Abstract: The article introduces the commonly used bellows materials, compares the characteristics of each material from the aspects of chemical composition and mechanical properties, expounds the influence of chemical composition content on material properties, compares the advantages and disadvantages of various materials, and gives the application occasions of these materials.

Keywords: expansion joint; bellows; metal material; application

1　概述

随着现代工业的发展，膨胀节在管线中的应用越来越广泛。膨胀节从材质方面可分为金属膨胀节和非金属膨胀节，其中金属膨胀节可细分为自然补偿式Ⅱ型弯、薄壁波纹管膨胀节、厚壁波纹管膨胀节、套筒式膨胀节、旋转膨胀节等；非金属膨胀节可细分为橡胶膨胀节和织物膨胀节。[1]

作为压力容器或压力管道的承压组件，金属波纹管膨胀节的选材应满足压力容器或压力管道选材的要求。从理论上来说，能满足压力容器或压力管道使用的材料也能满足膨胀节选材的要求。但由于膨胀节不仅要满足内压作用下的强度要求，还必须满足疲劳设计的要求，因此在材料选用时，金属波纹管材料必须满足以下要求：

(1) 具有较好的高温许用应力和屈服强度，材料的韧性和焊接性能良好。

(2) 具有良好的抗腐蚀性能，特别是高温下的抗腐蚀性能。

满足上述要求的金属材料众多，各有优缺点，如何合理地选用波纹管材料是金属波纹管膨胀节设计的核心，也是保证金属波纹管膨胀节安全运行的关键。本文将就金属波纹管膨胀节的波纹管常用材料进行介绍、分析和对比，提出了波纹管在不同介质和应用场合的推荐意见。

2　金属波纹管的常用材料

金属波纹管膨胀节的波纹管材料，根据使用介质、工况条件的不同，采用了多种不同的材料，有碳钢、不锈钢、特殊合金，还有铜、铝等有色金属等。目前最常用的波纹管材料为奥氏体不锈钢，在石油化工行业，特殊合金的应用也较多，工程设计宜选用有一定使用经验的材料为佳。[2]对于一些在特殊环境下采用的膨胀节，如高硫腐蚀、氢腐蚀较严重的设备、管道中，膨胀节材料的选用要结合压力设备使用经验进行慎重的考虑。

目前用作波纹管的材料主要有5种：① 碳钢；② 不锈钢：铁素体不锈钢、奥氏体不锈钢和双相不锈钢；③ 耐蚀合金；④ 耐热合金；⑤ 有色金属。

碳钢具有成本低的优点，但由于延伸率差，制造波纹管受到形状的限制。20世纪80年代、90年代，在低温低压下，烟气、送风管道会少量使用碳钢波纹管。近年来由于碳钢波纹管耐温低、耐腐蚀能力差，应用非常局限，本文就不专门对该材料进行讨论了。

在一些特殊的领域，如精细化工需要特殊耐酸、耐碱等场合，会采用如镍、铜、铝、钛、锆等有色金属制造波纹管，由于这些领域应用范围也比较狭窄，而且非常特别，需要进行专门的讨论，为此本文也不在此专门讨论这些有色金属应用的特点了。

本文着重讨论目前常用的不锈钢、耐蚀合金、耐热合金。

2.1 不锈钢材料

不锈钢一般指不锈钢和耐酸钢的总称，按照钢的组织结构，不锈钢可分为马氏体不锈钢、铁素体不锈钢、奥氏体不锈钢和双相不锈钢，详见表1。[3]

表1 不锈钢材料

	种类	概述	代表牌号
不锈钢	马氏体不锈钢	马氏体不锈钢是一种可以通过热处理（淬火回火）对其性能调整的不锈钢，是一种可以硬化的不锈钢，这种不锈钢必须具备两个条件：① 在平衡相中必须有奥氏体相区存在；② 使合金形成耐腐蚀的钝化膜，铬含量必须在10.5%以上。此类钢焊后硬化倾向大，易出现裂纹，最好进行焊前预热，焊后热处理。 由于该类材料焊接性能较差且材料塑性较差，一般不用于制作圆形波纹管，通常仅用于要求较低的矩形波纹管场合，实际应用较少。	12Cr13(410)、 20Cr13(420J1)、 30Cr13(420J2)、 95Cr18(440C)
	铁素体不锈钢	铁素体不锈钢指铬含量在15%～30%、具有体心立方晶体结构、在使用状态下以铁素体组织为主的不锈钢。铁素体不锈钢具有耐氧化物应力腐蚀、耐点蚀、耐缝隙腐蚀等特点，但易产生晶间腐蚀。 由于该类材料塑性较差，一般不用于制作圆形波纹管，通常仅用于对产品使用要求较低的场合，例如部分矩形波纹管，且实际应用较少。	06Cr13(410S)、 10Cr17(430)、 430Ti、437
	奥氏体不锈钢	奥氏体不锈钢是不锈钢中重要的钢类，由于其具有焊接性能好、塑性高、耐腐蚀性能好、价格适中等优点，成为金属波纹管最常用的材料，可分为铬镍不锈钢和铬锰不锈钢： 铬镍不锈钢主要指300系不锈钢，含铬大于18%，还含有8%左右的镍及少量钼、钛、氮等元素。综合性能好，可耐多种介质腐蚀。这类钢中由于含有大量的Ni和Cr，使钢在室温下呈奥氏体状态。这类钢具有良好的塑性、韧性、焊接性、耐蚀性能，在氧化性和还原性介质中耐蚀性均较好，具有一定的耐大气或海水等腐蚀环境，是最常用的波纹管材料。 铬锰不锈钢主要指200系不锈钢，以锰、铬、氮及镍为主要的奥氏体元素。在不锈钢中添加锰能够减镍铬的量，加入氮元素能进一步稳定奥氏体，由此可以降低成本。铬锰不锈钢的力学性能、抗腐蚀性能和制造性能很大程度上都受到钢中化学成分的影响，由于铬含量的降低，耐腐蚀性能也受到影响，因此铬锰不锈钢目前应用场合受限。	06Cr19Ni10(304)、 06Cr18Ni11Ti(321)、 07Cr19Ni11Ti(321H)、 06Cr17Ni12Mo2(316)、 022Cr19Ni10(304L)、 022Cr17Ni14Mo2(316L)、 06Cr25Ni20(310S)

续表

	种类	概述	代表牌号
不锈钢	双相不锈钢	双相不锈钢指不锈钢中既有奥氏体又有铁素体结构，而且此两种组织结构独立存在且含量较大，常见的有 $\alpha+\gamma$ 双相不锈钢，指在奥氏体基体上含≥15%的铁素体，在铁素体上含≥15%的奥氏体。双相不锈钢的强度比奥氏体不锈钢高，且耐晶间腐蚀、耐应力腐蚀、耐腐蚀性均有明显改善。目前双相不锈钢在石油化工行业用作结构件较多，由于双向不锈钢的延伸率较低，波纹管的制造有一定的难度，应用场合受限。	S31803(2205)、S32750(2507)

2.2 特殊合金材料

根据特殊合金的化学成分及其耐蚀性、耐温性，可分为耐蚀合金、耐热合金两大类，详见表2。

表2 特殊合金材料

	种类	概述	代表牌号
特殊合金	耐蚀合金	金属抗腐蚀材料主要有铁基合金(耐腐蚀不锈钢)、镍基合金(Ni-Cr合金、Ni-Cr-Mo合金、Ni-Cu合金等)。 (1) 铁基合金(耐腐蚀不锈钢)：主要是指抗腐蚀能力较强的奥氏体不锈钢904L、254SMO等。 (2) 镍基耐蚀合金主要是哈氏合金和Ni-Cu合金等，由于金属Ni本身是面心立方结构，晶体学上的稳定性使得它能够比Fe容纳更多的合金元素，如Cr、Mo、Al等，从而达到抵抗各种环境的能力；同时镍本身就具有一定的抗腐蚀能力，尤其是抗氯离子引起的应力腐蚀能力。在强还原性腐蚀环境，复杂的混合酸环境，含有卤素离子的溶液中，以哈氏合金为代表的镍基耐蚀合金相对铁基的不锈钢具有绝对的优势。 镍基合金不仅在诸多工业腐蚀环境中具有独特的抗腐蚀甚至抗高温腐蚀性能，而且具有强度高、塑韧性好，可冶炼、铸造、冷热变形、加工成形和焊接等性能，被广泛应用于石化、能源、海洋、航空航天等领域。	Incoloy 825、Hastelloy B、Hastelloy C、Monel 400
	耐热合金	耐热合金又称高温合金，是在高温使用环境条件下，具有组织稳定和优良力学、物理、化学性能的合金。耐热合金在高温下具有高的抗氧化性、抗蠕变性与持久强度。耐热合金按基体元素主要可分为铁基高温合金、镍基高温合金、钴基高温合金和粉末冶金高温合金。按强化方式可分为固溶强化型、沉淀强化型、氧化物弥散强化型和纤维强化型等。 在石油化工行业(尤其在炼油装置上)，由于介质往往具有高温、腐蚀性强的特点，一般的不锈钢材料在此环境下使用，极易产生腐蚀，在此工况条件下，耐蚀合金或耐热合金具有非常明显的优势，应用得越来越广泛。	Inconel 600、Inconel 625、Incoloy 800、Incoloy 800H

3 波纹管常用材料对比

3.1 不锈钢材料

如上节所述，马氏体和铁素体不锈钢不常用于金属波纹管的制造，本节不做赘述。奥氏体不锈钢中的镍铬不锈钢是最常用的金属波纹管材料，双相钢受限于自身材料特性，应用较少，但也占有一定的市场。[4-5]

304不锈钢是一种应用最广泛的奥氏体不锈钢，具有良好的耐蚀性、耐热性、低温强度和机械特性，冲压、弯曲等热加工性好,无热处理硬化现象(使用温度 - 196～800 ℃)。在大气和淡水中耐腐蚀,且具有良好的加工性能和可焊性。在 304 不锈钢的基础上,控制含碳量在 0.03% 以下得到 304L,该做法牺牲了一些材料耐高温的性能,用于需要焊接的场合,较低的碳含量使得在靠近焊缝的热影响区中所析出的碳化物减至最少,而碳化物的析出可能导致不锈钢在某些环境中产生晶间腐蚀(焊接侵蚀),并且在理论上抗应力腐蚀能力也得到了增强。

316 不锈钢与 304 不锈钢相比,添加了化学元素钼,钼能提高钢的热强性及抗氯离子腐蚀的作用,随着钼含量的增加,钢的高温强度提高,比如持久、蠕变等性能均获较大改善,钼能很好地强化铬的耐蚀作用,因此 316 不锈钢被广泛地用于高温、海洋环境或一些腐蚀较严重的地方。316L 不锈钢作为 316 不锈钢的衍生钢种,降低了钢中的碳含量,从而降低了材料本身的高温性能,但也得到了更加出色的耐点蚀和耐应力腐蚀的能力,同时也减小了晶间腐蚀的趋势。

321 不锈钢性能与 304 不锈钢非常相似,但在 304 的基础上,添加了金属元素钛,钛能改善钢的热强性,提高钢的抗蠕变性能及高温持久强度,并能提高钢的稳定性,使其具有更好的耐晶界腐蚀性及高温强度。由于添加了金属钛,它有效地控制了碳化铬的形成。321 在大气中具有较好的抗腐蚀性,被广泛地应用于石油化工、电力等行业。321H 不锈钢进一步控制了含碳量,用以实现更优秀的耐高温性能,对于温度高于奥氏体不锈钢蠕变温度的场合,321H 不锈钢因为具有较好抗蠕变性能及高温持久强度的性能,在一些特定高温的化工装置上具有较大的需求量。

310 不锈钢中由于铬和镍含量较高,因此拥有很好的蠕变强度,在高温下能持续作业,具有很好的耐高温性,温度超过 800 ℃时,该材料开始软化,许用应力开始持续降低,最高使用温度可达 1200 ℃,具有良好的耐氧化、耐腐蚀等性能。

S31254 不锈钢含有 6%～18.5%的钼,上面已经提到,钼能强化铬元素的抗蚀性能,因此该材质具有极高的耐点腐蚀和耐晶间腐蚀性能。S31254 不锈钢是专为用于诸如海水等含有卤化物的环境而研制和开发的,在海水环境中,远优于普通不锈钢。其含碳量极低,又被称为超级不锈钢,是镍基合金和钛合金的代用材料,能够很大程度上节省成本。

S31803 不锈钢又称 2205 不锈钢,是一种铁素体-奥氏体双相不锈钢,它综合了铁素体和奥氏体的有益性能,具有很好的抗氯离子应力腐蚀性能及良好的抗硫化物应力腐蚀能力,同时具备高强度、良好的冲击韧性等优点。S31803 不锈钢的屈服强度是 304 不锈钢的一倍多,在适用温度范围内,可以很大程度上降低产品重量,从而降低生产成本,常用于高压储罐或高压管道的制造中。

3.2 特殊合金材料

本节主要描述特殊合金钢中的镍基合金钢,波纹管材料主要用到的是镍基耐热合金和镍基耐蚀合金。主要合金元素有铬、钨、钼、铜、钴、铝、钛、硼、锆等,其中 Cr、Al 等主要起抗氧化作用,其他元素有固溶强化、沉淀强化与晶界强化等作用。

Incoloy 800 属于典型的耐热合金材料,它具有较高的铬含量和镍含量,因此具有较高的耐高温腐蚀性能,在工业中应用较多。在氯化物、低浓度的 NaOH 水溶液和高温高压水中,它具有优良的耐应力腐蚀破裂性能,所以常用于制造耐应力腐蚀破裂的设备。Incoloy 800H 则进一步控制了碳含量在 0.05%～0.1%之间,以期获得更好的高温性能。Incoloy 800 材质在 600 ℃以下有着良好的表现,但当温度超过 600 ℃时,许用应力存在一个急剧的下降,在室温到 500 ℃的区间内,Incoloy 800 材质可保持 138 MPa 的许用应力不变。Incoloy 800H 与之相比,室温下 115 MPa 的许用应力显得偏低。一直到 630 ℃左右,该现象出现反转,当温度达到 650 ℃,Incoloy 800H 的许用应力为 50.6 MPa,Incoloy 800 的许用应力为 44.8 MPa。两者在温度 500 ℃时,许用应力相差近 30%,在温度 600 ℃时,许用应力相差近 20%,因此在 600 ℃以下时,更适合选用 Incoloy 800 材质,同时在平时产品生产时的材料代用需要特别注意两者的许用应力差别。

Incoloy 825 属于耐蚀合金的一种,本身具有比 Incoloy 800 更高的含镍量,同时含有适量的钼、铜和钛,因此在氧化和还原环境下都具有抗酸和碱金属腐蚀的性能,广泛应用在硫酸、磷酸、硝酸及氢氧化钠、氢氧化钾等环境下,但在含氯化物溶液中的耐点蚀和缝隙腐蚀性能不是很理想。由于 Incoloy 825 含碳量较低,因此耐高温性能不是很好，一般用在温度 500 ℃以下的场合。

Inconel 600 的主要成分是 73Ni15Cr，属于耐热合金，同时对大多数腐蚀介质具有耐腐蚀性。较高的镍含量使合金在还原条件和碱性溶液中具有很好的耐腐蚀性，并且能有效地防止氯-铁应力腐蚀开裂。Inconel 600 在乙酸、醋酸、蚁酸、硬脂酸等有机酸中，具有很好的耐蚀性，在无机酸中具有中等的耐蚀性，尤其能够抵抗干氯气和氯化氢的腐蚀，使用温度可达 650 ℃。在高温下，退火态和固溶处理态的合金在空气中具有很好的抗氧化剥落性能和高强度，在硫化物环境和碳化、氮化气氛中有着优良的表现，也常用于石化中的催化再生器中。

Inconel 625 材料中添加了铌、铊、钴、钛等元素，同时具有较高的铬和镍含量，具有出色的耐温和耐蚀性能，因此在很多介质中都表现出极好的耐腐蚀性。它在氯化物介质中具有出色的抗点蚀、缝隙腐蚀、晶间腐蚀和侵蚀的性能。它具有很好的耐无机酸腐蚀性，如硝酸、磷酸、硫酸、盐酸等，同时在氧化和还原环境中也具有耐碱和有机酸腐蚀的性能，能有效抗氯离子还原性应力腐蚀开裂。它在海水和工业气体环境中几乎不产生腐蚀，对海水和盐溶液具有很高的耐腐蚀性，在高温时也一样。它在焊接过程中无敏感性，在静态或循环环境中都具有抗碳化和氧化性，并且耐含氯气体的腐蚀。同时 Inconel 625 具有极好的耐热能力，据 ASME Ⅷ-1—2019 温度使用限制可达 871 ℃。因它具有极为出色的耐高温耐腐蚀性能，因此广泛地应用在石油化工领域及各种强腐蚀环境中。

4 波纹管常用材料的推荐选用

波纹管材料在选用时优先考虑使用场合的介质情况，根据介质的不同及使用条件的差异，选定不同的材料。由上一节材料对比可知，对于空气、蒸汽或水等弱腐蚀介质来说，选用 304 不锈钢材料即可。对于介质中含有硫化物或低浓度氯酸根的情况，可以考虑使用含钼不锈钢，钼和镍在对抗氯离子应力腐蚀及点蚀方面有不错的效果，但如果是在海水介质中，就要考虑使用高耐蚀镍基合金材料了。高镍合金含有较高的铬和镍，具有较强的钝化能力，可以有效阻止腐蚀的发生；镍基合金中的基体镍能够与大量的合金元素结合，但不形成脆性相，具有较高的耐高温腐蚀性能和优良的耐应力腐蚀破裂性能。镍基合金由于添加了大量的合金元素，这些元素大多数都起到提高热强性、改善腐蚀性等作用，因此镍基合金在耐高温耐腐蚀方面具有优良的表现。

根据介质条件，表 3 为根据不同介质波纹管材料的推荐使用表；表 4 为根据不同行业特点的波纹管材料的推荐使用表；表 5 为根据不同使用温度波纹管材料的推荐使用表。

表 3 根据不同介质波纹管材料的推荐使用表

介质	波纹管材料
空气	304、316/316L(外部环境恶劣时)
热风(炼铁)	316、316L
二氧化硫	316、316L
蒸汽	316、316L
水	304
石油	316、316L
海洋环境	316、316L、S31254
海水	S31254、Inconel 625、Monel 400
煤气、液化石油气	304、304L、316、316L
热交换器	304、304L、316、316L、321、S31803、Incoloy 825
高温腐蚀介质	Inconel 600、Inconel 625、Incoloy 800、Incoloy 800H、Incoloy 825
电厂高温烟气	310S

表 4　根据不同行业特点的波纹管材料的推荐使用表

行业	波纹管材料
石油化工行业	321/321H、Inconel 625、Incoloy 800、Incoloy 800H、Incoloy 825、S31803
冶金行业	304、316L、S31254、310S、Incoloy 825
城市供热管网	304、316L、Incoloy 800、Incoloy 825
水电	304、316、316L
核电	316L、321、Inconel 625,其中奥氏体不锈钢需要严格控制元素含量
船舶	304L、316、316L、321、Inconel 625

表 5　根据不同使用温度波纹管材料的推荐使用表

使用温度(℃)	-196～425	425～450	>450
波纹管材料	304、304L、316、316L、321	304、316、316L、321/321H	321/321H、310S、Inconel 600、Inconel 625、Incoloy 800、Incoloy 800H、Incoloy 825

300 系列不锈钢是最常用的材料,具有良好的加工性能和可焊性,广泛应用在城市供热管网、化工、冶金等行业。它一般用在工作介质温度≤450 ℃,且无严重腐蚀介质的场合。介质为空气时,一般选用 304 材料,外部环境恶劣如存在盐雾腐蚀等情况,可酌情考虑选用 316L。

城市供热管网中,由于目前国内供热管网大量选用直埋敷设方式,受外部土壤及水质条件的影响,为提高材料在氯酸根的影响下,波纹管的耐点蚀和应力腐蚀的能力,波纹管材料一般选择含镍和钼含量较高的 316L。当然,如果外部环境极为恶劣或在沿海地区,日常使用中会接触到腐蚀性较强的介质,建议波纹管选用镍基合金材料,例如 Incoloy 825 材料;对于超高压蒸汽管道,在设计压力高、介质温度高于蠕变温度的情况下,建议使用耐高温性能较好的耐温合金 Incoloy 800 材料。

冶金行业根据场合的不同,一般所用材料也不尽相同。膨胀节需求量较多的车间为烧结、焦化、炼铁、炼钢、能源车间、冷轧、硅钢、发电。烧结系统的风箱支管及大烟道介质为含尘烟气,温度在 450 ℃以下,波纹管材料选用 304 或 316L 即可。在炼铁系统中,一般工况下可选用 316L 材质,在热风管道,温度可达 1000～1350 ℃,内设隔温迷宫结构,建议选用 Incoloy 825 材质波纹管。高炉系统中多用 316L 材质波纹管,现在在煤气管道一般会选用 S31254 材质。炼钢系统中用到圆形金属膨胀节的场合主要有转炉煤气和烟气管道,由于温度不高,常用 316L 材质。

石油化工行业由于自身工况要求,对于波纹管材料的选择比较苛刻,膨胀节多用于催化裂化装置、加氢裂化装置、催化重整装置、苯乙烯装置、聚乙烯装置等。其中催化裂化装置中以反再系统和能量回收系统所用膨胀节居多。反再系统中应用膨胀节的有待生斜管、再生斜管和主风机至再生器管道,待生斜管的工作温度在 550 ℃左右,再生斜管的工作温度在 650 ℃左右。由于介质温度较高,且内部介质主要是油气和催化剂,冷凝时具有较强的腐蚀性,因此该部位波纹管材质一般选用 Inconel 625。主风机至再生器管道工作介质为压缩空气,温度在 200 ℃左右,波纹管材质选用普通奥氏体不锈钢即可。能量回收系统中的工作介质一般为烟气,温度在 700 ℃左右,因此波纹管材质常选用 Inconel 625 或 Incoloy 800 等。苯乙烯装置工作温度很高,最高可达 875 ℃,且介质有毒、易燃,根据工艺包不同,材料基本分为 Inconel 625 或 Incoloy 800H 两种。聚乙烯装置管线温度一般不高,但内部介质压力很大,可达 4 MPa 以上,内部介质为循环气,包含物料气体及氢气、氮气等,建议使用 Inconel 600 材料。

5　结论

本文通过对波纹管常用材料的介绍、对比,提出了在不同介质情况下及不同应用场合波纹管材料推荐选用的建议,对膨胀节的设计具有一定的指导意义。

波纹管是膨胀节的核心元件,波纹管材料的选用直接关系到膨胀节的使用性能和系统的安全性,在保证安全的同时也要考虑一定的经济性,做到物尽其用。正确地选择波纹管材料,能够提升膨胀节在管线运行中的安全性,为石化装置长周期安全运行保驾护航。

参考文献

[1] 左景伊,左禹.腐蚀数据与选材手册[M].北京:化学工业出版社,1995.

[2] 陆世英.不锈钢[M].北京:原子能出版社,1998.

[3] 张荣克,牛玉华,闫涛.膨胀节设计与应用[M].北京:中国石化出版社,2017.

[4] 中华人民共和国国家质量监督检验检疫总局,中国国家标准化管理委员会.不锈钢和耐热钢牌号及化学成分:GB/T 20878—2007[S].北京:中国标准出版社,2007.

[5] The American Society of Mechanical Engineers. Mandatory Appendix 26 Bellows Expansion Joints: ASME Ⅷ-1—2019[S].

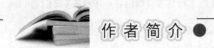

作者简介

王旭(1987—),男,南京晨光东螺波纹管有限公司设计员,从事波纹膨胀节的设计、研究工作。通信地址:南京市江宁开发区将军大道 199 号。E-mail:wangxu@aerosun-tola.com。

铝与钢异种材料电阻焊研究

马志承[1]　仝润东[2]　孟多南[1]　孙志涛[1]　王记兵[1]　常　阳[1]　凤　桐[1]
（1. 沈阳汇博热能设备有限公司，沈阳 110168；2. 西安西电开关电气有限公司，西安 710077）

摘要：随着现代工业的发展和科学技术的进步，单独使用一种材料常常不能满足实际应用中的各种要求。因此在现代工程结构中，我们需要对大量的异种材料进行焊接。铝和钢的异种材料焊接在工程应用上具有重要的研究价值。

关键词：铝；钢；异种材料；焊接

Research on Resistance Welding of Dissimilar Materials of Aluminum and Steel

Ma Zhicheng, Tong Rundong, Meng Duonan, Sun Zhitao, Wang Jibing, Chang Yang, Feng Tong
(1. Shenyang Huibo Heat Energy Equipment Co. Ltd., Shenyang 110168; 2. Xi'an XD Switchgear Electric Co. Ltd., Xi'an 710077)

Abstract: With the development of modern industry and the progress in science and technology, a single material is unable to meet the various requirements in practical applications. Therefore, in modern engineering structure, we need to weld a large number of different materials. The welding of different materials of aluminum and steel has great research value in engineering application.

Keywords: aluminum; steel; dissimilar metals; welding

1　引言

电阻点焊在汽车制造中的应用广泛，很多连接位置目前只能采取铆接方式连接。笔者受某汽车厂委托研究异种金属点焊连接工艺。表1为铝和钢的物理性能参数。

表1　铝和钢的物理性能参数

合金	熔点 (℃)	比热容 ($J \cdot kg^{-1} \cdot ℃^{-1}$)	热导率 ($W \cdot m^{-1} \cdot K^{-1}$)	电阻率 ($10^{-8} \cdot \Omega \cdot m$)	线膨胀系数 ($10^{-6} \cdot K^{-1}$)
钢(Q235)	1500	500	46.4	13	11.75
铝(2Al2)	652	896	154.9	4.93	21.6

从两种金属物理性能参数的比较来看，铝与钢的金属性能有很大的差异。性能的差异是导致铝与钢焊接性较差的主要原因。[1]铝与钢焊接中存在的主要问题有：

(1) 两种材料的熔点相差比较大。

(2) 铝及其合金在与钢焊接的过程中，在铝母材表面形成难熔的 Al_2O_3（熔点 2073 ℃）氧化膜，这种氧化膜也可以存在于熔池表面，熔池温度越高，表面氧化膜越厚，氧化膜的存在阻碍了液态金属的结合，容易使焊缝产生夹渣。

(3) 铝及其合金与钢的热导率、线膨胀系数相差很大，焊后焊接接头变形严重，并且有很大的残余应力存在，易产生裂纹。此外，钢在铝中的固溶度几乎为零(在 225～600 ℃时，铁在铝中的固溶极限为 0.01%～

0.022%)，且铁与铝可以产生多种硬而脆的金属间化合物，如 FeAl，$FeAl_2$ 等，这些金属间化合物的存在增加了焊接接头的脆性，降低了其塑性和韧性。

2 主要内容

研究内容主要有以下几个方面：

(1) 点焊接头拉剪断裂分析；

(2) 研究接头微观组织结构；

(3) 点焊接头显微硬度分析。

3 点焊工艺参数

在电极压力为 11.8 kN，焊接时间为 40 周波，焊接电流为 17.9 kA，锻压力为 12.8 kN 条件下，可获得强度较高的焊接接头，抗拉剪力为 7.5 kN，高于铝的抗拉剪力且远低于钢的抗拉剪力。[2] 此焊接接头的抗拉剪力能满足工程的需求。

3.1 点焊接头拉剪断裂分析

评定一个焊接接头的性能有拉伸、挤压、弯曲等试验，由于本试验是电阻点焊搭接接头，所以用拉剪试验来评定接头的性能。铝和钢异种材料点焊接头拉剪应力-应变曲线图如图 1 所示，试验采用的是 WDW-100 型微机控制电子万能试验机，拉伸速度为 1 mm/min。从图 1 可见，由拉伸过程中无明显塑性变形现象以及拉伸曲线可初步判断为脆性断裂。

图 2 所示为铝钢电阻点焊拉伸宏观图，由图像可以看出，接头的断裂均发生在铝母材一侧热影响区，该断裂起始于接头边缘的铝母材区，在断口上有明显的剪切韧窝和塑性变形。接头拉剪断裂后断口平齐，呈银灰色，有明显的结晶颗粒。

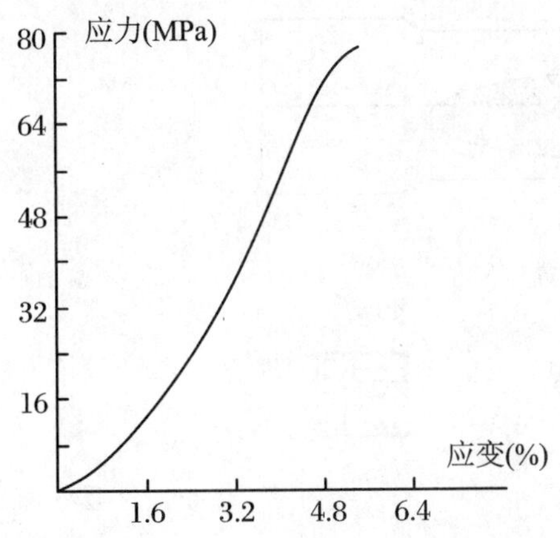

图 1　点焊接头拉伸应力-应变曲线图

图 2　拉伸断口形状

3.2 点焊接头组织分析

图 3 是焊接接头横断面显微图，从钢的一侧可以明显地看出有熔核的形成。

由铝和钢的物理性质可知钢的熔点远高于铝的熔点，所以铝会先熔化，而钢不熔，铝的散热也比钢好。而且铝的电阻率比钢小，根据 $Q=I^2RT$ 可知，电阻小，生成的热量就小，所以在点焊过程中 Al 侧的热量远远小于 Fe 侧，致使熔核全部出现在钢侧，钢侧有铝结晶扩散，且晶粒粗大。[3]

观察金相铝侧用 Keller 试剂腐蚀，钢侧用 5%的硝酸腐蚀，由此可以清晰地看出点焊接头由铝侧、中间过渡层和钢侧 3 部分组成，过渡层厚度大约为 48 μm，钢侧晶粒几乎无变化，铝测晶粒扩散至钢侧，且结晶均匀。

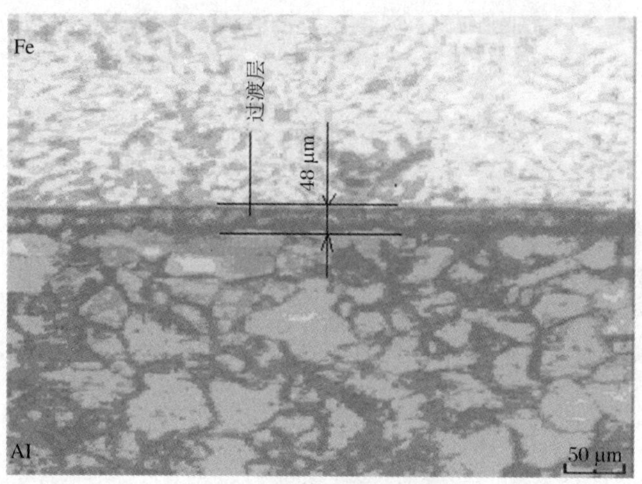

图 3　点焊接头局部截面形貌

3.3　点焊接头显微硬度测试分析

焊接接头硬度是熔核软硬程度的一种性能指标,接头的硬度大小直接决定了接头抵抗变形和抗破裂的能力。焊接接头硬度也是焊件的一项重要的使用性能,并且热影响区的最高硬度对焊件冷裂倾向有很大影响,因此点焊接头显微硬度分布的测试对了解焊接接头的性能有着十分重要的意义。

显微硬度测试分析是一种最常见的材料性能研究方法,通过进行显微硬度分析不仅能直观地反映出接头各区域的硬度值,还能判断是否有脆硬现象的出现。

用刀片在 Fe/Al 异种材料点焊接头标记出参考线 A,B,C,如图 4 所示。试验采用 MHV-1000 型数显显微硬度计,加载力为 0.2 kgf,加载时间为 10 s,以 Fe 一侧为起点、0.25 mm 为单位长度在标记线一侧进行硬度测量,测量顺序依次为 $A_1,A_2,A_3,\cdots,A_{11}$;$B_1,B_2,B_3,\cdots,B_{11}$;$C_1,C_2,C_3,\cdots,C_{11}$,然后统计数据,图 5 为点焊接头所选择的 3 个区域 $A(C_1)$,$B(D_1)$,$C(E_1)$的显微硬度测试结果。

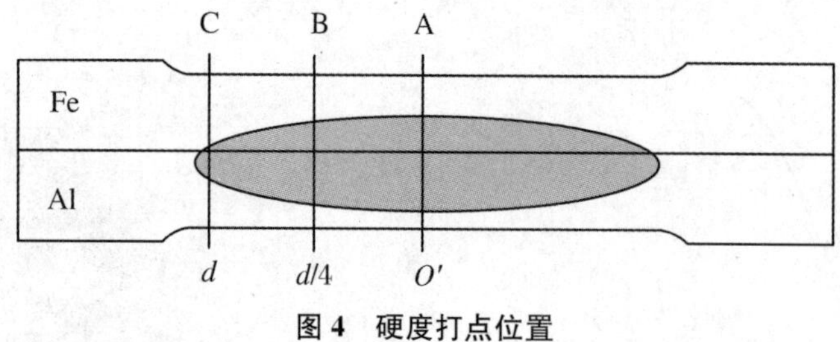

图 4　硬度打点位置

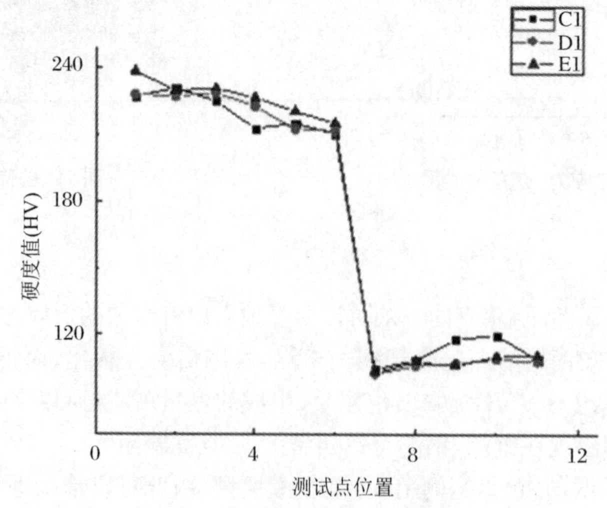

图 5　点焊接头显微硬度测试

分析测量结果：A_1～A_4为低碳钢 Q235 材料基体，其显微硬度平均值约为 230 HV；A_4～A_6为熔核区，其显微硬度平均值约为 210 HV；A_7～A_9为铝侧过渡层区，其显微硬度平均值约为 105 HV；A_9之外为铝基体，其显微硬度平均值约为 110 HV。通过接头硬度值的波动以及 Fe-Al 显微组织，推测 Fe-Al 异种材料点焊过程中有铁铝金属间化合物生成。

4 结论

(1) 铝/低碳钢电阻点焊时，获得较厚过渡层和高于铝的拉剪力性能，可以满足工程上的应用，以点焊连接代替铆接。

(2) 铝/钢异种材料点焊接头熔核全部出现在钢侧，钢侧有铝结晶扩散，且晶粒粗大，具有韧性和脆性相结合的混合型断裂特征。

参考文献

[1] 张文毓.异种金属的焊接研究进展[J]. 现代焊接，2011，11(107)：10-12.

[2] 武仲河，战中学，孙全喜，等.铝合金在汽车工业中的应用与发展前景[J].内蒙古科技与经济，2008(9)：59-60.

[3] Sedykh V S. Mechanical properties of explosion welding steel-aluminium joints[J]. Welding Production，1985，32(2)：28-30.

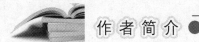

作者简介

马志承(1989—)，男，工程师，从事波纹管设计及焊接研究工作。通信地址：沈阳市浑南区东湖街浑南东路 49－29 号沈阳汇博热能设备有限公司。E-mail：244077433@qq.com。

波纹管用奥氏体薄板在预伸长和不同热处理下显微组织和力学性能的变化

李晓旭[1]　李鹏程[2]　付明东[1]　李中宇[1]　张文博[1]　时会强[1]

（1. 国家仪器仪表元器件质量监督检验中心(沈阳国仪检测技术有限公司)，沈阳 110043；
2. 海装沈阳局，沈阳 110000）

摘要：本文对波纹管用奥氏体不锈钢薄板在进行了20%，40%和60%的预伸长后，又分别进行了600 ℃和900 ℃的热处理。后经拉伸试验和硬度试验对其力学性能进行测试，并通过金相显微镜和扫描电镜观察不同组态下材料的断口显微组织和断口形貌。结论如下：奥氏体薄板材料随着预伸长量的增加，其强度和硬度值升高，塑性下降；随着热处理温度的升高，形变储能、内应力和马氏体都随之减少，900 ℃热处理后，强度和硬度出现明显下降，塑性改善。

关键词：波纹管；预伸长；热处理；显微组织；力学性能

Changes of Microstructure and Mechanical Properties of Sheet for Bellows Under Pre-elongation and Different Heat Treatment Conditions

Li Xiaoxu[1], Li Pengcheng[2], Fu Mingdong[1], Li Zhongyu[1], Zhang Wenbo[1], Shi Huiqiang[1]

(1. National Supervising and Testing Center for the Quality of Instruments and Components (Shenyang Guoyi Testing Technology Co. Ltd.), Shenyang 110043; 2. Naval Equipment of Shenyang Bureau, Shenyang 110000)

Abstract: This paper mainly conducts pre-elongation of 20%, 40% and 60% for bellows sheet and carries on heat-treatment at 600 ℃ and 900 ℃ respectively. Mechanical properties have been studied by tensile and hardness. Microstructure and fracture morphology have been determined by metallographic and SEM observation. In conclusion, with the increasing of pre-elongation, the values of strength and hardness increase, but the plasticity decreases. With the increasing of heat treatment temperature, the deformation energy storage, internal stress and martensite all decrease. After the heat treatment at 900 ℃, the values of strength and hardness drop obviously and plasticity gets improved.

Keywords: bellows; pre-elongation; heat treatment; microscopic structure; mechanical properties

1　引言

金属波纹管是一种挠性、薄壁、有横向波纹的管壳零件。它既有弹性特征，又有密封特性，在外力及力矩的作用下能产生轴向、侧向、角向及其组合位移，密封性能好[1]，同时还有吸振、降噪、热补偿及隔离介质的作用，在仪表、机械、电力、石油、化工、冶金、热力、船舶、航天、航空等领域均有十分重要的应用。波纹管成形方式多样，包括液压成形、机械胀形、橡胶成形、旋压成形、焊接成形、滚压成形和电沉积成形等[2]，其中机械胀形工艺具有效率高、成形的波纹管力学性能好等优点；液压成形尺寸控制精度高，成形能力强，有厚壁成形能力，已成为金属波纹管精确塑性成形的重要方式。[3]

在波纹管设计制造时，选择的材料多为奥氏体不锈钢，无论在哪种成形方式下，波纹管材料都会产生一定的变形伸长量，伸长量的大小会对波纹管的性能形成一定的影响。本文针对这一问题，研究经不同的伸长量拉伸和不同温度的热处理后，材料的显微组织和力学性能的变化，对后续波纹管的设计、成形和热处理具有一定的指导意义。

2 检验/试验分析

2.1 化学成分分析

本试验所用奥氏体不锈钢薄板牌号为06Cr19Ni10(304)，热处理状态为固溶态，使用全谱直读式光谱仪对待测试的样品进行化学成分分析，其光谱成分检测结果见表1。304薄板的化学成分符合GB/T 3280—2015的标准要求。

表1 光谱化学成分检测结果(%)

化学成分	C	Si	Mn	P	S	Cr	Ni	N
304	0.0688	0.4147	1.153	0.0446	0.0052	18.576	8.126	0.045
GB/T 3280—2015	≤0.07	≤0.75	≤2.00	≤0.045	≤0.030	17.50～19.50	8.00～10.50	≤0.10

2.2 拉伸试验

对待测样品进行拉伸试样切割并进行拉伸试验，设备为10 t电子万能试验机，主要对不同状态下的样品分别进行抗拉强度、屈服强度、断后伸长率检测，具体的检测结果见表2～表5，拉伸应力应变曲线见图1～图3。不同状态下的拉伸试验测试结果均符合GB/T 3280—2015的标准要求，曲线均无明显的屈服平台，呈连续屈服特征。

表2 不同状态下的拉伸试验结果

拉伸试验	抗拉强度(MPa)	规定非比例延伸强度(MPa)	断后伸长率(%)
原始态	786	409	69.5
原始态+20%	943	698	42.5
原始态+40%	1076	913	25.5
原始态+60%	1131	1065	10.0
原始态+20%+600 ℃	940	740	41.0
原始态+40%+600 ℃	1024	860	23.5
原始态+60%+600 ℃	1128	1025	8.5
原始态+20%+900 ℃	797	416	72.0
原始态+40%+900 ℃	811	418	85.5
原始态+60%+900 ℃	836	445	52.0
GB/T 3280—2015 固溶态	≥515	≥205	≥40

表3 伸长量为20%，不同热处理温度下的拉伸试验结果

拉伸试验	抗拉强度(MPa)	规定非比例延伸强度(MPa)	断后伸长率(%)
原始态	786	409	69.5
原始态+20%	943	698	42.5
原始态+20%+600 ℃	940	740	41.0
原始态+20%+900 ℃	797	416	72.0
GB/T 3280—2015 固溶态	≥515	≥205	≥40

表 4　伸长量为 40%,不同热处理温度下的拉伸试验结果

拉伸试验	抗拉强度(MPa)	规定非比例延伸强度(MPa)	断后伸长率(%)
原始态	786	409	69.5
原始态+40%	1076	913	25.5
原始态+40%+600 ℃	1024	860	23.5
原始态+40%+900 ℃	811	418	85.5
GB/T 3280—2015 固溶态	≥515	≥205	≥40

表 5　伸长量为 60%,不同热处理温度下的拉伸试验结果

拉伸试验	抗拉强度(MPa)	规定非比例延伸强度(MPa)	断后伸长率(%)
原始态	786	409	69.5
原始态+60%	1131	1065	10.0
原始态+60%+600 ℃	1128	1025	8.5
原始态+60%+900 ℃	836	445	52.0
GB/T 3280—2015 固溶态	≥515	≥205	≥40

从图 1～图 3 可以看出,一方面,随着伸长量的增大,材料的抗拉强度和屈服强度在逐渐升高,而断后伸长率在逐渐变小。这是由于 304 不锈钢冷轧变形后,亚稳奥氏体组织在塑性变形中发生应变,诱发马氏体相变和形变[4],马氏体为板条状,相当于把基体分成若干区,阻碍位错滑移,缩短位错运动的自由程,还产生大量的位错、形变孪晶等,位错在晶体中的运动阻力表现为强度,形变孪晶可以起到分割组织、阻碍位错运动的作用,所以其塑性变形后具有较高的抗拉强度、屈服强度,但是塑性较差,也就是冷作硬化使奥氏体材料得到强化,并降低了塑性。

另一方面,在相同的伸长量下,进行 600 ℃热处理后,在此温度阶段为回复阶段,抗拉强度和屈服强度有小幅度降低,塑性变好,但不明显,因为仍然存在大量的形变储能、位错、形变孪晶、马氏体等;进行 900 ℃热处理后,抗拉强度和屈服强度出现大幅度的下降,塑性得到大幅的提升,此阶段组织变得均匀,是因为此阶段是材料的再结晶阶段,内应力、形变储能和位错密度急速下降,同时由于马氏体会向奥氏体发生转变,所以抗拉强度和屈服强度会大幅度下降,但是细化了晶粒,其强度仍高于原始态材料的强度,接近固溶态。

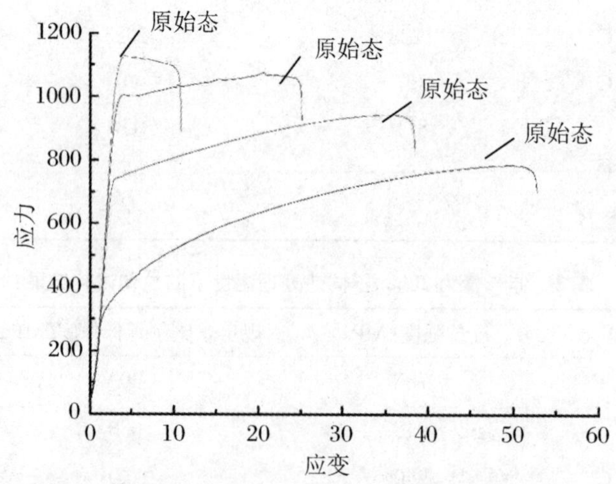

图 1　原始态样品经不同伸长量拉伸后的应力应变曲线

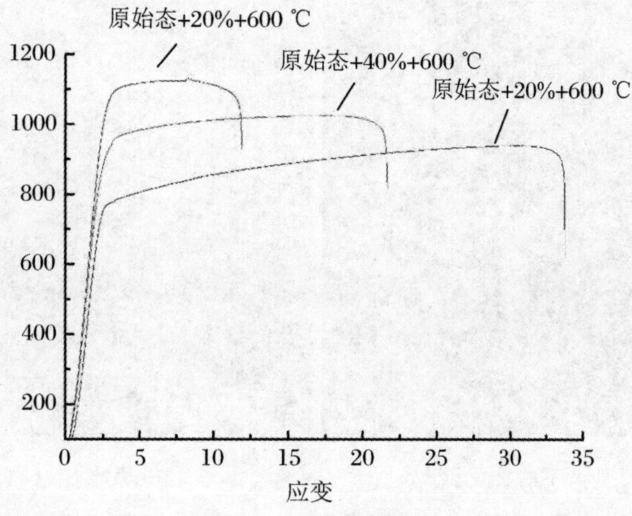

图 2 原始态样品经不同伸长量拉伸后，再进行 600 ℃热处理后的应力应变曲线

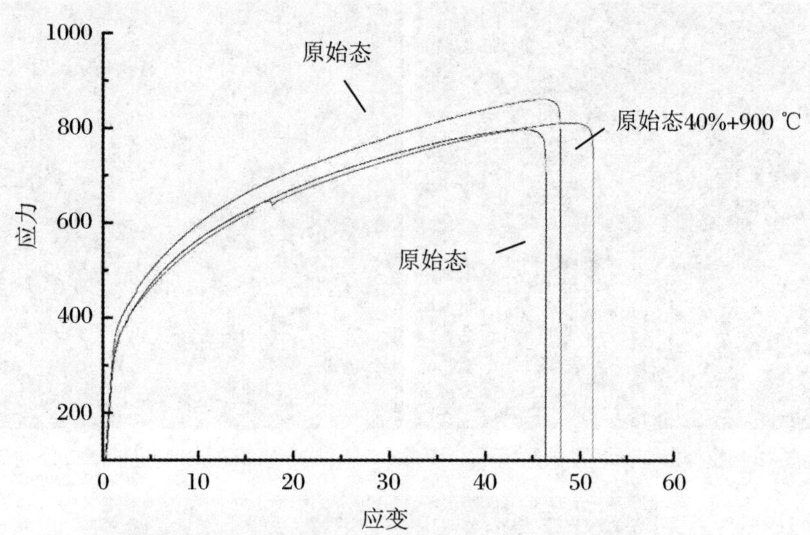

图 3 原始态样品经不同伸长量拉伸后，再进行 900 ℃热处理后的应力应变曲线

2.3 显微组织

对本试验不同组态下的各个样品拉伸断口处的显微组织进行观察和研究，试样磨抛后使用 $FeCl_3$ 酸溶液进行腐蚀。

原始态未变形样品的显微组织如图 4(a)所示，其组织主要由奥氏体和少量的铁素体组成，晶粒度为 7 级以上。拉伸断口处的显微组织如图 4(b)所示，断口处的组织晶粒已经沿着拉伸变形方向被拉长、细化，并生成一定量的马氏体。

图 5 为原始态在不同伸长量下拉伸断口处的显微组织，从图中可以看出，随着伸长量的逐渐增大，加工硬化的程度逐渐增大，晶粒碎化更明显。

图 6 为原始态在不同伸长量下，600 ℃热处理后拉伸断口处的显微组织。与图 5 中相同的伸长量下、未进行热处理的组织相比较，无太大变化。由于 600 ℃属于回复去应力阶段，只是内部组织中会减少小部分的位错、层错及马氏体。

图 7 为原始态在不同伸长量下，900 ℃热处理后拉伸断口处的显微组织。900 ℃温度下，已经发生了明显的再结晶，晶粒的尺寸要远小于未进行热处理或者 600 ℃的热处理下的晶粒，且由于马氏体相变的可逆性，组织中的层错、位错、形变孪晶和马氏体等均消失，同时晶粒得到了细化。

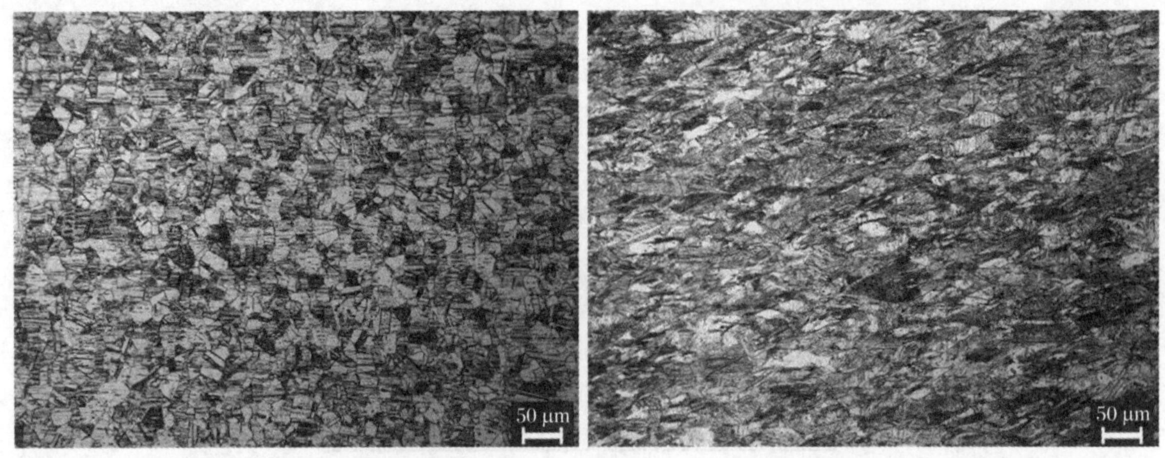

(a) 原始态未变形样品的显微组织　　(b) 原始态拉伸断口处的显微组织

图 4　原始态未变形样品和拉伸断口处的显微组织

(a) 原始态+20%拉伸断口处的显微组织　　(b) 原始态+40%拉伸断口处的显微组织

(c) 原始态+60%拉伸断口处的显微组织

图 5　原始态在不同伸长量下拉伸断口处的显微组织

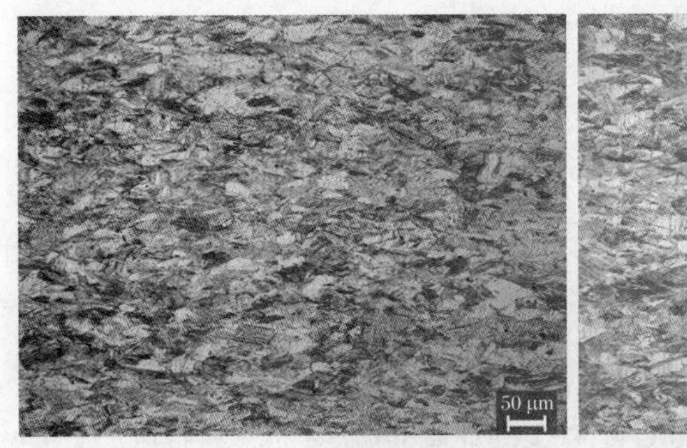

(a) 原始态+20%+600 ℃拉伸断口处的显微组织

(b) 原始态+40%+600 ℃拉伸断口处的显微组织

(c) 原始态+60%+600 ℃拉伸断口处的显微组织

图 6　原始态在不同伸长量下，600 ℃热处理后拉伸断口处的显微组织

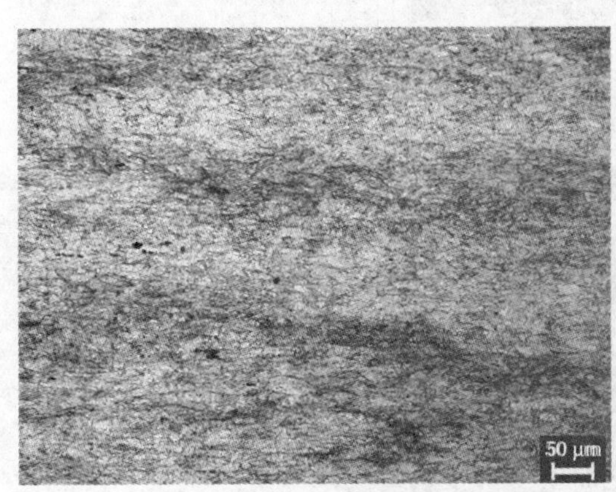

(a) 原始态+20%+900 ℃拉伸断口处的显微组织

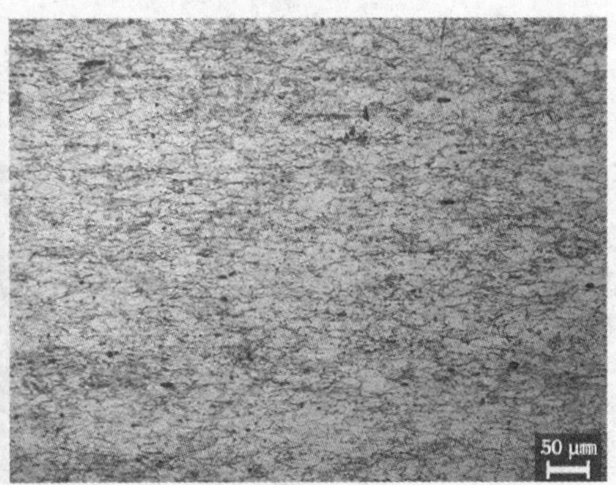

(b) 原始态+40%+900 ℃拉伸断口处的显微组织

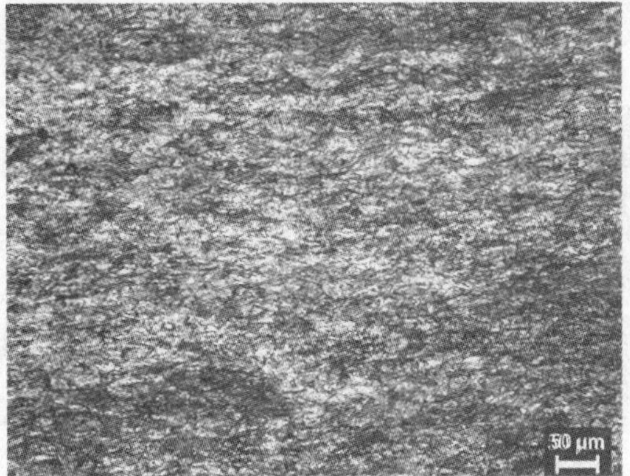

(c) 原始态+60%+900 ℃拉伸断口处的显微组织

图 7　原始态在不同伸长量下，900 ℃热处理后拉伸断口处的显微组织

2.4 断口形貌

使用扫描电镜对不同状态下的断口分别进行断口形貌观察,如图 8～图 17 所示。从图 8～图 11 可以看出原始态和不同伸长量下的断口形貌均以韧窝为主,含有一些气孔。随着伸长量的逐渐变大,加工硬化现象明显,韧窝变细变浅,当伸长量为 60%时,存在着一些解理面,具有脆性断裂的断裂特征。

从图 12～图 17 可以看出,当伸长量为 20%时,在未进行热处理、600 ℃和 900 ℃热处理 3 种状态下,进行热处理的韧窝均匀一致,气孔偏多,呈韧性断裂特征。600 ℃热处理后的韧窝形态发生大的改变,韧窝不均匀,出现许多解理刻面,存在韧性断裂和脆性断裂相结合的特征。900 ℃热处理后的韧窝比起以上两种状态,明显更细小、更深,出现大量的次级韧窝,说明材料的塑性得到了很大的改善。

当伸长量为 60%时,在未进行热处理、600 ℃和 900 ℃热处理 3 种状态下,未进行热处理的韧窝呈浅平状,大小不均匀,并存在较大气孔和解理刻面,阻碍裂纹扩展的能力稍差;600 ℃和 900 ℃热处理后的拉伸断口韧窝形态发生了变化,由圆形韧窝变成具有方向性的椭圆形,大小不均匀,数量多而密集,900 ℃热处理后的韧窝数量多于 600 ℃热处理后的韧窝数量,细小且均匀一致,阻碍裂纹扩展能力强,经过长时间的变形后,形成现有形貌,且小的韧窝和材料本身的晶粒大小有关,900 ℃热处理后,材料发生了再结晶,晶粒细化,韧窝也进行了细化。

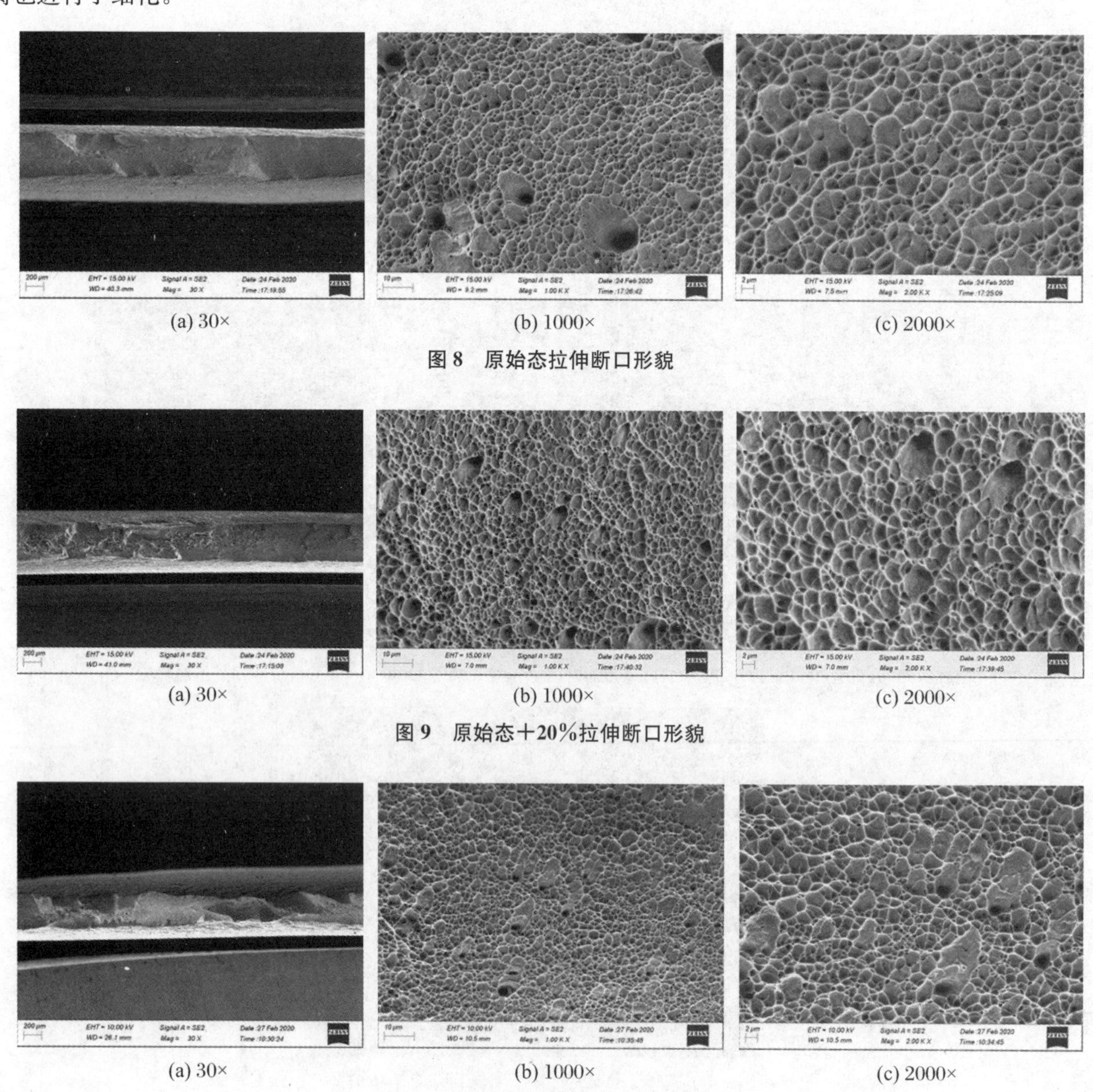

(a) 30×　(b) 1000×　(c) 2000×

图 8　原始态拉伸断口形貌

(a) 30×　(b) 1000×　(c) 2000×

图 9　原始态+20%拉伸断口形貌

(a) 30×　(b) 1000×　(c) 2000×

图 10　原始态+40%拉伸断口形貌

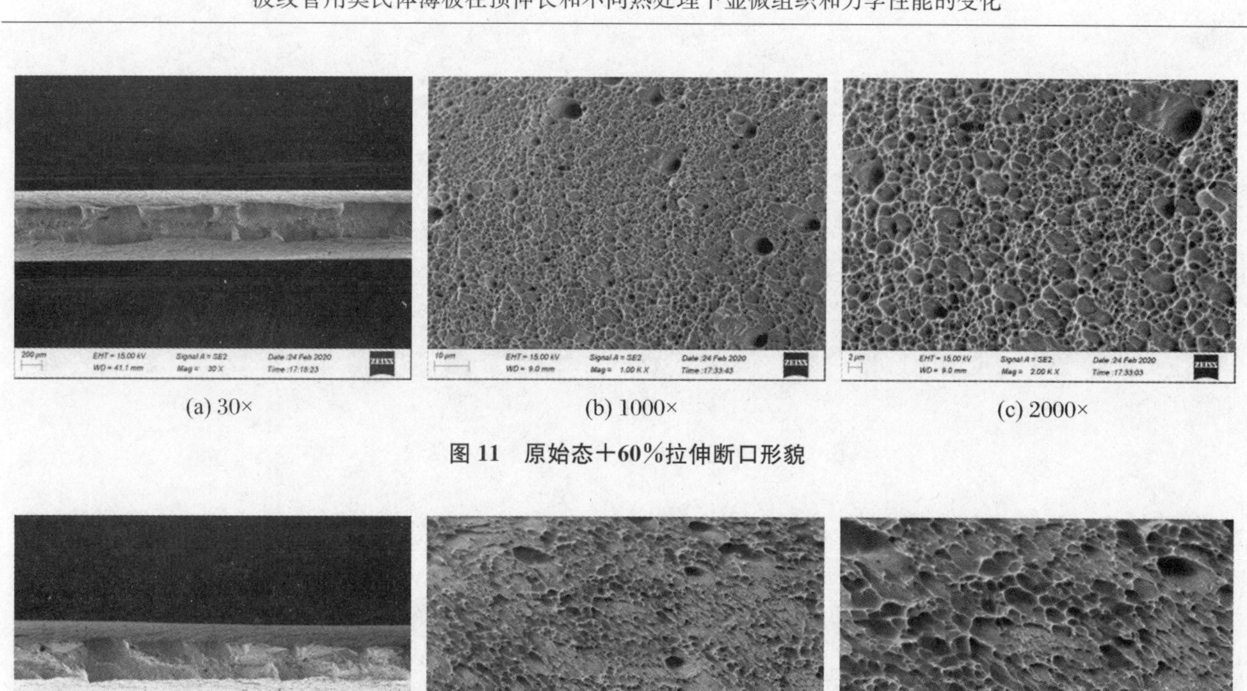

(a) 30× (b) 1000× (c) 2000×

图 11 原始态+60%拉伸断口形貌

(a) 30× (b) 1000× (c) 2000×

图 12 原始态+20%+600 ℃拉伸断口形貌

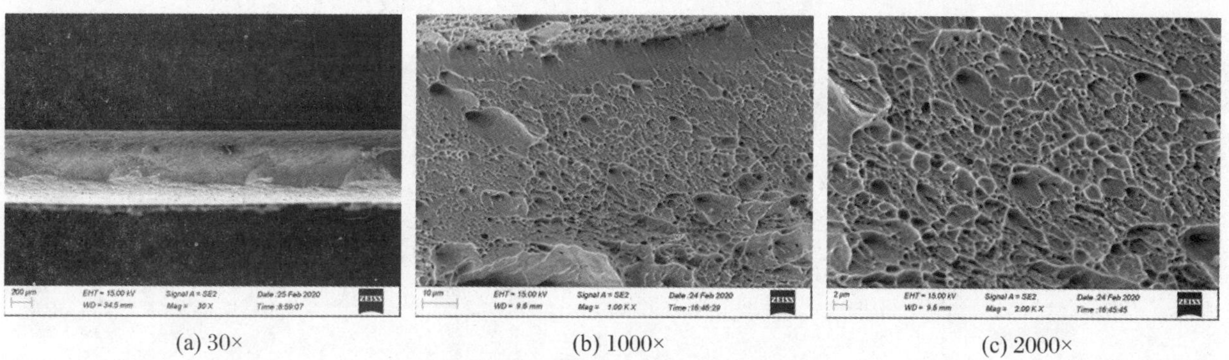

(a) 30× (b) 1000× (c) 2000×

图 13 原始态+40%+600 ℃拉伸断口形貌

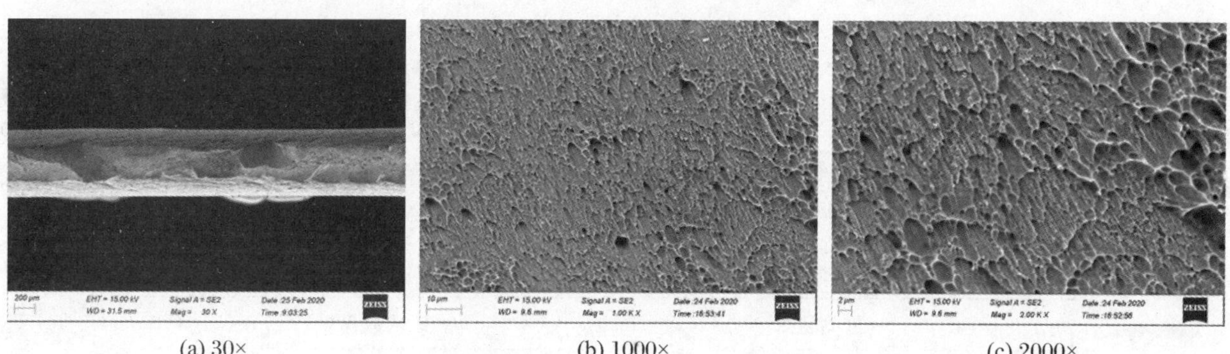

(a) 30× (b) 1000× (c) 2000×

图 14 原始态+60%+600 ℃拉伸断口形貌

(a) 30×　(b) 1000×　(c) 2000×

图 15　原始态+20%+900 ℃拉伸断口形貌

(a) 30×　(b) 1000×　(c) 2000×

图 16　原始态+40%+900 ℃拉伸断口形貌

(a) 30×　(b) 1000×　(c) 2000×

图 17　原始态+60%+900 ℃拉伸断口形貌

2.5　硬度的变化

分别对不同组态下拉伸试验前的样品进行维氏硬度测试,测试结果见表 6。从硬度测试结果来看,原始态硬度值符合标准要求,后续伸长处理后的硬度值均超出标准要求。硬度测试结果的整体趋势与拉伸强度的趋势相同,原始态的硬度值都随着伸长量的增加而变大;进行 600 ℃的热处理后,不同状态下的硬度值都会有小幅的减小;经过 900 ℃的热处理后,其硬度值仍比未进行伸长的原始态硬度值大。

表 6　拉伸试验前的硬度测试结果(HV10)

样品状态	维氏硬度(HV10)
原始态	195.5
原始态+20%	360.0
原始态+40%	542.5

续表

样品状态	维氏硬度(HV10)
原始态+60%	694.0
原始态+20%+600 ℃	335.0
原始态+40%+600 ℃	504.0
原始态+60%+600 ℃	645.0
原始态+20%+900 ℃	241.0
原始态+40%+900 ℃	272.0
原始态+60%+900 ℃	311.0
GB/T 3280—2015 固溶态	210

3 结论

(1) 304 不锈钢随着预伸长量逐渐变大，材料的强度和硬度升高，塑性下降，主要是由于加工硬化和形变诱发马氏体相变共同作用。马氏体是一种非平衡组织，与奥氏体相比，耐蚀性差。

(2) 随着热处理温度的升高，形变储能、内应力和马氏体都随之减少，到 900 ℃已经发生再结晶，强度和硬度明显下降，塑性明显提升。

综上，在波纹管设计制造时，可以结合波纹管的实际成形方式，推算出其成形时的变形量，根据波纹管的实际使用需求、工况及内部介质的腐蚀性等，适当选择或调整材料的初始状态，通过不同的热处理方式，并结合材料显微组织中奥氏体与马氏体的含量占比，有可能实现更佳的性能需求。由于本试验样品数量有限，结果有一定的局限性。

参考文献

[1] 徐开先.波纹管类组件的制造及其应用[M].北京:机械工业出版社,1998.

[2] 陈龙.水下压力补偿用波纹管的力学性能分析及结构设计[D].合肥:合肥工业大学,2012.

[3] 苑世剑,何祝斌,刘钢,等.内高压成形理论与技术的新进展[J].中国有色金属学报,2011,21 (10): 2523-2533.

[4] 徐祖耀.马氏体相变与马氏体[M].北京:科学出版社,1999.

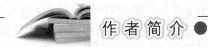

作者简介

李晓旭(1988—),女,高级工程师,从事材料检测技术研究。通讯地址:沈阳仪表科学研究院有限公司。E-mail:lixiaoxu06@163.com。

HASTELLOY®G 系列合金综述

邢　卓

（沈阳仪表科学研究院有限公司，沈阳　110042）

摘要：HASTELLOY®G 系列合金是专为应对磷肥生产中“湿法”磷酸工艺过程中的强氧化性酸腐蚀环境而设计的金属材料。本文以新型 HASTELLOY® G-35®合金为重点，叙述 HASTELLOY® G 系列合金的发展概况、化学成分演变、力学性能、腐蚀性能、制造容器工艺和应用领域等。

关键词：哈氏合金；G-30®；G-35®；“湿法”磷酸

Review of HASTELLOY® G Series Alloys

Xing Zhuo

(Shenyang Academy of Instrumentation Science Co. Ltd., Shenyang 110042)

Abstract: HASTELLOY® G series alloy are designed to deal with strong oxidizing acid corrosion in “wet process” phosphoric acid process in fertilizer production. Focus on HASTELLOY® G-35® alloy, the alloys development, chemical composition evolution, mechanical properties, corrosion properties, fabrication process of vessel and application fields of HASTELLOY® G series alloy are described in this paper.

Keywords: HASTELLOY® alloys; G-30®; G-35®; “wet process” phosphoric acid

1　合金概述

HASTELLOY® alloys（哈斯特洛伊合金，简称“哈氏合金”）是美国海恩斯国际公司（Haynes International, Inc.）所生产的镍基耐蚀合金的商业牌号的统称。

哈氏合金的名称源于 HASTELLOY®，是美国海恩斯国际公司的注册商标，由 HAYNES 中的“HA”，STELLITE 中的“STELL”及 ALLOYS 中的“OY”组成。[1]海恩斯国际公司生产的镍基合金分为两大类：耐蚀合金（商标注册 HASTELLOY®）和高温合金（注册商标 HAYNES®）。

HASTELLOY®耐蚀合金主要包括 3 大系列：B 系列（Ni-Mo 合金）、C 系列（Ni-Cr-Mo 合金）、G 系列。B 系列合金对还原性环境，如稀硫酸、盐酸、氢氟酸等强还原性酸有极强的抵抗能力，但不能在氧化性环境中使用。C 系列合金对还原性和氧化性环境都适用，对氯离子引起的局部腐蚀和应力腐蚀开裂有极好的抵抗能力，是通用型耐蚀合金。G 系列合金是针对磷肥生产中“湿法”制磷酸（P_2O_5）的强氧化性环境设计的，对于“湿法”磷酸、硝酸和各种强氧化性混合酸都有极强的抵抗能力。

G 系列合金由美国海恩斯国际公司（Haynes International, Inc.）研发和生产，先后推出的商业牌号有 HASTELLOY® G（1952 年，已淘汰），HASTELLOY® G-3（1977 年，已淘汰），HASTELLOY® G-30®（1983 年，美国专利号 4410489），HASTELLOY® G-35®（2004 年，美国专利号 6740291）等。表 1 列出了 G 系列合金商业牌号与标准牌号的对照。

表 1　商业牌号与标准牌(编)号对照表

商业牌号	ASME UNS	DIN W.-Nr.	ISO 牌号	ASME 公称化学成分
HASTELLOY® G	N06007	2.4618	NiCr22Fe20Mo6Cu2Nb	47Ni-22Cr-19Fe-6Mo
HASTELLOY® G-3	N06985	2.4619	NiCr22Fe20Mo7Cu2	47Ni-22Cr-20Fe-7Mo
HASTELLOY® G-30®	N06030	2.4603	NiCr30FeMo	40Ni-29Cr-15Fe-5Mo
HASTELLOY® G-35®	N06035	2.4643	NiCr30FeMo8	58Ni-33Cr-8Mo

HASTELLOY®G-30®(以下简写成 G-30®)是铁镍基耐蚀合金,高度抗“湿法”磷酸(P_2O_5)的腐蚀。G-30®合金也适度抵抗氯化物诱导的局部腐蚀。此外,与不锈钢相比,G-30®合金对氯离子应力腐蚀开裂(SCC)的敏感性较小。

HASTELLOY®G-35®(以下简写成 G-35®)是镍基 Ni-Cr-Mo 合金,被开发用来抵抗“肥料级”磷酸(P_2O_5)生产工艺过程中的腐蚀,是 G-30®的升级产品。G-35®常应用于磷肥制造中的“湿法”磷酸生产环境中,有更优异的抗蚀性,G-35®在这种酸中的表现远远优于其前者 G-30®及曾经应用于“湿法”磷酸的高铬不锈钢 Sanicro®28(UNS N08028)和 Nicrofer®3127hMo-alloy 31(UNS N08031)。G-35®亦能抵抗含氯化物介质的局部腐蚀和氯离子应力腐蚀开裂,在浓缩“湿法”磷酸的蒸发器的沉积物与金属接触的界面上很容易发生局部腐蚀;与传统用于“湿法”磷酸的不锈钢和 G-30®合金相比,G-35®合金对氯致应力腐蚀开裂的敏感性要小得多,高铬含量使其在抵抗硝酸和含硝酸的氧化性混合溶液,以及其他氧化性酸的腐蚀时具有极强的抵抗力。钼含量不高,其对还原性酸具有中等的抗腐蚀能力,钼能显著提高耐点蚀和缝隙腐蚀能力。与其他 Ni-Cr-Mo 合金不同,G-35®合金非常耐在高温氢氧化钠中苛性碱导致的“强碱去合金化”(Caustic De-alloying,俗称“碱脱”,也是一种腐蚀现象,其特征是有选择性地去除与介质接触的金属表面除镍以外的某种合金元素,最终导致应力腐蚀开裂)。G-35®合金曾在某高温含杂质的碱性环境中代替由于去合金化失效的 N06625 合金。

2　化学成分

在 Incoloy 825 合金(1952 年问世,公称成分为 42Ni-28Fe-21.5Cr-3Mo-2Cu-1Ti)的基础上,增加 Cr、Mo 并添加 Nb 形成 HASTELLOY® G 合金,使之在氧化性酸中增强耐蚀性;之后的 HASTELLOY® G-3 合金是为改善 HASTELLOY® G 合金的耐晶间腐蚀性能而开发的,将 C 含量降至 0.015%以下;再由 HASTELLOY® G-3 合金增加 Cr、降低 Mo、添加 W 形成 G-30®合金,Cr 含量大于 30%,进一步增加了合金在氧化性酸中的耐蚀性。

G-30®是一种性能优越的铁镍基耐蚀合金,属于含 Mo、Cu 的 Ni-Cr-Fe 合金(在 ASME Ⅷ-1—2019 中归于 P-No.45 类),具有优良的抗氧化性酸腐蚀及抗应力腐蚀开裂的能力,而且具有较高的抗局部腐蚀(点蚀、缝隙腐蚀)的能力。低碳含铌使合金具有良好的热稳定性,有助于防止合金中温敏化和焊缝热影响区晶间腐蚀。合金中由于含有较高的 Fe,相对于其他镍基耐蚀合金具有成本低的特点。

G-35®合金是在 G-30®基础上开发出来的一种新型合金,此合金将铬含量提高到 33%(是含铬量最高的镍基合金),钼含量提高到 8%,这是最适宜的铬含量和钼含量组合;铜不再作为合金元素而是作为杂质元素控制,研究表明铜对“湿法”磷酸没有明显的益处,且对合金的热稳定性和热加工性有害;铁也作为杂质元素控制,这样 G-35®合金就形成了简单的 Ni-33Cr-8Mo 三元相的结构。开发 G-35®合金的目的就是获得更加满意的耐蚀材料应用于“湿法”磷酸生产中的浓缩蒸发器,从实际应用效果上看,G-35®合金是在“湿法”磷酸浓缩蒸发条件下耐蚀性最好的材料。

新型的 G-35®合金虽然归入 G 合金系列,但它实质上是一种 Ni-Cr-Mo 合金(在 ASME Ⅷ-1—2019 中归于 P-No.43 类),成分上更接近 C 系列合金,只是因为它的发明仍然是针对强氧化性以及混合酸介质设计的,所以在商业牌号上仍然将其归入 G 合金系列。

由于合金系统的不同,G-35® 与其他 G 系列合金分属不同的材料标准之中,以板带材为例,

HASTELLOY® G(N06007)、HASTELLOY® G-3(N06985)、G-30®(N06030)3 种合金在 ASME Ⅷ-1—2019 SB-582 之中,G-35®(N06035)在 ASME Ⅷ-1—2019 SB-575 之中。HASTELLOY® G 系列合金的主要化学成分列于表 2 中。

表 2 HASTELLOY® G 系列合金的主要化学成分(wt%)

商业牌号	Ni	Cr	Fe	Mo	Cu	C	W	Nb+Ta
HASTELLOY® G	47Rem	21.0~23.5	18.0~21.0	5.5~7.5	1.5~2.5	0.05*	1.0*	1.75~2.50
HASTELLOY® G-3	47Rem	21.0~23.5	18.0~21.0	6.0~8.0	1.5~2.5	0.015*	1.5*	0.50*
HASTELLOY® G-30®	40Rem	28.0~31.5	13.0~17.0	4.0~6.0	1.0~2.4	0.03*	1.5~4.0	0.30~1.50
HASTELLOY® G-35®	58Rem	32.25~34.25	2.00*	7.6~9.0	0.30*	0.05*	0.60*	—

注:* 表示最多;Rem 表示余量。

HASTELLOY® G 系列合金在高温和低温下都是奥氏体组织,不会发生相变,不能通过热处理强化,只能通过冷变形强化。

3 材料性能

3.1 物理性能

表 3 列出了 G-35® 合金和奥氏体 Cr-Ni 不锈钢(如 S30408)的主要物理性能参数。镍基合金的线胀系数比 Cr-Ni 不锈钢低,与碳钢接近(11 μm/(m·℃)),这使得镍基合金和碳钢焊后温差应力小,不容易开裂。

表 3 G-35® 合金和 Cr-Ni 不锈钢主要物理性能参数

合金材料	密度 (g/cm³)	熔点 (℃)	线胀系数 (25~100 ℃) (μm/(m·℃))	热传导率 (100 ℃) (w/(m·℃))	比热容 (100 ℃) (J/(kg·℃))	电阻率 (20 ℃) (μΩ·m)	杨氏弹性模量 (20 ℃) (GPa)
G-35®	8.22	1332~1361	12.3	12	450	1.18	204
Cr-Ni 奥氏体不锈钢	7.93	1399~1455	16.0	15.0	500	0.73	200

3.2 力学性能

HASTELLOY® 合金具有高强度、高韧性、高硬度和易于加工硬化,变形抗力和回弹较大的特性。HASTELLOY® 合金室温屈强比为 0.20 ~ 0.50,与奥氏体不锈钢(为 0.35~0.40)相当。因此,HASTELLOY® 合金具有良好的冷成形性能,使用其制造的容器具有较大的塑性储备。HASTELLOY® G 系列合金标准(ASME Ⅷ-1—2019 SB-582/575 退火态板材)要求的力学性能列于表 4 中,G-35® 高温力学性能列于表 5 中。[1]

表 4 Hastelloy® G 系列合金室温力学性能

ASME Ⅷ-1—2019 UNS	抗拉强度(min) R_m(MPa)	屈服强度(min) $R_{p0.2}$(MPa)	延伸率(min) A_5(%)	硬度(max) (HRB)
SB-582/N06007/HASTELLOY® G 标准值	621	241	35	100
SB-582/N06985/HASTELLOY® G-3 标准值	621	241	45	100
SB-582/N06030/HASTELLOY® G-30® 标准值	586	241	30	—
SB-575/N06035/HASTELLOY® G-35® 标准值	586	241	30	100

表 5　G-35®瞬时高温力学性能

试验温度 (℃)	试验温度 (℉)	抗拉强度 R_m(MPa)	屈服强度 $R_{p0.2}$(MPa)	延伸率 A_{50}(%)
93	200	692	313	69.3
149	300	656	278	68.2
204	400	623	248	69.5
260	500	600	232	67.9
316	600	583	219	68.8
371	700	570	217	72.3
427	800	561	215	72.8
482	900	543	204	71.0
538	1000	521	194	72.7
593	1100	501	185	72.0
649	1200	483	184	70.2

3.3　腐蚀性能

HASTELLOY® G 系列合金的开发是为了解决在强氧化性酸或氧化性强的混合酸环境下金属材料的应用。G-30®和 G-35®对热硫酸和热磷酸、含有杂质的硝酸及氢氟酸均有良好的耐蚀性，耐点蚀和缝隙腐蚀，耐氯离子应力腐蚀开裂。

3.3.1　均匀腐蚀

G-35®和几种对比合金的均匀腐蚀数据列于表 6[1]中。其中 N06625 公称成分为 60Ni-22Mo-9Mo-3.5Nb；C-276（UNS N10276）公称成分为 54Ni-16Mo-15Cr；HASTELLOY® C-2000®（UNS N06200）公称成分为 59Ni-23Cr-16Mo-1.6Cu，这 3 种合金均属于 Ni-Cr-Mo 合金，HASTELLOY® C-2000®和 C-276 属于 HASTELLOY®C 系列合金。由表 6 可知，从总体上看 G-35®耐均匀腐蚀性能强于 G-30®和 N06625 合金；在氧化性酸中 G-35®强于 C-276 和 HASTELLOY® C-2000®合金，在还原性酸中不如 C-276 和 HASTELLOY®C-2000®合金。

表 6　G-35®和对比合金的均匀腐蚀数据

酸介质	浓度(wt%)	温度(℃)	腐蚀速率(mm/a)				
			G-30®	G-35®	N06625	C-276	C-2000®
盐酸(Hydrochloric Acid)	1	沸腾	0.01	0.05	0.23	0.33	0.01
	5	79	2.65	1.23	4.65	0.75	<0.01
	10	38	0.44	0.17	0.30	0.17	<0.01
	20	38	0.30	0.42	0.36	0.14	0.16
氢氟酸(Hydrofluoric Acid)	1	79	NT	0.15	0.31	0.40	0.18
	5	52	NT	0.1	0.70	0.34	0.09
	10	52	NT	0.24	2.23	0.41	0.22
	20	52	NT	3.49	4.33	0.48	0.48

续表

酸介质	浓度(wt%)	温度(℃)	腐蚀速率(mm/a)				
			G-30®	G-35®	N06625	C-276	C-2000®
硫酸(Sulfuric Acid)	10	93	<0.01	<0.01	0.24	0.14	0.02
	20	93	0.36	0.01	0.58	0.40	0.03
	30	93	0.55	2.62	0.68	0.42	0.04
	40	79	0.04	<0.01	0.58	0.19	0.01
	50	79	0.26	2.30	0.89	0.26	0.02
硝酸(Nitric Acid)	20	沸腾	NT	<0.01	0.01	0.66	0.02
	40	沸腾	NT	0.01	0.14	4.42	0.24
	60	沸腾	0.16	0.06	0.46	16.21	0.94
	70	沸腾	NT	0.10	0.58	21.55	1.66
磷酸(Phosphoric Acid)	50	沸腾	0.01	0.01	0.02	0.18	0.03
	60	沸腾	0.14	0.01	0.16	0.28	0.08
	70	沸腾	0.35	0.11	0.89	0.13	0.15
	80	沸腾	0.61	0.42	4.90	0.31	0.40
醋酸(乙酸)(Acetic Acid)	99	沸腾	0.03	<0.01	<0.01	<0.01	<0.01
甲酸(蚁酸)(Formic Acid)	88	沸腾	0.05	0.07	0.24	0.04	0.01
ASTM G 28A(50% H_2SO_4 + 42 g/L $Fe_2(SO_4)_3$)	—	沸腾	0.17	0.09	0.48	5.97	0.67

(1)“湿法”磷酸腐蚀

“湿法”磷酸(P_2O_5)是由磷矿与硫酸反应制得的，是重要的工业化学品之一，是磷肥的基础原料。在生产过程中，含有许多杂质，而且由于磷酸是从另一个主要反应产物硫酸钙中分离出来的，这一过程需要大量的漂洗水，所以磷酸(P_2O_5)的浓度仅为30%左右。典型杂质包括未反应的硫酸、各种金属离子、氟离子和氯离子，颗粒物质(例如二氧化硅颗粒)也可能存在于“湿法”磷酸中。氟离子往往与金属离子形成络合物，因此氟离子对腐蚀性的影响比氯离子小。氯离子强烈影响“湿法”磷酸与金属之间的电化学反应。G-35®合金主要用于“湿法”磷酸浓缩过程中的蒸发器，如换热管。湿法生产磷酸需要通过一系列蒸发过程浓缩，通常在这个过程中 P_2O_5 的浓度会上升到54%。在浓缩过程中，杂质浓度随着磷酸浓度的增加而降低，这在一定程度上抵消了由于磷酸浓度的增加使腐蚀性变强的影响。

图1显示的是G-35®合金和其他有竞争力的金属材料在“湿法”磷酸中测试结果的比较，“湿法”磷酸来源于工厂实地，分3种浓度(36%、48%和54%)进行试验，获得腐蚀速率值，试验温度为121℃，这是“湿法”磷酸生产工艺过程中的温度下限(蒸发器的工作温度为120～200℃)。G-35®合金比G-30®合金或高铬不锈钢N08028合金和N08031合金(两种曾用于磷酸蒸发器的高级不锈钢)对“湿法”磷酸具有更强的耐蚀性。[1]

(2) G-35®合金ISO等腐蚀图

图2～图5[1]是G-35®合金分别在磷酸、硫酸、盐酸、硝酸中的ISO等腐蚀速率曲线图。所有腐蚀速率均以毫米/年(mm/a)为单位，换算成mils per year(MPY = mils/年，1 mils = 0.001英寸)除以0.0254。

对于给定的金属材料和介质，耐蚀程度可分为3个级别：“非常安全”，腐蚀速率范围为0～0.1 mm/a；“安全”，腐蚀速率范围为0.1～0.5 mm/a；“不安全”，腐蚀速率范围大于0.5 mm/a。

对于硝酸，在所有浓度(到70%)和所有温度范围(到沸点)中，其所预计的腐蚀率均小于0.1 mm/a。

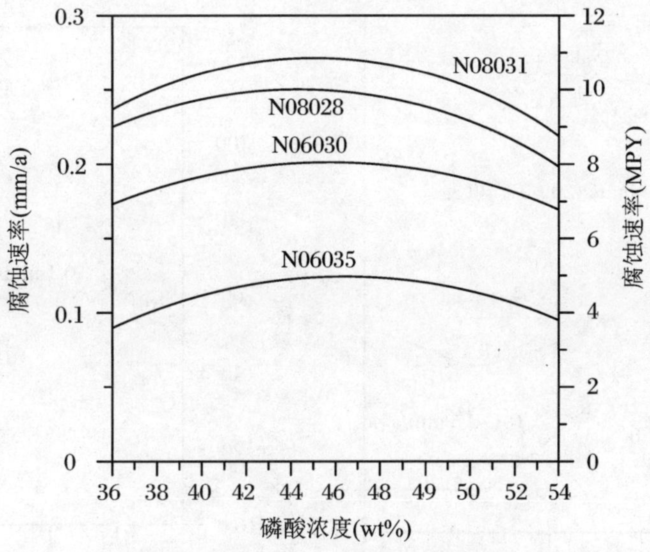

图 1　几种合金在"湿法"磷酸中的腐蚀速率

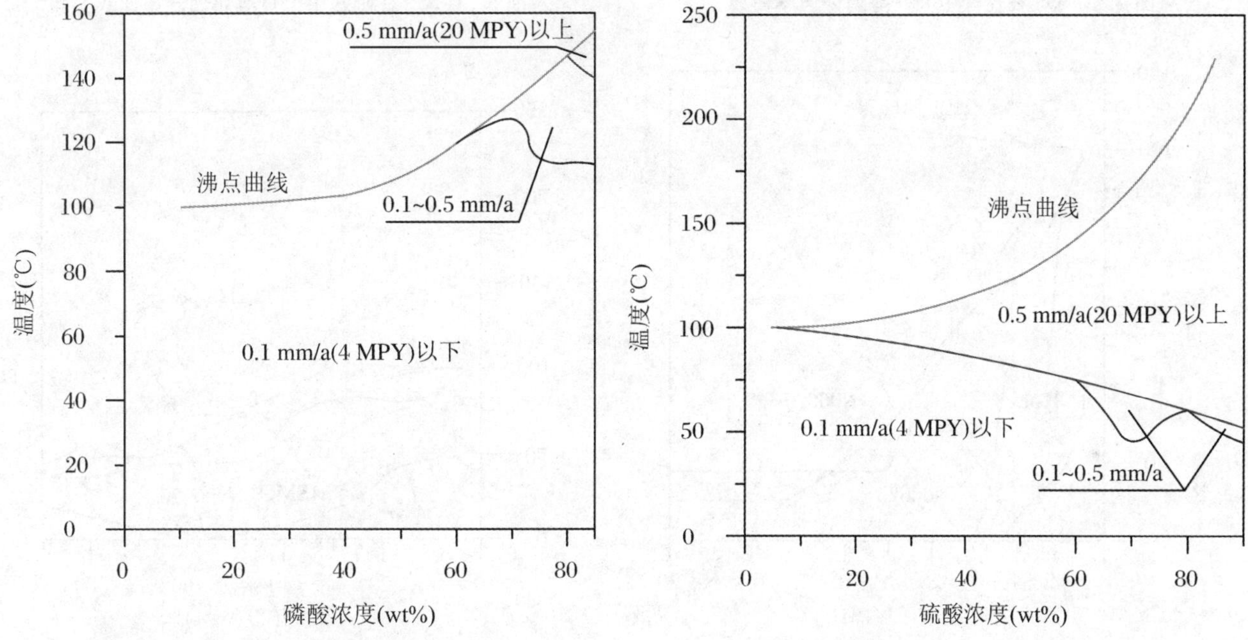

图 2　G-35® 在磷酸中 ISO 等腐蚀速率曲线　　**图 3　G-35® 在硫酸中 ISO 等腐蚀速率曲线**

(3) 比较 0.1 mm/a 线图

为了比较金属材料的耐腐蚀性能，可绘制 0.1 mm/a 等腐蚀曲线图。图 6 和图 7 分别绘制了 G-35®合金与 N06625 合金、254SMO®(UNS S31254)合金和 316L(UNS S31603)不锈钢在盐酸和硫酸中的等腐蚀曲线比较图。

可见，G-35®合金的耐蚀性能略优于 N06625 合金，远高于 254SMO®合金和 316L 不锈钢，盐酸的常压恒沸点的浓度为 20%(即 20%是盐酸在常压沸腾状态下所能保持的最高浓度，在试验中因沸腾蒸发而引起的浓度变化很小)。

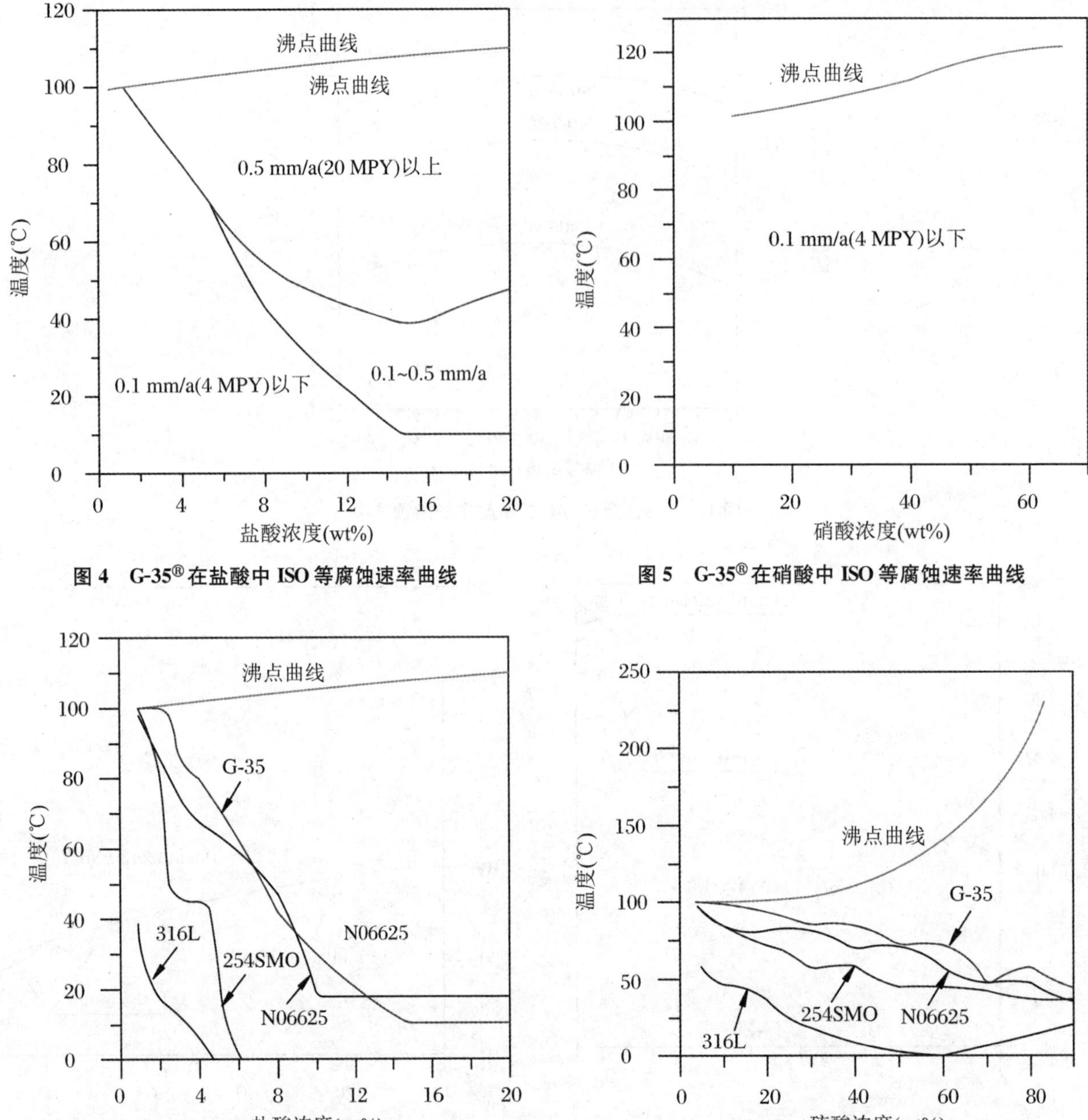

图 4　G-35®在盐酸中 ISO 等腐蚀速率曲线

图 5　G-35®在硝酸中 ISO 等腐蚀速率曲线

图 6　在盐酸中 0.1 mm/a 等腐蚀速率比较

图 7　在硫酸中 0.1 mm/a 等腐蚀速率比较

3.3.2　点蚀和缝隙腐蚀

G-35®合金具有良好的抗氯离子诱发的点蚀和缝隙侵蚀能力,而一些奥氏体不锈钢特别容易发生这种腐蚀。为了评估合金对点蚀和缝隙侵蚀的耐受性,通常按照 ASTM 标准 G 48 中规定的程序(G 48 方法 C 用于测试镍合金耐点蚀能力,G 48 方法 D 用于测试镍合金耐缝隙侵蚀能力)测试合金在含 6% $FeCl_3$ + 1% HCl 的酸性溶液中的临界点蚀温度(Critical Pitting Temperature, CPT)和临界缝隙侵蚀温度(Critical Crevice Temperature, CCT)。这些临界温度值表示在该溶液中 72 小时内遇到点蚀和缝隙侵蚀的最低温度。

含 Ni、Cr、Mo 的合金(包括奥氏体不锈钢和镍合金)最重要的性能之一是在含氯离子的水溶液(如海水)中抗点腐蚀和缝隙侵蚀,这种耐局部腐蚀的能力可以通过合金成分用耐点蚀当量数(Pitting Resistance Equivalent Number, PREN)来衡量。

由于 Cr、Mo、W、N 的合金化差异,不同合金之间的耐点蚀能力差异很大,有较高的 PREN 值的合金更耐局部腐蚀。PREN 值可以根据合金的化学成分按照耐点蚀当量数公式计算出来,通过耐点蚀当量数公式和腐蚀试验将合金的化学成分与临界点蚀温度联系起来，合金的临界点蚀温度越高越耐局部腐蚀。PREN = %Cr + 3.3×(%Mo) + 16×(%N)[2]是标准的不锈钢耐点蚀当量数计算公式，不适用于镍合金，镍合金的耐点蚀当量数计算公式修正为 PREN = %Cr + 1.5×(%Mo + %W + %Nb) + 30×%N[3]。表 7 中 316L 和 254SMO®按不锈钢计算 PREN 值，其余按镍合金计算。PREN 值是合金耐蚀性的评价方法，是相对而非绝对的耐蚀性标定，即使对于同一种合金，由于选取的化学成分概念(标准成分的上限值、下限值、平均值、公称值、实测值)不同，计算出的 PREN 值也不同。

由于计算公式的不同，不锈钢的 PREN 值即使高于镍合金时，也不能断定不锈钢耐点蚀能力就高于镍合金，一般情况下镍合金的耐点蚀能力要高于不锈钢。由表 7 可见，由于高 Cr、Mo 含量使 G-35®合金的 PREN 值达到了 45，是表 7 合金中最高的。因此，G-35®合金的耐点蚀和缝隙腐蚀的能力优于超级奥氏体不锈钢 254SMO® 和铁镍基耐蚀合金 G-30®、N08031、N08028 等。G-35® 合金的临界点蚀温度接近于 N06625，也显著高于表 7 中的其他合金。

表 7　几种合金的临界点蚀温度和临界缝隙侵蚀温度试验结果

合金	化学公称成分(wt%)								PREN	CPT(℃)	CCT(℃)
	Ni	Fe	Cr	Mo	Cu	W	Nb	N			
316L	12	Rem	18	2.5	—	—	—	0.10*	26.2	15	0
254SMO®	18	Rem	20	6	0.8	—	—	0.20	43	60	30
N08028	31	31Rem	28	3.5	1.0	—	—	—	33.2	45	17.5
N08031	31	31Rem	27	7	1.2	—	—	0.20	43.5	72.5	42.5
G-30®	43Rem	15	30	5.5	2	2.5	1.0	—	43.5	67.5	37.5
G-35®	58Rem	2.0*	33	8	—	—	—	—	45	95	45
N06625	60	5.0*	22	9	—	—	3.5	—	40.7	100	40

注：Rem 表示余量；* 表示最多。

3.3.3　应力腐蚀

镍合金的主要属性之一是抗氯化物引起的应力腐蚀开裂。45%氯化镁沸腾溶液是评价材料抵抗这种极具破坏性侵蚀开裂的常用试剂(ASTM G-36)，以典型的 U 形弯曲试样检验。从表 8 显而易见，由于镍含量高，G-35®镍基合金比铁镍基合金(G-30®、N08028、N08031)和奥氏体不锈钢(316L、254SMO®)更能抵抗高浓度氯化物应力腐蚀开裂。由于镍含量相当，G-35®合金与 N06625 和 HASTELLOY® C-2000®的耐应力腐蚀开裂能力接近。

表 8　几种合金应力腐蚀开裂时间试验结果

合金	侵蚀至开裂时间*
316L	2 h
254SMO®	24 h
N08028	36 h
N08031	36 h
G-30®	168 h
G-35®	侵蚀 1008 h 无开裂
N06625	侵蚀 1008 h 无开裂
HASTELLOY® C-2000®	侵蚀 1008 h 无开裂

注：* 侵蚀时间到 1008 h(即 6 周)后停止。

4 制造工艺

4.1 成形

G-35®合金具有优良的成形特性,冷成形是首选的成形方法。该合金具有良好的延展性,易于冷加工成形。因含镍量高,不含铜,G-35®合金热加工性能优于G-30®合金。

4.1.1 热成形

G-35®合金可热锻、热轧、热镦锻、热挤压和热成形。但是,与奥氏体不锈钢相比,它对应变和应变速率更敏感,而且热加工温度范围较窄,例如,推荐的热锻的起始温度为1204 ℃(2200 ℉),推荐的终锻温度为954 ℃(1750 ℉)。适当的锻造比(减薄量)和频繁的重新加热会提供最好的性能结果。热成形的部件在最终制造后应进行固溶退火。

4.1.2 冷成形

G-35®合金比大多数奥氏体不锈钢更坚硬,在冷成形过程中需要更大的力。此外,G-35®合金比大多数奥氏体不锈钢更容易冷作硬化,可能需要分步冷成形和中间退火。虽然冷成形通常不影响HASTELLOY®合金对均匀腐蚀、氯离子诱发的点蚀和缝隙腐蚀的抵抗能力,但它可以影响对应力腐蚀开裂的抵抗能力。因此,为了获得最佳的腐蚀性能,冷成形部件的再退火消除应力(外纤维延伸率达到7%或更高[1])是很重要的。

4.2 焊接

G-35®合金有较高的热稳定性(抵抗热过程中第二相的形成),易于焊接,并且使焊接热影响区的敏感性降到最低。

4.2.1 焊接方法

G-35®合金非常适合于用钨极氩弧焊(GTAW/TIG)、焊条电弧焊(SMAW/STICK)和气体保护焊(GMAW(GAG/MIG))等工艺焊接。对于薄壁焊和根部焊道,最好采用钨极氩弧焊;对于厚板焊,首选气体保护焊;对于现场焊,焊条电弧焊更受青睐。不推荐采用埋弧焊,因其热输入量大,焊接接头冷却缓慢,不论其力学性能还是其耐蚀性能都会受到损害。

4.2.2 焊接材料

填充金属有实芯焊丝和药皮焊条。焊材选用见表9,焊材的主要化学成分见表10。所选用的焊材与母材在化学成分上是相同的,这一点可以从母材与焊材有相同的UNS编号确定。

表9 HASTELLOY®G系列合金焊材选用表

母材		焊丝标准 ASME Ⅷ-1—2019 SFA-5.14		焊条标准 ASME Ⅷ-1—2019 SFA-5.11	
商业牌号	UNS No.	AWS 分类号	UNS No.	AWS 分类号	UNS No.
G-30®	N06030	ERNiCrMo-11	N06030	ENiCrMo-11	W86030
G-35®	N06035	ERNiCrMo-22	N06035	ENiCrMo-22	W86035

表 10 HASTELLOY®G 系列合金焊材主要化学成分标准值(wt%)

焊材	C	Fe	Cu	Cr	Mo	W	Ni
AWS A5.14ERNiCrMo-22	0.05	2.00	0.30	32.25～34.25	7.60～9.00	0.60	Rem
AWS A5.11ENiCrMo-22	0.05	2.00	0.30	32.25～34.25	7.60～9.00	0.60	Rem
AWS A5.14ERNiCrMo-11	0.03	13.0～17.0	1.0～2.4	28.0～31.5	4.0～6.0	1.5～4.0	Rem
AWS A5.11ENiCrMo-11	0.03	13.0～17.0	1.0～2.4	28.0～31.5	4.0～6.0	1.5～4.0	Rem

注:标准值中的单值为最大值。

4.2.3 焊接注意事项

焊接前,应彻底清洁焊接表面及两侧相邻区域,对其进行彻底脱脂,所有油脂、蜡笔记号、硫化物和其他异物应彻底清除。未开封的焊条不需要烘干,开封后未使用的焊条应储存在保温箱中,保温温度为 121～200 ℃(250～400 ℉)。使用 GTAW 或 GMAW 焊接时,根部焊道的背面需另加惰性气体保护。对于 GTAW,宜采用具有高频起弧和电流衰减收弧的恒流电源。对于 SMAW,打磨根部焊道的背面至见完全的金属光泽是必要的。如果在 GMAW 焊接过程中使用了含有 CO_2 的保护气体,应在每道焊道之间打磨去除黑色的氧化层(见金属光亮)。当 GMAW 处于射流过渡(Spray Transfer)和协同化控制过渡(Synergic Transfer 可变脉冲 120 A 以上)的熔滴过渡模式时,推荐使用水冷式焊炬。

此外,强烈反对直接焊接冷变形后的部件,因为冷变形后的材料受热敏化更快,并引起残余应力。对于冷变形部件,应在焊接前进行固溶退火。

为了尽量减少第二相在焊接热影响区的析出,使焊接部件具有最佳的耐腐蚀性能,应通过以下方法避免过多的热输入[4]:

(1) 尽量减少焊接操作中的摆动,即采用直进焊,宽焊缝多道焊。

(2) 避免缓慢的焊接速度,特别是在焊接薄板时。

(3) 控制层间温度,一般为 93 ℃或以下。

(4) 每一层焊后立即水冷。

对于 G-35®,不宜在 650 ℃进行焊后消除应力热处理。如果需要消除应力,应对其进行固溶处理,保温一段时间后,水冷或快速空冷。

4.2.4 焊接工艺参数

表 11～表 13 为 HASTELLOY®G 合金典型焊接工艺参数。[4]

表 11 HASTELLOY®G 合金 GTAW 典型焊接工艺参数(平位)

板厚(mm)	钨极(mm)	焊材(mm)	焊接电流(A)	电弧电压(V)	焊接速度(mm/min)	保护气体
0.8～1.6	Φ1.6	Φ1.6	15～60	9～12	100～150	100%Ar
1.6～3.2	Φ1.6/2.4	Φ1.6/2.4	50～95	9～12	100～150	
3.2～6.4	Φ2.4/3.2	Φ2.4/3.2	75～150	10～13	100～150	
>6.4	Φ2.4/3.2	Φ2.4/3.2	95～200	10～13	100～150	

注:电流极性:直流正接(DCSP);焊枪气体流量:约 12 L/min。

表 12 HASTELLOY®G 合金 SMAW 典型焊接工艺参数(平位)

焊材(mm)	电流极性	焊接电流(A)	电弧电压(V)
Φ2.4	直流反接(DCRP)	55～75	22～24
Φ3.2		80～110	22～24
Φ4.0		130～150	22～26

表 13 HASTELLOY® G 合金 GMAW 典型焊接工艺参数(平位)

溶滴过渡形式	送丝速度(mm/s)	焊接电流(A)	电弧电压(V)	焊接速度(mm/min)	保护气体
短路弧(Short Arc)	74～95	75～160	19～22	200～250	75% Ar+ 25% He
固定脉冲(Fixed Pulse)	—	120～150 峰 250～300	18～22	250～380	
可变脉冲(Synergic)	—	100～175	—	250～380	
射流过渡(Spray)	106～148	190～250	30～32	250～380	100% Ar

注:焊材直径 Φ1.1;电流极性:直流反接(DCRP);焊炬气体流量:约 16 L/min。

4.2.5 焊接强度

表 14[1] 为 G-35® 合金焊缝金属强度典型值。

表 14 G-35® 合金焊缝金属强度典型值

焊接工艺	试样型式	试验温度(℃)	试验温度(℉)	抗拉强度 Rm(MPa)	屈服强度 Rp 0.2(MPa)	延伸率 A_{50}(%)
GTAW	横向试样 厚度 12.7 mm	室温	室温	696	438	44.0
		260	500	545	310	40.0
		538	1000	448	249	37.0
GMAW(可变脉冲)	横向试样 厚度 12.7 mm	室温	室温	724	459	31.5
		260	500	555	335	43.0
		538	1000	501	246	51.0
	全焊缝金属试样 直径 Φ12.7 mm	室温	室温	696	486	43.0
		260	500	538	336	46.0
		538	1000	441	302	42.0

4.3 热处理

除非另有协议,G-35® 合金的压力加工型材是在工厂退火条件下供货的。为优化合金的耐蚀性和延展性,退火工艺是固溶处理。在所有热成形操作之后,材料应重新固溶退火,以恢复最佳性能。合金也需要在任何导致产生 7%或以上的外纤维延伸率的冷成形后重新固溶退火。G-35® 合金标准的退火温度为 1121 ℃(2050 ℉),宜采用水淬(工件厚度小于 10 mm,也可采用快速空冷)。推荐在退火温度下保温 10～30 min,保温时间取决于工件厚度(厚度大的工件需要保持足额的 30 min)。

5 应　用

G-30® 合金常用于烟气脱硫系统(烟气洗涤器)、造纸、磷酸生产的蒸汽发生器和热交换器之中。用该合金制成的油井管具有优异的抗 H_2S、CO_2、Cl^- 腐蚀性能,是酸性气田油井管的最佳选材。在 ASME Ⅷ-1—2019 规范中 G-30® 合金使用温度上限为 343 ℃(第 12 卷)和 427 ℃(其他卷)。

G-35® 合金主要应用于"湿法"磷酸生产中浓缩蒸发器,其次应用于强氧化性酸或含 F^-、Cl^- 氧化性离子还原性酸的装置或部件,使用硝酸和氢氟酸的酸洗设备,苛性碱中和系统,涉及硝酸和氯化物的化工系统。在 ASME Ⅷ-1—2019 规范中 G-35® 合金使用温度上限为 427 ℃(所有卷)。

6 结论

G-35®合金能够满足“湿法”磷酸蒸发器对材料的耐蚀性要求；与前合金 G-30®及 6%钼不锈钢相比，在 36%～54%“湿法”磷酸中具有更强的抗腐蚀能力，具有更好的抵抗由氯离子引起的局部腐蚀和应力腐蚀开裂能力，并且具有更好的热稳定性。在现代应用中应首选新型 G-35®合金。

注册商标说明：HASTELLOY，G-30，G-35，C-2000 是 HAYNES 公司注册商标；254SMO 是 OUTOKUMPU 公司注册商标；Sanicro 是 SANDVIK 公司注册商标；Nicrofer 是 ThyssenKrupp VDM 公司注册商标。

参考文献

[1] H-2121A-2017 HASTELLOY® G-35® alloy [Z]. HAYNES International，Inc.
[2] 中华人民共和国国家质量监督检验检疫总局，中国国家标准化管理委员会.承压设备用不锈钢和耐热钢钢板和钢带：GB/T 24511—2017[S].北京：中国标准出版社，2017.
[3] 康喜范.镍及其耐蚀合金[M].北京：冶金工业出版社，2016.
[4] H-2078C-2002 HASTELLOY® G-30® alloy Welding Data [Z]. HAYNES International，Inc.

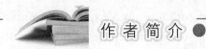

作者简介

邢卓（1968—），男，汉族，教授研究员级高级工程师，从事压力容器和膨胀节焊接工艺工作。通信地址：沈阳市浑南区浑南中路 49－29 号沈阳仪表科学研究院有限公司。E-mail：xingzhuo0802@sina.com。

波纹管热处理的探讨

潘兹兵　王　旭　秦海鹏　牛玉华
（南京晨光东螺波纹管有限公司，南京 211153）

摘要：本文对比了常用膨胀节标准中对波纹管成形后热处理的一些要求，探讨成形后热处理对波纹管性能的影响。

关键词：热处理；柱失稳；平面失稳

Discussion On Heat Treatment of Bellows

Pan Zibing, Wang Xu, Qin Haipeng, Niu Yuhua
(Aerosun-Tola Expansion Joint Co. Ltd., Nanjing 211153)

Abstract: This article compares some requirements of the commonly used expansion joint standards for the heat treatment of the bellows after forming, and discusses the influence of the heat treatment after forming on the performance of the bellows.

Keywords: heat treatment; column instability; in-plane instability

1　概述

热处理是指材料在固态下，通过加热、保温和冷却的手段，以获得预期组织和性能的一种金属热加工工艺。在波纹管的制造工艺过程中及在波纹管获得弹性性能上，热处理是重要的工艺。波纹管成形后热处理的主要目的有两个：一是消除应力热处理，防止应力腐蚀；二是恢复材料高温或低温性能。常用的国内外膨胀节标准对于波纹管是否需要进行成形后热处理及热处理温度、时间给出了一些规定。

2　各标准对于波纹管热处理的规定

EJMA—2015 中提及成形后波纹管热处理对波纹管承压能力有不利的影响，同时说明成形后消除应力或退火并不能够增加疲劳寿命，将是否需要成形后热处理这一选项交由客户决定。[1]如果需要进行成形后热处理则按照 ASME 规范的要求或材料生产厂家所推荐的方法进行。[2-3]

GB/T 16749—2018 中热处理相关的要求主要是在 GB 150.4—2011 的基础上，考虑波纹管的特殊性而规定冷作成形的波纹管符合下列条件之一者，成形后进行恢复性能热处理：[4-5]

(1) 图样注明有应力腐蚀的介质；

(2) 用于毒性极度、高度危害介质；

(3) 冷作成形碳素钢、低合金钢材料波纹管；

(4) 奥氏体不锈钢、镍和镍合金、钛和钛合金等有色金属波纹管冷作成形后可不进行热处理，但符合下列条件之一者，成形后应进行热处理：

① 波纹管成形前厚度大于 10 mm；

② 波纹管成形变形率≥15%（当设计温度低于 −100 ℃，或高于 510 ℃时，变形率控制值为 10%）。

从 GB/T 16749—2018 的规定可以看出，对于常用的薄壁奥氏体不锈钢或镍和镍合金波纹管，其热处理主要有两个条件：一是盛装毒性为极度危害或高度危害介质或有应力腐蚀的介质；另一个是变形率需大于一定值。但是标准没有进一步给出具体的热处理参数。

GB/T 12777—2019 中关于热处理的规定与 EJMA—2015 类似，并没有明确提出对波纹管成形后是否需进行热处理的判定规定。[6]

ASME B31.3—2016 附录 X 的设计要求依赖于 EJMA—2015，也并没有规定是否需要进行波纹管成形后热处理。

ASME Ⅷ-1—2019 附录 26 的表 26-2-1 中因为已经限定最高设计温度在 425 ℃以下，因此不会触发 UHA-44 和 UNF-79 相应的规定，附录 26 中亦未明确规定是否需要进行波纹管成形后热处理，但是 ASME Ⅷ-1—2019 的 UHA-44 和 UNF-79 中关于不同材料设计温度高于一定值且成形变形率大于一定值后的热处理要求对采用其他标准设计时具有一定的指导意义，UHA-44 规定了合金钢材料冷作成形后具备两个条件需进行固溶退火处理：一是设计金属温度高于一定值，另一个是成形变形率大于一定值，见表 1。

同样，ASME Ⅷ-1—2019 的 UNF-79 规定了非铁基金属材料冷作成形后具备两个条件需进行固溶退火处理：一是设计金属温度高于一定值，另一个是变形率大于一定值，见表 2。

表 1　UHA-44 成形加工后应变限制和要求的热处理

等级	UNS 号	低温度范围限制			高温度范围限制		当设计温度和成形应变超过范围的最低热处理温度(℃)
		设计温度(℃)		成形应变超过值(%)	设计温度(℃)	成形应变超过值(%)	
		高于	小于或等于				
201－1	S20100 封头	所有	所有	所有	所有	所有	1065
201－1	S20100 所有其他零件	所有	所有	4	所有	4	1065
201－2	S20100 封头	所有	所有	所有	所有	所有	1065
201－2	S20100 所有其他零件	所有	所有	4	所有	4	1065
201LN	S20153 封头	所有	所有	所有	所有	所有	1065
201LN	S20153 所有其他零件	所有	所有	4	所有	4	1065
204	S20400 封头	所有	所有	4	所有	4	1065
204	S20400 所有其他零件	所有	所有	4	所有	4	1065
304	S30400	580	675	20	675	10	1040
304H	S30409	580	675	20	675	10	1040
304L	S30403	580	675	20	675	10	1040
304N	S30451	580	675	15	675	10	1040
309S	S30908	580	675	20	675	10	1095
310H	S31009	580	675	20	675	10	1095
310S	S31008	580	675	20	675	10	1095
316	S31600	580	675	20	675	10	1040
316H	S31609	580	675	20	675	10	1040
316N	S31651	580	675	15	675	10	1040
321	S32100	540	675	15 *	675	10	1040
321H	S32109	540	675	15 *	675	10	1095
347	S34700	540	675	15	675	10	1040
347H	S34709	540	675	15	675	10	1095
347LN	S34751	540	675	15	675	10	1040
348	S34800	540	675	15	675	10	1040
348H	S34809	540	675	15	675	10	1095

表 2　UNF-79 成形加工后应变限制和要求的热处理

等级	UNS 号	低温度范围限制			高温度范围限制		当设计温度和成形应变超过范围的最低热处理温度(℃)
		设计温度(℃)		成形应变超过值(%)	设计温度(℃)	成形应变超过值(%)	
		高于	小于或等于				
…	N06002	540	675	15	675	10	1105
…	N06022	580	675	15	…	…	1120
…	N06025	580	650	20	650	10	1205
…	N06045	595	675	15	675	10	1175
…	N06059	580	675	15	675	10	1120
…	N06230	595	760	15	760	10	1205
600	N06600	580	650	20	650	10	1040
601	N06601	580	650	20	650	10	1040
617	N06617	540	675	15	675	10	1150
625	N06625	540	675	15	675	10	1095
690	N06690	580	650	20	650	10	1040
…	N08120	595	675	15	675	10	1190
…	N08330	595	675	15	675	10	1040
800	N08800	595	675	15	675	10	980
800H	N08810	595	675	15	675	10	1120
…	N08811	595	675	15	675	10	1150
…	N1003	595	675	15	675	10	1175
…	N10276	565	675	15	675	10	1120
…	N12160	565	675	15	675	10	1065
…	R30556	595	675	15	675	10	1175

3　波纹管热处理对性能的影响

无论是 GB/T 12777—2019、EJMA—2015、GB/T 16749—2018，还是 ASME Ⅷ-1—2019，对于波纹管热处理态的定义都是指波纹管成形后经固溶或退火处理的状态。

波纹管成形后热处理主要是：① 防止应力腐蚀；② 恢复性能热处理。对于波纹管常用奥氏体不锈钢材料，恢复性能热处理则需要进行固溶处理。如果只是为了消除冷作成形应力，通常在较低温度进行消除应力热处理即可。温度低于材料的再结晶温度，没有明显改善或恢复材料力学性能不属于波纹管的热处理态。波纹管热处理态的影响主要表现在材料强度、刚度、柱失稳和平面失稳方面。

3.1　材料强度

EJMA—2015 标准中低于蠕变温度的材料强度系数 C_m：

$C_m = 1.5$，热处理态；

$C_m = 1.5Y_{sm}$，成形态[1.5,3.0]。

$$S_3 + S_4 \leqslant C_m S_{ab}\quad（蠕变温度以下）$$

其他常用标准相关评定要求都与 EJMA—2015 一致，即设计温度在材料蠕变温度以下时，热处理态在进行应力校核时较成形态评定条件更为苛刻。

3.2 刚度

常用标准给出了波纹管(非加强型)刚度的计算公式，见表 3。

表 3 常用标准刚度计算公式

	f_{iu}
EJMA—2015	$f_{iu}=1.7\dfrac{D_m E_b t_p^3 n}{w^3 C_f}$
GB/T 12777—2019	$f_{iu}=1.7\dfrac{D_m E_b^t \delta_m^3 n}{h^3 C_f}$
GB/T 16749—2018	$f_{iu}=1.7\dfrac{D_m E_b^t t_p^3 n}{h^3 C_f}$
ASME Ⅷ-1—2019	$K_b=\dfrac{\pi}{2(1-\nu_b^2)}\dfrac{n}{N}E_b D_m\left(\dfrac{t_p}{w}\right)^3\dfrac{1}{C_f}$

波纹管成形后状态的变化并没有反映到表 3 的刚度公式中，理论计算成形态与热处理态的刚度值相同。采用表 4 所列成形态波纹管试件进行刚度试验，测得试件 1 的位移-反力曲线见图 1，试验表明成形态波纹管保持了较好的弹性变形能力，经过拟合，其实测刚度值较接近理论刚度值，因此表 3 用于计算成形态波纹管刚度是可行的。

表 4 成形态试件刚度试验波纹管参数

试件	D_b	W	q	n	t	N	f_{iu}	波纹管材料
1	683	48	48	2	0.8	5	303	304L

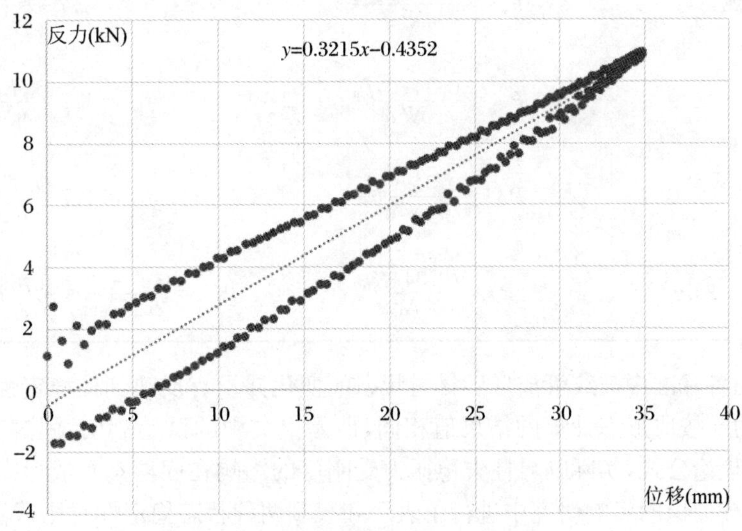

图 1 试件 1 的位移-反力曲线

文献[7]中采用了表 5 所列的两个热处理态波纹管试件进行刚度试验，测得试件的位移-反力曲线见图 2 和图 3，曲线图中初始阶段实验刚度值与理论值较接近，但位移-反力曲线斜率下降较快，尤其是试件 2，在位移达到 10 mm 后基本进入全塑性状态，实验表明固溶态波纹管的工作刚度远小于理论刚度，固溶处理对波纹管刚度的影响不容忽视。

表 5　热处理态试件刚度试验波纹管参数[6]

试件	D_b	W	q	n	t	N	f_{iu}	波纹管材料
2	157	25	26	1	1.0	10	237	304
3	463	53	55	1	1.0	5	185	304

此处是以非加强型波纹管为例进行的讨论,加强型波纹管与非加强型的刚度情况一致,本文不再赘述。

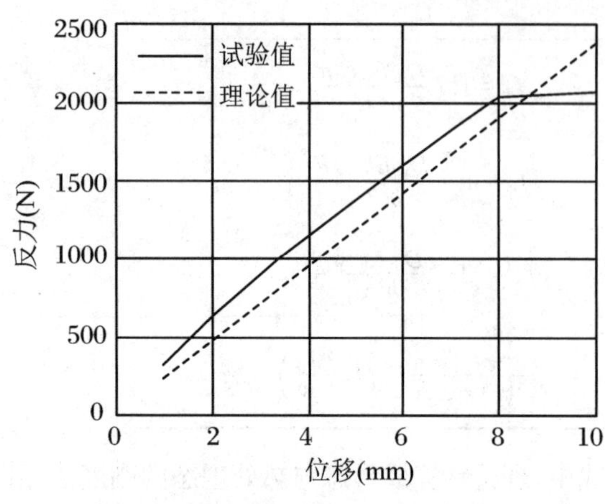

图 2　试件 2 的位移-反力曲线[6]

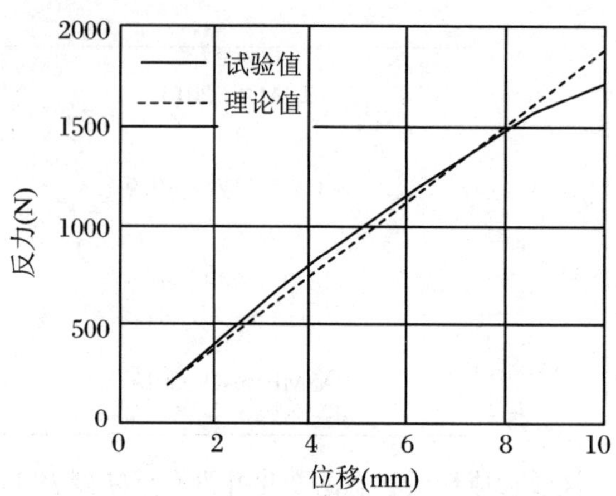

图 3　试件 3 的位移-反力曲线[6]

3.3　柱稳定性

常用标准给出了波纹管(非加强型)柱失稳的计算公式,见表 6。

表 6　常用标准柱失稳相关计算公式

	P_{sc}	f_{iu}
EJMA—2015	$P_{sc}=\dfrac{0.34\pi C_\theta f_{iu}}{N^2 q}$	$f_{iu}=1.7\dfrac{D_m E_b t_p^3 n}{w^3 C_f}$
GB/T 12777—2019	$P_{sc}=\dfrac{0.34\pi C_\theta f_{iu}}{N^2 q}$	$f_{iu}=1.7\dfrac{D_m E_b \delta_m^3 n}{h^3 C_f}$
GB/T 16749—2018	$P_{sc}=\dfrac{0.34\pi C_\theta f_{iu}}{N^2 q}$	$f_{iu}=1.7\dfrac{D_m E_b^t t_p^3 n}{h^3 C_f}$
ASME Ⅷ-1—2019	$P_{sc}=\dfrac{0.34\pi K_b}{Nq}$	$K_b=\dfrac{\pi}{2(1-\nu_b^2)}\dfrac{n}{N}E_b D_m\left(\dfrac{t_p}{w}\right)^3\dfrac{1}{C_f}$

从表 6 中可以看出各标准中波纹管成形后材料状态的变化并没有反映到柱稳定性公式中,按公式计算热处理态的柱失稳压力与按成形态计算的结果值相同,但是上文中的试验表明,固溶态波纹管的工作刚度远小于理论刚度,根据理论公式,实际临界柱失稳压力受刚度的影响在固溶态和成形态时应有较大差异,文献[7]在验证热处理对柱失稳的影响研究中进行了表 7 和表 8 两种状态稳定性对比试验。

表 7　固溶态波纹管稳定性试验数据[6]

序号	D_b	W	q	n	t	N	实验项目	P_{sc}设计值	P_t实测值	P_t/P_{sc}
1	463	55	55	1	1.0	5	平面失稳	0.20	0.43	2.15
2	157	26	26	1	1.0	10	柱失稳	0.85	1.3	1.53
3	157	26	26	1	1.0	10	柱失稳	0.85	1.4	1.65

表 8 成形态波纹管稳定性试验数据[6]

序号	D_b	W	q	n	t	N	实验项目	P_{sc}设计值	P_t实测值	P_t/P_{sc}
1	463	55	55	1	1.0	5	平面失稳	0.38	0.73	1.92
2	157	26	26	1	1.0	10	柱失稳	0.85	2.6	3.06
3	157	26	26	1	1.0	10	柱失稳	0.85	2.9	3.41

表 8 实测的成形态波纹管的临界柱失稳压力基本是表 7 实测的固溶态波纹管临界柱失稳压力的 2 倍，因此在进行柱稳定性计算时，热处理态波纹管的柱失稳压力设计计算结果宜取标准计算公式计算结果的一半。此处是以非加强型为例进行的讨论，加强型与非加强型情况一致，本文不再赘述。

3.4 平面稳定性

常用标准给出了波纹管(非加强型)平面失稳的计算公式，见表 9。

表 9 常用标准平面失稳相关计算公式

	P_{si}	S_y	C_m
EJMA—2015	$P_{si}=\dfrac{1.3AcS_y}{K_r D_m q\sqrt{a}}$	$S_y=\dfrac{0.67C_m S_{ym} S_{yh}}{S_{yc}}$	$C_m=1.5$，退火态 $C_m=1.5Y_{sm}$，成形态[1.5，3.0]
GB/T 12777—2019	$P_{si}=\dfrac{1.3AcuR^t_{p0.2y}}{K_r D_m q\sqrt{a}}$	$R^t_{p0.2y}=\dfrac{0.67C_m R_{p0.2m} R^t_{p0.2}}{R_{e0.2}}$	$C_m=1.5$，退火态 $C_m=1.5Y_{sm}$，成形态[1.5，3.0]
GB/T 16749—2018	$P_{si}=\dfrac{1.3AcR^t_{ely}}{K_r D_m q\sqrt{a}}$	$R^t_{ely}=\dfrac{0.67C_m R_{eLm} R^t_{eL}}{R_{eL}}$	$C_m=1.5$，退火态 $C_m=1.5Y_{sm}$，成形态[1.5，3.0]
ASME Ⅷ-1—2019	$P_{si}=(\pi-2)\dfrac{AS^*_y}{D_m q\sqrt{a}}$	$S^*_y=0.75S_y$ 退火态 $S^*_y=2.3S_y$ 成形态	

理论计算公式以及表 7 和表 8 的对比试验都表明平面失稳压力的结果受波纹管成形后的状态影响，成形态波纹管经固溶处理后其平面失稳压力会有大幅降低。

4 结论

(1) 常用标准除 GB/T 16749—2018 外均没有明确提出需要成形后热处理的强制要求，但是当应用于某些具有应力腐蚀或高温等特殊场合时，成形后进行固溶处理将有益于波纹管更稳定持久地工作。

(2) 成形态波纹管的实际刚度与理论计算值较接近，固溶处理对刚度的影响不容忽视，波纹管固溶处理后工作刚度远小于理论刚度虽有利于管道支架的受力，但会降低波纹管的强度及稳定性，在按标准设计时需要特别注意实际工作刚度及柱失稳压力达不到标准中理论公式的计算结果，避免因此造成失效。

参考文献

[1] Expansion Joint Manufacturers Association. Standards of the Expansion Joint Manufacturers Association：EJMA—2015[S].

[2] The American Society of Mechanical Engineers. Process Piping Appendix X Metallic Bellows Expansion Joints：ASME B31.3—2016[S].

[3] The American Society of Mechanical Engineers. Mandatory Appendix 26 Bellows Expansion

Joints:ASME Ⅷ-1—2019[S].

[4] 国家市场监督管理总局,中国国家标准化管理委员会.压力容器波形膨胀节:GB/T 16749—2018[S].北京:中国标准出版社,2018.

[5] 中华人民共和国国家质量监督检验检疫总局,中国国家标准化管理委员会.压力容器:GB/T 150—2011[S].北京:中国标准出版社,2012.

[6] 国家市场监督管理总局,中国国家标准化管理委员会.金属波纹管膨胀节通用技术条件:GB/T 12777—2019[S].北京:中国标准出版社,2019.

[7] 常谦.固溶处理对波纹管性能影响的试验研究[C]//第六届全国膨胀节学术交流会论文集,青岛,1999:61-64.

作者简介

潘兹兵(1989—),男,工程师,从事波纹膨胀节的设计、研究工作。通信地址:南京市江宁开发区将军大道 199 号。E-mail:panzibing@aerosun-tola.com。

波纹管热处理后的表面处理方案探讨

秦海鹏　牛玉华　王　旭　潘兹兵

（南京晨光东螺波纹管有限公司，南京 211153）

摘要：本文介绍了常见的热处理后波纹管表面处理技术，比较了这几种表面处理技术的优缺点，对波纹管热处理后表面处理技术方案进行了探讨。

关键词：波纹管；酸洗钝化；喷丸；水喷砂；激光

Discussion on Scheme of Surface Treatment After Heat Treatment of Bellows

Qin Haipeng, Niu Yuhua, Wang Xu, Pan Zibing

(Aerosun-Tola Expansion Joint Co. Ltd., Nanjing 211153)

Abstract: This article introduces the common surface treatment technology of bellows after heat treatment, compares the advantages and disadvantages of these surface treatment technologies, and discusses the technical solutions for the surface treatment of bellows after heat treatment.

Keywords: bellow; pickling passivation; shot blast; water to sandblast; laser

1　引言

为了确保波纹管在位移、温度、压力、介质等各种工况条件下能够正常运行，时常要对波纹管进行热处理，使波纹管在热处理后获得更好的机械性能、物理性能以及耐蚀性能。但在热处理后波纹管表面会覆盖一层黑色氧化皮，氧化皮的存在会影响波纹管的性能和外观，必须将其清除才能使波纹管发挥出最佳性能。本文介绍了波纹管热处理后的几种常见表面处理技术，通过表面处理技术的对比及方案探讨，为选择波纹管热处理后表面处理技术方案提供参考，以提高波纹管的使用寿命和可靠性。

2　波纹管热处理后表面处理技术

表面处理技术是利用各种物理的、化学的或机械的方法，使金属获得特殊的成分、组织结构和性能的表面，以提高金属使用寿命的技术。随着技术水平的发展，目前金属表面处理技术已经越来越多，而能够适用于波纹管热处理后表面处理的技术主要有以下几种：酸洗钝化、水喷砂、喷丸和激光等。[1-4]

2.1　酸洗钝化

酸洗钝化是一种传统的表面处理技术，利用酸洗液（膏）去除不锈钢表面氧化物和锈蚀，再利用钝化液（膏）或者电化学等方法在不锈钢表面形成具有一定厚度的、致密的以及覆盖性良好的钝化膜，将腐蚀介质与基体隔开。研究表明，钝化膜是以 Cr、Fe、Mo 等为主的氧化物组成，钝化膜厚度为 1～10 nm，其厚度直接决定了钝化膜的耐蚀效果。酸洗钝化工艺流程包含了清洗除油、洗涤、酸洗钝化、洗涤、中和、洗涤、烘干等过程，缺点是人工效率偏低，废液处理麻烦，而且污染环境、腐蚀厂房及周围设备，危害人体健康。

2.2 喷丸

喷丸是工厂广泛采用的一种表面处理技术,用机械或净化的压缩空气,将钢丸、玻璃或陶瓷强烈地喷向金属表面,利用磨料强力的撞击作用,使金属基材发生塑性变形,而氧化膜没有塑性破碎后直接剥离,从而达到清除表面的污垢、氧化皮和毛刺等以及修饰外观的目的。喷丸处理使金属表面获得一定的粗糙度,提高机械强度、抗疲劳性、耐磨性和耐腐蚀性,并消除焊接的残余应力。喷丸设备简单,成本低廉,操作方便,但喷丸过程产生的粉尘多,工作环境较差,劳动强度大,金属磨损量也比较大。

2.3 水喷砂

水喷砂是近年来发展起来的一种新的清洗技术,水喷砂将水射流和喷砂两项技术结合起来,同时具备了水射流的环保和喷砂清除附着物的特性。水喷砂是以高压水射流为动力,通过喷枪将喷料高速喷出,借助磨料的冲击力、切削力和摩擦力作用将金属表面氧化皮、毛刺及附着物彻底清除,并恢复金属光泽的技术。水喷砂操作简单,磨料消耗少,可以循环用水,对环境污染小,对于一般金属零件在尺寸和精度上基本没有改变。

2.4 激光

激光是科技高速发展的产物,如今在很多重要领域发挥着作用,如飞机旧漆的清除,武器装备的清洗,艺术品的清洗等。激光清洗是利用高能激光束照射金属表面,使表面的污物锈斑或涂层发生瞬间蒸发或剥落,高速有效地清除金属表面的附着物,从而达到洁净的过程。它是基于激光与物质相互作用效应的一种新技术,清洗效率高,不使用任何化学溶剂,也不会产生任何污染物。激光清洗属于非接触式清洗,不伤害基材,可以实现自动化远程操作,速度快,效率高,能够清除各种材料表面的各种类型污染物,对人员无危险。缺点是前期一次性投入成本高。

3 波纹管热处理后表面处理技术的对比

酸洗钝化、喷丸、水喷砂和激光表面处理技术各有优缺点,下面从效率、环保、安全性、成本、外观质量等方面对这4种表面处理技术进行对比(表1)。

表1 波纹管热处理后表面处理技术的对比

技术类型	效率	环保	安全性	成本	外观质量
酸洗钝化	低	低	低	中	高
喷丸	中	中	中	低	中
水喷砂	中	高	高	低	中
激光	高	高	高	高	高

从表1可以直观地看出,激光的效率最高,喷丸与水喷砂次之,而酸洗钝化最低。激光设备可以通过设置程序实现自动化操作,清洗速度快,因此效率较高,但基于国内激光清洗技术起步较晚的情况,在实际应用中的效率和稳定性还有待提高;喷丸与水喷砂的设备简单,操作方便,但也需要多人操作,劳动强度大,效率一般;而酸洗钝化工艺流程多,效率低下。

在环保和安全性方面,激光和水喷砂都是最高的,激光除了清洗掉落的废料外不会产生任何污染,且废料体积小、易于存放;水喷砂具有水多砂少、不会产生灰尘的特点,只需将废料废渣筛除出去,水和砂还可以循环再利用,也不会有污染。喷丸则会产生大量的粉尘颗粒,对环境和人体造成危害。而酸洗钝化所用溶液的基本成分是硝酸、氢氟酸、铬酸或氟酸盐、铬酸盐,这些成分有毒有害,有强烈刺激性气味,特别是其中的高价铬等,毒性大,严重污染环境,损害工人健康。

在成本方面,激光的前期设备投入成本以及配套硬件设施非常昂贵;酸洗钝化需要耗费大量的优质水资源，后期的废液处理和环境维护成本也比较高；喷丸和水喷砂无论是设备还是清理，费用都不高。

这 4 种表面处理技术都可以得到外表光亮的金属色，激光和酸洗钝化的波纹管表面光洁平滑，表面质量高。喷丸和水喷砂的波纹管表面有凹坑和粗糙感，喷丸对波纹管表面的打击力大，会有一定的壁厚减薄量，薄壁波纹管有表面变形的风险；而水喷砂虽然对金属尺寸影响较小，但少量的磨料冲击仍会造成磨损，薄壁波纹管有减薄壁厚、影响性能的风险。

4 表面处理技术方案讨论

通过上一节对酸洗钝化、喷丸、水喷砂和激光表面处理技术优缺点的比较，可以看出喷丸的表面处理技术比较局限，只适用于厚壁波纹管；激光的理论发展比较完善，国内民用制造领域的应用还不是很成熟，大多数激光清洗还处于试验研究阶段，各家清洗公司设备市场定价高，表里不一，需要进行深入调研，而国外设备价格更加昂贵，维护困难且成本高，因此激光表面处理技术目前还不能推广应用；酸洗钝化经常是波纹管热处理后波纹管表面处理技术的首选方案，虽然成本稍高且效率较低，但只要通过严格管控酸洗钝化的过程，对配方、温度和时间等影响因素进行调整，防止过度腐蚀，就能确保波纹管表面处理质量，但目前国家对环保要求严格，酸洗钝化厂家资源日益紧缺，期待上游链的厂家技术升级，研发环保型酸洗钝化配方或实现工艺流程改造升级，彻底解决酸洗钝化带来的环保问题；水喷砂在效率、环保、安全性、成本、外观质量等方面都有很好的指标，虽然对波纹管的壁厚有减薄量，还不能完全应用于薄壁波纹管，但若能在工艺上进行创新，克服这一缺点，将是一种性价比很高的表面处理方案。

5 结论

本文通过对热处理后波纹管表面处理技术的介绍和比较，结合国内发展现状以及环保要求对热处理波纹管表面处理技术方案进行了讨论，对波纹管厂家的方案选择有一定的参考价值。

参考文献

[1] 赵蓉，吴中，刘磊，等. 喷丸对金属材料耐蚀性能影响的研究进展[J]. 金属热处理，2018，43(12)：88-94.

[2] 胡正前，张文华. 不锈钢表面氧化皮的清除[J]. 表面技术，1997，26(5)：20-21.

[3] 王宝智. 高压水喷砂除金属表面浮锈和氧化皮[J]. 洗净技术，2003(8)：31-33.

[4] 林乔，石敏球，张欣，等. 激光清洗以及应用进展[J]. 广州石化，2010，38(6)：23-25.

作者简介

秦海鹏(1989—)，男，工程师，从事膨胀节的设计研究工作。通信地址：南京市江宁开发区将军大道 199 号。E-mail：qinhaipeng1@sina.com。

压力容器底部贯穿件焊缝返修工艺的探讨

柴小东
（大连益多管道有限公司，大连 116318）

摘要：针对压力容器底部贯穿件异种钢焊接后可能出现的焊接缺陷，技术人员通过一系列模拟返修试验，验证了该焊缝返修的可行性。对于返修过程中可能出现的问题，通过试验一一给出了解决方案。

关键词：导向管；贯穿件；焊缝返修

Discussion on the Welding Repair Technology of the Penetration Piece at the Bottom of Pressure Vessel

Chai Xiaodong
（Dalian Yiduo Piping Co. Ltd.，Dalian 116318）

Abstract：Aiming at the welding defects that may appear after the welding of dissimilar steel at the bottom of the pressure vessel，the technicians have proved the feasibility of weld repair through a series of simulated repair tests. As for the possible problems in the repair process，the solutions are given by tests.

Keywords：guide tube；penetration piece；welding repair

1 引言

国内某成套装置起初完全从国外引进，后基本国产化。该装置压力容器底部贯穿件与导向管的焊接是重要的焊接活动之一，导向管内部安装有精密传感部件，其结构特点如图1所示。

其中，贯穿件材质为 Inconel 690，导向管材质为 316L，焊材采用镍基合金焊材 ERNiCrFe7。焊接位置为仰角焊，焊缝形式为承插焊缝，如图2所示。在焊接过程中须采取特殊措施，控制焊接热输入，减少焊缝热裂倾向。在国内，镍基合金和镍铬不锈钢的异种钢焊接工艺比较成熟，而该装置的此类焊缝的返修缺乏经验。[1-3]本文通过试验验证了导向管与贯穿件的返修焊接工艺的可行性，在同类压力容器的安装中具有较强的指导意义。

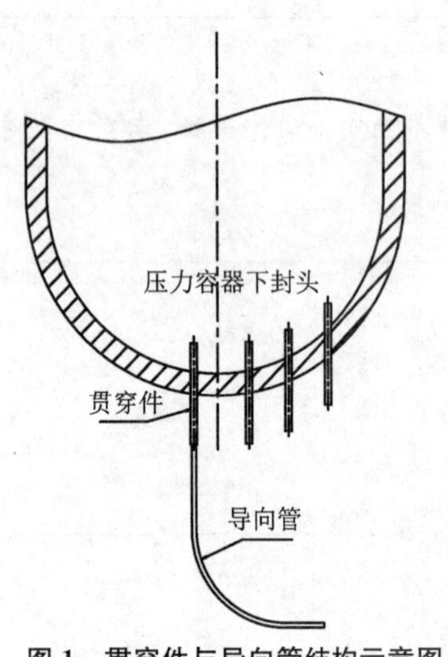

图1 贯穿件与导向管结构示意图

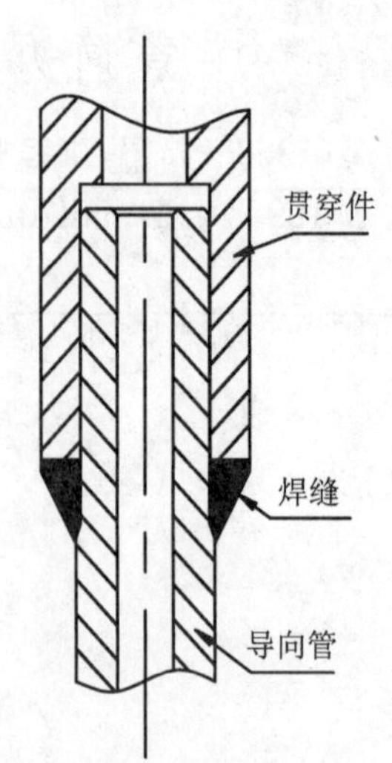

图2 贯穿件与导向管焊缝示意图

2 焊缝结构

导向管与贯穿件的焊缝是否采用此种角焊缝结构，在该成套设备引进之初就存在对接替代角接的争论。但试验表明，此种焊缝结构形式的承压能力和密封性能不亚于对接，而且在该结构某些方面还优于对接焊缝。因为：

(1) 不锈钢对接焊缝的情况下，当熔敷金属厚度小于 4 mm 时，焊缝背面保护要求非常高，否则焊缝背部极容易氧化发渣，而此种焊缝结构对背面保护相对较低。

(2) 对接焊缝焊接完成后，此处焊缝变形较大，影响精密传感器的安装。

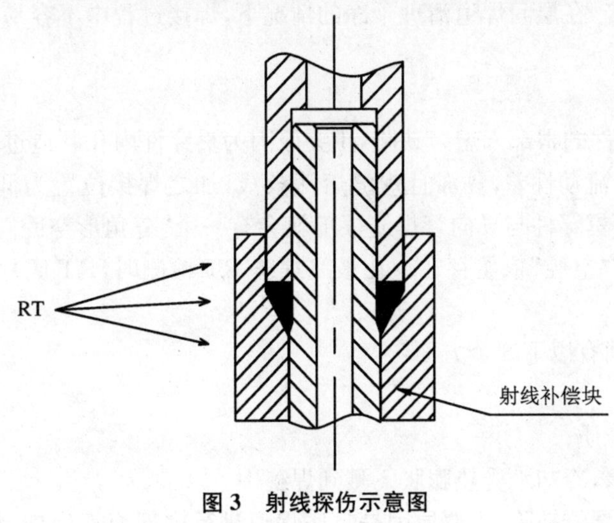

图 3　射线探伤示意图

3 工艺评定

3.1 材料准备

工艺评定所需要的主要材料及规格详见表 1。

表 1　工艺评定主要材料表

材料名称	材料牌号	规格	单位	数量
母材	Inconel 690	Φ38×150	节	若干
	316L	Φ25.4×150	节	若干
焊材	ERNiCrFe7	Φ1.6×1000	根	若干
保护气体	Ar(≥99.995%)	40 L/瓶	瓶	2

3.2 工艺过程

奥氏体钢热导率小，线膨胀系数大，焊缝金属凝固期间存在较大的应力，容易产生热裂纹，所以在焊接过程中应控制热输入量。打底焊道背面充氩保护，打底焊接第一道焊接完成后对焊缝表面进行 PT 检测。填充焊道过程中，采用特殊水冷装置控制层间温度，防止热裂纹的产生。焊接完成后，对最终焊缝进行 PT、RT 检测，不得有裂纹、气孔、夹渣、未熔合等缺陷。

对最终焊缝的任一截面剖切进行金相检验，不得检出宏观缺陷及微观裂纹，工艺评定合格。

4 常见缺陷及原因分析

4.1 常见缺陷

实践表明,针对导向管与贯穿件的焊接,容易发生的焊接缺陷有:

(1) 根部未熔合;

(2) 焊缝气孔;

(3) 根部打底焊道表面裂纹。

由于采用 TIG 方法焊接,在层间焊道清理干净的情况下,焊接过程中不容易产生夹渣。

4.2 常见缺陷原因分析

(1) 针对导向管与贯穿件的根部未熔合缺陷,主要原因为贯穿件内孔制造过程中存在不同程度的倒角、倒圆。镍基合金的熔敷金属流动性差,黏滞且焊缝熔深较浅,加之焊接位置为仰角位置。贯穿件端部内孔如果有倒角,焊接前组对时,贯穿件与导向管焊缝根部就会有一个"三角形空腔"。焊接时,熔敷金属很难进入该"空腔",焊接完成后,该"空腔"依然存在。在最终焊缝 RT 检测时,RT 底片就会存在根部未熔合缺陷显示。

(2) 对于气孔缺陷,原因有以下 3 个方面:

① 氩气保护不良;

② 焊丝表面有油污等杂质;

③ 水冷装置接头处漏水,冷却水受热膨胀飞溅到焊缝中。

(3) 对于根部打底焊道裂纹缺陷,主要原因是打底焊道进行内部充氩保护,焊缝背面无法充水冷却,不易控制打底焊道温度,热输入较大,所以打底焊道必须进行 PT 检测。

由于根部未熔合缺陷的返修难度大,本文就以焊缝根部未熔合缺陷作为分析对象。

5 返修试验

5.1 返修工艺需要解决的问题

返修工艺尚有以下技术难题需要解决:

① 如何彻底去除焊缝根部的未熔合缺陷;

② 如何避免返修后产生热裂纹;

③ 如何避免导向管的过大径向收缩(导向管内安装精密传感器);

④ 如何保证返修完成后导向管与贯穿件根部间隙满足要求(>0 mm)。

针对以上技术难点,笔者设计了如下试验方案。

5.2 缺陷产生过程模拟

为了验证贯穿件内孔制造过程中存在不同程度的倒角、倒圆对焊缝质量的影响,在模拟贯穿件内孔棱边加工 0.5~0.8 mm 的倒角。采用原工艺参数进行焊接,焊接完毕后,对焊缝进行 RT 检测,RT 底片显示:模拟试验件存在根部未熔合缺陷,如图 4、图 5 所示。

5.3 试件准备及焊接

模拟产品尺寸要求准备 5 套试验件(编号为 M-01~05),并在模拟贯穿件内孔用什锦锉手工打磨倒角,倒角尺寸在 0.5~0.8 mm 之间,然后采用与现场同样的工艺要求进行焊接,焊接完毕后进行 RT 检测。其

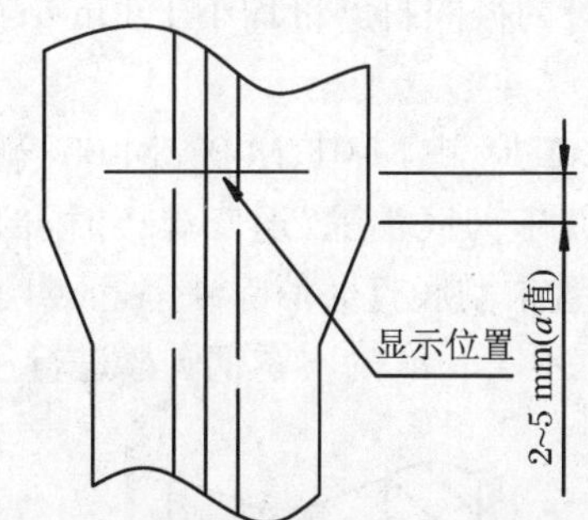

图 4　RT 底片影像显示位置示意图

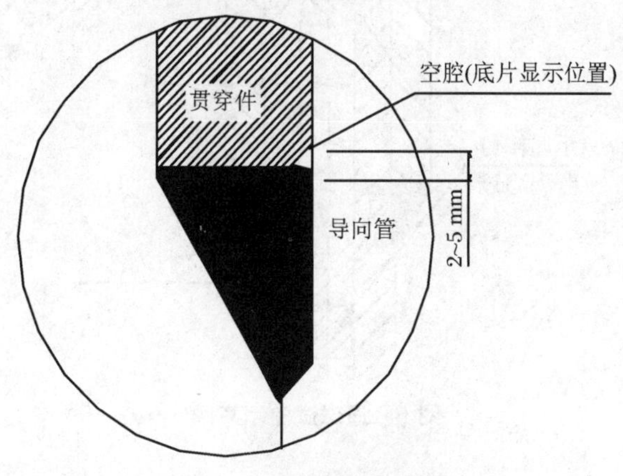

图 5　缺陷形成示意图

中 4 套试验件 RT 底片显示在距离焊缝棱边 3～5 mm 处有一条影像显示，可以作为返修模拟实验件，见表 2。此试验也说明了贯穿件内孔棱边不得有倒角、倒圆。

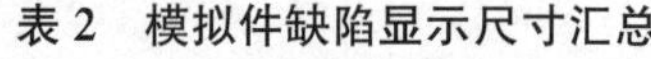
表 2　模拟件缺陷显示尺寸汇总

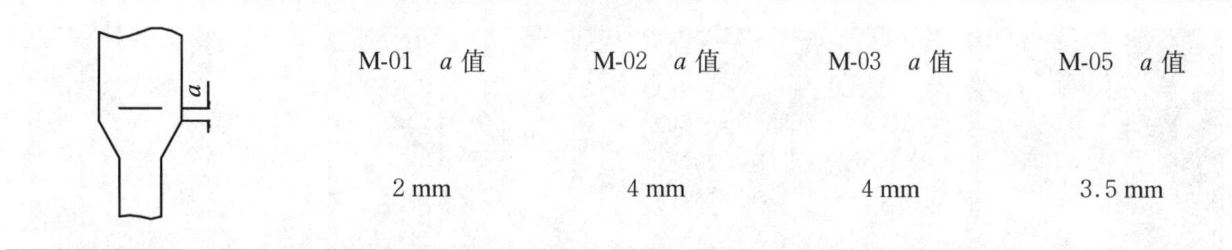

	M-01　a 值	M-02　a 值	M-03　a 值	M-05　a 值
	2 mm	4 mm	4 mm	3.5 mm

注：a 值代表在射线底片上显示的缺陷位置焊缝棱边的距离，如图 4 所示。

5.4　去除缺陷及焊缝返修

按如下所述的方法打磨去除 4 套模拟件的焊缝，并按照原工艺进行焊接和 RT 检测。

(1) M-01：为了完全去除焊缝及原始母材倒角，进行了较大程度打磨(打磨至超出影像显示处约5 mm)，打磨完毕后可明显观察到模拟贯穿件与模拟导向管根部的整圈分界线。由于焊接导致贯穿件径向收缩，模拟导向管无法拔出。考虑倒角已去除，直接补焊打磨区。焊接完成后最终 RT 检测合格。

(2) M-02：考虑到保护母材，挖除焊缝时仅打磨至超出影像显示处 0.5 mm，打磨完毕后观察到模拟贯穿件与模拟导向管根部的断续分界线。进行返修并对最终焊缝进行 RT 检测，底片显示部分原缺陷并未消除。

(3) M-03：结合 M-01、M-02 返修经验，挖除焊缝时，如果刚观察到根部出现模拟贯穿件与模拟导向管的整圈分界线时，继续打磨 1～2 mm 后采用锉刀将表面修磨平整。此时，测得打磨量超出影像显示处约 3 mm，返修焊接完成后最终 RT 检验合格。

(4) M-05：返修情况同 M-03，最终 RT 检验合格。

在4套模拟件的返修试验中,导向管的径向打磨量均小于1 mm;射线底片显示,所有返修模拟件根部间隙均满足要求(>0 mm)。

综上,4套试验件返修焊接后进行RT检测,M-01、M-03、M-05合格,M-02 RT底片仍有断续影像显示。主要原因在于打磨量较保守,原有缺陷并未彻底消除,返修焊接时,部分原缺陷遗留在返修焊缝中造成的。对试验件M-02进行破坏后发现局部位置未彻底打磨消除缺陷,证明了上述推论。

一次返修焊接完成后,使用外径为$\Phi 9.2$ mm的不锈钢圆棒进行通球试验,均可顺利通过,如图6所示。

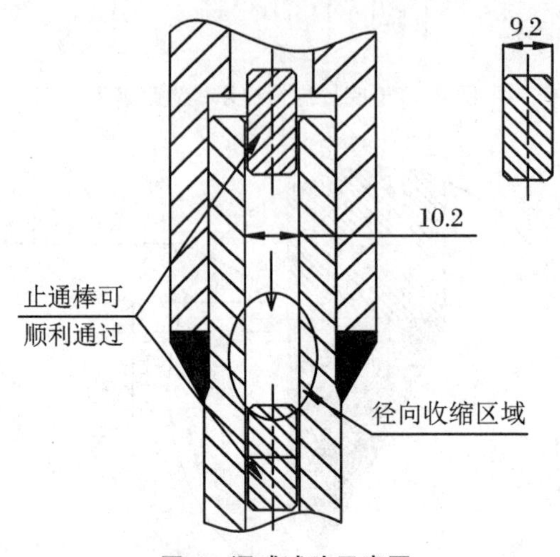

图6　通球试验示意图

5.5　模拟一次返修金相检验

为了观察到返修焊缝的金相组织,将M-01(打磨量最大)做破坏性试验,分别观察其宏观和微观金相(放大200倍)。宏观金相未见缺陷;微观金相显示焊缝与母材熔合良好,且未见显微裂纹和沉淀物,如图7所示。

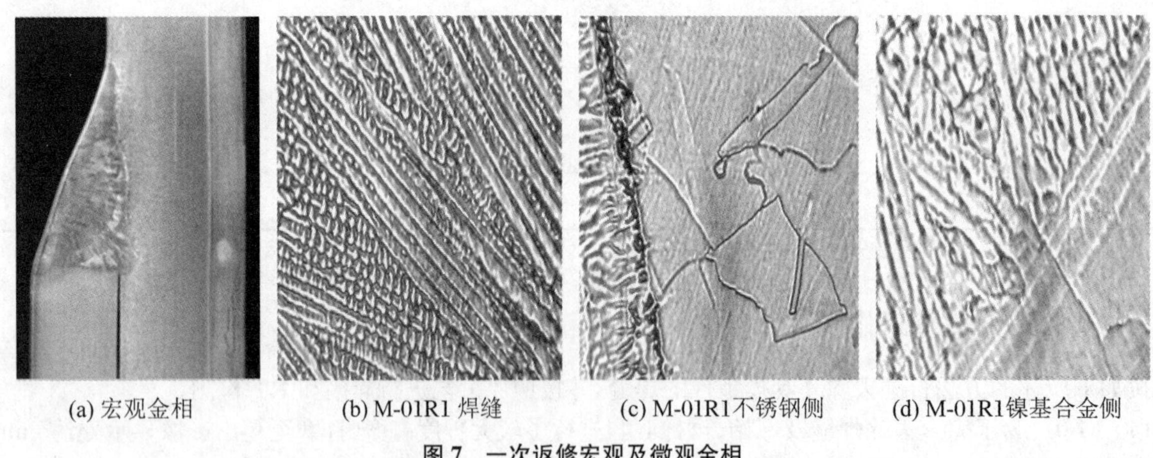

(a) 宏观金相　(b) M-01R1 焊缝　(c) M-01R1不锈钢侧　(d) M-01R1镍基合金侧

图7　一次返修宏观及微观金相

5.6　模拟二次返修过程及金相检验

为了充分验证二次返修的可行性,假想模拟件M-05一次返修不合格,将其焊缝全部打磨,进行二次模拟返修焊接,返修焊接过程中的工艺参数和正常焊接及一次返修焊接过程中的工艺参数一致。二次返修焊接完毕后,使用外径为$\Phi 9.2$ mm的不锈钢圆棒进行通球试验,可顺利通过。

将二次返修模拟件破坏后做宏观与微观金相,宏观金相未见缺陷;微观金相(放大200倍)显示焊缝与母材熔合良好,且未见显微裂纹和沉淀物,如图8所示。

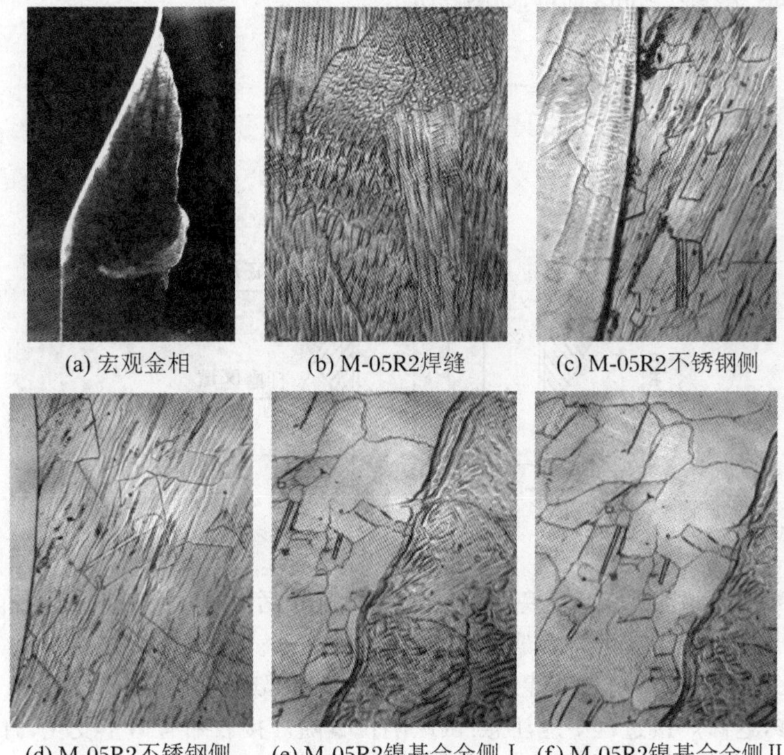

(a) 宏观金相 (b) M-05R2焊缝 (c) M-05R2不锈钢侧

(d) M-05R2不锈钢侧 (e) M-05R2镍基合金侧Ⅰ (f) M-05R2镍基合金侧Ⅱ

图8 二次返修宏观金相及微观金相

6 现场焊缝避免返修的措施

通过返修工艺试验,可以得出:在现场焊接时为避免出现焊接缺陷,应重点做好以下工作:

(1) 带有贯穿件的压力容器在设备制造时,严格执行图纸工艺要求,即不得有内倒角、倒圆。

(2) 焊接前,清理焊丝表面、待焊坡口表面的油污等杂质,检查氩气带、氩气流量计、焊机等,确保氩气流量符合工艺要求。

(3) 打底焊接过程中采用小电流(工艺允许范围内的下限值)、快速焊。

(4) 焊接完成一道时,用钢丝刷将焊道表面的氧化皮等清理干净方可进行下一道焊接。

7 现场焊缝出现问题后的返修工艺确定及注意事项

7.1 气孔

出现气孔缺陷后,根据RT底片对缺陷进行定位、打磨、补焊即可,补焊工艺与原工艺保持一致。

7.2 根部焊道表面裂纹

当根部焊道进行PT检测过程中发现有显示(圆形显示或线性显示)时,采用什锦锉将显示部位修磨,PT检测合格后方可进行填充焊道焊接。

7.3 根部未熔合

通过以上模拟返修试验,如果导向管与贯穿件在焊接后RT检测中发现根部未熔合缺陷,应该采用如下返修工艺:

(1) 确定打磨区域。根据探伤底片影像位置,在焊缝外表面距影像显示3～5 mm处画出打磨边界,确定打磨区,导向管径向打磨量<1 mm 即可,如图 9 所示。

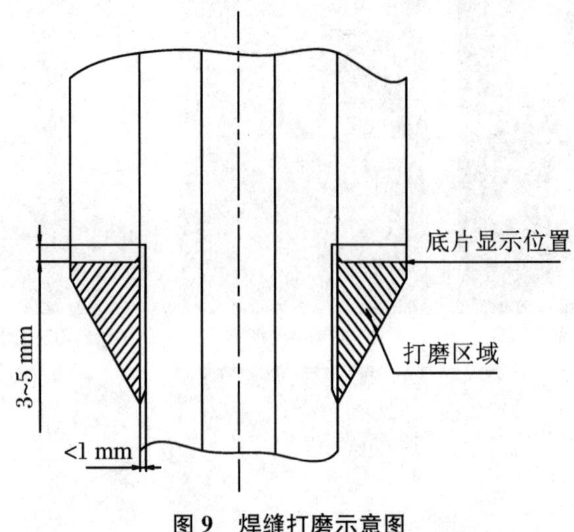

图 9　焊缝打磨示意图

(2) 打磨去除焊缝。打磨过程中应避免局部过热,打磨完毕后能观察到贯穿件与导向管之间的分界线。

(3) 补焊。按照原工艺要求进行焊接即可。

(4) 返修完成后须用 $\Phi 8.6$ mm 的圆棒进行通球检验,以全部通过为合格。

为避免二次返修,返修焊接过程中应注意:因缺陷位置随焊接收缩有微量变化,打磨尺寸不能过于保守,为避免新的缺陷产生,应适当增加打磨量,以超出影像显示位置约 3 mm 为宜,如图 9 所示。

8　结论

国内引进的此类成套压力容器等设备的接管异种钢焊缝返修缺乏工艺论证,在该压力容器设备安装过程中,底部贯穿件与导向管焊缝很少出现过整体焊缝去除返修焊接的情况。本文通过导向管与贯穿件焊缝的模拟返修试验,为同类型焊缝的返修积累了宝贵的经验。

参考文献

[1]　李亚江.焊接冶金学:材料焊接性[M].北京:机械工业出版社,2006.

[2]　张代东.机械工程材料应用基础[M].北京:机械工业出版社,2001.

[3]　陈祝年.焊接工程师手册[M].北京:机械工业出版社,2009.

作者简介

柴小东(1982—)男,工程师,从事波纹膨胀节的设计与研发工作。通信地址:大连益多管道有限公司。E-mail:cxd@ydgd.com。

波纹管现场包覆焊接技术

陈　勇　王　强　刘建阳
（南京晨光东螺波纹管有限公司，南京 211153）

摘要：通过对焊接方法、焊接设备（电源、焊枪等）、焊材等环节的优化选择，经过焊接试验和模拟验证，对于薄壁波纹管现场包覆的焊接技术，采用药芯焊丝（药芯在内）氩弧焊技术，不仅提高了产品的安装质量，而且缩短了波纹管现场包覆的安装周期。

关键词：波纹管；现场包覆；药芯焊丝；氩弧焊

Field Coating Welding Technology of Bellows

Chen Yong, Wang Qiang, Liu Jianyang
(Aerosun-Tola Expansion Joint Co. Ltd., Nanjing 211153)

Abstract: Through the optimal selection of welding method, welding equipment and welding material, welding experiments and simulation verification. Flux-cored wire welding technology can be used for bellows in the field. Not only improve the quality of the product installation, and shorten the installation period of bellows.

Keywords: bellows; field coating; flux-cored wire; TIG

1　引言

金属波纹膨胀节是管线上一种常见的柔性承压元件，用来吸收管线中由热膨胀或振动等产生的位移。由于腐蚀、疲劳破裂、超载或操作不当等多种原因，波纹管会产生缺陷或失效。由于受波纹管材料壁厚、内部介质或失效位置等因素限制，不能采用补焊等方式修复，只能在管线本身不能停机等状况下，采用一个新的波纹管在原位或移位对原波纹管进行包覆（新波纹管周向分成 2 片或多片，在现场焊接），防止其泄漏。因此波纹管现场包覆的焊接技术直接影响到包覆产品的质量。

2　焊接技术的选择

波纹管因其材质、壁厚和形状等问题，使得现场焊接起来很困难。波纹管的材质以奥氏体不锈钢为主，焊接时背面如果缺乏保护，则背面会产生氧化，如图 1 所示。

图 1　波纹管焊缝背面

波纹管的壁厚通常在0.5～3.0 mm之间,所以薄壁带来了焊接时易烧穿的问题;由于波纹管的形状和现场包覆时焊缝的位置,电弧不易达到待焊部位,可及性是绕不开的问题。基于以上情况,我们从焊接方法、焊接设备(电源、焊枪等)、焊材选择等环节进行优化选择。

2.1 焊接方法的选择

波纹管是薄板,加上待焊位置的特殊性,焊接只能采用手工焊接,同时要求焊接电弧易观察,稳定易操控,能实现全位置焊接,因此目前选择的焊接方法是手工钨极氩弧焊。

2.2 焊接设备的选择

焊接设备(包括电源和焊枪)同时影响焊接质量,须选择小电流、输出稳定、具有高频和衰减功能的焊机,在焊枪的选择上要考虑操作性和可及性,严格来讲越小越好,直把式的焊枪更易达到波谷根部,目前最小的焊枪我们选择的是250A气冷枪。

2.3 焊材的选择

波纹管材质多为不锈钢或高镍合金,因此焊接过程中须防止背面的氧化,采取的方法有背面充氩或填充带有保护功能的焊接材料,作为现场包覆的波纹管,背面氩气保护不是很容易实现,也无法确定保护效果,因此好的方式是采用不锈钢药芯焊丝或背面自保护不锈钢焊丝作为填充物。背面自保护不锈钢焊丝因药皮在外,易受潮,不利于保存和现场使用。因此,我们选择了以不锈钢药芯焊丝(药芯在内)为填充物、手工钨极气体保护焊的焊接技术。

3 不锈钢药芯焊丝的特点

不锈钢药芯焊丝具有以下特点:

① 不锈钢药芯焊丝由于钢带中包裹药粉,氩弧焊时电弧为气渣联合保护,故电弧稳定、无飞溅、脱渣易、焊道成形美观。

② 铁水流动性优良,浸润性良好;焊件背面不用充氩气而是用渣进行保护。

③ 接头的力学性能和耐腐蚀性能优良。

④ 条件设定较为容易,操作简单方便。焊接工艺与一般TIG焊接工艺性能基本相同,在仰焊和立焊位置,可适当加大电流使铁水容易透到背面,保证背面成形良好,焊工容易掌握,易于保证焊接质量。

4 焊接工艺参数的确定

4.1 坡口间隙的确定

现场焊接时,波纹管对接焊缝为Ⅰ型坡口;但是,波纹管组对时,必须留有一定的间隙,利于药芯焊丝形成的熔池渗透到焊缝背面,形成保护渣,方便焊缝背面成形,防止焊缝背面氧化。如果坡口之间不留间隙,则焊缝背面氧化严重,如同无保护一样,如图1所示。

4.2 焊材确定

目前不锈钢药芯焊丝(氩弧焊用)的主要国家标准为GB/T 17853(等效AWS A5.22),例如R316LT1-5。焊丝直径有Φ2.0 mm,Φ2.2 mm,Φ2.4 mm,目前市场上主要有Φ2.2 mm规格,在使用过程中我们应尽可能选择细的焊丝,可采用较小的焊接电流。

4.3 焊接参数

为保证焊接质量,在确保焊透的情况下,我们采用小电流焊接,可减小热影响区的范围,确保焊缝质量,经过试验,奥氏体不锈钢各厚度的焊接参数见表1。

表1 不同板厚的焊接参数表

板厚(mm)	电流(A)	电压(V)	焊接速度(min)	保护气及浓度(%)	焊丝直径(mm)
0.8	12~18	8~15	8~12	Ar,9.99	Φ2.2
1.0	16~22				
1.2	18~24				
1.5	22~28				
2.0	28~35				

5 工艺试验

我们用厚度为1.5 mm的316L材料进行了平板对接焊接试验和模拟波纹管对接焊接。

5.1 外观

焊缝表面无裂纹、气孔、咬边等缺陷,焊缝略高于母材,无凹坑和下榻,焊缝表面呈金黄色,局部呈浅蓝色,如图2所示。图2中黑色部分是焊接时药芯焊丝形成的保护渣,很容易清除。

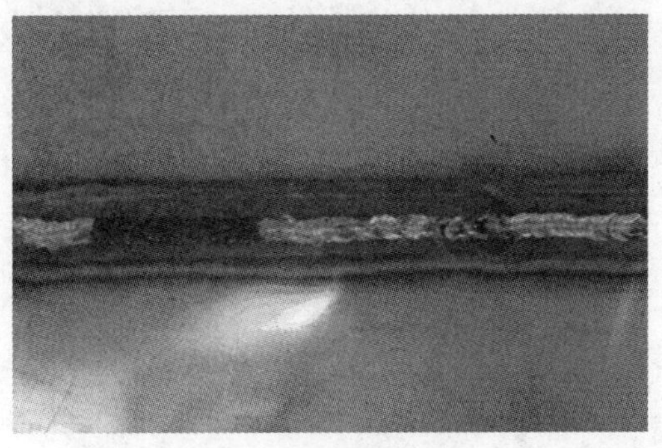

图2 焊缝表面形貌

5.2 性能

按NB/T 47014—2011承压设备焊接工艺评定的要求进行了拉伸和弯曲试验,其结果见表2,拉伸和弯曲结果均符合NB/T 47014—2011的要求,结论合格。

表2 316L T1.5不锈钢药芯焊丝氩弧焊试验

试样编号	拉伸试验		弯曲试验		
	抗拉强度(MPa)	断裂位置	面弯	背弯	弯曲直径(mm)
2017-015 316L t1.5	603	焊缝	无裂纹	无裂纹	6
	613	母材	无裂纹	无裂纹	6

6 结论

对于波纹管现场包覆的焊接,可选择药芯焊丝(药芯在内)氩弧焊技术,通过选择合适的焊接设备(焊枪),控制好装配间隙和焊接电流参数,可获得焊缝正反两面都符合质量要求的产品,不仅提高了产品的安装质量，而且减少了现场工序（内部气体置换工序可省略），缩短了安装周期。目前该工艺方法已在波纹管现场包覆过程中得到了全面应用，也对其他不锈钢材料的现场焊接具有参考意义。

作者简介

陈勇（1970—）男，南京晨光东螺波纹管有限公司总工艺师，从事波纹膨胀节工艺研究工作。通信地址：南京市江宁开发区将军大道199号。E-mail：chenyong@aerosun-tola.com。

Inconel 625 合金波纹管组件的焊接

关长江[1]　张文良[1]　李　敏[1]　张秀华[1]　韩小宇[2]
（1. 沈阳仪表科学研究院有限公司，沈阳 110043；2. 沈阳汇博热能设备有限公司，沈阳 110168）

摘要：依据 Inconel 625 合金材料的焊接性和金属波纹管组件的焊接结构特点，研究了 Inconcl 625 合金波纹管组件的焊接方法，包括焊前准备、工装夹具设计、自熔焊接工艺、填丝焊接工艺、焊接接头质量检查以及焊缝返修注意事项，保证了项目产品的焊接质量。

关键词：Inconel 625 合金；波纹管组件；焊接；质量

Weld of Inconel 625 Alloy Bellows Assemblies

Guan Changjiang[1], Zhang Wenliang[1], Li Min[1], Zhang Xiuhua[1], Han Xiaoyu[2]
(1. Shenyang Academy of Instrumentation Science Co. Ltd., Shenyang 110043; 2. Shenyang HB Heat Energy Equipment Co. Ltd., Shenyang 110168)

Abstract: According to the weldability of Inconel 625 alloy and the welding structure characteristics of metal bellows components, the welding methods of Inconel 625 alloy bellows components are studied, including pre welding preparation, fixture design, TIG self-fusion welding process, TIG welding process with filler wire, weld joint quality inspection and weld repair precautions, which ensure the welding quality of the project products.

Keywords: Inconel 625 alloy; bellows assemblies; weld; quality

1　引言

Inconel 625 合金在 400～600 ℃时的抗拉强度是 304 不锈钢的 2 倍左右，屈服强度是 304 不锈钢的 3 倍左右，采用 Inconel 625 合金制造的波纹管在耐高温、耐高压、耐腐蚀、高寿命等方面的性能指标远高于普通不锈钢波纹管。随着科学技术的发展，Inconel 625 合金等特殊材料波纹管在航空航天、船舶、核电以及石油化工等高科技领域得到越来越广泛的应用。金属波纹管组件的焊接一般采用端接结构或者搭接（插接）结构，如图 1 所示。本文结合生产实践，研究了 Inconel 625 合金波纹管组件这两种结构的焊接方法。[1]

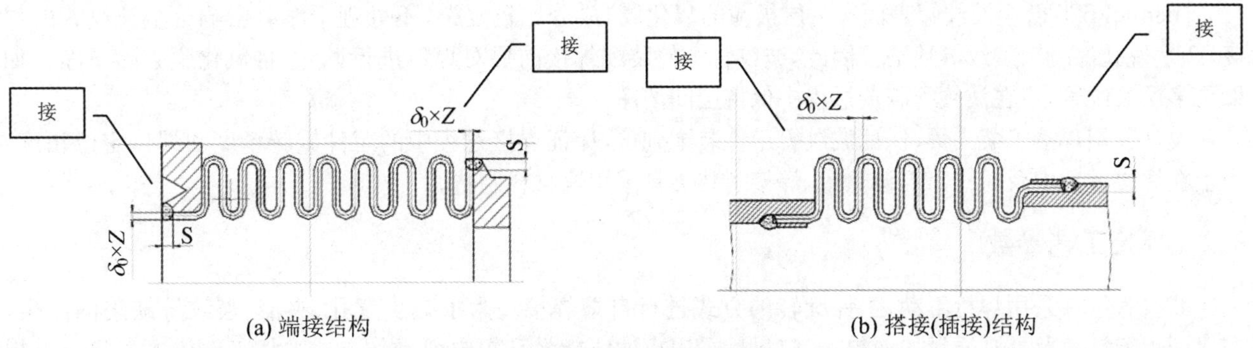

(a) 端接结构　　(b) 搭接(插接)结构

图 1　波纹管组件焊接端接接头

2 Inconel 625 合金材料的焊接性分析

Inconel 625 合金是一种以镍为主要成分的奥氏体超耐热合金,其强度源于镍铬合金中所含的钼、铌、钽等元素的固溶强化效应,这些元素也使该合金具有卓越的耐腐蚀性能。[2] Inconel 625 合金的化学成分见表 1,高温机械性能见表 2。

表 1 Inconel 625 合金的化学成分

C	Si	Mn	P	S	Cr	Ni	Mo	Ti	Fe	Al	Nb + Ta
≤0.05	≤0.25	≤0.03	≤0.01	≤0.003	≤22.0	平衡(62)	≥9.0	≤0.3	≤4.0	≤0.3	≥3.5

表 2 Inconel 625 合金的高温机械性能(退火态)

试验温度(℃)	屈服强度 σ_s(MPa)	抗拉强度 σ_b(MPa)	伸长率 δ(%)
20	469	930	50
205	379	882	50
425	310	827	50
540	310	813	50
650	310	799	50
705	310	689	40
760	296	448	63
815	289	379	90
870	276	296	100
980	131	138	116

Inconel 625 合金电阻率较高,约为碳钢的 5 倍,线膨胀系数大,导热率低,所以在焊接接头中会产生较大的焊接应力。同时镍合金具有单向组织,液态时流动性差,焊接时容易产生焊接热裂纹、气孔、夹渣等焊接缺陷,所以焊接过程中应采取合理的焊接工艺和相应措施。

3 Inconel 625 合金波纹管组件的焊接

金属波纹管组件的焊接通常采用钨极氩弧焊接方法,为了防止 Inconel 625 合金元素被氧化,本项目产品的自熔焊接在真空充氩焊接装置中进行,填丝焊时焊丝牌号选用 ERNiCrMo-3。[3]

3.1 焊前准备

Inconel 625 合金波纹管表面有一层极薄的氧化膜,成分比较复杂,不处理干净会影响合金波纹管的焊接,产生气孔、夹渣、裂纹等缺陷。因此,波纹管组件装配焊接前要对焊口进行抛光,将氧化膜去除干净。如果是多层波纹管,应在波纹管制造过程中保持层间洁净。

设计专用焊接工装夹具,保证波纹管组件装配到位,保证焊接过程中的工件旋转精度和焊口定位精度。为了在焊接过程中及时导出焊接热量,焊接工装夹具采用铜材料制造。

3.2 焊接工艺参数

波纹管组件采用焊枪不动、工件旋转的方式进行自熔焊接。为了减少气孔、夹渣、裂纹等缺陷的产生,在保证焊缝尺寸及外观质量的前提下,应尽量采用小的线能量和短电弧操作方法。将工件放入真空充氩焊接装置,检查箱内氩气纯度符合要求后方可施焊,焊接过程中应确保收弧质量,避免弧坑裂纹的产生。自熔焊接工艺参数见表 3。

表 3　Inconel 625 合金波纹管组件自熔焊接工艺参数

波纹管单层壁厚(mm)	层数	焊接电流(A)	焊接速度($cm \cdot min^{-1}$)	氩气流量($L \cdot min^{-1}$)
0.2	1 层	20～25	40～50	10～20
0.2	3 层	40～50	20～30	10～20
0.25	6 层	80～100	10～20	10～20

多层波纹管组件焊接时，为了保证焊缝熔深的指标要求，需要在自熔焊接的基础上，再填丝焊接第 2 层甚至第 3 层。波纹管组件自熔焊接后应进行气密性检查和焊缝表面渗透探伤，合格后方可继续进行填丝焊接。填丝焊接必须严格控制层间温度，低于 100 ℃后方可进行下一层焊接。为了保证焊接质量，填丝焊接应尽量采用小的线能量，以免填丝焊熔池超过自熔焊熔池范围，对波纹管密封性造成影响。填丝焊接工艺参数见表 4。

表 4　Inconel 625 合金波纹管组件填丝焊接工艺参数

焊丝规格	焊接电流(A)	焊接速度($cm \cdot min^{-1}$)	氩气流量($L \cdot min^{-1}$)
Φ0.8	80～100	10～20	10～20
Φ1.6	100～120	10～20	10～20
Φ2.4	130～150	10～20	10～20

4　焊接接头质量检查

波纹管组件焊接完毕，应进行外观检查、气密性检验、渗透探伤、强度爆破试验、金相检验、疲劳寿命试验等质量检查。[4-6]

4.1　外观检查

波纹管组件焊缝成形良好，焊缝尺寸符合要求，用 4～10 倍放大镜目视检查，焊缝表面不应有裂纹、气孔、夹渣、焊瘤等缺陷，并与母材圆滑过渡。

4.2　气密性检验

一般采用真空氦质谱检漏方法，检测波纹管的漏率应不大于 5×10^{-8} $Pa \cdot m^3 \cdot s^{-1}$，也可以采用气压试验方法，将波纹管安装到气压试验工装夹具内，在设计压力下施加气压，保压 5 min，检查波纹管不应有泄漏现象。

4.3　渗透探伤

焊缝表面应进行 100%渗透检测，不得有裂纹、气孔、夹渣等超标缺陷显示。

4.4　强度爆破试验

由于无法进行拉伸、弯曲、冲击等力学性能试验，通常采用水压试验方法，进行波纹管组件的耐压强度爆破试验，检测焊缝的强度指标是否符合要求。

4.5　金相检验

前期焊接试验过程中，应对焊缝进行剖切金相检验，检查焊缝熔深符合指标要求，焊缝剖面不应有裂纹、气孔、夹渣、未熔合、未焊透等超标缺陷。金相剖切取样如图 2 所示。波纹管组件焊缝不允许的缺陷如图 3 所示。

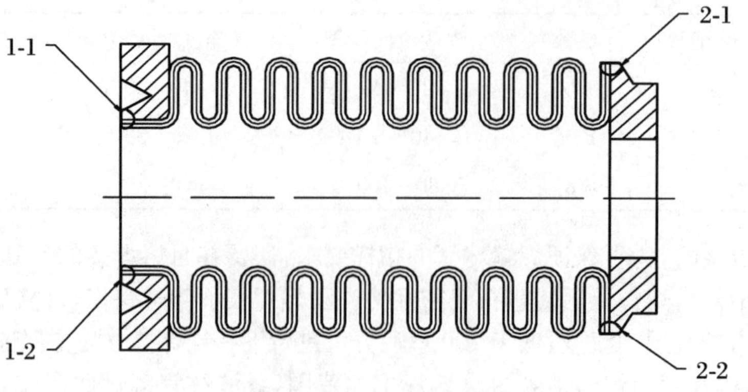

图 2　金相剖切取样图

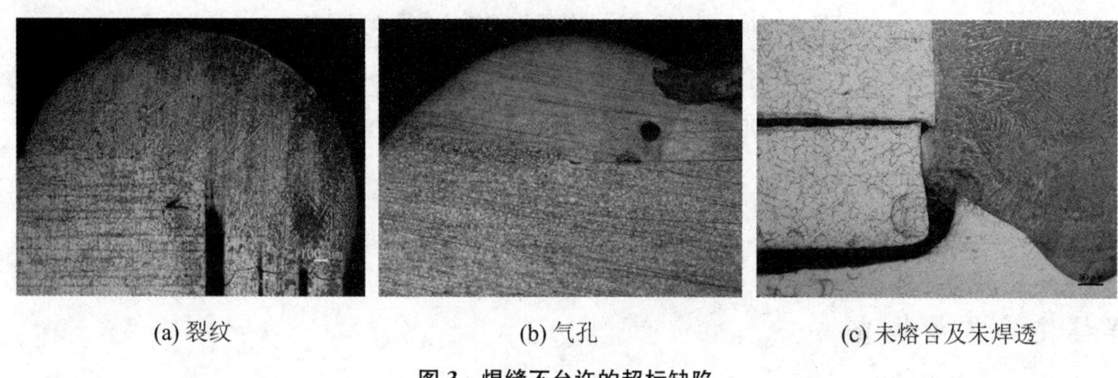

(a) 裂纹　　(b) 气孔　　(c) 未熔合及未焊透

图 3　焊缝不允许的超标缺陷

4.6　疲劳寿命试验

一般应在设计的温度、压力、仿真工况条件下进行循环寿命试验。如果不具备高温试验条件,也可在与用户交流达成一致的情况下,根据波纹管材料在高温条件下的力学性能指标,换算成常温下的压力条件,进行疲劳寿命试验。试验结果应保证产品组件在最小寿命周期内焊缝不发生泄漏和破坏。

5　焊缝返修注意事项

Inconel 625 合金波纹管组件的焊接应在充分的焊接试验合格之后进行,特别是自熔焊接,必须保证焊缝收弧处无弧坑裂纹、气孔等缺陷,因为一旦气密性检验不合格,这种材料的波纹管焊缝缺陷很难返修。这是由于波纹管的壁厚极薄,层间氧化膜和组件焊接结构会导致焊缝缺陷无法有效清除,无法保证返修焊接前的焊口准备质量,最终无法保证返修焊接的质量。

填丝焊接过程中产生的缺陷,只要在缺陷清除过程中不伤及波纹管,就可以进行返修焊接,但是同一部位的返修次数不宜超过两次。

6　结论

本文阐述的 Inconel 625 合金波纹管组件焊接方法,是在充分考虑 Inconel 625 合金材料的焊接性和波纹管组件焊接结构特点的基础上,通过焊接试验和质量检验,证实焊接工艺方法的可行,从而有效保证了项目产品的焊接质量。Inconel 625 合金波纹管的耐高温、高压性能和耐腐蚀特性,使其在石油化工、航空航天以及核电等高科技领域的应用越来越广泛。

参考文献

[1] 国家市场监督管理总局,中国国家标准化管理委员会.压力容器波形膨胀节:GB/T 16749—2018[S].北京:中国标准出版社,2018.

[2] 毕梦熊,张柏生.高精度金属薄材手册[M].上海:上海科学技术出版社,1987.

[3] 中国机械工程学会压力容器分会.第十五届全国膨胀节学术会议论文集[C].合肥:合肥工业大学出版社,2018.

[4] 中华人民共和国工业和信息化部.核级阀门用金属波纹管:JB/T 11620—2013[S].北京:机械工业出版社,2014.

[5] Manufacturers Standardization Society of the Valve and Fittings Industry, Inc. Bellows Seals for Globe and Gate Valves:MSS SP-117—2011[S]. Virginia,2011.

[6] 国家国防科技工业局.结构钢、不锈钢熔焊技术要求:QJ 1842A—2011[S].北京:中国航天标准化研究所,2011.

作者简介

关长江(1972—),男,高级工程师,主要从事金属波纹管研发工作。通信地址:辽宁省沈阳市浑南区浑南东路 49－29 号。E-mail:changjiang_guan@163.com。

310S 材料高温工况的焊接技术要点浅析

刘明旭[1]　张　宇[2]　杲振华[3]

(1. 山东密友机械有限公司,滕州 277599;2. 大连益多管道有限公司,大连 116000;
3. 山东天力能源股份有限公司,济南 250000)

摘要:膨胀节接管的焊接为整个膨胀节制作的核心之一,焊接质量直接决定膨胀节的使用寿命。不同材料的焊接特点和技术要求不一样,因而对不同材料的焊接工艺进行研究尤为重要。310S 材料是焊接性能较差的材料,要求焊缝高温时具有良好的抗裂性能,以满足工况的要求。我公司根据 310S 材料的焊接特点,制定了合理的焊接工艺,成功完成了膨胀节的焊接工艺评定和产品的焊接工作。本文简单介绍了 310S 材料的焊接特性,并对膨胀节的焊接工艺进行了阐述。

关键词:310S;产品焊接

Analysis on Welding Technology of 310S Material Under High Temperature Condition

Liu Mingxu[1], Zhang Yu[2], Gao Zhenhua[3]

(1. Shandong Miyou Machinery Co. Ltd., Tengzhou 214200; 2. Dalian Yiduo Pipeline Co. Ltd., Dalian 116000; 3. Shandong Tianli Energy Co. Ltd., Jinan 250000)

Abstract: The welding of expansion joint end pipe is one of the core of the whole expansion joint manufacturing, and the welding quality directly determines the service life of the expansion joint. The welding characteristics and technical requirements of different materials are different, so it is particularly important to study the welding process of different materials. 310S is a kind of material with poor weldability. It is required that the weld should have good crack resistance at high temperature to meet the requirements of working conditions. According to the welding characteristics of 310S, our company has developed a reasonable welding procedure, and successfully completed the PQR of expansion joint and product welding. This paper briefly introduces the welding characteristics of 310S, and expounds the welding process of expansion joint.

Keywords: 310S; product welding

1　引言

膨胀节能够补偿管道由于热胀冷缩而产生的变形,能够补偿机械变形和吸收各种机械振动,近年来在管道、压力容器、船舶和石油化工等多个行业得到广泛应用。310S 材料具有优良的耐腐蚀、抗氧化、耐高温的特点,近年来在化工设备行业得到广泛应用。因其含有较高百分比的铬和镍,使得材料蠕变强度好,能在高温下持久作业。[1-3]当使用温度超过 800 ℃时,其开始软化,许用应力开始持续降低,最高使用温度为 1200 ℃。笔者所在公司承接的浙江台塑项目,设备正常工作温度接近 700 ℃,维修周期是 12 个月,设备壳体的主要材料是 310S。310S 材料的焊接工序复杂,工艺要求高,容易产生裂纹等严重缺陷,给设备安全带来严重的隐患,焊接难度很大。在研究材料焊接性能的基础上,通过制定合理的焊接工艺,保证了产品质量。笔者简单地介绍一下这种材料的焊接性能特点和一些关键的焊接技术。

2 310S膨胀节的焊接特点

2.1 母材的焊接特性

310S材料是Fe8-Ⅱ类奥氏体不锈钢，铬镍含量较高，焊接性能较差，热膨胀系数大、导热性差，焊接时无法通过提高焊材中铁素体含量的方法来提高抗裂性能。焊接的主要问题是焊接热裂纹、脆化、高温强度等。因埋弧焊线能量较大，焊接310S材料容易产生热裂纹，而氩弧焊效率较低，故膨胀节焊接时选用焊条电弧焊。310S材料的化学成分和力学性能见表1和表2。

表1　310S材料的化学成分表(质量分数(%))

C	Si	Mn	S	P	Cr	Ni
≤0.08	≤1.5	≤2.0	≤0.015	≤0.035	24.00～26.00	19.00～22.00

表2　310S材料的力学性能表

规定塑性延伸强度 $R_{p0.2}$(MPa)	规定塑性延伸强度 $R_{p1.0}$(MPa)	抗拉强度 R_m (MPa)	断后伸长率 (A%)	硬度值		
				HBW	HRW	HV
≥205	≥240	≥520	≥40	≤217	≤95	≤220

2.2 焊接材料的选用

因设备的工作温度接近700℃，焊材的选用除满足高温强度外，还要具有良好的抗裂性能，应选用碱性高强度的焊接材料，笔者所在公司采用昆山京群公司生产的E310Mo-16(A412)，Φ3.2 mm，Φ4.0 mm焊条，焊条依据标准为《承压设备用焊接材料订货技术条件》(NB/T 47018—2017)。焊条、310S钢板的化学成分见表3。

表3　焊条、310S钢板的化学成分(%)

项目	C	Si	Mn	S	P	Ni	Cr	Mo	Cu
A412焊条	0.12	0.75	1.96	0.025	0.024	21.1	26.41	2.7	0.75
310S钢板	0.08	1.50	2.00	0.035	0.015	24～26	19～22	–	–

3 焊接工艺分析

310S材料因其自身的物理特点，焊接性较差。焊接热裂纹以结晶裂纹为主，产生的机理为焊缝金相组织的影响和焊缝化学成分的影响。对于传统的Fe8-Ⅰ类奥氏体不锈钢(304、316L等)，可以通过在焊条中加入3%～5%的铁素体，使焊缝形成奥氏体+铁素体的双相组织，来防止结晶裂纹，而310S材料镍含量高，具有稳定的奥氏体组织，不宜采用奥氏体+铁素体的双相组织来防止结晶裂纹。鉴于此，焊接时通过控制焊接电流和线能量来控制热裂纹，同时还能控制脆化和减小晶间腐蚀倾向，而选用的焊条E310Mo-16(A412)在高温下具有良好的高温强度，能满足工况要求。材料的厚度为12 mm，开X形坡口，X形坡口产生的焊接应力比V形坡口的要好，具有更好的抗裂效果。

4 焊接

焊前用磨光机将坡口及其两侧20 mm范围内的氧化物、油污及水等污物清理干净。焊条按规定(300℃，保温时间 1 h)烘干。膨胀节厚度为 12 mm,采用焊条电弧焊焊接,开 X 形坡口,焊接位置为平焊,先焊接膨胀节内侧,然后焊接膨胀节外侧,膨胀节内侧焊缝的盖面层最后焊接,坡口形式如图 1 所示,焊接顺序如图 2 所示,焊接前在坡口两侧刷防飞溅涂料。焊接工艺参数列于表 4。

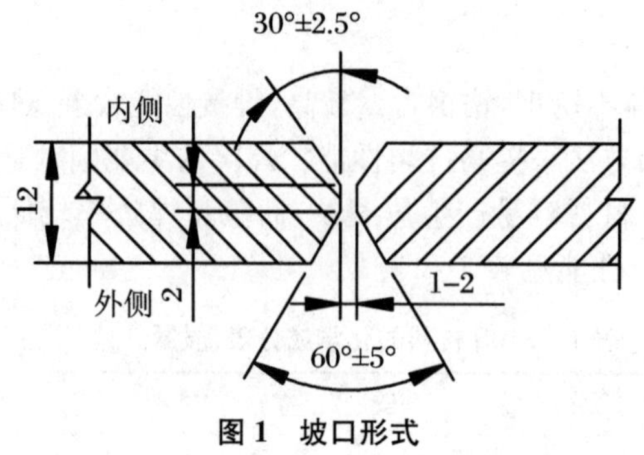

图 1　坡口形式

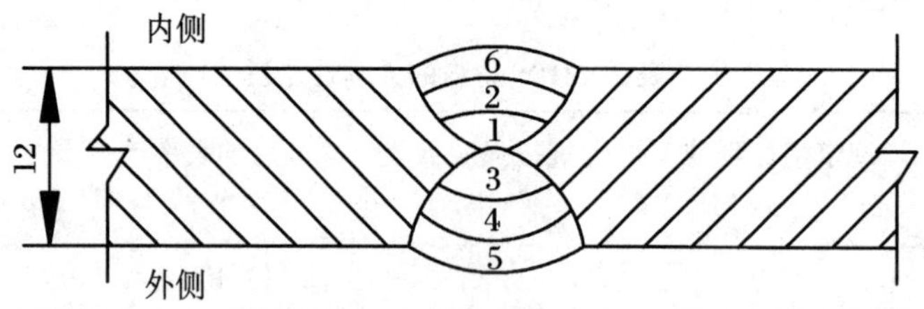

图 2　焊接顺序

表 4　焊接工艺参数

焊层	焊接方法	填充金属		焊接电流 (A)	电弧压 (V)	焊接速度 ($cm \cdot min^{-1}$)	线能量 ($kJ \cdot cm^{-1}$)
		焊条	直径(mm)				
1	SMAW	A412	Φ3.2	80～110	20～22	10～12	≤14.5
2	SMAW	A412	Φ3.2	80～110	20～22	12～15	≤12.1
3	SMAW	A412	Φ3.2	80～115	20～22	12～15	≤12.6
4	SMAW	A412	Φ3.2	80～115	20～22	12～15	≤12.6
5	SMAW	A412	Φ4.0	140～150	22～24	14～16	≤15.4
6	SMAW	A412	Φ4.0	140～150	22～24	14～16	≤15.4

注:清根处理是在第 1 层的背面,用磨光机清除氧化皮、飞溅、药皮等。

5　焊接接头检测

5.1　焊接接头外观和无损检测

对焊缝进行表面检测和无损检测。焊缝和热影响区的表面颜色判定见表 5,对焊缝和热影响区进行检测,结果如下:

(1) 焊缝正面和背面及热影响区均呈金黄色,符合规定要求。

(2) 焊缝宽度为 14.5～16.5 mm,焊缝余高为 1.0～1.2 mm(焊后去除余高,使焊缝和母材平齐)。

(3) 焊接变形符合标准规定。

表 5　焊缝和热影响区的表面颜色判定[2]

焊缝和热影响区的表面颜色	银白色、金黄色	蓝色、淡红	灰色、黑色
合格判断	合格	只可用于非重要部位	不合格

注：按 NB/T 47013.2—2015 的要求对全部焊缝进行 100%RT 检测，结果符合Ⅱ级要求。

5.2　力学性能试验

按 NB/T 47014—2011 标准的规定，对焊缝进行力学性能和弯曲性能试验，取 2 个拉伸试验试样，取 4 个弯曲性能试验试样（侧弯），试件母材厚度均为 12 mm，拉伸试验为 700 ℃高温拉伸试验，弯曲性能试验参数如下：

① 弯心直径 D：40 mm；

② 支座间的距离：63 mm；

③ 弯曲角度：180°。

拉伸性能和弯曲性能试验结果列于表 6，试验结果满足标准规定的要求。

表 6　拉伸性能和弯曲性能试验结果

试验方法	拉伸试验（MPa）		弯曲试验			
试件编号	件 1	件 2	件 1	件 2	件 3	件 4
试验结果	567	572	完好无裂纹	完好无裂纹	完好无裂纹	完好无裂纹

6　结论

我公司严格按照标准要求并结合产品的实际工况，依据材料的焊接特点，制定了合理的焊接工艺，保证了产品的焊接质量要求，满足了焊接接头预期的服役要求，避免材料因焊接加工而产生缺陷，顺利完成了浙江台塑项目膨胀节的焊接工作，也为我公司在 310S 材料膨胀节的制造方面积累了经验。

参考文献

[1]　曾乐.现代焊接技术手册[M].上海：上海科学技术出版社，1993.

[2]　陈祝年.焊接工程师手册[M].北京：机械工业出版社，2010.

[3]　国家能源局.承压设备焊接工艺评定：NB/T 47014—2011[S].北京：新华出版社，2011.

作者简介

刘明旭（1985—），男，工程师，从事特种设备的焊接工作。联系地址：山东省滕州市墨子科创园奚仲路西 A6 号山东密友机械有限公司。E-mail：yp851206@126.com。

带支管结构的波纹管膨胀节法兰焊接变形控制

戴　洋[1]　刘超峰[2]　邢　卓[1]　孙志涛[3]　赵　健[3]　薛广为[3]　李长宝[3]

（1. 沈阳仪表科学研究院有限公司，沈阳 110168；2. 河南平高电气股份有限公司，平顶山 467000；
3. 沈阳汇博热能设备有限公司，沈阳 110168）

摘要：在某批次波纹管膨胀节首件试制中，由于与管线对接法兰的平面度超差而导致产品报废。焊接变形是导致平面度超差的直接原因。相比于分体加工、刚性固定等加工方式，对法兰进行焊接前的反变形和焊接后校形及二次加工密封面是保证平面度的有效措施，因此找到最适合本公司加工制造的方式非常重要。

关键词：波纹管膨胀节；支管结构；法兰密封面；焊接变形控制

Welding Deformation Control of Flange of Bellows Expansion Joint with Additional Channel

Dai Yang[1], Liu Chaofeng[2], Xing Zhuo[1], Sun Zhitao[3], Zhao Jian[3], Xue Guangwei[3], Li Changbao[3]

（1. Shenyang Academy of Instrumentation Science Co. Ltd., Shenyang 110168; 2. Henan Pinggao Electric Co. Ltd., Pingdingshan 467000; 3. Shenyang Huibo Heat Energy Equipment Co. Ltd., Shenyang 110168）

Abstract: In the trial production of the first sample of a batch of bellows expansion joints, the sample was scrapped due to the flatness deviation of the flange connected to the additional pipe. Welding deformation was the direct cause of deviation. Comparing with the split machining and fixed machine, anti-deformation before welding, correction after welding and secondary finishing of the sealing surface after welding are effective measures to ensure the flatness of the flange. Therefore, it is very important to find the suitable means of processing for the works.

Keywords: bellows expansion joint; additional channel; flange sealing surface; welding deformation control

1　膨胀节设计结构

某批次的 GIS 波纹管膨胀节设计[1]结构如图 1 所示，结构特点是带有支管结构，整个单元可以分为 3 个部分：法兰Ⅰ、法兰Ⅲ和短节组成支管组件；波纹管；法兰组件Ⅱ（带短节）。波纹管材质为奥氏体不锈钢 S30403，内径为 Φ850 mm，壁厚为 0.5 mm×5 层，5 波；法兰、短节材质为 S30408，法兰为Ⅲ级锻件（厚度要求上偏差 0～+2 mm），公称通径为 850 mm，重量为 810 kg。

支管的端法兰需与管线法兰连接，对法兰的密封面平面度要求较高。在制造中，如何保证法兰密封面平面度是质量控制的重点和难点。

2　法兰密封面平面度要求

由于输变电电压等级不断提高，内部使用压力也在提高，所以对法兰的密封性能也提出了更加严格的要求。[2]图1所示的带支管结构的波纹管膨胀节平面度具体要求见表1。

表1　带支管结构的波纹管膨胀节平面度要求

序号	区域	平面度要求(mm)	备注
1	法兰Ⅰ密封区	0.1	与外接法兰连接
2	法兰Ⅰ非密封区	0.2	
3	法兰Ⅱ密封区	0.1	与外接法兰连接
4	法兰Ⅱ非密封区	0.2	
5	法兰Ⅲ	0.5	装配要求

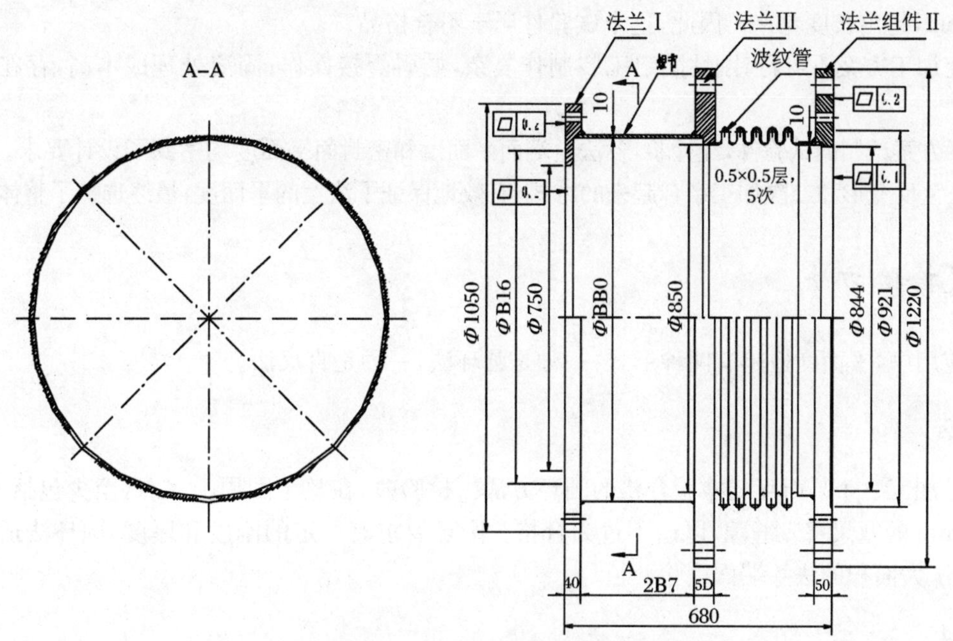

图1　带支管结构的波纹管膨胀节设计简图

1. 支管组件:法兰Ⅰ、法兰Ⅲ及短节的整体称为支管组件;2. 法兰组件Ⅱ:由法兰Ⅱ和小短节组成。

法兰Ⅰ和法兰Ⅱ均需与短节焊接,外侧角接焊缝,要求焊脚高度10 mm,内侧开坡口焊接,焊脚高度也是10 mm,焊接熔敷金属量大,焊接残余应力大,在自由状态下势必导致法兰的端面产生较大的焊接变形。

为了保证产品性能与设计的一致性,以及检验需求,在正式产品批量生产前制作了试验件,并对试验件的制造方案进行了论证。

3　制造方案

根据前期论证结果及分析,可供选择的制造方案有3种可能:分体加工、刚性固定、整体加工。

3.1　分体加工

分体加工方案为:在3个法兰厚度上留加工余量,法兰的其他尺寸和短节一次精加工到图纸尺寸,将法兰Ⅰ、法兰Ⅲ和短节组焊成支管组件,组焊法兰组件Ⅱ,然后两组件再与波纹管焊接成成品。该方案的优点是零部件加工简单,组装快捷,成本相对较低,制造周期短。但是,能否满足法兰平面度要求,需通过检验件进行验证。

3.2　刚性固定

刚性固定加工方案为:组焊前将法兰(留二次加工量)与短节进行刚性固定,焊后进行固溶处理,消除残余应力。

3.3 整体加工

整体加工方案为:法兰和短节均留适当的加工余量,组焊并校形后进行整体车加工。该方案加工工艺复杂,制造周期相对较长,但能很好地控制成品的尺寸和表面粗糙度。

3.4 方案选定

在检验分体加工的试验件时发现,由于没有对法兰Ⅰ、法兰Ⅲ进行焊接前的反变形,焊接变形量过大;另外,只靠法兰端面预留加工余量两次加工的方式,当法兰端面或密封面平面度满足要求时,由于第二次机加工量过大,导致法兰厚度超差(法兰Ⅰ厚度<40 mm,法兰Ⅱ和法兰Ⅲ<50 mm)。膨胀节的总长度也比设计值短了 5 mm,超出长度允差。因此,这个试验件属于不合格品。

刚性固定加工方案不可行,刚性固定工装制作复杂,妨碍焊接操作;固溶处理成本高,存在极大的变形风险。

整体加工方案试制的试验件,经检验,各法兰端面平面度和密封面平面度均达到了设计要求。整体加工方案采用了将法兰反变形和二次加工结合起来的方式,有效地保证了法兰的平面度,最终选择了整体加工方案。

4 平面度检验方法

在实际应用中,平面度检验有两种形式:一种是圆环法,一种是直尺法。

4.1 圆环法

圆环法是加工一个平面度经检验合格的圆环方法。检验时,在整个圆周上多点(至少包括 45°分度上的 8 点)以 0.1 mm 的塞尺塞入缝隙,以通不过为合格。圆环要求有一定的刚度和厚度,圆环法适用于检验密封面,不适用于大面积的法兰端面检验。

4.2 直尺法

直尺法是以适宜长度的直尺立面放置于待检平面上,检验直尺与平面间的间隙。直尺法的优点是方便快捷,适用于大面积检验;缺点是受直尺直线度制约,不如圆环法精准。

5 制造过程

整个膨胀节分为 3 个部件,即支管组件、法兰组件Ⅱ和波纹管。制造过程包括 3 个部件的分别制作,然后组装,以及法兰反变形和二次加工等过程。

5.1 部件加工

5.1.1 支管组件零部件加工

(1) 法兰Ⅰ加工。法兰Ⅰ粗加工,增加厚度加工余量,内径留加工余量,然后对法兰Ⅰ进行反变形(如图 2、图 3 所示)。法兰反变形是在压力机上采用专用的模具进行的,模具应根据工件不同的规格进行设计。

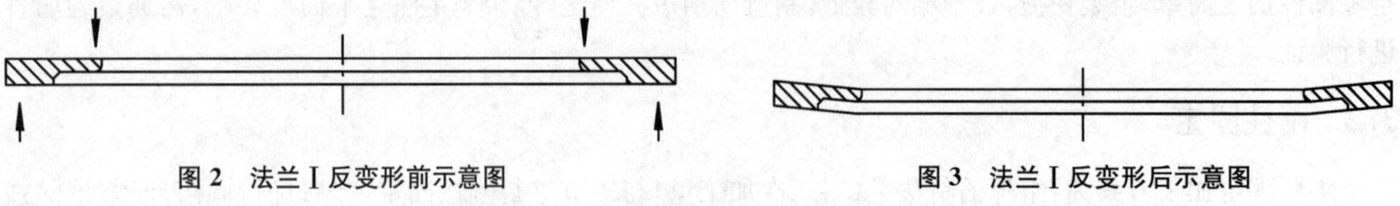

图 2 法兰Ⅰ反变形前示意图　　图 3 法兰Ⅰ反变形后示意图

(2) 法兰Ⅲ加工。法兰Ⅲ先粗加工,厚度加工至图纸要求,内径留加工余量,然后对法兰Ⅲ进行反变形。

(3) 短节加工。支管组件内腔设计要求粗糙度达到 3.2 μm,同时要求有较高的圆度,这只有通过焊后机加工才能达到。因此,短节在下料时要考虑内表面机加工,需要留量。短节净尺规格为 Φ900 mm×10 mm,因此,选用厚度 14 mm 的钢板下料。

5.1.2 支管组件组焊

(1) 组焊法兰Ⅰ与短节。焊接后出现的状况是焊接变形大于反变形,就是法兰内外端面以短节处为界,均向焊缝侧倾斜,需要校形。校形均需特定尺寸的专用模具。校形时下模支撑法兰Ⅰ内沿或外沿,上模压住法兰Ⅰ端面短节位置。校形后,法兰Ⅰ端面短节以外部分的平面度应控制在 0.5 mm 以内,短节以内部分向内侧变形量不得超过 2 mm(见图 4)。校形后应尽量保证法兰Ⅰ外沿(短节处以外的部分)的平面度,因为这部分的法兰背面不再进行车加工,而整个法兰端面以及内侧背面还有加工余量。

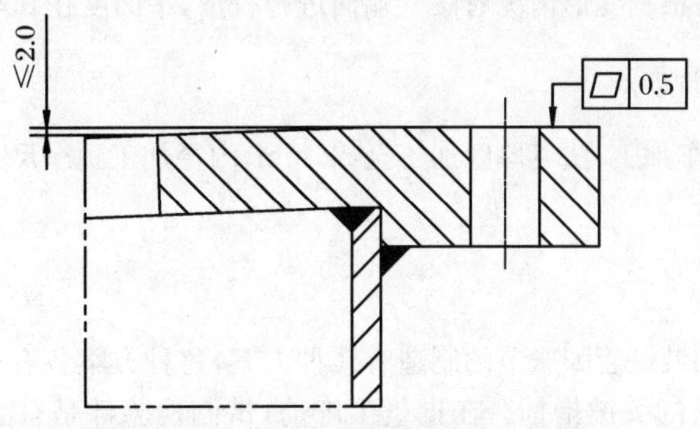

图 4 法兰Ⅰ校平后变形量控制示意图

另外,应先焊接法兰Ⅰ与短节,因为法兰Ⅲ外径较大,如果先焊接法兰Ⅲ,则会给法兰Ⅰ的焊后校形带来不便。

(2) 组焊法兰Ⅲ与短节,通过工装保证焊接变形在允许范围内,组焊后需对法兰Ⅲ端面进行校形处理,校形后法兰Ⅲ端面平面度需在 0.5 mm 以内。

5.1.3 支管组件加工

对法兰Ⅰ、短节、法兰Ⅲ进行焊后整体机加工。加工顺序为法兰Ⅲ内径(车掉直径上的加工余量)→短节内径→法兰Ⅰ内侧端面→法兰Ⅰ内径(车掉直径上的加工余量)→法兰Ⅰ和法兰Ⅲ钻螺栓孔→镗加工接管孔两个气阀孔一个(图 5)。除法兰Ⅰ外端面及密封面未两次加工外,其他尺寸均已加工至图纸要求尺寸。

图 5 支管组件短节上开孔后的状态

两支接管和气阀与短节组焊后,精加工法兰Ⅰ端面及密封面,使平面度分别达到 0.2 mm 和 0.1 mm。为了防止短节上的接管焊后对法兰平面度再次造成影响,将法兰Ⅰ端面及密封面加工安排在最后。

5.2 法兰Ⅱ组件加工

5.2.1 法兰Ⅱ加工

法兰Ⅱ粗加工,厚度加工至 55 mm(留加工余量),内径留加工量,同样按图 3 进行反变形。

5.2.2 短节加工

短节净尺为 Φ870 mm×10 mm,下料厚度为 14 mm,展开中径为 Φ856 mm(展开长度为 2689 mm)卷圆,焊接纵向焊缝。

5.2.3 组焊法兰Ⅱ组件

组焊法兰Ⅱ与短节,焊后根据变形情况对法兰端面进行校形,平面度在 0.5 mm 以内。

5.2.4 法兰Ⅱ组件机加工

对法兰Ⅱ组件进行整体车加工,法兰厚度加工至 52 mm,内径加工到净尺。短节内径加工到净尺。

6 结论

综上所述,带支管结构的波纹管膨胀节的制造有几种方案,每种方案各有优缺点,找出适合工艺装备的制造方法,才能保证设计要求的关键指标。在批量生产前,试制检验件是有必要的,我们通过试验件的加工,优化固化加工工艺流程,为用户提供了批量的合格产品。

参考文献

[1] 国家市场监督管理总局,中国国家标准化管理委员会.金属波纹管膨胀节通用技术条件:GB/T 12777—2019[S].北京:中国标准出版社,2019.

[2] 中华人民共和国国家质量监督检验检疫总局,中国国家标准化管理委员会.高压组合电器用金属波纹管补偿器:GB/T 30092—2013[S].北京:中国标准出版社,2014.

作者简介

戴洋(1981—),男,高级工程师,从事波纹管和压力容器设计工作。通信地址:沈阳市浑南区浑南东路 49-29 号沈阳仪表科学研究院有限公司。E-mail:daiyang1031@163.com。

钛制金属软管生产过程中铁污染危害及工艺措施

陈文学　陈四平　齐金祥　武敬锋
(秦皇岛市泰德管业科技有限公司,秦皇岛 066004)

摘要:由于钛在大气、海水、氧化性气氛、中性、弱还原性气氛中具有良好的耐蚀性,抗氧化性优于多数奥氏体不锈钢,所以被广泛地用于化工行业高耐腐蚀管路的金属软管产品上。钛制金属软管制造的整个过程中,防止铁污染具有非常重要的意义,因为钛一旦被铁污染,极易造成抗腐蚀性能下降、焊接性能变差、产生氢脆等危害。受金属软管结构的影响,采用成品最终处理可行性不佳,必须在生产过程中的各个环节上控制,确保最终成品的检测通过,以满足产品在高腐蚀工况条件下的使用要求。

关键词:钛;高耐腐蚀;金属软管;铁污染;氢脆

The Harm of Iron Pollution in the Production Process of Titanium Metal Hose and the Technological Measures

Chen Wenxue, Chen Siping, Qi Jinxiang, Wu Jingfeng
(Qinhuangdao Taidy Flex-Tech Co. Ltd., Qinhuangdao 066004)

Abstract: Titanium has good corrosion resistance in atmosphere, sea water, oxidizing atmosphere, neutral and weak reducing atmosphere, and its oxidation resistance is superior to most austenitic stainless steel, so it is widely used in metal hose products of high corrosion resistance pipeline in chemical industry. In the whole process of manufacturing titanium metal hose, it is very important to prevent iron pollution, because once titanium is polluted by iron, it is easy to cause corrosion resistance degradation, poor welding performance, hydrogen embrittlement and other hazards. Due to the influence of metal hose structure, it is not feasible to adopt the final treatment of finished products. It must be controlled in every link of the production process to ensure that the final products pass the inspection, so as to meet the use requirements of products under high corrosion conditions.

Keywords: titanium; high corrosion resistance; metal hose; iron pollution; hydrogen embrittlement

1　引言

由于钛和氧有很强的亲和力,在空气中或含氧的介质中,钛表面会生成一层致密的、附着力强、惰性大的钝化氧化膜,保护了钛基体不被介质腐蚀,即使钛表面发生机械损伤,也会很快重新再生出钝化氧化膜,只要介质温度在315 ℃以下,钛的氧化膜始终保持这一特性。因此,钛制金属软管作为一种柔性管路元件,目前钛在石油、化工、制药、环保等行业中得到越来越广泛的应用。

为了保证钛制金属软管的使用寿命和安全稳定性,在产品整个生产制造过程中,防止铁污染具有非常重要的意义,尤其是加热过程中的污染,因为钛一旦被污染,极易造成抗腐蚀性能下降、焊接性能变差、产生氢脆等危害,介于软管的结构组成及特点,采用成品最终处理可行性不佳,本文通过分析铁污染造成的危害,进而对钛制金属软管整个生产过程各个环节制定有效的工艺措施。

2　铁污染途径及危害

钛是高度活性的金属,有资料表明,钛几乎能与所有元素作用,在高温下它还能与气体化合物 CO、CO_2、水蒸气及许多挥发性有机物发生反应。在加热过程中，金属元素与钛表面反应的结果使表面沾污并使化学成分发生变化，所以防止钛污染极为重要。

铁污染会危害钛制产品在某些介质中的耐腐蚀性能。钛中的铁元素在相关材料标准中均做了含量限制要求。钛制金属软管作为焊接产品，焊缝是个薄弱环节，所以对焊材杂质元素的要求要比母材严格。所选焊丝中的氮、氧、碳、氢、铁等杂质元素的标准规定上限值应低于母材中杂质元素的标准规定上限值[1]，且不得从所焊母材上裁条充当焊丝。

上述是从原材料本身对铁元素的控制要求。结合金属软管的制造过程，从材料外界因素来分析，铁污染主要有以下几种途径：

一是接触污染。钛材在存放、装卡、下料、加工、卷制和成形等生产过程中直接接触钢制工器具，如铁锤敲击、钢丝刷打磨、铁质夹具装卡及模具成形等，避免不了铁微粒嵌入钛表面和损伤钛的表面钝化膜，在较强的腐蚀介质中发生电化学腐蚀，使其失去钝化稳定性，降低耐腐蚀性，而且产生的氢还可能进入钛中，导致钛的氢脆。

二是粉尘污染。在一般的焊接作业环境中，因打磨、切割等作业，作业区的空气中会混有含铁粉尘，含铁粉尘会玷污到钛材坡口表面、焊丝及母材表面，当这些钛表面铁污染经焊接或加热后，在焊缝及热影响区易形成硬而脆的 TiFe 相，会大大降低焊缝区的力学性能及抗腐蚀性能。

三是介质污染。如在波纹管成形、水压试验等过程，成形模具和压检工装多数由碳钢制作，若控制不得当，钛材表面容易受水中铁离子的污染。

钛材被铁污染后可能会发生 3 种危害：一是在一定的腐蚀介质中产生电化学腐蚀；二是降低焊缝区的力学性能及抗腐蚀能力；三是当含铁量＞0.05%时，形成氢脆。

3 铁污染清除方法

3.1 机械加工

采用机械加工的方法去除钛材表面的污染层，再配合脱脂和清洗处理。

3.2 喷砂处理

用氧化铝或矽砂(矽砂不得含铁)对钛表面进行喷砂处理去除污染。

3.3 抛磨处理

用粘有不含铁质磨料的布抛光轮抛磨钛材表面去除污染(见图 1)，生产中通常这样处理。

图 1　抛磨处理

3.4 酸洗处理

在洁净的环境中，用含 2%～4%氢氟酸 + 30%～40%硝酸 + 水的混合溶液，在室温条件下进行酸洗处理，时间为 2～20 min，酸洗后应立即进行清洗，清洗用水要选择纯净水，避免二次污染。

3.5 阳极化处理

接触腐蚀介质的钛表面可进行阳极化处理。阳极化处理除了可使钛获得氧化膜、产生钝化而提高耐蚀性外，还能消除铁对钛的污染，从而提高抗氢渗透能力。

3.6 脱脂处理

采用无硫丙酮或异丙醇擦拭清理钛材表面或焊丝表面（见图 2），不得使用甲醇、二氯甲烷和三氯乙烯。

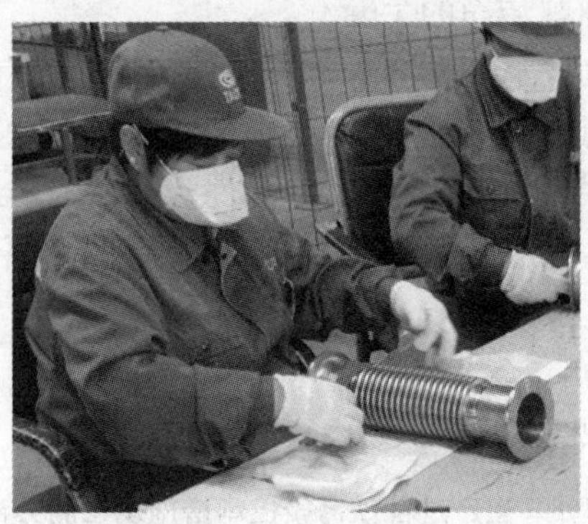

图 2　脱脂处理

4　铁污染检测方法

4.1 铁锈试验

试验溶液是溶解 7%铁氰化钾和 65%硝酸 4.5 mL 于 214 mL 蒸馏水或去离子水中（该溶液数天内即变浑浊，尽量现用现配制）。[2]溶液滴敷或喷射待检表面，如有铁存在则立即显示蓝色（见图 3），否则呈黄色（见图 4）。该方法主要用于钛材表面铁污染的检测，目前在国内应用比较多。

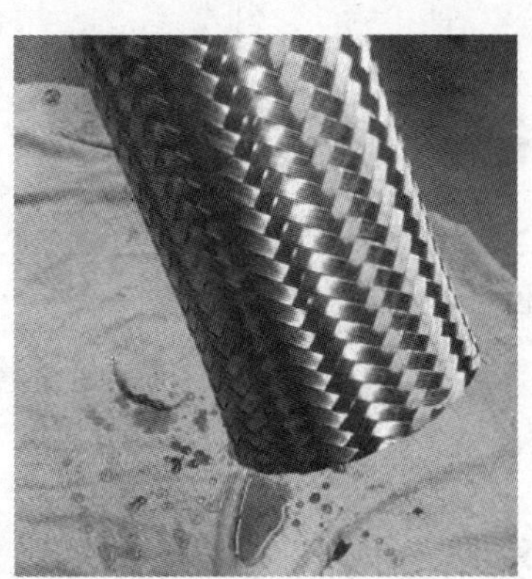

图 3　网套检测存在铁污染

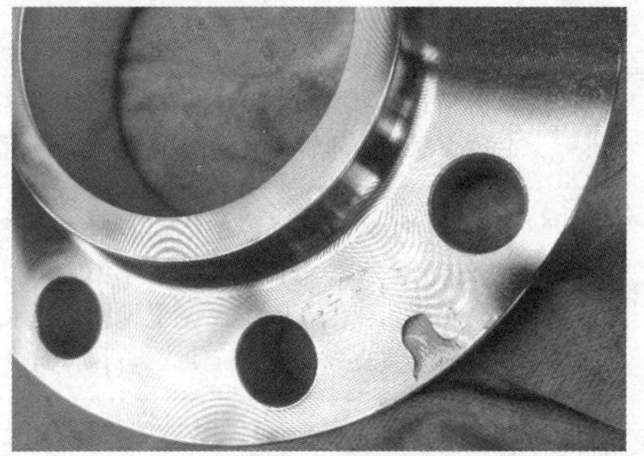

图 4　法兰未被铁污染

4.2 邻二氮杂菲试验

邻二氮杂菲溶液比铁锈法试验溶液稳定，其操作工艺和铁锈法试验方法相同，如表面被铁污染，滤纸则呈橘红色。检测空气中的铁含量时，用滤纸吸取溶液贴置于洁净的玻璃上，保证滤纸与玻璃贴近，并分散放于作业环境中，至少20点，从而对作业环境的铁质灰尘进行检测。目前该方法是检测空气中铁含量的首选。

5 生产过程控制措施

5.1 注意事项

(1) 钛材组装、焊接应在无污染、无灰尘、无烟、无金属粉尘和无铁离子污染的洁净专用环境内进行，且必须通过铁污染检查。

(2) 钛材表面打磨，宜用橡胶或尼龙掺和氧化铝的砂轮，不应用打磨过钢材的砂轮，且打磨时不应出现过热的色泽。

(3) 所有操作人员在过程中必须戴洁净的手套。

(4) 所有检验量具必须经丙酮彻底清理干净后方可使用，且要与其他测量工具分开独立使用。

(5) 任何检验和试验项目都不可污染产品，否则必须彻底清理，并经检测无污染后方可进行。

(6) 转序及存放时要用塑料薄膜包裹；存放产品零部件及成品的场地应铺设橡胶或其他软质材料，以免碰伤、擦伤钛表面。钛件不应与钢件等混放，应经常清理现场，清除切屑等杂物。[3]

5.2 生产过程铁污染控制措施及检测方法

生产过程铁污染控制措施及检测方法详见表1。

表1 生产过程铁污染控制措施及检测方法

节点名称	控制措施	检查节点及检测方法
结构件 下料及加工	1. 钛材的下料一般应采用机械方法。 2. 下料和加工时尽量避免钛直接接触钢制或铁制品，卡具及接触面可用不锈钢进行隔离。 3. 加工后，表面清理根据表面情况可采用脱脂（不含硫的丙酮清洗脱脂）、机械清理（机加工、钛丝刷或碳化硅砂轮打磨），也可采用联合方式清理。表面清理时，不得使用氧化物溶剂和甲醇溶剂，应注意清除橡胶制品残留的增塑剂和防止含氯离子水的应力腐蚀危险。 4. 铁锈试验测试合格后用拉伸膜包裹妥善保存，以防二次污染。	脱脂后/铁锈试验
管坯 下料及卷制	1. 板面避免与钢制或铁制工器具接触。 2. 接头毛刺采用同材板条刮除。 3. 管坯卷制选用胶辊卷板机，卷制前要将辊子表面用丙酮擦拭清理干净。 4. 如采用金属辊卷板机，则需在钛材板面上用拉伸膜进行隔离防护。	/
波纹管成形	1. 套装及成形时要在钛表面用拉伸膜进行防护，防止与钢制或铁制模具等直接接触，工位器具及工具等均用不锈钢进行隔离接触。 2. 如采用液压成形，成形后立即用纯净水进行表面冲洗。 3. 铁锈试验合格后用拉伸膜进行防护，避免二次污染。	冲洗后/铁锈试验
网套编织下料	1. 作业区要与普通网套作业区分开，避免铁粉尘污染网套。 2. 网套编织定尺下料后进行整体脱脂处理，清除所有污染物。	脱脂后/铁锈试验

续表

节点名称	控制措施	检查节点及检测方法
装配焊接	1. 坡口清理。施焊前将距焊缝边缘25 mm范围内的母材用干净白绸布(不能用棉布、棉纱)加丙酮擦净,除去所有水锈、漆皮、污垢、金属粉末、尘埃等杂物,并通过铁锈试验。清理后4 h内施焊,否则重新清理[4],并进行铁锈试验。 2. 与钛材接触的所有工具、工装、卡具或器具等钢制或铁制需用不锈钢或其他方式进行隔离接触,与钛直接接触物均需进行脱脂后进行专用。 3. 焊丝采用无硫丙酮或异丙醇擦拭清理表面,放置超2 h须重新清理。 4. 焊接方法应采用钨极氩弧焊、熔化极氩弧焊以及如惰性气体保护等离子焊等可保证焊接质量的其他焊接方法。 5. 装配后不能立即进行焊接的要用拉伸膜进行隔离防护,避免二次污染。 6. 不得在装配后对待焊坡口进行检测,以免检测试剂或水分等残留在待焊区,影响焊接质量。 7. 清洁所有制造、搬运等与产品接触的设备,可能损坏或污染母材的毛边、划痕或其他表面缺陷应通过局部打磨或抛光来消除。 8. 焊工应备有钛丝刷、碳化硅砂轮等,以备清渣和消缺。	组对前/铁锈试验
压力测试	1. 建议将水压试验改为气压试验,减少工步,更有助于防止钛材污染。 2. 进行水压试验时,要用纯净水。 3. 所有水槽、接头、管路及接触物要保证洁净度,避免二次污染。	—
清洗	1. 采用纯净水进行内外清洗并烘干,再进行铁锈试验。 2. 检验合格后进行包装装箱。	清洗后/铁锈试验

6 结论

(1) 在钛制金属软管的制造过程中防止铁污染非常重要,每个生产环节都要控制污染源,按上述控制措施和要求生产的钛制金属软管,成品清洗后铁锈试验一次通过率可达100%。

(2) 生产过程严格控制铁污染,有利于确保钛制金属软管的使用寿命和耐腐蚀性能。

(3) 检测试剂的选择很关键,且要注意试剂存放问题,避免失效。

(4) 铁污染清除方法和检测方法要根据实际产品结构及具体情况进行选择。

参考文献

[1] 国家经济贸易委员会.钛制焊接容器:JB/T 4745—2002[S].北京:云南科技出版社,2003.

[2] 黄嘉琥,应道宴.钛制化工设备[M].北京:化学工业出版社,2002:164.

[3] 国家能源局.压力容器焊接规程:NB/T 47015—2011[S].北京:新华出版社,2011.

[4] 中华人民共和国工业和信息化部.船用钛及钛合金焊接工艺评定:CB/T 4363—2013[S].北京:中国船舶工业综合技术经济研究院,2014.

作者简介

陈文学(1980—),男,工程师,主要从事金属软管及波纹管膨胀节的结构优化和产品制造工艺工作。通信地址:河北省秦皇岛市经济技术开发区永定河道5号。E-mail:cheng-5@163.com。

钢丝网夹层波纹管补偿器

贾建平　薛维法　刘兆杰
（北京兴达波纹管有限公司，北京 102611）

摘要：本文详细介绍了一种中间夹层为不锈钢丝网的波纹管补偿器，描述了其设计制造检验过程，并对其应用进行了说明。

关键词：波纹管层间监测；波纹管层间钢丝网

Expansion Joint with Wire Mesh as Interlayer of Bellows

Jia Jianping, Xue Weifa, Liu Zhaojie
(Beijing Xingda Bellows Co. Ltd., Beijing 102611)

Abstract: This paper introduces a bellows expansion joint with wire mesh as interlayer, describes its design and inspection process, and briefly explains its application.

Keywords: bellows interlayer monitoring, bellows interlayer wire mesh

1　引言

在工业领域中，有的管道或者设备内介质毒性很高或者易燃易爆，在不得不使用波纹管补偿器的情况下，对补偿器中的柔性元件波纹管提出了很高的要求，除了耐腐蚀性外，还要求使用必须可靠，不允许有丝毫泄漏现象发生。万一在波纹管发生疲劳等损坏时，要求能够第一时间发现，并给处理泄漏现象留有足够的时间，以达到安全生产的目的。根据具体要求的严格性，有的客户就要求产生微漏就得报警，而且这个泄漏不允许产生任何潜在危险。这就需要一种一边微漏就报警，另一边还能维持设备正常工作的波纹管补偿器，因此需要在波纹管上设置检测报警装置。

2　产品设计

2.1　结构设计

该产品是一种双层波纹管，设计要求单层波纹管能满足使用工况要求，在内层波纹管失效时补偿器仍能正常工作。在外层适当位置打孔并焊接检测接管，在接管上连接监测装置。一般选择在波纹管两端的直边段上开孔，如果单层强度不够，可以加装铠装环。

实际上，我们也做了不少试验，大部分双层波纹管，在一端检测管打气密试验，在两个检测管上都设置压力表，两个压力表读数应该基本一致，有少数波纹管开始时相差较大，个别波纹管层间压力不连通，就是说直接用两层管坯成形出来的波纹管，不能保证夹层内都能实现层间连通。为了保证层间压力连通，我们设法在两层管坯之间增加一层不锈钢丝网，保证层间气压连通。这种检测接管一般设置 2 个，如图 1 所示，且为对称布置。

2.2　参数确定

有人担心波纹管表面会不会在成形时产生钢丝网的压痕，为了模拟实际产品情况，我们设计了一件试验件产品，波纹管材料为06Cr19Ni10(304)，参数见表1。

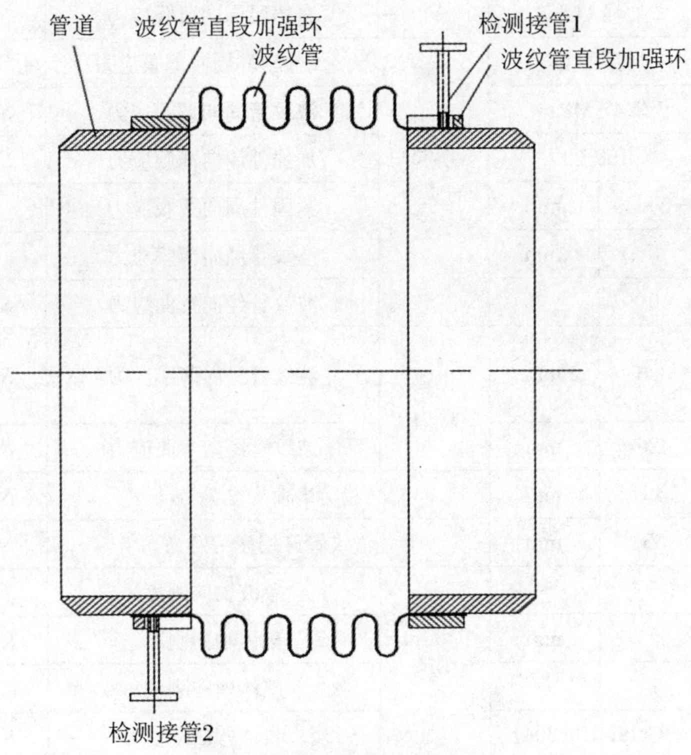

图1　带检测接管的波纹管

表1　波纹管参数

通径	设计压力	设计温度	补偿量	疲劳寿命
DN400	3.47 MPa	150 ℃	−3/+40 mm	EJMA—2015:1000次 ASME Ⅷ-1—2019:130次
单层厚度	层数	波数	波距	波高
2 mm	2	5	55 mm	45 mm

中间夹层为不锈钢丝网，材质为022Cr17Ni12Mo2(316L)，钢丝网参数：16目，丝径为0.35 mm，孔眼为1.237 mm。具体产品结构如图2所示。

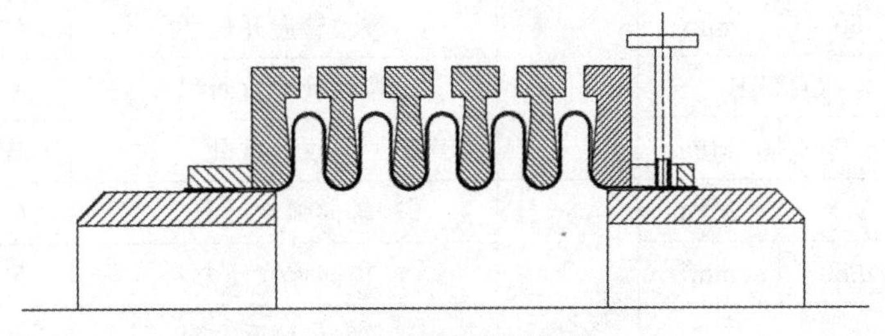

图2　试验件产品结构

补偿器由两端的接管、波纹管和波纹管直边段加强环构成，在每侧的波纹管直边段加强环部分设置一个检测接管，检测接管与波纹管外层焊接，波纹管外层开孔与检测管连通。

2.3　设计计算

2.3.1　按EJMA—2015进行内压计算

计算结果见表2。结果评定见表3。[1]

表 2　参数及计算结果

膨胀节类型		加强 U 形		压力引起的应力	直边段周向薄膜应力	S_1	28.98	MPa
波纹管类型		加强 U 形			加强套环周向薄膜应力	S'_1	34.02	MPa
设计压力		3.47 MPa			波纹管周向薄膜应力	S_2	19.26	MPa
设计温度		150 ℃			加强件周向薄膜应力	S'_2	19.55	MPa
设计位移	轴向	-3～40	mm		紧固件周向薄膜应力	—	—	MPa
	横向	0	mm		波纹管经向薄膜应力	—	21.71	MPa
	角向	0	°		波纹管经向弯曲应力	S_4	204.57	MPa
单波当量轴向位移		8.6	mm	位移应力	波纹管经向薄膜应力	S_5	64.93	MPa
波纹管	直径	426	mm		波纹管经向弯曲应力	S_6	1901.53	MPa
	波高	45	mm	疲劳寿命安全系数		N_f	1	—
	波距	55	mm	波纹管许用疲劳寿命		[N_c]	1349	次
	波数	5	—	刚度	单波轴向刚度	f_i	14653.65	N/mm
	壁厚	2	mm		整体轴向刚度	K_x	2930.73	N/mm
	层数	1	—		整体横向刚度	K_y	17809.57	N/mm
	材料	06Cr19Ni10(304)			整体弯曲刚度	K_θ	1430.49	N.m/°
	弹性模量	186000	MPa	极限压力	柱失稳极限压力	P_{sc}	9.22	MPa
	屈服强度	427.67	MPa		平面失稳极限压力	P_{si}	—	MPa
	许用应力	137	MPa	自振频率	阶数	轴向(Hz)		横向(Hz)
	成形工艺	液压			一阶	—		—
	材料形态	成形态			二阶	—		—
加强套环	材料	Q235-B			三阶	—		—
	弹性模量	189000	MPa		四阶	—		—
	许用应力	113	MPa		五阶	—		—
	长度	80	mm	反力(矩)	压力推力	F_p	609.7352	kN
	厚度	30	mm		波纹管展开长度	L_z	780	mm
均衡环	材料	Q235-B			波纹管有效面积	A_e	0.1757	m²
	弹性模量	189000	MPa		波纹管重量	W	16.45	kg
	许用应力	113	MPa		轴向弹性反力	F_x	117.23	kN
	截面面积	2080	mm²		横向弹性反力	F_y	0.00	kN
紧固件	材料	—			角向位移反力矩	M_θ	0.00	N·m
	弹性模量	—	MPa		横向位移反力矩	M_y	0.00	N·m
	许用应力	—	MPa	扭转	扭转角	φ	0.00	°
	截面直径	—	mm		扭转刚度	K_t	249780.80	N·m/°
直边长	86	mm			扭转反力矩	M_t	0.00	N·m

表 3　结果评定

说明	值	评定依据	参照值	结论
压力引起的直边段周向薄膜应力 S_1	28.98	$S_1 \leqslant S$	137	合格
压力引起的加强套环周向薄膜应力 S'_1	34.02	$S'_1 \leqslant C_{wc} * S_c$	113	合格
压力引起的波纹管周向薄膜应力 S_2	19.26	$S_2 \leqslant S$	137	合格
压力引起的经向应力 $S_3 + S_4$	226.3	$S_3 + S_4 \leqslant C_m * S$(蠕变温度下) $S_3 + S_4/1.25 \leqslant S$(蠕变温度上)	411	合格
柱失稳极限压力 P_{sc}	9.22	$P_{sc} \geqslant P$	3.47	合格
平面失稳极限压力 P_{si}	—	$P_{si} \geqslant P$	—	—
波纹管许用疲劳寿命$[N_c]$	1349	$[N_c] \geqslant N_{cs}$	1000	合格

2.3.2　按 ASME Ⅷ-1—2019 进行内压计算

计算结果见表 4～表 7。[2]

表 4　基本参数

波纹管类型			加强 U 形	
设计疲劳寿命		N_c	130	次
设计压力		P	3.47	MPa
设计温度		T	150	℃
设计位移	轴向	X	43	mm
	横向	y	0	mm
	角向	θ	0	°
单波当量轴向位移		Δq	8.6	mm
波纹管	内径	D_b	426	mm
	波高	w	45	mm
	波距	q	55	mm
	波数	N	5	
	单层壁厚	t	2	mm
	层数	n	1	
	直边长	L_t	86	mm
	材料		304	
	室温下弹性模量	E_o	19500	MPa
	设计温度下弹性模量	E_b	18600	MPa
	设计温度下许用应力	S	130	MPa
	设计温度下屈服强度	S_y	154	MPa
	泊松系数	υ_b	0.29	
	成形工艺		液压	
	材料形态		成形态	

续表

波纹管类型			加强 U 形	
加强套环	材料		Q235B	
	设计温度下弹性模量	E_c	189000	MPa
	设计温度下许用应力	S_c	113	MPa
	长度	L_c	80	mm
	厚度	t_c	20	mm
	焊缝系数	C_{wc}	1	
加强环	材料		Q235B	
	设计温度下弹性模量	E_r	189000	MPa
	设计温度下许用应力	S_r	113	MPa
	截面积	A_r	2080	mm^2
	焊缝系数	C_{wr}	1	

表 5　中间参数计算结果

说明	符号	计算公式	值	
波纹管平均直径	D_m	$D_b + w + n * t$	473	mm
经成形减薄修正后厚度	t_p	$t * \text{sqrt}(D_b/D_m)$	1.898	mm
波纹平均半径	r_m	$q/4$	13.75	mm
一个波的截面积	A	$[2 * \pi * r_m + 2 * \text{sqrt}(\{q/2 - 2 * r_m\}\hat{}2 + \{w - 2 * r_m\}\hat{}2)] * n * t_p$	230.43	mm^2
套环平均直径	D_c	$D_b + w + n * t$	450	mm
端部直边段承压影响系数	k	$\min\{L_t/(1.5 * \text{sqrt}(D_b * t))\}, 1.0]$	1	
总合力	H	$PD_m q$	90272.1	N
波纹管成形应变	ε_f	$\text{sqrt}([\ln(1 + 2 * w/D_b)]\hat{}2 + [\ln(1 + n * t_p/(2 * r_m))]\hat{}2)$	20.3	
成形方法系数	K_f	0.6，　滚压成形或机械胀形 1，　液压、橡皮或气胎成形	1	
屈服强度因子	Y_{sm}	$1 + 9.94(K_f * \varepsilon_f) - 7.59(K_f * \varepsilon_f)\hat{}2 - 2.4(K_f * \varepsilon_f)\hat{}3 + 2.21(K_f * \varepsilon_f)\hat{}4$ ($Y_{sm} \geqslant 1$ and $Y_{sm} \leqslant 2$)	2	
材料强度系数	K_m	1.5 Y_{sm}，成形态 1.5，热处理态	3	
系数	C_1	$(2 * r_m)/w$	0.61	
系数	C_2	$1.82 * r_m/\text{sqrt}(D_m * t_p))$	0.84	
系数	C_p	Figure 26-4	0.57	
系数	C_f	Figure 26-5	1.52	
系数	C_d	Figure 26-6	2.06	
波高形状系数	C_r	$0.3 - (100/(1048 * P\hat{}(1.5) + 320))\hat{}2$	0.3	
加强套环截面积	A_{tc}		1600	mm^2
焊接点到第一个波峰	L_d	$L_t + q/2$	113.5	mm
承受压力比	R	$(A * E_b)/(A_r * E_r)$		

表 6　应力计算、刚度、疲劳寿命

说明	符号	计算公式	值	
压力引起的直边段周向薄膜应力	S_1	(D_b+nt)^(2) * L_d * E_b * P/2/ $((nt*L_t+A/2)(D_b+nt)E_b+A_{tc}*D_c*E_c))$	42.21	MPa
压力引起的加强套环周向薄膜应力	S'_1	D_c^(2) * L_d * E_c * P/2 $((nt*L_t+A/2)(D_b+nt)E_b+A_{tc}*D_c*E_c))$	47.42	MPa
压力引起的波纹管周向薄膜应力	S_2	$H/(2.0*A)*(R/(R+1))$	19.26	MPa
压力引起的加强环周向薄膜应力	S'_2	$H/(2.0*A_r)*(R/(R+1))$	22.6	MPa
压力引起的波纹管径向薄膜应力	S_3	$0.85*((w-4*C_r*r_m)P)/(2*n*t_p)$	22.15	MPa
压力引起的波纹管径向弯曲应力	S_4	$0.85/(2*n)((W-4*C_r*r_m)/t_p)$^2 * C_p*P	190.44	MPa
位移引起的波纹管径向薄膜应力	S_5	E_b*t_p^2 * $\Delta q/(2(w-4*C_r*r_m)$^3 * $C_f)$	81.55	MPa
位移引起的波纹管径向薄膜应力	S_6	$5/3(E_b*t_p*\Delta q)/((w-4*c_r*r_m)$^2 * $c_d)$	3023.07	MPa
综合应力	S_t	$0.7*(S_3+S_4)+S_5+S_6$	3253.4	MPa
整体轴向刚度	K_b	$p_i/(2(1-\upsilon_b$^(2))) * $(n/N)*E_b*D_m*$ $(t_p/(w-C_r*q))$^(3)/C_f	5839.91	N/mm
波纹管成形后屈服强度	S_y^*	$2.3S_y$,成形态 $0.75S_y$,热处理态	354.2	MPa
柱失稳极限压力	P_{sc}	$0.3*P_i*K_b/(N*q)$	20.01	
疲劳强度减弱系数	K_g	1	1	
判断条件		K_g*E_0/E_b*S_t	3410.9	MPa
疲劳寿命系数	K_o		1	
疲劳寿命系数	S_o		1	
许用疲劳寿命	N_{alw}	$(K_o/(K_g*E_o/E_b*S_t-S_o))$^(2)	219	次

表 7　结果评定

说明	值	评定依据	参照值	结论
压力引起的直边段周向薄膜应力 S_1	42.21	$S_1 \leqslant S$	130	合格
压力引起的加强套环周向薄膜应力 S'_1	47.42	$S'_1 \leqslant C_{wc}*S_c$	113	合格
压力引起的波纹管周向薄膜应力 S_2	19.26	$S_2 \leqslant S$	130	合格
压力引起的加强环周向薄膜应力 S'_2	22.6	$S'_2 \leqslant C_{wr}*S_r$	113	合格
压力引起的径向应力 S_3+S_4	212.59	$S_3+S_4 \leqslant K_m*S$	390	合格
柱失稳极限压力 P_{sc}	20.01	$P_{sc} \geqslant P$	3.47	合格
许用疲劳寿命 N_{alw}	219	$N_{alw} \geqslant N_c$	130	合格

2.3.3　按 ASME Ⅷ-1—2019 进行外压计算

根据设计理念,当内层波纹管发生泄漏后,外层波纹管应该承受设计压力,那么对波纹管夹层进行气压试验是必要的,这里就要求内层波纹管能够承受试验压力下的外压作用。这里取外压设计值为 0.347 MPa(详见检验过程)。

计算结果如下:

波纹管型式:无加强 U 形;端部约束:两端固支;

内径:426 mm;波高:45 mm;

波距:55 mm;波数:5;

单层材料厚度:2.00 mm;层数:1;

直边段长度:86 mm;加强端管厚度:20 mm;

加强端管长度:80 mm;加强端管材料:Q235-B;

加强端管设计温度:20 ℃;加强端管弹性模量:192000 MPa;

加强端管许用应力:113 MPa;

压力引起的加强端管周向薄膜应力 S_1':3.36 MPa;

材料:06Cr19Ni10(304);温度:20 ℃;

弹性模量:195000 MPa;屈服强度:956.961 MPa;

外压:0.347 MPa;轴向位移:43 mm;

横向位移:0 mm;角位移:0 °;

许用应力:138 MPa;

许用疲劳寿命:1119 次;

轴向单波刚度:7785.64 N/mm;轴向整体刚度:1557.13 N/mm;

横向整体刚度:8190.62 N/mm;整体弯曲刚度:760.04 N·m/°;

压力引起的直边段周向薄膜应力 S_1:3.87 MPa;

压力引起的端部波纹周向薄膜应力 S_2:5.47 MPa;

压力引起的周向薄膜应力 S_2:19.59 MPa;

压力引起的径向(子午向)薄膜应力 S_3:4.11 MPa;

压力引起的径向(子午向)弯曲应力 S_4:55.82 MPa;

位移引起的径向(子午向)薄膜应力 S_5:21.74 MPa;

位移引起的径向(子午向)弯曲应力 S_6:1272.24 MPa;

平面失稳极限外压:4.63 MPa;周向失稳极限外压:7.7 MPa;

盲板推力:60.9735 kN;轴向弹性反力:66.96 kN。

通过计算结果来看,单层波纹管承受 0.347 MPa 的外压是没问题的。

2.3.4 双层波纹管整体疲劳寿命校核

在单层厚度和波形参数不变的前提下,双层的强度和疲劳寿命都是高于单层的,只是刚度值会大很多,这里不再列出详细计算结果,实际计算疲劳寿命为 231 次,稍大于单层疲劳寿命 219 次。

3 产品制造过程

3.1 钢丝网展开长度的确定

如果依据层间中径展开,实际装配后钢丝网会不够长,接口处丝网两端口距离偏大,我们的经验是按照外层管坯的内径来计算钢丝网的展开,这样成形后试验件的钢丝网接口处间距不到 5 mm。

3.2 波纹管直边段加强套环厚度的确定

这次试验件波纹管直边段部分因为要焊接检测接管,所以加长了很多,这就要求波纹管直边段加强套环的厚度要满足强度需要,考虑成形时直边段模具的需要,直接在满足强度的基础上适当加厚直边段套环(具体厚度按模具要求进行设计计算来确定),让它直接当模具使用。

3.3 波纹管外层管坯检测孔

波纹管直边段上的开孔预先在管坯上开好,开孔位置依据模具参数计算确定,开孔直径 6 mm。

3.4 套装成形波纹管(液压成形)

酒精擦洗内层管坯外表面和外层管坯内表面,套装后校圆,网套贴合没问题,按液压成形作业指导书进行成形。成形后进行校形处理,测量波高波距,数据都在公差范围之内,没有发现钢丝网对波形参数的额外影响,也没有发现管坯内壁和外壁上有任何钢丝网的压痕。切掉直边段多余部分后的照片如图3所示。[3-4]

图3 波纹管图片

直边段上外层打孔效果照片如图4所示。

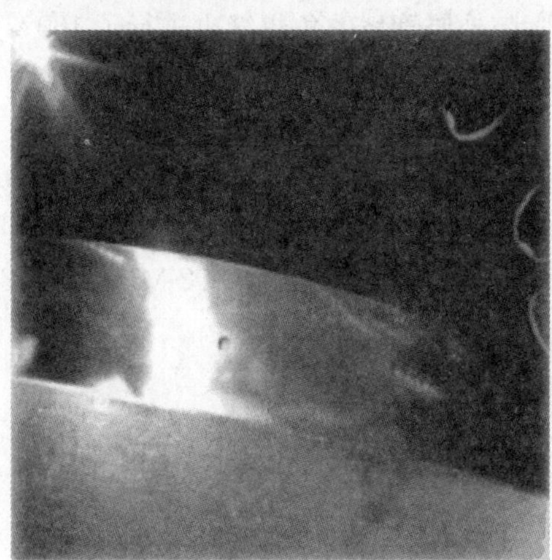
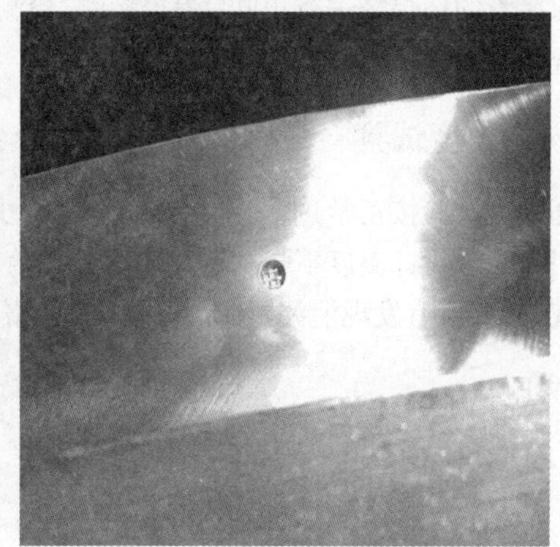

图4 波纹管小孔图片

试验件产品焊接检测管后照片如图5所示。

组装后我们做了层间连通试验,在上侧接管处通入自来水,很快在下侧接管处就自然流出来了,说明连通性没问题,再焊接其他附件,完成组装。

4 产品检验

4.1 纵焊缝检测

波纹管依据ASME Ⅷ-1—2019以及客户要求进行检验。管坯纵焊缝成形前进行100%射线检测,成形后对可见纵焊缝表面做渗透检测,检测结果符合标准要求。

图5　波纹管整体图

4.2　环焊缝检测

波纹管与接管的环焊缝进行100%渗透检测,检测管与外层管坯的角焊缝也进行了100%射线检测,检测结果均符合ASME Ⅷ-1—2019的要求。

4.3　产品内部强度试验

产品内部强度试验按正常进行,水压试验压力至少等于容器最大允许工作压力的1.5倍再乘以试验温度下材料许用应力与设计温度下材料许用应力的比值。这里实际试验压力为5.2 MPa,保压30 min。试验过程没有发现异常,没有发现泄漏,产品强度试验合格。

4.4　层间试压

4.4.1　确定层间试压方法和压力

按照设计初衷,外层应当承受工作压力3.47 MPa。那么要进行层间液压实验的话,试验压力应当等于产品内部强度试验压力5.2 MPa。气压试验压力应该是1.1倍的设计压力,并进行温度修正,这里取值是4.2 MPa。经与客户协商,最终决定进行气压试验。

4.4.2　层间试压程序

针对层间气压强度试验,我们做了具体的试压规程,简述如下:

波纹管一端检测口连接压力表,另一端检测口连接气泵(气瓶)。膨胀节内腔连接压力表和水压泵。

(1) 试压步骤:

① 膨胀节内腔注水;

② 膨胀节内腔打水压,压力为1.1倍的设计压力4.2 MPa。这里说明一下,之前计算过单层波纹管的外部承受压力是0.347 MPa,这是考虑产品内部处于设计压力时,层间打压1.1倍的设计压力,所以计算时取值是设计压力的1/10。最后客户考虑安全性,要求内部冲压达到1.1倍的设计压力。

③ 波纹管层间打气压,试验压力为1.1倍的设计压力并进行温度修正,这里取值是4.2 MPa。注意第

③步需在第②步压力稳定后才能进行,并控制第③步的升压速度。

④ 关闭气泵和水泵连接进口。

⑤ 保压 10 min 后检查所有焊缝和波形参数的变化情况。

⑥ 保压 30 min 后层间压力降到设计压力。

(2) 泄压步骤:

① 先泄掉波纹管层间气压,直到与大气压一致。

② 泄掉膨胀节内腔水压。

注意,第②步须在第①步充分完成以后才能进行。

试压前后波形参数分别见表 8 和表 9。

表 8　试压前波形参数

检测项目		规定值	尺寸检查结果 水压试验前				备注
位置 A	波距 q	55±3.5	57.5	56.0	57.5	56.5	
	波高 w	45±3.0	47.2	46.3	46.9	45.6	
位置 B	波距 q	55±3.5	58.0	57.5	57.0	57.5	
	波高 w	45±3.0	46.2	47.1	47.7	46.5	
位置 C	波距 q	55±3.5	58.0	57.0	56.5	57.0	
	波高 w	45±3.0	45.7	46.1	47.1	47.2	
位置 D	波距 q	55±3.5	58.0	57.5	57.0	57.5	
	波高 w	45±3.0	46.7	47.0	47.3	46.9	

表 9　试压后波形参数

检测项目		规定值	尺寸检查结果 水压试验后				备注
位置 A	波距 q	55±3.5	58.0	56.5	57.4	57.0	
	波高 w	45±3.0	47.3	46.5	46.7	45.7	
位置 B	波距 q	55±3.5	58.2	57.0	57.0	57.3	
	波高 w	45±3.0	46.3	47.2	47.5	46.6	
位置 C	波距 q	55±3.5	58.0	57.0	57.1	57.2	
	波高 w	45±3.0	45.8	46.3	47.1	47.2	
位置 D	波距 q	55±3.5	58.1	57.3	56.8	57.4	
	波高 w	45±3.0	46.8	47.2	47.6	46.7	

5　结论

试验件已经成功完成制造和试验,开始大家担心的问题,比如钢丝网如何套装进去,钢丝网会不会在管坯上留下压痕,成形出来的波纹管波形参数会不会和不加钢丝网时不一样,等等,有的没有发生,有的已经圆满解决。在此基础上,我们完成了直径 2000 mm 和 2100 mm 的产品,都顺利通过客户验收。

参考文献

[1] Expansion Joint Manufacturers Association. Standards of the Expansion Joint Manufacturers Association:EJMA—2015[S].

[2] The American Society of Mechanical Engineers. Mandatory Appendix 26 Bellows Expansion Joints:ASME Ⅷ-1—2019[S].

[3] 国家市场监督管理总局,中国国家标准化管理委员会.金属波纹管膨胀节通用技术条件:GB/T 12777—2019[S].北京:中国标准出版社,2019.

[4] 中华人民共和国国家质量监督检验检疫总局,中国国家标准化管理委员会.压力容器:GB/T 150—2011[S].北京:中国标准出版社,2012.

作者简介

贾建平,男,高级工程师,北京兴达波纹管有限公司副总工程师,主要从事金属波纹管补偿器、压力管道支撑与补偿、ASME 压力容器设计。E-mail:jpjia@sina.com。

波纹管膨胀节型式试验

杨敬霞　吕建祥
（南京晨光东螺波纹管有限公司，南京 210000）

摘要：本文介绍了波纹管膨胀节型式试验技术，分别列举了蠕动试验、子午屈曲试验及疲劳试验方法，简述了疲劳试验、子午屈曲试验及蠕动试验过程。

关键词：波纹管膨胀节；疲劳试验；子午屈曲试验；蠕动试验

Type Test of Bellows Expansion Joint

Yang Jingxia，Lv Jianxiang
（Aerosun-Tola Expansion Joint Co. Ltd.，Nanjing 210000）

Abstract：This paper introduces the type test technology of bellows expansion joint，lists the methods of creep test，meridian flexion test and fatigue test，and briefly describes the process of fatigue test，meridian flexion test and creep test.

Keywords：expansion joint；fatigue test；meridian flexion test；creep test

1　引言

在现代管道技术中，管道的热变形、机械变形、各种振动、大型贵重设备与管道之间的柔性连接都离不开波纹管膨胀节。作为吸收热膨胀和消除机械振动的柔性元件，波纹管膨胀节已在化工、冶金、电力等行业广泛应用。为了适应工程设计，需要大多采用工程近似方法进行设计，如 EJMA—2015、GB/T 12777—2019 标准都提出了对设计公式进行验证的要求。波纹管膨胀节是压力管道的一个薄弱环节，其设计的力学模型中有很多假设条件，有的假设与实际工况相差比较大，制造较为复杂且对安全性能的影响较大，因此新型波纹管膨胀节正式生产前需对样件进行型式试验。本文主要针对波纹管膨胀节型式试验中蠕动试验、子午屈曲试验及疲劳试验进行试验总结及验证。[1-2]

2　型式试验的确定

2.1　型式试验项目的确定

笔者从波纹管膨胀节的特点、性能参数及失效方式着手，根据 EJMA—2015 标准要求，将波纹管膨胀节的疲劳试验、蠕动试验及子午向屈曲试验定义为型式试验中的破坏试验。

2.2　型式试验试样的确定

型式试验必须在膨胀节的原型样件上进行，原型试验件是指与产品的额定压力、温度等级相同，波纹的直径、高度、波距和波形相同，波纹管的材料和厚度均相同。试验件详细参数见表 1。

表1 试件参数表

零件名称	材料	波纹管外径(mm)	波高(mm)	波距(mm)	层数	单层厚度(mm)	波数
波纹管试件1	A240-304	2097	70	95	2	0.8	4
波纹管试件2	A240-304	2097	70	95	2	0.8	4

3 蠕动试验

3.1 试验目的

压力过高会使波纹管丧失稳定,即出现蠕动,其危害是会大大降低波纹管的疲劳寿命和承受压力的能力。蠕动试验的目的是测定波纹管发生失稳的内压临界值,并将此临界值压力值与设计值相比较,根据波纹管的波距在内压作用下的改变量来确定是否发生蠕动。

3.2 试验要求

(1) 试验温度为常温。

(2) 试验介质为水。

(3) 准备两个试验用压力表,量程相同,压力表量程介于1.5P～4P之间,且经校准。

(4) 试验件系统如图1所示,试样内充内压,从设计压力0.1 MPa开始充压,压力以预期的蠕动压力0.348 MPa的10%进行递增,不得小于0.05 MPa(g)且不超过0.1 MPa(g)。

(5) 试样在沿波的圆周方向上做至少4处标记,以测量变形。

3.3 试验过程

3.3.1 试验件安装检查

试验件按图1所示安装试验系统图。

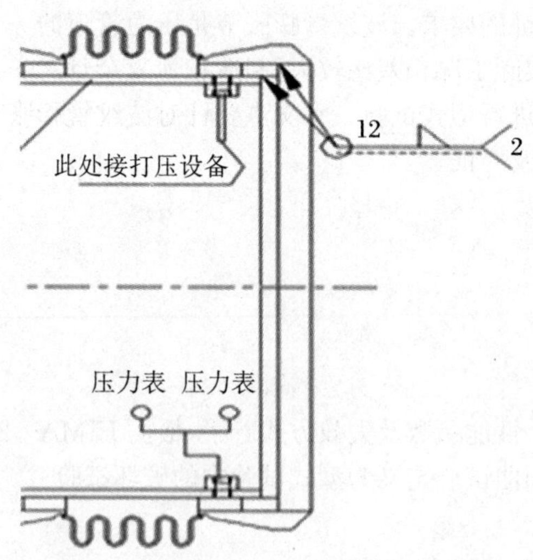

图1 蠕动试验、子午屈曲试验系统示意图

3.3.2 试验工艺流程

试验工艺流程如图2所示。

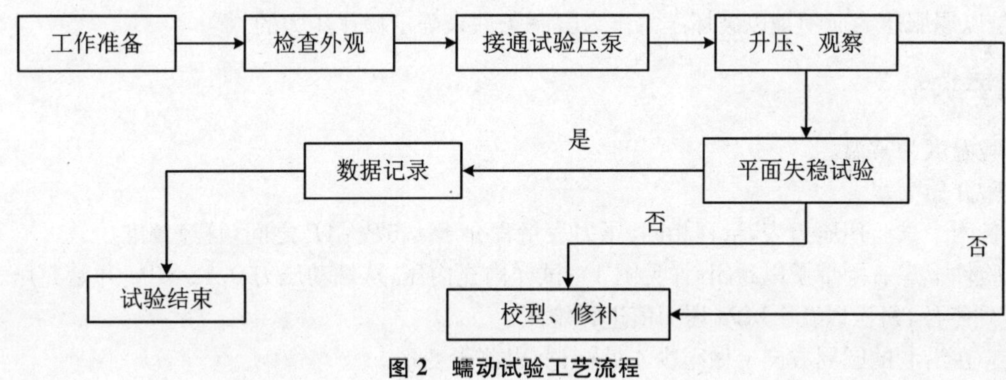

图 2　蠕动试验工艺流程

3.3.3　试验方法

(1) 连接试验泵(图 1),按图 2 工艺流程图进行试验。

(2) 先关闭泄压阀,打开截止阀,向腔体通过试压泵冲水打压,升压至 0.1 MPa(g),目视检查有无泄漏,并测量波纹管记录数据,测量示意图如图 3 所示,测量数据见表 2,从设计压力 0.1 MPa 开始继续充压,压力以预期的蠕动压力 0.348 MPa 的 10%进行递增,不得小于 0.05 MPa(g)且不超过 0.1 MPa(g)。直至波纹管失稳(压力突变),记录压力,测量波纹管波距与试压前比较超过 1.15 倍为失稳。此时记录的压力即为蠕动压力临界值。

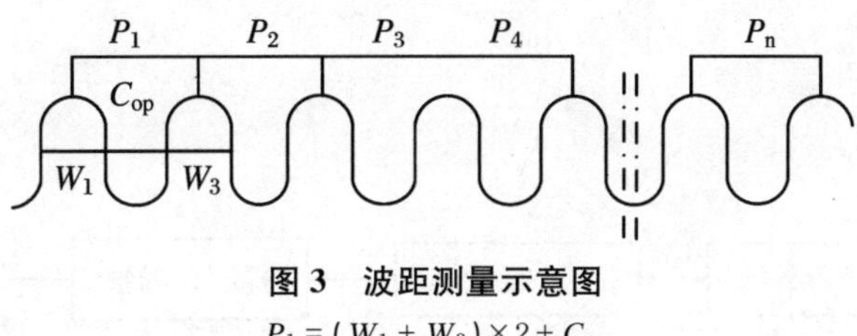

图 3　波距测量示意图

$$P_1 = (W_1 + W_2) \times 2 + C_{op}$$

(3) 合格后泄空所有压力,排空内部积水。

(4) 检验人员按要求检查各项被检内容,记录试验数据并进行分析、总结试验结果,详见表 2。

表 2　波距测量记录表

	0°	90°	180°	270°	备注
0 MPa	91.98.95	97.101.95	96.89.93	93.91.94	
0.1 MPa	91.98.95	97.101.95	96.87.93	93.91.95	
0.2 MPa	92.99.95	98.102.95	96.84.93	93.88.94	
0.3 MPa	91.100.95	97.106.94	96.80.94	93.86.94	
0.348 MPa	91.980.95	97.104.94	96.82.94	93.86.94	没有发生蠕动,试验合格
0.42 MPa	88.101.94	95.112.90	99.74.94	94.84.95	发生蠕动,试验合格

蠕动试验压力在 0.348 MPa 下,膨胀节无渗漏,波距与加压前的波距相比最大变化率小于 15%,波纹管没有蠕动产生为合格。当压力升至 0.42 MPa 时,膨胀节无渗漏,但波距与加压前的波距相比最大变化率大于 15%,波纹管发生蠕动,0.42 MPa 为波纹管发生蠕动的内压临界值。

4　子午屈曲试验

4.1　试验目的

子午线屈服试验的目的是确定使波纹管发生屈服和破坏的内压临界值,精确地评估屈服压力是相当重要的,通常是以屈服压力而不是以破坏压力作为限制条件来确定操作压力的。

4.2 试验要求

(1) 试验温度为常温。

(2) 试验介质为水。

(3) 准备两个试验用压力表,量程相同,压力表量程介于 $1.5P \sim 4P$ 之间,且经校准。

(4) 试验件上焊有刚带予以封闭(详见图 1),试样内充内压,从蠕动压力 0.42 MPa 开始充压,每一次充压后均恢复到零位,每次以 0.1 MPa 压力值进行增压。

(5) 试样在沿波的圆周方向上做至少 4 处标记,以测量变形。

(6) 如果有以下情况出现就认为屈服已发生:

① 任何一个波的平面有鼓胀发生;

② 底径有增大的情况发生;

③ 波距尺寸超出初始波距尺寸的 1.15 倍时,波距尺寸有永久性增加。

4.3 试验过程

4.3.1 试验件安装检查

试验件按图 1 所示安装试验系统图。

4.3.2 试验工艺流程

试验工艺流程如图 4 所示。

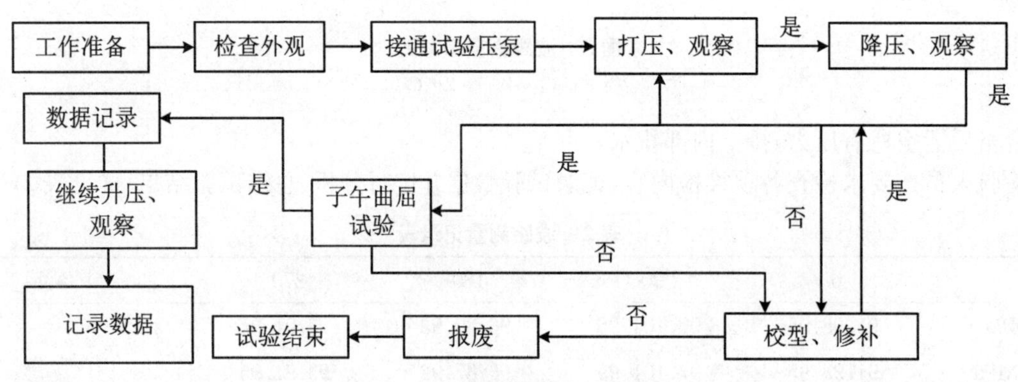

图 4 子午线屈服试验工艺流程

4.3.3 试验方法

(1) 连接试验泵(图 1),按图 4 工艺流程图进行试验。

(2) 先关闭泄压阀,打开截止阀,向腔体通过试压泵冲水打压,升压至 0.1 MPa,目视检查有无泄漏,并测量波纹管记录数据,测量示意图如图 3 所示,测量数据见表 3,从设计压力 0.1 MPa 开始继续充压,每次充压后均恢复到零位,每次按 0.1 MPa 递增,先升压至预期屈服压力 0.42 MPa;每次测量波纹管波距与初始数据比较超过 1.15 倍为发生屈曲。以预期蠕动压力的 2 倍压力作为极限压力 0.696 MPa,如果在预期屈服压力 0.42 MPa 到极限压力 0.696 MPa 下发生破坏,则应将这一结果及时记录。

(3) 每一次进行波距测量均在无压力情况下进行。

(4) 合格后泄空所有压力, 排空内部积水。

(5) 检验人员按要求检查各项被检内容,记录试验数据并进行分析、总结试验结果,详见表 3。

子午线屈服试验当压力升至 0.42 MPa 时,膨胀节无渗漏,但波距与加压前的波距相比最大变化率大于 15%,波纹管发生屈服。继续给试验件加压,当压力升至 0.67 MPa 时,膨胀节有严重变形,失效发生时的

0.67 MPa 压力即为破坏压力。

表 3　波距测量记录表

	0°	90°	180°	270°	备注
0 MPa	91.98.95	97.101.95	96.89.93	93.91.94	
0 MPa	91.98.95	97.101.95	96.89.93	93.91.94	
0.1 MPa	91.98.95	97.101.95	96.87.93	93.91.95	
0.2 MPa	92.99.95	98.102.95	96.84.93	93.88.94	
0.3 MPa	91.100.95	97.106.94	96.80.94	93.86.94	
0.42 MPa	88.101.94	95.112.90	99.74.94	94.84.95	发生屈服,试验合格
0.52 MPa	88.105.96	95.112.94	103.74.94	94.84.102	
0.67 MPa	68.120.96	95.118.76	122.74.94	94.75.115	波纹变形严重

5　疲劳试验

5.1　试验目的

疲劳试验的目的是检验波纹管的设计循环寿命并测定其持续性。

5.2　试验要求

(1) 试验温度为常温。

(2) 试验介质为水。

(3) 准备两个试验用压力表,量程相同,压力表量程介于 $1.5P \sim 4P$ 之间,且经校准。

(4) 试验件上焊有刚带予以封闭(图 5),试样内充内压,压力升至 0.1 MPa 进行保压。

(5) 波纹管试件疲劳寿命循环次数不得少于 10000 次,在规定次数下,试件不应疲劳失效。

5.3　试验过程

5.3.1　试验件安装检查

将相同规格的两个波纹管试验件串联在一起,试验系统如图 5 所示。

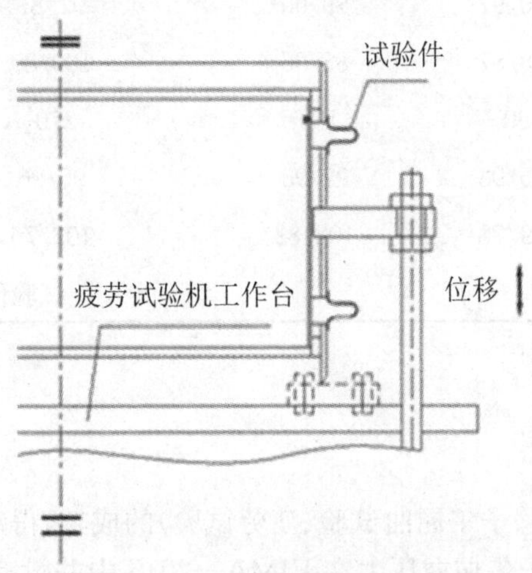

图 5　疲劳试验系统示意图

5.3.2 试验工艺流程

试验工艺流程如图6所示。

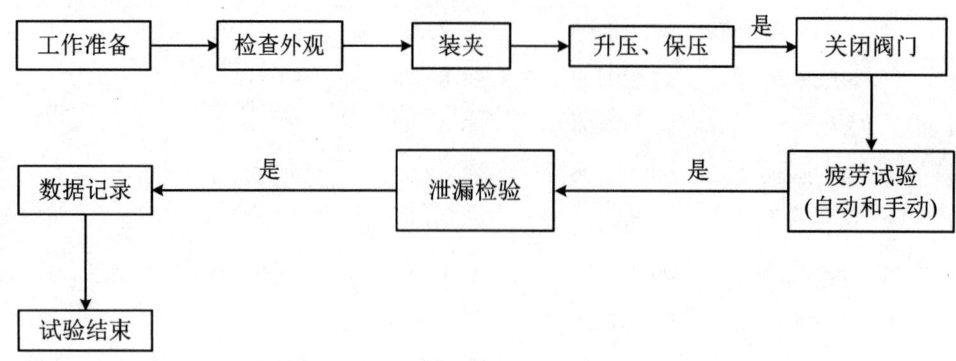

图6 疲劳试验工艺流程

5.3.3 试验方法

(1) 连接试验泵(图5),按图6工艺流程图进行试验。

(2) 如图5所示,将试验件按上、下串联方式安装于疲劳试验台上,先向试验件内充水,并升至0.1 MPa,按要求工作位移从自然位置开始轴向拉伸或压缩,一个波纹管从自由长度位置开始,拉伸或压缩至工作位移后回到自由长度位置时称为一个全位移。当实际循环次数大于设计疲劳寿命时,关闭阀门保压,目视检查波纹管未发生破裂、泄漏、失效为合格。

(3) 试件往返运动,每完成200次循环应检查一次,观察试验件有无渗漏现象,直至试验次数10000次。

(4) 检查波纹管表面有无泄漏或裂纹。

(5) 疲劳试验完毕,卸空压力,拆卸工装,用干燥的压缩空气吹干。

(6) 检验人员按要求检查各项被检内容,记录试验数据并进行分析、总结试验结果,详见表4。

疲劳寿命试验在试验位移15 mm范围内循环10000次后,0.1 MPa压力保压5 min,目视检查试验件无泄漏即为合格。

表4 疲劳试验记录表

试件编号	试验位移	试验压力	试验温度	要求试验次数	实际试验次数
	15 mm	0.1 MPa	常温	≥10000次	10000次
No.1 波距	0°	90°	180°	270°	
试验前	100/88	90/97	89/90	92/87	
试验后	94/83	88/87	88/96	100/89	
No.2 波距	0°	90°	180°	270°	
试验前	93/91	95/93	92/93	95/96	
试验后	100/85	99/78	102/82	102/76	
结论				试验件无泄漏失效即为合格	

6 试验结果

通过波纹管型式试验(蠕动试验、子午屈曲试验、疲劳试验)的成功,得出如下结论:

(1) 蠕动试验平面失稳压力及子午屈曲压力在EJMA—2015中并没有给出具体的计算公式,只能结合有关资料按如下经验计算。

$P_y = 1.2P_s$，式中，P_y 为波纹管子午屈曲压力，P_s 为波纹管蠕动压力；实际试验结果已验证了设计经验公式的合理性。

(2) 疲劳试验用于考核波纹管在设计工况下疲劳性能是否满足标准要求，GB/T 12777—2019 要求试验循环次数应大于设计疲劳寿命的 2 倍，在规定的试验位移循环次数内，试验后波纹管无泄漏，对设计计算进行了充分验证。

参考文献

[1] Expansion Joint Manufacturers Association. Standards of the Expansion Joint Manufacturers Association：EJMA—2015[S].

[2] 国家市场监督管理总局，中国国家标准化管理委员会．金属波纹管膨胀节通用技术条件：GB/T 12777—2019[S]．北京：中国标准出版社，2019.

作者简介

杨敬霞(1977—)，女，工程师，主要从事膨胀节工艺探究工作。通信地址：南京市江宁开发区将军大道 199 号。E-mail：yangjingxia94@126.com。

膨胀节设计选型对高炉热风管线安全使用的影响

魏守亮[1,2]　**孟宪春**[1,2]　**赵铁志**[1,2]　**马财政**[1,2]　**刘　述**[1,2]

(1. 秦皇岛北方管业有限公司,秦皇岛 066004;2. 河北省波纹膨胀节与金属软管技术创新中心,秦皇岛 066004)

摘要:海外某钢铁公司高炉扩容改造项目中,在增加热风炉时,原有热风管道与新增热风炉连接的管路中,由于膨胀节设计选型不当,扩容后运行不到一年,热风管道膨胀节就出现了异常变形、开裂、高温发红的安全隐患,严重影响了高炉生产的稳定运行。本文通过分析热风炉及热风管道运行的不同工况,提出分段约束的膨胀节改进措施。

关键词:膨胀节设计选型;管线布置

The Influence of Expansion Joint Design and Selection on the Safe Use of Blast Furnace Hot Air Pipeline

Wei Shouliang[1,2], **Meng Xianchun**[1,2], **Zhao Tiezhi**[1,2], **Ma Caizheng**[1,2], **Liu Shu**[1,2]

(1. Qinhuangdao North Metal Hose Co. Ltd., Qinhuangdao 066004; 2. The Corrugated Expansion Joint and Metal Hose Technology Innovation Center of Hebei Province, Qinhuangdao 066004)

Abstract: In the blast furnace expansion and renovation project of an overseas steel company, when adding a hot blast stove, in the pipeline connecting the original hot blast pipe and the newly added hot blast stove, due to the improper selection of the expansion joint design, after less than a year of operation after expansion, the hot-air pipeline expansion joint has potential safety hazards such as abnormal deformation, cracking, and high temperature redness, which seriously affects the stable operation of blast furnace production. This paper analyses the different operating conditions of the hot blast stove and the hot blast pipeline, and proposes improvement measures for the expansion joint with segmental constraints.

Keywords: design and selection of expansion joint; layout of pipeline

1　引言

海外某钢铁公司高炉扩容改造项目中,在原有的4座热风炉基础上增加第5座热风炉。将新增热风炉的热风管道与原有热风管道的尾端连接,在新增热风炉的出口设置膨胀节1,经过热风阀、滑动支座1、固定支座1、滑动支座2、膨胀节2、固定支座2后与原有热风管道相连接。在热风炉出口的炉壁与固定支座3之间设置约束装置,正常运行时,热风管道的压力基本恒定。当热风阀关闭,热风炉进行燃烧加热空气不给高炉送风时,热风炉内的压力会降低,这时热风阀两侧压差达到0.43 MPa,当固定支座1设定载荷不足以承受热风阀两侧的不平衡力时,热风管道膨胀节1及膨胀节2出现异常变形(膨胀节2拉伸,膨胀节1压缩),使膨胀节伸缩缝耐材脱落或挤碎。管道内1400 ℃左右的热空气将热量直接传递到膨胀节的内壁,致使膨胀节出现了高温发红、异常变形、焊口开裂的安全隐患,如不及时处理,会扩展为烧穿膨胀节的恶性事故。在接到信息后,我公司技术人员应邀前往现场,与负责该项目的业主方工程技术人员一起查看管线的路由、膨胀节变形、开裂、高温发红及固定支座设置情况。下面就高炉热风管系膨胀节选型、管系力学分析、热风管道约束装置的改进做详细介绍。

2　高炉热风管系膨胀节的设计参数

接口尺寸：Φ2728×14；设计压力：0.5 MPa。

介质：热空气；介质温度：1400 ℃。管道内壁喷涂后砌筑耐火砖。钢壳温度：150 ℃。

膨胀节 1：高温复式自由型。轴向补偿量：30 mm，横向补偿量：35 mm。

膨胀节 2：高温单式轴向型。轴向补偿量：42 mm。

热风主管的布置图，如图 1 所示。

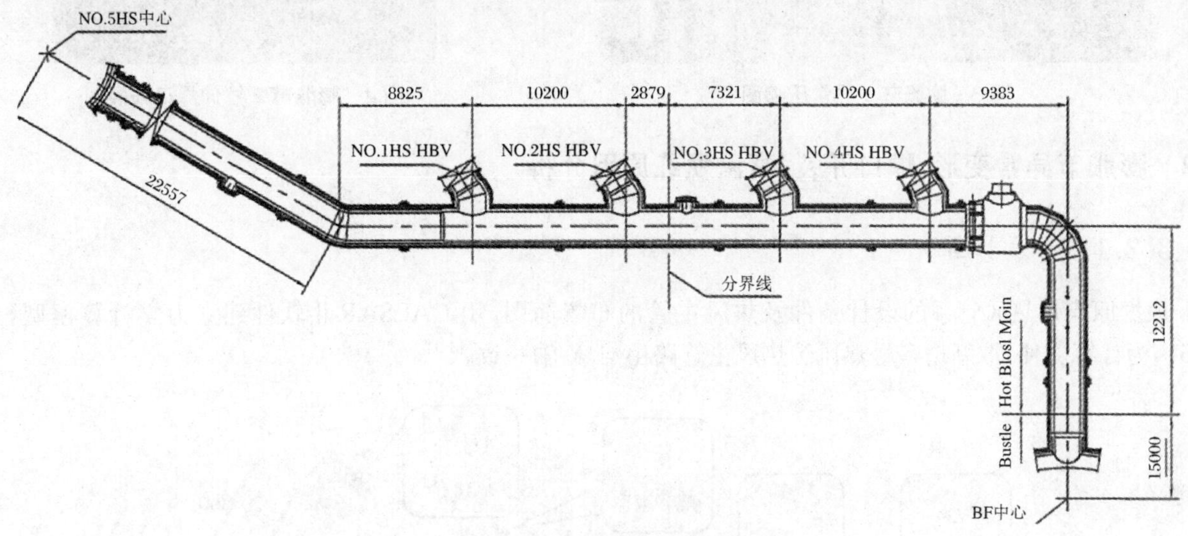

图 1　热风主管的布置图

3　膨胀节出现异常变形、焊口开裂、高温发红的原因分析

3.1　膨胀节选型

新增的热风管段简图如图 2 所示。热风炉出口设置膨胀节 1(高温复式自由型)，在系统运行温度升高时，吸收热风炉炉体上涨的横向位移及热风炉与固定支座 1 之间热风管道的膨胀的轴向位移。膨胀节 2(高温单式轴向型)，吸收固定支座 1 与固定支座 2 之间热风管道的膨胀的轴向位移。在热风炉与固定支座 2 设置拉杆约束装置，承受膨胀节的压力推力，表面上看满足配管设计及膨胀节选型相关规范。正常的表现应该是膨胀节 1 横向变形和轴向压缩，膨胀节 2 轴向压缩，那么膨胀节 1 异常压缩(见图 3)，膨胀节 2 拉伸且焊口开裂(见图 4)是如何产生的呢?

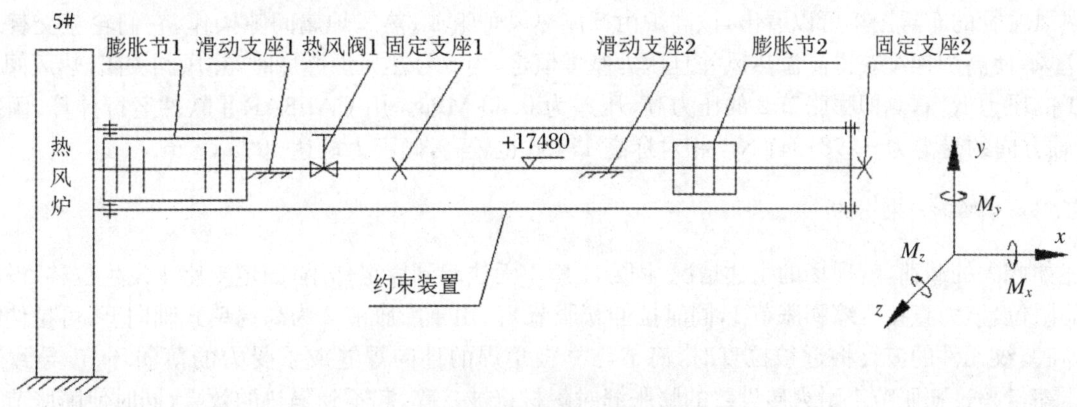

图 2　新增的热风管段简图

图 3　膨胀节 1 异常压缩图

图 4　膨胀节 2 拉伸焊口开裂图

3.2　膨胀节异常变形、焊口开裂、高温发红原因分析

3.2.1　力学计算

根据原高炉热风管系的设计条件及热风主管的布置简图,用 CAESARⅡ软件建立力学计算模型(见图 5),为计算方便,取新增 5 号热风炉热风主管路由与 X 轴一致。[1-3]

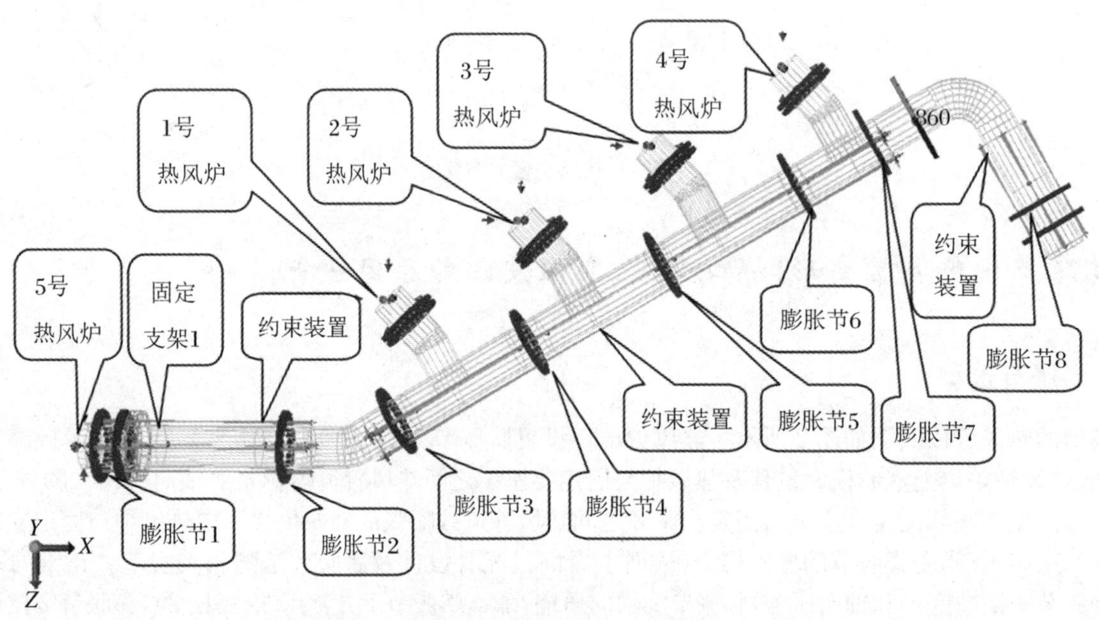

图 5　热风主管力学计算模型图

从热风主管的布置图 1 可以看出,该高炉由 5 座热风炉组成,热风炉属间隙操作,它们轮流交替地进行燃烧和送风,使高炉连续获得高温热风并且压力基本恒定,当 5 号热风炉燃烧时,热风阀关闭,热风阀左侧即膨胀节 1 的压力低,右侧即膨胀节 2 的压力高,压差为 0.43 MPa。用 CAESARⅡ软件运行计算,固定支座 1,沿 X 轴方向的受力为 -2761341 N。相对标高 17480 也较高,倾翻力矩达 4925 t・m。

3.2.2　计算结果分析

上述如此大的载荷,就现场的土建情况,固定支座 1 无法起到固定作用,固定支座 1 发生位移,没有固定支座 1 的限位,该力直接压缩膨胀节 1,同时拉伸膨胀节 2。由于膨胀节 2 为高温单式轴向型,可拉伸的量是有限的,在波纹元件的波纹将近被拉直时,筒节与立板角焊的环向焊缝成了受力的薄弱环节,导致焊口开裂。当压缩量超过膨胀节 1 耐火砖设置的膨胀缝时耐材将被挤碎,起不到隔热的效果,同时使膨胀节 2 对插伸缩缝被拉开耐材脱落。管道内 1400 ℃左右的热空气,将热量直接传递到膨胀节的内壁,致使膨胀节出现高温发红现象，如图6、图7所示。

图6　膨胀节1耐材挤碎图

图7　膨胀节2耐材拉伸脱落图

4　解决问题采取的对策

4.1　管线支座及约束装置的改进

通过对膨胀节异常变形、焊口开裂、高温发红原因的分析，从热风炉间隙操作特性入手，热风阀两侧会产生0.43 MPa的压差工况，且固定支座1设定载荷仍不足以承受热风阀两侧的不平衡力，因现有固定支座1下方是运输通道，无法对其加固加强。根据业主方的要求，为节约成本，尽可能不变或少变现有管架和管线路由，采用将现有固定支座1改为滑动支座3，在热风阀两侧各加约束装置进行分段约束的改进措施，如图8所示。

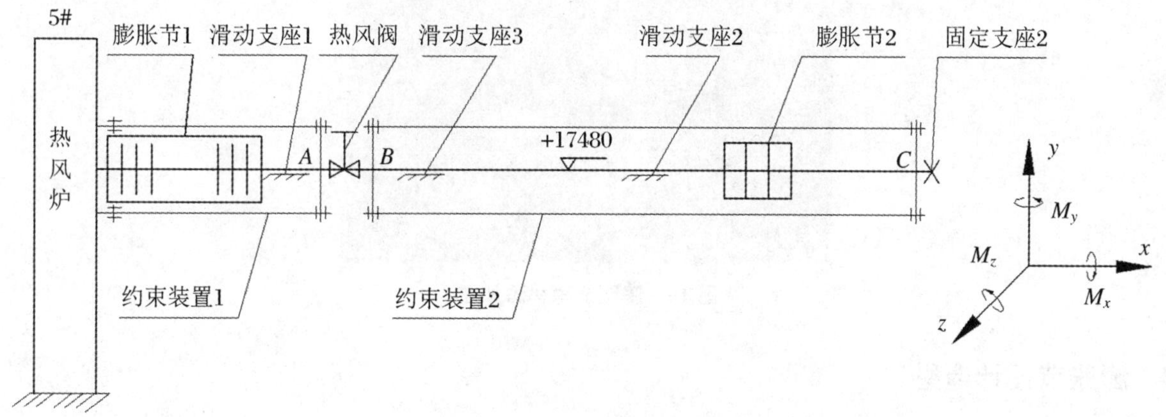

图8　管线支座及约束装置改进简图

在热风炉与热风阀左侧 A 点设置约束装置1，平衡膨胀节1的压力推力；在热风阀右侧 B 点至 C 点设置约束装置2，平衡膨胀节2的压力推力；当热风阀两侧出现0.43 MPa的压差工况，膨胀节1、膨胀节2不会出现异常压缩、异常拉伸的变形，导致焊口开焊的安全事故。管线支座及约束装置改进后系统运行时，膨胀节1(高温复式自由型附加约束装置)吸收系统运行温度升高时，热风炉炉体上涨的横向位移及热风炉与 A 点之间热风管道的膨胀的轴向位移。膨胀节2(高温单式轴向型附加约束装置)吸收 B 点与 C 点之间热风管道的膨胀的轴向位移。

4.2 膨胀节内侧耐火砖及隔热材料的修复

通过上述分析,由于热风阀两侧不平衡力没有有效的约束,使膨胀节1膨胀缝的耐材被挤碎,使膨胀节2对插伸缩缝的耐材脱落,高温热空气将热量直接传递到膨胀节的内壁。膨胀节内侧耐火砖及隔热材料必须修复,否则即使管线支座及约束装置进行了改进,膨胀节还会出现高温发红安全隐患。

清除切口的杂质,修整对接坡口。清除损坏的耐火砖时,防止损坏周围完好的耐材,以免引起耐材大面积倒塌。高温热风管道耐火衬壁的膨胀缝应与膨胀节的膨胀缝错开,如图9所示。为了避免波纹管外壁温度过高,采用曲缝锁砖砌筑,砖与砖之间相互锁住,增加耐火衬壁的隔热性,减少因轴向位移造成砌缝水泥的损毁,降低窜气对热风管道损害的可能。损坏的耐火砖按设计图纸和相应的规范更换,砖与砖用特制耐火泥浆连接,新砌筑的耐材自然养护时间不小于4 h。在膨胀缝内添加的耐温1400 ℃含锆陶瓷纤维毡,在添加前应做耐高温试验验证其耐温性,且必须塞实,如图10所示。含锆陶瓷纤维毡的厚度应是膨胀缝厚度的1.8～2.3倍。焊接时应防止热量直接传到新更换的耐材上,以免耐材再次开裂。

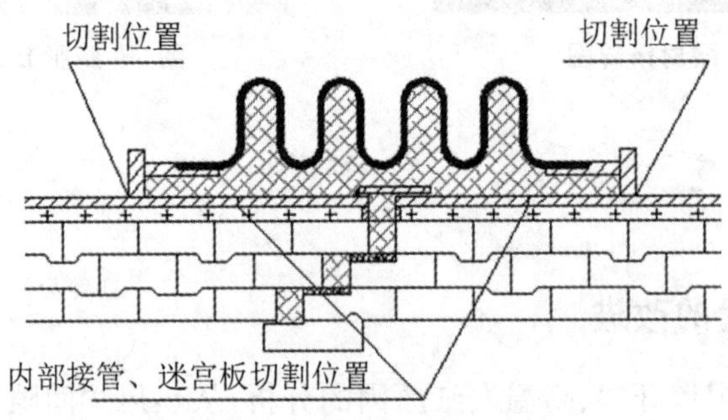

图9　膨胀节耐材砌筑简图

图10　膨胀缝耐材添加图

4.3 膨胀节设计选型

4.3.1　热风炉热风管道膨胀节的特点

目前,大型高炉的热风炉拱顶设计温度为1450 ℃,正常操作温度为1400 ℃,成功实现了热风压力0.45 MPa下,1300 ℃热风稳定输送。由于耐火材料与钢制管道的热膨胀量不同,容易产生耐火层的开裂、剥落甚至倒塌,尤其在膨胀缝处更容易发生这类情况,结果引起高温气体窜风,隔热材料分化后,热量直接传递到膨胀节的内壁,致使膨胀节失效。

热风炉拱顶的高温加速了氮氧化物(NO_x)的产生,NO_x 与燃烧时生成的 H_2O 分子的热风向炉壳或管壁扩散,同时温度不断降低,当温度低于露点时会凝结形成具有强腐蚀性的硝酸。另外从隔热材料析出含有 Cl^-、SO_4^{2-} 等腐蚀气体结露,沉积在波纹管内表面,波纹元件采用300系列的不锈钢会发生点蚀、应力腐蚀，使波纹短期出现穿孔、开裂，因此热风炉系统热风管道膨胀节损坏率较高。

4.3.2　热风炉热风管道膨胀节的设计选型要点

针对热风管道膨胀节应用在高温、高压、高腐蚀、高疲劳工况的特点，根据 EJMA—2015、GB/T 12777—2019 标准及膨胀节原设计参数，充分考虑其腐蚀及其耐高温特性，波纹元件选用 Incoloy 825 材质。膨胀节性能及波纹管的几何参数见表 1。为了消除形变应力，使组织均匀化，恢复和提高材料表面再钝化的能力，波纹元件成形后进行固溶处理；波纹管设计计算的疲劳寿命不低于 10×3000 次；膨胀节膨胀缝采用迷宫结构，材质应选用耐热不锈钢 310S 材质。由于热风管道管径大、压力高、标高较高，膨胀节应附加约束装置平衡其压力推力。

表 1　膨胀节性能及波纹元件参数

膨胀节 1				膨胀节 2			
直边段外径（mm）	Φ2900	补偿量（mm）	轴向 30	直边段外径（mm）	Φ2900	补偿量（mm）	轴向 30
波高（mm）	80		横向 35	波高（mm）	80		横向
波距（mm）	90	刚度（N/mm）	1398	波距（mm）	90	刚度（N/mm）	2796
波数	4+4		3323	波数	4		326031
壁厚 mm	3	疲劳寿命	10×13197 次	壁厚 mm	3	疲劳寿命	10×3100 次
层数	1			层数	1		

5　对改进后的管线力学校核

5.1　管线模型建立

根据热风主管的布置图（图 1）、管线支座及约束装置改进简图（图 8），笔者通过 CAESAR Ⅱ 软件建立了力学计算模型图（图 11）。

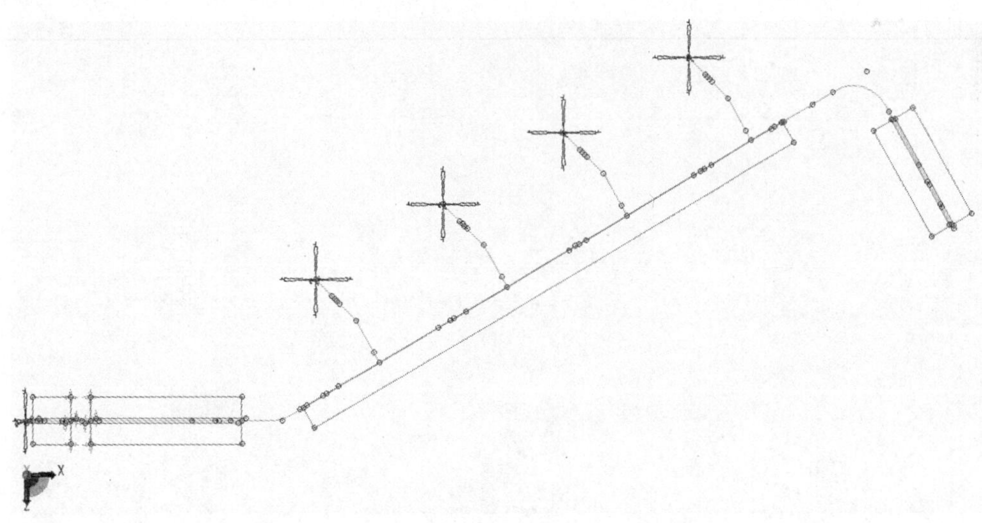

图 11　管线支座及约束装置改进后力学模型图

5.2　计算结果分析

用 CAESAR Ⅱ 软件进行有限元分析后，应对计算结果进行分析，首先对一次应力、二次应力进行判断，确认应力水平是否在规范允许范围之内。本模型的计算结果中的一次应力为 62.6 MPa，二次应力为

149.6 MPa,许用一次应力为 110.3 MPa,许用二次应力为 229.8 MPa,均在允许范围之内。固定管架、热风管道与热风炉连接的管口,力与力矩均在允许范围之内。

通过上述计算分析,改进后热风管线支架、约束装置、膨胀节设置满足应力、力及力矩的要求。

6 结论

海外某钢铁公司高炉扩容改造项目在新增热风炉时,对热风炉燃烧与送风、热风阀开与关的不同工况及膨胀节的特性理解不够准确,膨胀节的约束及固定支座设置不当,致使膨胀节出现了高温发红、异常变形、焊口开裂的安全隐患。我公司技术人员与业主相关人员一道,对高炉热风管系工况认真研究分析,对膨胀节进行分别约束,将固定支座改为滑动支座,在耐材修复、膨胀节设计选型方面提出改进措施,并经过管系力学计算校核。改进完毕的热风管系能避免高温烧穿膨胀节恶性事故的发生,到目前已有两年多时间,各项指标正常,运行效果良好。

参考文献

[1] 中国石油和石油化工设备工业协会膨胀节分会.膨胀节安全应用指南[M].北京:机械工业出版社,2017.

[2] 中华人民共和国国家质量监督检验检疫总局,中国国家标准化管理委员会.金属波纹管膨胀节选用、安装使用维护技术规范:GB/T 35979—2018[S].北京:中国标准出版社,2018.

[3] 中华人民共和国国家质量监督检验检疫总局,中国国家标准化管理委员会. 压力管道用金属波纹管膨胀节:GB/T 35990—2018[S].北京:中国标准出版社,2018.

作者简介

魏守亮(1965—),男,高级工程师,从事波纹膨胀节、波纹金属软管设计研究工作。E-mail:weishouliang2007@163.com。

某高温敏感设备金属膨胀节的国产化替代

盛　亮　马　静

(南京晨光东螺波纹管有限公司,南京 211153)

摘要:本文从膨胀节的设计、制造和试验等方面,对国外某高温敏感设备金属膨胀节的几个关键点进行了分析,验证了国产化替代的可行性。

关键词:高温;敏感设备;金属膨胀节;国产化替代

Domestic Substitution for Metal Expansion Joint of High Temperature Sensitive Equipment

Sheng Liang, Ma Jing

(Aerosun-Tola Expansion Joint Co. Ltd., Nanjing 211153)

Abstract: In this paper, several key points of metal expansion joint in a foreign high temperature sensitive equipment are analysed from the design, manufacture and test of expansion joint. The feasibility of domestic substitution is verified.

Keywords: high temperature; sensitive equipment; metal expansion joint; domestic substitution

1　引言

某高温敏感设备是一种先进而复杂的成套动力机械装备,作用是将化学能最终转变为动能对外做功。目前,国内应用的此类设备绝大多数为进口机组,已形成了高度垄断的局面。

在其众多辅助设备部件中,金属膨胀节是该高温敏感设备上的一个关键部件,具体要求为设计温度高,口径大,补偿量大,同时需考虑膨胀节随机压力波动的影响。进口机组的膨胀节组件从材料、设计、制造、检验等环节已经形成了一套完整的体系,因此本文从以上几个方面入手,介绍了膨胀节国产化替代的过程。

金属膨胀节国产化替代成功后,将解决此类产品过度依赖于进口的现状,打破国外产品的高度垄断,有助于提升我国此类高温敏感设备的国产化水平,具有良好的社会及经济效益。

2　设计方案

2.1　设计数据

膨胀节设计参数见表1。

表1　膨胀节设计参数

描述	数值	单位
运行温度	610	℃
设计温度	650	℃
设计压力	−100/+100	mbar
金属膨胀节轴向补偿量	+50/−60	mm
金属膨胀节竖直方向补偿量	1	mm

2.2 压力波动

在稳定运行期间,必须明确地考虑膨胀节随机压力波动±1600 Pa。

非温度运行时(启动和停机),必须明确地考虑随机压力波动。压力波动范围见表 2。[1]

表 2 压力波动范围

部件	压力波动(Pa)	主要频率范围(Hz)
膨胀节	+/- 6000	40～50

2.3 产品基本结构

产品基本结构如图 1 所示。

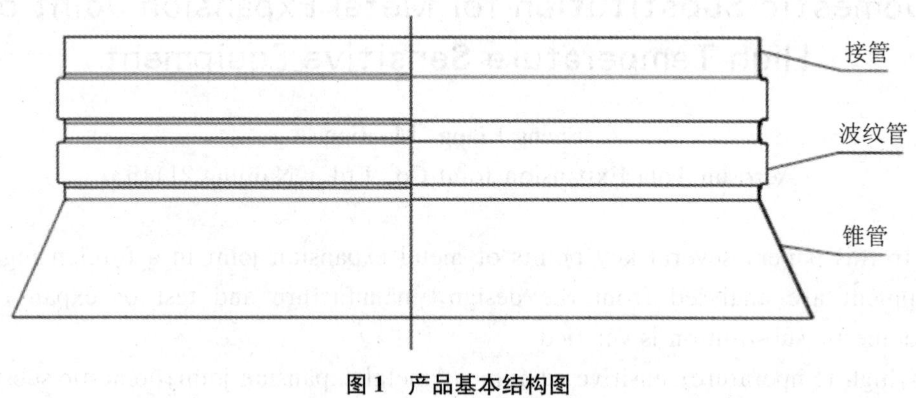

图 1 产品基本结构图

3 材料

为适应国产化替代需求,金属膨胀节的材料拟替代为国内常用标准材料,主要材料替代规格见表 3。

表 3 材料参数表

序号	描述	原材料要求	替代选用材料	规格(mm)
1	波纹管	1.4878 或等同材料	321	5×0.4
2	接管	1.4878 或等同材料	321	12/10
3	金属导流板	1.4878 或等同材料	321	12
4	锥管组件	1.4878 或等同材料	321	10
5	调整件	1.4878 或等同材料	321 锻件	20
6	调整件	1.0037 或等同材料	20 锻件	20
7	吊耳	301 不锈钢或等同材料	304	20
8	预拉伸装置	301 不锈钢或等同材料	304	20

(1) 主要材料 1.4878 替换成 321 后的化学成分见表 4。

表 4　化学成分表(%)

牌号	C max	Si max	Mn max	P max	S max	Cr min～max	Ni min～max
1.4878	0.10	1.00	2.00	0.045	0.015	17.0～19.0	9.0～12.0
A240-321	0.08	0.75	2.00	0.045	0.030	17.0～19.0	9.0～12.0

经对比,321 与 1.4878 的主要化学成分几乎完全相同。

(2) 力学性能见表 5。

表 5　材料性能表

牌号	抗拉强度 (MPa)	屈服强度 (MPa)		伸长率 (%)
1.4878	500	$R_{p0.2}$ 190	$R_{p1.0}$ 230	40
A240-321	515	205		0

经对比,321 与 1.4878 的力学性能相近,在替代时可采用 321 的性能参数进行复验计算。

由上可知:材料 1.4878 替换成 321 是可行的。

4　基于 EJMA—2015 的波纹管分析

4.1　波纹管参数

波纹管具体参数见表 6。

表 6　波纹管参数

类型	材料	直边内径 D_b (mm)	波高 w/波距 q (mm)	波纹平均半径 r_m (mm)	波数 N	层数 n	壁厚 t (mm)
小拉杆横向型	321	4297	41/44	11	6	5	0.4

4.2　计算工况

波纹管设计工况下和压力波动工况下分别进行疲劳计算(稳定运行期间 2－1,非稳定运行期间 2－2),计算时材料的许用应力、弹性模量等参数按照 ASME Ⅷ-1—2019 进行选取,计算结果见表 7。[2]

表 7　波纹管应力

荷载	部位	周向	子午向		判定条件
		薄膜应力(MPa)	薄膜应力(MPa)	弯曲应力(MPa)	
压力引起	直边段	$S_1=4.32$ (1) $S_1=0.69$ (2-1) $S_1=2.59$ (2-2)	—	—	$\leqslant C_{wb}S_{ab}=24.5$
	波纹管	$S_2=4.9$ (1) $S_2=0.72$ (2-1) $S_2=2.69$ (2-2)	—	—	$\leqslant C_{wb}S_{ab}=24.5$
		—	$S_3=0.1$ (1) $S_3=0.02$ (2-1) $S_3=0.06$ (2-2)	$S_4=6.8$ (1) $S_4=1.09$ (2-1) $S_4=4.08$ (2-2)	$S_3+S_4\leqslant C_mS_{ab}=55.3$
位移引起	波纹管	—	$S_5=2.16$ (1) $S_5=0$ (2-1) $S_5=0$ (2-2)	$S_6=720.82$ (1) $S_6=0$ (2-1) $S_6=0$ (2-2)	—
单波当量 轴向压缩位移(mm)		12.4(1) 0 (2-1) 0 (2-2)			$\leqslant q-2r_m-nt$
总应力 S_t	MPa	727.81(1) 0.77 (2-1) 2.9 (2-2)			—
疲劳寿命	$[N_c]$	19736(1) 1E+08 (2-1) 1E+08 (2-2)			满足要求

其中:C_{wb}—1,波纹管纵焊缝系数;C_m—2.26,材料强度系数;S_{ab}— 24.5 MPa 许用应力

计算结果表明,在设计工况下,疲劳寿命近 2 万次;在压力波动工况下,疲劳寿命无限次,满足要求。

4.3　波纹管自振频率计算

轴向频率:

$$f_n = 7.13\sqrt{\frac{2K_x}{W}} = 9.37(\text{Hz})$$

其中,K_x 为膨胀节整体轴向刚度;W 为中间接管的重量+一个波纹管的重量+连接到中间接管附件的重量。

横向振动(接管两端运动方向相同)频率:

$$f_n = 8.73(D_m/L_b)\sqrt{\frac{2K_x}{W}} = 188.67(\text{Hz})$$

摇摆振动(接管两端运动方向相反的横向振动,即当一端朝上运动时,另一端朝下运动)频率:

$$f_n = 15.10(D_m/L_b)\sqrt{\frac{2K_x}{W}} = 326.18(\text{Hz})$$

由上可知:波纹管的固有频率低于系统频率的 2/3,或高于系统频率的 2 倍,满足 EJMA—2015 的规定。

5　锥管组件的有限元分析

固定约束锥管组件右端面,在锥管组件左端面施加压力推力,内表面施加压力载荷 0.01 MPa。锥管壁厚为 10 mm 时,计算得到的结果如图 2、图 3 所示。从图 2 中可以得到锥管组件的最大应力为 3.36 MPa,远

小于 321 材料在 650 ℃时的许用应力 24.5 MPa。锥管组件的径向位移如图 3 所示，在锥管部分锥管组件最大径向变形为 0.042 mm。

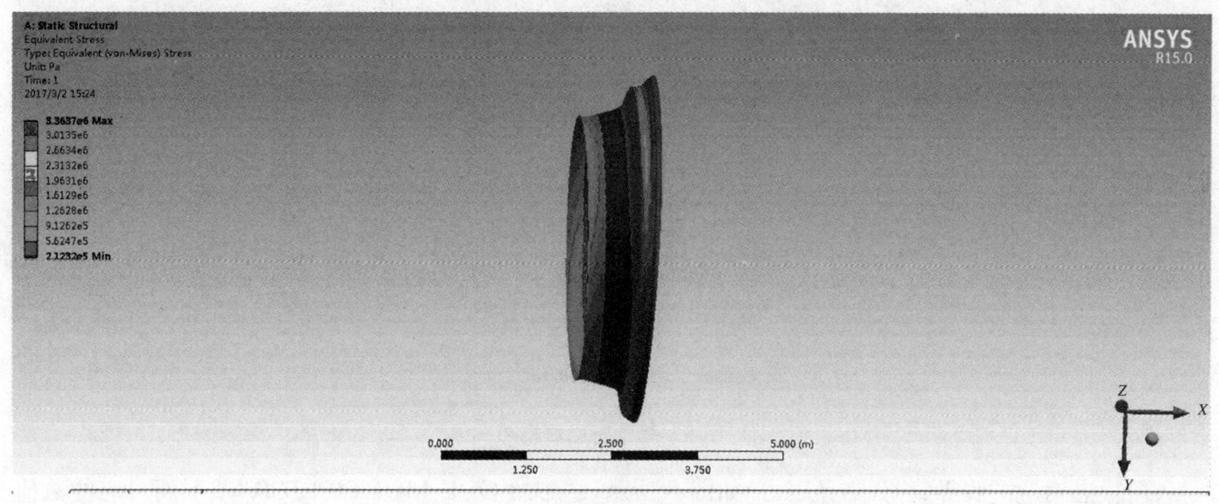

图 2　锥管组件应力云图

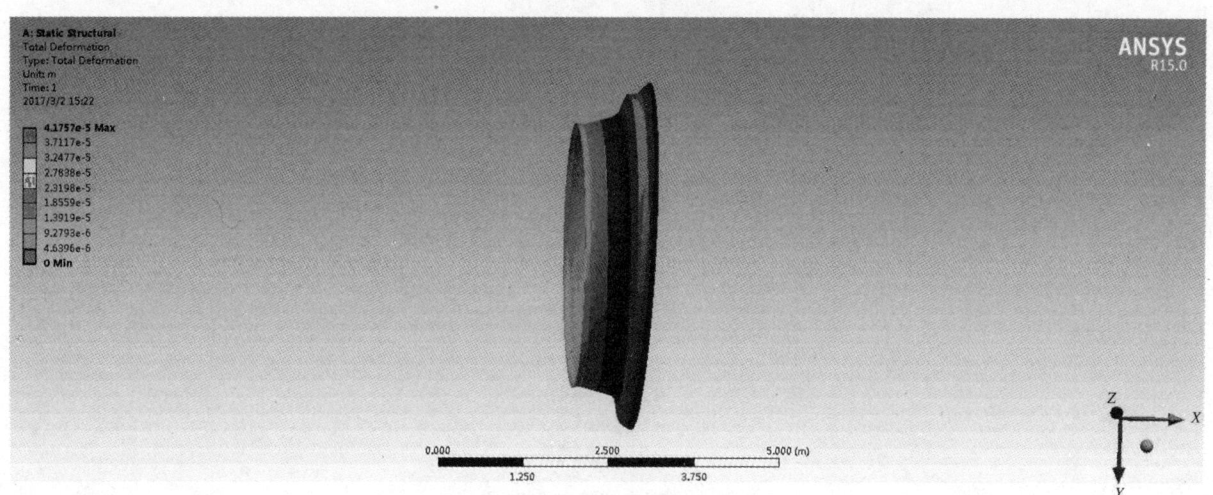

图 3　锥管组件径向位移云图

由于锥管组件为承受负压载荷的薄壁壳体，其有可能出现屈曲失效，故应对其进行屈曲分析，共计算得到十阶屈曲模态。第一阶屈曲模态如图 4 所示，第十阶屈曲模态如图 5 所示。

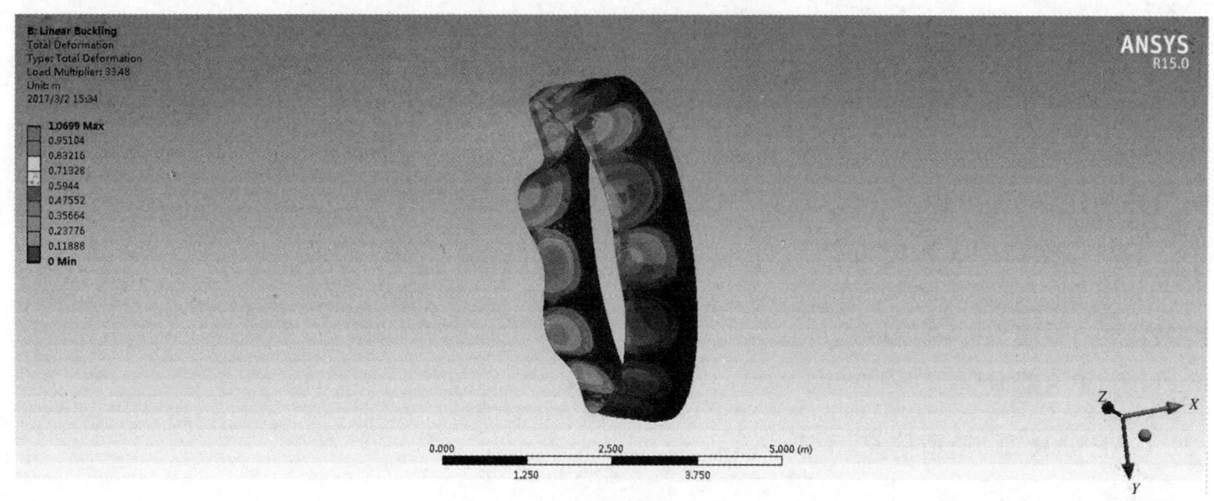

图 4　第一阶屈曲模态

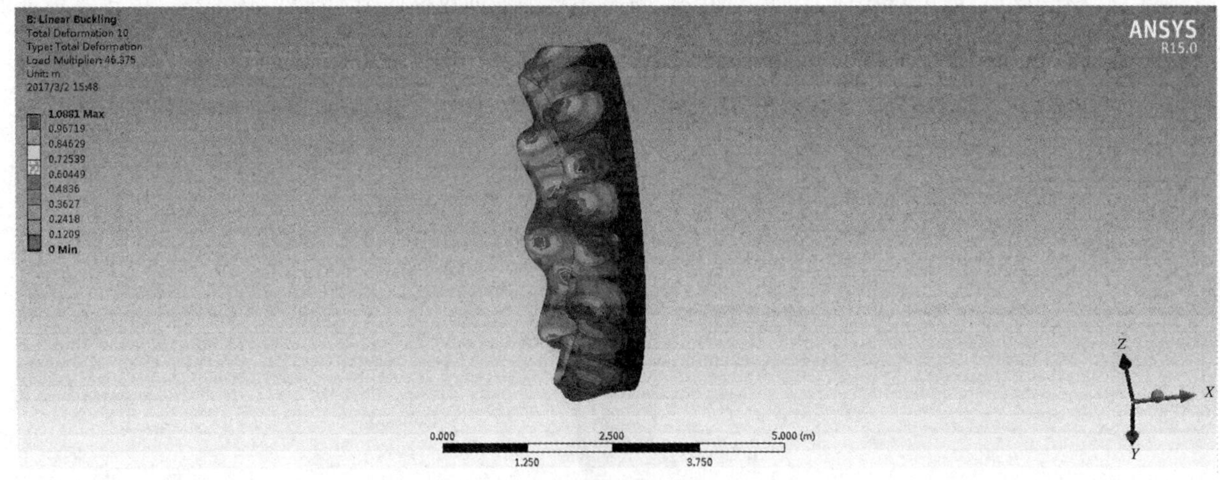

图 5　第十阶屈曲模态

各阶模态对应的临界载荷(临界压力)如图 6 所示,图中“LODE MULTIPLIER”项下面对应的数值为设计压力的倍数,即各阶模态对应的临界载荷=设计压力×此倍数。

```
***** EIGENVALUES (LOAD MULTIPLIERS FOR BUCKLING) *****
       *** FROM BLOCK LANCZOS ITERATION ***

   SHAPE NUMBER    LOAD MULTIPLIER

         1           33.479623
         2           33.506041
         3           36.956914
         4           37.006505
         5           38.534001
         6           38.555427
         7           41.695220
         8           41.724440
         9           46.346656
        10           46.375189
```

图 6　列表显示临界载荷

第一阶屈曲模态对应的临界载荷值是设计压力的 33.4 倍,故锥管组件完全满足强度要求和稳定性要求。

6　基于 CAESAR Ⅱ 的管口载荷分析

6.1　输入数据

设计压力:±0.01 MPa;

产品轴向刚度:2387 N/mm;

产品横向刚度:13023 N/mm;

波纹管有效面积:147859 cm^2;

连接管道有效面积:143402 cm^2。

6.2　CAESAR Ⅱ 模型信息

膨胀节模型如图 7 所示。

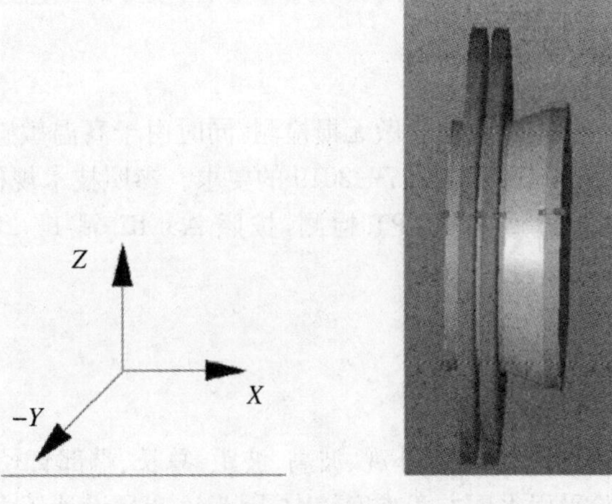

图 7　膨胀节模型

6.3　校核结果

按照采购技术规范的规定，管口受力需要满足以下要求：

(1) 安装态：

$$\frac{|F_x|}{700\ \text{kN}}+\frac{|F_z|}{160\ \text{kN}}+\frac{|M_y|}{600\ \text{kN}\cdot\text{m}}\leqslant 1$$

$$|F_x|\leqslant 185\ \text{kN}$$

(2) 运行态：

$$\frac{|F_x|}{330\ \text{kN}}+\frac{|F_z|}{73\ \text{kN}}+\frac{|M_y|}{278\ \text{kN}\cdot\text{m}}\leqslant 1$$

$$|F_x|\leqslant 73\ \text{kN}$$

计算结果见表 8。

表 8　管口载荷

力和力矩	安装	运行
F_x(kN)	11.915	22.937
F_z(kN)	5.027	24.735
M_y(kN·m)	0.782	10.604
是否满足公式	是	是

7　关键制造过程

7.1　焊接

由于材料替代为国内常用标准材料，同时需要满足该高温敏感设备技术规格书的要求，公司现有的焊接工艺评定不适用，因此需要按照 ISO 15614-1 的要求编制焊接工艺评定与焊接数据包，同时焊工需按 EN287-1 的要求进行资格认证。

波纹管管坯纵焊缝采用 TIG(钨极惰性气体)自动焊，将多层管坯套合，直边段端口采用氩弧焊封边。结构件采用氩弧焊打底、电焊盖面，波纹管与结构件连接环焊缝采用 TIG 手工氩弧焊。

7.2　波纹管成形

波纹管由于口径较大，加工难度高。作为关键部件，既要保证波形参数满足设计的要求，同时国产化替代也要考虑一定的经济性,可采用专用模具液压成形或胀形、再校形的工艺方案。[3]

7.3 无损检验

为了保证膨胀节的密封性能,需要对焊缝做无损检测,同时由于高温敏感设备的特殊性,考虑高温及压力波动的影响,其探伤标准应高于 GB/T 12777—2019 的要求。参照技术规格书的规定,对所有对接焊缝做 100%PT 和 100%RT 检测,角焊缝做 100%PT 检测,按照 ASME Ⅷ-1—2019 进行,符合 ISO 5817-B 级要求。

8 出厂检验与试验

按照 GB/T 12777—2019 的相关要求对外观、波高、波距、总长、端部直径等部位进行外观尺检。由于该类设备普遍口径较大,出厂试验采用水压方案难度较大,因为该产品设计压力不高,可采用气压试验代替水压试验,用皂泡法对焊接接头检漏。关键点在于:产品两端采取有效的固定、安全及密封措施。

9 结论

通过以上计算及工艺方案分析,替代后的膨胀节完全可以满足该高温敏感设备的技术要求。目前由我司制造的该系统金属膨胀节已应用于多个项目上,运行情况良好,因此该高温敏感设备金属膨胀节的国产化替代是完全可行的。未来可以对产品的结构、焊接、制造工艺方面做进一步优化,以提高产品的市场竞争力。

参考文献

[1] Expansion Joint Manufacturers Association. Standards of the Expansion Joint Manufacturers Association:EJMA—2015[S].

[2] The American Society of Mechanical Engineers. Mandatory Appendix 26 Bellows Expansion Joints:ASME Ⅷ-1—2019[S].

[3] 国家市场监督管理总局,中国国家标准化管理委员会.金属波纹管膨胀节通用技术条件:GB/T 12777—2019[S].北京:中国标准出版社,2019.

作者简介

盛亮,男,高级工程师,从事波纹膨胀节的设计与研发工作。通信地址:南京市江宁开发区将军大道 199 号。E-mail:shengliang@aerosun-tola.com。

膨胀节在粉煤加压及进料系统中的应用

张宏亮[1]　张　聪[2]　唐　麒[3]　王春景[4]

(1. 博迈科海洋工程股份有限公司,天津 300457;2. 惠生工程(中国)有限公司,上海 201210;
3. 空气化工产品(中国)投资有限公司,上海 201210)

摘要:本文针对煤气化装置粉煤加压及进料系统设计过程中遇到的应力问题,提出了应用膨胀节的方案,并对膨胀节的选型进行了分析和论述,最后运用 Caesar Ⅱ管道应力分析软件进行了验证。

关键词:膨胀节;煤气化;内压推力;Caesar Ⅱ

The Application of Expansion Joint in Coal Pressurization and Feed System

Zhang Hongliang[1], Zhang Cong[2], Tang Qi[3], Wang Chunjing[3]

(1. Bomesc Offshore Engineering Co. Ltd., Tianjin 300457; 2. Wison Engineering Co. Ltd., Shanghai 201210; 3. Air Products and Chemicals Co. Ltd., Shanghai 201210)

Abstract: This paper mainly analyses the heat stress of coal pressurization and feeding system in coal gasification plant, discusses the application of expansion joint and how to calculate and specify the expansion joint. The piping stress analysis of whole system has been verified by Caesar Ⅱ finally.

Keywords: expansion joint; coal gasification; internal pressure thrust; Caesar Ⅱ

1　引言

金属波纹管膨胀节具有装配简单、气密性好、占地面积小、工作可靠、补偿量大等优点[1],被广泛应用于矿山、石油、化工、冶金、电力、热力、航海、航天等行业。[2]工程项目中涉及的许多应力问题,都可以通过设置合适的膨胀节得以解决。但是否一定要使用膨胀节,如何在合适的位置使用合适类型的膨胀节,则需要对整个系统进行详细的论证分析,并辅以必要的计算验证。本文针对某煤气化装置粉煤加压及进料系统设计过程中所涉及的应力问题进行了详细分析论述及验证计算,最后得出选用直管压力平衡型膨胀节的结论,希望本文可以作为同类煤气化装置中膨胀节应用的一个参考。

2　工艺流程简介

粉煤加压及进料系统主要承担气化炉的煤粉烧嘴输送高压粉煤流体的任务,其具体工艺流程如图 1 所示。

粉煤先经气力输送至粉煤储罐 V-1201(操作压力为 0.02 MPa,操作温度为 80 ℃),然后靠重力流入粉煤锁斗罐 V-1204(操作压力为 4.71~0.02 MPa,操作温度为 80 ℃),粉煤锁斗罐达到设定的料位后,即与所有低压设备隔离开,然后加压直至与粉煤给料罐 V-1205(操作压力为 4.71 MPa,操作温度为 80 ℃)的压力相同,此时打开这两台设备之间的锁斗阀,粉煤靠重力由粉煤锁斗罐流入粉煤给料罐,待粉煤锁斗罐内的粉煤全部进入粉煤给料罐后,关闭粉煤锁斗罐底部的锁斗阀,与高压系统隔离。最后粉煤锁斗罐卸压,粉煤给料罐内不断通入 CO_2 气体,将粉煤从粉煤给料罐底部送往气化炉的粉煤烧嘴。粉煤加压及进料系统采用串联布置。根据煤粉下料顺序,依次为粉煤储罐—粉煤锁斗罐—粉煤给料罐。给料罐布置在锁斗罐的正下方。[3]

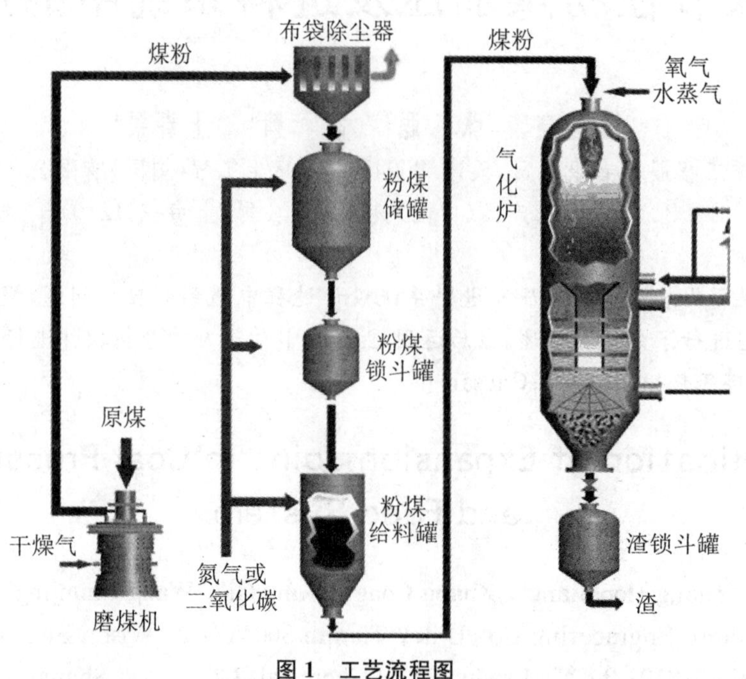

图 1　工艺流程图

3　膨胀节方案分析及选型

3.1　热应力问题提出

粉煤锁斗罐 V-1204 布置于粉煤给料罐 V-1205 的正上方,两设备之间通过管道垂直连通,管道材料的规格为 DN300,Sch100 的无缝碳钢管。从工艺角度考虑,这样布置有利于粉煤依靠重力流动。但从应力分析的角度考虑,这样布置系统缺乏足够的柔性:两台设备的支耳相当于两个固定点,当系统温度升高时,两固定点间的设备及管线会产生很大的二次热应力,设备管口也会承受极大的轴向载荷,进而导致设备的本体产生较大变形及至破坏。因此,须采取必要的措施来降低设备及连接管线的二次热应力水平,以确保设备的安全及正常运行。

3.2　热应力问题分析

二次应力的特点是具有自限性[4],即局部屈服或小量变形就可以使位移约束条件或自身变形连续要求得到满足,从而变形不再继续增大。那么要降低系统的二次应力水平,一个办法就是允许系统产生少量变形来释放二次应力。对于本案例来讲,可采取的措施大致有两种:一是将其中一台设备的固定支耳改为弹簧支撑,通过设备本体的位移来吸收两设备支耳间的热膨胀;二是在两设备间的垂直管段增加柔性元件即膨胀节,通过压缩膨胀节来吸收管道的热膨胀。

由于两设备采取间歇式进料,设备内粉煤质量是周期性变化的,而系统热膨胀量是固定的,因而弹簧的变形量及弹簧作用在设备上的载荷基本恒定,那么设备操作载荷与弹簧载荷的差值将通过设备管口传递到相连的管道上,再通过管道传递到相连的设备管口,导致两设备管口承受周期性的载荷。以设备 V-1204 为例,其空载重量大约为 75 t,而满载重量约为 110 t。假设弹簧载荷取空载和满载的中间值 92 t,当设备空载或满载时,约 17 t 的载荷将作用于设备管口上,此荷载约为管口标准许用载荷的 4.4 倍,且周期性的加载也增加了设备产生疲劳破坏的风险,这样就不能选择第一个方案,因此采取在垂直管道上增加膨胀节的措施相较而言是比较可行的方案。

3.3 膨胀节方案分析

设置膨胀节解决热应力问题是管道应力专业在设计中的常用方案。我们需要分析具体的应用环境以采用合适的膨胀节，这样才能合理地解决实际工程项目中遇到的各种问题。首先，对于本案例来说，系统管道操作温度为 80 ℃，操作压力为 4.71～0.02 MPa，从操作参数上看，温度并不高，但是承受较大的交变压力，如果膨胀节与粉煤锁斗罐 V-1204 直连，则膨胀节也需要考虑交变压力的影响，因此考虑将膨胀节置于锁斗阀以下，这样膨胀节基本处于恒温恒压状态，降低了其疲劳破坏的风险；其次，系统管道的介质为粉煤，为防止流体阻力增大，膨胀节的流通截面不能减小，且要设置吹扫接口，以防粉煤局部积聚；最后，膨胀节刚度不能太大，否则设备管口载荷可能超过其计算许用值。

采用膨胀节主要优点如下：

(1) 通过压缩膨胀节吸收热膨胀，有效降低系统二次应力水平。

(2) 满足工艺重力流的需求，粉煤流动阻力低。

(3) 结构紧凑，占用空间小。

同时，采用膨胀节后还需要考虑以下问题：

(1) 膨胀节的加入使管道不连续，产生由内压引起的压力推力。当系统压力较高或管道直径较大时，压力推力会非常大，如果不加以适当约束，将会导致波纹管本身或设备管口损坏。[5]对于有膨胀节的管道系统，在由于系统设计错误引起的失效中可能大部分是没有恰当地考虑压力推力。[6]本案例中，压力推力会传导至设备管口及固定支耳位置。若设备管口或支耳不能承载此压力推力，则需要采取其他措施来降低压力推力。

(2) 波纹管抗扭转能力差，个别情况下需要采用坚固的部件专门限制波纹管的扭转剪应力。

(3) 膨胀节属于柔性元件，承受过大的内压或外压，都会发生失稳。[7]本案例整个系统压力较高(操作压力为 4.71 MPa)，对膨胀节厂商的技术水平有较高要求，厂商应有足够的技术储备及生产工艺水平以保证膨胀节在高压环境下不会失稳并确保整个系统的平稳运行。

本案例采用的膨胀节主要用来吸收轴向热位移，可供选择的膨胀节型式主要有以下两种：① 无约束型膨胀节；② 直管压力平衡型膨胀节。

无约束型膨胀节型式简单，有价格优势，能吸收轴向及横向的热位移，在各种应用中它是首选。[8]但由内压产生的压力推力会作用于膨胀节两端的固定点(设备支耳)及设备管口，设备管口的强度需要校核。直管压力平衡型膨胀节结构复杂(图 2)，设计及生产工艺难度较高，价格也相对较高，但其本身可以平衡由内压产生的压力推力，使用后对设备管口的载荷水平较低。

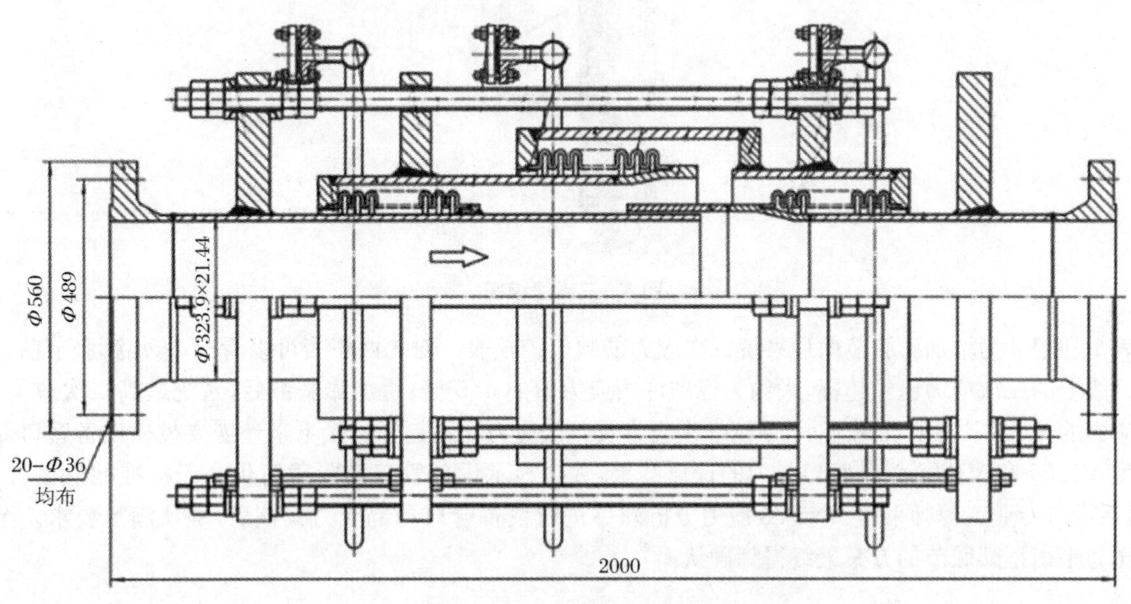

图 2　直管压力平衡型膨胀节结构

依据《金属波纹管膨胀节通用技术条件》(GB/T 12777—2019),波纹管的压力推力由下式计算[9]:

$$F_P = PA_y$$

式中,F_P为波纹管压力推力,单位为 N;A_y为波纹管有效面积,单位为 mm^2;P 为压力,单位为 MPa。

其中,波纹管的有效面积经查相关样本为 100400 mm^2,操作压力按 4.71 MPa 取值,代入推力计算公式,得到压力推力为 472884 N,此数值大概是设备管口许用轴向承载能力的 12 倍,所以采用无约束型膨胀节的方案是不可行的。而直管压力平衡型膨胀节可以利用中间的平衡波纹管来平衡工作波纹管的压力推力,这样可以使作用于设备管口的载荷大大降低。因此可以得出结论,选择直管压力平衡型膨胀节是合理的。

4 应力分析建模及校核结果

采用 CAESAR Ⅱ应力计算软件对直管压力平衡型膨胀节设计方案进行最后的计算验证。首先,依据设备及管道图纸对系统进行三维建模(图 3),并将相关参数(如设备及管道材质、温度、压力等)输入模型,同时加入边界约束条件(设备的固定点)。然后在管道模型适当位置建立膨胀节模型并依据相关样本输入膨胀节刚度等参数。最后,编辑所需计算工况并运行计算程序。

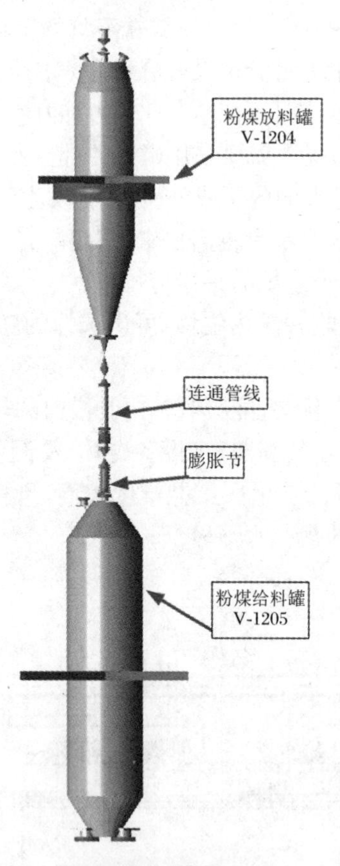

图 3 三维建模图

表 1 和表 2 为增加膨胀节前后系统二次应力的数值校核表。对比两张表可以看出,未加膨胀节前,系统连通管线上的二次应力已经超标,大约为标准许用应力值的 4.5 倍;增加膨胀节后,系统最高二次应力仅为许用应力的 2.2%。运算结果显示,系统一次应力及二次应力均不超标。接下来还需要校核设备管口受力,表 3 为 V1204 和 V1205 设备管口受力的计算结果,数据显示设备管口实际载荷仍高于标准的设备管口载荷,最后设备专业工程师采用 ANSYS 应力分析软件进行设备管口局部应力校核后,确认满足要求。至此,直管压力平衡型膨胀节的方案最终得到确认。

表 1　加膨胀节前系统的二次应力

CODE STRESS CHECK FAILED:LOADCASE 34 (EXP) L34 = L4 - L16		
Highest Stresses:(KPa) LOADCASE 34 (EXP) L34 = L4 - L16		
Ratio (%):	453.9	@Node 130
Code Stress:	1159635.1	Allowable Stress:255498.4
Axial Stress:	1159635.1	@Node 80
Bending Stress:	0.0	@Node 1030
Torsion Stress:	0.0	@Node 1030
Hoop Stress:	0.0	@Node 20
Max Stress Intensity:	1242976.1	@Node 80

表 2　加膨胀节后的系统二次应力

Highest Stresses:(KPa) LOADCASE 34 (EXP) L34 = L4 - L16		
Ratio (%):	2.2	@Node 130
Code Stress:	5589.4	Allowable Stress: 253433.7
Axial Stress:	5589.4	@Node 80
Bending Stress:	0.0	@Node 10
Torsion Stress:	0.0	@Node 1030
Hoop Stress:	0.0	@Node 20
Max Stress Intensity:	5991.1	@Node 80

表 3　V1204 和 V1205 设备管口受力

TYPE OF LOADING	PIPING LOADS ON EQUIPMENT NOZZLE(V-1204/N4)							
	FORCE(N)				MOMENT(N·m)			
	F_A		F_R		M_T		M_B	
4(OPE)	-1255		6		0		25	
16(SUS)	-96276		6		0		25	
ALLOWABLE	38400		48000		69120		75577	
RESULT	Fail/	251%	Pass/	1%	Pass/	0%	Pass/	1%
TYPE OF LOADING	PIPING LOADS ON EQUIPMENT NOZZLE(V-1205/N1)							
	FORCE(N)				MOMENT(N·m)			
	F_A		F_R		M_T		M_B	
4(OPE)	-97751		6		0		22	
16(SUS)	-2730		6		0		22	
ALLOWABLE	19200		24000		17280		18894	
RESULT	Fail/	510%	Pass/	1%	Pass/	0%	Pass/	1%

F_A:Axial Force
F_R:Resultant Shear Force
M_T:Torsional Moment
M_B:Resultant Bending Moment

5　结论

本案例膨胀节的使用工况有两个特点:① 使用压力高;② 介质为气固两相,磨蚀性较强。首先,压力高导致内压推力大,因此,需要选择可以平衡掉内压推力的直管压力平衡型膨胀节才能满足系统安全要求。其次,固体颗粒具有磨蚀性,这就要求膨胀节内导流筒应有足够的厚度,其内径与管道内径相同,将导流筒设计成为外置式[10],以防止缩径处磨蚀。同时,为防止固体粉粒沉积在波纹管内部,需在膨胀节上增设环形吹扫口,定期通入高压氮气进行吹扫,以保证整个系统的安全运行。

膨胀节的合理使用的确使得一些棘手的配管应力问题迎刃而解,这需要设计人员具有丰富的经验,对操作工艺进行认真解读并且了解各种类型膨胀节的功能,才能将其应用得恰如其分。

参考文献

[1] 杜明霞,李永生.典型管段中膨胀节的选型[J].南京师范大学学报,2006,6(2):76-79.

[2] 马伟,李德雨,钟玉平.波纹管的发展与应用[J].河南科技大学学报,2004,25(4):28-31.

[3] 陈逢春.惠生一壳牌下行水激冷流程气化装置设备及管道布置特点分析[J].大氮肥,2015,38(5):289-290.

[4] 唐永进.压力管道应力分析[M].2版.北京:中国石化出版社,2009.

[5] 卢秀荣.浅议金属波纹管膨胀节的力学性能、主要类型与工程应用[J].化工设备与管道,2010,47(2):38-44.

[6] 查尔斯·贝赫特.工艺管道 ASME B31.3 实用指南[M].北京:化学工业出版社,2006.

[7] 黎廷新,李添祥,罗小平.膨胀节承受压力下的失稳[J].石油化工设备,1998,27(6):9-13.

[8] Expansion Joint Manufacturers Association. Standards of the Expansion Joint Manufacturers Association:EJMA—2015[S].

[9] 国家市场监督管理总局,中国国家标准化管理委员会.金属波纹管膨胀节通用技术条件:GB/T 12777—2019[S].北京:中国标准出版社,2019.

[10] 中国机械工程学会压力容器分会.第十四届全国膨胀节学术会议论文集[C].合肥:合肥工业大学出版社,2016.

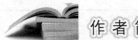

作者简介

张宏亮(1982—),男,应力分析工程师,从事管道应力分析方面的工作。通信地址:天津经济技术开发区第四大街14号。E-mail:zhlspring@126.com。

长输供热直埋管线的补偿安全探讨

张爱琴　李德雨　张小文

（洛阳双瑞特种装备有限公司，洛阳 471000）

摘要：本文对长输直埋管线和普通直埋管线特点进行了对比，分析了复杂地址条件下长输直埋管线有补偿与无补偿的失效风险性，探讨了长输直埋管线采用有补偿敷设方式的可行性与复杂地质条件下进行有补偿安装的必要性，介绍了波纹补偿器在直埋管线中的应用情况，提出了长输直埋管线的补偿方案和对补偿器的质量安全要求。

关键词：长输直埋管线；补偿；安全性

Discussion on Compensation Safety for Long-distance Directly Buried Heating Pipeline

Zhang Aiqin, Li Deyu, Zhang Xiaowen

(Luoyang Sunrui Special Equipment Co. Ltd., Luoyang 471000)

Abstract: In this paper, comparative analysis has been done between the long-distance and short-distance directly buried heating pipeline. The failure risks of long-distance directly buried pipelines with and without compensation under complex geological conditions on site are analysed and the necessity of long-distance directly buried pipelines with compensation is proved. The application of the compensator in directly buried heating pipelines is introduced and the compensation scheme of the long-distance directly buried heating pipeline and quality and safety requirements for the compensator are proposed.

Keywords: long-distance directly buried pipeline; compensation; safety

1　引言

热力管线补偿的目的是解决管道工作时受热胀冷缩产生的应力过大、变形、泄漏或破坏等问题，提高管道系统的安全性。供热管道的敷设方法有架空敷设、管沟敷设和直埋敷设。架空敷设和管沟敷设的供热管道必须进行补偿以降低管道应力，其中直埋敷设的热力管道则分为有补偿和无补偿两种。有补偿直埋敷设方式是利用补偿器吸收热膨胀来降低应力水平使管道满足应力分析对应的强度条件，无补偿直埋敷设方式是综合利用土壤对管道的摩擦力和增加管道壁厚等方式满足应力分析对应的强度条件。相对架空与管沟敷设，预制保温管道直埋敷设方式以其工程造价低、管道热量损失少、管道防腐绝缘易于实现、占地面积少、施工周期短、环境美观等优势，从 20 世纪 90 年代开始，直埋敷设的热力管道有补偿和无补偿两种方式并存，相比而言，市政供热管线无补偿直埋相比有补偿直埋发展更快。在供热管线的补偿安全方面，直埋管道的直径范围从《城镇直埋供热管道工程技术规程》（CJJ/T 81—1998）的 DN500 扩展到了《城镇供热直埋热水管道技术规程》（CJJ/T 81—2013）的 DN1200。[1]

长距离供热是新发展起来的供热模式，管线输送距离超过 20 km，其供热面积通常在 1500 万 m^2 以上（公称直径≥DN1200），长输供热管线供热规模大，管线补偿方式多样化，工程一次性投资大，不同敷设与补偿方式对长输供热管线的安全性和经济性影响较大，近年来国内针对长输供热管线直埋敷设时是否进行补偿开展了比较热烈的讨论，本文对长输供热直埋管线补偿的必要性和可行性进行分析探讨，供大家参考。

2 长输供热直埋管线与市区普通供热直埋管线的区别

市区小直径直埋管道采用无补偿冷安装方式,大大减少了固定墩与补偿器设置,节省了土建投资,方便管线后期运行维护,多年的设计和应用经验证明小口径管道采用无补偿冷安装是可行的。针对输送距离长、地形条件复杂、管道直径大、投资大、社会影响面广、可靠性要求高的长输直埋管线是否适合采用无补偿冷安装技术,需要对长输直埋管线与市区普通直埋管线的特点进行具体分析,根据具体条件在保证管道安全可靠性的基础上选择适宜的安装方法。长输直埋管线与市区普通直埋管线的区别见表1。由表1可知,长输直埋管线与市区普通直埋管线相比,管径大、压力高、安全性要求高、敷设地质条件复杂苛刻、受力模型和载荷复杂、施工难度大。

表1 长输供热直埋管线与市区普通供热直埋管线的区别

项目	长输直埋管线	市区普通直埋管线
管道直径(mm)	DN1200～1600	≤DN1200
设计压力(MPa)	1.6～2.5	≤1.6
输送距离	长(超过20 km)	短
安全性与影响面	安全性要求高,影响面大	安全性要求高,影响面稍小
敷设地质条件	跨越丘陵与河流,地质条件复杂,管道形成锚固状态的难度增大,过渡段较长	地质条件较好,管道易于实现锚固状态,过渡段较短
受力简化模型	直径大、压力高,接近承受内外压的有壁厚的壳体	主要是杆模型
荷载	载荷大且复杂化。在考虑热应力、内压环向应力、摩擦力的基础上,垂直载荷增加了介质本身的重量、地下水位产生的浮力、管顶覆土重力、地面交通载荷以及堆积载荷的作用	载荷较小且相对简单,一般只考虑热应力、内压环向应力、摩擦力
安装施工要求	对管道材质、对接焊缝质量和对接公差要求高于参考的规范	符合规范要求即可
标准规范	无相应规范,参考《城镇供热直埋热水管道技术规程》(CJJ/T 81—2013)	《城镇供热直埋热水管道技术规程》(CJJ/T 81—2013)

3 长输直埋管线进行有补偿安装的可行性与必要性

3.1 国外长输供热直埋管道的敷设情况

《区域供热手册》[2]中第2.2条安装技术指出:预制保温整体式直埋管道可采用预热安装、无补偿冷安装、特殊预应力安装和有补偿安装4种敷设方式。在工程实际方面,德国DN700以上的供热管道全部采用柔性补偿设计,其方法是长输管道全部采用π型三铰链组合的单式铰链型波纹补偿器补偿,补偿位置露出地面,管道其余部分埋入地下,没有无补偿设计。相对北欧,俄罗斯供热规模更大,长输供热管道设计采用地沟架空补偿、自然补偿和直埋一次性补偿器相结合的补偿方式,没有无补偿冷安装。

3.2 国内有关大直径直埋管道无补偿安装敷设试验验证与安全评价技术的局限性探讨

多年的设计和应用经验证明,小口径管道采用无补偿冷安装的方式是可行的,但对于大口径直埋管道来说,采用无补偿敷设时管道受力情况复杂化。大直径长输供热管道直埋敷设是近些年才发展起来的一种管网地下敷设方式,目前长输供热管网的设计压力已达到2.5 MPa、管径DN1600 mm。针对大直径直埋管道在山体滑坡、不均匀沉降和通过河床等复杂地质条件下的管道本体、弯头、三通以及阀门等薄弱部位,有限元模拟分析方法与试验验证不足,长输大直径直埋管道的管件在实际运行中受综合应力条件下的稳定性与疲劳应力问题，直埋管道无补偿穿越河谷、丘陵等复杂地质条件区域的受力安全问题，北京煤气热力工程设计院[3]、北京科技大学[4-5]、华北电力大学[6]等单位均对此进行了一些研究，但并未在业内达成共识。长输工程直埋管道敷设的安装地质条件复杂多变，在试验验证与工程可靠性应用证明不够充分的情况下，限定直埋管道的敷设安装方式严谨性不足。

3.3 复杂地址条件下长输直埋管线有补偿与无补偿安装的失效风险性对比

长输管线安全性主要分力学安全性和动态水力工况安全性。力学安全性主要是指在稳定的设计压力、设计温度、地质条件下管道、管件的力学安全性。虽然直埋无补偿冷安装技术具有一定的优点，但是现行设计方法中只考虑了管道部件几种特定失效方式，是针对小管径热力管道设计条件下的应力分析简化结果。大口径供热管道的主要失效形式除强度失效及整体失稳外，还包括局部失稳和变形失稳。有补偿与无补偿长输直埋管道的失效风险对比见表2。

表2　复杂地址条件下有补偿与无补偿长输直埋管道的失效风险对比表

失效形式	有补偿直埋	无补偿直埋	备注
爆裂失效	极少	极少	主要指一次应力
塑性变形	无	易发生	
低循环疲劳破坏	无	较少	二次应力引起的弯头、三通、大小头及折角等处的疲劳破坏
高循环疲劳破坏	极少	极少	车辆重量通过车轮和土壤，可作用在车行道下管道，使管道局部截面产生椭圆化变形，产生应力集中。由于车辆荷载出现频率高，故也称为高循环疲劳破坏，与覆土深度有关
整体失稳	无	温升高、埋深较浅或施工质量不能保证时易发生	直埋管道在运行工况下的轴向压应力最大，由于压杆效应，可能会引进管线的整体失稳
局部失稳	极少	易发生	试验表明，局部失稳随着管壁增厚而减小，但随着钢管平均半径增大而增加，因此，对于运行温度较高且管径较大的热网，应特别注意局部失稳问题
漏水腐蚀	较少发生	较少发生	
阀门破坏	极少	易发生	在高轴向内力的作用下，由于阀门材料及结构不同于钢管，一方面，阀门会产生不同于管道的破坏方式；另一方面，阀门的较大变形也会导致阀门不能正常工作

针对直埋管道的无补偿冷安装，现行设计中为了避免出现稳定性破坏通常增大钢管壁厚，造成管道总体结构的不连续，使管道与管件的刚度差异加大，导致管件上的变形和峰值应力加大，增加了管件发生疲劳破坏的可能性。同时由于供热管线需要热力管道的数量巨大，增加钢管厚度直接增大了供热管道生产、运输、安装的经济成本。

长输大直径直埋管道无补偿安装敷设不能覆盖全部工程工况，实际工程项目中一直存在受工期和现场条件的制约为降低管道及其附件应力而不得不采用有补偿直埋敷设的情况，因此为保证长输管道及其附件的受力安全，复杂地质条件下长输大直径直埋管道采用有补偿直埋敷设方式是必要的。

4 目前设计院供热管线有补偿直埋敷设技术的应用情况

目前天津地下主干管网有补偿直埋膨胀节已安全运行23年以上，同时经过大量试验与工程应用证明，直埋管道补偿采用的波纹补偿器完全可以达到与管道设计同寿命，保障了北京、天津、太原、郑州、洛阳等大中城市主干供热管网的补偿安全。而且采用双向直埋大补偿量波纹补偿器能够大量减少补偿器的使用数量,提升有补偿直埋管网的经济性。

过去国内对波纹补偿器的市场准入监管和招投标机制问题,使得波纹补偿器产品良莠不齐,部分不良厂商偷工减料,导致个别城市的有补偿直埋管网出现了泄漏问题,致使用户和设计院对波纹补偿器产品的可靠性认识产生误解。随着国家监管措施的科学化、合理化,市场舆论监督的公开化、透明化以及国家招投标办法的完善,波纹补偿器质量得到较大提升。

目前天津热电设计院、北京特泽热力工程设计有限公司、中国市政工程西北设计院、机械工业部第六设计院有限公司、洛阳热力暖源设计院、中国市政工程华北设计院研究总院等国内多个设计院在进行长输管网设计时,充分考虑设计参数、地形条件等因素,结合工程的实际情况,已经或正在选用波纹补偿器进行有补偿直埋设计技术。

5 复杂地质条件下长输直埋管线的补偿方案

5.1 直管段的补偿

直管段的补偿通常采用如下两种方案。

(1) 在直埋管热管线的管道布置中,直管段占有相当大的比例,直管段的补偿,不设置中间管架,以膨胀节外管为驻点,宜选用外压轴向直埋型波纹补偿器进行补偿,其布设方式如图 1 和图 2 所示。

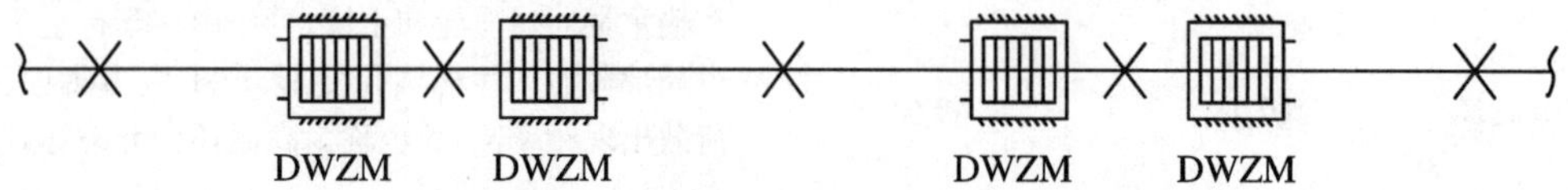

图 1 单向外压轴向直埋波纹补偿器补偿的直埋管段

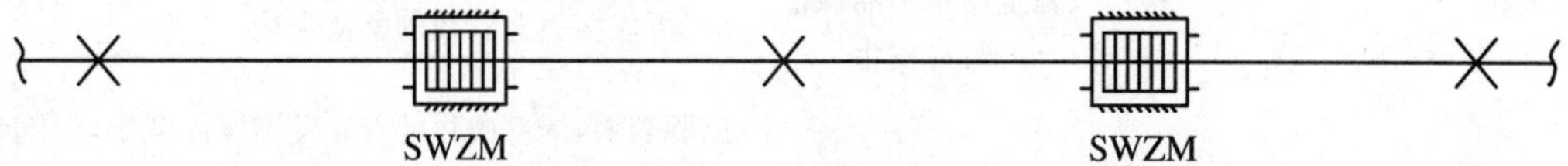

图 2 双向外压轴向直埋波纹补偿器补偿的直埋管段

(2) 设置补偿器井或者采用三铰链形式,使补偿器设置在地面以上,便于检查,其他直管段埋入地下,其布设方式如图 3 所示。

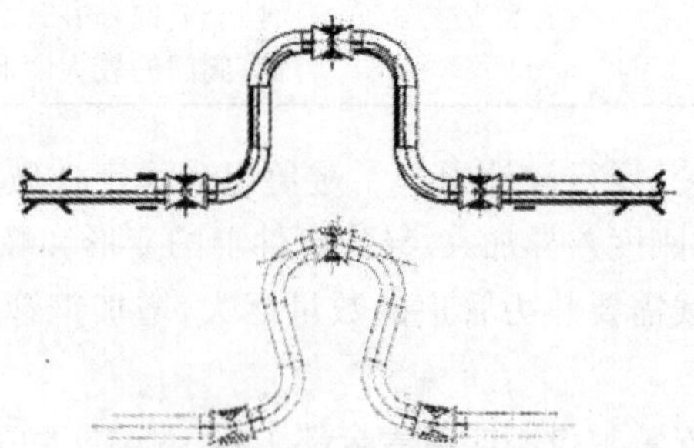

图 3 长输直埋供热管线采用的三铰链补偿方式

5.2 直埋管线弯曲管段的补偿

长输直埋管线弯曲管段的补偿可以采用两种方式:一种是直埋敷设的“L”管段;另一种是平面“Z”形管段,宜采用自然补偿的方式。需要注意的是,弯头、折线位置直埋管线下部需要进行特殊处理,保护这些部位活动不受限。

5.3 直埋与架空或地沟敷设过渡管段的补偿

长输管线直埋与架空或地沟敷设过渡管段补偿方案参照《金属波纹管膨胀节通用技术条件》(GB/T 12777—2019)[7]附录E,综合管段的类型、走向和固定支座条件确定补偿方案。

5.4 长输直埋管线波纹补偿器产品质量安全要求

为了提高长输直埋管线波纹管补偿器安全可靠运行,在采用合理的设计方案的同时,还应采取如下措施:

(1) 直埋敷设的波纹补偿器宜自带预制保温和设置补偿限位装置,以保证波纹补偿器安全运行。

(2) 波纹管补偿器的设计疲劳寿命执行 GB/T 12777—2019 中的相关规定。

(3) 直径大于 DN1200 的外压波纹补偿器波纹管的单层壁厚宜不低于 1.2 mm。

(4) 预变位量宜为设计位移的 30%~40%。

(5) 当地下水位较高或地下水含有较强的腐蚀性介质时,直埋膨胀节应采用特殊结构设计,防止地下腐蚀性介质对膨胀节中的波纹管及其结构件造成腐蚀。

(6) 采取措施保证预制直埋膨胀节与保温管道接口的密封性。

6 结论

通过分析探讨可以得出以下结论:

(1) 长输直埋管线管径大、压力高、输送距离长、安全性要求高,采用有补偿敷设方式是可行的。复杂地质条件下,为保证管道及其附件的受力安全,长输大直径直埋管道采用有补偿直埋敷设方式是必要的。

(2) 长输供热管道采用直埋敷设技术先进,但大直径直埋管道受力模型与综合应力复杂,目前长输大直径无补偿安装敷设试验验证不足、工程应用时间短,其工程安全性的验证需要较长时间。无补偿直埋敷设方式对管网应力计算、管道焊接质量、预热温度控制、管道覆土深度等要求较高,目前敷设现场检测手段不够完备,施工质量不易保证,存在一定的安全隐患与风险。

(3) 结合有补偿直埋敷设技术的应用情况和国家对补偿器产品质量监管机制不断完备,长输直埋管线复杂地质条件下采用有补偿直埋时,需要针对长输直埋管线的特点,对补偿器产品提出适宜的质量安全要求。

参考文献

[1] 中华人民共和国住房和城乡建设部.城镇供热直埋热水管道技术规程:CJJ/T 81—2013[S].北京:中国建筑工业出版社,2013.

[2] 皮特·兰德劳夫.区域供热手册[M].贺平,王钢,译.哈尔滨:哈尔滨工程大学出版社,1998.

[3] 梁雅滨.大管径直埋供热管道局部稳定性验算方法比较[J].煤气与热力,2011,31(7):15-18.

[4] 张书臣.直埋热水管道设计理论及发展方向[J].煤气与热力,2015,35(9):20-22.

[5] 任鹏召.大管径直埋供热管道受力与稳定性分析[D].北京:北京科技大学,2019.

[6] 詹益胜.供热直埋大管径热水管道应力研究[D].保定:华北电力大学,2018:3.

[7] 国家市场监督管理总局,中国国家标准化管理委员会.金属波纹管膨胀节通用技术条件:GB/T 12777—2019[S].北京:中国标准出版社,2019.

作者简介

张爱琴,女,研究员,从事波纹管膨胀节研发工作。通信地址:河南省洛阳市高新技术开发区滨河北路88号。

火炬管线膨胀节补偿的安全性和经济性分析

张爱琴[1]　张世忱[2]　杨　青[3]　杨玉强[1]　王伟兵[1]

（1. 洛阳双瑞特种装备有限公司，洛阳 471000；2. 中国寰球工程公司，北京 100029；
3. 中国石化集团洛阳石油化工工程公司，洛阳 471003）

摘要：本文介绍了能源化工火炬管线的特点与补偿用的膨胀节功能要求，通过实际工程案例对比分析了火炬管线采用膨胀节补偿相比Ⅱ型补偿器具有管径小、布设难度小，能有效降低管道应力和管道支架载荷，降低建造综合成本的特点，揭示了火炬管线采用膨胀节补偿在安全性和经济性方面的优势。

关键词：火炬管线；补偿；管径；安全性

Analysis of Safety and Economic Advantage of Expansion Joint Compensation of Torch Pipeline

Zhang Aiqin[1], Zhang Shichen[2], Yang Qing[3], Yang Yuqiang[1], Wang Weibing[1]

（1. Luoyang Sunrui Special Equipment Co. Ltd., Luoyang 471000; 2. China Huanqiu Contracting & Engineering Corp., Beijing 100029; 3. Luoyang Petrochemical Engineering Co. Ltd. of SINOPEC, Luoyang 471003）

Abstract: This paper introduces the characteristics of energy chemical torch pipeline. The safety and economic advantages of energy chemical torch pipeline with expansion joint compensation are revealed through comparison and analysis of real engineering cases. Compared to Ⅱ-shaped deformation compensator, energy chemical torch pipeline with expansion joint compensation has smaller diameter and is easier to set up. It can effectively lower pipeline stress and support load, and can reduce construction costs.

Keywords: energy chemical torch pipeline; compensation; pipe diameter; safety

1　引言

火炬系统主要用于处理在开停车、正常操作、事故或紧急状态下排放的无法收集和再加工的有毒、有害、易爆等具有危险性的可燃性气体，保证装置正常、安全运行。火炬系统是石油化工及炼油装置不可缺少的配套设施，也是装置的最后一道安全屏障。火炬系统通常由火炬气分液罐、火炬气水封罐、火炬、火炬管线 4 个部分组成。火炬管线的安全是排放装置安全运行的基础，火炬管线的补偿方式分为Ⅱ型补偿和波纹管膨胀节补偿两种。国内早期采用Ⅱ型补偿器补偿的火炬管线占多数，随着能源化工装置的规模与排放量不断增大，火炬管线的安全可靠性要求逐渐提高，火炬管线的管径逐渐增大，其布设难度也逐渐增加。

为了保证大型乙烯、煤化工、石油化工装置的大口径火炬管线的安全可靠性，中国寰球工程公司、中国石化集团洛阳石油化工工程公司和 725 所特装公司联合设立课题，针对大口径火炬管线的稳定性和可靠性补偿设计技术进行研究，形成了能源化工装置火炬管线可靠性补偿设计专有技术，开发了适用于火炬管线的波纹管膨胀节产品，项目成果已通过部级鉴定。目前国内多个采用膨胀节补偿的大型项目火炬管线已安全运行 10 年以上。本文结合两个真实工程案例对大口径火炬管线的补偿设计、不同补偿方式对火炬管线的安全性及稳定性影响以及不同补偿方式火炬管线的管径尺寸、占地空间等经济指标对比分析，揭示能源化工火炬管线采用膨胀节补偿在安全可靠性和经济性方面的优势。

2 火炬管线的特点与补偿用膨胀节选型、功能要求

2.1 火炬管线的特点

(1) 火炬系统是能源化工装置的最后一道安全屏障,安全可靠性要求高。

(2) 火炬管线一般与工艺、热力管线一起共架架空敷设,对走向、坡度等有严格要求。

(3) 管内介质条件复杂、流速高,紧急排放时介质流速很高,甚至接近声速。

(4) 火炬管线长度一般有几百米甚至几千米,对压降控制严格。

(5) 操作温度和速度变化较快,压力变化范围宽,存在两相流且流动状态复杂多变的情况。

(6) 管线的固定支撑条件复杂,火炬管线除了受到压力、温度变化所引起的应力外,还有阀门开闭、管内凝液对管网产生的冲击力,因此排放管线的固定、导向和支撑系统的设计较为复杂。

2.2 火炬管线膨胀节的选型与功能要求

为了保障火炬管线的排放安全,用于火炬管线补偿的膨胀节应满足如下要求:

(1) 火炬管线补偿的膨胀节须为约束型。

(2) 长直管段宜选用外压直管压力平衡型膨胀节补偿,并根据排放介质的特点增设防凝液功能。

(3) 弯曲管段选用的约束型膨胀节的波纹管应为加强 U 形波纹管,以提高膨胀节的抗冲击震荡能力。

3 不同补偿方式对火炬管线管径大小的影响分析

火炬管线水力计算的主要内容之一是管径核算,管径的大小不仅影响排放功能和投资,同时对火炬管线的布置难易程度也有影响。火炬管线管径的影响因素为火炬管线长度、排放量、压降、流速和安全阀开启背压。火炬管线压降、管径计算过程比较复杂,国内外很多公司广泛应用火炬计算软件进行管径和管网压降的计算,无论何种软件,火炬管线长度采用的都是管线的当量长度,管线当量长度包括管线长度、管件和阀门的当量长度以及管线补偿器的当量长度。当量长度越大,火炬总管的管径尺寸越大。

根据《工艺系统工程设计技术规定》(HG/T 20570—95)[1],火炬管线上涉及的弯头管件的当量长度如下:

(1) 1D 90°短半径弯头的当量长度是 $L_e=30D$(D 为管线内径)。

(2) 1.5D 90°长半径弯头的当量长度是 $L_e=20D$(D 为管线内径)。

(3) 1.5D 45°长半径弯头的当量长度是 $L_e=16D$(D 为管线内径)。

火炬管线的Ⅱ形补偿器如图 1 所示。由 4 个 1.5D 90°弯头组成,同时Ⅱ形补偿器真正起补偿作用的不是它的弯头,而是弯头边上的直管段的挠度,直管长度对补偿能力影响很大,直管长度越短,补偿能力就越差;直管长度是由应力计算确定的(满足补偿为准),因此一个Ⅱ形补偿器的当量长度 $L_e>80D$(D 为管线内径)。

图 1 Ⅱ型弯补偿器及其支撑示意图

图2为长直管段采用外压型直管压力平衡膨胀节补偿的大口径火炬管线,外压型直管压力平衡膨胀节的内部介质流通渠道为直通型,其当量长度 L_e≈补偿器自身长度。在保证背压和马赫数的前提下,对两个工程案例的火炬总管热补偿,分别按照波纹管膨胀节和Ⅱ型补偿器两种补偿方式运用 FlareNet 软件进行管径计算,其结果见表1。

图2　采用外压型直管压力平衡膨胀节补偿的火炬管线

表1　不同补偿方式火炬总管的管径核算对比表

项目		单位(t/h)	膨胀节补偿 马赫数/背压(bar)	Ⅱ型补偿器补偿 马赫数/背压(bar)
工程案例1	火炬总排放量	1925	0.28/2.62	0.18/2.59
	管道当量长度	m	1596	5304
	管径尺寸	mm	Φ1930 * 14	Φ2420 * 22
工程案例2	火炬总排放量	1581.9	0.34/1.67	0.23/1.74
	管道当量长度	m	1190	3584
	管径尺寸	mm	Φ2032 * 16	Φ2420 * 22

由以上两个案例可知:采用膨胀节补偿的管道阻力小,较小的管径即可满足排放要求。

4　火炬管线膨胀节补偿的安全可靠性优势分析

4.1　火炬管线不同补偿方式的冲击力对比

对于火炬管线中存在较普遍的柱塞流和水锤引起的冲击震荡,如果管线补偿与布置处置不当,火炬气放空时可能会因阻力增大形成冲击而导致放空管系的震荡或失稳。图3为某火炬系统因为水锤使得分液罐遭水击后与支座脱离的现场照片。现有规范没有给出具体的冲击力设计方法,《石油化工可燃性气体排放系统设计规范》(SH 3009—2013)[2]仅给出了管架的水平推力的推荐值。为了保证大型乙烯、煤化工、石油化工装置的大口径火炬管线的安全可靠性,我们课题组推导出不同条件下管线弯头部位所受的冲击力和水锤力计算公式与冲击力的加载分析方法,用于指导火炬管线的安全稳定性设计。因篇幅所限,具体的力学模型与计算过程在这里忽略,仅给出两个工程案例的火炬管线不同补偿方式的冲击力计算分析结果,见表3和表4。

由表2中两个工程案例的弯头冲击力的计算结果可知:这两个工程案例采用膨胀节补偿的火炬总管在均匀介质、少量凝液和水锤3种不同工况下的冲击力均小于Ⅱ弯补偿的管道。

图 3　某火炬系统采用Ⅱ弯补偿分液罐遭水击后与支座脱离

表 2　不同补偿方式火炬总管的冲击力对比

工程名称	补偿方式	工况条件	均匀介质	少量凝液	水锤力
工程案例 1	膨胀节补偿	管径		Φ1930 * 14	
		冲击力(t)	7.39	94.30	49.16
	Ⅱ弯补偿	管径		Φ2420 * 22	
		冲击力(t)	11.39	145.28	75.73
工程案例 2	膨胀节补偿	管径		Φ2032 * 16	
		冲击力(t)	8.40	113.83	53.46
	Ⅱ弯补偿	管径		Φ2420 * 22	
		冲击力(t)	11.64	157.75	74.09

4.2　不同补偿方式火炬管线应力与管架受力对比

在案例 1 情况下，火炬总管不同补偿方式的管线应力对比见表 3。

表 3　工程案例 1 火炬总管不同补偿方式的管线应力对比

补偿方式	工况	应力位置	最大应力值(MPa)	强度校核(MPa)
膨胀节补偿	持续工况(SUS)	导向支架	18.67	134.4
	热涨工况(EXP)	固定墩	7.73	320.19
	持续工况(SUS)	管道 1～2 处自然拐弯处	24.36	134.41
	热涨工况(EXP)	管道 1～2 处自然拐弯处	262.70	320.11
	冲击力偶然工况(OCC)	管道 1～2 处自然拐弯处	85.40	178.76
Ⅱ弯补偿	持续工况(SUS)	每个弯头处	17.51	134.41
	热涨工况(EXP)	每个弯头处	319.01	322.88
	冲击力偶然工况(OCC)	每个弯头处	68.34	178.76

结果分析：

(1) 采用大口径Ⅱ弯补偿管道的热涨工况(EXP)在每个弯头处产生的二次应力大于膨胀节补偿的火炬管道自然拐弯处的二次应力，影响到管道及其支架的安全性，显然用膨胀节补偿的火炬总管管道应力低，安全性高。

(2) 通过理论推导得出介质对弯头的冲击力加载分析结果可以看出偶然载荷产生的一次应力约为持续

工况的4～5倍,同时大于SH 3009—2013给出的固定管架水平推力推荐值15 t。

(3) 在介质、密度、流速相同的情况下,不同的补偿方式在持续工况(SUS)和冲击力偶然工况(OCC)下在弯头处产生的应力值相近。

在工程案例1情况下,火炬总管支架受力对比见表4。

表4　工程案例1火炬总管支架受力对比

补偿方式	支架类型	F_X(N)max	F_Y(N)max	F_Z(N)max	备注
膨胀节补偿	滑动支架(30)	81229	270764	0	
	导向支架(40)	82426	274752	0	
	限位支架(75)	704564	334580	2013968	仅在管线自然拐弯处有限位支架
Ⅱ弯补偿	滑动支架(30)	132103	440316	747	
	导向支架(40)	176133	441668	145441	
	限位支架(75)	1664276	535562	5012025	每个弯头都有限位支架

结果分析:

(1) 限位支架数量,Ⅱ弯补偿需要考虑介质对每个弯头的冲击力,限位支架数量多于膨胀节补偿。

(2) 支架受力,火炬总管Ⅱ弯补偿的支架受力均大于采用膨胀节补偿的火炬总管。

4.3　火炬管线其他管径的冲击力估算分析

在流速、密度均采用工程案例1火炬管线的参数情况下,对其他不同管径的火炬管线在弯头处产生的凝液冲击力和水锤力也进行了核算,计算结果见表5。

表5　火炬管线其他管径的冲击力与SH 3009—2013给出的管架推力对比

管径(mm)	200	400	600	800	1000	1200	1400	1600	1800	2000	2200
SH 3009—2013管架水平推力(t)	1.9	5.7	13.0					15.0			
理论推算少量凝液冲击力(t)	0.77	3.61	8.53	15.54	24.63	35.81	49.07	64.42	81.85	101.37	122.97
理论推算水锤力(t)	0.44	1.88	4.46	8.10	12.84	18.67	25.58	33.58	42.67	52.85	64.10

由表5可知:通径DN800的火炬管线少量凝液对弯头产生的冲击力已经大于SH 3009—2013给出的固定管架水平推力推荐值15 t,通径DN1200的火炬管线的水锤力对弯头产生的力也大于规范推荐的15 t,因此,对于大口径(>DN800)火炬管线的冲击力,应该根据具体的工程情况进行核算,用以指导火炬管线及其支撑系统的安全稳定性设计,选择合适的补偿方式,以确保火炬管线设计的可靠性。

由以上分析结果可以得出以下结论:

(1) 采用膨胀节补偿的火炬总管冲击力作用位置少,管道综合应力低,而采用Ⅱ弯补偿的管道每个弯头处均有冲击力,而且管道综合应力较高,因此采用膨胀节补偿的火炬总管其管道及支架的安全稳定性优于采用Ⅱ型补偿器补偿的管道系统。

(2) 大口径火炬管线设计必须考虑介质对管道的冲击力,它改变了整个管道及其支撑系统的应力分布状态,对管道的冲击作用显著,需要在设计初期对冲击力荷载进行正确的计算,为管道的补偿设计、应力分析和管道支撑体系设计提供依据。

5 火炬管线膨胀节补偿的经济性优势分析

5.1 工程案例 1 火炬总管波纹补偿和Ⅱ型弯补偿两种方式经济性对比

工程案例 1 火炬总管两种补偿方案的经济性对比见表 6。

表 6 工程案例 1 两种补偿方案火炬总管投资对比表

序号	名称	规格	单位	膨胀节补偿		Ⅱ型弯补偿	
				数量	总重(kg)	数量	总重(kg)
1	净管道	Φ1930×14	m	1364	9901856	1623.7	2093821.4
2	弯头		个	Φ1930 R1.5D/3	8886	Φ2420 R1.5D/107	716258
4	波纹管膨胀节	DN1900	个	21			
5	对接焊缝数量		m	261	908.28	1093	6011.5
6	支架数量		个	148		212	
7	占地面积		亩	6.65		31.6	
8	打压用水		m^3	4024		7100	
9	管道保温层体积		m^3	688.7		1274.7	
	投资合计(元)			20789774		34636585	

通过表 6 对比分析可知:工程案例 1 采用Ⅱ型弯补偿所需的钢管主材、弯头、焊缝数量和支架数量均远多于膨胀节补偿的管线。采用膨胀节补偿的火炬总管投资是Ⅱ型弯补偿的火炬总管投资的 60%,即采用膨胀节补偿的火炬总管可以节省投资 40%。

5.2 工程案例 2 火炬总管波纹补偿和Ⅱ型弯补偿两种方式经济性对比

工程案例 2 火炬总管两种补偿方案的经济性对比见表 7。

表 7 工程案例 2 两种补偿方案火炬总管投资对比表

序号	名称	规格	单位	膨胀节补偿		Ⅱ型弯补偿	
				数量	总重(kg)	数量	总重(kg)
1	净管道	Φ2032×16	m	768.4	573039	958.4	1235892.4
2	弯头		个	Φ2032 R1.5D/2	7498	Φ2420 R1.5D/54	361476
4	波纹管膨胀节	DN2000	个	13			
5	对接焊缝数量		m	160	560	731	4020.5
6	支架数量		个	97		142	
7	占地面积		亩	4.3		18.7	
8	打压用水		m^3	2614		4177	
9	管道保温层体积		m^3	407.7		752.4	
	投资合计(元)			13421905		19753944	

通过对比分析表 7 可知:工程案例 2 采用Ⅱ形弯补偿所需的钢管主材、弯头和支架数量均远多于膨胀节

补偿的管线。同时采用膨胀节补偿的管道现场焊接施工费用、水压试验用水、管道保温材料、占地面积均少于采用Ⅱ形弯补偿的火炬总管;采用膨胀节补偿的火炬总管投资是Ⅱ型弯补偿的火炬总管投资的68%,即采用膨胀节补偿的火炬总管可以节省投资32%。

6 结论

本文通过介绍火炬管线的特点与补偿用的膨胀节功能要求,结合工程实例对比分析了不同补偿方式对火炬管线的管径大小、安全可靠性与经济性的影响,得出以下结论:

(1) 采用膨胀节补偿的火炬管线相比Ⅱ形补偿器补偿管径小,易于管线布置。

(2) 采用膨胀节补偿的火炬管线冲击力作用位置少,并能有效降低管道应力和管道支架载荷,其管线及支架的安全稳定性优于采用Ⅱ形补偿器补偿的管线系统。

(3) 采用膨胀节补偿相比Ⅱ形补偿可以降低建造成本的30%～40%,经济性优于采用Ⅱ形补偿器补偿的火炬管线,并且具有施工简便、节省空间的特点。

能源化工装置火炬管线膨胀节补偿技术不仅适用于乙烯化工装置外火炬总管的设计,也适合石油化工、煤化工、化学工业等能源化工装置内外火炬管线的设计,也可用于发电装置的蒸汽泄放管线的设计。

参考文献

[1] 中华人民共和国化学工业部.工艺系统工程设计技术规定:HG/T 20570—95[S].

[2] 中华人民共和国工业和信息化部.石油化工可燃性气体排放系统设计规范:SH 3009—2013[S].

作者简介

张爱琴,女,研究员,从事波纹管膨胀节研发工作。通信地址:河南省洛阳市高新技术开发区滨河北路88号。E-mail:zhangaiqin725@126.com。

氦质谱检漏在卡套接头与其连接管密封检测中的应用

李鹏程[1]　谭　悦[2]　李晓旭[1]　时会强[3]　张文博[3]　丛　鹏[3]　张立佳[3]

(1. 国家仪器仪表元器件质量监督检验中心,沈阳 110043;2. 中国核电工程有限公司,北京 100840;
3. 沈阳国仪检测技术有限公司,沈阳 110043)

摘要:卡套接头与其连接管的连接是一种特殊密封结构,针对其匹配密封性,某核电项目在传统气压、水压检验基础上提出了更严格的密封性检漏要求,要求在充正气压的条件下应能对泄漏部位进行定位,同时对泄漏率进行半定量检测。本文结合项目要求分析了卡套接头与其连接管的密封结构特点,总结传统气压、水压检验的检测工艺流程和不足,提出了采用正压氦质谱检漏方法,通过氦质谱仪搭建检漏系统,合理选择正压法吸枪技术对组件进行密封性检测,试验实施效果良好。结果表明:氦质谱检漏相较于气压、水压检验更加灵敏、准确,更能验证密封结构的可靠性符合该项目要求,提出了正压氦质谱检漏方法在卡套接头与其连接管密封的检测中,应该注意检测的背景环境、密封连接重点部位检测时扫查速率和距离的控制等问题。

关键词:卡套接头;氦质谱;检漏;扫查速率

Application of Helium Mass Spectrometry Leak Detection in the Sealing Detection of Fitting Tube and Its Connecting Pipe

Li Pengcheng[1], Tan Yue[2], Li Xiaoxu[1], Shi Huiqiang[2], Zhang Wenbo[2], Cong Peng[2], Zhang Lijia[2]

(1. National Supervising and Testing Center for the Quality of Instruments and Components, Shenyang 110043; 2. China Nuclear Power Engineering Co. Ltd., Beijing 100840;
3. Shenyang Guoyi Testing Technology Co. Ltd., Shenyang 110043)

Abstract: The connection between the fitting tube and its connecting pipe is a special sealing structure. In view of its matching sealing, a nuclear power project has put forward stricter requirements for leak detection on the basis of traditional air pressure and water pressure inspection. Under the condition of positive air pressure, it has been required to be able to locate the leaking parts and carry out semi quantitative detection of the leakage rate. Based on the project requirements, this paper analyses the sealing structure characteristics of the fitting tube and its connecting pipe, summarizes the detection process and shortcomings of the traditional air pressure and water pressure inspection, proposes to use the positive pressure helium mass spectrometer leak detection method and build the leak detection system through the helium mass spectrometer, then reasonably selects the positive pressure suction gun technology to detect the sealing of the components. The results show that the helium mass spectrometer leak detection is more sensitive and accurate than the air pressure and water pressure test, and it can verify the reliability of the sealing structure to meet the requirements of the project. The positive pressure helium mass spectrometer leak detection method has been proposed in the detection of the sealing of the fitting tube and its connecting pipe, which should be paid attention to, such as: the background environment of detection, the scanning speed and distance control and other issues.

Keywords: fitting tube; helium mass spectrometry; leak detection; scanning speed

1 引言

卡套接头与其连接管的匹配密封性能，在相关验收试验等活动中尤其受到关注，密封可靠性差造成的管路泄漏，会严重影响主机系统运行安全并威胁人员的身心健康。传统采用的气压、水压检验可以满足一般的密封性检测要求，对于有较高的泄漏率检测要求的密封性检测，则因其检测灵敏度不够且不确定性较高，而不能满足检测要求。某核电项目在传统气压、水压检验基础上进一步提出了更为严格的密封性检漏要求，要求在充 1.25 MPa 正气压的条件下应能对泄漏部位进行定位的同时对泄漏率进行半定量检测，要求半定量泄漏率应不大于 10^{-7} Pa・m^3/s。这在相关产品国产化性能提升上具有重要意义，同时也逐步成为该类产品用于核电项目的普遍要求。目前卡套接头与其连接管密封性能考核采用的气压、水压检验，通常依据《卡套式管接头技术条件》(GB/T 3765—2008)和《管道系统和配管的机械连接管件(MAF)性能技术规范》(ASTM F1387)，标准中未包含具体泄漏率的密封性要求和检测方法。为满足项目要求，通过分析卡套接头与其连接管的密封结构特点，总结传统气压、水压检验的检测工艺流程和不足，提出了采用正压氦质谱检漏方法，通过氦质谱仪搭建检漏系统，合理选择正压法吸枪技术对组件进行密封性检测。该方案的实施实现了泄漏点的定位和泄漏率的半定量检测，得到了设计院和主机系统用户方的认可。

2 卡套接头与其连接管密封结构

卡套接头密封具有可靠、布置灵活、拆装方便的特点，广泛应用于水、油、气等非腐蚀或腐蚀性介质输送的管路连接中，在航空、船舶、核电、石油、化工等领域应用广泛，在各种工程机械、机床设备等液压传动、气动控制等管路系统中起到不可替代的作用。大量采用卡套接头进行管路的连接安装，极大简化了气压管路、液压管路、仪表管路等管线的安装敷设工作。本项目常用型号为 1/4 英寸(1 英寸 = 0.0254 米)和 3/8 英寸，检测组件中卡套接头为直通卡套接头，组成结构如图 1 所示，由卡套接头本体、螺帽、后卡套和前卡套组成。

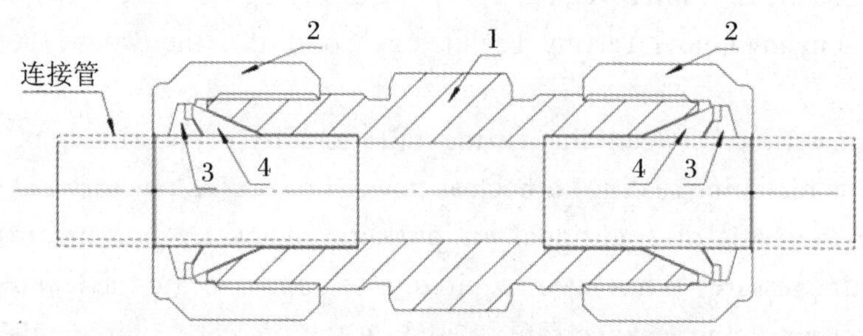

图 1 卡套接头结构图

1. 卡套接头本体；2. 螺帽；3. 后卡套；4. 前卡套

卡套接头与其连接管的密封，是将轴向旋紧运动转化为径向挤压卡套管而实现的。随着旋紧螺帽操作，后卡套受推力沿轴向推进前卡套尾端，前卡套外锥面与接头本体内锥面贴合，前卡套内侧刃部抓紧连接管表面，形成前卡套密封。同样，后卡套沿径向对连接管施加抓紧作用实现后卡套密封。

卡套接头与其连接管密封的泄漏公式为

$$Q \approx \frac{\Delta P h^3 W}{C\mu L} \tag{1}$$

式中，Q 为泄漏率；ΔP 为缝隙两端压差；h 为密封面之间缝隙的高度；W 为密封截面路径的周长；C 为常数，采用英制量纲时为 96；μ 为绝对黏度；L 为泄漏路径的长度。泄漏率 Q 与 h、W 和 L 密切关联，与密封面之间缝隙的高度 h、密封截面路径周长 W 成正比，与泄漏路径 L 长度成反比。组件密封性检测的核心在于前后卡套与连接管之间的密封性能，针对的是卡套接头与相匹配的连接管组成组件的整体性能。[1]

3　卡套接头与其连接管传统检漏方法

针对卡套接头与其连接管的密封性考核，通常采用气压检验和水压检验，依据《卡套式管接头技术条件》和《管道系统和配管的机械连接管件(MAF)性能技术规范》。目前的检验方法和流程均比较成熟，但对于有较高泄漏率检测要求的密封性检测，则因其检测灵敏度不够且不确定性较高，而不能满足检测要求。

3.1　气压检验试验

气压检验试验通过将试件浸入水槽并施加气压来对泄漏状态进行观察，基于安全考量，一般分两个阶段施加气压，若有泄漏，则漏点处会持续释放气泡。气压检验试验参数见表 1，检测流程如图 2 所示。气压检验试验针对漏孔较大的泄漏试验效果明显，但针对非常微小的泄漏，气泡形成时间较长，在规定时间内可能无法形成持续气泡，无法进行判定。另外，试件浸入水槽后本身附着的气泡、吸附的气体缓慢释放形成的气泡也都可能对观察造成影响。根据卡套接头与其连接管的密封结构特点，前、后卡套分别抓紧连接管形成密封面，而螺帽与连接管根部作为非密封面存在一定缝隙，在试验验证中该处缝隙会存在空气残留，同样会影响观察效果。

表 1　气压检验试验参数表

序号	参数名称	参数指标
1	加压介质	干燥压缩氮气(或空气)
2	初始压力值	0.69 MPa
3	最终压力值	3.45 MPa
4	气压检验试验要求	初始加压至 0.69 MPa，保压 5 min，计时最初 1 min 试件表面允许有气泡脱落，计时余下 4 min 不得有泄漏现象。若无泄漏，继续缓慢增压至 3.45 MPa，保压 5 min，应无泄漏

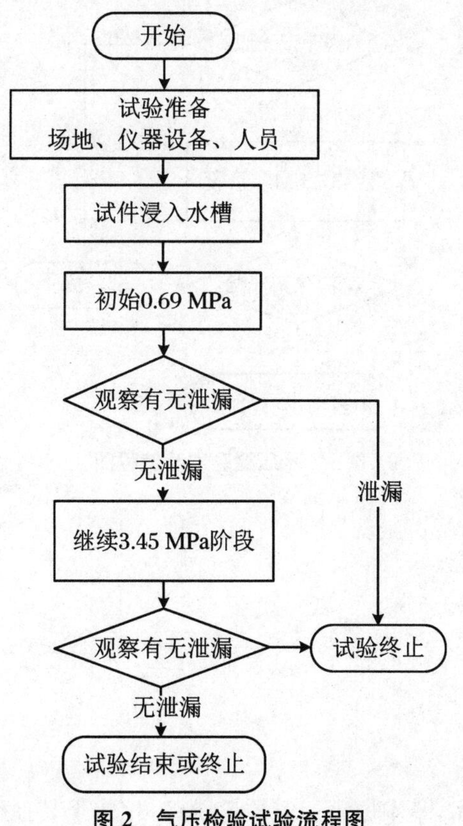

图 2　气压检验试验流程图

3.2 水压检验试验

水压检验试验是通过对试件施加内部静水压来观察试件泄漏状态,既考查试件的强度(承压能力),又考查密封性,同气压检验试验一样分为两个阶段施加水压。针对卡套接头与其连接管的水压检验试验参数见表2,检验试验流程如图3所示。同气压检验试验相似,特殊的密封结构中螺帽与连接管根部作为非密封面存在一定缝隙,微泄漏出的水可能积聚隐藏在该部位,试件外部观察不到,从而影响观察效果。

表2 水压检验试验参数表

序号	参数名称	参数指标
1	加压介质	水
2	初始压力值	0.69 MPa
3	最终压力值	37.5 MPa(设计压力的1.5倍)
4	水压检验试验要求	初始加压至0.69 MPa,保压5 min,目视检查应无泄漏;若无泄漏,继续缓慢升压至设计压力的150%(25 MPa×1.5=37.5 MPa),保压5 min,应无泄漏

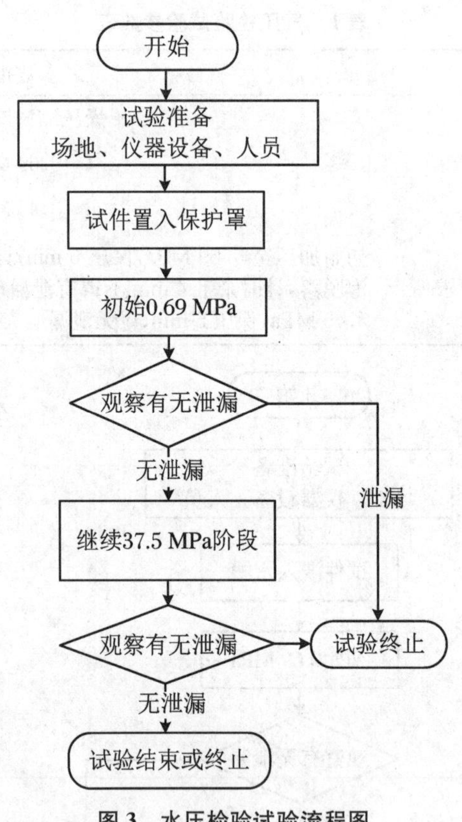

图3 水压检验试验流程图

4 氦质谱检漏及实施经验

4.1 氦质谱检漏及设备原理

4.1.1 氦质谱检漏

氦气检漏是一种无损检测技术,基本原理为氦质谱示踪,相较于其他检漏技术具有灵敏度高、检测速度快、定位准确的优点。检测灵敏度可达 10^{-12} Pa·m^3/s，响应时间短于 3 s。选择氦气作为示踪气体，首先其在空气中的构成占比只有 5 ppm，大气背景环境中氦气的含量非常低，且氦分子小，具有较低的相对质量，比其相对质量更低的只有氢气。其次，氦气分子具有较强的渗透扩散“流动”能力，又是完全的惰性气体。氦气兼具无毒、不可燃且较易于获得、成本相对较低、应用安全可靠的特点。总之，氦气轻、分子小、检出快且完全无伤害。因此氦质谱检漏技术非常适合于卡套接头与其连接管的泄漏检测，可以满足对泄漏部位进行定位，同时对半定量泄漏率不大于 10^{-7} Pa·m^3/s 的泄漏率进行检测的要求，比气压、水压检验更灵敏，要求更严格、准确。

4.1.2 氦质谱仪原理

氦质谱仪原理如图 4 所示。由灯丝发射出的电子将电离室内气体电离为正离子，正电离子经过加速电场加速进入磁场，受洛伦兹力作用产生偏转，形成圆弧形偏转轨道。偏转半径公式为

$$R = \frac{144}{B} \times 10^{-4} \sqrt{\frac{M}{Z}U} \tag{2}$$

式中，R 为离子偏转轨道半径(cm)；B 为磁场强度(T)；M/Z 为离子的质量电荷比(正整数)；U 为离子电场加速电压(V)。因此，调校加速电压 U 使氦离子能够通过缝隙，其他离子由于荷质比不同而不被接收。[2]

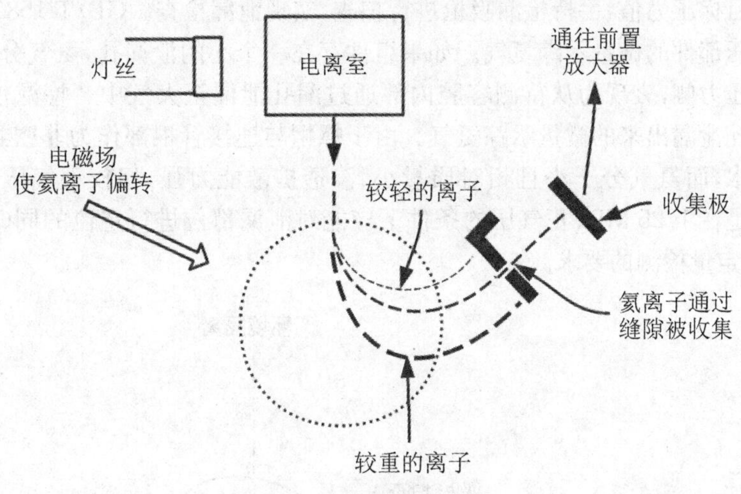

图 4 氦质谱仪原理图

4.2 检漏方法

4.2.1 喷氦法

喷氦法连接示意图如图 5 所示，为真空氦质谱法，试件内部抽真空，外部只承受正常的大气环境压力(约 0.1 MPa 的绝对压力)。《无损检测 氦泄漏检测方法》(GB/T 15823—2009)中附录 B 的示踪探头技术规范了使用氦质谱仪检测抽空部件中的微量示踪氦气的技术。该方法可检测泄漏位置，属半定量检测，但对卡套接头与其连接管，不能满足 1.25 MPa 正气压的条件下应能对泄漏部位进行定位的同时对泄漏率进行半定量检测的要求。[3]

4.2.2 扣罩法

扣罩法连接示意图如图 6 所示。GB/T 15823—2009 附录 C 规范了使用氦质谱仪检测抽空部件内的微量氦气的护罩技术。扣罩法适用于定量测量，无法对泄漏部位进行定位，所以无法满足项目中对于泄漏部位的定位要求。

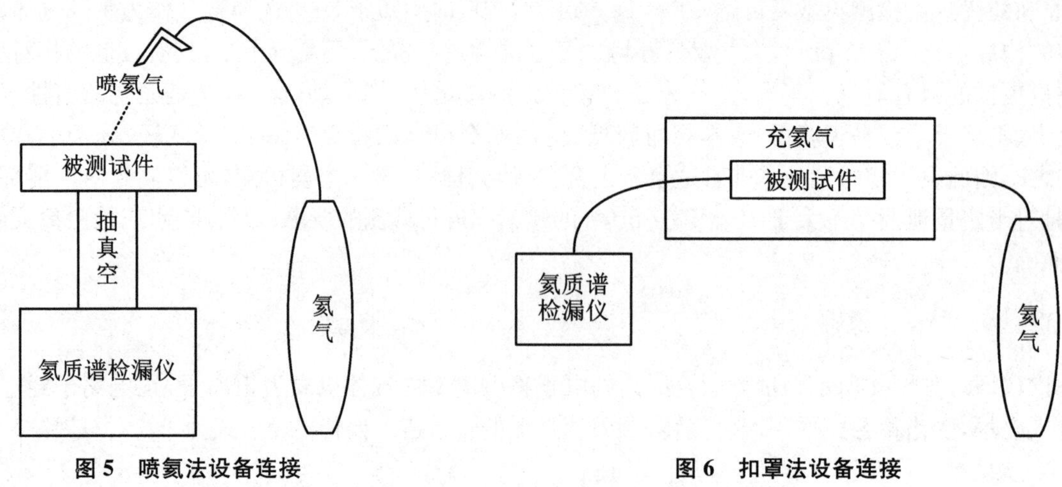

图 5　喷氦法设备连接　　**图 6　扣罩法设备连接**

4.2.3　正压法

该项目要求对组件充正压氦气,以上喷氦法和扣罩法均属于负压检测,正压法连接示意图如图 7 所示。被测试件施加氦气至目标压力值,手持检漏吸枪进行扫查,实现泄漏检查。GB/T 15823—2009 附录 A 规范了用氦质谱仪检测加压部件的微量示踪氦气。如果组件存在一个小的泄漏孔,氦气分子将通过该泄漏孔从较高压力侧流向较低压力侧,表现为从待测容腔内部通过漏孔泄漏至大气中。检漏仪具有较高的灵敏度,能够探测出通过泄漏孔泄漏出来的微量示踪氦气。由于螺帽与连接管根部作为非密封面存在一定间隙,该间隙容易残留气体或水,而氦气分子小且相对质量小、渗透扩散能力强,相较于气压、水压检验,灵敏度更高,效果更好,可以满足在 1.25 MPa 正气压的条件下应能对泄漏部位进行定位的同时对不大于 10^{-7} Pa·m^3/s 的泄漏率进行半定量检测的要求。

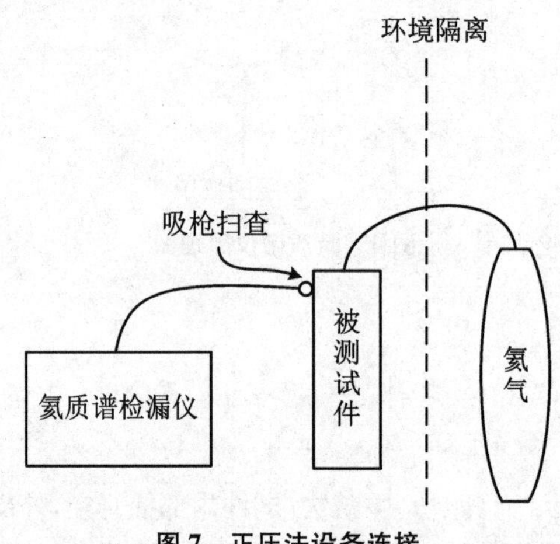

图 7　正压法设备连接

4.3　试验实施经验

4.3.1　项目要求

组件充正压氦气至 1.25 MPa,半定量检测漏率应不大于 10^{-7} Pa·m^3/s,对泄漏部位应能进行定位。项目选择正压法基于如下考虑,针对批量测试情况特点,组件在氦质谱检漏前应经过气压检验与水压检验并通过试验,有的组件在进行其他性能测试中由于施加水压而存在水分残留,若采用负压抽真空方法则对干湿要求较高,受限于小通径细长容器特殊结构,实施干燥处理效果不明显,水分残留较多导致抽真空时间过长,同时负压法的试验压力显然不能满足 1.25 MPa 的正压要求,故选择正压法。

试验前应确认相关资源状态,包括试验设备清单,检定或校准证书,设备运行状态;计量器具清单,检定或校准证书，计量器具的外观状态；工装夹具清单，工装夹具的外观状态等。待检样品在进行氦质谱检漏前需进行初始检查，包括卡套接头的标志、外观、螺帽螺纹、本体螺纹。检测样品的制作应符合相关产品要求以及检验细则要求。在氦检漏之前试件应通过了气密检验试验和水压检验试验。

4.3.2 卡套接头与其连接管的组装

应按照安装手册的要求对卡套接头与其连接管进行组装，手拧紧螺帽后按要求画线标志，利用开口扳手固定接头本体外六方，螺帽相对接头本体旋紧 5/4 圈，记录安装力矩值。在进行氦质谱检漏试验前，为了避免试件存在较大的泄漏，需先对试件进行气压检验试验和水压检验试验。其中，卡套接头靠近加压入口端为 a 侧，另一端为 b 侧。

4.3.3 背景环境保障

采用正压法进行氦检漏尤其要注意背景环境的保持，避免示踪气体污染。在实验室环境中选择适合的位置进行试件的检测，应避免通风扰动检测环境(或者处于不会因为通风而使检测所要求的灵敏度降低的场所)，如果需要的话，可以提前对实验室进行通风以降低实验室环境中近期残留的氦气浓度。批量试件在替换检测时，上一批被测试件在氦气检漏后需进行泄压外放或将氦气回收，泄压外放应避免造成背景环境污染，需将泄压管路铺设连接至隔离环境区进行释放，试件与加压端口的连接也应在隔离通风处进行安装再放至试验区域。

4.3.4 扫查速率控制

氦质谱检漏仪首先进行通电预热，预热时间按设备要求执行。将检漏仪吸枪与仪器连接后，对试件缓慢充氦气至 1.25 MPa，保压 30 min。检测人员手持吸枪，控制吸枪嘴在被检试件表面缓慢通过，扫查时吸枪嘴与被检表面的距离应保持在 3 mm 以内。从试件加压端开始进行检测，沿管路轴向环绕旋转摆动缓慢扫查，若报警蜂鸣，则缓慢退回查找报警部位。在加压端、卡套接头螺帽与连接管根部、螺帽与接头本体连接处均做适时悬停以进行重点检查。过程中保持身体、手臂的稳定移动，避免人为吹散可能的泄漏氦气聚积。

4.3.5 检漏结果

本次试验为 1/4 英寸、3/8 英寸 2 种型号的卡套接头与其连接管，每种型号各分 4 个批次，每批次 24 个组件，共计 192 件，均通过了气压、水压检验。而后进行的氦质谱检漏试验中，1/4 英寸型号中有 1 件、3/8 英寸型号中有 2 件不符合要求，总体不符合率为 1.57%。检漏结果见表 3。

表 3 不符合组件检漏结果

型号	批次号	试件编号	不符合部位	泄漏率($Pa \cdot m^3 \cdot s^{-1}$)	结论
1/4 英寸	2	18#	b 侧螺帽与连接管根部	1.2×10^{-6}	不符合
3/8 英寸	2	12#	b 侧螺帽与连接管根部	3.3×10^{-5}	不符合
3/8 英寸	3	6#	a 侧螺帽与连接管根部	4.1×10^{-6}	不符合

5 结论

依托项目要求并针对卡套接头与其连接管密封结构特点，合理设计氦质谱正压法检漏应用方案，方案的实施实现了对泄漏部位进行定位和泄漏率半定量检测，试验结果总体符合率为 98.43%。该方案在气压、水压检验的基础上，解决了更严格的泄漏率的检测问题，能够克服螺帽与连接管根部的非密封面间隙空间泄漏介质“隐藏”的缺点，对进一步深入开展相关产品密封性检测量化考核及国产化性能的提升具有重要推进作用。

参考文献

[1] 潘亮.车载高压供氢系统卡套接头性能优化研究[D].长春:吉林大学,2018.

[2] 刘刚强,马峥,徐纪高.氦质谱检漏在铝制板翅式换热器生产中的应用[J].真空,2017,54(1):26-28.

[3] 国家质量监督检验检疫总局.无损检测 氦泄漏检测方法:GB/T 15823—2009[S].北京:中国标准出版社,2009.

作者简介

李鹏程(1987—),工程师,主要从事检测技术研发工作。E-mail:174972970@qq.com。

注胶带压堵漏技术在波纹管上的应用

宋志强　陈四平　齐金祥　陈文学　张振花

（秦皇岛市泰德管业科技有限公司，秦皇岛 066004）

摘要：注胶带压堵漏技术主要应用于管道和法兰的堵漏，效果显著。由于波纹管特殊的几何外形，该技术应用于波纹管堵漏时，效果往往更多地取决于注胶堵漏夹具的设计和制作是否合理。本文主要介绍波纹管局部泄漏时，注胶堵漏夹具的设计和制作方法。

关键词：波纹管；注胶带压堵漏夹具

Application of Glue Injection Pressure Plugging Technology in Bellows

Song Zhiqiang, Chen Siping, Qi Jinxiang, Chen Wenxue, Zhang Zhenhua

(Qinhuangdao Taidy Flex-Tech Co. Ltd., Qinhuangdao 066004)

Abstract: The glue injection pressure plugging technology is mainly applied to the plugging of pipelines and flanges with remarkable effect. Because of the special geometry of the bellows, the effect of the technology when it is applied to the plugging of the bellows often depends more on whether the design and manufacture of the rubber injection plugging fixture are reasonable. This paper mainly introduces the design and production method of adhesive injection clamp for sealing up the local leakage of bellows.

Keywords: bellows; glue injection pressure plugging fixture

1　引言

膨胀节作为管道的柔性单元在管系的运行中扮演着重要的角色。在长期的运行中，由于设计、选材、制作、安装及使用等各种原因，膨胀节的波纹管不可避免地会出现泄漏现象。很多时候由于系统的原因，无法立即停车对膨胀节进行更换。此时，常规的处理方法是采用波纹管外部整体包覆处理。这种处理方法会使波纹管彻底失去作用，对管系影响较大，而且必须进行现场动火作业。若波纹管直径较大，包覆的工作量也将会非常巨大。[1-4]

注胶堵漏技术常用于管道和法兰的堵漏工作，效果显著。该技术在波纹管堵漏上也有应用，但是由于波纹管特殊的几何外形，其效果往往取决于注胶堵漏夹具的设计及制作是否合理。

2　注胶堵漏夹具的设计

目前很多在波纹管上的注胶带压堵漏没有成功，甚至同一部位多次重复实施堵漏，但是结果仍不能满足生产需求。经过现场的多次尝试及总结，发现堵漏不成功的主要原因是堵漏夹具结构设计不够合理。堵漏夹具是加装于泄漏部位外部需要重新形成密封腔体的结构件，是注胶打压堵漏技术中不可或缺的一部分。为了在阻止波纹管泄漏的基础上，尽量保留波纹管的补偿能力，该堵漏夹具必须采用区别于管道和法兰堵漏的特殊结构才可以。

2.1 材质选择

注胶堵漏夹具的材质是保证其结构及密封性能稳定的重要因素。设计时,应该根据泄漏介质、泄漏温度、压力以及外部环境等多种因素进行考虑。

2.2 结构设计

由于波纹管作为管道的柔性元件,在工作时需要通过自身的形变来吸收管系热胀冷缩产生的位移。因此,在波纹管发生泄漏时其外形基本都是不规则的形状,这给堵漏夹具的设计和制作也带来了难点。另外,根据波纹管泄漏部位的不同,堵漏夹具的设计也存在着差异。

2.2.1 波纹管中间波纹泄漏的夹具结构设计

当波纹管中间波纹发生泄漏时,堵漏夹具设计结构如图1所示。堵漏夹具在波纹管泄漏部位的外部重新形成了一个密封的腔体。

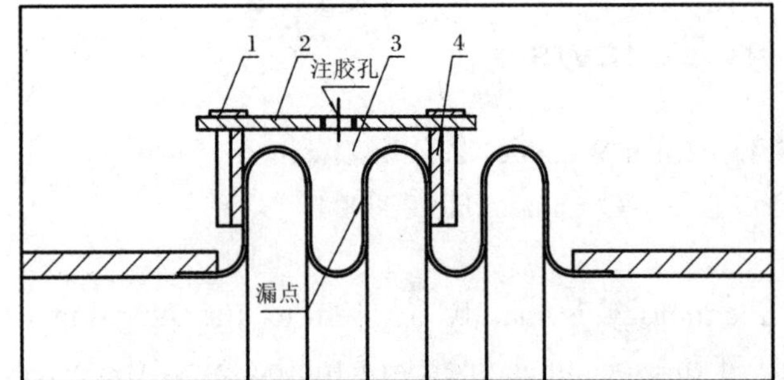

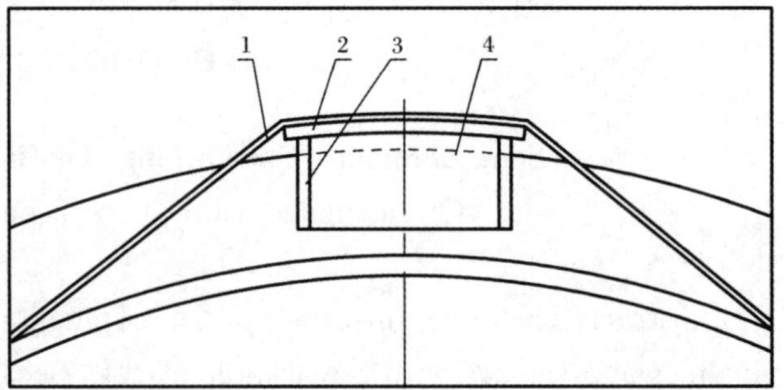

图1 波纹管中间波纹泄漏堵漏夹具设计结构

1. 卡箍;2. 弧盖板;3. 侧堵板;4. 定位板

其中,卡箍1可采用常规的板条包带(图2),施工时用专用工具拉紧即可,也可采用其他拉紧固定装置,以固定牢固为准。

为便于卡箍1的固定,弧盖板2整体设计成弧型板,另外在其上需加工螺纹孔用于连接注胶阀体。

侧堵板3须根据波纹管实际外形进行放样制作。为了保证封堵效果,制作完成后侧堵板与波纹管之间的未贴合间隙应严格控制。同时,波纹管波峰到弧盖板2之间应留有足够间隙(>15 mm),以便密封胶可以顺利充满整个密封腔体,制作样式如图3所示。定位板4用于将弧盖板和侧堵板连接成一体,最后和波纹管一起组成密闭腔体。

堵漏夹具制作完成后直接扣到波纹管泄漏部位的外部,然后用卡箍或其他固定装置进行固定牢固后即可进行注胶封堵。封堵完成后关闭注胶阀。注胶阀可以留在夹具上,也可用螺栓对注胶孔进行封堵。

图2 包带卡箍

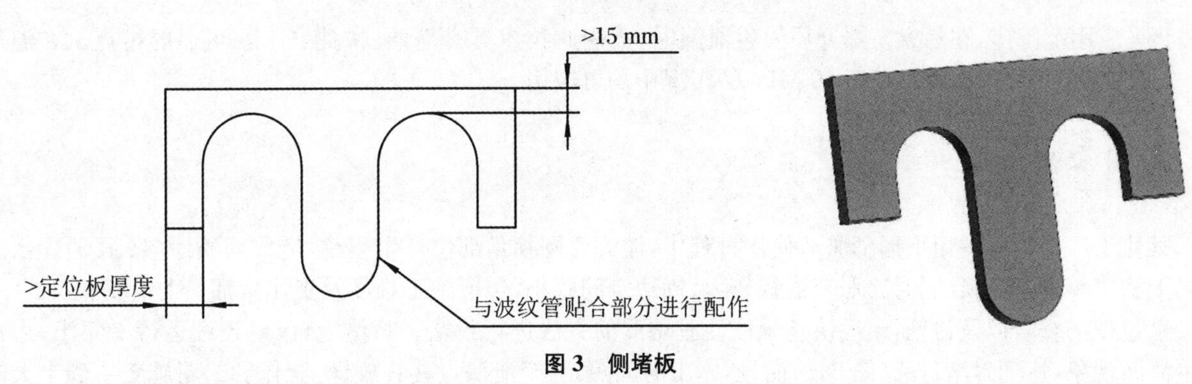

图3 侧堵板

2.2.2 波纹管端部波纹泄漏的夹具结构设计

波纹管端部波纹泄漏时夹具结构如图4所示。

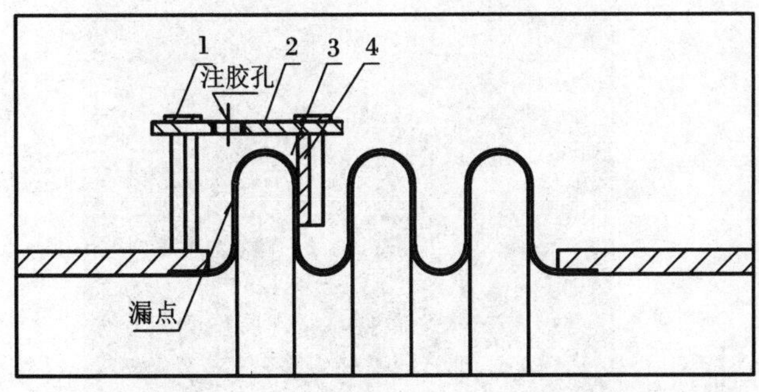

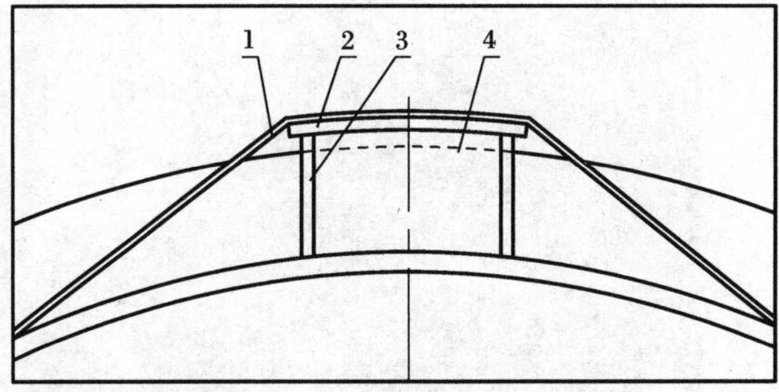

图4 波纹管端部波纹泄漏夹具结构

1. 卡箍;2. 弧盖板;3. 侧堵板;4. 定位板

该夹具与波纹管中间波纹泄漏时夹具的主要区别在于侧堵板的制作。侧堵板制作时须将膨胀节端管的一部分也覆盖在夹具内,同时需注意其外形与波纹管及端管的贴合。

2.2.3 设计及制作注意事项

(1) 堵漏夹具覆盖的波纹管范围必须大于波纹管泄漏部位,最好使泄漏部位位于堵漏夹具的中间位置。

(2) 弧盖板2上的注胶孔应设计为多孔分布,孔间距控制在50～100 mm范围内,以便于密封胶的注入和均匀分布。

(3) 密封胶应根据介质特点选择非固化的密封胶。

(4) 注胶时，应从未泄漏一端的注胶孔开始顺序注胶。第一个注胶孔注胶后，在第二个注胶孔内看到密封胶时再进行第二个注胶孔的注胶。封堵完成后必须关闭注胶阀，并将注胶阀留在夹具上或采用螺栓将注胶孔进行封堵，以便后期在必要时进行二次补胶。

3 注胶带压堵漏的优点

与常规的波纹管泄漏后整体进行包覆相比，注胶带压堵漏具有以下优点：

(1) 安全可靠，堵漏夹具可以预制，在易燃、易爆区域消除泄漏过程中不产生任何火花，最大限度地保证维修的安全。

(2) 实用性强，不需要对泄漏部位做任何处理，堵漏工作量小，操作灵活、简便、快捷，对于通径较大的波纹管尤为明显。

(3) 波纹管堵漏后膨胀节仍可保留部分补偿能力，不会对管道系统造成太大的影响。

(4) 良好的可拆性，不破坏管道和膨胀节的原有结构。新的密封结构易拆除，为后期的设备检修提供了方便。

(5) 应用范围广，在易燃易爆介质发生泄漏时，采用此技术具有简便、快捷、安全、可靠的特点。在温度为 $-195\sim1000$ ℃，压力为真空至 10 MPa 的工况中均可应用。

4 应用实例

某化工厂余热锅炉用矩形膨胀节使用过程中，波纹管圆拐角部位产生裂纹，造成介质泄漏(图 5)。由于现场无法停车进行更换，同时膨胀节通径较大，周边空间狭小，包覆施工难度及工作量都很大，实现困难。

经过现场查看以及讨论，最后决定采取注胶堵漏的方法进行封堵。封堵后，已经连续运行 1 年半，未再发生泄漏现象，达到封堵目的(图 6)。而且，施工时间短，一个泄漏点夹具放样、制作和封堵施工不到半天时间就已完成。

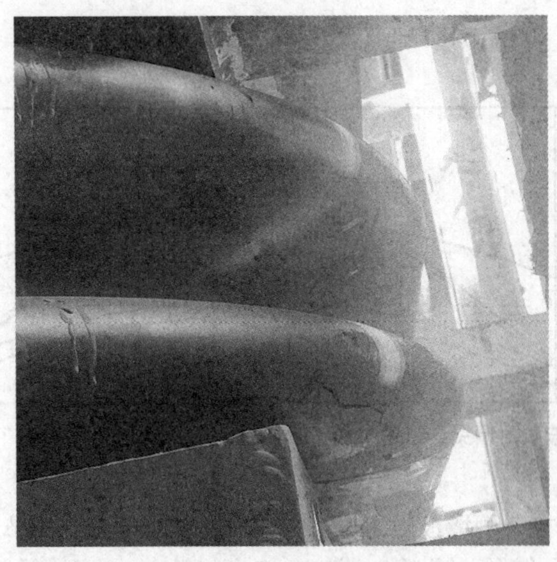

图 5 波纹管开裂泄漏

图 6 泄漏点封堵后效果

5 结论

随着膨胀节防腐技术的不断提高、新型材料的应用以及应用管理技术的完善，膨胀节的使用状况已经有了很大改善，但是波纹管泄漏仍是无法完全避免的。目前，膨胀节已经在诸多领域得到应用，而膨胀节的使用工况又是复杂多样的，这就要求我们的售后维修服务、修复技术也必须更加的丰富多样，以满足使用现场多元化的要求，更好地为现场管道系统的安全、稳定、长周期运行保驾护航。

参考文献

[1] Expansion Joint Manufacturers Association. Standards of the Expansion Joint Manufacturers Association：EJMA—2015[S].

[2] 国家市场监督管理总局，中国国家标准化管理委员会.金属波纹管膨胀节通用技术条件：GB/T 12777—2019[S].北京：中国标准出版社，2019.

[3] 谢仕君，何奎.注胶带压堵漏技术在石化厂中的应用[J].化工技术与开发，2011(11)：61-63.

[4] 中国机械工程学会压力容器分会.第十四届全国膨胀节学术会议论文集[C].合肥：合肥工业大学出版社，2016.

作者简介

宋志强，男，从事波纹管膨胀节设计。通信地址：秦皇岛市经济开发区永定河道5号秦皇岛市泰德管业科技有限公司。E-mail：szqiang003@163.com。

蒸汽抽汽系统膨胀节失效分析及改进

孟　延

（航天晨光股份有限公司，南京 211100）

摘要：蒸汽抽汽系统用膨胀节具有压力大、温度高、介质流速大、载荷大等特点。在蒸汽主抽汽管道上使用的金属波纹管膨胀节多采用铰链型、大拉杆型的膨胀节，在系统投入运行过程中发现膨胀节波纹管破裂失效，本文分别从管线系统的角度和产品设计计算角度分析了产品破坏失效的原因，应用 CAESAR Ⅱ分析软件进行了计算，并针对失效原因提出了设计改进，成功地解决了波纹管破坏的问题，并针对类似管道系统及波纹管膨胀节的设计提出一些建议。

关键词：膨胀节；波纹管；蒸汽管线；抽汽管道；失效；应力分析；铰链

Failure Analysis and Promotion of Expansion Joint Utilized in Steam Extraction System

Meng Yan

（Aerosun Corporation，Nanjing 211100）

Abstract：Expansion joints utilized in steam extraction systems have the characteristics of high pressure，high temperature，large medium velocity and large load. The metal bellows expansion joints used on the main steam extraction pipeline mostly use hinge type and tie rod lateral type expansion joints. During the system operation，it was found that the expansion joint bellows broke and failed. This article analyses the cause of product broke and failure from the perspective of the pipeline system and products design sight. The calculation is performed using CAESAR Ⅱ software，and design improvements are proposed for the cause of failure. The problems of bellows failure are successfully solved，and suggestions of similar pipeline systems and bellows expansion joints are provided.

Keywords：expansion joint；bellows；steam pipeline；steam extraction pipeline；failure；stress analysis；hinge

1　引言

抽气供热项目的蒸汽抽汽系统，具有口径大、高温、高压、载荷大的特点。某项目用膨胀节安装在汽机房和主厂房外，所抽出蒸汽作为热源到换热站，然后向外供热，蒸汽管道参数见表1。失效膨胀节所在管道为典型的空间"Z"型走向，有固定支架将管线分割。管线补偿采用三铰链布置方式，水平放置一个万向角膨胀节，竖直管段放置两个万向角膨胀节，两膨胀节中间接管安装有一组弹簧支架，由膨胀节吸收此空间管线3个方向的热膨胀位移，如图1所示。蒸汽走向沿"$-Y$"向经阀门，水平位置膨胀节1，弯头后沿"$-X$"方向竖直向上，膨胀节2，中间管段(带有弹簧支架)，膨胀节3，弯头后水平走到固定支架。失效膨胀节为阀门后水平段膨胀节1。三段的长度分别为：水平段1长17.3 m，竖直段长12.5 m，高处水平段2长77.5 m。而且近膨胀节1处的阀门在膨胀节失效前，多次出现法兰密封不良、泄漏的情况。

表1　管线参数表

管道通径	工作压力（MPa）	工作温度（℃）	设计压力（MPa）	设计温度（℃）	管道外径（mm）	流速（m/s）	管道壁厚（mm）	管道材质
DN1400	0.53	268.8	0.6	282	1420	43	18	Q235-B

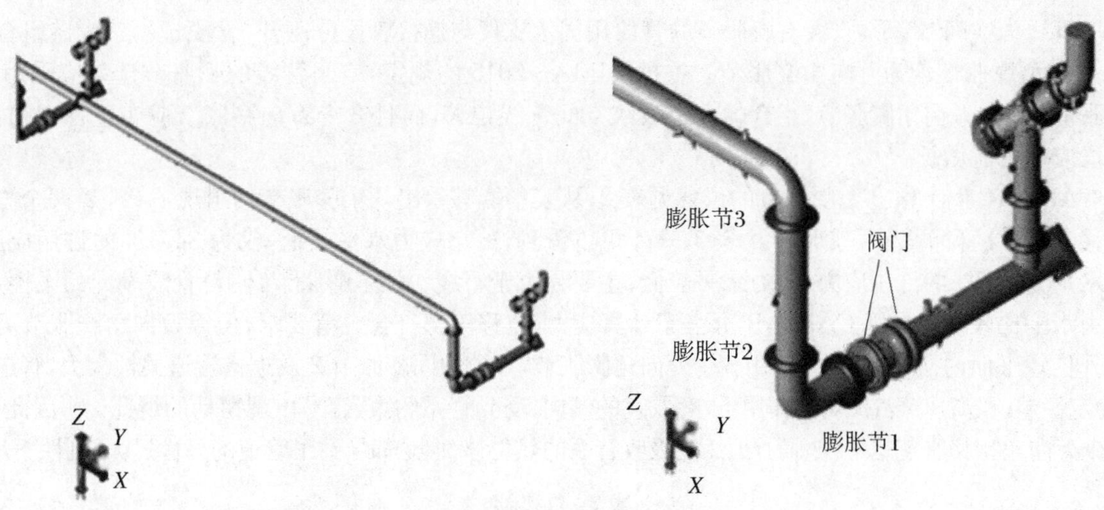

图1　管线布置图

膨胀节失效破坏形式表现为波纹管破裂，导流筒破坏，并且波纹管、导流筒均有大小不等碎片脱落，如图2～图5所示。而且膨胀节出现过两次相同的破坏形式，第一次是2018年10月，出现破损情况后，及时让厂家更换了损坏的膨胀节；第二次是2019年2月，相同位置的膨胀节又出现了类似的破坏情况。

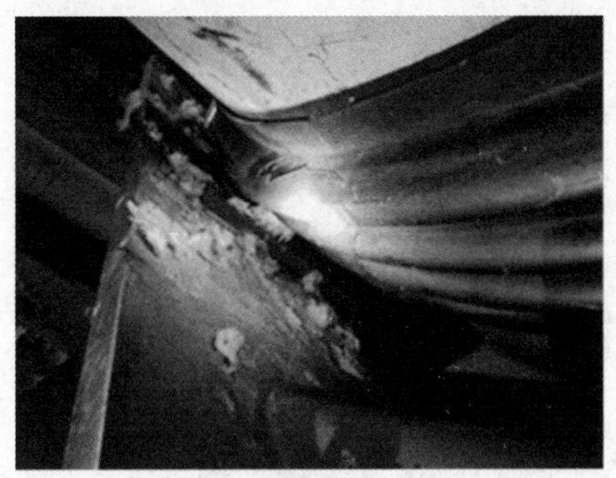

图2　波纹管出现破损

图3　波纹管破损

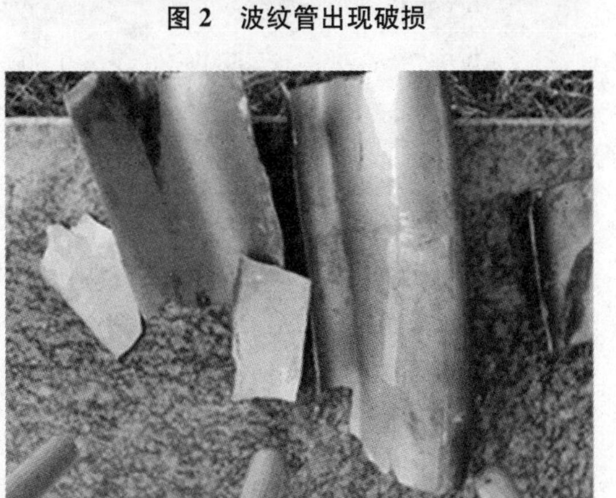

图4　波纹管碎片

图5　导流筒破坏情况

2 原因分析

2.1 从管线系统的角度

该段管线为空间“Z”形,安装有膨胀节的管段用固定支架与连接管段分割开,管段选用三铰链组合的方式,3 个铰链型膨胀节均为万向角膨胀节。根据 EJMA—2015 的规定,空间管线的膨胀节选型应采用“1 个角向膨胀节+2 个万向角膨胀节”组合的方式吸收空间管线位移,而且 2 个万向膨胀节应布置在中间管段,中间管段应尽可能做长。[1]

经 CAESAR Ⅱ计算,3 个膨胀节的位移见表 2,从表中能够看出 3 个膨胀节均出现了 X,Y 两个方向的旋转位移,即波纹管都发生了变形。从表 3、表 4 可以看到,冷态应力水平较低,仅为 24.1%的许用应力;热态应力水平为 2.0%的许用应力,应力水平较低,主要是由于管线增加了膨胀节,使得管线设计的柔性足够,导致应力水平比较低。尽管 CAESAR Ⅱ静态计算应力、位移等都符合规范要求,但因万向角膨胀节可以在除轴向外任意平面内摆动,在此处使用 3 个万向角膨胀节,导致中间膨胀节 2 及连接管道柔性太大,管道刚性不足,稳定性差,在高速蒸汽流场的作用下,有取直的倾向,受到管系约束,容易出现摆动的情况。[2-3] 因此,此处应用 3 个万向角型膨胀节是不合适的,虽然能吸收管系的热位移,但是却导致了管道的柔性过大,刚性不足。

表 2 位移表

节点	D_X(mm)	D_Y(mm)	D_Z(mm)	R_X(deg)	R_Y(deg)	R_Z(deg)
98	266.570	-0.031	-0.019	-0.0033	-0.0002	-0.0003
99	270.180	-0.057	-1.462	-0.0033	-0.0037	0.0001
100	271.733	-0.118	-5.020	-0.0036	-0.0031	0.0000
110	271.733	-0.119	-5.071	-0.0036	-0.0031	0.0000
120	271.743	-0.130	-5.694	-0.0036	-0.0031	0.0000
130	271.745	-0.133	-5.694	-0.0036	-0.0031	0.0000
140	269.970	-0.884	-5.694	-0.9680	2.2880	0.0000
150	262.870	-3.887	-6.317	-0.9680	2.2880	0.0000
160	271.745	-0.133	-5.694	-0.9680	2.2880	0.0000
170	228.706	-18.340	-9.310	-0.9680	2.2881	0.0001
180	128.868	-60.577	-18.055	-0.9680	2.2881	0.0002
190	9.064	-111.258	-28.572	-0.9679	2.2880	0.0003
200	1.963	-114.262	-29.194	-0.9679	2.2880	0.0003
210	0.188	-115.013	-29.195	-0.9679	2.2880	0.0003
220	0.185	-114.306	-29.195	0.9105	0.0040	0.0003
230	0.173	-111.481	-29.817	0.9105	0.0040	0.0003
240	0.188	-115.013	-29.195	0.9105	0.0040	0.0003
250	0.114	-97.886	-32.814	0.9105	0.0039	0.0004
260	-0.008	-55.178	-17.962	0.9170	0.0017	-0.0005
270	-0.001	-52.026	-3.556	0.9170	0.0016	-0.0005
255 (280)	0.001	-51.404	-0.711	0.9170	0.0016	-0.0005
290	0.001	-51.403	0.001	0.9170	0.0016	-0.0005
300	0.001	-51.403	0.001	-0.0005	0.0016	0.0000

续表

节点	D_X(mm)	D_Y(mm)	D_Z(mm)	R_X(deg)	R_Y(deg)	R_Z(deg)
310	0.001	-50.781	-0.001	-0.0005	0.0016	0.0000
320	0.001	-51.403	0.001	-0.0005	0.0016	0.0000
330	0.000	-47.785	-0.000	-0.0008	0.0014	0.0000

注:斜体为波纹管节点。

表 3 冷态应力综合表

Piping Code:B31.1 = B31.1 -2007, June 9, 2008
CODE STRESS CHECK PASSED :LOADCASE 4 (SUS) W+P1+H
Highest Stresses:(KPa) LOADCASE 4 (SUS) W+P1+H
Code Stress Ratio (%): 24.1 @Node 20
Code Stress: 21746.5 Allowable: 90259.2
Axial Stress: 9997.0 @Node 180
Bending Stress: 12638.3 @Node 20
Torsion Stress: 0.6 @Node 30
Hoop Stress: 18453.3 @Node 20
3D Max Intensity: 21906.1 @Node 20

表 4 热态应力综合表

Piping Code:B31.1 = B31.1 -2007, June 9, 2008
CODE STRESS CHECK PASSED :LOADCASE 5 (EXP) L5=L3-L4
Highest Stresses:(KPa) LOADCASE 5 (EXP) L5=L3-L4
Code Stress Ratio (%): 2.0 @Node 98
Code Stress: 4767.0 Allowable: 233783.8
Axial Stress: 454.1 @Node 30
Bending Stress: 4742.5 @Node 98
Torsion Stress: 118.3 @Node 260
Hoop Stress: 0.0 @Node 20
3D Max Intensity: 4755.2 @Node 98

蒸汽在弯头处流向突然改变,根据经验此处容易出现湍流,湍流与膨胀节处不规则的管道内壁相互作用,会产生非常复杂的影响。

2.2 从产品本体分析

该处使用的膨胀节为典型的万向角型,结构简图如图 6 所示,采用方形万向环,利用销轴、铰链、立板等将波纹管两侧接管相邻,通过管线试验和使用,结构件没有出现异常变形或失效情况,经用 GB/T 12777—2019 附录 C16、C17 公式校核,应力水平都在许用应力内。[4] 其他结构件应力水平也满足 GB/T 12777—2019 的规定,这里不再一一描述。

正应力:

$$\sigma = \frac{0.75F(L+\sigma_j)b}{\sigma_j(b^3-8r^3)} = 131.85(\text{MPa}) < 138.04$$

剪应力:

$$\tau = \frac{0.75F}{\sigma_j(b-2r_x)} = 22.00 < 82.82(\text{MPa})(=0.6\times 138.04)$$

(1) 波纹管出现了破损情况,对波纹管进行校核。

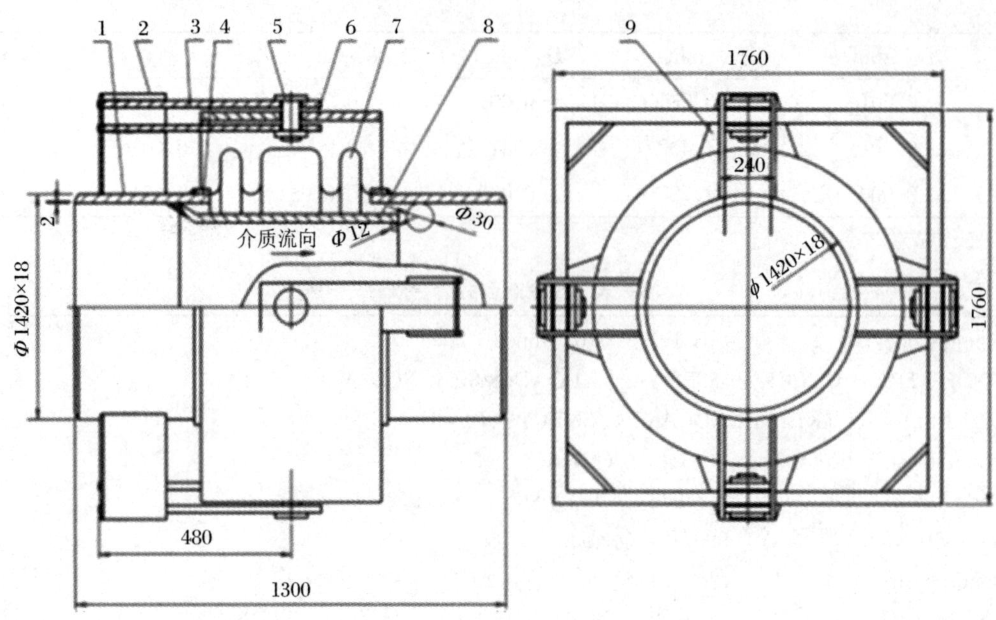

图 6　波纹管结构图

该处波纹管材料选用 316L，根据现场对波纹管残片的光谱仪测试结果，各项合金元素的参数指标都在标准规定的范围内，因此可以排除波纹管的材料原因。波纹管的输入参数见表 5，根据这些参数，输入 GB/T 12777—2019 相关公式计算，结果详见表 6，从表中可以看出 $\sigma_1 \sim \sigma_4$ 应力水平都满足规范要求，设计疲劳寿命为 343 次(10 倍安全系数)＜ 500 次的标准要求，故不满足规范要求，为不合格。实际使用中因系统设计的缺陷，柔性过大，加上弯头处蒸汽紊流的作用，导致膨胀节 1 的波纹管在实际工作中会出现不停摆动的情况，疲劳寿命要求很高，上述计算结果不满足工程应用的需要，因此在不到 4 个月的时间内，同一位置的膨胀节就出现了两次破坏。

(2) 针对膨胀节导流筒也出现了破损对其进行分析。根据提供的资料，导流筒采用壁厚为 2 mm 的 Q235B 材料，长度为 320 mm，采用外扩管与接管内侧焊接连接，产品安装的流向与蒸汽的流向一致。

根据失效膨胀节所在位置，其上游 10 倍管径(14 m)范围(12.6 m)内存在 4 个三通、2 个阀门，而且靠近阀门，根据 GB/T 12777—2019 附录 A.5.2 的规定必须设置导流筒，导流筒的计算方法按附录 A.159 公式计算如下：

$$\sigma_1 = C_1 \cdot C_V \cdot C_t \cdot \delta_{\min} = 1 \times 2.39 \times 5.21 \times 2\ \mathrm{mm} = 5.21\ \mathrm{mm} > 2\ \mathrm{mm}$$

在不考虑任何余量的情况下，此处的导流筒最小厚度应大于 5.21 mm，超过所用壁厚 2 mm，所以此处的导流筒设计是不合格的。

表 5　波纹管参数表

<table>
<tr><th colspan="11">技术参数</th></tr>
<tr><td>设计压力</td><td colspan="10">0.48 MPa</td></tr>
<tr><td>设计温度</td><td colspan="10">282 ℃</td></tr>
<tr><td rowspan="2">波纹管</td><td colspan="2">t</td><td colspan="2">n</td><td colspan="2">q</td><td colspan="2">w</td><td colspan="2">N</td></tr>
<tr><td colspan="2">1.2</td><td colspan="2">2</td><td colspan="2">70</td><td colspan="2">60</td><td colspan="2">4</td></tr>
<tr><td rowspan="2">补偿量</td><td colspan="3">X</td><td colspan="3">Y</td><td colspan="4">θ</td></tr>
<tr><td colspan="3">mm</td><td colspan="3">mm</td><td colspan="4">5°</td></tr>
<tr><td>刚度</td><td colspan="3">N/mm</td><td colspan="3">N/mm</td><td colspan="4">5632 N/mm</td></tr>
<tr><td>计算寿命</td><td colspan="10">1000</td></tr>
</table>

表 6　波纹管计算结果表

压力引起的应力	波纹管直边段周向薄膜应力	MPa	σ_1	31.5
	波纹管周向薄膜应力	MPa	σ_2	83.53
	波纹管子午向薄膜应力	MPa	σ_3	6.13
	波纹管子午向弯曲应力	MPa	σ_4	184.18
单波总当量轴向位移		mm	e	26.21
位移引起的应力	波纹管子午向弯曲应力	MPa	σ_5	10.33
	波纹管子午向薄膜应力	MPa	σ_6	1398.59
总应力		MPa	σ_t	1542.14
波纹管预计平均疲劳寿命		周次	N_c	3433
波纹管设计疲劳寿命		周次	N_c	343

在高速蒸汽的冲击下，此导流筒因刚度不足而扭曲变形，很快进入疲劳变形，进而变成不规则的撕裂状破坏形状，出现不规则形状的碎片，如图 5 所示。扭曲变形的导流筒在撕裂后，在气流冲击下会击打波纹管内层，加上破损的导流筒碎片在高速气流带动下冲击波纹管，最先会导致波纹管内层破损，外层承压能力不足，在压力、变形以及导流筒碎片的击打等多项不利的叠加下就会出现波纹管破坏失效，如图 2～图 4 所示。

综上所述，系统设计的柔性过大和导流筒设计的不合格是导致本次事故的直接原因。通过了解，该膨胀节厂家设计能力较差，经验不足，没有意识到介质流速高的管道系统特性。同时，在提供的膨胀节技术设计条件中也没有提供介质流速的参数。两个不利因素相互作用才是本次膨胀节失效的根本原因。

3　改进建议

针对本项目膨胀节失效的原因，可以从管线系统的布置设计和膨胀节产品的设计两方面着手解决问题。

首先，改变不合理的管道系统布置，将水平位置的膨胀节 1 改成单平面变形的角向膨胀节，在满足膨胀位移吸收的前提下，提高管道系统的刚性和稳定性。

其次，在高速流体介质使用中，提高导流筒的壁厚，或者改变膨胀节的结构形式，将膨胀节流阻降低到最小。

经过改进后的管道布置和产品经过系统调试，目前运行正常。

4　结论

综上所述，本文阐述了抽汽系统三铰链膨胀节失效损坏的情况，分别从管道系统和产品本体两个角度分析了膨胀节失效的原因，管道系统设计柔性过大是系统原因，而膨胀节波纹管及导流筒设计不合格是产品自身的原因，也是导致膨胀节失效的直接原因。针对导致产品失效的原因进行了管道系统布置和产品设计的改进，成功地解决了三铰链膨胀节失效的情况。

在空间“Z”型管道系统应用三铰链膨胀节时要避免同时使用 3 个万向角膨胀节，避免管道系统柔性过大，刚性不足，稳定性差。在高速流体的管道系统中使用膨胀节，系统设计方在提设计条件时必须提供介质的特性参数，特别是流速数据。作为膨胀节技术人员，除了要知道技术规格书中明确的技术条件和要求，也要了解膨胀节应用系统隐形的设计条件和特殊条件，避免考虑不周，所设计的产品满足了规范要求，但达不到应用系统特殊要求的情况。

参考文献

[1] Expansion Joint Manufacturers Association. Standards of the Expansion Joint Manufacturers Association:EJMA—2015[S].

[2] 中华人民共和国国家质量监督检验检疫总局,中国国家标准化管理委员会. 压力容器:GB/T 150—2011[S]. 北京:中国标准出版社,2012.

[3] 中华人民共和国国家质量监督检验检疫总局,中国国家标准化管理委员会. 压力管道用金属波纹管膨胀节:GB/T 35990—2018[S]. 北京:中国标准出版社,2018.

[4] 国家市场监督管理总局,中国国家标准化管理委员会. 金属波纹管膨胀节通用技术条件:GB/T 12777—2019[S]. 北京:中国标准出版社,2019.

作者简介

孟延,男,从事补偿器的设计和开发及压力管道设计工作。通信地址:南京市江宁区天元中路 188 号航天晨光股份有限公司。E-mail:ZLmengy@163.com。

转炉煤气冷却器复式膨胀节失效分析和建议

周　强[1]　**马　刚**[2]　**吴秧平**[3]

(1. 南京工业大学波纹管研究中心,南京 210086;2. 台州市特种设备监督检验中心,台州 318000;
3. 江苏晨光波纹管有限公司,泰州 225507)

摘要:本文针对复式膨胀节发生泄漏的情况,从宏观分析、断口形貌、腐蚀产物能谱分析、材质成分、金相组织等方面进行研究分析,得出膨胀节失效的主要原因,为膨胀节实际应用提供借鉴。

关键词:波纹管;失效;应力腐蚀

Failure Analysis and Suggestion of Compound Expansion Joint in Converter Gas Chiller

Zhou Qiang[1], **Ma Gang**[2], **Wu Yangping**[3]

(1. Bellows Research Center of Nanjing Tech University, Nanjing 210086; 2. Taizhou Special Equipment Supervision and Inspection Center, Taizhou 318000; 3. Jiangsu Chenguang Bellows Co. Ltd., Taizhou 225507)

Abstract: According to the leakage of compound expansion joint, this paper conducts research and analysis from macroscopic analysis, fracture morphology, corrosion product energy spectrum analysis, material composition, metallographic structure, etc., and finds the main reasons for the failure of expansion joint, which provides a reference for the practical application of expansion joint in the future.

Keywords: bellows; failure; stress corrosion

1　引言

某钢厂转炉煤气冷却器多个复式膨胀节在使用约半年后发生开裂,开裂处主要集中在波纹管与接管焊接的直边段(图1(a)),另外中间波纹管波谷也出现腐蚀迹象(图1(b))。膨胀节通径为2000 mm,双层结构,单层厚度为1 mm,材质为316L。设计压力为0.1 MPa,设计温度为−10～250 ℃,实际工作温度为90～170 ℃,工作时外部没有保温。为查明失效原因,现对膨胀节进行失效分析。

(a) 直边焊接处泄漏

(b) 第2个波谷位置处泄漏

图1　复式膨胀节直边处和第2个波谷处泄漏位置

2 宏观分析

该复式膨胀节横向位移 120 mm,中间接管长度为 1500 mm,根据 GB/T 12777—2019[1]计算得到许用疲劳寿命为 2200 次。该波纹管外观无明显不规则变形现象,裂纹也非典型断裂裂纹,且投入使用不到半年,可排除是疲劳或强度引起的原因。从外观现象初步判定为腐蚀引起的泄漏失效。

对膨胀节发生问题的波谷位置和波纹管与接管焊接位置进行取样。如图 2(a)所示,内表面发生明显腐蚀,覆盖较厚腐蚀产物,腐蚀主要发生在内表面的波谷处。图 2(b)所示为外表面,除泄漏位置,颜色基本保持原始金属本色,其中较短一段(约 500 mm)取自膨胀节与筒体焊接处;较长的一段(约 700 mm)取自中间有锈蚀的波谷处。

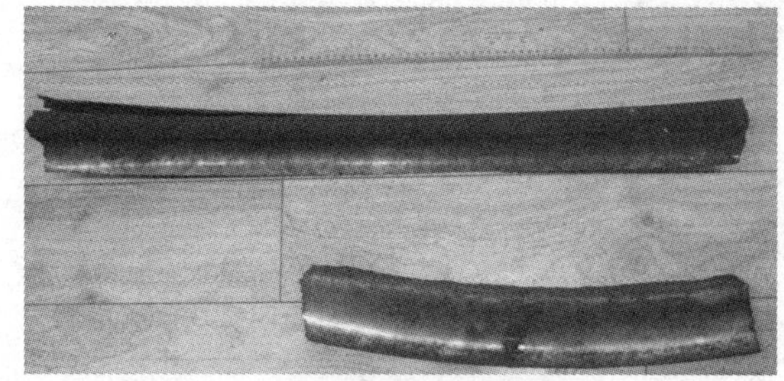

(a) 两段失效波纹管内表面

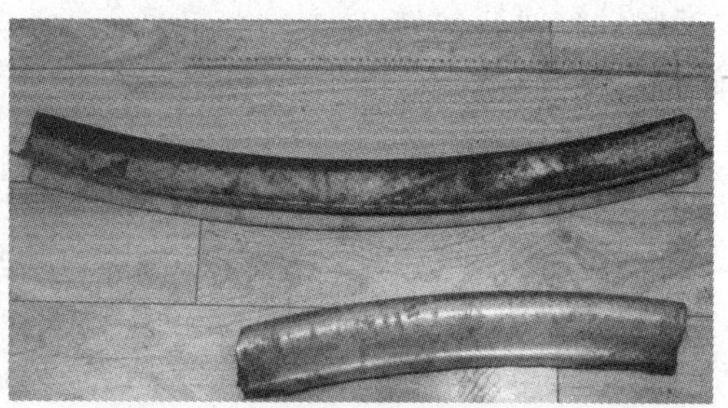

(b) 两段失效波纹管外表面

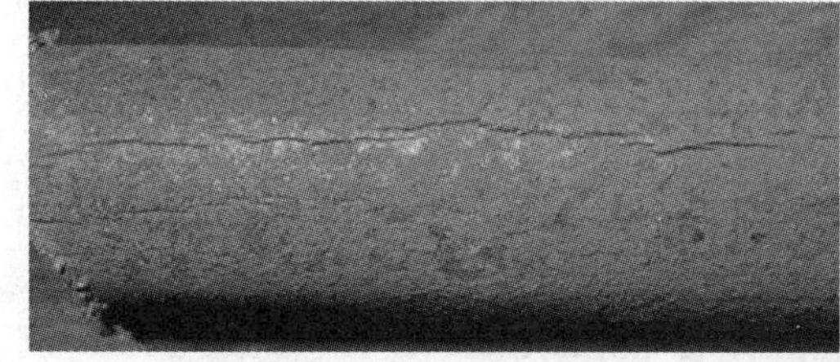

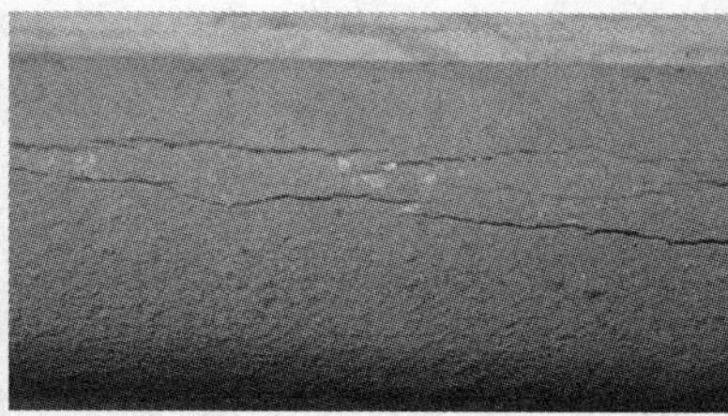

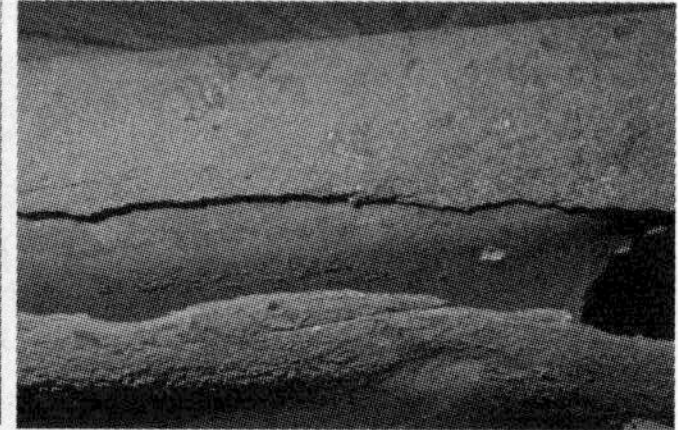

(c) 波谷内层内表面环向贯穿裂纹

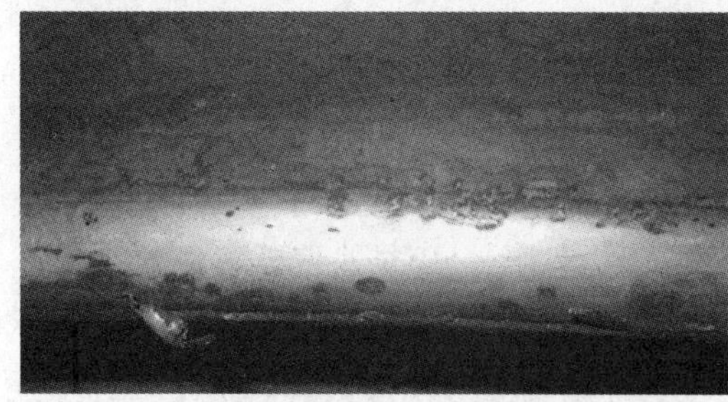

(d) 外层内表面局部点蚀

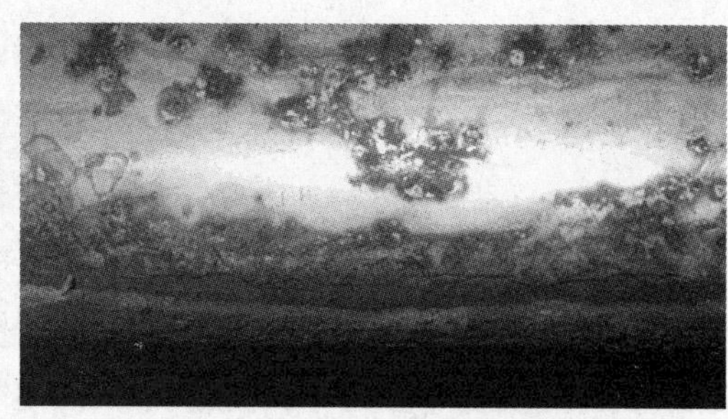

(e) 外层内表面波谷位置裂纹

(f) 带焊缝的较短波纹管取样

图 2 宏观观察

图 2(c)为取自膨胀节波纹管波谷位置的试样宏观特征。可以看出,膨胀节为内外双层结构,肉眼观察,

内层内表面腐蚀较为严重，波谷处完全被红褐色的腐蚀产物覆盖，还可见到大量环向裂纹，由于内层波纹管波谷处裂纹完全裂穿，导致内壁波谷裂纹张开约 10 mm。如图 2(d)所示，外层波纹管对应位置的金属也发生了腐蚀，局部可见小点蚀坑特征。另外在正对内层贯穿裂纹的位置，外层也发生了腐蚀，并观察到已发生开裂，如图 2(e)所示。

图 2(f)为取自膨胀节与筒体焊接处的分析试样。可见明显的焊缝，断裂位置大致沿焊缝与母材交界处。由于该位置腐蚀产物较厚，未见到明显的宏观裂纹。

在随后的切割取样过程中，发现波纹管波谷段，无论是内层还是外层，并非只存在宏观表现出的环向裂纹，实际裂纹已呈网状，切割的试样可以轻易掰断。带焊缝的波纹管直边段类似，内层发生明显腐蚀的位置实际上也存在明显的开裂。

根据宏观特征初步分析，波纹管可能发生了应力腐蚀开裂，开裂从内向外发展，直至贯穿膨胀节内外两层后发生泄漏。

3 断口扫描电镜(SEM)分析

在内层和外层的断口上取样进行断口形貌观察。结果发现，内层由于先接触腐蚀介质，先发生开裂，因此断口表面腐蚀严重，大部分表面覆盖腐蚀产物，腐蚀产物表现为“泥状花样”特征，如图 3(a)所示。局部腐蚀产物脱落位置可见解理断裂特征，如图 3(b)所示。

(a) 大部分位置覆盖腐蚀产物

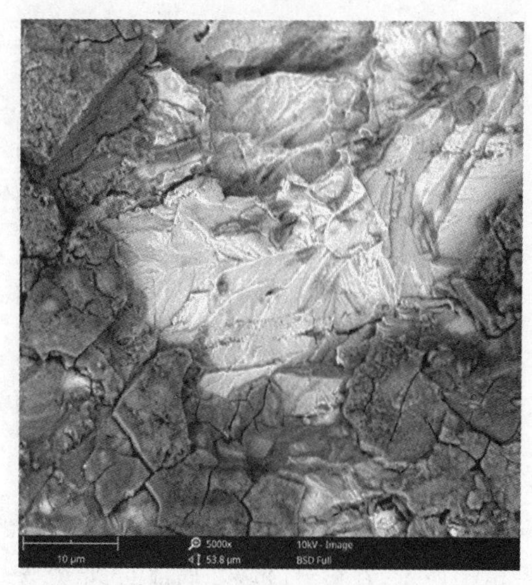

(b) 局部腐蚀产物脱落区特征

图 3 膨胀节内层断口特征

外层断口相对较为干净，断口同样表现为脆断特征，如图 4(a)、图 4(b)所示。局部还分布有大量二次裂纹，如图 4(c)所示。仅在靠近外壁的局部位置观察到取样时外力拉断形成的韧性断裂特征(韧窝)，如图 4(d)所示。

断口分析表明，膨胀节泄漏原因是发生了脆性断裂。一般而言，不锈钢材料具有良好的塑性，断裂时一般断口表现为韧窝等韧性断裂特征，只有在极低温度以及应力腐蚀开裂条件下，才会表现为脆性开裂。断口腐蚀、脆性开裂以及观察到较多二次裂纹等特征表明，断裂时由于应力腐蚀开裂所致。

4 断口腐蚀产物能谱(EDS)分析

断口附着的腐蚀产物能谱分析结果如图 5 所示，在检测区域 1 检出一定量的 Cl 元素，如图 5(a)所示，在检测区域 2 检出 4wt%的 Cl 元素，如图 5(b)所示。可以看出，腐蚀产物主要为氧化物，还检出 Cl 元

(a) 断口上近内表面位置的脆断特征

(b) 断口上近壁厚中部位置的脆断特征

(c) 断口上观察到较多的二次裂纹

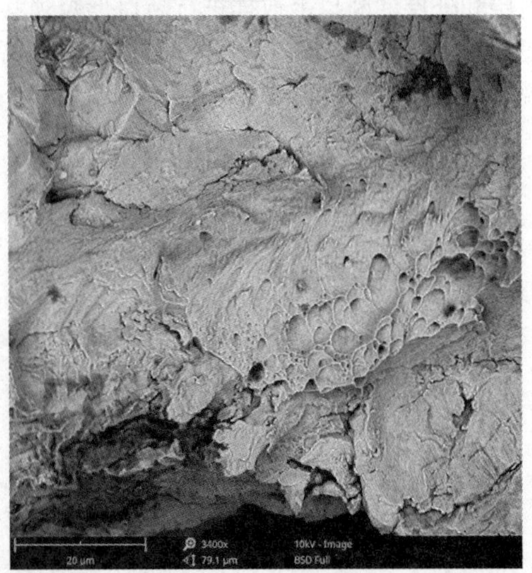

(d) 断口近外表面的韧窝特征

图 4　膨胀节外层断口特征

素。如图 5(c)所示,在检测区域 2 局部 Cl 元素含量高达 8.9wt%,说明 Cl 元素发生了局部浓缩。虽然 316L 不锈钢具有一定的抗 Cl 离子腐蚀的能力,但是如果 Cl 离子局部浓缩,也易引起点蚀及应力腐蚀开裂。

5　微观组织分析

膨胀节与筒体焊接位置金相如图 6 所示。图 6(a)为金相试样侵蚀前形貌,可以清晰地看出,整个试样表面均分布大量树枝状裂纹,从裂纹走向确定,开裂启于内壁,向外扩展。图 6(b)为侵蚀后组织,可以看出,膨胀节母材组织为奥氏体,可见加工过程中的形变特征。无论是焊缝中还是热影响区或者母材区域,均分布有裂纹,说明开裂与焊接没有直接关系。裂纹呈树枝状,穿晶扩展,属于应力腐蚀开裂。

图 7 和图 8 为膨胀节内层和外层开裂特征。与图 6 类似,无论是内层还是外层组织中均见到大量的树枝状穿晶应力腐蚀开裂裂纹,进一步验证,该膨胀节无论是与筒体的焊接位置,还是中间部位波谷的开裂,均为应力腐蚀开裂。

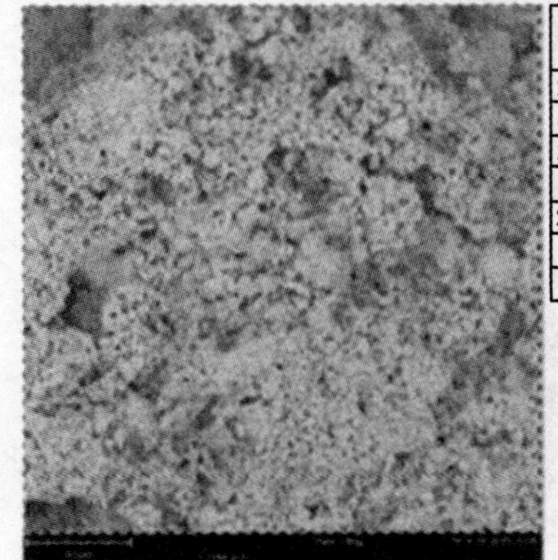

Element Number	Element Symbol	Weight Conc.
26	Fe	62.98
8	O	29.27
24	Cr	2.70
16	S	1.75
28	Ni	1.66
17	Cl	1.37
14	Si	0.26

FOV:244 μm, Mode:15 kV-Map, Detector:BSD Full, Time:NOV 20 2019 23:16

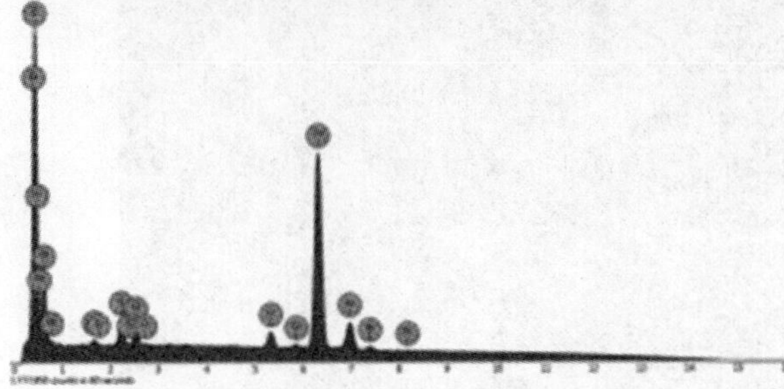

(a) 检测区域1检出一定量的Cl元素

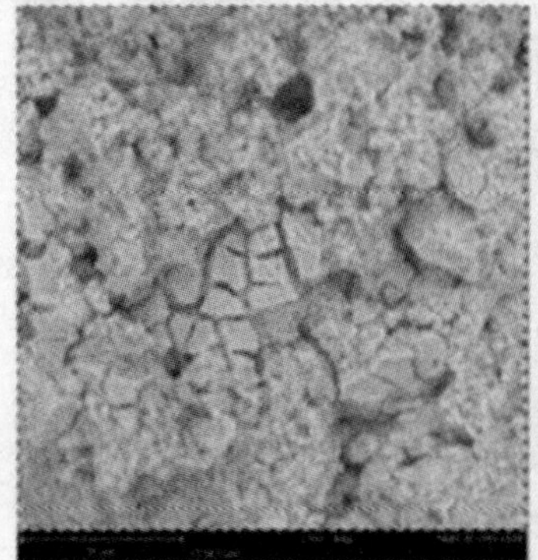

Element Number	Element Symbol	Weight Conc.
8	O	30.16
26	Fe	47.10
24	Cr	11.52
17	Cl	4.13
16	S	3.38
11	Na	0.58
14	Si	0.62
28	Ni	1.06
25	Mn	0.71
13	Al	0.30
15	P	0.24
19	K	0.17
20	Ca	0.03

FOV:94.3 μm, Mode:15 kV-Map, Detector:BSD Full, Time:NOV 20 2019 23:44

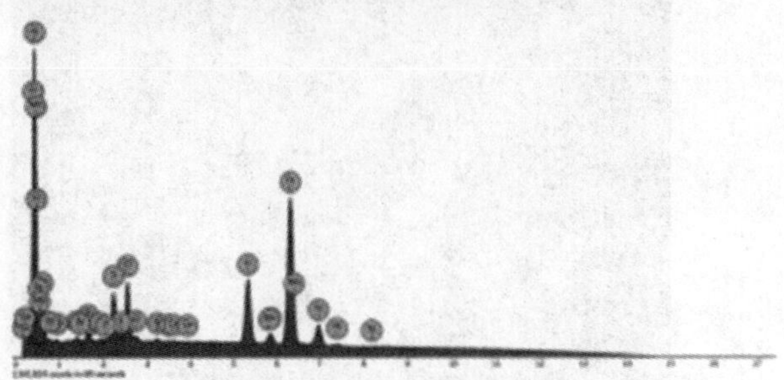

(b) 检测区域2检出4wt%的Cl元素

Element Number	Element Symbol	Weight Conc.
8	O	34.44
24	Cr	24.87
26	Fe	19.25
17	Cl	8.94
42	Mo	9.41
14	Si	0.73
16	S	0.78
28	Ni	1.34
13	Al	0.26

FOV:94.3 μm, Mode:15 kV-Map, Detector:BSD Full, Time:NOV 20 2019 23:44

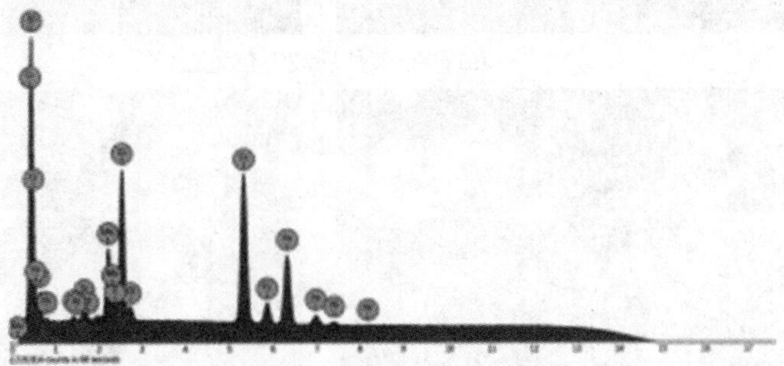

(c) 区域2中局部检测出8.9wt%的Cl元素

图 5　腐蚀产物能谱分析结果

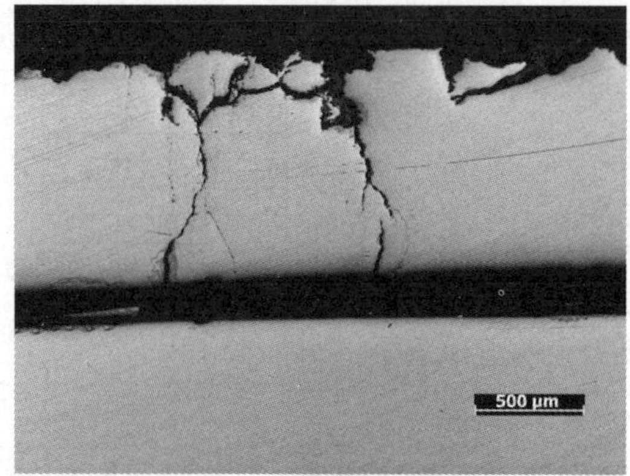

(a) 带焊缝金相试样侵蚀前的裂纹形态(左为内壁，右为外壁)

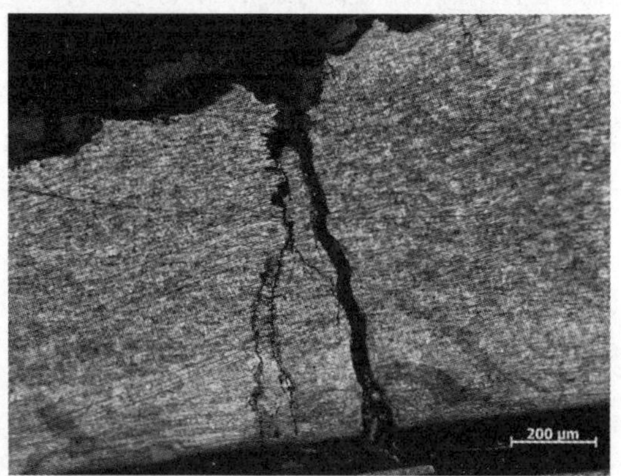

(b) 带焊缝金相试样侵蚀后的裂纹形态及组织状态

图 6　膨胀节与筒体焊接位置金相

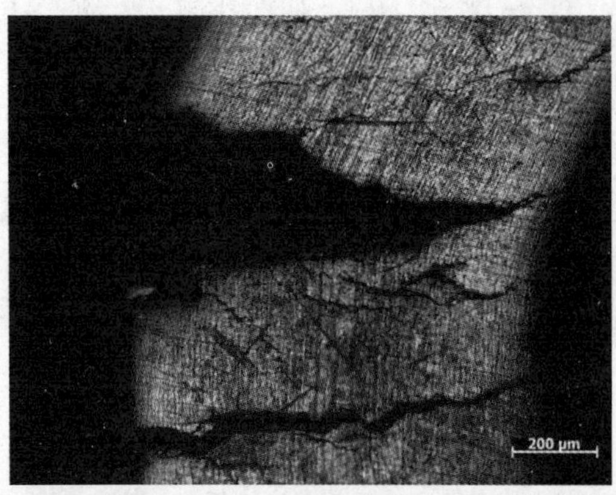

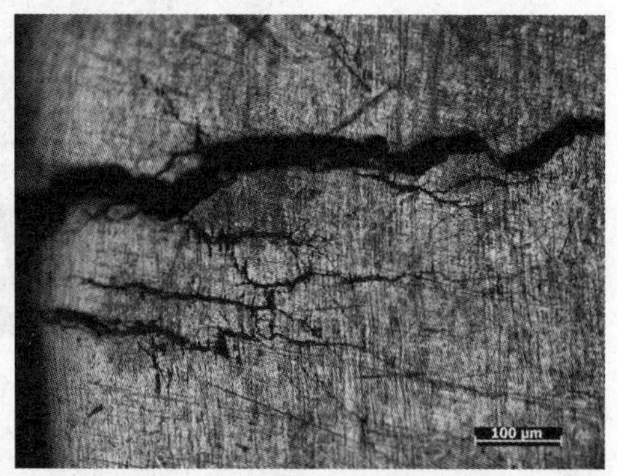

(a) 膨胀节外层波谷位置裂纹

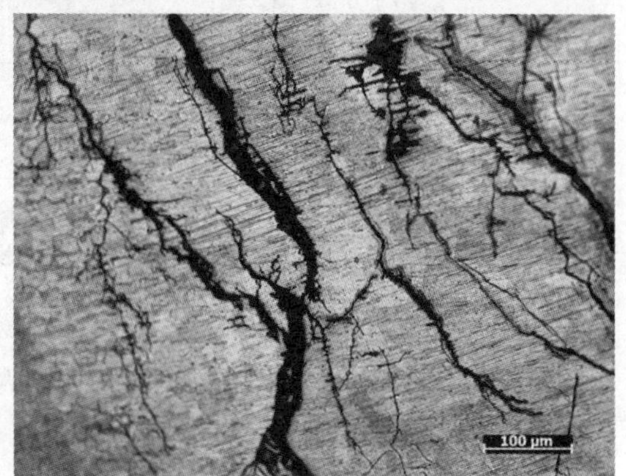

(b) 波峰与波谷之间的位置开裂

图 7　膨胀节外层开裂裂纹

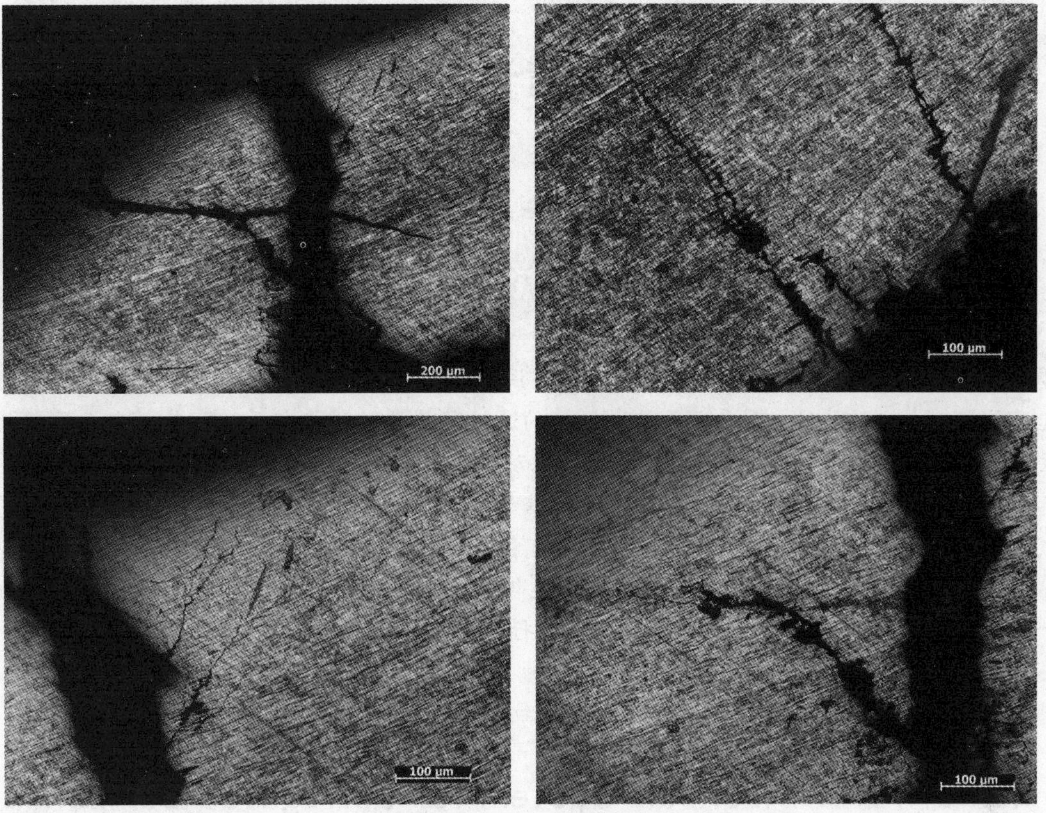

图 8 膨胀节内层开裂裂纹

6 结论

根据以上分析，可以确定，膨胀节的泄漏是由于发生了 Cl 离子环境下的应力腐蚀开裂。316L 由于添加了 2%左右的 Mo 元素，具有一定的抗 Cl 离子腐蚀的能力，但是在较大内应力和较高的 Cl 离子浓度下，仍然会发生点蚀及应力腐蚀开裂。[2] 根据检测结果，腐蚀产物中局部 Cl 离子浓度高达 8.9%，且波纹管工作时内应力很大，综合应力达到 1000 MPa，因此具备发生应力腐蚀开裂的条件，实际使用情况中也表明确实发生了应力腐蚀开裂，因此，316L 材质极有可能已无法满足现有工况使用要求，可以考虑采用抗应力腐蚀开裂性能更好的双相不锈钢或其他耐腐蚀材质的膨胀节。

参考文献

[1] 国家市场监督管理总局，中国国家标准化管理委员会. 金属波纹管膨胀节通用技术条件：GB/T 12777—2019[S]. 北京：中国标准出版社，2019.

[2] 中国机械工程学会压力容器分会. 第十五届全国膨胀节学术会议论文集[C]. 合肥：合肥工业大学出版社，2018.

作者简介

周强(1974—)，男，副教授，研究方向为机械设计与波纹管技术。E-mail：whitehall@126.com。

波纹补偿器故障诊断系统的设计

孟宪春[1,2]　路思明[1,2]　李　明[1,2]　马才政[1,2]　申洪超[3]

（1. 秦皇岛北方管业有限公司，秦皇岛 066004；2. 河北省波纹膨胀节与金属软管技术创新中心，秦皇岛 066004；3. 沈阳海为电力设备有限公司，沈阳 110032）

摘要：波纹补偿器作为一种补偿元件被广泛地应用在工业管道中，用来补偿管道因温度、压力、振动等因素引起的位移。本文设计了一种基于LabVIEW的波纹补偿器故障诊断系统。基于本套系统的需求，本文对波纹补偿器进行了振动信号采集实验，设计了振动实验信号的采集方案，利用高性能的采集仪器与加速度传感器对整个管道系统中各个波纹补偿器进行信号采集，然后对采集到的信号进行过滤转换等处理并通过无线网络发送到计算机，并利用幅值域分析与快速傅里叶的方法分析了所采集的信号，最后将分析与处理的信号实时显示在用户界面上并存储数据，通过与正常工作时的数据进行对比，在数据异常时发出警报，使工作人员能够实时对波纹补偿器的工作状态进行监测，从而有效提高生产安全系数，有效避免因波纹补偿器失效引发的事故，具有一定的实用价值。

关键词：LabVIEW；加速度传感器；振动信号；波纹补偿器；无线监测；故障诊断

Design of Fault Diagnosis System for Corrugated Compensator

Meng Xianchun[1,2], Lu Siming[1,2], Li Ming[1,2], Ma Caizheng[1,2], Shen Hongchao[3]

(1. The Enterprise Technology Center of Qinhuangdao North Piping Industry Co. Ltd., Qinhuangdao 066004; 2. The Corrugated Expansion Joint and Metal Hose Technology Innovation Center of Hebei Province, Qinhuangdao 066004; 3. Shenyang Haiwei Electric Power Equipment Co. Ltd., Shenyang 110032)

Abstract: Corrugated compensator, as a compensation element, is widely used in industrial pipelines to compensate the displacement caused by temperature, pressure, vibration and other factors. In this paper, a corrugated compensator fault diagnosis system based on LabVIEW has been designed. Based on the requirement of this system, this paper has carried out the vibration signal's acquisition experiment of corrugated compensator and designed the vibration experiment signal acquisition scheme, using high-performance acquisition instrument and acceleration sensor to collect signal from various corrugated compensators of the whole piping system, and then the collected signal is processed such as filtering and transforming and sent to computer via wireless network; in the meantime, it has analysed the collected signals utilizing the amplitude domain analysis and the method of fast Fourier analysis. Finally, the processed signal are real-time displayed on the user interface and the data are stored. Through comparing with the data in normal condition, an alarm beeps when abnormal data occurs, making it possible for working staff to monitor the working state of corrugated compensator in real time so as to effectively improve the production safety factor and avoid the accidents caused by the failure of corrugated compensator, so it has certain practical value.

Keywords: LabVIEW; acceleration sensor; vibration signal; corrugated compensator; wireless monitoring; fault diagnosis

1 引言

在工业设备体系中，机电一体化生产设备出现意外故障时，生产体系就会面临崩溃，并且难以控制，也很容易产生一系列的连锁反应，这危及了设备正常运行的可靠性。本文所设计的波纹补偿器故障诊断系统就是为了降低在现代管道系统中的生产事故的风险，提高安全系数，达到提前预测并且快速维修的效果，从而保障安装波纹补偿器的工业设备能够更稳定地工作。[1]

自20世纪八九十年代以来，我国故障诊断相关技术在工业领域逐渐得到重视，从而得以迅速发展。21世纪开始我国远程故障诊断技术进入全面普及阶段，使得远程故障诊断技术不再局限于维修方式的改革和设备管理现代化，开始逐步成为现代设备管理体制中的一个重要标志，主要用于防止设备事故、维护生产安全、提高产品质量、减少运营成本、增强设备使用率、降低能源消耗、节约维修费用和加强环境保护的重要手段。由山东电力试验研究院与清华大学等几家单位联合研制的大型火电机组振动及机组性能远程在线监测及诊断系统VMADS，是将计算机技术、振动诊断理论、机组性能诊断技术、网络通信技术融为一体的新型诊断系统。它将机组的振动诊断知识范围中的5个方面充分结合起来，并对知识范围各方面的内容进行完善。建成的大型机组的远程诊断中心，提高了机组智能化诊断水平，并能对机组的经济性进行诊断，从多方面解决了目前国内外故障诊断系统存在的弊端，为振动故障系统的发展带来了突破。[2]

本文是基于物联网技术和LabVIEW软件，设计开发的无线故障诊断系统，该诊断系统可以在计算机或其他智能设备上通过客户端软件随时查看波纹补偿器的工作情况。当发生异常情况时，用户端立即发出警报，提醒工作人员及时维修。

本系统的设计开发让相关工作人员可以实时地诊断出波纹补偿器的故障情况，从而简化了以往的人工诊断过程，极大地提高了工作效率，降低了成本，提升了安全系数，从而提升维修效率和延长设备寿命，[3-4]具有重要的实用意义。

2 故障诊断系统的建立

2.1 波纹补偿器的结构

波纹补偿器，也称膨胀节或者波纹管，它对管道的主要作用是利用波纹管的有效伸缩变形吸收因温度升高、机械振动和冲击而导致的位移变化。在管道系统中，波纹补偿器安装在管道中必定会受到各种环境的影响，从而发生失效，如疲劳、失稳和腐蚀损坏，进而影响其寿命，这是它的局限条件。[5]波纹管是一种外表面呈波纹状的薄壁管件，大多为一层，有时也可以做成两层甚至多层，一般都是由不锈钢加工而成，具有优秀的轴向弹性。[6]

2.2 用户界面的软件设计

LabVIEW是由美国国家仪器公司（简称NI）开发的具有强大的图形化编程环境的软件，同时具有网络通信功能，比较集中地体现在使用网络通信协议编程实现网络通信、使用基于TCP/IP的数据传输协议DSTP的DataSocket技术实现网络通信、使用共享变量实现网络通信、通过远程访问来实现网络通信。

本文所设计的系统是由上位机与下位机组成，下位机采用的是CC2530主控制芯片，本套系统的加速度传感器将检测的信号传送至CC2530芯片处理后，系统会采用ZigBee V2.2串口助手进行通信，最后将数据传送给上位机LabVIEW，通过LabVIEW对数据进行存储并保存，最终终端部分将采集的数据实时显示在用户界面上。[7-8]

在图1中，当整个系统未完成调试时，点击开始采集信号，这时用户电脑会自动显示本套系统的故障诊断界面，图中设有参数设置、载入数据、滤波处理、数据处理、峰值警戒值按钮与警铃装置，当发生紧急情况时，绿灯变红，警铃立即报警。

基于 LabVIEW 的故障诊断系统是通过串口与 PC 主机相连的，为了避免各个传感器采集到的数据在传输到主机时出现互相干扰、互相混淆的情况，需要分开进行多次读写指令。LabVIEW 软件顺序结构包括层叠式顺序结构和平铺式顺序结构两种。平铺式顺序结构图能够增强程序的可读性[9]，本文采用平铺式顺序结构，如图 2 所示。

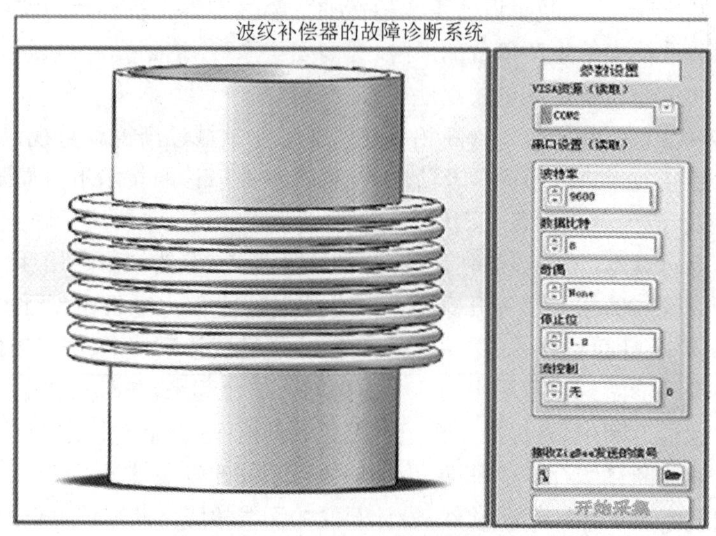

图 1　系统参数设计界面

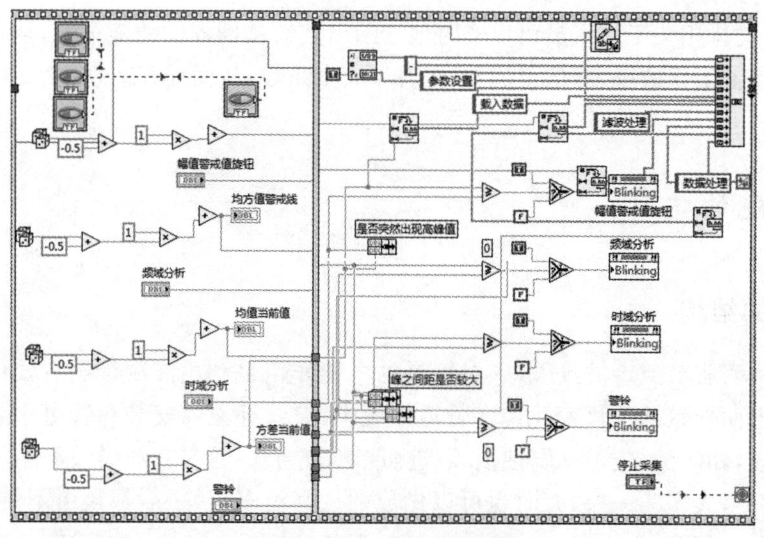

图 2　平铺式顺序结构图

2.3　振动信号的采集过程

根据波纹补偿器的故障诊断原理以及加速度传感器的要求采集波纹补偿器的振动信号，信号处理是 ZigBee 模块的核心部分，它将加速度传感器从波纹管上采集的信号进行分析与预处理，其滤波板可以将部分噪音、失真等信号删去，A/D 转换器与单片机可以将采集的模拟信号转换成需要的数字信号，最终利用 ZigBee 发射模块将数字信号通过无线网络发送到 ZigBee 接收模块，工控机对信号分析与处理之后，在 LabVIEW 软件上显示报警，并传送到云服务器进行数据存储。实验具体方案流程如图 3 所示。

为了准确诊断出波纹补偿器的故障情况，预先需要进行振动实验，在实验中分别对采集的正常和异常加速度信号进行分析与处理，并存储在数据库中。实验设备如图 4 所示。

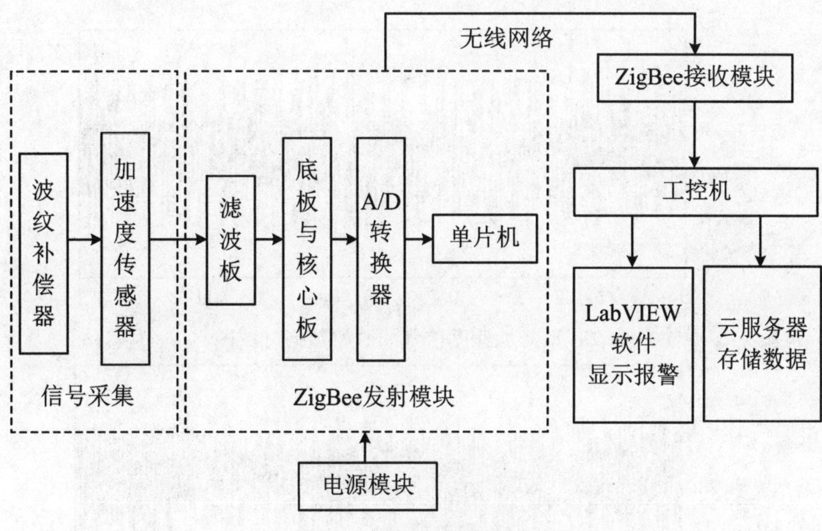

图 3　具体方案流程图

图 4　实验设备图

3　故障诊断数据分析与处理

振动信号的分析方法有很多种，幅值域分析比较简单直观，计算方便，且常在时域中描述着信号的均值、均方值、方差，但其无法解决信号在频域中出现的问题，要想得到信号的频域特征，只能通过傅里叶变换得到。本文将幅值域分析法和快速傅里叶变换法综合使用，能够满足波纹补偿器故障诊断系统的要求。

3.1　加速度信号的时域分析与处理

为了判别所测量的数据，在测量正常与异常信号时，首先，把加速度传感器分别放在波纹管的 X，Y，Z 3 个方向；其次，用打磨工具打磨出波纹管的破坏深度，且依次是 0 mm，0.1 mm，0.4 mm，0.7 mm；最后，测出 9 组加速度信号，即 3 组正常加速度信号，6 组异常加速度信号，由于原始时域图并不能判断出信号的根本区别，故加速度信号的原始时域如图 5 所示。

从图中看出，正常与异常加速度信号的幅度趋势基本相同，无法根据幅度的变化来区分，为此需要对其进行时域与频域处理，为了更清楚地了解所采集的加速度时域信号数据，需要了解其均值、均方差以及方差。

均值把采集的振动信号在整个时间坐标上平均积分，其随机振动信号的均值表达式为

$$\mu_x = \frac{1}{N}\sum_{k=1}^{N} x(k) \tag{1}$$

式中，N 为随机采样的点数；$x(k)$为样本函数。

均方值是处理离散型随机振动信号的一种方式，它反映了样本函数的平方在时间坐标上有限长度的积

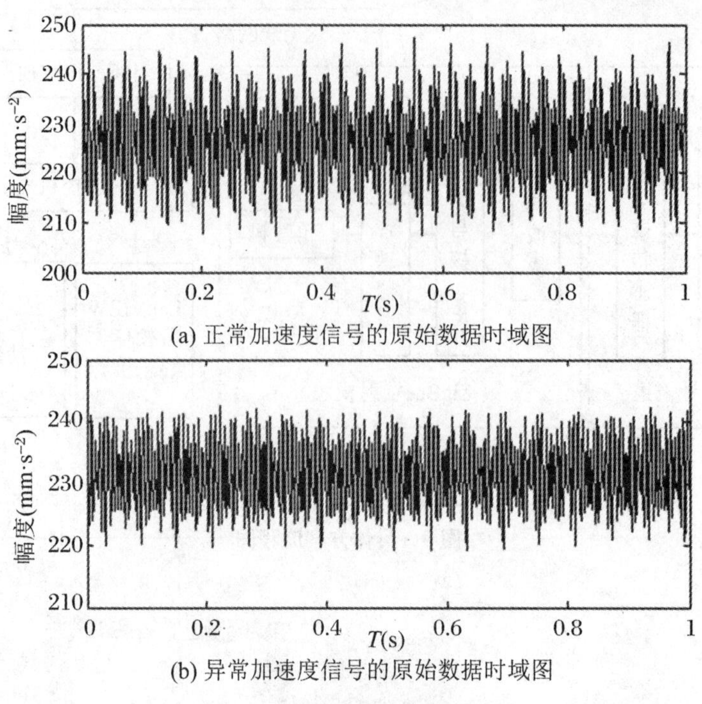

(a) 正常加速度信号的原始数据时域图

(b) 异常加速度信号的原始数据时域图

图 5　加速度信号原始时域图

分平均,其表达式为

$$\varphi_x^2 = \frac{1}{N}\sum_{k=1}^{N} x^2 k \tag{2}$$

式中,N 为随机采样点数;$x^2(k)$为样本函数的平方。

方差是反映振动信号的动态分量,且它去除了直流分量,显然方差是去除了均值后的均方值,其表达式为

$$\psi_x^2 = \frac{1}{N}\sum_{k=1}^{N} [x(k) - \mu_x]^2 \tag{3}$$

式中,N 为随机采样点数;$x(k)$为样本函数;μ_x 为均值函数。

本文分析了波纹管正常与异常振动信号数据,为了减小误差,本次实验分别在波纹管的 X,Y,Z 方向测了 9 组数据,根据其均值、均方差以及方差的计算公式,其数据见表 1 和图 6,且均值、均方差以及方差表示直流分量。

表 1　正常与异常信号的时域值

破坏深度参数(mm)	0	0.1	0.4	0.7
X 方向均值	230.9124	0.6112	1.1415	1.2117
X 方向均方值	9.4325	0.7224	1.4378	1.6257
X 方向方差	87.7412	0.5312	1.9487	2.4974
Y 方向均值	226.2145	1.9116	8.5136	1.8369
Y 方向均方值	8.7113	2.7781	9.7981	3.2258
Y 方向方差	75.9324	7.3184	148.6654	12.3147
Z 方向均值	220.9141	8.1256	10.3258	9.5753
Z 方向均方值	7.81243	10.9124	18.6301	20.9159
Z 方向方差	72.3124	30.2123	117.9258	120.6031

从表中的数据以及图 6 中每一个方向的时域值可以看出,波纹管没发生破坏与发生破坏的均值、均方值

以及方差均存在着明显的差别，正常均值在230.0000左右，但波纹管破坏时的均值有明显的落差，且其值在1.0000左右，同理，它们之间的方差与均方差也有明显的差异，为此可以初步判断出波纹管的故障，且随着深度的增加，其故障时域值的落差较明显，为此可初步判断出波纹管的故障。

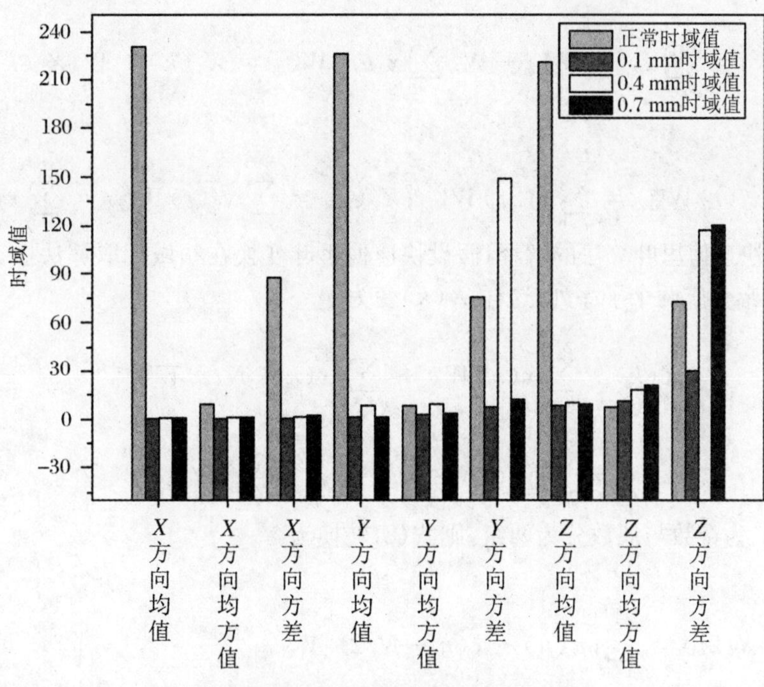

图6　加速度信号的时域值

但时域分析并不能从根本上判断出波纹管随着破坏深度的增加出现的故障，为此需要对数据进行频域处理，得出频谱图，对其进行进一步的判断。

3.2　加速度信号的频域分析与处理

3.2.1　快速傅里叶变换

本次实验所采集的振动信号可以利用DFT计算信号的频谱，也可以利用DFT计算信号的卷积与自相关，因此DFT在振动信号分析与处理中是极其重要的内容，但是当采样点很大时，DFT的计算工作量非常大。

首先设 $N=2^M$，其中 M 为整数，一般称 $N=2^M$ 的FFT算法为－2FFT算法。N 点序列 $x(n)$ 的DFT为

$$X(k) = DFT[x(n)] = \sum_{n=0}^{N-1} x(n) W_N^{nk} \quad (k = 0,1,\cdots,N-1) \tag{4}$$

式中，$X(k)$为输出频域序列。

把 $x(n)$分成奇数与偶数两个子序列

$$\begin{cases} \text{偶序列 } x(2r) \\ \text{奇序列 } x(2r+1) \end{cases} \left(r = 0,1,2,\cdots,\frac{N}{2}-1\right) \tag{5}$$

为此，式(4)可以写为

$$\begin{aligned} X(k) = DFT[x(n)] &= \sum_{n=0}^{N-1} x(n) W_N^{nk} = \underset{(n\text{ 为偶数})}{\sum_{n=0}^{N-1} x(n) W_n^{nk}} + \underset{(n\text{ 为奇数})}{\sum_{n=0}^{N-1} x(n) W_N^{nk}} \\ &= \sum_{r=0}^{\frac{N}{2}-1} x(2r) W_N^{2rk} + \sum_{r=0}^{\frac{N}{2}-1} x(2r+1) W_N^{(2r+1)k} \end{aligned}$$

$$= \sum_{r=0}^{\frac{N}{2}-1} x_1(r)(W_N^2)^{rk} + W_N^k \sum_{r=0}^{\frac{N}{2}-1} x_2(r)(\ )^{rk} \tag{6}$$

由于 $W_N^2 = e^{-j\frac{2\pi}{N/2}}$,所以式(6) 又可以写为

$$X(k) = \sum_{r=0}^{\frac{N}{2}-1} x_1(r) W_{N/2}^{rk} + W_N^k \sum_{r=0}^{\frac{N}{2}-1} x_2(r) W_{N/2}^{rk} = X_1(k) + W_N^k X_2(k) \tag{7}$$

式中,

$$X_1(k) = \sum_{r=0}^{\frac{N}{2}-1} x_1(r) W_{N/2}^{rk} = \sum_{r=0}^{\frac{N}{2}-1} x(2r) W_{N/2}^{rk};X_2(k) = \sum_{r=0}^{\frac{N}{2}-1} x_2(r) W_{N/2}^{rk} = \sum_{r=0}^{\frac{N}{2}-1} x(2r+1) W_{N/2}^{rk}$$

基于上面公式对快速傅里叶算法的解释,假设快速傅里叶变换在频域抽取算法中,可以把公式(7)进行分解,将 $x(n)$前后对半分成两个子序列,这样 $X(k)$变为

$$\begin{aligned} X(k) &= \sum_{n=0}^{\frac{N}{2}-1} x(n) W_N^{rk} + \sum_{n=N/2}^{\frac{N}{2}-1} x(n+N/2) W_N^{(n+\frac{N}{2})k} \\ &= \sum_{n=0}^{\frac{N}{2}-1} [x(n) + W_N^{Nk/2} x(n+\frac{N}{2})] W_N^{rk} \end{aligned} \tag{8}$$

为此,可将 $X(k)$按 k 为奇数与偶数分为两组,则式(8)转换为

$$\begin{cases} X(2r) = \sum_{n=0}^{\frac{N}{2}-1} [x(n) + x(n+N/2)] W_N^{rr} \\ \quad = \sum_{n=0}^{\frac{N}{2}-1} [x(n) + x(n+\frac{N}{2})] W_{N/2}^{rr} \quad (k \text{ 取偶数}) \\ X(2r+1) = \sum_{n=0}^{\frac{N}{2}-1} [x(n) - x(n+N/2)] W_N^{(2r+1)n} \\ \quad = \sum_{n=0}^{\frac{N}{2}-1} [x(n) - x(n+\frac{N}{2})] W_{N/2}^{rr} W_N^n \quad (k \text{ 取奇数}) \end{cases} \tag{9}$$

这样求 N 点 DFT 可以写成求两个 $N/2$ 点 DFT,$x_1(n)$与 $x_2(n)$的关系如图 7 的蝶形运算流程图所示。

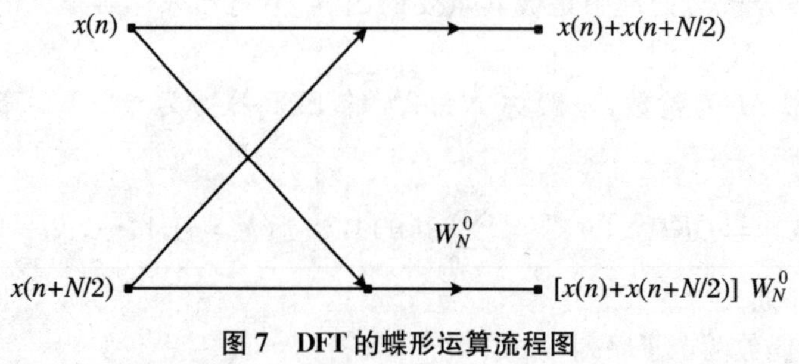

图 7 DFT 的蝶形运算流程图

3.2.2 基于快速傅里叶信号的频域分析与处理

本次算法的采样点数 $N=1024$,利用其算法的原理分析出本次实验振动的频域图,其滤波后正常数据频谱图如图 8 所示。

图 8(a)中,幅值初始是渐变趋势,后随频率增加发生不明显的下降趋势。且图中幅值随着频率的变化,出现了 4 个明显峰值,即 $x_0 = 80$ Hz,$x_1 = 115$ Hz,$x_2 = 130$ Hz,$x_3 = 165$ Hz,且峰值间的距离 $d_0 = 35$ Hz,$d_1 = 15$ Hz,$d_2 = 35$ Hz。经分析比较,3 个图中的幅值都出现了峰值,且峰值间的距离差较小,其中图 8(a)与图 8(b)的幅值都是出现了 4 个峰值,后随频率增加其幅值稳定下降。图 8(c)的幅值虽只出现了一个明显

峰值，但其幅值整体变化趋势以及峰值间距与图 8(a)、图 8(b)大体类似。

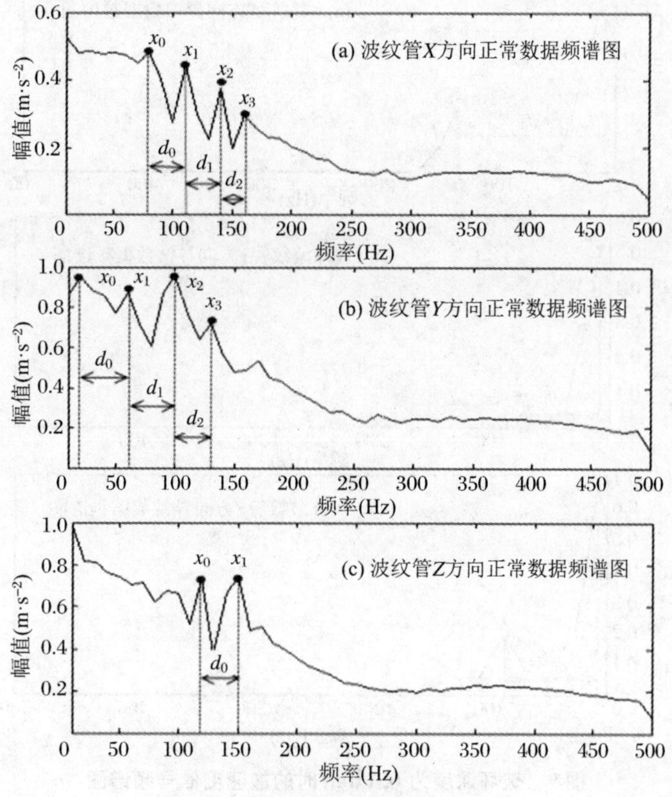

图 8　正常加速度信号的频谱图

图 9(a)中，$x_0 = 10$ Hz，$x_1 = 140$ Hz，其幅值随着频率增加先出现两个峰值，后随之急剧趋近 X 轴，$d_0 = 130$ Hz，对比图 8(a)分析可知，此图明显在 x_0 点处突然出现一个较高峰值，且两峰值间的距离明显变大。图 9(b)中，$x_0 = 10$ Hz，$x_1 = 80$ Hz，$d_0 = 70$ Hz，对比图 8(b)分析可知，此图同样在 x_0 点处出现一个较高峰值，两峰值间距较大。图 9(c)中，开始出现较高峰值，且 $x_1 = 85$ Hz，$d_0 = 75$ Hz，两峰值间的距离较图 8(c)差距较大，为此可以明显判断出波纹管破坏的深度是 0.1 mm，存在与正常信号的差异。基于波纹管的破坏深度研究其加速度信号的变化，其波纹管破坏深度是 0.4 mm 的信号频谱图，如图 10 所示。

图 10 分析了 3 个方向的异常加速度数据频谱图，其中图 10(a)中，$x_0 = 75$ Hz，$x_1 = 150$ Hz，图 10(b)中，$x_0 = 70$ Hz，$x_1 = 190$ Hz，$x_2 = 340$ Hz，图 10(c)中，$x_0 = 80$ Hz，$x_1 = 160$ Hz，$x_2 = 280$ Hz，综合对比图 10(a)与图 8(a)，图 10(b)与图 8(b)，图 10(c)与图 8(c)可知，此图明显在 x_1 点处突然出现一个较高峰值，且峰值间距较大。同理，其波纹管破坏深度是 0.7 mm 的信号频谱图，如图 11 所示。

图 11 是波纹管破坏深度为 0.7 mm 时的加速度信号频谱图，图 11(a)中，$x_0 = 50$ Hz，$x_1 = 130$ Hz，$x_2 = 270$ Hz，图 11(b)中，$x_0 = 50$ Hz，$x_1 = 230$ Hz，图 11(c)中，$x_0 = 30$ Hz，$x_1 = 230$ Hz，$x_2 = 370$ Hz。

分别对比图 9 与图 11 各图，经分析发现，图 11 在 x_1 点处突然出现一个峰值，且两峰值间距较图 8 有明显差距，为此可以识别出波纹补偿器的故障。

经过对正常与异常加速度信号的数据频谱图对比发现：正常加速度信号的幅值初始是渐变式变化，后随频率增加呈现下降趋势，而异常加速度信号频谱图却是突然出现一个较高的峰值，其幅值后随频率增加急剧趋向于 X 轴。为此，本次实验可以诊断出波纹补偿器因振动所发生的故障，且符合本文的需求，当振动信号的时域值有着明显的落差，同时其频谱图突然出现一个峰值且波峰间距较大，表明波纹管因振动而受到损害，最终诊断出波纹补偿器的故障。

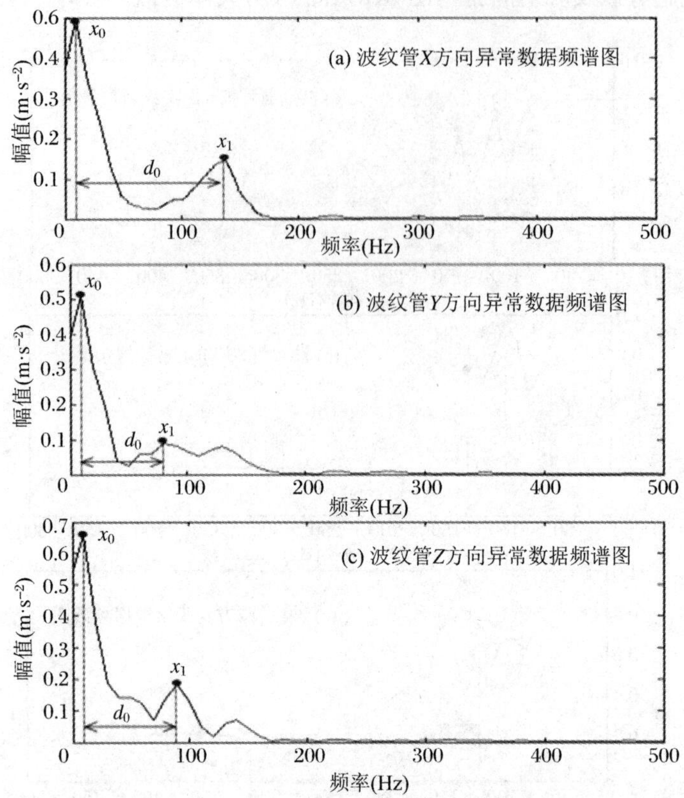

图 9　破坏深度为 0.1 mm 时的加速度信号频谱图

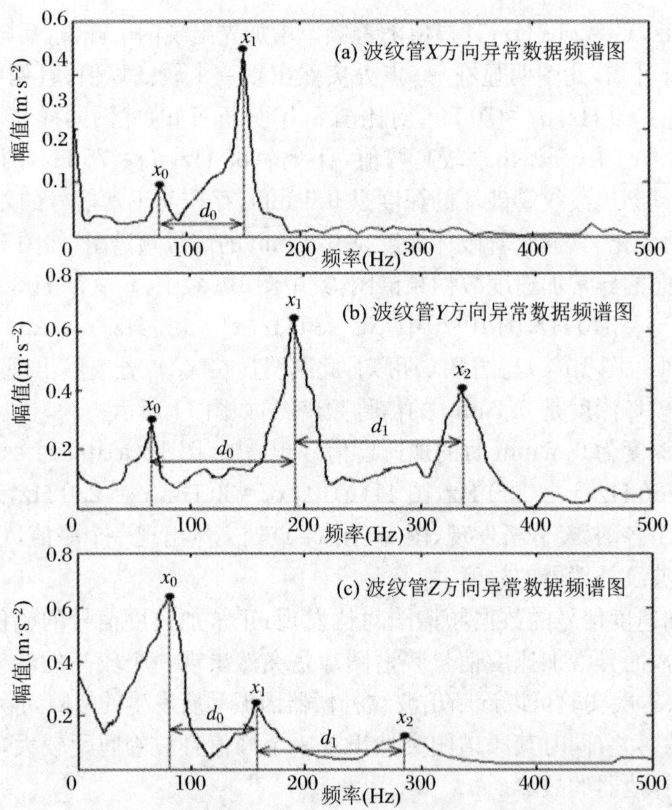

图 10　破坏深度为 0.4 mm 时的加速度信号频谱图

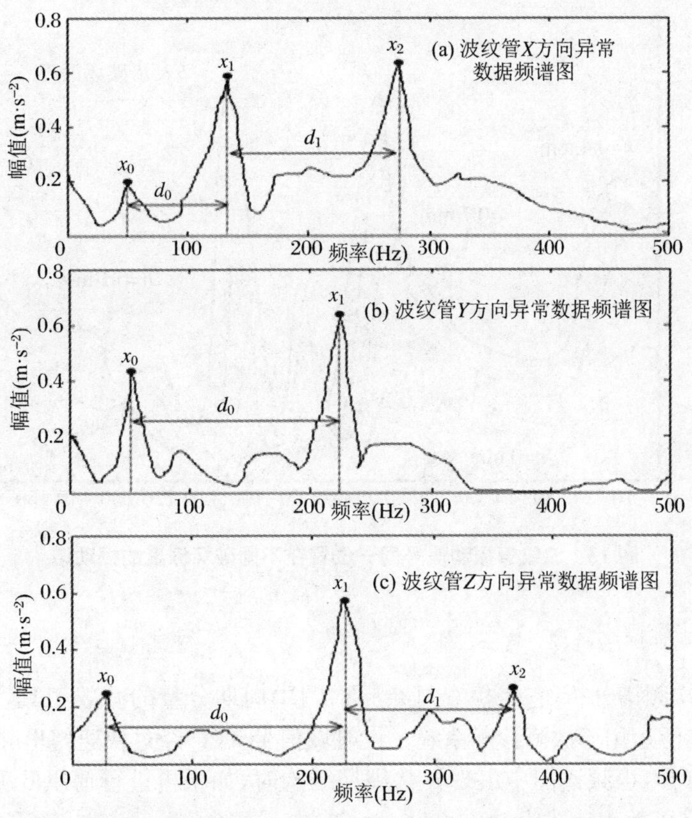

图 11　破坏深度为 0.7 mm 时的加速度信号频谱图

3.2.3　信号的功率谱分析

基于快速傅里叶算法，本次处理信号方式需再进行变换得到相应的功率谱函数，即用 FFT 计算功率谱，且再作傅里叶变换得到一个自相关函数，其关系式为

$$\hat{R}_x^{\ni}(r) = \left[\hat{R}_x(r) + \hat{R}_x(N-r)\frac{N-r}{N}\right] \tag{10}$$

式中，$\hat{R}_x^{\ni}(r)$是 $x(t)$的循环自相关估计，它是以 N 为周期的函数，如图 12 所示。

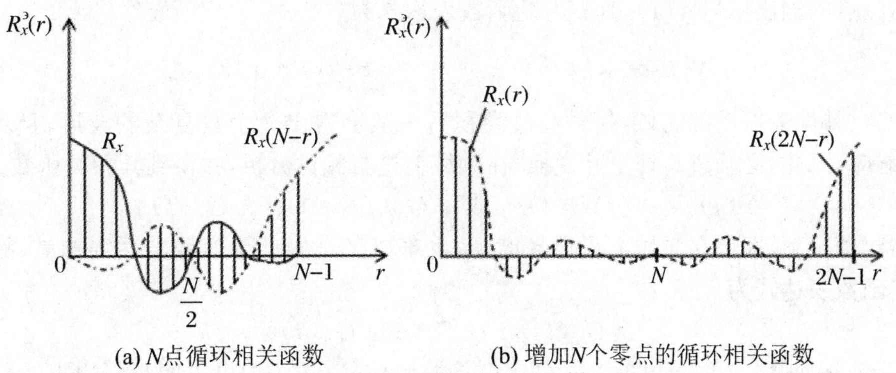

图 12　循环相关函数图

解决图 12 分离方法的手段是，在采样函数序列$\{x_k\}$的后面加上 N 个零点，后将$\{x_k\}$延伸为 $2N$ 个点的采样序列。在处理信号的过程中，首先分析出信号的概率密度，基于本次试验，波纹管在受到不同程度的打磨后，当破坏深度增加时，其功率谱值也相应增加，在频率为 72 Hz、85 Hz 与 105 Hz 时最明显，且能很明显地判断出信号的故障，这也证实了快速傅里叶算法的分析与处理，如图 13 所示。

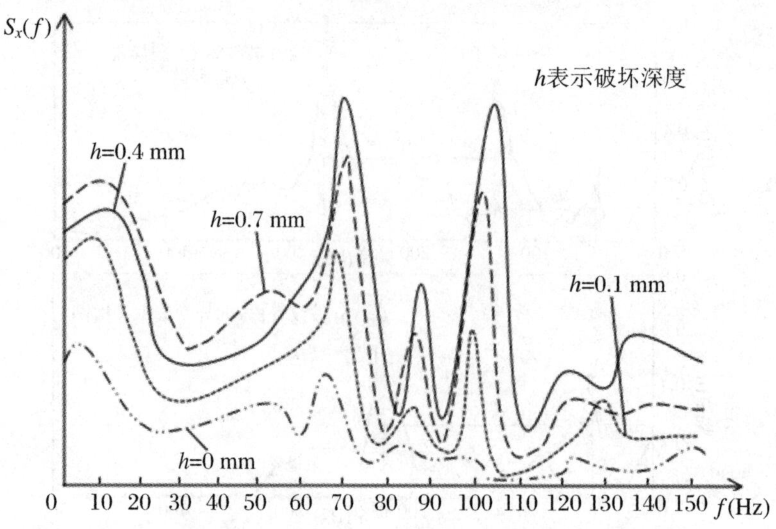

图 13 波纹管振动信号同一位置在不同破坏深度的振动谱

3.2.4 信号的倒频谱分析

倒频谱分析也称二次频谱分析,它是检查复杂频谱图中周期分量的有效工具,同时也是检验频谱图中信号分析的重要手段,广泛运用于故障诊断系统。设时域信号 $x(t)$经过快速傅里叶变换为功率谱密度函数 $G_x(f)$或者频域函数 $X(f)$,当频谱图中出现异常周期结构时,如果再进行傅里叶变换并取二次方,故可得到倒频谱函数 $C_p(q)$,其函数表达式为

$$C_p(q) = |F\{\lg G_x(f)\}|^2 \tag{11}$$

$$C_a(q) = \sqrt{C_p(q)} = |F\{\lg G_x(f)\}| \tag{12}$$

倒频谱也可以被称为"对数功率谱的功率谱",工业上常用的是取二次方根的形式,那么 $C_a(q)$也是幅值倒频谱,为了方便叙述,大多数情况下被称为倒频谱。式中,q 是倒频率,其功能是它与自相关函数 $R_x(\tau)$中的自变量 τ 具有相同的时间量纲,其单位是 s 或者 ms;q 值很小时称为低倒频率,表示谱图上的缓慢波动,q 值较大时称为高倒频率,表示谱图上的快速波动。

倒频谱是频域函数的傅里叶变换,它主要对谱函数的能量格外集中,而且可以解析卷积成分,对信号进行判断与分析。就如波纹管上的实测波动,其信号往往不是振动源信号本身,而是振动信号 $x(t)$经过传递系统 $h(t)$到达测点的输出信号 $y(t)$,其三者的函数表达式为

$$y(t) = x(t)h(t) = \int_0^{+\infty} x(\tau)h(t-\tau)\mathrm{d}\tau \tag{13}$$

在实测出波纹补偿器振动的时域,信号经过卷积后一般会得出一个较复杂的波形,且难以区分振动原信号与系统的响应,因此,必须进行傅里叶变换,在频域上进行频谱分析,并得到其相关函数为

$$Y(f) = X(f)H(f) \quad 或 \quad G_y(f) = G_x(f)G_h(f) \tag{14}$$

可是,大多数情况下,即使在频域上得出频谱图,也难以区别振动源信号与系统响应,故需对式(14)两边取对数,则其函数表达式为

$$\lg G_y(f) = \lg G_x + \lg G_h(f) \tag{15}$$

式(15)的示意图如图 14 所示,图中 $\lg G_x(f)$是振源信号,从图中可以明显看出振动信号有明显的周期性。

如果对式(14)再进行傅里叶变换,则会得到倒频谱的函数关系式为

$$F[\lg G_y(f)] = F[\lg G_x(f)] + F[\lg G_h(f)]$$

或

$$|F[\lg G_y(f)]| = |F[\lg G_x(f)]| + |F[\lg G_y(f)]| \tag{16}$$

即

$$G_y(q) = G_x(q) + G_h(q)$$

式(16)在倒频域上由两部分组成:一是低倒频率 q_1,二是高倒频率 q_2,且在倒频谱上形成波峰。在图14(b)中,前半部分表示振源的信号特征,后半部分表示系统响应,且两者在倒频谱图上分别占有不同的倒频率,由此可知,从倒频谱能清楚地分析出频谱图。

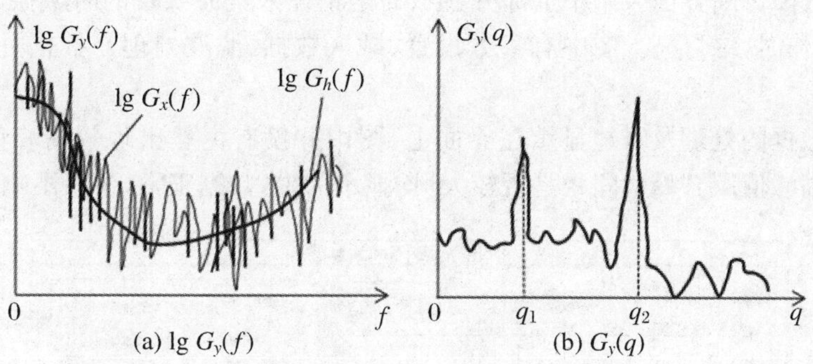

图 14 倒频谱分析示意图

在实测出波纹管的振动信号中,振动信号包含着一定数量的周期分量,如果波纹管发生故障,则其振动信号必将产生大量的谐波分量以及边带频率成分。本次实验对比分析了波纹管的振动信号的频谱图与倒频谱图,其倒频谱图如图 15 所示。

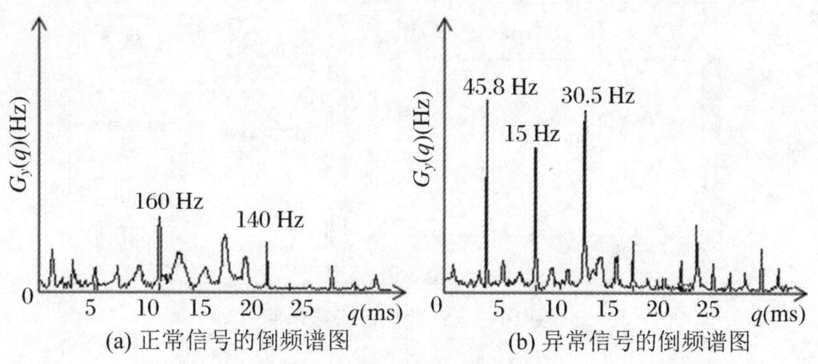

图 15 加速度信号的倒频谱图

图 15(a)是一个波纹管的正常信号的倒频谱图,从倒频谱图上可以得出 2 个主要频率分量 140 Hz(12.6 ms)与 160 Hz(22.5 ms),其中 160 Hz 表示高倒频率源信号特征,140 Hz 表示低倒频率系统响应,基于对正常信号的频谱图分析,其振动频率的峰值发生变化,同样其倒频率也是稳定在一定范围内。图 15(b)是一个波纹管异常信号的倒频谱图,从倒频谱图上可以看到 3 个主要频率分量 45.8 Hz(3.8 ms)、25 Hz(8.5 ms)以及 30.5 Hz(13.2 ms),其中 45.8 Hz 表示高倒频率源信号特征,25 Hz 表示低倒频率系统响应,同样基于对异常信号频谱图的分析,其振动频率发生较明显的峰值变化,且峰值间距较大,从图 15(a)到图 15(b)的倒频率变化,可见倒频率发生明显的降落趋势,这也符合正常信号与异常信号的频谱图变化趋势。

基于对功率谱与倒频谱的分析,从另一方面对振动谱进行了区分,进而分析出其故障,这也符合正常信号与异常信号的频谱分析,为此可以用户界面实时地诊断出波纹管的异常与正常振动信号。

4 波纹补偿器的故障诊断数据显示

本文为了诊断出波纹补偿器的故障,设置了信号采集实验,并对采集的振动信号进行分析,由于已经成功地分析出波纹补偿器故障与正常时的加速度信号,当波纹补偿器正常工作时,其时域值在用户界面上保持在正常值范围内,同时振动信号的频谱图中幅值初始是渐变式变化,后随频率增加发生不明显的下降趋势,并没有突然出现较高的峰值。当波纹补偿器出现故障时,一方面,其振动信号的时域值会突然发生变化,且落差较大;另一方面,振动信号的幅值会突然出现一个或者几个较高峰值,且峰值间距较大。[10]

本文已设计出基于 LabVIEW 软件的用户界面。为了及时诊断波纹管的工作情况,需要把加速度信号的时域图与频谱图及时显示在用户界面上,且波纹管正常工作时,用户界面的警铃装置不会报警,波纹管正常加速度数据的诊断用户界面如图 16 所示。

打开 LabVIEW 软件,用户登录成功,点击开始采集,系统会自动跳转到故障诊断界面,图 16 是正常工作时的波纹补偿器的故障诊断界面。图中上部分显示的是正在采集波纹管的时域振动数据,下部分显示的是频域分析值,正常工作时,绿灯亮。图中有参数设置、载入数据、滤波处理与数据处理,点击数据处理,其时域值会立即显示。

随着算法对时域数据的处理及时地显示在界面上,图中并没有突然出现较高峰值,且峰值间距明显较小,故“是否突然出现高峰值”与“峰值间距是否较大”均显示为零,数据正常,警铃不响,绿灯正常。

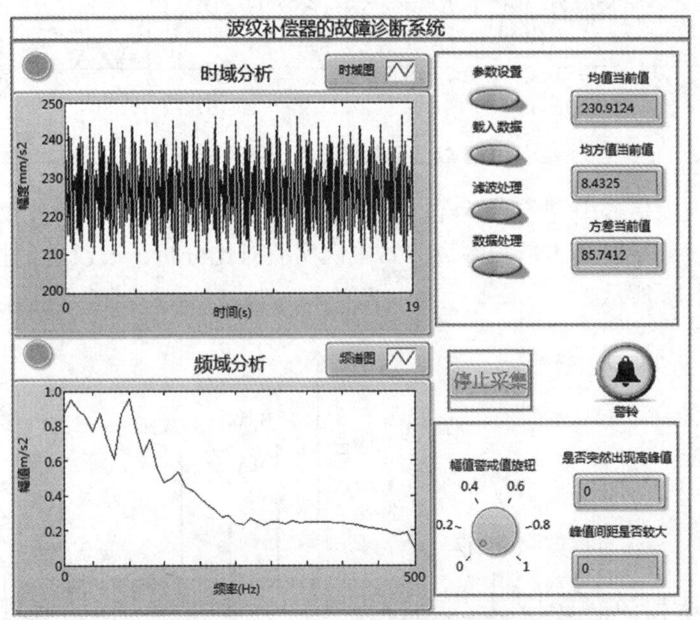

图 16 正常数据信号显示图

当采集的数据发生异常时,用户界面的警铃装置会立即报警,波纹管异常加速度数据的故障诊断用户界面如图 17 所示,从图 17 可以看出,时域值发生急剧变化,频谱图突然出现高峰值,且峰值间距较大,红灯亮,警铃已经报警,在“是否突然出现高峰值”与“峰值间距是否较大”栏中均显示为 1。

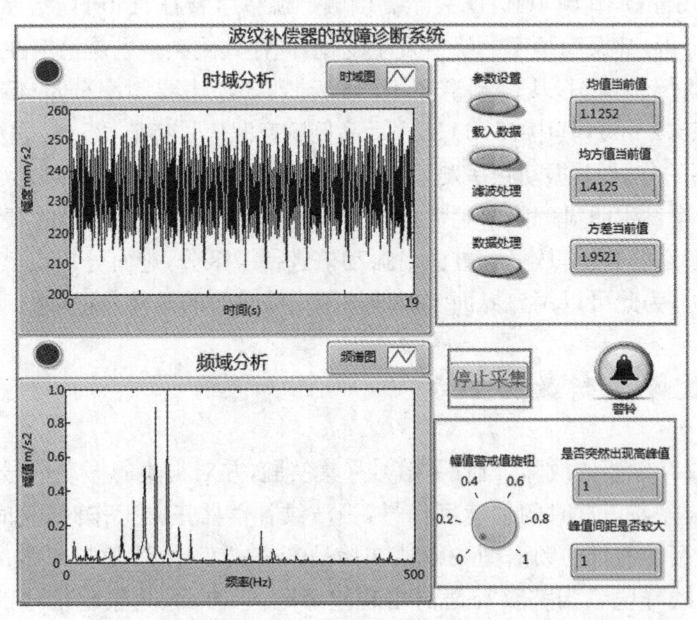

图 17 异常数据信号显示图

图 16、图 17 中都设计了时域分析界面,如参数设置,它是实现上位机与下位机信息传递的工具,载入数据需要把采集的信号实时地载入到界面中,滤波处理需要把采集的干扰信号删去,数据处理是对信号的时域处理,本文是对采集信号的幅值域分析,主要包括均值、均方值、方差当前值。频域分析中,主要是对已经完成时域分析的信号进行频谱分析,图中设计了警报装置、幅值警戒值旋钮。

基于物联网的波纹补偿器故障诊断系统实物图如图 18 所示。波纹管故障诊断系统是通过对现场运行波纹管几何尺寸的变化情况的监测与数据采集,从而诊断出波纹管平面失稳、柱状失稳以及振动情况的变化趋势,为波纹管设计运行提供了科学研判和分析。

(a) 信号的采集

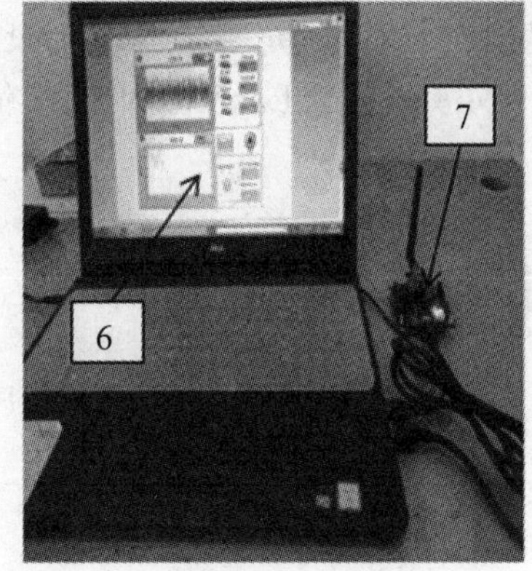

(b) 信号的实时监测

图 18 基于物联网的波纹补偿器故障诊断系统实物图

1. 波纹管;2. 加速度传感器;3. ZigBee 发送模块;4. 数据转换线;
5. 供电电源;6. 用户界面;7. ZigBee 接收模块

5 结论

本文以物联网技术为载体,以 LabVIEW 软件为媒介,以波纹补偿器为研究对象,应用机电一体化技术,实现了对波纹补偿器的故障进行诊断,通过本文的研究,得到以下结论:

(1) 本文通过对 LabVIEW 技术的分析,选择将 ZigBee 技术应用于组建基于 LabVIEW 的波纹补偿器无线故障诊断系统,并搭建了稳定可靠的无线通信网络,开发了 ZigBee 网络软件,能成功地发送和接收所采集的信号。

(2) 本文采用 LabVIEW 软件所设计的用户界面,可以更加直接地观测出振动信号时域图与频谱图的变化,且当加速度信号发生急剧异常变化时,LabVIEW 软件所设计的报警界面会立即报警,并通知相关人员及时检修。

(3) 本文基于 LabVIEW 所设计的波纹补偿器故障诊断系统,在实验过程中,能实时采集、传输信号,并正确地对信号进行分析和处理,判断和识别出波纹补偿器的故障情况,同时将信号传送到用户界面。

综上所述,本文基于 LabVIEW 所设计的波纹补偿器故障诊断系统可以实现对波纹补偿器的工作状态进行诊断。

参考文献

[1] 刘蓉. 基于物联网的工业设备诊断与维护系统的设计与实现[D]. 北京:北京交通大学,2013.
[2] 温小萍. 基于 LabVIEW 的振动监测及故障诊断系统的研究开发[D]. 南京:东南大学,2006.
[3] 李少华,张文涛,宋亚凯,等. 基于高压隔离开关振动信号的故障诊断方法分析[J]. 内蒙古电力技术,2018,36(1):89-92.
[4] Takeuchi Yasushi. Capacitor capacity diagnosis device and power equipment provided with a

capacitor capacity diagnosis device[P]. AU2010263831,2013-08-22.

[5] Zacharias, Jörg. Tubular heat exchanger with bellows compensator[P]. EP2299226, 2016-12-07.

[6] 王春月.波纹管补偿器失效原因及可靠性分析[J].民营科技,2013(2):34.

[7] Hamdi B,Kaoru U,Keisuke Morishima. Image Processing based Closed Loop Automated Control System for Cell Bio-Manipulation using LabVIEW and FPGA[J]. The Proceedings of JSME annual Conference on Robotics and Mechatronics (Robomec),2017(10):22.

[8] 黄双成,李志伟.基于LabVIEW的无线温湿度监测系统设计与实现[J].电子测量技术,2014,37(6):82-84.

[9] 谭德波.基于虚拟样机技术精密装配系统的设计[D].大连:大连理工大学,2013.

[10] 王爱军,李昆,何小妹.基于LabVIEW的双轴倾角测量系统设计[J].电子设计工程,2016,24(2):58-61.

作者简介

孟宪春,男,高级工程师,从事波纹管设计和技术管理工作。

再沸器浮头管箱膨胀节失效分析及修复技术

陈孙艺

（茂名重力石化装备股份公司，茂名 525024）

摘要：针对某再沸器运行8年后内部介质内漏和波纹管变形失效的问题，基于对现场失效部件和相关连接部件的勘测计算，确认内压作用下波纹管具有足够的强度和稳定性。查阅档案资料发现设计文件的制造技术要求不完整，致使连接膨胀节的零部件加工和装配中存在累积误差，最后断定发生在同一台再沸器内的介质内漏和波纹管变形是两种时间有先后、前后有关联但是原因不同的失效。在再沸器总组装的过程中组对新的波纹管，可以消除大部分误差。

关键词：膨胀节；失效分析；失稳；泄漏；再沸器

Failure Analysis and Recovery Technique of Expansion Joint on Floating Head Channel of Reboiler

Chen Sunyi

（The Challenge Petrochemical Machinery Corporation of Maoming，Maoming 525024）

Abstract：In order to solve the problems of internal leakage of medium and deformation failure of bellows in a reboiler after running for 8 years，both strength and stability of bellows have been confirmed sufficient under inside pressure according to survey calculation about failure parts and relation parts. Consulting the archives，the manufacturing technical requirement of design documents is not complete that causes the accumulative errors in the machining and assembling of the components of the expansion joints. It is concluded that the internal leakage of medium and deformation of bellows in one reboiler are two kinds of failures with different reasons but successively related. Most of the errors can be eliminated by assembling new bellows in the process of reboiler assembly.

Keywords：expansion joint；failure analysis；instability；leakage；reboiler

1 引言

某芳烃装置丁烯塔2台再沸器并联运行，通过外壳上的刚性环耳式支座立式安装，卧置如图1所示。主体规格 DN2100 mm，内置 Φ2100 mm×6000 mm 浮头管束，下端的浮头管板与浮头管箱盖通过周边的双头螺栓连接，管箱盖中间的出口接管带有 DN400 的3波膨胀节，接管上的中间法兰与外头盖通过单头螺栓连接。设备运行中，膨胀节受到管束热膨胀向下的位移作用而压缩变形，如图2所示。有关设计参数见表1。

介质碳四（C4），即丁烷，又名正丁烷，是两种有相同分子式的烷烃碳氢化合物的统称，易燃，无色，容易被液化，与空气混合物爆炸极限是19%～84%。介质 DMF 是二甲基甲酰胺的别称，是一种透明液体，蒸气与空气混合物爆炸极限是2.2%～15.2%，遇明火、高热可引起燃烧爆炸，能和水及大部分有机溶剂互溶，是化学反应的常用溶剂。2017年10月27日，世界卫生组织国际癌症研究机构公布的致癌物初步清单中，二甲基甲酰胺就属于2A类致癌物。在该装置中，DMF 用于从碳四馏分中分离回收丁二烯。因此，无论是管程，还是壳程，密封强度都应该有较高的要求。

图 1 再沸器实物

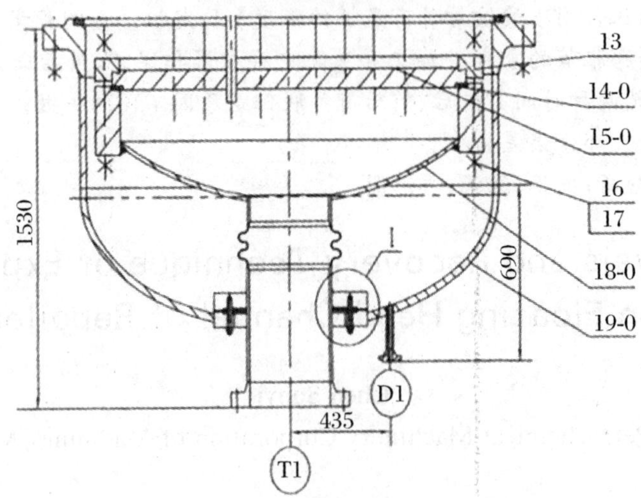

图 2 内部浮头管箱

表 1 设计参数

	管程	壳程
内直径 D_i(mm)	Φ	Φ2100
工作压力(MPa(g))	0.71	0.95
设计压力 p(MPa(g))	0.75	1.0
工作温度(℃)	82/92.7	126/99.4
设计温度 T(℃)	165	185
介质	C4,DMF	DMF
腐蚀余量(mm)	3	3
管板材料、圆筒体材料	16Mn(Ⅲ),16MnR	
换热管材料及规格	20,Φ25 mm	

再沸器于 2007 年投用,2015 年 3 月发现运行异常,内部介质内漏,波纹管变形失效,经初步分析于 4 月决定设备修复方案,更换失效的管束和接管膨胀节,为了取得预期效果,需结合检测情况进行分析,找到事故原因,确认修复方案的可靠性。

2 波纹管的失效状况分析

2.1 失效部件的整体状况

拆卸外头盖检查发现,2 台再沸器管箱出口接管膨胀节均出现不同程度的变形失稳现象,而且外表面波形之间都塞有固体化的重油。已经被固化的外貌可以反映内部失效的一些情况，部分如图3所示，膨胀节失稳较为严重的一台再沸器管箱如图4所示。图4所示的浮头管箱包括浮头管箱法兰、管箱封头、管箱内段接管、膨胀节3个波形、管箱外段接管、连接外头盖的环板法兰、外头盖外接管、外头盖外接管法兰等8个零件。

图3 管箱盖接管膨胀节

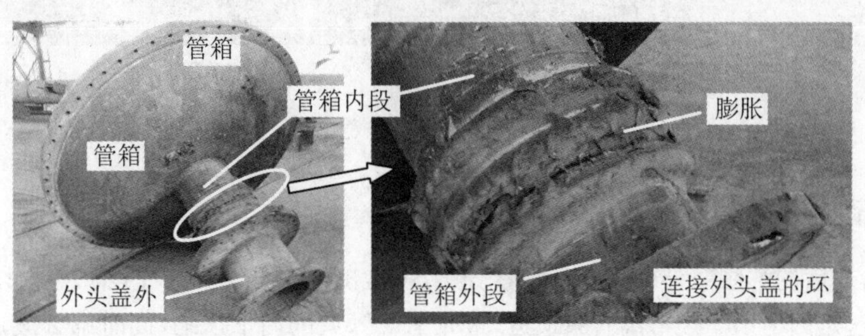

(a) 未清理的浮头管　　(a) 被污垢堵塞的接管

图4 浮头管箱及其带膨胀节

2.2 失效膨胀节的现场外貌观察与分析

对图4所示膨胀节进行观察，其安装运行的常态方位倒置后如图5所示，图中的第1波形是靠近管箱封头的那个波形，第3波形是靠近连接外头盖法兰的那个波形。图5(a)所示的2个波形槽的污物数量呈现左边多右边少，上边的槽里污物较多，下边的槽里较少，说明在运行中污物是从上往下流，在外头盖内储存起来，污物界面淹没了膨胀节。同时可以观察到污物数量沿膨胀节周向不均匀，膨胀节处于一边高、一边低的倾斜状态，清理污物后的膨胀节如图5(b)所示，初步证实了波形具有平面失稳的特征。

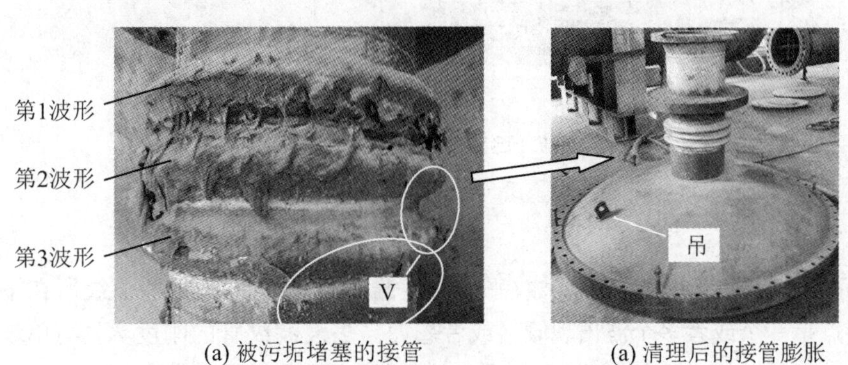

(a) 被污垢堵塞的接管　　(a) 清理后的接管膨胀

图5 接管膨胀节平面失稳

由图5(a)可知，波间表面的重油表现出被拉开的趋势，第1波与第2波之间原来的U形已变成V形，推测是再沸器停车降温到冷态的过程中，管束轴向收缩所致。第3波变形不大，推测是因为首波的失稳是弯矩所致，额外弯矩被第1波形基本消化掉，第2波形承受的弯矩较小，第3波形没有承受额外弯矩。

2.3 失效膨胀节清洁后的外貌观察与分析

通过手感判断,固体化的重油比沥青还硬,对图6所示清理后的膨胀节外貌进一步观察分析,可推断固化重油像浇注料一样固化住波形,下半部的第3波形和第2波形基本丧失伸缩功能,只剩下上半部的第1波形履行部分变形功能,整个膨胀节由3波变成1波在勉强运行。

(a) 轴　　(b) 环向

图6　膨胀节平面失稳外貌

2.4 失效膨胀节内表面的观察与分析

对图7所示清理后的膨胀节外貌进一步观察分析,可做出两个推断。首先,第1波形的平面失稳时间较长,变形较严重。这是因为第1波形离管束最近,最先承受管束的向下压缩,同时第2波形和第3波形丧失了伸缩功能。

其次,第1波形有1/3弧段的波谷已贴合,并且碰撞咬合出凹凸不平的齿状,另外的2/3弧段则没有贴合。这是由膨胀节的倾斜状态造成的。

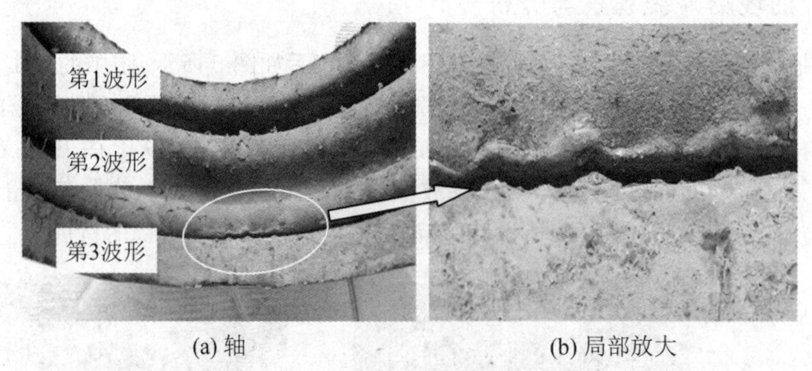

(a) 轴　　(b) 局部放大

图7　膨胀节平面失稳内表面

2.5 初步推断

波纹管的平面失稳是指一个或者多个波纹平面发生偏移或者翘曲,即这些波纹所在平面不再与管轴线保持垂直,变形特点是一个或者多个波出现倾斜或者翘曲。多波波纹管的刚度 K_n 与单波波纹管的刚度 K 之间的关系为 $K_n = K/n$。因此,多波波纹管的刚度较低,更容易出现平面失稳。

综上所述,该膨胀节属于波纹管的长度与直径之比较小的情况,该事故可能存在内压作用下的平面失稳,但是也倾向于外来弯矩作用下的失稳。

3 波纹管失效的原因分析

3.1 膨胀节强度和稳定性校核

(1) 波纹管结构

查原设计，膨胀节型号为 ZXL400-3×3，总高 L 为 172 mm，材料为 0Cr18Ni9，原来按 GB/T 16749—1997[1]标准设计制造，更新改造后的结构按现行 GB/T 16749—2018[2]标准校核。由于波纹管直边段长度 $L_t = 8\ \text{mm} < 0.5\sqrt{ntD_b} \approx 17.32\ \text{mm}$，因此不设置加强套箍，检测经过运行的膨胀节，两端管完好无损。膨胀节设计计算壁温取与壳程设计温度相同，为 185 ℃，波纹管设计温度下材料的许用应力$[\sigma]_b^{185} = 134.9\ \text{MPa}$，结构如图 8 所示。

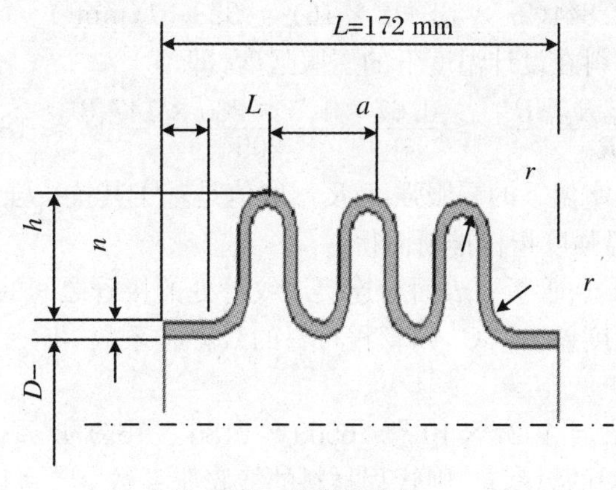

图 8 膨胀节结构

(2) 波纹管强度校核

确定波纹管成形后一层材料名义厚度：

$$t_p = t\sqrt{\frac{D_b}{D_m}} = 3 \times \sqrt{\frac{400}{400+42+3}} \approx 2.844(\text{mm}) \tag{1}$$

对膨胀节的波纹壁厚检测，所有波峰处的厚度均大于 2.844 mm，这是由于膨胀节实际下料厚度比名义厚度增加了 1 mm 的缘故。压力引起的波纹管子午向薄膜应力

$$\sigma_3 = \frac{ph}{2nt_p} = \frac{0.75 \times 42}{2 \times 1 \times 2.844} \approx 5.54(\text{MPa}) \tag{2}$$

压力引起的波纹管子午向弯曲应力

$$\sigma_4 = \frac{p}{2n}\left(\frac{h}{t_p}\right)^2 c_p = \frac{0.75}{2 \times 1}\left(\frac{42}{2.844}\right)^2 \times 0.59 \approx 48.25(\text{MPa}) \tag{3}$$

式中，低于蠕变温度的材料强度系数 C_m，用于退火态波纹管 $C_m = 1.5$；波纹管波峰(波谷)平均曲率半径 $r_m = 13$ mm；基于 $2r_m/h = 0.62$ 和 $1.82r_m/\sqrt{D_m t_p} = 0.65$ 查 GB/T 16749—2018 标准中的表 10 得修正系数 $c_p = 0.59$；膨胀节在材料蠕变温度以下运行，且

$$\sigma_3 + \sigma_4 = 62.56 \leqslant C_m[\sigma]_b^{185} = 1.5 \times 134.9 = 202.35(\text{MPa}) \tag{4}$$

因此，各项应力及组合应力校核均通过。

(3) 波纹管柱稳定性校核

GB/T 16749—2018 标准给出了波纹管柱状失稳的极限设计压力(两端固支)的计算式。基于 $2r_m/h = 0.62$ 和 $1.82r_m/\sqrt{D_m t_p} = 0.665$ 查 GB/T 16749—2018 标准中的表 9 得修正系数 $C_f = 1.71$，取 $E_b^{185} = 1.84 \times 10^5$ MPa，则单波轴向弹性刚度

$$f_{iu} = 1.7\frac{D_m E_b^t t_p^3 n}{h^3 C_f} = 1.7 \times \frac{445 \times 1.84 \times 10^5 \times 2.844^3 \times 1}{42^3 \times 1.71} \approx 25273.86(\text{N/mm})$$

柱失稳的极限设计压力

$$p_{sc}=\frac{0.34\pi f_{iu}C_\theta}{N^2q}=\frac{0.34\pi\times25273.86\times1}{3^2\times52}\approx57.68(\text{MPa})\tag{5}$$

$p<p_{sc}$,且$(p_{sc}-p)/p=(57.68-0.75)/0.75\approx7591\%$,实际设计压力离柱失稳极限设计压力尚有很大的富余。

(4) 波纹管平面稳定性校核

GB/T 16749—2018 标准给出了波纹管平面失稳的极限设计压力(两端固支)的计算式。首先,需要计算单个U形波纹的金属横截面积,即

$$\begin{aligned}A_c&=nt_p\left[2\pi r_m+2\sqrt{\left[\frac{q}{2}-2r_m\right]^2+[h-2r_m]^2}\right]\\&=1\times2.844\left[2\pi\times13+2\sqrt{\left(\frac{52}{2}-2\times13\right)^2+(42-2\times13)^2}\right]\\&=1\times2.844(2\pi\times13+2\times16)=323.31(\text{mm}^2)\end{aligned}\tag{6}$$

其次,计算成形态波纹管材料在设计温度下的屈服强度,即

$$R_{eLy}^{185}=\frac{0.67C_mR_{eLm}R_{eL}^t}{R_{eL}}=\frac{0.67\times1.5\times260\times147.3}{205}\approx187.75(\text{MPa})\tag{7}$$

式中,质量证明书中波纹管材料室温下的屈服强度 R_{eLm}取值是基于其抗拉强度值 $R_m=660$ MPa,并根据 JB 4732—1995[3]标准中表 6-2 常温强度指标推断而得。

再次,计算周向应力系数 K_r。管板下表面与连接波纹管处的接管之间的高度 H 取 6560 mm;如果考虑正常运行下管程、壳程之间的温度差 ΔT ℃,则管程材料的线膨胀系数 $\beta^{185}=1.21\times10^{-5}$ mm/mm · ℃。此时单波轴向位移

$$e=\beta^{185}H\Delta T=1.21\times10^{-5}\times6560\times(185-165)/3\approx0.54(\text{mm})\tag{8}$$

如果只考虑管程和室温之间的温度差,则管程材料的线膨胀系数 $\beta^{165}=1.20\times10^{-5}$ mm/mm · ℃,单波轴向位移

$$e=\beta^{165}H\Delta T=1.20\times10^{-5}\times6560\times(185-20)/3\approx4.3(\text{mm})\tag{9}$$

周向应力系数按波纹管处于压缩状态计算:

$$K_r=\frac{q-e}{q}=\frac{52-0.54}{52}\approx0.99\tag{10}$$

$$K_r=\frac{q-e}{q}=\frac{52-4.3}{52}\approx0.92\tag{11}$$

最后,计算平面失稳应力相互作用系数 α。由压力引起的套箍周向薄膜应力

$$\sigma_2=\frac{pD_mK_rq}{2A_c}=\frac{0.75\times445\times0.99\times52}{2\times323.31}\approx26.57(\text{MPa})\tag{12}$$

得平面失稳系数

$$K_2=\frac{\sigma_2}{p}=\frac{26.57}{0.75}\approx35.43(\text{MPa})\tag{13}$$

另一平面失稳系数

$$K_4=\frac{C_p}{2n}\left(\frac{h}{t_p}\right)^2=\frac{0.59}{2\times1}\left(\frac{42}{2.844}\right)^2\approx64.34(\text{MPa})\tag{14}$$

从而得平面失稳应力比

$$\eta=\frac{K_4}{3K_2}=\frac{64.34}{3\times35.43}\approx0.61\tag{15}$$

平面失稳应力相互作用系数

$$\alpha=1+2\eta^2+\sqrt{1-2\eta^2+4\eta^4}=1+2\times0.61^2+\sqrt{1-2\times0.61^2+4\times0.61^4}\approx2.64\tag{16}$$

波纹管两端固支时,蠕变温度以下平面失稳的极限设计压力为

$$p_{si}=\frac{1.3A_cR_{eLy}^t}{K_rD_mq\sqrt{\alpha}}=\frac{1.3\times323.31\times187.75}{0.99\times445\times52\sqrt{2.64}}\approx2.12(\text{MPa})\tag{17}$$

$p < p_{si}$，且$(p_{si}-p)/p=(2.12-0.75)/0.75\approx183\%$，实际设计压力离平面失稳极限设计压力尚有很大的富余。

(4) 基本分析判断

该波纹管虽然表现出平面失稳的特征，但是内压作用下的应力强度和稳定性计算结果表明，其变形不是内压引起的，如果考虑(壳程)外压对(管程)内压的抵消作用，极限设计压力的富余更大。因此，应该从膨胀节全历程的其他环节寻找影响因素，才能确定其失效的主要原因。尤其值得注意的是外来弯矩作用引起的失稳。

3.2 设计文件的技术要求不完整

(1) 再沸器总组装质量技术要求欠缺关于尺寸偏差的内容。从设计期望的理想角度，最终安装外头盖时，波纹管是受到拉伸还是压缩，或者是静配合，许可偏差是多少，应该从设计的角度给一个明确的交代，以便于检验。遗憾的是，原设计文件把该再沸器视作普通换热器对待，在密封强度上没有任何针对性的要求。

从零部件加工和组焊而言，外头盖的椭圆封头和浮头管箱的拱形封头在压制成形中客观上存在形状偏差。图2中节点Ⅰ是管箱接管与外头盖的连接结构，放大如图9所示。其中外头盖的加工过程有“3个必须”：一是支承图9中件26-0波齿复合垫的凸缘法兰密封面必须和图2中外头盖顶部的外头盖法兰密封面在立式车床的同一次装夹中完成精加工；二是两个法兰密封面必须同垂直于外头盖中心轴线；三是两个法兰密封面之间的间距必须符合设计要求的数值。

同理，管箱盖的加工过程也有“3个必须”：一是参见图2、图4和图9，焊接在管箱外段接管上的环板法兰压住件26-0波齿复合垫的密封面(向下)必须和管箱顶部的管箱法兰密封面(向上)在机床的同一次装夹中完成精加工，由于两个法兰密封面的朝向不一致，以及波纹的低刚度高弹性，使得这个要求较难实现；二是两个法兰密封面必须同垂直于管箱中心轴线；三是两个法兰密封面之间的间距必须符合设计要求的数值。

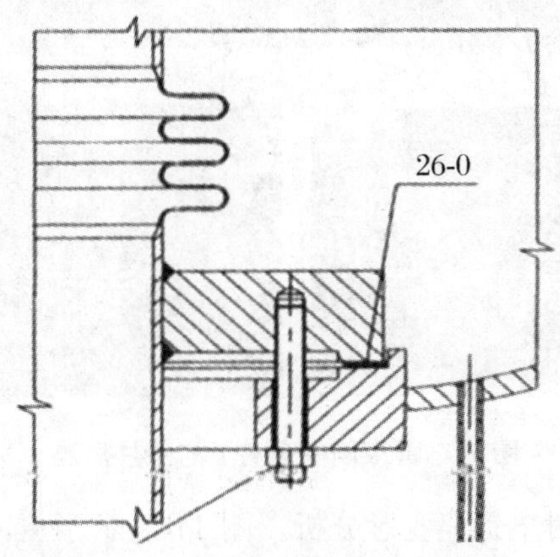

图9 管箱接管与外头盖的连接结构

最后一个必须就是外头盖和管箱之间的组对间隙应符合设计要求的数值。

如果上述“7个必须”的要求无法完全实现，不可避免使4个密封面存在形位偏差，将给安装和密封带来矛盾。当足够的紧固载荷保证密封时，柔性的波纹管被施工上附加的轴向力和侧向弯矩；当柔性的波纹管排除附加的外来载荷时，紧固螺栓的载荷不够，无法保证密封。再沸器的这次介质泄漏和波纹管变形失效，就是这一矛盾的体现。

(2) 浮头管箱盖图5(b)中吊耳的组焊方位应该经过合适的计算，使得再沸器卧置总组装时，管箱盖能有一个最佳的水平平衡状态，以便于实现良好的安装效果。

(3) 当再沸器立置在现场进行检修时，拆卸下的浮头管箱盖很容易使接管端部法兰首先着地，不慎操作会使波纹管受到地面冲击力的反作用，波纹管也容易受到浮头管箱盖重力的压缩作用而损伤。因此，需要在再沸器安装操作使用说明书中提出相关的注意事项。例如，不允许像图4那样放置管箱盖，可以像图5(b)那样放置管箱盖。

该再沸器浮头管箱盖的下置式设计不是一个好设计，根本对策是对消化管束热膨胀伸长位移的管箱出口接管膨胀节设置方位进行调整,将其从设备的底部移到顶部。

(4) 内置膨胀节浮头式热交换器对管接头的水压试验需要设计制造专门的工装才能顺利进行[4],设备设计应该对产品质量检测方法提出相关的技术要求,设备制造应采取有效的措施保证质量。热交换器内部介质内漏会改变运行工况,零部件出现非预期的变行行为,造成内漏和变形的恶性循环。

3.3 制造偏差

(1) 浮头管箱部件制造和组焊的原始偏差。严格地说,图 4 所示的 8 个零件之间的中心线应该对中重叠在一起才是本质的精度要求。

(2) 外头盖部件制造和组焊的原始偏差。

(3) 壳体偏差。壳体内径偏大,壳体与管束组装时两者中心线重合度超差。

(4) 管束偏差。管板外径或管束外径偏小,管束与壳体组装时两者中心线重合度超差。

3.4 安装偏差

(1) 基于管板上残留的密封垫石墨痕迹分析。管束安装到壳体内时两者中心线平行但是不重合,从图 10 所示管束的垫片痕迹可发现管束偏中安装,检测确认存在约 8 mm 的偏差。

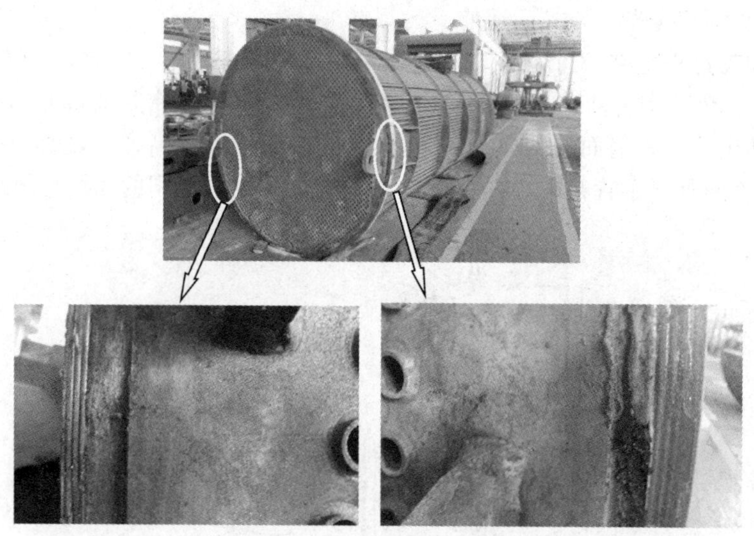

图 10 管束偏中安装下的垫片痕迹

(2) 基于壳体端部法兰上的密封垫骨架变形分析。图 11 展示了再沸器在套装管束时把预先粘贴在壳体法兰密封面上的波齿垫压坏的情况,波齿垫下部的内径压坏了一段,这也说明垫片安装时偏向了上部。

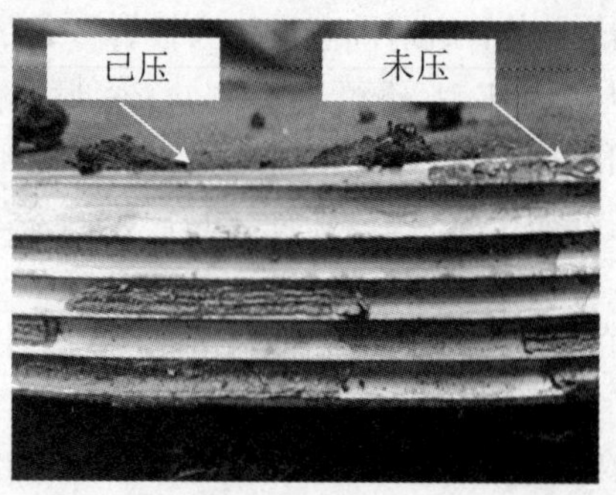

图 11 垫片内圆被压坏

(3) 拆卸损伤的可能性分析。经调查,停车检修过程没有对外头盖、浮头管箱盖等零部件实施强力装卸。首先是由于设备失效引起运转异常,才决定停车检修。即便存在施工意外,也不是严重的。无论如何,一次拆卸过程的意外不可能造成图7所示的变形。

3.5 失效原因小结及修复的主要对策

综合上述分析讨论,可以断定发生在同一台再沸器内的介质内漏和波纹管变形是两种时间有先后、前后有关联但是原因不同的失效。首先,是安装误差致使接管膨胀节承受额外的弯矩,使接管膨胀节波纹倾斜,出现波形的平面失稳,未能完全发挥原设计的功能,这是一次失效;其次,是内部密封强度不足泄漏的介质往下流动,塞满了下面两个波纹间隙,并在失稳后的波纹槽里逐渐积聚起来;最后,波纹储存的介质量到了一定的程度使结果发生质的变化,介质浓缩硬化后阻碍了波纹管的伸缩,致使其进一步失去原有功能,这是二次失效。

无论是原来的壳体内径偏大,还是原来的管板外径或管束外径偏小,在壳体与管束组装时,应检测两者中心线重合度,通过加塞垫块等措施,控制其不超差。

有条件的企业最好采用立式吊装方法组装管束、浮头管箱和外头盖。没有条件立式组装各部件的,也应在卧式组装的最后阶段,把整台设备立起,再上紧设备法兰螺栓和外头盖上的接管螺栓。应提醒业主注意:在正常参数范围内操作,避免壳程出现偏流。

4 结论

膨胀节内外都承受介质工况载荷的作用时,其力学和位移变形行为更加复杂。经分析得出结论如下:

(1) 基于对现场失效部件的勘测,最初推断波纹管存在平面失稳的可能性;但是经计算分析表明,内压作用下波纹管强度和稳定性足够且富余较大,其变形不是内压引起的;波纹管虽然表现出平面失稳的特征,但是也不排除柱失稳的可能,只不过由于长度与直径之比较小,柱失稳的特征不是很明显。

(2) 基于对失效部件相关连接部件的拓展勘测,并查阅图纸及有关施工文件,判断是设计文件对失效的浮头管箱、外头盖的制造技术要求不完整,缺少其中密切关联的4个密封面的"7个必须"加工质量要求,致使部件装配中形位尺寸存在累积误差。安装误差叠加到制造偏差上,进一步加大了偏差。

(3) 分析表明,再沸器浮头管箱的下置式设计带来安装和密封的矛盾,这次介质泄漏和波纹管变形失效就是其表现形式,这是一个值得优化的设计,如果将浮头管箱移到管束的顶部,即便波纹管变形,也可以避免波纹槽被硬化介质堵塞,防止二次失效。

基于上述结论,确定整体上保证各部件之间正确装配的原则,采用部件组装成整体的过程中来组对膨胀节零件的方法,严格保证制造工艺及质量,修改的再沸器及其安装运行分别如图12和图13所示。

图12 修复后的再沸器

图13 丁烯塔及两台再沸器

参考文献

[1] 国家技术监督局.压力容器波形膨胀节:GB/T 16749—1997[S].北京:中国标准出版社,1997.

[2] 国家市场监督管理总局,中国国家标准化管理委员会.压力容器波形膨胀节:GB/T 16749—2018[S].北京:中国标准出版社,2018.

[3] 中华人民共和国机械工业部,中华人民共和国化学工业部,中华人民共和国劳动部,等.钢制压力容器:分析设计标准:JB 4732—1995[S].北京:新华出版社,2007.

[4] 刘巧玲,魏东波,王荣贵.内置膨胀节浮头式热交换器水压试验工装设计[J].化工设备与管道,2017,54(5):34-38.

作者简介

陈孙艺(1965—),男,教授级高级工程师,享受国务院政府特殊津贴专家,从事承压设备及管件的设计开发、制造工艺、失效分析及技术管理。通信地址:广东省茂名市环市西路91号。E-mail:chensy@cpm.com.cn。